# 工业烟囱设计手册

主编单位　中国冶金科工集团有限公司
　　　　　中冶东方工程技术有限公司

主　　编　牛春良

北　京

冶金工业出版社

2017

## 内 容 简 介

　　手册全面、系统地介绍了钢筋混凝土烟囱、钢烟囱、玻璃钢烟囱等单筒烟囱，以及由砖、钢、玻璃钢为内筒的套筒式烟囱和多管式烟囱设计方法与规定等。内容丰富，实用性强，是一部大型实用工具书。

　　全书共分13章，包括：设计总则、烟囱抗风设计、烟囱抗震设计、烟囱抗温设计、烟囱防腐蚀设计、地基与基础、钢筋混凝土烟囱、套筒式与多管式烟囱、钢烟囱、玻璃钢烟囱、烟道、烟囱膨胀节、航空障碍灯和标志。

　　本手册可作为《烟囱设计规范》配套使用工具书，并可供工程设计与监理单位、科研院所有关工程技术人员使用，也可供大专院校有关师生参考。

**图书在版编目(CIP)数据**

　　工业烟囱设计手册/牛春良主编 . —北京：冶金工业
出版社，2017.7
　　ISBN 978-7-5024-7421-8

　　Ⅰ. ①工…　Ⅱ. ①牛…　Ⅲ. ①烟囱—建筑设计—手册
Ⅳ. ①TU233-62

　　中国版本图书馆 CIP 数据核字(2017) 第 028913 号

出 版 人　谭学余
地　　　址　北京市东城区嵩祝院北巷 39 号　邮编　100009　电话　(010)64027926
网　　　址　www.cnmip.com.cn　电子信箱　yjcbs@cnmip.com.cn
责任编辑　李鑫雨　张登科　美术编辑　彭子赫　版式设计　彭子赫
责任校对　李　娜　责任印制　牛晓波
ISBN 978-7-5024-7421-8
冶金工业出版社出版发行；各地新华书店经销；三河市双峰印刷装订有限公司印刷
2017 年 7 月第 1 版，2017 年 7 月第 1 次印刷
787mm×1092mm　1/16；34.75 印张；843 千字；538 页
**198.00** 元

冶金工业出版社　投稿电话　(010)64027932　投稿信箱　tougao@cnmip.com.cn
冶金工业出版社营销中心　电话　(010)64044283　传真　(010)64027893
冶金书店　地址　北京市东四西大街 46 号(100010)　电话　(010)65289081(兼传真)
冶金工业出版社天猫旗舰店　yjgycbs.tmall.com
　　　　　　　(本书如有印装质量问题，本社营销中心负责退换)

# 参编单位及编写人员

## 主编单位及编写人员

中国冶金科工集团有限公司
中冶东方工程技术有限公司        牛春良    徐卫阳

## 参编单位及编写人员

| | |
|---|---|
| 大连理工大学 | 宋玉普   王立成   车 轶 |
| 中国电力工程顾问集团华东电力设计院 | 陈 飞   黎大胜 |
| 上海富晨化工有限公司 | 陆士平 |
| 中冶长天国际工程有限责任公司 | 李 宁   龚 佳 |
| 中冶建筑研究总院有限公司 | 王永焕   李吉娃 |
| 辽宁电力勘测设计院 | 倪桂红   王永红   李炜姝 |
| 中国电力工程顾问集团东北电力设计院 | 刘天英 |
| 江苏省电力设计院 | 徐 昆   刘欣良 |
| 河北省电力勘测设计研究院 | 马 涛   苏 阳 |
| 苏州云白环境设备制造有限公司 | 王 泳 |
| 上海德昊化工有限公司 | 靳庆新 |
| 宝鸡市钛程金属复合材料有限公司 | 何宝明 |
| 山东龙泰电站技术有限公司 | 刘贤祥 |

## 编写工作分工（以章节出现顺序为序）

| | |
|---|---|
| 牛春良 | 第1章；第2章；第3章；第4章；第5章；第6.6节；第7.8节；第8.6、8.9节；第9章；附录A；附录B；附录C |
| 王永焕   李吉娃   靳庆新 | 第5.2、5.5节；第12章 |
| 何宝明 | 第5.5节 |
| 陆士平 | 第5.3节；第10.1、10.2节 |
| 李 宁   龚 佳 | 第6.1、6.2节；第6.3.1、6.3.2、6.3.3节； |

|  |  |  |  |
|---|---|---|---|
|  |  |  | 第 6.4.1、6.4.2 节；第 6.5.1、6.5.2、6.5.3 节 |
| 宋玉普 | 王立成 | 车 轶 | 第 6.3.4、6.4.3、6.5.4 节；第 7.1、7.2、7.3、7.4、7.7 节；第 11 章 |
| 苏 阳 | 马 涛 |  | 第 7.5 节；第 8.5 节 |
| 倪桂红 | 王永红 | 李炜姝 | 第 7.6 节；第 8.3、8.7、8.10、8.12 节 |
| 陈 飞 | 黎大胜 |  | 第 8.1、8.2 节；第 10.3、10.4、10.5 节 |
| 徐 昆 | 刘欣良 |  | 第 8.4 、8.8 节 |
| 刘天英 |  |  | 第 8.11 节 |
| 王 泳 | 徐卫阳 |  | 第 9.1 节 |
| 刘贤祥 |  |  | 第 13 章 |

# 前　　言

本手册是依据《烟囱设计规范》（GB 50051—2013）编写完成的。手册适用于钢筋混凝土烟囱、钢烟囱、玻璃钢烟囱等单筒烟囱，以及由砖、钢、玻璃钢为内筒的套筒式烟囱和多管式烟囱设计。手册可作为《烟囱设计规范》配套使用工具书以及工程设计单位、科研院校的设计与教学等参考用书。

本手册内容全面、系统、实用，并具有以下特点：

第一，手册基本内容完全符合现行国家标准《烟囱设计规范》及其他有关设计规范。

第二，为了更好地满足实际工程需要，许多内容超出规范规定范畴，具体体现在抗风设计和抗震设计等方面。

在抗风设计方面主要包括：

（1）对不同时距、不同地貌和不同重现期的风荷载换算进行了介绍，满足国内外工程设计需要。

（2）给出了外筒风荷载对内筒的水平振动效应的详细计算方法。

（3）首次给出了许多异形截面和塔架式钢烟囱体型系数，大大方便了烟囱设计需要。

在抗震设计方面主要包括：

（1）依据实际震害现象分析了地震破坏规律，分析了《烟囱设计规范》与《建筑抗震设计规范》在竖向地震计算方面的差异，帮助读者更好理解《烟囱设计规范》有关内容的规定。

（2）分析了桩基础的减震机理和设计应注意的问题。

（3）分析了结构刚度突变与内力突变的内在联系，并给出了广义的"刚度突变规律"，即：

1）在地震作用下，无论是结构的刚度突变，还是结构周围介质的刚度突变，都会引起结构振动内应力的突变；

2）内应力突变规律是：沿着振动传播方向，刚度大的结构对刚度小的结构具有内应力放大作用，而刚度小的结构对刚度大的结构具有减震作用；

3）内应力突变随着结构刚度或介质刚度突变的加剧而增大，但内应力突变值是有限的，竖向应力突变放大系数极值为2。

第三，在烟囱抗腐蚀方面进行了理论与实际全面分析。

（1）介绍了主要脱硫工艺及其烟气特点，并给出对应烟气腐蚀等级，为确定烟囱防腐蚀方案提供基本依据。

（2）通过对主要行业和主要防腐材料的典型烟囱腐蚀案例的调查和分析，研究了烟囱腐蚀破坏的主要原因，并给出建议，对今后烟囱设计具有较好的借鉴意义。

（3）介绍了腐蚀的基本类型、露点温度概念和烟气腐蚀等级的划分原则，并给出了烟囱防腐蚀基本准则。

第四，给出了大量烟囱计算和设计例题，绝大部分来自实际工程，部分来自实际工程的提炼，得到了实践检验。

本手册编写人员是来自冶金、电力、化工、高等院校的专家和教授，以及国内从事烟囱工程的专业公司，他们将各行业的共性与特性进行了有机的结合，集理论与实用性于一体，是一本具有较高学术价值的工具书。

在手册的编写过程中，得到了主编和参编单位各级主管领导的大力支持，同时，冶金工业出版社领导对手册的编写给予了指导和帮助，并对手册提出了许多宝贵的修改意见。在此，向所有支持本手册编写和出版的各位领导和同事表示衷心的感谢。

手册中参考或引用了有关文献资料或著作内容，在此一并向所有原作者致谢。

由于时间有限和认识水平的局限性，手册中难免存在不足之处，希望在今后工程实践中得到广大工程技术人员和专家的指正，以便进一步总结经验，不断改进。

中冶东方工程技术有限公司

总工程师　孙献民

2016 年 10 月

# 目　　录

# 1 设 计 总 则

## 1.1 烟囱安全等级的确定

烟囱设计时，应根据其破坏后可能产生的后果的严重性，采用不同的安全等级。安全等级主要根据烟囱破坏危及人身安全、造成经济损失、产生社会和环境影响的严重性加以确定。

烟囱是高耸构筑物，是工业生产和市政设施所必需的高温烟气排放装置，是能源生产系统的一个重要组成部分。它的破坏不仅影响本系统的生产，还对其他工业的正常生产和城乡人民的正常生活造成重要影响，其破坏后果为严重或很严重，因此其安全等级均不低于二级。

烟囱的安全等级主要根据烟囱的高度来确定，对于电厂烟囱尚应考虑发电机组单机容量的大小，我国《烟囱设计规范》（GB 50051—2013）规定如下：

（1）烟囱高度大于或等于 200m 时，烟囱的安全等级为一级，否则，为二级。

（2）对于高度小于 200m 的电厂烟囱，当单机容量不小于 300MW 时，其安全等级应按一级考虑。

烟囱结构重要性系数按表 1.1-1 选取。

表 1.1-1　烟囱结构重要性系数 $\gamma_0$

| 烟囱安全等级 | 烟囱结构重要性系数 |
| --- | --- |
| 一级 | ≥1.1 |
| 二级 | 1.0 |

## 1.2 烟囱承载能力极限状态设计

烟囱承载能力极限状态是指烟囱结构或附属构件达到最大承载力，如发生强度破坏、局部或整体失稳以及因过度变形而不适于继续承载等。

对于承载能力极限状态，应根据不同的设计状况分别进行基本组合和地震组合设计。烟囱设计状况主要包括持久设计状况、短暂设计状况和地震设计状况，特殊情况下包括偶然设计状况，如烟气爆炸等。

### 1.2.1 荷载效应的基本组合

烟囱承载能力极限状态设计的荷载效应基本组合，是指仅有永久作用和可变作用效应的组合状况，包括持久设计状况和短暂设计状况，并按下列组合中的最不利值确定：

$$\gamma_o \left( \sum_{i=1}^{m} \gamma_{G_i} S_{G_{ik}} + \gamma_{Q_1} \gamma_{L_1} S_{Q_{1k}} + \sum_{j=2}^{n} \gamma_{Q_j} \psi_{cj} \gamma_{L_j} S_{Q_{jk}} \right) \leq R_d \tag{1.2-1}$$

$$\gamma_o \left( \sum_{i=1}^{m} \gamma_{G_i} S_{G_{ik}} + \sum_{j=1}^{n} \gamma_{Q_j} \psi_{cj} \gamma_{L_j} S_{Q_{jk}} \right) \leq R_d \tag{1.2-2}$$

式中　$\gamma_o$——烟囱重要性系数，按表1.1-1的规定采用；

$\gamma_{G_i}$——第 $i$ 个永久作用的分项系数，按表1.2-1的规定采用；

$\gamma_{Q_1}$——第1个可变作用（主导可变作用）的分项系数，按表1.2-1的规定采用；

$\gamma_{Q_j}$——第 $j$ 个可变作用的分项系数，按表1.2-1的规定采用；

$G_{ik}$——第 $i$ 个永久作用的标准值；

$Q_{1k}$——第1个可变作用（主导可变作用）的标准值；

$Q_{jk}$——第 $j$ 个可变作用的标准值；

$S_{G_{ik}}$——第 $i$ 个永久作用标准值的效应；

$S_{Q_{1k}}$——第1个可变作用（主导可变作用）标准值的效应；

$S_{Q_{jk}}$——第 $j$ 个可变作用标准值的效应；

$\psi_{cj}$——第 $j$ 个可变作用的组合值系数，按表1.2-2规定采用；

$\gamma_{L_1}$，$\gamma_{L_j}$——第1个和第 $j$ 个考虑烟囱设计使用年限的可变作用调整系数，按现行国家标准《建筑结构荷载规范》（GB 50009—2012）采用；

$R_d$——烟囱或烟囱构件的抗力设计值。

**1.2.1.1　荷载效应的基本组合分项系数**

承载能力极限状态计算时，作用效应基本组合的分项系数应按表1.2-1的规定采用。

表 1.2-1　荷载分项系数

| 作用名称 | 分项系数 | | 备 注 | |
|---|---|---|---|---|
| | 符 号 | 数 值 | | |
| 永久作用 | $\gamma_G$ | 1.20 | 用于式（1.2-1） | 其效应对承载能力不利时 |
| | | 1.35 | 用于式（1.2-2） | |
| | | 1.00 | 一般构件 | 其效应对承载能力有利时 |
| | | 0.90 | 抗倾覆和滑移验算 | |
| 风荷载 | $\gamma_w$ | 1.40 | | |
| 平台上活荷载 | $\gamma_L$ | 1.40 | 当对结构承载力有利时取0 | |
| 安装检修荷载 | $\gamma_A$ | 1.30 | | |
| 环向烟气负压 | $\gamma_{CP}$ | 1.10 | 用于玻璃钢烟囱 | |
| 裹冰荷载 | $\gamma_I$ | 1.40 | | |
| 温度作用 | $\gamma_T$ | 1.10 | 用于玻璃钢烟囱 | |
| | | 1.00 | 其他类型烟囱 | |

注：用于套筒式或多管式烟囱支承平台水平构件承载力计算时，永久作用分项系数取 $\gamma_G = 1.35$。

**1.2.1.2　荷载效应的基本组合的组合系数**

承载能力极限状态计算时，应按表1.2-2的规定确定相应的组合值系数。

**表 1.2-2　作用效应的组合情况及组合值系数**

| 作用效应的组合情况 | | 第 1 个可变作用 | 其他可变作用 | 组合值系数 | | | | |
|---|---|---|---|---|---|---|---|---|
| | | | | $\psi_{cw}$ | $\psi_{cM_a}$ | $\psi_{cL}$ | $\psi_{cT}$ | $\psi_{cCP}$ |
| Ⅰ | $G+W+L$ | $W$ | $M_a+L$ | 1.00 | 1.00 | 0.70 | — | — |
| Ⅱ | $G+A+W+L$ | $A$ | $W+M_a+L$ | 0.60 | 1.00 | 0.70 | — | — |
| Ⅲ | $G+I+W+L$ | $I$ | $W+M_a+L$ | 0.60 | 1.00 | 0.70 | — | — |
| Ⅳ | $G+T+W+CP$ | $T$ | $W+CP$ | 1.00 | 1.00 | — | 1.00 | 1.00 |
| Ⅴ | $G+T+CP$ | $T$ | $CP$ | — | — | — | 1.00 | 1.00 |
| Ⅵ | $G+AT+CP$ | $AT$ | $CP$ | 0.20 | 1.00 | — | 1.00 | 1.00 |

注：1. $G$ 表示烟囱或结构构件自重；$W$ 为风荷载；$M_a$ 为附加弯矩；$A$ 为安装荷载（包括施工吊装设备重量，起吊重量和平台上的施工荷载）；$I$ 为裹冰荷载；$L$ 为平台活荷载（包括检修维护和生产操作活荷载）；$T$ 表示烟气温度作用；$AT$ 表示非正常运行烟气温度作用；$CP$ 表示环向烟气负压。组合Ⅳ、Ⅴ、Ⅵ用于自立式或悬挂式排烟内筒计算。
2. 砖烟囱和塔架式钢烟囱可不考虑附加弯矩 $M_a$。

### 1.2.2　荷载效应的地震组合

抗震设防的烟囱除按 1.2.1 节进行极限承载能力计算外，尚应按下列地震组合进行截面抗震验算：

$$\gamma_{GE}S_{GE} + \gamma_{Eh}S_{Ehk} + \gamma_{Ev}S_{Evk} + \psi_{wE}\gamma_w S_{wk} + \psi_{M_aE}S_{M_aE} \leq R_d/\gamma_{RE} \qquad (1.2\text{-}3)$$

$$\gamma_{GE}S_{GE} + \gamma_{Eh}S_{Ehk} + \gamma_{Ev}S_{Evk} + \psi_{wE}\gamma_w S_{wk} + \psi_{M_aE}S_{M_aE} + \psi_{cT}S_T \leq R_d/\gamma_{RE} \qquad (1.2\text{-}4)$$

式中　$\gamma_{RE}$ ——承载力抗震调整系数，砖烟囱和玻璃钢烟囱取 1.0；钢筋混凝土烟囱取 0.9；钢烟囱取 0.8；钢塔架按表 1.2-3 的规定采用；当仅计算竖向地震作用时，各类烟囱和构件均应采用 1.0；

$\gamma_{Eh}$ ——水平地震作用分项系数，按表 1.2-4 的规定采用；

$\gamma_{Ev}$ ——竖向地震作用分项系数，按表 1.2-4 的规定采用；

$S_{Ehk}$ ——水平地震作用标准值的效应；

$S_{Evk}$ ——竖向地震作用标准值的效应；

$S_{M_aE}$ ——由地震作用、风荷载、日照和基础倾斜引起的附加弯矩效应；

$S_{GE}$ ——重力荷载代表值的效应，重力荷载代表值取烟囱及其结构配件自重标准值和各层平台活荷载组合值之和，活荷载的组合值系数，应按表 1.2-5 的规定采用；

$S_T$ ——烟气温度作用效应；

$\gamma_w$ ——风荷载分项系数，按表 1.2-1 的规定采用；

$\psi_{wE}$ ——风荷载的组合值系数，取 0.20；

$\psi_{M_aE}$ ——由地震作用、风荷载、日照和基础倾斜引起的附加弯矩组合值系数，取 1.0；

$\psi_{cT}$ ——温度作用组合系数，取 1.0；

$\gamma_{GE}$ ——重力荷载分项系数，一般情况应取 1.2，当重力荷载对烟囱承载能力有利时，不应大于 1.0。

**表 1.2-3   塔架构件及连接节点承载力抗震调整系数**

| 塔架构件<br>调整系数 | 塔 柱 | 腹 杆 | 支座斜杆 | 节 点 |
|---|---|---|---|---|
| $\gamma_{RE}$ | 0.85 | 0.8 | 0.9 | 1.0 |

**表 1.2-4   地震作用分项系数**

| 地 震 作 用 | | $\gamma_{Eh}$ | $\gamma_{Ev}$ |
|---|---|---|---|
| 仅计算水平地震作用 | | 1.3 | 0 |
| 仅计算竖向地震作用 | | 0 | 1.3 |
| 同时计算水平和竖向地震作用 | 水平地震作用为主时 | 1.3 | 0.5 |
| | 竖向地震作用为主时 | 0.5 | 1.3 |

**表 1.2-5   计算重力荷载代表值时活荷载组合值系数**

| 活荷载种类 | | 组合值系数 |
|---|---|---|
| 积灰荷载 | | 0.9 |
| 筒壁顶部平台活荷载 | | 不计入 |
| 其余各层平台 | 按实际情况计算的平台活荷载 | 1.0 |
| | 按等效均布荷载计算的平台活荷载 | 0.2 |

# 1.3   烟囱正常使用极限状态设计

烟囱正常使用极限状态是指结构或附属构件达到正常使用规定的限值，如达到变形、裂缝和最高受热温度等规定限值。

对于正常使用极限状态，应分别按作用效应的标准组合、频遇组合和准永久组合进行设计。

## 1.3.1   荷载效应标准组合

标准组合应用于验算钢筋混凝土烟囱筒壁的混凝土压应力、钢筋拉应力、裂缝宽度以及地基承载力或结构变形验算等，并按下式计算：

$$\sum_{i=1}^{m} S_{G_{ik}} + S_{Q_{1k}} + \sum_{j=2}^{n} \psi_{cj} S_{Q_{jk}} \leqslant C \tag{1.3-1}$$

式中   $C$——烟囱或结构构件达到正常使用要求的规定限值，如允许应力、变形、裂缝等限值，或地基承载力特征值。

## 1.3.2   荷载效应准永久组合

准永久组合用于地基变形的计算，应按下式确定：

$$\sum_{i=1}^{m} S_{G_{ik}} + \sum_{j=1}^{n} \psi_{qj} S_{Q_{jk}} \leqslant C \tag{1.3-2}$$

式中　$\psi_{qj}$——第 $j$ 个可变作用效应的准永久值系数，平台活荷载取 0.6；积灰荷载取 0.8；一般情况下不考虑风荷载，但对于风玫瑰图呈严重偏心的地区，可采用风荷载频遇值系数 0.4 进行计算。

### 1.3.3　荷载效应标准组合值系数

荷载效应及温度作用效应的标准组合应考虑表 1.3-1 的两种情况，并采用相应的组合值系数。

**表 1.3-1　荷载效应和温度作用效应的标准组合值系数**

| 荷载和温度作用的效应组合 | | | | 组合值系数 | | 备　注 |
| 情况 | 永久荷载 | 第 1 个可变荷载 | 其他可变荷载 | $\psi_{cw}$ | $\psi_{cM_a}$ | |
|---|---|---|---|---|---|---|
| I | $G$ | $T$ | $w+M_a$ | 1 | 1 | 用于计算水平截面 |
| II | — | $T$ | — | — | — | 用于计算垂直截面 |

### 1.3.4　烟囱正常使用规定限值

#### 1.3.4.1　受热温度允许值

烟囱筒壁和基础的受热温度应符合下列规定：

（1）烧结普通黏土砖筒壁的最高受热温度不应超过 400℃。

（2）钢筋混凝土筒壁和基础以及素混凝土基础的最高受热温度不应超过 150℃。

（3）非耐热钢烟囱筒壁的最高受热温度应符合表 1.3-2 的规定。

（4）玻璃钢烟囱最高受热温度应低于热变形温度 20℃以下。

**表 1.3-2　钢烟囱筒壁的最高受热温度**

| 钢　材 | 最高受热温度/℃ | 备　注 |
|---|---|---|
| 碳素结构钢 | 250 | 用于沸腾钢 |
| | 350 | 用于镇静钢 |
| 低合金结构钢和可焊接低合金耐候钢 | 400 | — |

#### 1.3.4.2　钢筋混凝土烟囱筒壁裂缝宽度限值

对正常使用极限状态，按作用效应标准组合计算的最大水平裂缝宽度和最大垂直裂缝宽度不应大于表 1.3-3 规定的限值。

**表 1.3-3　最大裂缝宽度限值**

| 部　位 | 最大裂缝宽度限值/mm |
|---|---|
| 筒壁顶部 20m 范围内 | 0.15 |
| 其余部位 | 0.20 |

#### 1.3.4.3　烟囱水平位移限值

在荷载的标准组合效应作用下，钢筋混凝土烟囱、钢结构烟囱和玻璃钢烟囱任意高度的水平位移不应大于该点离地高度的 1/100，砖烟囱不应大于 1/300。

## 1.4　烟气压力计算

烟气压力可按下列公式计算：

$$p_g = 0.01(\rho_a - \rho_g)h \tag{1.4-1}$$

$$\rho_a = \rho_{ao}\frac{273}{273 + T_a} \tag{1.4-2}$$

$$\rho_g = \rho_{go}\frac{273}{273 + T_g} \tag{1.4-3}$$

式中　　$p_g$ ——烟气压力，$kN/m^2$；

　　　　$\rho_a$ ——烟囱外部空气密度，$kg/m^3$；

　　　　$\rho_g$ ——烟气密度，$kg/m^3$；

　　　　$h$ ——烟道口中心标高到烟囱顶部的距离，m；

　　　　$\rho_{ao}$ ——标准状态下的大气密度，$kg/m^3$，按 $1.285kg/m^3$ 采用；

　　　　$\rho_{go}$ ——标准状态下的烟气密度，$kg/m^3$，按燃烧计算结果采用；无计算数据时，干式除尘（干烟气）取 $1.32kg/m^3$，湿式除尘（湿烟气）取 $1.28kg/m^3$；

　　　　$T_a$ ——烟囱外部环境温度，℃；

　　　　$T_g$ ——烟气温度，℃。

钢内筒非正常操作压力或爆炸压力应根据各工程实际情况确定，且其负压值不应小于 $2.5kN/m^2$。压力值可沿钢内筒高度取恒定值。

烟气压力对排烟筒产生的环向拉应力（或压应力）可按下式计算：

$$\sigma_\theta = \frac{p_g r}{t} \tag{1.4-4}$$

式中　　$\sigma_\theta$ ——烟气压力产生的环向拉应力（烟气正压运行）或压应力（烟气负压运行），$kN/m^2$；

　　　　$r$ ——排烟筒半径，m；

　　　　$t$ ——排烟筒壁厚，m。

## 1.5　平台活荷载与积灰荷载

烟囱平台活荷载取值应符合下列规定：

（1）承重平台。分段支承排烟筒和悬挂式排烟筒的承重平台除应考虑承受排烟筒自重荷载外，还应考虑计入 $7 \sim 11kN/m^2$ 的施工检修荷载。当构件从属受荷面积大于或等于 $50m^2$ 时应取小值，小于或等于 $20m^2$ 时应取大值，中间可线性插值。

（2）吊装平台。用于自立式或悬挂式钢内筒的吊装平台，应根据施工吊装方案，确定荷载设计值，但平台各构件的活荷载应取考虑 $7 \sim 11kN/m^2$ 的活荷载。当构件从属受荷面积大于或等于 $50m^2$ 时应取小值，小于或等于 $20m^2$ 时应取大值，中间可线性应插值。

（3）非承重检修平台、采样平台和障碍灯平台，活荷载可取 $3kN/m^2$。

（4）套筒式或多管式钢筋混凝土烟囱顶部平台，活荷载可取 $7kN/m^2$。

排烟筒内壁应根据内衬材料特性及烟气条件，考虑计入 0 ~ 50mm 厚积灰荷载。干积灰重力密度可取 10.4kN/m³；潮湿积灰重力密度可取 11.7kN/m³；湿积灰重力密度可取 12.8kN/m³。

烟囱积灰平台的积灰荷载应按实际情况考虑确定，且不宜小于 25kN/m²。

套筒式或多管式烟囱各层平台活荷载作用于钢筋混凝土外筒，应根据计算截面上部平台数量予以折减，折减系数按表 1.5-1 选取。

**表 1.5-1　计算截面上部平台活荷载折减系数**

| 计算截面以上的平台数量 | 1 | 2 ~ 3 | 4 ~ 5 | 6 ~ 8 | 9 ~ 20 |
|---|---|---|---|---|---|
| 计算截面以上各平台活荷载总和的折减系数 | 1.0 | 0.85 | 0.7 | 0.65 | 0.6 |

# 1.6　覆冰荷载

拉索式烟囱的拉索，塔架式烟囱的塔架，应考虑覆冰后所引起的荷载及挡风面积增大的影响。

覆冰荷载按以下原则考虑。

### 1.6.1　覆冰厚度

基本覆冰厚度应根据当地离地面 10m 高度处的观测资料，取统计 50 年一遇的最大覆冰厚度为标准值。当无观测资料时，应通过实地调查确定。在下列有关地区，可按《高耸结构设计规范》（GB 50135—2006）的规定采用：

（1）重覆冰区，包括大凉山、川东北、滇、秦岭、湘黔、闽赣等地区，基本覆冰厚度可取 10 ~ 30mm。

（2）轻覆冰区，包括东北（部分）、华北（部分）、淮河流域等地区，基本覆冰厚度可取 5 ~ 10mm。

（3）覆冰气象条件为：同时风压为 0.15kN/m²；同时气温为 -5℃。

当覆冰形成后，风荷载组合系数按 0.6 考虑。

### 1.6.2　拉索及构架覆冰计算

圆截面的拉索，单位长度上的覆冰荷载，可按下式计算：

$$q_1 = \pi b \alpha_1 \alpha_2 (d + b \alpha_1 \alpha_2) \gamma \cdot 10^{-6} \qquad (1.6\text{-}1)$$

式中　$q_1$——单位长度上的覆冰荷载，kN/m；

　　　$b$——基本覆冰厚度，mm；

　　　$d$——拉索的圆截面直径，mm；

　　　$\alpha_1$——与直径 $d$ 有关的覆冰厚度修正系数，按表 1.6-1 采用；

　　　$\alpha_2$——覆冰厚度递增系数，按表 1.6-2 采用；

　　　$\gamma$——覆冰重度，一般取 9kN/m³。

非圆截面的其他构件，每单位表面面积上的覆冰荷载 $q_a$，可按下式计算：

$$q_a = 0.6b\alpha_2\gamma \cdot 10^{-3} \qquad (1.6\text{-}2)$$

式中    $q_a$ ——单位面积上的覆冰重量，$kN/m^2$。

**表 1.6-1    与构件直径有关的覆冰厚度修正系数 $\alpha_1$**

| 直径/mm | 5 | 10 | 20 | 30 | 40 | 50 | 60 | 70 |
|---|---|---|---|---|---|---|---|---|
| $\alpha_1$ | 1.1 | 1.0 | 0.9 | 0.8 | 0.75 | 0.7 | 0.63 | 0.6 |

**表 1.6-2    覆冰厚度的高度递增系数 $\alpha_2$**

| 离地面高度/m | 10 | 50 | 100 | 150 | 200 | 250 | 300 | ≥350 |
|---|---|---|---|---|---|---|---|---|
| $\alpha_2$ | 1.0 | 1.6 | 2.0 | 2.2 | 2.4 | 2.6 | 2.7 | 2.8 |

## 1.7    烟囱排放监测系统

烟囱设计应根据环保或工艺专业的要求，设置烟气排放连续监测系统（continuous emissions monitoring systems，CEMS），土建专业应预留位置并设置用于采样的平台。当连续监测烟气排放系统（CEMS）装置离地高度超过 2.5m 时，应在监测装置下部 1.2 ~ 1.3m 标高处设置采样平台。平台应设置爬梯或"Z"形楼梯。当监测装置离地高度超过 5m 时，平台应设置"Z"形楼梯、旋转楼梯或升降梯。

安装 CEMS 的工作区域应提供永久性的电源，以保障烟气监测系统 CEMS 的正常运行。安装在高空位置的 CEMS 要采取措施防止发生雷击事故，做好接地，以保证人身安全和仪器的运行安全。

## 1.8    烟囱设计资料

### 1.8.1    自然条件

（1）工程地质和水文地质资料。

（2）抗震设防烈度。

（3）有关风、日照和温度等的气象资料。

### 1.8.2    设计条件

（1）烟囱的平面位置。

（2）烟囱高度。

（3）烟囱出口的内径。

（4）烟道平面布置。

（5）烟道剖面尺寸。

（6）烟道与烟囱的连接位置。

（7）烟囱上安装设备的有关资料。

（8）烟气的成分、浓度、湿度、露点温度、温度和流速。

### 1.8.3 避雷与安全设施

（1）避雷设施资料。
（2）飞行安全标志的要求。

### 1.8.4 检修或安装设施

（1）检修或安装平台。
（2）爬梯。
（3）照明平台。

### 1.8.5 其他有关资料

（1）与烟囱相邻的建筑物和构筑物。
（2）与烟囱相邻的地下设施的布置情况。
（3）其他与烟囱设计有关的资料。

# 2 烟囱抗风设计

## 2.1 风荷载与基本风压

### 2.1.1 风荷载

空气是有质量的，因此其对地表和建筑物表面便产生压力，该压力称为气压。空气与其他物质一样会发生热胀冷缩，因此随着各区域温度的不同，其空气密度也不相同，造成各个地方的气压有高有低，这样，空气就从气压大的地方向气压小的地方流动，从而形成了风。

风经过建筑物遇到阻力，形成高压气幕，对建筑物产生风压。与一般建筑物不同，烟囱所受到的风荷载引起的响应在总的荷载中占有相当大的比重，往往起决定性作用，因此，对风荷载特别是风振的研究，对于烟囱设计来讲非常重要。

对于烟囱来讲，风荷载响应主要需考虑三部分，即顺风向荷载、横风向荷载及局部风压引起的荷载。风是一种动力荷载，其顺风向荷载包括长周期和短周期两部分，其长周期大约为 10min，远大于一般建筑物的自振周期，因此通常称这部分风为稳定风或平均风，其对建筑物的荷载响应为"静力风荷载"；短周期部分为脉动风，是风的不规则性引起的，它的强度随着时间按随机规律变化，对建筑物产生随机振动响应。

圆形截面的高耸结构在风力作用下，除了顺风向（即沿着风速方向）产生的荷载外，还会产生垂直于风向的横向振动，称为横风向风振。横风向风振是由卡门旋涡所引起的，主要发生在圆截面结构，其振动特性随着雷诺数（用 $Re$ 来表示）变化而不同：当 $Re < 3.0 \times 10^5$ 时，即亚临界范围内，旋涡脱落比较规则，出现周期性振动的特征；当 $3.0 \times 10^5 \leqslant Re < 3.5 \times 10^6$ 时，即超临界范围内，旋涡脱落相当混乱，出现随机振动特性；当 $Re \geqslant 3.5 \times 10^6$ 时，即跨临界范围内，旋涡脱落又开始有规律起来，产生以确定性振动为主的振动，同时伴随随机振动。

亚临界范围的横风向振动主要发生在风速较小时的小直径结构或构件，如塔架腹杆、拉线等，一般称为微风振动。由于微风出现是经常的，故微风振动发生的概率较高。当微风的频率与结构自振频率一致时，便发生微风共振。在亚临界范围内，由于振动小但很频繁，临界风速常在 $3 \sim 5\text{m/s}$，通常需要在构造上采用防振措施，或提高结构刚度及相应的临界风速值加以控制，其临界风速控制值为 $v_{\text{cr}} \geqslant 15\text{m/s}$。

对于超临界范围，将产生随机振动，由于风速并不大，可采用亚临界处理方式对待而不做特别处理。

对于跨临界范围，此时风速较大，且为确定性振动。由于风速大，发生的频率远比亚临界风振低。但一旦发生对结构影响极大，需要通过振动验算和控制加以解决。

　　烟囱设计除了考虑顺风向和横风向荷载以外，设计者尚应考虑烟囱周围径向压力分布的影响。由于套筒式烟囱和多管式烟囱的大量采用，使得烟囱上部直径与普通烟囱相比变得越来越大，其径厚比加大，而烟囱上部风荷载也较大，造成烟囱顶部环向弯矩应力往往大于温度应力，特别是烟囱内侧受拉弯矩比外侧受拉弯矩要大，内侧配筋往往比外侧配筋多，与以往普通烟囱仅配外侧环向钢筋相比，大型烟囱变为内侧配筋要大于外侧配筋，需要人们在设计观念上加以改变。同样对于较大的钢烟囱和玻璃钢烟囱而言，由于其顶部径厚比往往很大，其厚度也多数由环向风荷载控制，需要加强环向加劲构造措施。

### 2.1.2　基本风压

#### 2.1.2.1　基本风速

　　风在运动过程中受到地面上各种障碍物的影响，在近地面一定高度范围内其流动表现为紊乱状态，且随着离地高度的增加逐渐趋于稳定。其表现在风速方面的变化是随着高度的增加呈现指数规律增加的规律，当达到一定高度后才脱离地面的影响而稳定，通常称该高度为"梯度风高度"。我国《建筑结构荷载规范》所规定的各类地貌梯度风高度见表 2.1-1。

表 2.1-1　各类地貌梯度风高度 $H_G$

| 地貌类别 | A | B | C | D |
|---|---|---|---|---|
| 梯度风高度/m | 300 | 350 | 450 | 550 |

　　在梯度风高度范围内，离地高度不同，风速也不相同，并且风速随着地貌、时间的变化而变化，因此，必须对不同地区的地貌、测量风速的高度等有所规定。按规定地貌、规定的时间和高度所确定的平均风速称为"基本风速"。

　　梯度风高度以下的近地面层也称为"摩擦层"，地表粗糙度不同，近地面层风速变化的快慢也不同，开阔场地的风速比城市中心更快地达到梯度风速。对于同一高度处的风速，城市中心远比开阔场地的小，不同高度和场地的平均风速沿高度变化规律可以采用指数函数来描述，即：

$$\frac{\bar{v}}{\bar{v}_s} = \left(\frac{z}{z_s}\right)^{\alpha} \tag{2.1-1}$$

式中　$\bar{v}, z$ ——任意一点的平均风速和高度；

　　　　$\bar{v}_s, z_s$ ——标准高度处的平均风速和高度；

　　　　$\alpha$ ——地面粗糙度指数，地面粗糙度程度越大，$\alpha$ 值也越大；对应 A、B、C、D 类地貌的 $\alpha$ 值可按表 2.1-2 采用。

表 2.1-2　地面粗糙度指数 $\alpha$ 值

| 地貌类别 | A | B | C | D |
|---|---|---|---|---|
| 变化范围 | 0.1~0.13 | 0.13~0.18 | 0.18~0.28 | 0.28~0.44 |
| 规范规定取值 | 0.12 | 0.15 | 0.22 | 0.30 |

　　表 2.1-1 和表 2.1-2 中地貌分类是按以下原则进行划分的：

（1）A类指近海海面、海岛、海岸、湖岸及沙漠地区。

（2）B类指田野、乡村、丛林、丘陵以及房屋比较稀疏的乡镇和城市郊区。

（3）C类指有密集建筑群的城市市区。

（4）D类指有密集建筑群且房屋较高的城市市区。

在确定城区的地面粗糙度类别时，若无实测资料时，可按下述原则近似确定：

（1）以拟建房屋为中心，2km为半径的迎风半圆影响范围内的房屋密集度来区分粗糙度类别，风向原则上以该地区最大风的风向为准，但也可取其主导风向。

（2）以半圆影响范围内建筑物平均高度 $\bar{h}$ 为准，$\bar{h} \geqslant 18m$，为 D 类；$9m \leqslant \bar{h} < 18m$，为 C 类；$\bar{h} < 9m$，为 B 类。

（3）影响范围内不同高度的面域按下述原则确定，即每座建筑物向外延伸距离为其高度的面域内均为该高度，当不同高度的面域相交时，交叠部分的高度取大者。

（4）平均高度 $\bar{h}$ 取各面域面积为权数计算。

我国基本风速是采用年最大风速值为统计样本，并按极值 I 型的概率分布和一定的重现期，按规定的高度、地貌和时距所确定的风速。

我国与许多国家一样，最大风速的重现期采用 50 年，其超越概率为 2%，保证率为 98%。

我国《建筑结构荷载规范》规定以 10m 高为标准高度、在空旷平坦的场地、时距为 10min 的平均风速作为基本风速测量标准。

### 2.1.2.2　基本风压

基本分压的确定需要满足以下 6 个条件：

（1）标准高度，大部分国家采用 10m。

（2）地貌为空旷平坦地貌，我国规定为 B 类。

（3）平均风速时距，各国规定有较大区别，欧美国家主要采用 3s 平均最大风速，我国采用 10min 平均最大风速。

（4）最大风速统计样本，通常以年最大风速为样本。

（5）统计重现周期，即所谓重现期，是指统计风速不超过该值并具有相应保证率的时间间隔期，我国 2001 年以前版本的《建筑结构荷载规范》规定为 30 年，之后与其他配套规范进行了统一，规定为 50 年。

（6）统计线型，所谓线型是指描述最大风速的概率密度函数，我国规范所取的线型为极值 I 型。

基本风压是根据基本风速确定的，计算公式如下：

$$w_0 = \frac{1}{2}\rho v_0^2 \tag{2.1-2}$$

式中　$v_0$——基本风速，m/s；

　　　$\rho$——空气密度，t/m$^3$，可近似取 $\rho = 0.00125e^{-0.0001z}$，其中 $z$ 为海拔高度，m。

由于空气密度是气压、气温和湿度的函数，因此不同地方的空气密度是不相同的，精确考虑时需要根据建筑物所在地的具体情况确定，但通常可采用以下简化公式予以计算：

$$w_0 = \frac{v_0^2}{1600} \tag{2.1-3}$$

世界上各国对基本风压的 6 个条件的规定不完全一致,因此对于国外工程必须进行修正后才可以套用我国规范;否则,应完全按国外规范系列标准进行计算。对于不同风压条件可按以下方法进行换算。

A 非标准地貌换算

世界大部分国家基本风压都是按空旷平坦地面处的风速计算,如果地貌不同,则风压也不相同。我国是按 B 类地貌确定的基本风压,是按 10m 高度、梯度风高度为 350m、地面粗糙度指数为 0.15 来加以确定的。目前多数国家均采用 10m 为标准高度,如美国、加拿大、澳大利亚等,日本则采用 15m,巴西、挪威则采用 20m 为标准高度。当地貌不同时,可按下式进行换算:

$$w_{0a} = 3.12 \left( \frac{H_{Ga}}{z_{sa}} \right)^{-2\alpha_s} w_0 \tag{2.1-4}$$

式中 $w_0$ ——我国基本设计风压,$kN/m^2$;

$H_{Ga}$ ——其他标准规定的标准地貌梯度风高度,m;

$z_{sa}$ ——其他标准规定的标准地貌的标准高度,m;

$\alpha_s$ ——其他标准规定的标准地貌的粗糙度指数;

$w_{0a}$ ——换算基本风压,$kN/m^2$。

B 非标准时距换算

平均风速的大小与时距的取值有很大关系,时距越短,则平均风速越大;反之亦然。国际上各个国家规定的标准时距差异较大,英、美以及澳大利亚取 3s 为标准时距,加拿大则取 1h 为标准时距,丹麦及我国等采用 10min 为标准时距,表 2.1-3 为各种时距与 10min 标准时距换算比值统计结果,供设计参考。

**表 2.1-3 各种不同时距与 10min 时距风速换算比值**

| 时距 | 1h | 10min | 5min | 2min | 1min | 0.5min | 20s | 10s | 5s | 3s | 瞬时 |
|------|-----|-------|------|------|------|--------|-----|-----|-----|-----|------|
| 比值 | 0.94 | 1.0 | 1.07 | 1.16 | 1.20 | 1.26 | 1.28 | 1.35 | 1.39 | 1.42 | 1.5 |

表 2.1-3 数值是平均数值,实际天气过程(如寒潮大风、台风、雷雨大风)等许多因素影响着该比值,需要具体分析。

C 不同重现期换算

活荷载取值通常不是采用荷载概率分布的平均值,而是选取比平均值大许多的某一分位值,使得出现该值的时间间隔为期望时间,称该间隔为重现期。不同的重现期,反映了不同的结构安全度,或者不超过该设计荷载的保证率。当重现期为 $T_0$ 时,其保证率为 $P = 1 - \frac{1}{T_0}$,对于非 50 年重现期的风荷载,其基本风压调整系数可按下式计算:

$$\mu_r = 0.336 \lg T_0 + 0.429 \tag{2.1-5}$$

式中    $T_0$——风荷载重现期;

$\mu_r$——按 $T_0$ 重现期换算到 50 年一遇基本风压后的重现期调整系数。

我国烟囱设计的基本风压应按现行国家标准《建筑结构荷载规范》（GB 50009—2006）规定的 50 年一遇的风压采用,但基本风压不得小于 $0.35 kN/m^2$。烟囱安全等级为一级时,其计算风压应按基本风压的 1.1 倍确定。

## 2.2 风荷载体型系数

不同体型的建筑物,在同样风速条件下,平均风压在建筑物表面上的分布是不同的,这种差异通常采用"体型系数"来予以体现。风荷载体型系数是指风作用在建筑物表面一定面积范围内所引起的平均风压力（或吸力）与来流风压的比值,它主要与建筑物的体型和尺度有关,也与周围环境和地面粗糙度有关。

体型系数主要是通过风洞试验来获得的。由于近地风具有显著的紊乱性和随机性,在风洞中很难真实地模拟实际风场,因而试验结果可能与实际有很大出入。国内外各种荷载规范所给出的建筑物的体型系数均有其局限性,因此,当无资料时以及对于重要且体型复杂的建（构）筑物,采用风洞试验获取相应体型系数仍应作为抗风设计的重要辅助手段。

风的压力作用,其方向都是垂直于结构物表面的。这是由于空气的黏性极小,抗剪能力极差,因而一般只考虑垂直于表面的风力作用。因此,风荷载体型系数只有正压和负压两种作用方向。

### 2.2.1　整体体型系数与局部体型系数

通过一个长方形建筑物风洞试验获得的表面压力分布可以得到以下结果：

（1）在风力作用下,迎风面一般均受有正压力,并且正压力在迎风面中间偏上位置为最大,约为0.9;而两边及底部最小,为 0.5~0.7;其平均值约为0.8。

（2）建筑物背面全部为负压力,一般两边略大、中间偏小,相对正面,背面负压比较均匀,约为 -0.5。

（3）平行于建筑物侧面,两侧一般承受吸力,一般近侧大,远侧小,分布极不均匀。

我们通常进行结构设计时,主要关心的是风对结构的整体响应,因此,采用的是平均体型系数,通常也称整体体型系数。但在建筑物的角隅、檐口、边棱处和附属结构的部位（如阳台、雨篷等外悬挑构件）,局部风压往往大于平均风压,需要采用局部风压系数,也称局部体型系数进行验算。

对于烟囱这样径厚比较大的圆形截面,除了采用整体体型系数考虑顺风向荷载以外,尚应考虑风压沿圆周不均匀分布所产生的环向风弯矩。

### 2.2.2　群体建筑对体型系数的影响

相邻建筑的影响在风工程中是很重要的研究课题,但目前国内外在这方面做的工作很有限,而且数值也有较大出入。但一般结论是：

（1）两相邻建筑中,在一定距离内为最大,在该距离两倍以上可以忽略不计。

（2）由于尾流的影响，当相邻建筑物的轴线方向与风向呈某一角度（30°）时，影响为最大，它一般位于尾流区的边缘线上。

（3）三个相邻建筑的影响量与两个的接近，且两旁的建筑大，比中间大20%左右。

如果相邻建筑很矮小，即使与所考虑建筑很近，其影响范围也只在所考虑建筑底部，对整个建筑影响很小。因此只有相邻建筑为所考虑建筑高度的一半以上时，即 $H \geqslant 0.5H_0$ 时，才予以考虑。

#### 2.2.2.1 被影响建筑的顺风向体型系数

（1）当 $\dfrac{d}{b} \leqslant 3.5$ 或 $\dfrac{d}{H} \leqslant 0.7$ 时（如图2.2-1所示），被影响建筑的顺风向体型系数可分别按表2.2-1建议值选取。

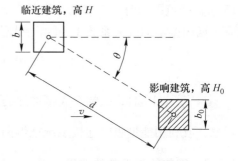

（2）当 $\dfrac{d}{b} \geqslant 7.5$ 或 $\dfrac{d}{H} \geqslant 1.5$ 时，取 $\mu_{sm} = \mu_s$，其中 $\mu_{sm}$、$\mu_s$ 分别为被影响建筑的受到影响后和未受到影响时的体型系数。

图 2.2-1 群体建筑位置关系

（3）当 $3.5 < \dfrac{d}{b} < 7.5$ 或 $0.7 < \dfrac{d}{H} < 1.5$ 时，按上述两种情况进行插值计算。

**表 2.2-1 被影响建筑体型系数建议值**

| $\theta/(°)$ | 0 | 10 | 20 | 30 | 40 | 50 | 60 | 70 | 80 | 90 |
|---|---|---|---|---|---|---|---|---|---|---|
| $\mu_{sm}/\mu_s$ | 1.5 | 1.7 | 1.9 | 2.0 | 1.9 | 1.8 | 1.8 | 1.6 | 1.5 | 1.3 |

#### 2.2.2.2 被影响建筑的横风向体型系数

（1）当 $\dfrac{d}{b} \leqslant 2.5$ 或 $\dfrac{d}{H} \leqslant 0.45$ 时，取 $\mu_{sm} = 1.5\mu_s$。

（2）当 $\dfrac{d}{b} \geqslant 7.5$ 或 $\dfrac{d}{H} \geqslant 1.5$ 时，取 $\mu_{sm} = \mu_s$。

（3）当 $2.5 < \dfrac{d}{b} < 7.5$ 或 $0.45 < \dfrac{d}{H} < 1.5$ 时，按上述两种情况进行插值计算。

#### 2.2.2.3 塔架式钢烟囱体型系数

塔架式钢烟囱，因为塔架相对排烟筒的挡风面积较小，可以不计入塔架与排烟筒的相互影响，而分别计算塔架和排烟筒风荷载。

#### 2.2.2.4 CICIND（model code for steel chimneys revision 1-1999）的相关规定

**A 相邻结构对烟囱顺风向响应的影响**

当上风向临近结构的干扰效应存在时，用来确定风荷载的设计风速应乘以增大系数 $k_i$，$k_i$ 定义如下：

（1）当产生影响的结构高度小于烟囱高度的一半时，$k_i = 1.0$。

（2）当产生影响的结构高度大于烟囱高度的一半并且可近似为圆柱体时，$k_i$ 可由下式确定：

$$k_i = 1.2 - 0.0067 \frac{a}{d} \qquad (1 < \frac{a}{d} \leqslant 30) \qquad (2.2\text{-}1)$$

式中　$a$——下风向烟囱中心到影响结构中心距离；

　　　$d$——影响结构的直径。

B　相邻结构对烟囱横风向响应的影响

当近似圆柱体结构（如另一烟囱）处于上风向且在近似圆柱体结构或较小高度的烟囱15 倍直径范围内时，空气动力学的"尾流效应"影响将大大提高下风向烟囱横风向的反应，烟囱振幅的放大系数 $k_c$ 可由下式估算：

$$k_c = 2.5 - 0.1 \frac{a}{d} \qquad (10 \leqslant \frac{a}{d} \leqslant 15) \qquad (2.2\text{-}2)$$

当 $\frac{a}{d} < 10$ 时，振幅有大幅增加的危险。在这种情况下，可能最好的解决方法是增加阻尼，或利用能量吸收连接系统把烟囱同影响建筑在结构上连接。

## 2.2.3　烟囱体型系数的选用

国家有关标准给出了一些常用结构的体型系数，设计时可以直接选用。当设计体型与所给体型不同时，宜由风洞试验确定。

### 2.2.3.1　我国《建筑结构荷载规范》给出的主要体型系数

气流绕过物体，其形状随雷诺数的变化而变化。雷诺数很低时纯粹是层流，当雷诺数增加时，在截面表面某点层流破坏，从这点开始变为湍流，该点称之为分离点。圆形截面的体型系数随雷诺数的变化而变化；而对于非圆截面，其体型系数与雷诺数关系很小。对于圆形截面，在低雷诺数时，仅在贴近截面后部形成两个不变的涡流；当增大气流速度，涡旋相互交替分离，在截面后面形成一"涡列"；达到临界雷诺数时，分离点向后移，"涡列"变窄，分离点不稳定，从一点移动至另一点，引起脉动力。

A　圆形截面烟囱或杆件的体型系数

圆形截面构筑物按整体计算的体型系数 $\mu_s$ 取决于雷诺数 $Re$：

$$Re = \frac{vd}{\nu} \approx 69000vd \qquad (2.2\text{-}3)$$

式中　$v$——风速，m/s；

　　　$d$——圆形截面直径，m；

　　　$\nu$——空气黏滞性系数，取 $\nu = 0.145 \times 10^{-4} \mathrm{m^2/s}$。

根据有关资料，当 $Re \leqslant 1.5 \times 10^5$ 时，圆形截面 $\mu_s = 1.2$；当 $Re \geqslant 4.0 \times 10^5$ 时，圆形截面 $\mu_s$ 可减少到0.6。

考虑风荷载分项系数1.4，则设计风速可按下式计算：

$$v = \sqrt{1.4 \times 1600 \times \mu_z w_0} \qquad (2.2\text{-}4)$$

将公式（2.2-4）代入公式（2.2-3）可以得到：当 $\mu_z w_0 d^2 \leqslant 0.002$ 时，取 $\mu_s = 1.2$；当 $\mu_z w_0 d^2 \geqslant 0.015$ 时，取 $\mu_s = 0.6$，具体见表2.2-2。

**表 2.2-2　圆形截面烟囱或杆件的体型系数**

| $\mu_z w_0 d^2$ | 表面情况 | $H/d \geqslant 25$ | $H/d = 7$ | $H/d = 1$ |
|---|---|---|---|---|
| $\geqslant 0.015$ | $\Delta \approx 0$ | 0.6 | 0.5 | 0.5 |
| | $\Delta = 0.02d$ | 0.9 | 0.8 | 0.7 |
| | $\Delta = 0.08d$ | 1.2 | 1.0 | 0.8 |
| $\leqslant 0.002$ | — | 1.2 | 0.8 | 0.7 |

**B　塔架的体型系数**

角钢塔架的体型系数见表 2.2-3。

**表 2.2-3　角钢塔架的体型系数**

| 序号 | 结构类型 | 结构体型及体型系数 |
|---|---|---|
| 1 | 型钢及组合型钢结构 | $\mu_s = 1.3$ |
| 2 | 塔架 | （见下） |

（1）角钢塔架的整体体型系数 $\mu_s$ 值

| $\phi$ | 方形 | | | 三角形 |
|---|---|---|---|---|
| | 风向① | 风向② | | 任意风向③④⑤ |
| | | 单角钢 | 组合角钢 | |
| $\leqslant 0.1$ | 2.6 | 2.9 | 3.1 | 2.4 |
| 0.2 | 2.4 | 2.7 | 2.9 | 2.2 |
| 0.3 | 2.2 | 2.4 | 2.7 | 2.0 |
| 0.4 | 2.0 | 2.2 | 2.4 | 1.8 |
| 0.5 | 1.9 | 1.9 | 2.0 | 1.6 |

注：1. 挡风系数 $\phi = \dfrac{\text{迎风面杆件和节点净投影面积}}{\text{迎风面轮廓面积}}$，均按塔架迎风面的一个塔面计算。

　　2. 六边形及八边形塔架的 $\mu_s$ 值，可近似地按上表方形塔架参照对应的风向①或②采用。

（2）管子及圆钢塔架的整体体型系数 $\mu_s$ 值

　1）当 $\mu_z w_0 d^2 \leqslant 0.003$ 时，$\mu_s$ 值按角钢塔架的 $\mu_s$ 值乘以 0.8 计算；

　2）当 $\mu_z w_0 d^2 \geqslant 0.02$ 时，$\mu_s$ 值按角钢塔架的 $\mu_s$ 值乘以 0.6 计算；

　3）当 $0.003 < \mu_z w_0 d^2 < 0.02$ 时，$\mu_s$ 值按插值法计算；

　4）当高耸结构由不同类型截面组合而成时，应按不同类型杆件迎风面积加权平均选用 $\mu_s$ 值

| 序号 | 结构类型 | 结构体型及体型系数 | | | |
|---|---|---|---|---|---|
| 3 | 格构式横梁 | （1）矩形横梁<br><br>$$\phi = \frac{横梁正面投影面积}{横梁正面轮廓面积}$$<br>1）当风向垂直于横梁（$\theta = 90°$）时，横梁的整体体型系数 $\mu_s$ 值见下表。 | | | |

| $\phi$ | $b/h$ | | | |
|---|---|---|---|---|
|  | $\leqslant 1$ | 2 | 4 | $\geqslant 6$ |
| $\leqslant 0.1$ | 2.6 | 2.6 | 2.6 | 2.6 |
| 0.2 | 2.4 | 2.5 | 2.6 | 2.6 |
| 0.3 | 2.2 | 2.3 | 2.3 | 2.4 |
| 0.4 | 2.0 | 2.1 | 2.2 | 2.3 |
| $\geqslant 0.5$ | 1.8 | 1.9 | 2.0 | 2.1 |

2）当风向不与横梁垂直时，横梁的整体体型系数 $\mu_s$ 值见下表。

| $\theta/(°)$ | $\mu_{sn}$ | $\mu_{sp}$ |
|---|---|---|
| 90 | $1.0\mu_s$ | 0 |
| 45 | $0.5\mu_s$ | $0.21\mu_s$ |
| 0 | 0 | $0.40\mu_s$ |

注：1. 上表 $\mu_{sn}$、$\mu_{sp}$ 分别为垂直和平行于横梁的体型系数分量。

2. 上表 $\mu_s$ 为风向垂直于横梁时的整体体型系数。

3. 计算 $\mu_{sn}$ 及 $\mu_{sp}$ 时，均以横梁正面面积为准。

（2）三角形横梁的整体体型系数可按矩形横梁的值乘以 0.9 计算。

（3）管子及圆钢组成的横梁可参照项次 3（b）的方法计算整体体型系数 $\mu_s$ 的值

### 2.2.3.2　国外规范给出的主要截面形状体型系数

为了改变审美疲劳和内筒布置的需要，越来越多的非圆形截面的"异形"烟囱和塔架式钢烟囱被大量采用，为了设计方便，表 2.2-4 和表 2.2-5 分别给出了柱状截面和塔架式钢烟囱整体计算时的体型系数，供设计参考。

### 2.2.3.3　国内外主要试验结果

关于塔架与排烟筒对体型系数 $\mu_s$ 的相互影响问题，原冶金部建筑研究总院为宝钢 200m 塔架式钢烟囱所做的风洞试验表明，塔内为两个排烟筒时，在某些风向下，塔架反而使排烟筒的体型系数 $\mu_s$ 有所增大。但一般情况，排烟筒体型系数大致降低 0.09 ~ 0.13，平均降低 0.11。因此，一般可不考虑塔架与排烟筒的相互作用。

**A　三个正三边形布置圆筒的风洞试验数据**

上海东方明珠电视塔的塔身为三柱式，设计前进行了模拟风洞试验。试件直径为

300mm，柱间净距 0.75$d$，挡风系数 $\phi = 0.727$，风速 17m/s。测定结果如图 2.2-2 所示。

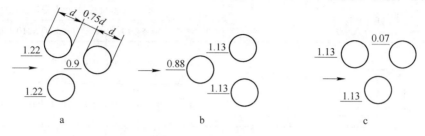

图 2.2-2 三筒风洞试验

可见最大体型系数出现在如图 2.2-2a 所示风向，以整体系数来表示则为：$\mu_s = 3.34/2.75 = 1.21$。

根据各国的试验结果，当通风面挡风系数 $\phi > 0.5$ 时，$\mu_s$ 值随着 $\phi$ 值的增大而增大，特别是在 $dv \geq 6m^2/s$（$d$ 为管径，$v$ 为风速）时，遵守这一规律。对于三个排烟筒一般均属于这种情况。

因此，在试验有困难时，对于三个排烟筒的整体风载体型系数 $\mu_s$，可参考下面公式：

$$\mu_s = 1 + 0.4\phi \qquad (2.2-5)$$

B 四个排烟筒塔架试验数据

日本对某电厂 200m 塔架式烟囱所做风洞试验如图 2.2-3 所示。

经试验后确定整体系数 $\mu_s = 1.1$。这个数值比圆管塔架的 $\mu_s$ 要小一些，但有一定参考价值。

在无条件试验时，四筒式排烟筒的 $\mu_s$ 值，可参考下式：

0°风攻角时 $\mu_s = 1 + 0.2\phi$

45°风攻角时 $\mu_s = 1.2 \times (1 + 0.1\phi)$

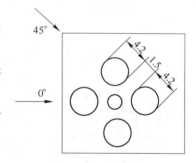

图 2.2-3 四筒式布置

表 2.2-4 柱状体截面的体型系数（根据 BSI 规范）

| 断面形状 | | $vb$ /m²·s⁻¹ | 高度或长度 $H$/受风面宽度 $b$ | | | | | | |
|---|---|---|---|---|---|---|---|---|---|
| | | | ≤0.5 | ≤1.0 | ≤2.0 | ≤5.0 | ≤10 | ≤20 | ∞ |
| 圆形 | 一般情况 | <6 | 0.7 | 0.7 | 0.7 | 0.8 | 0.9 | 1.0 | 1.2 |
| | 粗表面或有凸起的表面 | ≥6 | | | | | | | |
| | 光滑表面 | ≥6 | 0.5 | 0.5 | 0.5 | 0.5 | 0.5 | 0.6 | 0.6 |
| $b/d=1/2$ | | <10 | 0.5 | 0.5 | 0.5 | 0.5 | 0.6 | 0.6 | 0.7 |
| | | ≥10 | 0.2 | 0.2 | 0.2 | 0.2 | 0.2 | 0.2 | 0.2 |
| $b/d=2$ | | <8 | 0.8 | 0.8 | 0.9 | 1.0 | 1.1 | 1.3 | 1.7 |
| | | ≥8 | 0.8 | 0.8 | 0.9 | 1.0 | 1.1 | 1.3 | 1.6 |

续表 2.2-4

| 断 面 形 状 | $vb$ /m²·s⁻¹ | 高度或长度 H/受风面宽度 b | | | | | | |
|---|---|---|---|---|---|---|---|---|
| | | ≤0.5 | ≤1.0 | ≤2.0 | ≤5.0 | ≤10 | ≤20 | ∞ |
| $b/d=1$ $r/b=1/3$ | <4 | 0.6 | 0.6 | 0.6 | 0.7 | 0.8 | 0.8 | 1.0 |
| | ≥4 | 0.4 | 0.4 | 0.4 | 0.4 | 0.5 | 0.5 | 0.5 |
| $b/d=1$ $r/b=1/6$ | <4 | 0.6 | 0.6 | 0.6 | 0.7 | 0.8 | 0.8 | 1.0 |
| | ≥4 | 0.4 | 0.4 | 0.4 | 0.4 | 0.5 | 0.5 | 0.5 |
| $b/d=1/2$ $r/b=1/2$ | <3 | 0.3 | 0.3 | 0.3 | 0.3 | 0.3 | 0.3 | 0.4 |
| | ≥3 | 0.2 | 0.2 | 0.2 | 0.2 | 0.3 | 0.3 | 0.3 |
| $b/d=1/2$ $r/b=1/3$ | 所有场合 | 0.5 | 0.5 | 0.5 | 0.5 | 0.6 | 0.6 | 0.7 |
| $b/d=2$ $r/b=1/12$ | 所有场合 | 0.9 | 0.9 | 1.0 | 1.1 | 1.2 | 1.5 | 1.9 |
| $b/d=2$ $r/b=1/4$ | <6 | 0.7 | 0.8 | 0.8 | 0.9 | 1.0 | 1.2 | 1.5 |
| | ≥6 | 0.5 | 0.5 | 0.5 | 0.5 | 0.5 | 0.6 | 0.6 |
| $r/c=1/3$ | <10 | 0.8 | 0.8 | 0.9 | 1.0 | 1.1 | 1.3 | 1.5 |
| | ≥10 | 0.5 | 0.5 | 0.5 | 0.5 | 0.6 | 0.6 | |
| $r/c=1/12$ | 所有场合 | 0.9 | 0.9 | 0.9 | 1.1 | 1.2 | 1.3 | 1.6 |
| $r/c=1/48$ | 所有场合 | 0.9 | 0.9 | 0.9 | 1.1 | 1.2 | 1.3 | 1.6 |
| $r/b=1/4$ | <11 | 0.7 | 0.7 | 0.7 | 0.8 | 0.9 | 1.0 | 1.2 |
| | ≥11 | 0.4 | 0.4 | 0.4 | 0.4 | 0.5 | 0.5 | 0.5 |
| $r/b=1/12$ | 所有场合 | 0.8 | 0.8 | 0.8 | 1.0 | 1.0 | 1.2 | 1.4 |

| 断面形状 | $vb$ /m²·s⁻¹ | 高度或长度 $H$/受风面宽度 $b$ | | | | | | |
|---|---|---|---|---|---|---|---|---|
| | | ≤0.5 | ≤1.0 | ≤2.0 | ≤5.0 | ≤10 | ≤20 | ∞ |
| $r/b = 1/48$ | 所有场合 | 0.7 | 0.7 | 0.8 | 0.9 | 1.0 | 1.1 | 1.3 |
| $r/b = 1/4$ | <8 | 0.7 | 0.7 | 0.8 | 0.9 | 1.0 | 1.1 | 1.3 |
| | ≥8 | 0.4 | 0.4 | 0.4 | 0.4 | 0.5 | 0.5 | 0.5 |
| $1/48 < r/b < 1/12$ | 所有场合 | 1.2 | 1.2 | 1.2 | 1.4 | 1.6 | 1.7 | 2.1 |
| 正十二边形 | <12 | 0.7 | 0.7 | 0.8 | 0.9 | 1.0 | 1.1 | 1.3 |
| | ≥12 | 0.7 | 0.7 | 0.7 | 0.7 | 0.8 | 0.9 | 1.1 |
| 正八边形 | 所有场合 | 1.0 | 1.0 | 1.1 | 1.2 | 1.2 | 1.3 | 1.4 |

注：1. 数据摘自 British Standards Institute. Code of basic data for the design of buildings（Chapter Ⅴ）：Loadings.

2. 表中 $v$ 为风速，单位为 m/s。

**表 2.2-5　塔架式钢烟囱的体型系数**（根据日本规范）

| 断面形状 | 风向 | 体型系数 | | 塔架 | 备　注 |
|---|---|---|---|---|---|
| | | 排烟筒 | | | |
| | | $C_s$ | $C_L$ | $C_r$ | |
| | A | 0.7 | — | 1.6 | $L \geqslant d + 1.4\text{m}$ |
| | B | 0.7 | — | 1.6 | |
| | A | 0.7 | — | 1.9 | $L \geqslant d + 1.4\text{m}$ |
| | B | 0.7 | — | 2.4 | |

| 断面形状 | 风向 | 体型系数 | | | 备　　注 |
|---|---|---|---|---|---|
| | | 排烟筒 | | 塔架 | |
| | | $C_s$ | $C_L$ | $C_r$ | |
| | A | 0.5 | 0.7 | 2.4 | $1.2 \leqslant s/d \leqslant 2$ |
| | B | 0.75 | — | 2.2 | $L/d \geqslant 2$ |
| | A | 0.7 | — | 1.9 | $1.2 \leqslant s/d \leqslant 2$ |
| | B | 0.7 | — | 1.9 | $L/d \geqslant 3$ |
| | A | 0.55 | — | 2.0 | $1.2 \leqslant s/d \leqslant 2$ |
| | B | 0.55 | — | 2.3 | $L/d \geqslant 2.5$ |

注：表中体型系数方向如图 2.2-4 所示。

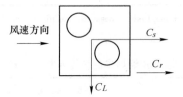

图 2.2-4　塔架式钢烟囱风力风向

## 2.3　顺风向荷载

### 2.3.1　风荷载标准值

垂直作用于烟囱表面单位面积上的风荷载标准值应按下式计算：

$$w_z = \beta_z \mu_s \mu_z w_0 \tag{2.3-1}$$

式中　$w_z$——作用于结构 $z$ 高度处单位投影面积上的风荷载标准值，$kN/m^2$；

　　　$w_0$——基本风压值，$kN/m^2$，应按《建筑结构荷载规范》（GB 50009—2006）的规定采用；

$\mu_z$——$z$ 高度处的风压高度变化系数;

$\mu_s$——风荷载体型系数;

$\beta_z$——$z$ 高度处的风振系数。

对于山区及偏僻地区,当没有基本风压资料时,可参照附近地区资料,并乘以下列调整系数计算:

(1) 对于山间盆地、谷地等闭塞地形,调整系数为 0.75~0.85。

(2) 对于与风向一致的谷口、山口,调整系数为 1.2~1.5。

(3) 海岛的基本风压调整系数:

1) 距海岸距离小于 40km,调整系数为 1.0;

2) 距海岸距离为 40~60km,调整系数为 1.0~1.1;

3) 距海岸距离为 60~100km,调整系数为 1.1~1.2。

### 2.3.2 风压高度变化系数

风压高度变化系数 $\mu_z$,应根据地面粗糙度类别按下式进行计算:

$$\mu_z = \beta \left(\frac{z}{10}\right)^{\alpha} \tag{2.3-2}$$

式中 $\beta$——地貌调整系数,对应 A、B、C、D 地貌分别取 1.284、1.0、0.544 和 0.262。

当计算高度分别满足截断高度 $H_0$ 和梯度风高度 $H_G$ 时,按式 (2.3-2) 计算的风压高度变化系数应满足表 2.3-1 要求。对应 A、B、C、D 地貌的截断高度 $H_0$ 分别为 5m、10m、15m 和 30m;梯度风高度 $H_G$ 分别为 300m、350m、450m 和 550m。

**表 2.3-1 风压高度变化系数 $\mu_z$**

| 计算高度 $z$ | 地面粗糙度类别 | | | |
|---|---|---|---|---|
| | A | B | C | D |
| $z \le H_0$ | 1.09 | 1.0 | 0.65 | 0.51 |
| $z \ge H_G$ | 2.91 | 2.91 | 2.91 | 2.91 |

### 2.3.3 顺风向风振

#### 2.3.3.1 风振系数

风振系数是指顺风向的平均风和脉动风所产生的总响应与平均风单独响应之比。低矮建筑其刚度较大,一般可不考虑脉动风产生的风振影响。对于高度大于 30m 且高宽比大于 1.5 的房屋,以及基本自振周期大于 0.25s 的高耸结构,应考虑脉动风所产生的风振响应。

对于塔架、烟囱等高耸结构,均可仅考虑结构第一振型的影响,烟囱在 $z$ 高度处的风振系数可按下式进行计算:

$$\beta_z = 1 + 2gI_{10}B_z \sqrt{1 + R^2} \tag{2.3-3}$$

式中 $g$——峰值因子,可取 2.5;

$I_{10}$——10m 高度湍流强度,对应于 A、B、C 和 D 类地面粗糙度,可分别取 0.12、0.14、0.23 和 0.39;

$R$ ——脉动风荷载的共振分量因子;

$B_z$ ——脉动风荷载的背景分量因子。

**2.3.3.2　脉动风荷载的共振分量因子**

脉动风荷载的共振分量因子可按下式计算:

$$R = \sqrt{\frac{\pi}{6\zeta_1} \frac{x_1^2}{(1 + x_1^2)^{4/3}}} \qquad (2.3\text{-}4)$$

$$x_1 = \frac{30f_1}{\sqrt{k_w w_0}} \quad (x_1 > 5) \qquad (2.3\text{-}5)$$

式中　$f_1$ ——结构第一阶自振频率,Hz;

　　　$k_w$ ——地面粗糙度修正系数,对 A、B、C 和 D 类地面粗糙度,可分别取 1.28、1.0、0.54 和 0.26;

　　　$\zeta_1$ ——10m 高度湍流强度,对应于 A、B、C 和 D 类地面粗糙度,可分别取 0.12、0.14、0.23 和 0.39。

**2.3.3.3　脉动风荷载的背景分量因子**

脉动风荷载的背景分量因子可按下式计算:

$$B_z = kH^{\alpha_1} \rho_x \rho_z \frac{\varphi_1(z)}{\mu_z} \qquad (2.3\text{-}6)$$

式中　$\varphi_1(z)$ ——结构第一阶振型系数;

　　　$H$ ——结构总高度,对 A、B、C 和 D 类地面粗糙度,$H$ 的取值分别不应大于 300m、350m、450m 和 550m;

　　　$\rho_x$ ——脉动风荷载水平方向相关系数;

　　　$\rho_z$ ——脉动风荷载竖直方向相关系数;

　　$k$,$\alpha_1$ ——系数,按表 2.3-2 取值。

**表 2.3-2　系数 $k$、$\alpha_1$ 的取值**

| 粗糙度类别 | A | B | C | D |
|---|---|---|---|---|
| $k$ | 1.276 | 0.910 | 0.404 | 0.155 |
| $\alpha_1$ | 0.186 | 0.218 | 0.292 | 0.376 |

对于按式(2.3-6)计算的脉动风荷载的背景分量因子应乘以修正系数 $\theta_B$ 和 $\theta_v$。其中 $\theta_B$ 为烟囱在 $z$ 高度处的迎风面宽度与底部宽度的比值,$\theta_v$ 可按表 2.3-3 确定。

**表 2.3-3　修正系数 $\theta_v$**

| $B(H)/B(0)$ | 1 | 0.9 | 0.8 | 0.7 | 0.6 | 0.5 | 0.4 | 0.3 | 0.2 | ≤0.1 |
|---|---|---|---|---|---|---|---|---|---|---|
| $\theta_v$ | 1.00 | 1.10 | 1.20 | 1.32 | 1.50 | 1.75 | 2.08 | 2.53 | 3.30 | 5.60 |

**2.3.3.4　脉动风荷载的空间相关系数**

脉动风荷载竖直方向相关系数可按下式计算:

$$\rho_z = \frac{10\sqrt{H + 60e^{-H/60} - 60}}{H} \qquad (2.3\text{-}7)$$

式中　$H$——结构总高度，m，对 A、B、C 和 D 类地面粗糙度，$H$ 的取值分别不应大于 300m、350m、450m 和 550m。

脉动风荷载水平方向相关系数可按下式计算：

$$\rho_x = \frac{10 \sqrt{B + 50e^{-B/50} - 50}}{B} \tag{2.3-8}$$

式中　$B$——结构迎风面宽度，m，可取烟囱 2/3 高度处外径，$B \le 2H$。

## 2.4　横风向共振响应

对于圆形钢筋混凝土烟囱和自立式钢结构烟囱，当其坡度小于等于 2% 时，应根据雷诺数的不同情况进行横风向风振验算。

用于横风向风振验算的雷诺数 $Re$、临界风速和烟囱顶部风速，应分别按下式计算：

$$Re = 69000vd \tag{2.4-1}$$

$$v_{cr,j} = \frac{d}{St \times T_j} \tag{2.4-2}$$

$$v_H = 40 \sqrt{\mu_H w_0} \tag{2.4-3}$$

式中　$v_{cr,j}$——第 $j$ 振型临界风速，m/s；

$v_H$——烟囱顶部 $H$ 处风速，m/s；

$v$——计算高度处风速，m/s，计算烟囱筒身风振时，可取 $v = v_{cr,j}$；

$d$——圆形杆件外径，m，计算烟囱筒身时，可取烟囱 2/3 高度处外径；

$St$——斯脱罗哈数，圆形截面结构或杆件的取值范围为 0.2 ~ 0.3，对于非圆形截面杆件可取 0.15；

$T_j$——结构或杆件的第 $j$ 振型自振周期，s；

$\mu_H$——烟囱顶部 $H$ 处风压高度变化系数；

$w_0$——基本风压，$kN/m^2$。

当 $Re < 3 \times 10^5$，且 $v_H > v_{cr,j}$ 时，自立式钢烟囱和钢筋混凝土烟囱可不计算亚临界横风向共振荷载，但对于塔架式钢烟囱的塔架杆件，在构造上应采取防振措施或控制杆件的临界风速不小于 15m/s。

当 $Re \ge 3.5 \times 10^6$，且 $1.2v_H > v_{cr,j}$ 时，应验算其共振响应。横风向共振响应可采用下列公式进行简化计算：

$$w_{czj} = |\lambda_j| \frac{v_{cr,j}^2 \varphi_{zj}}{12800\zeta_j} \quad (kN/m^2) \tag{2.4-4}$$

$$\lambda_j = \lambda_j(H_1/H) - \lambda_j(H_2/H) \tag{2.4-5}$$

$$H_1 = H \left( \frac{v_{cr,j}}{1.2v_H} \right)^{\frac{1}{\alpha}} \tag{2.4-6}$$

$$H_2 = H \left( \frac{1.3v_{cr,j}}{v_H} \right)^{\frac{1}{\alpha}} \tag{2.4-7}$$

式中　$\zeta_j$——第 $j$ 振型结构阻尼比，对于第一振型，混凝土烟囱取 0.05；无内衬钢烟囱取 0.01、有内衬钢烟囱取 0.02；玻璃钢烟囱取 0.035；对于高振型的阻尼比，无实测资料时，可按第一振型选用；

$H$ ——烟囱高度，m；

$H_1$ ——横风向共振荷载范围起点高度，m；

$H_2$ ——横风向共振荷载范围终点高度，m；

$\alpha$ ——地面粗糙度系数，按表 2.1-2 的规定取值，对于钢烟囱可根据实际情况取不利数值；

$\varphi_{zj}$ ——在 $z$ 高度处结构的 $j$ 振型系数；

$\lambda_j(H_i/H)$ ——$j$ 振型计算系数，根据"锁住区"起点高度 $H_1$ 或终点高度 $H_2$ 与烟囱整个高度 $H$ 的比值按表 2.4-1 选用。

表 2.4-1   $\lambda_j(H_i/H)$ 计算系数

| 振型序号 | $H_i/H$ | | | | | | | | | | |
|---|---|---|---|---|---|---|---|---|---|---|---|
| | 0 | 0.1 | 0.2 | 0.3 | 0.4 | 0.5 | 0.6 | 0.7 | 0.8 | 0.9 | 1.0 |
| 1 | 1.56 | 1.55 | 1.54 | 1.49 | 1.42 | 1.31 | 1.15 | 0.94 | 0.68 | 0.37 | 0 |
| 2 | 0.83 | 0.82 | 0.76 | 0.60 | 0.37 | 0.09 | —0.16 | —0.33 | —0.38 | —0.27 | 0 |
| 3 | 0.52 | 0.48 | 0.32 | 0.06 | —0.19 | —0.30 | —0.21 | 0 | 0.20 | 0.23 | 0 |

注：中间值可采用线性插值计算。

当 $3 \times 10^5 \leqslant Re \leqslant 3.5 \times 10^6$ 时，可不计算横风向共振荷载。

在验算横风向共振时，应计算风速小于基本设计风压工况下可能发生的最不利共振响应。

当烟囱发生横风向共振时，可将横风向共振荷载效应 $S_L$ 与对应风速下顺风向荷载效应 $S_D$ 按下式进行组合：

$$S = \sqrt{S_L^2 + 0.36 S_D^2} \tag{2.4-8}$$

## 2.5 局部风压响应

烟囱周围径向作用的合力 $F$ 是与风向一致的，它是由沿着圆环的剪应力来抵抗的。假定沿着圆环的剪应力为正弦变化，那么根据平衡关系有：

$$F = 2\int_0^{\pi} (A\sin\theta)\sin\theta r d\theta \tag{2.5-1}$$

图 2.5-1 为径向风压分布图，其具体数值可按表 2.5-1 选取。

径向风压在环向产生弯矩，按不同试验所得到的环向极限弯矩见表 2.5-2。

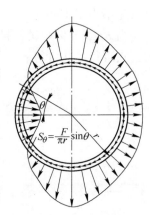

图 2.5-1   径向风压分布

表 2.5-1  圆形截面径向风压分布系数

| $\theta/(°)$ | $H/d \geqslant 25$ | $H/d = 7$ | $H/d = 1$ |
|---|---|---|---|
| 0 | 1.0 | 1.0 | 1.0 |
| 15 | 0.8 | 0.8 | 0.8 |
| 30 | 0.1 | 0.1 | 0.1 |
| 45 | -0.9 | -0.8 | -0.7 |
| 60 | -1.9 | -1.7 | -1.2 |
| 75 | -2.5 | -2.2 | -1.5 |
| 90 | -2.6 | -2.2 | -1.7 |
| 105 | -1.9 | -1.7 | -1.2 |
| 120 | -0.9 | -0.8 | -0.7 |
| 135 | -0.7 | -0.6 | -0.5 |
| 150 | -0.6 | -0.5 | -0.4 |
| 165 | -0.6 | -0.5 | -0.4 |
| 180 | -0.6 | -0.5 | -0.4 |

表 2.5-2  最大环向弯矩

| 公式作者 | 在环向内侧受拉 | 在环向外侧受拉 |
|---|---|---|
| 厄尔德和戈许 | $0.354pr^2$ | $0.311pr^2$ |
| 戴弗 | $0.284pr^2$ | $0.256pr^2$ |
| 朗曼 | $0.314pr^2$ | $0.272pr^2$ |

注：表中 $r$ 为圆截面半径，$p$ 为风压。

目前世界多数国家均采用朗曼公式，我国新修订的《烟囱设计规范》（GB 50051—2013）也采用朗曼公式，并表示如下：

$$M_{\theta\text{in}} = 0.314\mu_z w_0 r^2 \tag{2.5-2}$$

$$M_{\theta\text{out}} = 0.272\mu_z w_0 r^2 \tag{2.5-3}$$

式中　$M_{\theta\text{in}}$ ——筒壁内侧受拉环向风弯矩，kN·m/m；

　　　$M_{\theta\text{out}}$ ——筒壁外侧受拉环向风弯矩，kN·m/m；

　　　$\mu_z$ ——风压高度变化系数；

　　　$r$ ——计算高度处烟囱外半径，m。

# 2.6  外筒风振效应对内筒的影响

烟囱的风荷载效应包含两部分，即顺风向荷载和横风向荷载。对于顺风向荷载，同样也包含两部分，即平均风荷载和脉动风引起的动荷载。由于钢筋混凝土外筒的存在，平均风静荷载不直接作用在内筒上，因此可不考虑这部分荷载对内筒的振动影响。对于风荷载中的动力部分，应考虑振动效应对内筒的影响。

内筒承受的动力荷载可仅考虑第一振型影响，可用下式表示：

$$F_i = G_i \omega_1^2 y_z(i) / g \qquad (2.6\text{-}1)$$

式中　$F_i$ ——第 $i$ 层支承平台处内筒所承受的水平振动荷载；

　　　　$G_i$ ——第 $i$ 层支承平台处内筒重量；

　　　　$\omega_1$ ——烟囱第一振型自振频率；

　　　　$y_z(i)$ ——在风荷载的动力作用下，烟囱在第 $i$ 层支承平台处的水平振幅；

　　　　$g$ ——重力加速度。

式（2.6-1）也可用烟囱自振周期表示如下：

$$F_i = \frac{(2\pi)^2 G_i y_z(i)}{g T_1^2} = \frac{40 G_i y_z(i)}{T_1^2} \qquad (2.6\text{-}2)$$

式中　$T_1$ ——烟囱基本自振周期。

## 2.6.1　顺风向脉动风的动力响应

脉动风引起的顺风向弯曲振动振幅可按下面简化公式进行计算：

$$y_z(i) = \frac{\xi_1 \mu_1 \varphi_1(z) w_0}{\omega_1^2} \qquad (2.6\text{-}3)$$

$$\mu_1 = \nu_1 \theta_\nu \frac{\mu_s l_x(0)}{m(0)} \qquad (2.6\text{-}4)$$

$$\nu_1 = \kappa \theta_\nu \theta_B \qquad (2.6\text{-}5)$$

$$\theta_B = \frac{l_x(z)}{l_x(0)} \qquad (2.6\text{-}6)$$

式中　$\xi_1$ ——脉动增大系数；

　　　　$\mu_1$ ——考虑风压空间相关性后，单位基本风压下第一振型广义脉动风力与广义质量的比值；

　　　$\varphi_1(z)$ ——烟囱第一振型；

　　　　$w_0$ ——基本风压；

　　　　$\kappa$ ——脉动影响系数；

　　　　$\theta_\nu$ ——截面变化时的修正系数；

　　　　$\theta_B$ —— $z$ 高度处截面宽度与底部宽度比值；

　　　　$\mu_s$ ——烟囱体型系数，取 $\mu_s = 0.6$；

$l_x(0), l_x(z)$ ——分别为钢筋混凝土烟囱外筒在 0m 标高和 $z$ 标高处的外直径，m；

　　　$m(0)$ ——钢筋混凝土烟囱外筒在 0m 标高处的单位高度质量，t/m。

将式（2.6-3）代入式（2.6-1）得：

$$F_i = \frac{G_i \xi_1 \mu_1 \varphi_1(z) w_0}{g} \qquad (2.6\text{-}7)$$

## 2.6.2　横向风振的动力响应

横向风振在第 $i$ 层支承平台处产生的横向振幅可按下列公式计算：

$$x_z(i) = \frac{\xi_{L_1} \mu_{L_1} \varphi_1(z) w_0}{\omega_1^2} \qquad (2.6\text{-}8)$$

$$\mu_{L_1} = \frac{\int_{H_1}^{H_2} \frac{1}{2}\rho v_c^2 B(z) \mu_L \varphi_1(z) \, \mathrm{d}z}{\int_0^H m(z) \varphi_1^2(z) \, \mathrm{d}z} \tag{2.6-9}$$

$$\xi_{L_1} = \frac{1}{2\zeta_1} \tag{2.6-10}$$

式中  $\mu_L$ ——横向力系数，取 0.25；

$\rho$ ——空气质量密度，$t/m^3$，可采用 $\rho = 0.00125t/m^3$；

$v_c$ ——临界风速，$m/s$；

$B(z)$ ——$z$ 高度处垂直于风速方向的烟囱截面宽度，$m$；

$\zeta_1$ ——结构阻尼比，钢结构取 0.01，钢筋混凝土结构取 0.05。

如果假定锁住区的起点高度 $H_1 = 0$，终点高度 $H_2 = H$，并假定第一振型为：

$$\varphi_1(z) = 2\left(\frac{z}{H}\right)^2 - \frac{4}{3}\left(\frac{z}{H}\right)^3 + \frac{1}{3}\left(\frac{z}{H}\right)^4 \tag{2.6-11}$$

那么，式（2.6-8）可变为：

$$x_z(i) = \frac{v_c^2 D \varphi_1(z)}{8000\zeta_1 m\omega_1^2} \tag{2.6-12}$$

式中  $m$ ——烟囱单位高度质量，$t/m$，取烟囱 $2H/3$ 高度处单位高度质量；

$D$ ——烟囱直径，$m$，取烟囱 $2H/3$ 高度处直径。

将式（2.6-12）代入式（2.6-1）得：

$$F_i = \frac{G_i D v_c^2 \varphi_1(z)}{8000\zeta_1 mg} \tag{2.6-13}$$

# 3 烟囱抗震设计

## 3.1 烟囱抗震基本概念

### 3.1.1 名词解释

**地震作用：** 地震作用是地震动输入结构后结构产生的动态反应，包括速度、加速度和变形。地震作用是一种间接作用，过去曾称为地震荷载，它与地震动的性质和工程结构的动力特性有关，分为水平地震作用、竖向地震作用和扭转地震作用。

**地震作用效应：** 地震作用效应是指结构和构件由地震作用产生的内力，包括弯矩、轴力、剪力和变形。

**设计地震分组：** 在抗震设防烈度相同的情况下，一个地区所受地震影响的大小与震中距离有关，《建筑抗震设计规范》根据建筑物与震中距离的近、中、远分为第Ⅰ组、第Ⅱ组和第Ⅲ组。设计地震分组主要反映了在宏观烈度相似的情况下，处于大震级、远震中距下的柔性建筑，其震害比中小震级、近震中距时重得多，这一宏观现象体现在规范对特征周期取值的变化上，从而影响地震反应谱曲线的取值。

由于第Ⅲ组设计反应谱代表了第Ⅰ组、第Ⅱ组的不利情况，为此设计时不必验算三种情况，再取不利值。

竖向地面运动随着震中距增大的衰减较快，在竖向地震计算中，第Ⅰ组的计算结果已经是近、远震的不利结果，故竖向地震作用计算不再区分设计地震分组。

**效应增大系数：** 由于计算分析时采用了简化方法或计算分析的假定条件有局限性，致使计算的地震作用效应与实际有出入，需要加以调整而采用的系数。效应增大系数一般只对被放大的局部产生影响，不考虑对相邻结构的传递作用。如《建筑抗震设计规范》规定采用底部剪力法时，突出屋面的屋顶间、女儿墙、烟囱的地震作用效应，宜乘以增大系数3，该增大部分不往下传递，但与突出部分相连的构件应予以计入。

**重力荷载代表值：** 进行抗震设计时，在地震作用标准值的计算和结构构件作用效应的基本组合中的重力荷载代表值，包括永久荷载的标准值和可变荷载的组合值之和。

**荷载标准值：** 结构或构件设计时，采用的各种荷载的基本代表值，其值根据结构使用期最大荷载的概率分布的某一分位数确定，或根据实践经验通过分析判断规定的公称值，抗震设计时基本采用《建筑结构荷载规范》中的规定值。

**荷载组合值：** 当结构或构件承受两种或两种以上可变荷载、按承载能力极限状态或正常使用极限状态短期效应组合设计时，采用的每一种可变荷载代表值，其值等于标准值乘以荷载组合值系数。

**荷载设计值：** 荷载代表值乘以荷载分项系数的值。

**地基抗震承载力调整系数**：地基和基础的抗震验算采用方法为"拟静力法"。该法假定地震作用如同静荷载，长期地、大小和方向恒定地作用在地基基础上。实际上地震力是一种动力荷载，具有速率效应和疲劳效应，因此，地基的动力强度与静力强度是不同的。考虑到地震作用的偶然性和短时性，以及工程的经济性，抗震设计采用安全系数可比通常设计采用的安全系数略低。综合考虑土的动、静强度比和动、静安全系数之比后，地震作用下的地基承载力需要考虑调整系数，具体见本书地基基础部分。

### 3.1.2 地震波形式及特点

地震是指因地球内部缓慢积累的能量突然释放而引起的地球表层的振动。地震通常按照其成因可划分为三种类型：构造地震、火山地震和陷落地震。

由于地壳运动产生的自然力推挤地壳岩层使其薄弱部位突然发生断裂错动，这种在构造变动中引起的地震叫构造地震。据统计，构造地震占世界地震总数的90%以上。

地震引起的振动以波的形式从震源向各个方向传播，称为地震波。地震波是一种弹性波，它包含可以通过地球本体的两种"体波"和只限于在地面附近传播的两种面波。

体波包含"纵波（也称P波）"与"横波（也称S波）"两种。纵波是由震源向外传播的压缩波，质点的振动方向与波的前进方向一致，其特点是周期短、振幅较小。横波是由震源向外传播的剪切波，质点的振动方向与前进方向垂直，特点为周期长、振幅较大。纵波传播速度约是横波传播速度的1.67倍。

利用纵波与横波传播速度不同的特点，可以确定地震观测点距离震源的距离约为：$S = 8t(\mathrm{km})$，$t$为纵波与横波到达观测点的时间差，可以从地震波记录图上获得。

如果有三个观测点，则分别以各点为中心，以$S$为半径作圆，在地面上每两个相交点可作一条弦，三弦相交于一点，即为震中。

面波只限于沿着地球表面传播，一般可以说是体波经地层界面多次反射形成的次生波，它包含瑞雷波和乐普波两种类型。面波传播速度落后于纵波和横波。

由于各种地震波到达某一建筑物的时间存在差异，因此，各种波对建筑物所产生的最大反应也不是同时发生的。在抗震设计时，同时考虑竖向与水平地震作用，根据加速度峰值记录和反应谱分析，二者的峰值组合比为1:0.4，即$a_v/a_{max} = 0.4$，也可表示为水平地震取$a_{maxh}$时，竖向地震$a_v = 0.4a_{maxv}$。相应于水平与竖向地震组合时，其分项系数分别为：$\gamma_{Eh} = 1.3$和$\gamma_{Ev} = 1.3 \times 0.4 \approx 0.5$，反之亦然。

建筑结构抗震设计包括"计算设计"和"概念设计"两个重要方面。计算设计是指确定合理的计算简图和分析方法，对地震作用效应进行定量计算并对结构抗震能力进行验算，以达到抗震设防目的；概念设计是根据地震灾害和工程经验所获得的基本设计原则和设计思想，进行建筑和结构的总体布置并确定细部构造的过程。

在宏观烈度相似的情况下，在大震级远震中距下的高柔建筑，其震害要比中、小震级近震中距的情况重得多；理论分析也发现，震中距不同时反应谱频谱特征也不同。抗震设计时，对同样的场地条件、同样烈度的地震，按震源机制、震级大小和震中距远近区别对待是必要的。这种区别反映在场地特征周期上，《建筑抗震设计规范》则引进了地震环境分区，分为三个设计地震分组，不同设计地震分组直接影响到设计特征周期（抗震设计用的地震影响系数曲线中，反映地震震级、震中距和场地类别等因素的下降段起点对应的周期值）的取值，从而影响了地震作用的大小。各设计地震分组特征周期的近似关系是：

$$T_g(2) = \frac{7}{6} T_g(1) \tag{3.1-1}$$

$$T_g(3) = \frac{4}{3} T_g(1) \tag{3.1-2}$$

汶川地震时，在远离震中 300km 的西安市一个热力厂的 150m 高烟囱（如图 3.1-1 所示）为钢筋混凝土结构，按道理它的抗震能力是很好的，但地震发生时，整个烟囱的上部分竟平移出来后拦腰侧翻。这就说明它的长周期的成分非常显著，跟烟囱发生了共振，共振的结果是使烟囱的地震响应非常强烈，造成了破坏。相反在西安很多矮的砖烟囱没有受到什么损坏。从地震影响来讲，实际上本次地震西安的影响烈度仅为 6 度，如果同样烈度（6 度）的地震发生在西安，那么首先破坏的应该是低矮的砖烟囱，而 150m 高的钢筋混凝土烟囱应该完好。这就是一个在大震级远震中距下的高柔建筑，其震害要比中、小震级近震中距的情况严重得多的实例。

竖向地面运动随震中距的衰减较快，竖向地震作用计算不区分设计地震分组，直接取水平地震影响系数最大值的 65%。

图 3.1-1　150m 钢筋混凝土烟囱远震破坏

### 3.1.3　烟囱抗震设防类别的确定与抗震措施的选择

烟囱作为高耸构筑物，应根据其遭受地震破坏后，可能造成的人员伤亡、直接和间接经济损失、社会影响的程度及其在抗震救灾中的作用等因素，对各类烟囱进行抗震设防类别划分。

不同的结构与结构部位在抵御不同的荷载作用时，其设计安全性的体现方式是有所不同的。一般结构设计是通过不同的安全等级划分和相应的重要性系数来体现各类结构安全性的不同；地基基础设计则是通过不同设计的等级划分和相应的验算内容来体现不同设计等级基础的安全性差异；建筑抗震设计是通过建筑抗震设防类别的划分和采取相应的设防标准来体现抗震安全性的不同要求。

#### 3.1.3.1　烟囱抗震设防类别的确定

烟囱设防类别可分为：特殊设防类（简称甲类）、重点设防类（简称乙类）、标准设防类（简称丙类）和适度设防类（简称丁类）。

烟囱的抗震设防类别应符合国家标准《建筑工程抗震设防分类标准》（GB 50223—2008）的规定，并符合以下要求：

（1）对于单机容量为 300MW 及以上或规划容量为 800MW 及以上的火力发电厂和地

震时必须维持正常供电的重要电力设施的烟囱、烟道宜划分为重点设防类（乙类）。

（2）烟囱高度大于或等于 200m 时，其抗震设防类别应划分为重点设防类（乙类）。

（3）50 万人口以上城镇的集中供热烟囱，抗震设防类别应划分为重点设防类（乙类）。

（4）其余各类烟囱最低设防类别不宜低于丙类。

重点设防类（乙类）烟囱，应按本地区抗震设防烈度确定其地震作用，并按高于本地区抗震设防烈度 1 度的要求加强其抗震措施，但抗震设防烈度为 9 度时应按比 9 度更高的要求采取抗震措施。

标准设防类（丙类）烟囱，应按本地区抗震设防烈度确定其地震作用和抗震措施，达到在遭遇高于当地抗震设防烈度的预估罕遇地震影响时，不致倒塌或发生危及生命安全的严重破坏的抗震设防目标。

### 3.1.3.2 烟囱抗震措施的选择

烟囱抗震措施的选择需满足以下要求：

（1）在选择建筑场地时，对危险地段严禁建造抗震设防类别为乙类的烟囱，不应建造丙类烟囱。场地内存在发震断裂时，应对断裂的工程影响进行评估，并按国家标准《建筑抗震设计规范》（GB 50011—2010）的要求采取避让措施。

（2）建筑场地为 I 类时，对乙类烟囱允许仍按本地区抗震设防烈度的要求采取抗震构造措施；对丙类烟囱允许按本地区抗震设防烈度降低 1 度的要求采取抗震构造措施，但抗震设防烈度为 6 度时仍应按本地区抗震设防烈度的要求采取抗震构造措施。

（3）对于存在液化土层的地基，应根据烟囱的抗震设防类别、地基液化等级，结合具体情况采取相应措施。

（4）对于烟囱洞口较大的烟囱，会产生薄弱部位，应采取加强措施提高其抗震能力。

（5）各类抗震设防类别的钢筋混凝土烟囱，其最小配筋率和筒壁最小厚度均应符合本书第 2 章的有关规定，抗震设防烈度为 8 度及以上时，以及重点设防类及以上类别的烟囱，宜选用 HRB335E、HRB400E 级钢筋。

（6）地震区砖烟囱上部的最小配筋率应满足本手册的有关规定。

## 3.2 水平地震作用

### 3.2.1 水平地震作用计算方法

#### 3.2.1.1 时程分析法

结构地震作用计算分析时，以地振动的时间过程作为输入，用数值积分求解运动方程，把输入时间分为许多足够小的时段，每个时段内的地振动变化假定为线性的，从初始状态开始逐个时段进行逐步积分，每个时段的终止作为下个时段积分的初始状态，直至地震终了，求出结构在地震作用下，从静止到振动，直至振动终止整个过程的反应，包括位移、速度和加速度。时程分析法主要用于特别不规则建筑、甲类建筑以及高度超过《建筑抗震设计规范》规定数值的高层建筑的补充计算。

#### 3.2.1.2  振型分解法

根据结构力学原理，结构在任意振动状态都可以分解为许多独立正交的振型，每个振型都有一定的振动周期和振型位移，利用这个结构振动特性，可以将一个多自由度体系结构分解成若干个相当于各自振动周期的单自由度体系结构，求结构的地震反应，然后用振型组合法求出多自由度体系的地震反应。

#### 3.2.1.3  底部剪力法

根据地震反应谱，以工程结构的第一周期和等效单质点的重力荷载代表值求得结构的底部地震总剪力，然后以一定的法则将底部总剪力在结构高度方向进行分配，确定各质点的地震作用。该方法适用于高度不超过 40m、以剪切变形为主且质量和刚度沿高度分布比较均匀的结构，以及近似于单质点体系的结构。

#### 3.2.1.4  振型分解时程分析法

利用时程分析求各振型的反应时，称为振型分解时程分析法。

#### 3.2.1.5  振型分解反应谱法

利用反应谱求各振型的反应时，称为振型分解反应谱法。

反应谱方法是以地震反应谱为基础进行计算的方法。地震作用可有许多个样本，针对不同的地震干扰，求出结构在各种不同作用自振频率下的地震最大反应，取这些不同反应的包络线或平均曲线，它标志着结构物最可能的最大反应，称为反应谱。利用反应谱，可以很快求出各种地震作用下的反应最大值，而不需要计算每一时刻的反应值，这是这种方法的特点和优点；但由于应用反应谱计算时并不能显示反应的全过程，不知道某一时刻结构出现何种情况，这是该方法的缺点。虽然如此，由于反应谱计算方便，在工程实际中得到广泛应用。对于烟囱而言，由于其体型简单，刚度变化均匀，《烟囱设计规范》规定可采用振型分解反应谱法计算。

### 3.2.2  水平地震作用计算

采用振型分解反应谱法计算时，烟囱高度不超过 150m 时，可考虑前 3 个振型组合；高度超过 150m 时，可考虑 3~5 个振型组合；高度超过 210m 时，考虑的振型数量不宜少于 5 个。

烟囱 $j$ 振型 $i$ 质点的水平地震作用（如图 3.2-1 所示）标准值可按下式计算：

$$F_{ji} = \alpha_j \gamma_j u_{ji} G_i \qquad \begin{pmatrix} i = 1,2,\cdots,n \\ j = 1,2,\cdots,m \end{pmatrix} \qquad (3.2\text{-}1)$$

$$\gamma_j = \frac{\sum\limits_{i=1}^{n} u_{ji} G_i}{\sum\limits_{i=1}^{n} u_{ji}^2 G_i} \qquad (3.2\text{-}2)$$

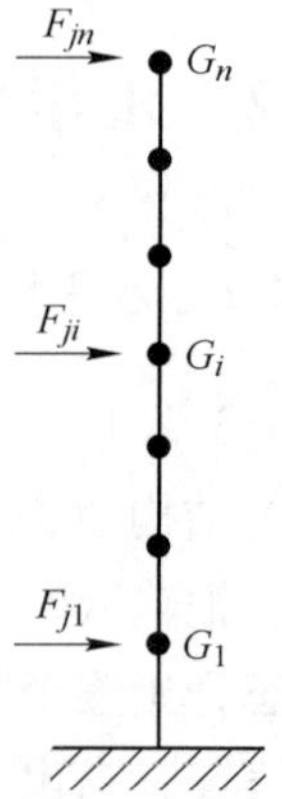

式中　$F_{ji}$——$j$ 振型 $i$ 质点的水平地震作用标准值；

$\alpha_j$——对应于 $j$ 振型自振周期 $T_j$ 的水平地震影响系数；

$u_{ji}$——$j$ 振型 $i$ 质点的水平相对位移；

$G_i$——集中于 $i$ 质点的重力荷载代表值；

图 3.2-1  水平
地震作用

$\gamma_j$——$j$ 振型的参与系数。

当相邻振型的周期比小于 0.85 时，水平地震作用效应（弯矩、剪力、变形）可按下式确定：

$$S_{Ek} = \sqrt{\Sigma S_j^2} \qquad (3.2-3)$$

式中　$S_{Ek}$——水平地震作用标准值的效应；

　　　$S_j$——$j$ 振型水平地震作用标准值的效应。

水平地震影响系数及特征周期按表 3.2-1 及表 3.2-2 选取。

表 3.2-1　水平地震影响系数最大值

| 地震影响 | 6 度 | 7 度 | 8 度 | 9 度 |
|---|---|---|---|---|
| 多遇地震 | 0.04 | 0.08（0.12） | 0.16（0.24） | 0.32 |
| 设防地震 | 0.13 | 0.23（0.34） | 0.45（0.68） | 0.90 |
| 罕遇地震 | 0.28 | 0.50（0.72） | 0.90（1.20） | 1.40 |

注：括号中数值分别用于设计基本地震加速度取为 0.15$g$（抗震设防烈度为 7 度）和 0.30$g$（抗震设防烈度为 8度）的地区。

表 3.2-2　特征周期 $T_g$　　　　　　（s）

| 设计地震分组 | 场 地 类 别 | | | | |
|---|---|---|---|---|---|
| | $I_0$ | $I_1$ | II | III | IV |
| 第 I 组 | 0.20 | 0.25 | 0.35 | 0.45 | 0.65 |
| 第 II 组 | 0.25 | 0.30 | 0.40 | 0.55 | 0.75 |
| 第 III 组 | 0.30 | 0.35 | 0.45 | 0.65 | 0.90 |

注：计算罕遇地震作用时，特征周期应增加 0.05s。

地震影响系数应根据现行国家标准《建筑抗震设计规范》（GB 50011—2010）列出的烈度、场地类别、设计地震分组和结构自振周期按图 3.2-2 采用，其最大值按表 3.2-1 选取，其形状参数应符合下列规定：

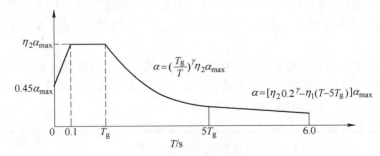

图 3.2-2　地震影响系数曲线

$\alpha$—地震影响系数；$\alpha_{max}$—地震影响系数最大值；$\eta_1$—直线下降段的下降斜率调整系数；

$\gamma$—衰减指数；$T_g$—特征周期；$\eta_2$—阻尼调整系数；$T$—结构自振周期

（1）直线上升段，即周期小于 0.1s 的区段。

（2）水平段，即自 0.1s 至特征周期区段，应取最大值 $\alpha_{max}$。

（3）曲线下降段，即自特征周期至 5 倍特征周期区段，衰减指数应取 0.9。

（4）直线下降段，即自 5 倍特征周期至 6s 区段，下降斜率调整系数应取 0.02。

（5）特征周期所依据的场地类别和设计地震分组按表 3.2-2 采用；计算 8、9 度罕遇地震作用时，特征周期应增加 0.05s。

当结构阻尼比的取值不等于 0.05 时，地震影响系数曲线的阻尼调整系数 $\eta_2$ 及形状参数应按下列规定调整。

（1）曲线下降段的衰减指数按下式确定：

$$\gamma = 0.9 + \frac{0.05 - \zeta}{0.5 + 5\zeta} \tag{3.2-4}$$

式中　$\gamma$——曲线下降段的衰减指数；

　　　$\zeta$——结构抗震阻尼比，按表 3.2-3 采用。

表 3.2-3　结构抗震阻尼比　　　　　　　　　　（%）

| 烟 囱 类 型 | 多遇地震、设防地震 | 罕 遇 地 震 |
|---|---|---|
| 钢结构塔架或自立式钢烟囱 | 2 | 3 |
| 钢筋混凝土烟囱或砖烟囱 | 4 | 8 |
| 玻璃钢烟囱 | 3.5 | 5 |

（2）直线下降段的下降斜率调整系数按下式确定：

$$\eta_1 = 0.02 + (0.05 - \zeta)/8 \tag{3.2-5}$$

式中　$\eta_1$——直线下降段的下降斜率调整系数，当 $\eta_1 < 0$ 时，取 $\eta_1 = 0$。

（3）阻尼调整系数应按下式确定：

$$\eta_2 = 1 + \frac{0.05 - \zeta}{0.06 + 1.7\zeta} \tag{3.2-6}$$

式中　$\eta_2$——阻尼调整系数，当 $\eta_2 < 0.55$ 时，应取 $\eta_2 = 0.55$。

另外，还应对烟囱平台对内筒地震作用的动力增大效应进行计算。楼层对其上部设备的地震作用具有放大效应，这已经得到多次地震调查证实。20 世纪 80 年代，国内外有关单位做了许多测试和研究工作，有代表性的有：

（1）日本电报电话公司通过地震资料研究分析后，确定加速度增大量化指标（按 4 层楼考虑），其增大率的平均值以地面加速度为准，地上 1 层约为 2 倍，4 层约为 3.2 倍，屋顶约为 4 倍。

（2）同济大学朱伯龙教授在 20 世纪 80 年代，通过大量试验和计算给定了楼层对设备的地震放大系数，以 Ⅱ 类场地、5 层楼房为例，1 层放大系数约为 2.1，2、3、4 层分别为 2.5、3.0、3.5 左右，而顶层则达到 4.1 左右。

参照国家标准《石油化工钢制设备抗震设计规范》（GB 50761—2012），本书给出作用在烟囱平台上的烟囱内筒的水平地震作用计算公式如下：

$$F_{si} = \beta \alpha_{si} G_{ei} \tag{3.2-7}$$

$$\beta = \begin{cases} 1 + \dfrac{5T_i}{T_s} & \left(\dfrac{T_i}{T_s} \leqslant 0.9\right) \\[2mm] 5.5 & \left(0.9 < \dfrac{T_i}{T_s} \leqslant 1.1\right) \\[2mm] \left[\left(\dfrac{T_i}{T_s}\right)^{1.75} - 1\right]^{-1} & \left(\dfrac{T_i}{T_s} > 1.1\right) \end{cases} \tag{3.2-8}$$

$$\alpha_{si} = \frac{F_i}{m_i g} \tag{3.2-9}$$

式中　$F_{si}$ ——作用在第 $i$ 层支承平台上内筒的水平地震作用，其计算值不应低于该内筒
建在地面上所计算的水平地震作用值，kN；

　　　$\alpha_{si}$ ——平台上的内筒地震影响系数；

　　　$G_{ei}$ ——第 $i$ 层平台上内筒重力荷载，kN；

　　　$\beta$ ——平台动力放大系数；

　　　$T_i$ ——第 $i$ 层平台上内筒的自振周期，按内筒底部刚性连接计算，s；

　　　$T_s$ ——烟囱外筒自振周期，s；

　　　$F_i$ ——烟囱在第 $i$ 层平台处水平地震作用，kN；

　　　$m_i$ ——烟囱在第 $i$ 层平台处集中质量，t，包含支承平台、内筒及钢筋混凝土外筒
集中到该处的质量；

　　　$g$ ——重力加速度，取 $g = 9.8 \mathrm{m/s}^2$。

# 3.3　竖向地震与作用

### 3.3.1　竖向地震破坏特点

#### 3.3.1.1　日本阪神地震

1995 年 1 月，发生在日本阪神地区的 7.2 级地震，造成经济损失达 1000 亿美元，人员伤亡惨重。这次地震为"都市直下型"地震，震中烈度为 7 度（日本地震烈度，相当于中国地震烈度 10 度），造成日本一些多层建筑在中间层坍落，而下部和上部各层完好无损，图 3.3-1 和图 3.3-2 为建筑发生中下部破坏的典型实例，其他一些典型的中间层破坏情况见图 3.3-3 ~ 图 3.3-5 和表 3.3-1。

表 3.3-1　日本神户市地震的楼房中间破坏的房屋

| 房屋名称 | 总层数 | 建造时间 | 破坏楼层 |
|---|---|---|---|
| 西市民医院 | 7 | 1970 | 5 |
| 神户市政府 2 号馆 | 8 | 1957 | 6 |
| 交通中心大厦 | 9 | 1965 | 5 |
| 三宫大厦 | 12 | 1972 | 4 |
| 江户町大厦 | 8 | 1964 | 2 |
| 神荣大厦 | 7 | 1967 | 2 |
| 世界三宫第三大厦 | 5 | 1968 | 2 |
| 三宫大厦北馆 | 10 | 1965 | 3 |
| 神户明治生命大厦 | 12 | 1971 | 5 |
| 迪尔利文馆 | 16 | 1963 | 5 |

#### 3.3.1.2　汶川地震

2008 年 5 月 12 日 14 时 28 分 04 秒，位于我国四川省阿坝藏族羌族自治州汶川县境内发生里氏 8 级大地震，震源深度 14km，地震属于构造地震。构造地震由地壳发生断层引

起，相对于火山地震等其他几种地震类型，构造地震的波及范围大，破坏性也大，世界上几乎所有破坏性地震都属于构造地震，而构造地震对建筑物的破坏占到首位，此次汶川大地震就造成上千万房屋受损坏，大量房屋倒塌。

汶川大地震是由印度板块向亚洲板块俯冲造成青藏高原快速上升导致的，而在这个俯冲过程中，由于遇到四川盆地下面刚性地块的顽强阻挡，造成构造应力能量的长期积累，最终在龙门山北川至映秀地区突然释放，这种经过长期积累而突然释放的能量非常巨大，作用于地表的建筑物上就对建筑物造成了巨大破坏。

汶川地震烈度分布如图 3.3-6 所示，极震区的地震烈度达 10 ~ 11 度，主要位于北川县城（11 度）及周边，以及映秀（10 度）等地。

汶川大地震既有较大的左右水平振动，又有很大的上下逆冲振动。中国地震局在四川什邡八角台地震台设置了一个地震加速度记录仪，汶川大地震发生

图 3.3-1　中下部楼层破坏

时所测到的竖向加速度是 632.9cm/s$^2$，水平加速度是（东西）548.9cm/s$^2$，也就是竖向的振动比水平的振动大。

由于此次地震烈度远大于抗震设防烈度（当地设防烈度为 7 度），造成大量房屋损毁，少量存留的竖向地震破坏特征明显的房屋图片如图 3.3-7 ~ 图 3.3-14 所示，供读者研读。

上述建（构）筑物破坏属于典型的竖向破坏类型，其特点为破坏位置分别位于建（构）筑物的上部或下部 1/3 范围，其中发生在下部 1/3 范围时属于最大压力破坏，而发生在上部 1/3 范围时属于最大拉力破坏。

各国的竖向地震的计算方法有所不同，其结果与震害有很大出入，而我国《烟囱设计规范》所采用的竖向抗震理论是依据杨春田等提出的"冲量原理"确定的，我们认为该理论较好地解释了震害规律。以下分别介绍我国《建筑抗震设计规范》和《烟囱设计规范》关于竖向地震力的不同计算方法与特点。

### 3.3.2 《建筑抗震设计规范》计算方法

《建筑抗震设计规范》规定对于高耸结构和抗震设防烈度为 9 度时高层建筑应考虑竖向地震作用。其计算方法是以竖向反应谱为基础的竖向地震力简化计算方法，原则上类似于水平地震作用的底部剪力法，即：

图 3.3-2　中下部楼层破坏

图 3.3-3　中上部楼层破坏

（1）结构地震反应以第一振型反应为主，忽略其他振型反应。

图 3.3-4　中上部楼层破坏

（2）结构第一振型为线性倒三角形分布，则任一质点的振型坐标与该点离地面的高度成正比，即：

$$X_{1i} = CH_i \tag{3.3-1}$$

（3）按振型分解反应谱法计算公式，质点地震作用为：

$$F_i = G_i \gamma_1 X_{1i} \alpha_1 = G_i \frac{\sum G_j X_{1j}}{\sum G_j X_{1j}^2} X_{1i} \alpha_1 = \frac{\sum G_j H_j}{\sum G_j H_j^2} G_i H_i \alpha_1$$

$$F_{Ek} = \sum F_i = \frac{\sum G_j H_j}{\sum G_j H_j^2} \cdot (\sum G_i H_i) \cdot \alpha_1 = \frac{(\sum G_j H_j)^2}{\sum G_j H_j^2} \cdot \frac{\sum G_j}{\sum G_j} \cdot \alpha_1$$

令

$$X = \frac{(\sum G_j H_j)^2}{(\sum G_j H_j^2) \cdot \sum G_j}, G_E = \sum G_j$$

图3.3-5 中下部楼层破坏

则称 $X$ 为等效重力系数，$G_E$ 为总重力荷载。

令 $G_{eq} = XG_E$ 为等效重力荷载，则：

$$F_{Ek} = \alpha \cdot G_{eq} \tag{3.3-2}$$

（4）等效重力系数 $X$。一般建筑结构各层重量近似相等，层高相等，则 $X$ 与层数 $n$ 关系为：

$$X = \frac{3(n+1)}{2(2n+1)} \tag{3.3-3}$$

对于竖向地震作用，竖向质点划分足够多时，等效重力系数理论值为：

$$\lim_{n\to\infty} X(n) = \lim_{n\to\infty} \frac{3(n+1)}{2(2n+1)} = 0.75$$

（5）竖向地震作用计算公式。根据上面等效重力系数 $X$，则 $G_{eq} = 0.75G_E$，写成

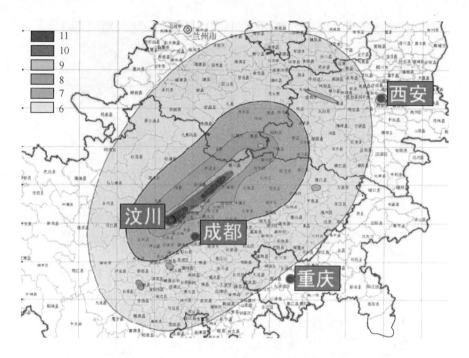

图 3.3-6　我国汶川地震烈度分布

图 3.3-7　都江堰市某六层底框结构第二层消失

《建筑抗震设计规范》规定的形式，则为：

$$F_{Evk} = \alpha_{vmax} \cdot G_{eq} \qquad (3.3\text{-}4)$$

$$F_{vi} = \frac{G_i H_i}{\sum G_j H_j} F_{Evk} \qquad (3.3\text{-}5)$$

图 3.3-8　北川湔江边六层住宅第二层破坏

图 3.3-9　某五层住宅的第二层破坏

（6）公式特点如下：

1）在上述推导过程中，忽略了高振型反应的影响，造成上部 1/3 处的各层往往小于按时程分析法和反应谱振型组合取前三个振型的计算结果。

2）地震作用根部数值最大。

### 3.3.3　《烟囱设计规范》计算方法

#### 3.3.3.1　竖向地震力计算方法

《烟囱设计规范》规定设防烈度为 8 度和 9 度，应计算竖向地震作用产生的效应。烟

图 3.3-10　砖烟囱破坏分为 3 段，顶部掉落　　　图 3.3-11　什邡洛水镇利森水泥厂的
　　　　　　　　　　　　　　　　　　　　　　　　　　　钢筋混凝土筒仓破坏

囱的竖向地震作用标准值，可按下列公式计算。

（1）烟囱根部的竖向地震作用为：

$$F_{\mathrm{Evo}} = \pm 0.75 \alpha_{\mathrm{vmax}} G_{\mathrm{E}} \tag{3.3-6}$$

（2）其余各截面的竖向地震作用为：

$$F_{\mathrm{Evik}} = \pm \eta \left( G_{i\mathrm{E}} - \frac{G_{i\mathrm{E}}^2}{G_{\mathrm{E}}} \right) \tag{3.3-7}$$

$$\eta = 4(1 + C)\kappa_{\mathrm{v}} \tag{3.3-8}$$

式中　　$F_{\mathrm{Evik}}$——任意水平截面 $i$ 的竖向地震作用标准值，kN，对于烟囱下部截面，当
　　　　　　　　$F_{\mathrm{Evik}} < F_{\mathrm{Evo}}$ 时，取 $F_{\mathrm{Evik}} = F_{\mathrm{Evo}}$；

　　　　$G_{i\mathrm{E}}$——计算截面 $i$ 以上的烟囱重力荷载代表值，kN，取截面 $i$ 以上的重力荷载标
　　　　　　　　准值与平台活荷载组合值之和；

　　　　$G_{\mathrm{E}}$——基础顶面以上的烟囱总重力荷载代表值，kN，取烟囱总重力荷载标准值
　　　　　　　　与各层平台活荷载组合值之和；

　　　　$C$——结构材料的弹性恢复系数，砖烟囱 $C = 0.6$；钢筋混凝土烟囱与玻璃钢烟
　　　　　　　　囱 $C = 0.7$；钢烟囱 $C = 0.8$；

　　　　$\kappa_{\mathrm{v}}$——竖向地震系数，按现行国家标准《建筑抗震设计规范》（GB 50011—
　　　　　　　　2010）所规定的设计基本地震加速度与重力加速度比值的 65% 采用，即
　　　　　　　　设防烈度为 7 度时取 $\kappa_{\mathrm{v}} = 0.065(0.1)$；8 度时取 $\kappa_{\mathrm{v}} = 0.13(0.2)$；9 度
　　　　　　　　时取 $\kappa_{\mathrm{v}} = 0.26$；

$\alpha_v$ ——竖向地震影响系数,取
水平地震影响系数最大
值的65%。

使用式(3.3-7)和式(3.3-8)时需
要注意:

1)套筒或多筒式烟囱,当采用自承
重式排烟筒时,式(3.3-7)中的 $G_{iE}$ 及
$G_E$ 不包括排烟筒重量。当采用平台支承排
烟筒时,则平台及排烟筒重量通过平台传
给外承重筒,在 $G_{iE}$ 及 $G_E$ 中应计入平台及
排烟筒重量。

2)$\kappa_v = 0.1$ 和 $\kappa_v = 0.2$ 分别用于设计
基本地震加速度为 $0.15g$ 和 $0.30g$ 的
地区。

(3)进行悬挂式和分段支承式排烟筒
竖向地震作用计算时,可将悬挂(或支
承)平台作为排烟筒根部,将排烟筒自由
端作为顶部进行计算,并应根据悬挂(或
支承)平台的高度位置,对计算结果乘以
竖向地震效应增大系数,增大系数可按下
列公式进行计算:

图 3.3-12 水塔环梁下部环形开裂

图 3.3-13 北川中学五层新建教学楼震前照片

$$\beta = \zeta\beta_{vi} \tag{3.3-9}$$

图 3.3-14　北川中学五层新建教学楼震后照片

$$\beta_{vi} = 4(1 + C)\left(1 - \frac{G_{iE}}{G_E}\right) \qquad (3.3\text{-}10)$$

$$\zeta = \frac{1}{1 + \dfrac{G_{vE}L^3}{47EIT_{vg}^2}} \qquad (3.3\text{-}11)$$

式中　$\beta$ ——竖向地震效应增大系数；

　　　$\beta_{vi}$ ——修正前第 $i$ 层悬挂（或支承）平台竖向地震效应增大系数；

　　　$\zeta$ ——平台刚度对竖向地震效应的折减系数；

　　$G_{vE}$ ——悬挂（或支承）平台一根主梁所承受的总重力荷载（包括主梁自重荷载）代表值，kN；

　　　$L$ ——主梁跨度，m；

　　　$E$ ——主梁材料的弹性模量，kN/m²；

　　　$I$ ——主梁截面惯性矩，m⁴；

　　$T_{vg}$ ——竖向地震场地特征周期，s，可取设计第Ⅰ组水平地震特征周期的65%。

**3.3.3.2　竖向地震作用分布**

根据式（3.3-7），可求出竖向地震作用沿高度与自重力的比值关系：

$$F_{Evi}/G_{iE} = \eta\left(1 - \frac{G_{iE}}{G_E}\right) \qquad (3.3\text{-}12)$$

可知，其比值自下而上呈线性增大，这与地震时实测及试验值是相符的，且给人以清晰的概念。

### 3.3.3.3 截面出现拉力的条件和位置

当冲击力大于截面以上的重力 $G_{iE}$ 时，截面就会出现拉力。如果 $G_{iE} = F_{vi}$ 时，则该截面结构自重力与竖向地震作用抵消，水平截面应力为零。

根据式 (3.3-12) 有：

$$F_{Evi}/G_{iE} = \eta(1 - G_{iE}/G_E) = 1$$

可求得 $G_{iE}$ 与总重量 $G_E$ 的关系式为：

$$G_{iE} = \frac{\eta - 1}{\eta} G_E \qquad (3.3-13)$$

式 (3.3-13) 表示竖向地震作用等于结构自重力的截面处，上部自重力 $G_{iE}$ 与总重力 $G_E$ 的关系。该式只有在 $\eta > 1$ 时才能成立。由此可知，只要 $\eta > 1$，烟囱上部就会出现拉力。因 $\eta = 4(1 + C)\kappa_v$，代入不同的材料恢复系数 $C$，便可求出出现拉力时的竖向地震系数 $\kappa_v$ 值：

（1）对于砖烟囱，$C = 0.6$，则 $\kappa_v = 0.156$。
（2）对于混凝土烟囱，$C = 0.7$，则 $\kappa_v = 0.147$。
（3）对于钢烟囱，$C = 0.8 \sim 0.9$，则 $\kappa_v = 0.132 \sim 0.139$。

上述竖向地震系数 $\kappa_v$，均小于 8 度半地区的数值（0.2）。说明在 8 度半区，烟囱上部都要出现拉力，在竖向与水平地震共同作用下，烟囱上部将为偏拉剪受力状态，极易发生破坏。在 9 度区以上时，受拉区范围将很大，这由下面的公式可进一步看出。

设出现拉力的截面以上出现的拉力值为 $F_{Evl}$，可用下式表达：

$$F_{Evl} = F_{Evi} - G_{iE} = \eta(G_{iE} - G_{iE}/G_E) - G_{iE} \qquad (3.3-14)$$

以 $G_{iE}$ 为变量对式 (3.3-14) 进行微分，并令其为 0（即 $\mathrm{d}F_{Evl}/\mathrm{d}G_{iE} = 0$），可求得最大拉力截面处的 $G_{iE}$ 与总重力 $G_E$ 的关系式为：

$$G_{iE} = \frac{\eta - 1}{2\eta} G_E \qquad (3.3-15)$$

由式 (3.3-15) 可知，最大拉力点处的自重力，永远在 $1/2\ G_E$ 以上处（$G_{iE} = G_E/2 - G_E/2\eta$）。

将式 (3.3-15) 代入式 (3.3-14)，可求得最大拉力值：

$$F_{Evlmax} = \frac{(\eta - 1)^2}{4\eta} G_E \qquad (3.3-16)$$

由式 (3.3-16) 可知，最大拉力在 $\eta$ 确定以后，是与总重力 $G_E$ 成正比的，烟囱的自重力越大，产生的拉力也越大。拉力分布如图 3.3-15 所示。

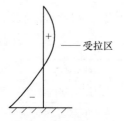

图 3.3-15  $F_{Evi}$-$G_{iE}$ 分布图

### 3.3.3.4 竖向地震作用 $F_{Evi}$ 与自重力 $G_{iE}$ 相加最大值位置

竖向地震作用 $F_{Evi}$ 与自重力 $G_{iE}$ 相加最大值位置，其压力 $F_{Eva}$ 为：

$$F_{Eva} = F_{Evi} + G_{iE} \qquad (3.3-17)$$

以 $G_{iE}$ 为变量，对式 (3.3-17) 进行微分，并令其为零，可求出最大压力点处的自重力 $G_{jE}$ 与总重力 $G_E$ 的关系式：

$$G_{iE} = \frac{\eta + 1}{2\eta} G_E \tag{3.3-18}$$

则最大压力值为:

$$F_{Evamax} = \frac{(\eta + 1)^2}{4\eta} G_E \tag{3.3-19}$$

当 $\eta$ 为定值,其最大压力也是与总重力 $G_E$ 成正比的,该值将大于根部压力。

对某些结构最大压力截面,也是计算时要重视的截面,容易出现偏压破坏。该截面由式 (3.3-18) 可知:发生在结构下部 ($G_{iE} = G_E/2 + G_E/2\eta$) 处。

3.3.3.5　《烟囱设计规范》竖向地震作用特点

根据上面"截面出现拉力的条件和位置"、"竖向地震作用 $F_{Evi}$ 与自重力 $G_{iE}$ 相加最大值位置"可以得出以下结论:

(1) 结构上部出现拉力的基本前提是需要地震烈度足够大,需要达到 8 度半以上,即设计基本加速度值达到 $0.3g$ 及以上时,结构上部才有可能出现竖向地震作用大于结构对应截面的自重,即出现拉力。当竖向地震拉应力大于结构抗拉强度时,该截面会出现拉压破坏特征。

(2) 由式 (3.3-15)、式 (3.3-18) 以及式 (3.3-8) 可知,最大竖向地震拉力和压力出现位置与结构类型及地震烈度有关,地震烈度越高,$\eta$ 值越大,则对应的最大拉力值位置越向下接近中部,而对应的最大压力值位置越向上接近中部,即地震烈度较小时,最大压力层和最大拉力层分别趋于建筑底部和顶部;而地震烈度较大时,最大压力层和最大拉力层都向建筑中部转移。

(3) 在一般破坏性地震中,造成竖向地震破坏的范围为:压力破坏为建筑高度的底部 1/3 范围,拉力破坏为建筑高度的顶部 1/3 范围。表 3.3-1 和图 3.3-1 ~ 图 3.3-5 基本说明了该规律。

表 3.3-2 为日本神户地震中间楼层坍落实际震害情况与计算结果对比,表中计算结果与震害吻合程度较高。

**表 3.3-2　中间层坍落与计算对比**（地震烈度按 10 度计算）

| 房屋名称 | 总层数 | 地震坍落层 | 计算最大拉力层 | 计算最大压力层 | 坍落特点 |
|---|---|---|---|---|---|
| 西市民医院 | 7 | 5 | 5 | 3 | 在最大拉力层 |
| 神户市政府 2 号馆 | 8 | 6 | 6 | 3 | 在最大拉力层 |
| 交通中心大厦 | 9 | 5 | 6 | 3 ~ 5 | 在最大压力层 |
| 三宫大厦 | 12 | 4 | 8 | 4 ~ 5 | 在最大压力层 |
| 江户町大厦 | 8 | 2 | 6 | 2 ~ 4 | 在最大压力层 |
| 神荣大厦 | 7 | 3 | 5 | 3 | 在最大压力层 |
| 世界三宫第三大厦 | 5 | 2 | 4 | 2 | 在最大压力层 |
| 三宫大厦北馆 | 10 | 3 | 7 | 3 ~ 5 | 在最大压力层 |
| 神户明治生命大厦 | 12 | 5 | 8 | 4 ~ 5 | 在最大压力层 |
| 迪尔利文馆 | 16 | 6 | 11 | 5 ~ 7 | 在最大压力层 |

# 3.4 基础形式与抗震性能

## 3.4.1 各种地基情况建筑物破坏程度

### 3.4.1.1 容许承载力在120kPa以上的黏土地基和密实的砂土地基

容许承载力在120kPa以上的黏土地基和密实的砂土地基一般称之为天然地基。各种震害资料显示，天然地基上，建筑物由于地基造成的震害并不多见。即使基础设计未考虑地震作用，建筑物的破坏也多是上部结构因地震惯性力造成的，而地基基础造成的震害现象并不突出。唐山齿轮厂在震后厂房倒塌严重，钢筋混凝土柱子在柱根部折断，但基础并无偏转或倾斜，地基与基础协同作用良好，设计假定基础固接模型完全成立。唐山陡河电厂180m钢筋混凝土烟囱，地基为一般亚黏土与砂土的交互层，地下8m处系水下粉细砂层，但因粉细砂的相对密度达97%，震后无喷砂冒水现象，而烟囱筒身上部47.4m一段震落，事后对烟囱基础进行测量也未发现倾斜现象。所以，抗震规范规定了许多建筑可以不进行天然地基与基础的抗震承载能力验算。

### 3.4.1.2 液化土和软土地基

砂土地基液化的外观现象之一是喷砂冒水，在有喷砂冒水的地方，建筑物受到的影响较大，主要表现为：

（1）房屋整体下沉或局部下沉。

（2）高层建筑及高耸构筑物倾斜。

（3）工业厂房不均匀下沉、室内地坪起鼓、设备基础倾斜等。

### 3.4.1.3 桩基础

桩基主要用于软土地基及液化土地基。在软土地基及液化土地基上的桩基与其他类型地基的震害差异主要表现在：

（1）较小的沉降值使得建筑物免遭破坏。天津化工厂某车间为五层框架结构，左侧采用筏基，右侧采用桩基，震时筏基下沉约30cm，且略向右侧倾斜，而右侧的桩基沉降甚小，以致在沉降缝处造成局部破坏。天津碱厂压缩机车间，厂房基础采用天然地基，震后下沉较大，而室内大型设备基础采用桩基，震后下沉较小，造成室内地面与设备基础间下沉差异达20cm。盘锦辽河跨河铁塔，铁塔由四个独立基础支撑，每个基础下有五根桩，四周四根长10～12m，中间一根长20m，液化层为地下3～15m范围，震后铁塔安然无恙；而距该塔约1km处，有一天然地基支撑的铁塔，因液化下沉了1m多。

（2）桩基的减震性能使得上部结构震害减轻。就绝大多数桩基而言，其上部结构损坏轻微，除了未因液化而遭到很大的倾斜和下沉外，同时也表明在地震中未遭受到较大的地震作用。如天津化工厂虽然全厂喷砂冒水严重，但采用桩基的厂房基本完好，其中氯化苯多层厂房，采用13.5m长的木桩，地震后厂房也基本完好。

## 3.4.2 桩基减震性能分析

桩基的减震性能概括起来有下列原因：

（1）液化土具有减震作用，地震时，一旦某一深度土层液化，该土层传递剪切波的能力大减，使上部土层减震。

1964 年日本新潟地震，从当时在二号公寓地下室获得的地震记录发现，后半段的加速度值明显降低而周期加长。

唐山地震中，天津市郊稻地村属于液化区，地震虽使该地区的大半房屋破坏和倒塌，但相邻的非液化区房屋，几乎全部倒塌，遂有"湿震不重，干震重"的经验之谈。

（2）桩基使建筑物自振周期加长，降低了水平地震作用。

国内外曾经进行过一些砂箱实验，证明了未液化前，桩与土的运动基本是同步的；桩在完全液化土中的自振频率，与其在空气中相近。这如同增加了建筑物的高度，使得结构刚度降低，自振周期加长。

在非液化土中，由于桩的变形与转动，也会使桩基建筑自振周期比固定式基础更长，就此日本学者武藤清还给出了烟囱自振周期公式：

固定式基础时　　　　　　　　　　$T = 0.0057 \sqrt{Wh^3/EI}$

桩基时　　　　　　　　　　　　　$T = 0.0057\alpha \sqrt{Wh^3/EI}$

式中　$W$——包括衬砌在内的全部重量，t；

　　　$E$——筒身的混凝土弹性模量，$t/cm^2$；

　　　$I$——烟囱底部的截面惯性矩，$m^4$；

　　　$\alpha$——与基础固定时的比值，$H \leq 100m$ 时，$\alpha = 1.2$；$H > 100m$ 时，$\alpha = 1.0$。

桩基烟囱在 100m 以下时，烟囱基本自振周期增加 15% ~ 25%，100m 以上时增加 0 ~ 10%。对于高耸构筑物及多、高层建筑物其基本自振周期均大于场地的卓越周期，对于 100m 以内的烟囱，将导致水平地震作用影响系数减小，其值 $\zeta$ 为：

$$\zeta = \frac{\alpha_{max}\left[\left(\dfrac{T_g}{T}\right)^{0.9} - \left(\dfrac{T_g}{1.2T}\right)^{0.9}\right]}{\alpha_{max}\left(\dfrac{T_g}{T}\right)^{0.9}} = 15\%$$

即从水平角度讲，桩基可降低地震影响系数 15% 左右。

（3）桩与承台刚度突变，降低了地震作用。

地震过程就是地震波的传播过程，地震波具有其他波的一切特性。在不同界面，波具有反射和折射特点，在连接面处应满足两个连续条件：

位移连续　　　　　　　　　　　$u_1 = u_2$

内力平衡　　　　　　　　　　　$N_1 = N_2$

式中　1，2——分别为沿波的传播方向的相邻截面 1 和截面 2；

　　　$N_1, N_2$——竖向振动时，表示截面 1 和截面 2 的轴向力；水平振动时，表示截面 1 和截面 2 的剪切力。

如果用 a、b、c 分别表示入射波、反射波和折射波，则上述连续条件可表示为：

$$u_a + u_b = u_c \tag{3.4-1}$$

$$N_a + N_b = N_c \tag{3.4-2}$$

根据式（3.4-1）和式（3.4-2），可将反射波和折射波均用入射波表示为：

$$N_b = N_a \cdot \frac{\alpha - 1}{\alpha + 1} \tag{3.4-3}$$

$$N_c = N_a \cdot \frac{2\alpha}{\alpha + 1} \tag{3.4-4}$$

式中 $\alpha$——突变因子。

对于竖向地震作用，突变因子 $\alpha$ 可表示为：

$$\alpha = \sqrt{\frac{m_2 E_2 A_2}{m_1 E_1 A_1}} \tag{3.4-5}$$

式中 $A_2, A_1, E_2, E_1, m_2, m_1$——分别为突变截面上部、下部的结构水平截面总面积、材料的弹性模量和单位高度的质量。

对于水平地震作用，突变因子 $\alpha$ 可表示为：

$$\alpha = \sqrt{\frac{K_2 m_2}{K_1 m_1}} \tag{3.4-6}$$

式中 $K_2, K_1, m_2, m_1$——分别为建筑上一层和下一层的层间总刚度与团聚于楼板处的总质量。

可见，突变因子 $\alpha$ 反映了杆件（或建筑物）上、下断面（或楼层）刚度突变特性，并控制反射波和折射波相对幅值，如果两个相邻断面（或楼层）刚度未发生变化，则 $\alpha$ 的值为1，既不存在突变，也无反射波，则 $N_c = N_a$；如果 $\alpha$ 的值大于1，反射波和入射波正负号相同，使下部截面1的内力增大；如果 $\alpha$ 的值小于1，反射波和入射波正负号相反，使上部截面2的内力增大。

如果用突变因子 $\alpha$ 来表示应力突变，则可得到如下应力突变系数：

对突变截面上部（截面2） $\qquad \zeta_2 = \frac{N_c/A_2}{N_a/A_1} = \frac{2\alpha}{\alpha + 1} \cdot \frac{A_1}{A_2} \tag{3.4-7}$

对突变截面下部（截面1） $\qquad \zeta_1 = \frac{(N_a + N_b)/A_1}{N_a/A_1} = \frac{2\alpha}{\alpha + 1} \tag{3.4-8}$

对于竖向振动，竖向刚度突变截面的应力突变系数，可根据式（3.4-7）和式（3.4-8）得到，结果见表3.4-1。

表 3.4-1　刚度及质量突变处应力突变系数

| $\frac{A_2 E_2}{A_1 E_1} = \frac{m_2}{m_1}$ | $\alpha$ | $\zeta_2$ | $\zeta_1$ | $\frac{A_2 E_2}{A_1 E_1} = \frac{m_2}{m_1}$ | $\alpha$ | $\zeta_2$ | $\zeta_1$ |
|---|---|---|---|---|---|---|---|
| 0.1 | 0.1 | 1.82 | 0.18 | 1.0 | 1.0 | 1.00 | 1.00 |
| 0.2 | 0.2 | 1.66 | 0.34 | 1.1 | 1.1 | 0.95 | 1.05 |
| 0.3 | 0.3 | 1.54 | 0.46 | 1.2 | 1.2 | 0.91 | 1.09 |
| 0.4 | 0.4 | 1.43 | 0.57 | 1.3 | 1.3 | 0.87 | 1.13 |
| 0.5 | 0.5 | 1.33 | 0.67 | 1.4 | 1.4 | 0.83 | 1.17 |
| 0.6 | 0.6 | 1.25 | 0.75 | 1.5 | 1.5 | 0.80 | 1.20 |
| 0.7 | 0.7 | 1.18 | 0.82 | 2.0 | 2.0 | 0.67 | 1.33 |
| 0.8 | 0.8 | 1.11 | 0.89 | 10.0 | 10.0 | 0.18 | 1.82 |
| 0.9 | 0.9 | 1.05 | 0.95 | | | | |

注：假定上部与下部材质相同。

分析表 3.4-1 可以发现，竖向振动在变化截面时有 $\zeta_1 + \zeta_2 = 2$，即当突变截面上部或下部的竖向刚度无穷大时，应力最大突变系数为 2。

在结构的竖向刚度或单位高度质量发生突变时，其变化规律为：当竖向刚度突然变大时，刚度大的部位振动效应降低，但对于下部刚度小的部位振动效应增大。由于桩与承台连接处，承台的竖向刚度（$A_2 E_2$）和单位高度质量（$m_2$）突然增大，所以承台的振动效应降低了，导致对上部结构竖向振动效应的降低，但与此同时，桩-承台连接处和上部桩身的振动效应却增大了。这与非液化土中桩的破坏特征——桩与承台连接处和上部桩身破坏，破坏形式为压力、拉力、剪压力为主，非常吻合。

### 3.4.3　桩基设计方面的几点建议

在桩基设计方面提出如下建议：

（1）对于液化土地基，桩尖未伸入非液化土层，浅基础与桩基震害情况相近，只有桩尖支承在非液化层上的建筑物才具有减振功能。我国抗震规范将桩基作为全部消除液化的措施之一，规定了桩端伸入非液化土中的长度，即碎石土、砾、粗、中砂，坚硬黏土和密实土不应小于 500mm，对其他非岩石土不宜小于 1.5m。

（2）从水平地震角度和竖向地震角度分析，桩顶处的弯矩、水平剪力、竖向轴力均为最大，应加强该处配筋。

（3）在液化土及软、硬土界面处，桩身弯矩、剪力增大，应加强该区段的配筋。我国的抗震规范中也规定了在液化土中桩的配筋，"应自桩顶至液化深度以下符合全部消除液化沉陷所要求的深度，其纵向钢筋应与桩顶部相同，箍筋加密"。实际上，不但在液化土中如此，在非液化土中的桩基，若桩周围软、硬土层刚度差异较大，则软、硬土层交界处也会出现弯矩、剪力骤增情况，同样需满足上述要求。

（4）桩头震害情况很多，主要表现为错位、拔出、钢筋断裂等，因此改进桩头的嵌固程度也是减少桩基震害的重点之一。

## 3.5　刚度突变与结构内力突变的内在联系

### 3.5.1　结构周围介质的刚度突变引起结构地震内力突变

（1）在上面的讨论中，我们发现在液化土及软硬土交界面都会引起桩基内力突变。日本宫本裕司等在阪神地震后对高层建筑下液化土中的桩基进行了动力有限元分析，得出许多重要结果，其中对于桩头转动受到约束的短桩而言，其弯矩和剪力以桩顶处最大；土层运动产生的桩身内力则以土层刚度变化处，即软硬土层交界处为大，此外桩顶处也不小。

地振动越强，土层运动对桩身内力影响越大。对于土层刚度突变，桩基总荷载如不变而改变桩数，则桩数增加时，单桩内力虽有减少，但减少的比例远小于桩数的增加比例。

（2）因刚性地坪与空气刚度相比为无穷大，柱子在刚性地坪面上、下剪力与弯矩会发生突变，如图 3.5-1 所示。因此，在刚性地坪上、下各 500mm 以及不小于柱子长边尺寸范围内，箍筋应加密。

（3）因填充墙与空气刚度相比为无穷大，因此框、排架填充墙应填满，避免"半墙"，否则会引起地震内力突变，也就是通常所说的"短柱效应"，如图 3.5-2 所示。

图 3.5-1　"5·12"汶川地震中地坪位置柱子破坏

图 3.5-2　填充墙"半墙"内力突变效应

### 3.5.2　结构刚度突变引起结构地震内力突变

由式（3.4-3）~式（3.4-8）可以发现，结构刚度突变会引起竖向地震内力突变，同样也会引起水平地震内力突变。

（1）高层建筑裙房与上部结构存在竖向刚度突变，会使裙房上部 1~2 层范围塔楼内力急剧增大。

（2）高层建筑转换层部位存在结构刚度突变，会对转换层下部一层产生不利影响。

（3）历次震害表明，框架结构各层柱顶均比柱底破坏严重，其原因也是刚度突变所造成的。由于柱子刚度与其顶部楼板刚度相比非常小，因此柱子对上部楼板具有减振效果，而自身地震作用却得到放大，柱顶破坏加剧；对于楼板上面的柱底，地震作用也会放大，但其放大的"基数"是在柱顶减振的基础上进行放大的，一般柱顶与柱底截面相同，因此楼板对柱底与柱顶的地震作用放大系数相等，但由于放大前的"内力基数"不同，因此柱顶因刚度突变造成的内力要大于柱底。

（4）低层框架结构的底部框架与上部砖混结构有较大的刚度突变。当二层砖混结构侧移刚度与底层侧移刚度之比较大（$\frac{k_2}{k_1} > 1$）时，底层框架对上部砖砼结构具有减振作用，但对自身却不利，特别当$\frac{k_2}{k_1}$较大时，会因变形集中产生过大变形而使底层倒塌破坏（见图3.5-3）；但如果$\frac{k_2}{k_1} < 1$，则会加剧上部砖砼结构地震反应，造成上部结构破坏（见图3.3-7～图3.3-9）。

图 3.5-3　低层框架结构的底层破坏

（5）突出屋面的女儿墙、屋顶间、烟囱、通讯塔等，由于其刚度远小于屋面刚度，会使其地震力骤然加大，如图3.5-4和图3.5-5所示。

图 3.5-4　突出屋面小房间破坏

图 3.5-5　突出屋面小塔体根部破坏

（6）岩石地基的高度达数十米的条状突出的山脊和高耸孤立的山丘，由于大地刚度的突变，会造成局部突出部位的地面加速度大于基准面的地面加速度。因此在条状突出的山脊和高耸孤立的山丘上的建筑物所获得的地面加速度，要大于建于基准地面上的相同建筑物所获得的地面加速度，震害因而加剧。

（7）广义上讲，所有建于地面上的建筑物，其刚度与大地相比都是无穷小，因此地震作用都会得到放大。根据历次强震统计结果，其水平振动放大系数约为 2.25；而按式（3.4-7）的理论计算结果，其放大系数为 2。

根据以上震害分析，得到以下广义的刚度突变规律：

（1）在地震作用下，无论是结构的刚度突变，还是结构周围介质的刚度突变，都会引起结构振动内应力的突变。

（2）内应力突变规律为沿着振动传播方向，刚度大的结构对刚度小的结构具有内应力放大作用，而刚度小的结构对刚度大的结构具有减振作用。

（3）内应力突变随着结构刚度或介质刚度突变的加剧而增大，但内应力突变值是有限的，竖向应力突变极值为 2。

对于刚度突变部位，抗震设计规范都称之为"薄弱层"，同时对薄弱层部位乘以内力增大系数，并采取较高的抗震措施。《建筑抗震设计规范》（GB 50011—2010）具体体现为：

（1）"对于平面规则而竖向不规则的建筑结构，应采用空间结构计算模型，刚度小的楼层的地震剪力应乘以不小于 1.15 的增大系数"。

（2）"液化土和震陷软土中桩的配筋范围，应自桩顶至液化深度以下符合全部消除液化沉陷所要求的深度，其纵向钢筋应与桩顶部相同，箍筋应加粗和加密"。

（3）"采用底部剪力法时，突出屋面的屋顶间、女儿墙、烟囱等的地震作用效应，宜乘以增大系数 3，此增大部分不应往下传递，但与该突出部分相连的构件应予计入"。

（4）6.2.10 条"一、二级框支柱由地震作用引起的附加轴力应分别乘以增大系数 1.5、1.2"。

（5）6.2.10 条"一、二级框支柱的顶层柱上端和底层柱下端，其组合的弯矩设计值应分别乘以增大系数 1.5 和 1.25"。

（6）6.3.9 条"柱的箍筋加密范围，应按下列规定采用：

1）柱端，取截面高度（或柱直径），柱净高的 1/6 和 500mm 三者较大值；

2）底层柱，柱根不小于柱净高的 1/3；

3）刚性地面上、下各 500mm；

4）剪跨比不大于 2 的柱、因设置填充墙等形成的柱净高与柱截面高度之比不大于 4 的柱、框支柱、一、二级框架的角柱，取全高"。

（7）7.1.8 条"底层框架-抗震墙房屋的纵横两个方向，第二层与底层侧向刚度的比值，6、7 度时不应大于 2.5，8 度时不应大于 2.0，且均不应小于 1.0"。

（8）7.2.4 条"对底层框架-抗震墙房屋，底层的纵向和横向地震剪力设计值均应乘以增大系数，其值应允许在 1.2~1.5 范围内选用，第二层与底层侧向刚度比大者应取大值。"

所有这些措施，大部分来自震害经验，是非常有效的抗震措施。

# 4 烟囱抗温设计

## 4.1 温度作用下材料性能

### 4.1.1 温度作用下混凝土力学性能

混凝土作为一种结构工程材料，应用极为广泛。其中有些结构经常处于高温环境下工作，这种高温环境有的是属于正常使用条件下的，有的则属于事故状态下发生的。如冶金和化工企业的高温车间，结构经常处于高温辐射下，温度可达200℃；而烟囱排放的烟气温度可达150～800℃；大体积水工结构物，因水泥水化过程的发热而引起的升温可达250℃；有些结构处于事故状态，温度可达900℃，甚至更高。

混凝土受热后力学性能和物理性能均有明显的变化，主要表现为：强度和弹性模量降低、收缩和徐变加剧。上述性能的变化主要同混凝土中骨料性质和粒径、水泥用量和水灰比以及加热温度和加热方式等因素有关。另外，混凝土在高温作用下的强度（也称热态强度）与高温作用后的强度（也称冷态强度或残余强度）也有所不同。

以下所讨论温度为高温阶段，即60～300℃；而温度高于300℃不做讨论。

混凝土中的砂子和石子是惰性材料，在常温硬化过程中不参与化学变化，保持原有的物理力学性能；水泥和水调和后，则发生水化及水解作用，形成水泥石，并逐渐硬化而使混凝土慢慢地具有强度。

在高温下水泥石强度发生如下变化：

（1）水泥石加热至100～110℃时，一方面因其内部水分开始产生蒸压作用，使水泥颗粒的水化作用加快，加速了硬化过程，同时，水泥石中物理结合水得以大量排除，使水泥颗粒紧密黏结，这两者都是使水泥石强度增长的重要因素。

（2）水泥石加热温度超过100～110℃时，对强度影响起决定性作用的是硅酸二钙的水化物，超过该温度范围，硅酸二钙水化物发生脱水，使胶体发生龟裂，削弱了水泥石的部分强度。但有的文献认为在500℃以前，水泥石受压强度还一直有所增长，超过500℃后，水泥石结构破坏，其受压强度开始下降，如图4.1-1所示。也有文献认为加热

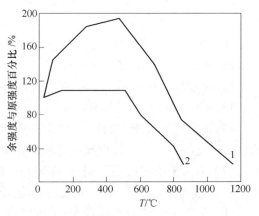

图 4.1-1　高温对水泥石受压强度的
影响（龄期 28 天）
1—普通硅酸盐水泥制作的水泥石；
2—高强硅酸盐水泥制作的水泥石

温度一旦超过350℃，水泥石就会分化。

混凝土受热时，骨料膨胀，水泥石由于水分蒸发而收缩，从而产生变形差使混凝土内部产生内应力，即骨料受压而水泥石受拉，温度越高，温度变形差越大，产生的拉压力就越大。当内应力增大到一定程度后，水泥石在粗骨料边缘处产生细微裂缝，从而破坏了混凝土的内部结构，对混凝土强度产生不利影响。

由此可知，水泥石在一定加热温度范围内具有使混凝土强度增长的有利作用。同时，由于温度作用，水泥石内部及水泥石与粗骨料之间产生裂缝，对混凝土强度又有不利影响。这种有利与不利的共同作用，对混凝土各种强度具有不同程度的影响，因而变化规律也就各不相同。

### 4.1.1.1 高温对混凝土受压强度的影响

国内外大量试验表明，在温度不高于300℃时，混凝土强度变异最大，不同的试验甚至得到相反的结论，一般认为混凝土的抗压强度下降，但在有些试验中强度却有所增加；而温度高于300℃时，混凝土强度显著下降却是一致的。由此可见，混凝土受热后，其有利与不利作用抵消程度如何，决定了混凝土最终强度是增还是降。由于不同的试验，其试验设备、试验条件不同，骨料类型、粒径大小、水泥石含量、水泥品种、水灰比大小等各种因素也不同，因而造成有利与不利作用抵消程度的差异，当有利作用大于不利作用时，会使混凝土强度增加，反之，会使强度降低。

随着温度的增高，混凝土内不利作用逐渐增大，而有利作用却逐渐降低。因此，当温度高于300℃后，不利作用已明显大于有利作用，混凝土强度明显下降，故国内外的试验规律也趋于一致。

混凝土在一定温度范围内其立方体强度显著高于常温下强度（见图4.1-2），而棱柱体强度折减幅度与立方体强度相比却明显增加（见图4.1-3）。其原因是：对于立方体强度来讲，压力机压板与试件表面的摩擦力减少了混凝土内部细微裂缝的不利影响，而受热使混凝土硬化加速等有利因素却一直存在，故在一定的加热温度范围内，立方体强度比常

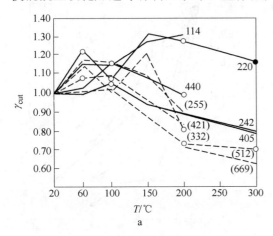
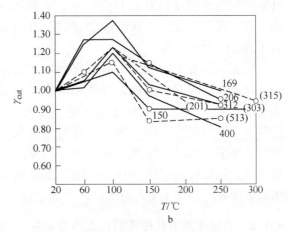

图 4.1-2　普通混凝土立方体强度与加热温度的关系曲线（加热时间7天）

（曲线端部的数字是混凝土常温时 10cm×10cm×10cm 试体的强度，带"（ ）"者指卵石混凝土强度）

a—普通硅酸盐水泥混凝土；b—矿渣硅酸盐水泥混凝土；

—— 石灰质碎石混凝土；- - - - 卵石混凝土

温时还有所提高；而对于棱柱体强度来讲，压力机压板与试件表面的摩擦所形成的箍的影响，对混凝土内部细微裂缝所产生的不利作用影响甚微，不利作用比立方体要大，故其强度折减幅度也有所增加。

**4.1.1.2　高温对混凝土受拉强度的影响**

混凝土内部由受热而形成的细微裂缝，对抗拉强度的影响较对抗压强度的影响更为显著，故抗拉强度折减要比抗压强度折减的幅度更大，如图4.1-4所示。

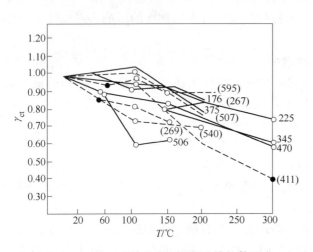

图 4.1-3　普通硅酸盐水泥混凝土棱柱体强度
折减系数与加热温度的关系曲线
—— 石灰质碎石混凝土；---- 卵石混凝土

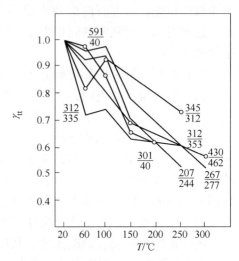

图 4.1-4　受热后普通混凝土抗拉强度
折减系数的变化

**4.1.1.3　高温对混凝土弹性模量的影响**

如果说受热混凝土在一定的温度范围内，升温对混凝土强度既有有利的一面，又有不利的一面，那么对混凝土弹性模量来讲，升温只有不利影响而无益处。

首先，混凝土内部的细微裂缝会增加变形值，降低弹性模量；其次，热作用下水泥石脱水使水泥硬化加速，使得混凝土的强度增加，但脱水因使混凝土孔隙率加大而降低了混凝土的弹性模量。所以，受热混凝土的弹性模量降低很快，且没有像强度一样在一定的温度内有增高的现象，如图4.1-5所示。

**4.1.2　高温作用下和作用后以及有先期应力作用等三种条件下混凝土力学性能比较**

高温对混凝土的影响有的是属于正常的，有的则属于事故性的。对于事故性高温相对来

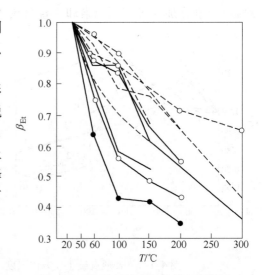

图 4.1-5　均匀受热作用后普通混凝土
弹性模量折减系数的变化曲线
—— 石灰质碎石混凝土；---- 卵石混凝土

讲一般持续时间较短，那么高温过后混凝土的力学性能是否有所恢复？对此做一些探讨，无论对工程设计还是对火灾事故后混凝土性能评估都具有重要意义。

国内外对这方面的研究结果已有许多，现分述如下。

麦尔霍托拉用水泥与砂、卵石骨料的重量比为1:(4.5~6.0)的混凝土进行了以下三种试验：

（1）33kg/cm²的加载状态下进行加热，热状态下进行强度试验。

（2）无荷载状态下加热后，在热状态下进行强度试验。

（3）无荷载下加热徐冷之后进行强度试验。

各种温度（常温至600℃）的试验结果是：第（1）项试验中强度最大，第（2）、（3）项则顺次下降。

H. Weigler 和 R. Fischer 的研究表明：热态下混凝土构件的强度要高于或至少不低于冷却后的强度（见表4.1-1）；如果试件在加载状态下进行加热，那么，以石英为骨料的混凝土强度将会增加或减少其强度降低幅度；而以氧化钡为骨料的混凝土，施加的荷载完全阻止了混凝土的强度降低，有时强度还会增加，如图4.1-6所示。为此，本节还给出了使混凝土强度增高的理想应力水平（见图4.1-7）：以石英为骨料的混凝土预加应力要超过正常受压强度的50%；以氧化钡为骨料的混凝土预加应力为正常受压强度的30%~50%。

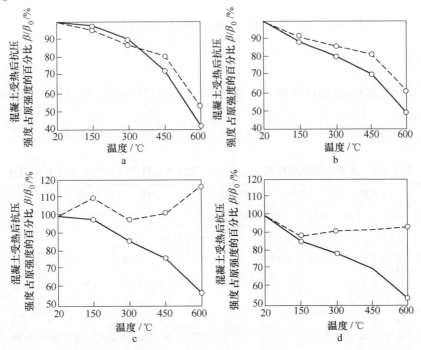

图4.1-6　加载对不同骨料和水泥的混凝土受热强度的影响（龄期：197天）

a—石英骨料，硅酸盐水泥；b—石英骨料，高炉矿渣水泥；

c—氧化钡骨料，硅酸盐水泥；d—氧化钡骨料，高炉矿渣水泥

$$\text{——} \ \sigma=0;\ \text{----} \ \sigma=\frac{\beta}{3}$$

表 4.1-1  混凝土在热态与冷态下强度折减系数比 $\beta_热/\beta_冷$

| 温度/℃ | 硅酸盐水泥 | | 高炉矿渣水泥 | |
|---|---|---|---|---|
| | 石英 | 氧化钡 | 石英 | 氧化钡 |
| 150 | 1.01 | 0.91 | 0.88 | 0.87 |
| 300 | 1.16 | 1.16 | 1.09 | 0.99 |
| 450 | 1.08 | 1.01 | 1.01 | 0.97 |
| 600 | 1.28 | 0.99 | 1.31 | 1.04 |

注：$\beta_热$ 表示高温 3h 后热态强度；$\beta_冷$ 表示徐冷至室温后抗压强度。

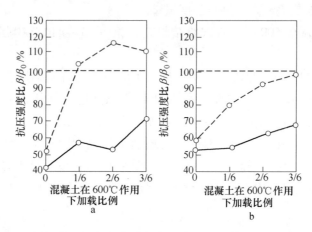

图 4.1-7  不同加载比例对加热后徐冷混凝土强度的影响（龄期：197 天）

a—硅酸盐水泥；b—高炉矿渣水泥

—— 石英；---- 氧化钡

某文献给出混凝土在温度作用下及温度作用后的抗压强度、抗拉强度及弹性模量，如图 4.1-8 所示。

混凝土在温度作用下（热态）及温度作用后（冷态）强度折减对比见表 4.1-2。

表 4.1-2  混凝土在温度作用下（热态）及温度作用后（冷态）强度折减对比

| 60℃ | | 100℃ | | 150℃ | | 200℃ | | 300℃ | | 500℃ | | 700℃ | | 备注 |
|---|---|---|---|---|---|---|---|---|---|---|---|---|---|---|
| 热态 | 冷态 | 热态 | 冷态 | 热态 | 冷态 | 热态 | 冷态 | 热态 | 冷态 | 热态 | 冷态 | 热态 | 冷态 | |
| 1.06 | 1.00 | 1.02 | 1.02 | 1.05 | 1.00 | 1.10 | 0.86 | 0.90 | 0.86 | | | | | 棱柱 |
| 1.20 | 1.10 | 1.20 | 1.16 | 1.15 | 1.13 | 1.10 | 1.00 | 1.10 | 0.90 | | | | | |
| | | 0.92 | 0.94 | | | | | 1.08 | 1.00 | 0.80 | 0.83 | 0.33 | 0.30 | |
| | | 0.90 | 0.87 | | | | | 1.01 | 0.97 | 0.80 | 0.76 | 0.33 | 0.28 | |
| | | 0.95 | 0.94 | | | | | 1.10 | 1.10 | 0.83 | 0.84 | 0.38 | 0.35 | 立 |
| | | 0.90 | 0.91 | | | | | 1.05 | 0.97 | 0.79 | 0.79 | 0.29 | 0.27 | 方 |
| | | 0.90 | 0.88 | | | | | 1.04 | 1.02 | 0.78 | 0.78 | 0.28 | 0.26 | 体 |
| | | 0.93 | 0.94 | | | | | 1.04 | 1.07 | 0.81 | 0.81 | 0.40 | 0.40 | 强 |
| | | 0.90 | 0.92 | | | | | 1.03 | 1.00 | 0.78 | 0.76 | 0.38 | 0.39 | 度 |
| | | 0.90 | 0.90 | | | | | 1.01 | 1.02 | 0.75 | 0.73 | 0.25 | 0.25 | |
| | | 0.88 | 0.88 | | | | | 0.99 | 1.00 | 0.76 | 0.70 | 0.26 | 0.29 | |

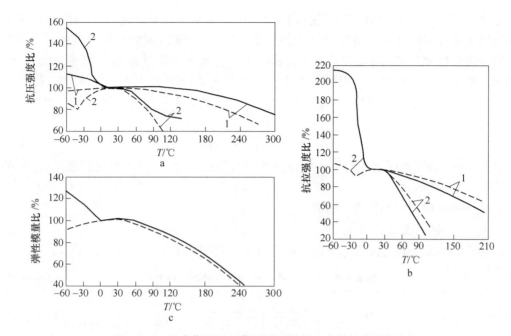

图 4.1-8　温度作用下和作用后对混凝土力学性能的影响

a—温度对混凝土抗压强度的影响；b—温度对混凝土抗拉强度的影响；c—温度对混凝土弹性模量的影响

1—干混凝土；2—湿混凝土

—— 温度作用下；---- 温度作用后

经过上述分析与计算可得到如下结论。

（1）混凝土受热后强度变化主要与以下因素有关：

1）骨料类别。骨料的线膨胀系数越大混凝土强度降低也越大。

2）水泥用量与水灰比。水泥用量与水灰比越大，则水泥石的收缩与脱水也越大，因而强度降低也越强烈。随着混凝土标号的提高其强度下降更严重。

3）温度条件。混凝土强度与温度、加热历程及最高温度、高温持续时间、升降温的幅值与次数及速度和试件内的温度梯度等有关。

4）湿度。湿混凝土加热，其强度降低要比干混凝土强度降低更显著。

（2）混凝土经历高温后再降低至正常温度（冷态），其强度和弹性模量降低幅度要比混凝土在同样温度下的高温状态（热态）降低幅度大。因此结构经历高温事故后，其强度不但不会恢复，反而会更不利。

（3）高温对混凝土力学指标影响最大的为弹性模量，其次为抗拉强度，影响相对较弱的为抗压强度。

## 4.1.3　混凝土强度标准值及设计值

### 4.1.3.1　混凝土在温度作用下的强度标准值

《烟囱设计规范》的混凝土强度标准值是根据国内外 375 个试验子样按不同强度类别及不同温度进行参数估计和分布假设检验得到的各项统计参数，其中混凝土常温下力学性能概率统计服从正态分布，而受热混凝土折减系数分布规律服从韦伯分布。对随机变量常

温下混凝土强度 $f_x$ ，则全部采用了国家标准《混凝土结构设计规范》中的统计参数求得各种强度等级及不同强度类别的 $f_x$ 的密度函数。折减系数密度函数 $\gamma_x$ 与 $f_x$ 均统计独立，作为它们的联合概率分布规律就是高温下混凝土力学性能的概率分布 $f_{xt}$ 。根据 $\gamma_x$ 及 $f_x$ 的密度函数，采用统计模拟方法（蒙脱卡洛法）采集到 $f_{xt}$ 的子样数据，再经统计检验得 $f_{xt}$ 的各项统计参数及概率密度函数服从正态分布。最后，混凝土在温度作用下的各类强度标准值按下式计算：

$$f_{xtk} = \mu_{f_{x_t}} (1 - 1.645 \, \delta_{f_{x_t}}) \qquad (4.1\text{-}1)$$

式中　$f_{xtk}$ ——温度作用下混凝土各类强度（轴心抗压强度 $f_{ctk}$ 和轴心抗拉强度 $f_{ttk}$ ）的标准值；

　　　$\mu_{f_{x_t}}$ ——随机变量 $f_{xt}$ 的平均值；

　　　$\delta_{f_{x_t}}$ ——随机变量 $f_{xt}$ 的标准差。

最终得到混凝土在温度作用下的强度标准值，见表4.1-3。

**表 4.1-3　混凝土在温度作用下的强度标准值**　　　　　　　（ N/mm² ）

| 受力状态 | 符号 | 温度 | 混凝土强度等级 | | | | |
|---|---|---|---|---|---|---|---|
| | | | C20 | C25 | C30 | C35 | C40 |
| 轴心抗压 | $f_{ctk}$ | 20℃ | 13.40 | 16.70 | 20.10 | 23.40 | 26.80 |
| | | 60℃ | 11.30 | 14.20 | 16.60 | 19.40 | 22.20 |
| | | 100℃ | 10.70 | 13.40 | 15.60 | 18.30 | 20.90 |
| | | 150℃ | 10.10 | 12.70 | 14.80 | 17.30 | 19.80 |
| 轴心抗拉 | $f_{ttk}$ | 20℃ | 1.54 | 1.78 | 2.01 | 2.20 | 2.39 |
| | | 60℃ | 1.24 | 1.41 | 1.57 | 1.74 | 1.86 |
| | | 100℃ | 1.08 | 1.23 | 1.37 | 1.52 | 1.63 |
| | | 150℃ | 0.93 | 1.06 | 1.18 | 1.31 | 1.40 |

注：温度为中间值时，可采用线性插值法计算。

### 4.1.3.2　混凝土在温度作用下的强度设计值

混凝土强度设计值的规定是按工程经验校准法计算确定的。考虑烟囱竖向浇灌施工和养护条件与一般水平构件的差异，混凝土在温度作用下的轴心抗压设计强度折减系数采用0.8，据此进行工程经验校准，得到混凝土在温度作用下的轴心抗压强度材料分项系数为1.85，具体数值见表4.1-4。混凝土强度设计值采用其标准值除以分项系数获得，具体按以下公式计算：

$$f_{ct} = \frac{f_{ctk}}{\gamma_{ct}} \qquad (4.1\text{-}2)$$

$$f_u = \frac{f_{ttk}}{\gamma_u} \qquad (4.1\text{-}3)$$

式中　$f_{ct}, f_u$ ——混凝土在温度作用下的轴心抗压强度、轴心抗拉强度设计值，N/mm² ；

　　　$f_{ctk}, f_{ttk}$ ——混凝土在温度作用下的轴心抗压强度、轴心抗拉强度标准值，N/mm² ；

　　　$\gamma_{ct}, \gamma_u$ ——混凝土在温度作用下的轴心抗压强度、轴心抗拉强度分项系数，按表4.1-4的规定采用。

**表 4.1-4 混凝土在温度作用下的材料分项系数**

| 序　号 | 构件名称 | $\gamma_{ct}$ | $\gamma_{u}$ |
|---|---|---|---|
| 1 | 筒　壁 | 1.85 | 1.50 |
| 2 | 壳体基础 | 1.60 | 1.40 |
| 3 | 其他构件 | 1.40 | 1.40 |

### 4.1.3.3 混凝土在温度作用下的弹性模量

《烟囱设计规范》是利用采集到的 320 个混凝土在温度作用下的弹性模量试验数据，用参数估计和概率分布的假设检验方法，取保证率为 50% 来计算弹性模量标准值，并按下式计算：

$$E_{ct} = \beta_c E_c \tag{4.1-4}$$

式中　$E_{ct}$——混凝土在温度作用下的弹性模量，$N/mm^2$；

$\beta_c$——混凝土在温度作用下的弹性模量折减系数，按表 4.1-5 的规定采用；

$E_c$——混凝土弹性模量，$N/mm^2$，按表 4.1-6 的规定采用。

**表 4.1-5 混凝土弹性模量折减系数 $\beta_c$**

| 系数 | 受热温度/℃ | | | | 受热温度的取值 |
|---|---|---|---|---|---|
| | 20 | 60 | 100 | 150 | |
| $\beta_c$ | 1.00 | 0.85 | 0.75 | 0.65 | 承载能力极限状态计算时，取筒壁、壳体基础等的平均温度；正常使用极限状态计算时，取筒壁内表面温度 |

注：温度为中间值时，应采用线性插值法计算。

**表 4.1-6 混凝土弹性模量** （$N/mm^2$）

| 混凝土强度等级 | C15 | C20 | C25 | C30 | C35 | C40 |
|---|---|---|---|---|---|---|
| 弹性模量 $E_c$ | $2.20 \times 10^4$ | $2.55 \times 10^4$ | $2.80 \times 10^4$ | $3.00 \times 10^4$ | $3.15 \times 10^4$ | $3.25 \times 10^4$ |

## 4.1.4 钢筋与钢材

### 4.1.4.1 钢筋

对于钢筋的使用有如下规定。

（1）钢筋混凝土筒壁的配筋宜采用 HRB335 级钢筋，也可采用 HRB400 级钢筋。抗震设防烈度 8 度以上地区（含 8 度地区），以及重点设防类（乙类）及以上类别的烟囱，宜选用 HRB335E、HRB400E 级钢筋。砖筒壁的环向钢筋可采用 HPB300 级钢筋。钢筋性能应符合现行国家标准《钢筋混凝土用钢》（GB 1499.1 和 GB 1499.2）的规定。

对钢筋混凝土筒壁，《烟囱设计规范》（GB 50051—2013）未推荐采用光圆钢筋，原因是在温度作用下光圆钢筋与混凝土的黏结力显著下降。例如，温度为 100℃ 时，黏结力约为常温下的 3/4；200℃ 时约为 1/2；当温度达到 450℃ 时，黏结力将全部破坏。此外，国家标准《混凝土结构设计规范》（GB 50010—2010）将高强度钢筋作为推广品种。因此，《烟囱设计规范》（GB 50051—2013）也增加了该类钢筋的使用，但未推荐更高等级的钢筋，这是因为当钢筋应力过高时，会引起裂缝宽度过大，为了减小裂缝宽度，采取了控制钢筋拉应力的措施。

（2）在温度作用下，钢筋的强度标准值应按下式计算：

$$f_{ytk} = \beta_{yt} f_{yk} \tag{4.1-5}$$

式中　$f_{ytk}$——钢筋在温度作用下的强度标准值，N/mm$^2$；

$f_{yk}$——钢筋在常温下的强度标准值，N/mm$^2$，按现行国家标准《混凝土结构设计规范》（GB 50010—2010）采用；

$\beta_{yt}$——钢筋在温度作用下强度折减系数，温度不大于100℃时取1.00，150℃时取0.90，中间值采用线性插值法计算。

（3）钢筋的强度设计值应按下列公式计算：

$$f_{yt} = \frac{f_{ytk}}{\gamma_{yt}} \tag{4.1-6}$$

式中　$f_{yt}$——钢筋在温度作用下的抗拉强度设计值，N/mm$^2$；

$\gamma_{yt}$——钢筋在温度作用下的抗拉强度分项系数，按表4.1-7的规定采用。

表 4.1-7　钢筋在温度作用下的材料分项系数

| 序号 | 构件名称 | $\gamma_{yt}$ |
|---|---|---|
| 1 | 钢筋混凝土筒壁 | 1.6 |
| 2 | 壳体基础 | 1.2 |
| 3 | 砖筒壁竖筋 | 1.9 |
| 4 | 砖筒壁环筋 | 1.6 |
| 5 | 其他构件 | 1.1 |

注：当钢筋在温度作用下的抗拉强度设计值的计算值大于现行国家标准《混凝土结构设计规范》（GB 50010—2010）规定的常温下相应数值时，应取不高于常温下的强度设计值。

（4）钢筋在温度作用下的弹性模量可不考虑温度折减，应按现行国家标准《混凝土结构设计规范》（GB 50010—2010）采用，即：HPB300级钢筋 $E_s = 2.1 \times 10^5$ N/mm$^2$；HRB335、HRB400级钢筋 $E_s = 2.0 \times 10^5$ N/mm$^2$。

4.1.4.2　钢材

对于钢材的使用有如下规定。

（1）钢烟囱的钢材、钢筋混凝土烟囱及砖烟囱附件的钢材除满足下列规定外，还应符合现行国家标准《钢结构设计规范》（GB 50017—2014）的规定。

（2）钢烟囱塔架和筒壁钢材宜采用Q235钢、Q345钢、Q390钢、Q420钢、Q460钢和Q345GJ钢，其质量应分别符合现行国家标准《碳素结构钢》（GB/T 700—2006）、《低合金高强度结构钢》（GB/T 1591—2008）和《建筑结构用钢板》（GB/T 19879—2005）的规定。结构用钢板的厚度和外形尺寸应符合现行国家标准《热轧钢板和钢带的尺寸、外形、重量及允许偏差》（GB/T 709—2006）的规定。热轧工字钢、槽钢、角钢、H型钢和钢管等型材产品的规格、外形、重量和允许偏差应符合相关的现行国家标准的规定。

（3）对处于外露环境，且对耐腐蚀有特殊要求或在腐蚀性气体和固态介质作用下的承重结构，宜采用Q235NH、Q355NH和Q415NH牌号的耐候结构钢，其性能和技术条件应符合现行国家标准《耐候结构钢》（GB/T 4171—2008）的规定。

（4）烟囱的平台、爬梯和砖烟囱的环向钢箍宜采用 Q235B 级钢材。

（5）承重结构采用的钢材应具有抗拉强度、伸长率、屈服强度和硫、磷含量的合格保证，对焊接结构尚应具有碳含量的合格保证。

焊接承重结构以及重要的非焊接承重结构采用的钢材还应具有冷弯试验的合格证。

（6）当作用温度不大于100℃时，碳素结构钢和低合金高强结构钢的强度设计值应符合国家标准《钢结构设计规范》（GB 50017—2014）的规定，按表4.1-8采用。

表 4.1-8　钢材的强度设计值　　　　　　（N/mm²）

| 牌号 | 厚度或直径 | 抗拉、抗压和抗弯强度 $f$ | 抗剪强度 $f_v$ | 端面承压强度（刨平顶紧）$f_{ce}$ | 钢材名义屈服强度 $f_y$ | 极限抗拉强度最小值 $f_u$ |
|---|---|---|---|---|---|---|
| Q235 | ≤16mm | 215 | 125 | | 235 | |
| | > 16 ~ 40mm | 205 | 120 | 325 | 225 | 370 |
| | > 40 ~ 100mm | 200 | 115 | | 215 | |
| Q345 | ≤16mm | 300 | 175 | | 345 | |
| | > 16 ~ 40mm | 295 | 170 | | 335 | |
| | > 40 ~ 63mm | 290 | 165 | 400 | 325 | 470 |
| | > 63 ~ 80mm | 280 | 160 | | 315 | |
| | > 80 ~ 100mm | 270 | 155 | | 305 | |
| Q390 | ≤16mm | 345 | 200 | | 390 | |
| | > 16 ~ 40mm | 330 | 190 | 415 | 370 | 490 |
| | > 40 ~ 63mm | 310 | 180 | | 350 | |
| | > 63 ~ 100mm | 295 | 170 | | 330 | |
| Q420 | ≤16mm | 375 | 215 | | 420 | |
| | > 16 ~ 40mm | 355 | 205 | 440 | 400 | 520 |
| | > 40 ~ 63mm | 320 | 185 | | 380 | |
| | > 63 ~ 100mm | 305 | 175 | | 360 | |
| Q460 | ≤16mm | 410 | 235 | | 460 | |
| | > 16 ~ 40mm | 390 | 225 | 470 | 440 | 550 |
| | > 40 ~ 63mm | 355 | 205 | | 420 | |
| | > 63 ~ 100mm | 340 | 195 | | 400 | |
| Q345GJ | > 16 ~ 35mm | 310 | 180 | | 345 | |
| | > 35 ~ 50mm | 290 | 170 | 415 | 335 | 490 |
| | > 50 ~ 100mm | 285 | 165 | | 325 | |

注：1. GJ 钢的名义屈服强度取上屈服强度，其他均取下屈服强度。

　　2. 表中厚度是指计算点的钢材厚度，对轴心受拉和轴心受压构件是指截面中较厚板件的厚度。

（7）处于环境温度低于 -20℃ 的钢烟囱塔架和筒壁以及环境温度低于 -30℃ 的所有钢结构不应采用 Q235 沸腾钢。

（8）焊接结构不应采用 Q235A 级钢。

（9）计算下列情况的结构构件或连接时，钢材的强度设计值应乘以表4.1-9相应的折减系数。

**表 4.1-9　钢材强度设计值折减系数**

| 构件或连接情况 | | | 折 减 系 数 |
|---|---|---|---|
| 单面连接的单角钢 | 按轴心受力计算强度和连接 | | 0.85 |
| | 按轴心受压计算稳定 | 等边角钢 | $0.6 + 0.0015\lambda$，但不大于 1.0 |
| | | 短边相连的不等边角钢 | $0.5 + 0.0025\lambda$，但不大于 1.0 |
| | | 长边相连的不等边角钢 | 0.70 |
| 无垫板的单面施焊对接焊缝 | | | 0.85 |
| 施工条件较差的高空安装焊缝 | | | 0.90 |

注：1. 当几种情况同时存在时，其折减系数应连乘。

　　2. $\lambda$—长细比，对中间无联系的单角钢压杆，应按最小回转半径计算，当 $\lambda < 20$ 时，取 $\lambda = 20$。

（10）当作用温度小于或等于 100℃ 时，焊缝的强度设计值应按表 4.1-10 的规定采用。

**表 4.1-10　焊缝的强度设计值**　　　　　　　　　　（N/mm²）

| 焊接方法和焊条型号 | 钢材牌号规格和标准号 | | 对接焊缝 | | | | 角焊缝 |
|---|---|---|---|---|---|---|---|
| | 牌号 | 厚度或直径 | 抗压强度 $f_c^w$ | 焊缝质量为下列等级时，抗拉强度 $f_t^w$ | | 抗剪强度 $f_v^w$ | 抗拉、抗压和抗剪强度 $f_f^w$ |
| | | | | 一级、二级 | 三级 | | |
| 自动焊、半自动焊和 E43 型焊条手工焊 | Q235 | ≤16mm | 215 | 215 | 185 | 125 | 160 |
| | | > 16 ~ 40mm | 205 | 205 | 175 | 120 | |
| | | > 40 ~ 100mm | 200 | 200 | 170 | 115 | |
| 自动焊、半自动焊和 E50、E55 型焊条手工焊 | Q345 | ≤16mm | 305 | 305 | 260 | 175 | 200 |
| | | > 16 ~ 40mm | 295 | 295 | 250 | 170 | |
| | | > 40 ~ 63mm | 290 | 290 | 245 | 165 | |
| | | > 63 ~ 80mm | 280 | 280 | 240 | 160 | |
| | | > 80 ~ 100mm | 270 | 270 | 230 | 155 | |
| 自动焊、半自动焊和 E50、E55 型焊条手工焊 | Q390 | ≤16mm | 345 | 345 | 295 | 200 | 200（E50）220（E55） |
| | | > 16 ~ 40mm | 330 | 330 | 280 | 190 | |
| | | > 40 ~ 63mm | 310 | 310 | 265 | 180 | |
| | | > 63 ~ 100mm | 295 | 295 | 250 | 170 | |
| 自动焊、半自动焊和 E55、E60 型焊条手工焊 | Q420 | ≤16mm | 375 | 375 | 320 | 215 | 220（E55）240（E60） |
| | | > 16 ~ 40mm | 355 | 355 | 300 | 205 | |
| | | > 40 ~ 63mm | 320 | 320 | 270 | 185 | |
| | | > 63 ~ 100mm | 305 | 305 | 260 | 175 | |
| 自动焊、半自动焊和 E55、E60 型焊条手工焊 | Q460 | ≤16mm | 410 | 410 | 350 | 235 | 220（E55）240（E60） |
| | | > 16 ~ 40mm | 390 | 390 | 330 | 225 | |
| | | > 40 ~ 63mm | 355 | 355 | 300 | 205 | |
| | | > 63 ~ 100mm | 340 | 340 | 290 | 195 | |

| 焊接方法和焊条型号 | 钢材牌号规格和标准号 | | 对接焊缝 | | | | 角焊缝 |
|---|---|---|---|---|---|---|---|
| | 牌号 | 厚度或直径 | 抗压强度 $f_c^w$ | 焊缝质量为下列等级时，抗拉强度 $f_t^w$ | | 抗剪强度 $f_v^w$ | 抗拉、抗压和抗剪强度 $f_f^w$ |
| | | | | 一级、二级 | 三级 | | |
| 自动焊、半自动焊和 E50、E55 型焊条手工焊 | Q345GJ | > 16 ~ 35mm | 310 | 310 | 265 | 180 | 200 |
| | | > 35 ~ 50mm | 290 | 290 | 245 | 170 | |
| | | > 50 ~ 100mm | 285 | 285 | 240 | 165 | |

注：1. 手工焊用焊条、自动焊和半自动焊所采用的焊丝和焊剂，应保证其熔敷金属的力学性能不低于母材的性能。

2. 焊缝质量等级应符合现行国家标准《钢结构焊接规范》（GB 50661—2011）的规定，其检验方法应符合现行国家标准《钢结构工程施工质量验收规范》（GB 50205—2001）的规定。其中厚度小于 8mm 钢材的对接焊缝，不应采用超声波探伤确定焊缝质量等级。

3. 对接焊缝在受压区的抗弯强度设计值取 $f_c^w$，在受拉区的抗弯强度设计值取 $f_t^w$。

4. 表中厚度是指计算点的钢材厚度，对轴心受拉和轴心受压构件是指截面中较厚板件的厚度。

5. 进行无垫板的单面施焊对接焊缝的连接计算时，表中规定的强度设计值应乘折减系数 0.85。

（11）Q235、Q345、Q390 和 Q420 钢材及其焊缝在温度作用下的强度设计值应按下列公式计算：

$$f_t = \gamma_s f \tag{4.1-7}$$

$$f_{vt} = \gamma_s f_v \tag{4.1-8}$$

$$f_{xt}^w = \gamma_s f_x^w \tag{4.1-9}$$

$$\gamma_s = 1.0 + \frac{T}{767 \times \ln \dfrac{T}{1750}} \tag{4.1-10}$$

式中   $f_t$——钢材在温度作用下的抗拉、抗压和抗弯强度设计值，$N/mm^2$；

$f_{vt}$——钢材在温度作用下的抗剪强度设计值，$N/mm^2$；

$f_{xt}^w$——焊缝在温度作用下各种受力状态的强度设计值，$N/mm^2$，下标字母 $x$ 可代表字母 c（抗压）、t（抗拉）、v（抗剪）和 f（角焊缝强度）；

$\gamma_s$——钢材及焊缝在温度作用下强度设计值的折减系数，耐候钢在温度作用下钢材和焊缝的强度设计值的温度折减系数宜要求供货厂商提供或通过试验确定；

$f, f_v, f_x^w$——分别为钢材在常温下的强度、钢材在常温下的抗剪强度、焊缝在常温下的强度设计值，$N/mm^2$，按现行国家标准《钢结构设计规范》（GB 50017—2014）的规定采用；

$T$——钢材或焊缝计算处温度，℃。

（12）钢结构的连接材料应符合下列要求：

1）手工焊采用的焊条，应符合现行国家标准《碳钢焊条》（GB/T 5117—2012）或《低合金钢焊条》（GB/T 5118—2012）的规定。选择的焊条型号应与主体金属力学性能相适用。

2）自动焊和半自动焊接采用的焊丝和相应的焊剂应与主体金属力学性能相适应，并应符合现行国家标准的规定。

3）普通螺栓应符合现行国家标准《六角头螺栓 C 级》（GB/T 5780—2000）和《六角头螺栓》（GB/T 5782—2000）的规定。

4）高强螺栓应符合现行国家标准《钢结构用高强度大六角头螺栓》（GB/T 1228—2006）、《钢结构用高强度大六角螺母》（GB/T 1229—2006）、《钢结构用高强度垫圈》（GB/T 1230—2006）、《钢结构用高强度大六角头螺栓、大六角螺母、垫圈技术条件》（GB/T 1231—2006）或《钢结构用扭剪型高强度螺栓连接副》（GB/T 3632—2008）、《钢结构用扭剪型高强度螺栓连接副技术条件》（GB/T 3633—1995）的规定。

5）锚栓可采用现行国家标准《碳素结构钢》（GB/T 700—2006）中规定的 Q235 钢或《低合金高强度结构钢》（GB/T 1591—2008）中规定的 Q345 钢制成。

（13）螺栓连接的强度设计值应按表 4.1-11 采用。

**表 4.1-11　螺栓连接的强度设计值**　　（N/mm²）

| 螺栓的性能等级、锚栓和构件钢材的牌号 | | 普通螺栓 | | | | | | 锚栓 | 承压型或网架用高强度螺栓 | | |
| --- | --- | --- | --- | --- | --- | --- | --- | --- | --- | --- | --- |
| | | C 级螺栓 | | | A 级、B 级螺栓 | | | | | | |
| | | 抗拉强度 $f_t^b$ | 抗剪强度 $f_v^b$ | 承压强度 $f_c^b$ | 抗拉强度 $f_t^b$ | 抗剪强度 $f_v^b$ | 承压强度 $f_c^b$ | 抗拉强度 $f_t^a$ | 抗拉强度 $f_t^b$ | 抗剪强度 $f_v^b$ | 承压强度 $f_c^b$ |
| 普通螺栓 | 4.6级、4.8级 | 170 | 140 | — | — | — | — | — | — | — | — |
| | 5.6级 | — | — | — | 210 | 190 | — | — | — | — | — |
| | 8.8级 | — | — | — | 400 | 320 | — | — | — | — | — |
| 锚栓 | Q235 钢 | — | — | — | — | — | — | 140 | — | — | — |
| | Q345 钢 | — | — | — | — | — | — | 180 | — | — | — |
| | Q390 钢 | — | — | — | — | — | — | 185 | — | — | — |
| 承压型连接高强度螺栓 | 8.8级 | — | — | — | — | — | — | — | 400 | 250 | — |
| | 10.9级 | — | — | — | — | — | — | — | 500 | 310 | — |
| 螺栓球网架用高强度螺栓 | 9.8级 | — | — | — | — | — | — | — | 385 | — | — |
| | 10.9级 | — | — | — | — | — | — | — | 430 | — | — |
| 构件 | Q235 钢 | — | — | 305 | — | — | 405 | — | — | — | 470 |
| | Q345 钢 | — | — | 385 | — | — | 510 | — | — | — | 590 |
| | Q390 钢 | — | — | 400 | — | — | 530 | — | — | — | 615 |
| | Q420 钢 | — | — | 425 | — | — | 560 | — | — | — | 655 |
| | Q460 钢 | — | — | 450 | — | — | 595 | — | — | — | 695 |
| | Q345GJ 钢 | — | — | 400 | — | — | 530 | — | — | — | 615 |

注：1. A 级螺栓用于 $d \leqslant 24$mm 且 $L \leqslant 10d$ 或 $L \leqslant 150$mm（按较小值）的螺栓；B 级螺栓用于 $d > 24$mm 且 $L > 10d$ 或 $L > 150$mm（按较小值）的螺栓；其中，$d$ 为公称直径，$L$ 为螺栓公称长度。

2. A、B 级螺栓孔的精度和孔壁表面粗糙度，C 级螺栓孔的允许偏差和孔壁表面粗糙度，均应符合现行国家标准《钢结构工程施工质量验收规范》（GB 50205—2001）的要求。

3. 用于螺栓球节点网架的高强度螺栓，M12～M36 为 10.9 级，M39～M64 为 9.8 级。

4. 8.8 级和 10.9 级承压型连接高强度螺栓抗拉强度最小值分别为 830N/mm² 和 1040N/mm²。

（14）钢材的物理性能指标应按表 4.1-12 的规定采用。

**表 4.1-12  钢材的物理性能指标**

| 弹性模量/N·mm⁻² | 剪变模量/N·mm⁻² | 线膨胀系数/℃⁻¹ | 重力密度/kN·m⁻³ |
|---|---|---|---|
| $206 \times 10^3$ | $79 \times 10^3$ | $12 \times 10^{-6}$ | 78.50 |

（15）钢材在温度作用下的弹性模量应考虑折减，按下式计算：

$$E_t = \beta_d E \tag{4.1-11}$$

式中    $E_t$——钢材在温度作用下的弹性模量，N/mm²；

$\beta_d$——钢材在温度作用下弹性模量的折减系数，按表 4.1-13 的规定采用；

$E$——钢材在作用温度小于或等于100℃时的弹性模量，N/mm²，按现行国家标准《钢结构设计规范》（GB 50017—2014）的规定采用，见表 4.1-12。

**表 4.1-13  钢材弹性模量的温度折减系数**

| 系数 | 作用温度/℃ | | | | | | |
|---|---|---|---|---|---|---|---|
| | ≤100 | 150 | 200 | 250 | 300 | 350 | 400 |
| $\beta_d$ | 1.00 | 0.98 | 0.96 | 0.94 | 0.92 | 0.88 | 0.83 |

注：温度为中间值时，应采用线性插值法计算，$\beta_d$ 也可按 $\beta_d = 1.0 + 15.9 \times 10^{-5}T - 34.5 \times 10^{-7}T^2 + 11.8 \times 10^{-9}T^3 - 17.2 \times 10^{-12}T^4$ 直接计算。

# 4.2  耐高温材料

## 4.2.1  耐热混凝土

### 4.2.1.1  耐热混凝土的类别

耐热混凝土是指能够长时间承受 200~1300℃ 温度作用，并在高温作用下保持所需要的物理力学性质的特种混凝土，可用于受高温作用的烟囱基础及地下烟道。耐热混凝土按其胶凝材料不同，一般分为水泥耐热混凝土和水玻璃耐热混凝土。

（1）水泥耐热混凝土，是由普通硅酸盐水泥或矿渣硅酸盐水泥、粗细骨料、磨细掺合料加水调制而成。最高使用温度分别达 1200℃ 或 900℃，混凝土强度等级为 C15~C30，适用于温度较高，但无酸碱侵蚀的工程。

高铝水泥耐热混凝土最高使用温度可达 1400℃，适用于厚度小于 400mm 的结构及无酸碱盐侵蚀的工程。其在 300~400℃ 时强度会剧烈降低，而在 1100℃ 以后其强度又重新提高，选用时应予注意。

（2）水玻璃耐热混凝土，是由水玻璃、氟硅酸钠、磨细掺合料及粗细骨料组成。最高使用温度可达 1200℃，强度等级为 C10~C20。

当最高使用温度为 600~900℃ 时，采用黏土熟料或黏土砖、安山岩、玄武岩等骨料配制的耐热混凝土，可用于同时受酸（HF 除外）作用的工程，但不得用于经常有水蒸气或水作用的部位。

### 4.2.1.2  耐热混凝土的原材料选择

由于长期高温作用，原材料应具备高温强度、热稳定性、高温体积固定性等。因此，必须对其组成材料加以正确的选择。

A　胶凝材料

a　水泥胶凝材料

配制耐热混凝土用的水泥，除应符合国家现行水泥标准外，并应符合下列要求：

(1) 普通硅酸盐水泥生产时，不得掺有石灰岩类混合材料。

(2) 采用矿渣硅酸盐水泥配制最高使用温度为700℃的耐热混凝土时，水泥中磨细水淬矿渣含量不得大于50%。

(3) 任何一种水泥的强度等级不得小于32.5MPa。

(4) 每1m³耐热混凝土的水泥用量为300~450kg。

b　水玻璃胶凝材料

水玻璃胶凝材料应符合下列要求：

(1) 配制水玻璃耐热混凝土时，所用水玻璃模数 $M = 2.6 \sim 2.8$，比密度 $\rho_s = 1.38 \sim 1.40$ 为宜。

(2) 硬化剂为氟硅酸钠（$Na_2SiF_6$），其纯度按质量计不少于95%，含水率不大于1%，细度通过0.125mm筛孔，其筛余量小于10%。

(3) 每1m³耐热混凝土的水玻璃用量为300~400kg，氟硅酸钠用量为水玻璃的12%~15%。

B　掺合材料

工程经验表明，在配制耐热混凝土时，除使用温度小于350℃的普通水泥耐热混凝土和矿渣水泥耐热混凝土，以及最高使用温度为700℃，水渣含量大于50%的矿渣水泥耐热混凝土可不加掺合材料外，其余的耐热混凝土均需加入掺合材料。

(1) 普通硅酸盐水泥与掺合材料。用普通硅酸盐水泥配制高温耐热混凝土时，必须掺入磨细掺合材料，掺合材料的活性化学成分 $SiO_2$、$Al_2O_3$ 和游离 $CaO$ 在高温下进行化学反应，生成在高温下稳定的无水硅酸钙（$CaO \cdot SiO_2$）和无水铝酸钙（$CaO \cdot Al_2O_3$），使水泥具有独特的耐热性能。

(2) 矿渣硅酸盐水泥与掺合材料。矿渣硅酸盐水泥作为耐热混凝土的胶凝材料，实质上等于硅酸盐水泥熟料掺矿渣，这里的矿渣本身就是磨细混合材料。

(3) 高铝水泥与掺合材料。高铝水泥在高温作用下，易与耐火骨料起固相反应，以烧结结合的形式代替水化结合，因而高铝水泥本身即具备耐热性。

掺合材料种类很多，可采用黏土熟料、铝矾土熟料、烧结镁、黏土砖粉、粉煤灰等。

C　粗细骨料

耐热混凝土骨料按不同性能要求可采用：黏土熟料、铝矾土熟料、耐火砖碎料、高炉矿渣、安山岩、玄武岩、辉绿岩等，不宜采用石英质骨料。一般粗骨料粒径不得大于20mm，大体积结构中不应大于40mm，骨料中严禁含有害杂质；细骨料粒径为0.15~5mm。骨料的颗粒级配与混凝土成型方法有关。

D　拌合水和养护水

耐热混凝土的拌合用水与养护用水与普通混凝土相同。

4.2.1.3　耐热混凝土的配合比

耐热混凝土的配合比应根据使用温度和使用条件进行设计，并通过试验确定。现给出参考配合比（耐热混凝土的材料组成及使用温度）见表4.2-1。

**表 4.2-1　水泥耐热混凝土参考配合比**

| 混凝土强度等级 | 配合比/kg·m⁻³ | | | | | |
| --- | --- | --- | --- | --- | --- | --- |
| | 水 | 水　泥 | | 耐火砖砂（红砖砂）（0.15~5mm） | 耐火砖块（红砖块）（5~25mm） | 粉煤灰 |
| | | 强度等级 | 用量 | | | |
| C15 | 400 | 普通 42.5 | 350 | (484) | (591) | 150 |
| C20 | 232 | 矿渣 42.5 | 340 | 850 | 918 | — |
| C20 | 300 | 普通 42.5 | 350 | 810 | 990 | — |
| C20 | 236 | 矿渣 42.5 | 393 | 707 | 983 | — |

注：表中配合比适用于最高使用温度700℃以下。

### 4.2.2　隔热及内衬材料的选用

隔热材料应采用无机材料，其干燥状态下的重力密度不宜大于8kN/m³。常用的隔热材料有：硅藻土砖、膨胀珍珠岩、水泥膨胀珍珠岩制品、高炉水渣、矿渣棉和岩棉等。

材料的热工计算指标，应按实际试验资料确定。当无试验资料时，对几种常用的材料，干燥状态下可按表4.2-2的规定采用。在确定材料的热工计算指标时，应考虑下列因素对隔热材料导热性能的影响：

（1）对于松散型隔热材料，应考虑由于运输、捆扎、堆放等所造成的导热系数增大的影响。

（2）对于烟气温度低于150℃时，宜采用憎水性隔热材料，否则应按式（4.2-2）考虑湿度对导热性能的影响。

单筒烟囱内衬与隔热层导热系数宜按以下规定进行调整。

**表 4.2-2　材料在干燥状态下的热工计算指标**

| 材　料　种　类 | 最高使用温度/℃ | 重力密度/kN·m⁻³ | 导热系数/W·(m·K)⁻¹ |
| --- | --- | --- | --- |
| 普通黏土砖砌体 | 500 | 18 | $0.81 + 0.0006T$ |
| 黏土耐火砖砌体 | 1400 | 19 | $0.93 + 0.0006T$ |
| 陶土砖砌体 | 1150 | 18~22 | $(0.35~1.10) + 0.0005T$ |
| 漂珠轻质耐火砖 | 900 | 6~11 | 0.20~0.40 |
| 硅藻土砖砌体 | 900 | 5 | $0.12 + 0.00023T$ |
| | | 6 | $0.14 + 0.00023T$ |
| | | 7 | $0.17 + 0.00023T$ |
| 普通钢筋混凝土 | 200 | 24 | $1.74 + 0.0005T$ |
| 普通混凝土 | 200 | 23 | $1.51 + 0.0005T$ |
| 耐火混凝土 | 1200 | 19 | $0.82 + 0.0006T$ |
| 轻骨料混凝土（骨料为页岩陶粒或浮石） | 400 | 15 | $0.67 + 0.00012T$ |
| | | 13 | $0.53 + 0.00012T$ |
| | | 11 | $0.42 + 0.00012T$ |
| 膨胀珍珠岩（松散体） | 750 | 0.8~2.5 | $(0.052~0.076) + 0.0001T$ |

| 材料种类 | 最高使用温度/℃ | 重力密度/kN·m⁻³ | 导热系数/W·(m·K)⁻¹ |
|---|---|---|---|
| 水泥珍珠岩制品 | 600 | 4.5 | $(0.058 \sim 0.16) + 0.0001T$ |
| 高炉水渣 | 800 | 5.0 | $(0.1 \sim 0.16) + 0.0003T$ |
| 岩棉 | 500 | 0.5 ~ 2.5 | $(0.036 \sim 0.05) + 0.0002T$ |
| 矿渣棉 | 600 | 1.2 ~ 1.5 | $(0.031 \sim 0.044) + 0.0002T$ |
| 矿渣棉制品 | 600 | 3.5 ~ 4.0 | $(0.047 \sim 0.07) + 0.0002T$ |
| 垂直封闭空气层(厚度为50mm) | | | $0.333 + 0.0052T$ |
| 碳素结构钢 | | 78.5 | 58.15 |
| 钛板 | | 45 | 15.24 |
| 玻璃钢 | | 17 ~ 20 | 0.23 ~ 0.29 |
| 自然干燥下: 砂土 | | 16 | 0.35 ~ 1.28 |
| 黏土 | | 18 ~ 20 | 0.58 ~ 1.45 |
| 黏土夹砂 | | 18 | 0.69 ~ 1.26 |

注: 1. 有条件时应采用实测数据;

    2. 表中 $T$ 表示烟气温度,℃。

（1）砖砌内衬宜考虑砖缝对烟气渗漏的影响，其值可按干燥状态下砖砌内衬导热系数乘以增大系数 $\beta$：

$$\beta = 1.25 + 0.0035 \times (240 - t) \tag{4.2-1}$$

式中　$t$——内衬厚度，mm，当 $\beta$ 小于 1.25 时，取 $\beta = 1.25$。

（2）对于排放湿烟气或潮湿烟气的砖砌内衬烟囱，当隔热材料为非憎水性材料时，应取饱和状态下导热系数：

$$\lambda = 1.25 \times [\lambda_0 + \rho(0.5 - \lambda_0)] \tag{4.2-2}$$

式中　$\lambda$，$\lambda_0$——分别为隔热层在饱和状态与干燥状态下的导热系数；

    $\rho$——隔热材料饱和状态吸水率（体积比）。

## 4.3　烟气温度传热计算

### 4.3.1　温度取值原则

温度取值有如下原则。

（1）烟囱内部的烟气温度，应符合下列规定：

1）计算烟囱最高受热温度和确定材料在温度作用下的折减系数时，应采用烟囱使用时的最高温度。

2）确定烟气露点温度和防腐蚀措施时，应采用烟气温度变化范围下限值。

（2）烟囱外部的环境温度，应按下列规定采用：

1）计算烟囱最高受热温度和确定材料在温度作用下的折减系数时，应采用极端最高温度。

2）计算筒壁温度差时，应采用极端最低温度。

（3）筒壁计算出的各点受热温度，均不应大于本书1.3.4节规定的相应材料最高使用温度允许值。

（4）夏季极端最高温度及冬季极端最低温度，按烟囱所在地区气象资料选取。当无准确数据时，可参考表4.3-1选取。

表4.3-1 我国大部分地区气象设计参数

| 序号 | 地点 | 极端最高温度/℃ | 极端最低温度/℃ | 序号 | 地点 | 极端最高温度/℃ | 极端最低温度/℃ |
|---|---|---|---|---|---|---|---|
| 1 | 北京市 | | | 6.6 | 锦州 | 41.8 | −22.8 |
| 1.1 | 北京 | 41.9 | −18.3 | 6.7 | 鞍山 | 36.5 | −26.9 |
| 2 | 天津市 | | | 6.8 | 营口 | 34.7 | −28.8 |
| 2.1 | 天津 | 40.5 | −17.8 | 6.9 | 大连 | 35.3 | −18.8 |
| 2.2 | 塘沽 | 40.9 | −15.4 | 7 | 吉林省 | | |
| 3 | 河北省 | | | 7.1 | 吉林 | 35.7 | −40.3 |
| 3.1 | 承德 | 43.3 | −24.2 | 7.2 | 长春 | 35.7 | −33.0 |
| 3.2 | 张家口 | 39.2 | −24.6 | 7.3 | 四平 | 37.3 | −32.2 |
| 3.3 | 唐山 | 39.6 | −22.7 | 7.4 | 延吉 | 37.7 | −32.7 |
| 3.4 | 秦皇岛 | 39.2 | −20.8 | 7.5 | 通化 | 35.6 | −33.1 |
| 3.5 | 保定 | 41.6 | −19.6 | 8 | 黑龙江省 | | |
| 3.6 | 石家庄 | 41.5 | −19.3 | 8.1 | 伊春 | 36.3 | −41.2 |
| 3.7 | 邢台 | 41.1 | −20.2 | 8.2 | 齐齐哈尔 | 40.1 | −36.4 |
| 3.8 | 沧州 | 40.5 | −19.5 | 8.3 | 佳木斯 | 38.1 | −39.5 |
| 3.9 | 廊坊 | 41.3 | −21.5 | 8.4 | 哈尔滨 | 36.7 | −37.7 |
| 3.10 | 衡水 | 41.2 | −22.6 | 8.5 | 牡丹江 | 38.4 | −35.1 |
| 4 | 山西省 | | | 9 | 上海市 | | |
| 4.1 | 大同 | 37.2 | −27.2 | 9.1 | 上海 | 39.4 | −10.1 |
| 4.2 | 阳泉 | 40.2 | −16.2 | 10 | 江苏省 | | |
| 4.3 | 太原 | 37.4 | −22.7 | 10.1 | 连云港 | 38.7 | −13.8 |
| 4.4 | 临汾 | 40.5 | −23.1 | 10.2 | 徐州 | 40.6 | −15.8 |
| 4.5 | 运城 | 41.2 | −18.9 | 10.3 | 苏州 | 38.8 | −8.3 |
| 5 | 内蒙古自治区 | | | 10.4 | 南通 | 38.5 | −9.6 |
| 5.1 | 海拉尔 | 36.6 | −42.3 | 10.5 | 南京 | 39.7 | −13.1 |
| 5.2 | 锡林浩特 | 39.2 | −38.0 | 10.6 | 常州 | 39.4 | −12.8 |
| 5.3 | 二连浩特 | 41.1 | −37.1 | 11 | 浙江省 | | |
| 5.4 | 通辽 | 38.9 | −31.6 | 11.1 | 杭州 | 39.9 | −8.6 |
| 5.5 | 赤峰 | 40.4 | −28.8 | 11.2 | 宁波 | 39.5 | −8.5 |
| 5.6 | 呼和浩特 | 38.5 | −30.5 | 11.3 | 金华 | 40.5 | −9.6 |
| 5.7 | 包头 | 39.2 | −31.4 | 11.4 | 温州 | 39.6 | −3.9 |
| 6 | 辽宁省 | | | 12 | 安徽省 | | |
| 6.1 | 丹东 | 35.3 | −25.8 | 12.1 | 蚌埠 | 40.3 | −13.0 |
| 6.2 | 阜新 | 40.9 | −27.1 | 12.2 | 合肥 | 39.1 | −13.5 |
| 6.3 | 抚顺 | 37.7 | −35.9 | 12.3 | 安庆 | 39.5 | −9.0 |
| 6.4 | 沈阳 | 36.1 | −29.4 | 12.4 | 黄山 | 27.6 | −22.7 |
| 6.5 | 本溪 | 375 | −33.6 | 12.5 | 宣城 | 41.1 | −15.9 |

| 序号 | 地点 | 极端最高温度 /℃ | 极端最低温度 /℃ | 序号 | 地点 | 极端最高温度 /℃ | 极端最低温度 /℃ |
|---|---|---|---|---|---|---|---|
| 13 | 福建省 | | | 20 | 广西壮族自治区 | | |
| 13.1 | 南平 | 39.4 | −5.1 | 20.1 | 桂林 | 38.5 | −3.6 |
| 13.2 | 福州 | 39.9 | −1.7 | 20.2 | 柳州 | 39.1 | −1.3 |
| 13.3 | 厦门 | 38.5 | 1.5 | 20.3 | 南宁 | 39.1 | −1.3 |
| 14 | 江西省 | | | 20.4 | 北海 | 37.1 | 2.0 |
| 14.1 | 九江 | 40.3 | −7.0 | 21 | 四川省 | | |
| 14.2 | 景德镇 | 40.4 | −9.6 | 21.1 | 广元 | 37.9 | −8.2 |
| 14.3 | 南昌 | 40.1 | −9.7 | 21.2 | 甘孜 | 29.4 | −14.1 |
| 14.4 | 赣州 | 40.0 | −3.8 | 21.3 | 南充 | 41.2 | −3.4 |
| 15 | 山东省 | | | 21.4 | 成都 | 36.7 | −5.9 |
| 15.1 | 烟台 | 38.0 | −12.8 | 22 | 重庆市 | | |
| 15.2 | 淄博 | 40.7 | −23.0 | 22.1 | 重庆 | 40.2 | −1.8 |
| 15.3 | 济南 | 40.5 | −14.9 | 23 | 贵州省 | | |
| 15.4 | 青岛 | 37.4 | −14.3 | 23.1 | 遵义 | 37.4 | −7.1 |
| 16 | 河南省 | | | 23.2 | 贵阳 | 35.1 | −7.3 |
| 16.1 | 安阳 | 41.5 | −17.3 | 23.3 | 安顺 | 33.4 | −7.6 |
| 16.2 | 新乡 | 42.0 | −19.2 | 24 | 云南省 | | |
| 16.3 | 三门峡 | 40.2 | −12.8 | 24.1 | 昭通 | 33.4 | −10.6 |
| 16.4 | 开封 | 42.5 | −16.0 | 24.2 | 昆明 | 30.4 | −7.8 |
| 16.5 | 郑州 | 42.3 | −17.9 | 24.3 | 思茅 | 35.7 | −2.5 |
| 17 | 湖北省 | | | 24.4 | 丽江 | 32.3 | −10.3 |
| 17.1 | 宜昌 | 40.4 | −9.8 | 25 | 西藏自治区 | | |
| 17.2 | 武汉 | 39.3 | −18.1 | 25.1 | 昌都 | 33.4 | −20.7 |
| 17.3 | 黄石 | 40.2 | −10.5 | 25.2 | 拉萨 | 29.9 | −16.5 |
| 18 | 湖南省 | | | 25.3 | 日喀则 | 28.5 | −21.3 |
| 18.1 | 岳阳 | 39.3 | −11.4 | 25.4 | 林芝 | 30.3 | −13.7 |
| 18.2 | 长沙 | 39.7 | −11.3 | 25.5 | 那曲 | 24.2 | −37.6 |
| 18.3 | 常德 | 40.1 | −13.2 | 26 | 陕西省 | | |
| 18.4 | 衡阳 | 40.0 | −7.9 | 26.1 | 榆林 | 38.6 | −30.0 |
| 19 | 广东省 | | | 26.2 | 延安 | 38.8 | −23.0 |
| 19.1 | 韶关 | 42.3 | −4.3 | 26.3 | 宝鸡 | 41.6 | −16.7 |
| 19.2 | 汕头 | 38.6 | 0.3 | 26.4 | 西安 | 41.8 | −12.8 |
| 19.3 | 广州 | 38.1 | 0 | 26.5 | 汉中 | 38.3 | −10.0 |
| 19.4 | 清远 | 39.6 | −3.4 | 26.6 | 安康 | 41.3 | −9.7 |
| 19.5 | 深圳 | 38.7 | 1.7 | 27 | 甘肃省 | | |
| 19.6 | 湛江 | 38.1 | 2.8 | 27.1 | 酒泉 | 36.6 | −29.8 |

| 序号 | 地点 | 极端最高温度/℃ | 极端最低温度/℃ | 序号 | 地点 | 极端最高温度/℃ | 极端最低温度/℃ |
|------|------|------|------|------|------|------|------|
| 27.2 | 兰州 | 39.8 | −19.7 | 30 | 新疆维吾尔自治区 | | |
| 27.3 | 天水 | 38.2 | −17.4 | 30.1 | 克拉玛依 | 427 | −34.3 |
| 27.4 | 张掖 | 38.6 | −28.2 | 30.2 | 乌鲁木齐 | 42.1 | −32.8 |
| 28 | 青海省 | | | 30.3 | 吐鲁番 | 47.7 | −25.2 |
| 28.1 | 西宁 | 36.5 | −24.9 | 30.4 | 哈密 | 43.2 | −28.6 |
| 28.2 | 格尔木 | 35.5 | −26.9 | 31 | 台湾省 | | |
| 28.3 | 玉树 | 28.5 | −27.6 | 31.1 | 台北 | 33.0 | −2.0 |
| 29 | 宁夏回族自治区 | | | 31.2 | 花莲 | 35.0 | 5.0 |
| 29.1 | 石嘴山 | 38.0 | −28.4 | 32 | 香港特别行政区 | | |
| 29.2 | 银川 | 38.7 | −27.7 | 32.1 | 香港 | 36.1 | 0 |
| 29.3 | 中卫 | 37.6 | −29.2 | | | | |

## 4.3.2 传热温度计算

烟囱内衬、隔热层和筒壁以及基础和烟道各点的受热温度（见图 4.3-1 和图 4.3-2），可按下式计算：

$$T_{cj} = T_g - \frac{T_g - T_a}{R_{tot}}\left(R_{in} + \sum_{i=1}^{j} R_i\right) \qquad (4.3\text{-}1)$$

式中　$T_{cj}$ ——计算 $j$ 点的受热温度，℃；

　　　　$T_g$ ——烟气温度，℃；

　　　　$T_a$ ——空气温度，℃；

　　　　$R_{tot}$ ——内衬、隔热层、筒壁或基础环壁及环壁外侧计算土层等总热阻，$m^2 \cdot K/W$；

　　　　$R_i$ ——第 $i$ 层热阻，$m^2 \cdot K/W$；

　　　　$R_{in}$ ——内衬内表面的热阻，$m^2 \cdot K/W$。

普通单筒烟囱内衬、隔热层、筒壁热阻以及总热阻，可分别按下列公式计算：

$$R_{tot} = R_{in} + \sum_{i=1}^{3} R_i + R_{ex} \qquad (4.3\text{-}2)$$

$$R_{in} = \frac{1}{\alpha_{in} d_0} \qquad (4.3\text{-}3)$$

$$R_i = \frac{1}{2\lambda_i} \ln \frac{d_i}{d_{i-1}} \qquad (4.3\text{-}4)$$

$$R_{ex} = \frac{1}{\alpha_{ex} d_3} \qquad (4.3\text{-}5)$$

式中　　　$R_{in}$ ——内衬内表面的热阻，$m^2 \cdot K/W$；

　　　　　$R_i$ ——筒身第 $i$ 层结构热阻（$i=1$ 时代表内衬；$i=2$ 时代表隔热层；$i=3$ 时代表筒壁），$m^2 \cdot K/W$；

　　　　　$\lambda_i$ ——筒身第 $i$ 层结构导热系数，$W/(m \cdot K)$；

$\alpha_{\text{in}}$ ——内衬内表面传热系数，$\text{W}/(\text{m}^2 \cdot \text{K})$；

$\alpha_{\text{ex}}$ ——筒壁外表面传热系数，$\text{W}/(\text{m}^2 \cdot \text{K})$；

$R_{\text{ex}}$ ——筒壁外表面的热阻，$\text{m}^2 \cdot \text{K}/\text{W}$；

$d_0$，$d_1$，$d_2$，$d_3$ ——分别为内衬、隔热层、筒壁内直径及筒壁外直径，$\text{m}$。

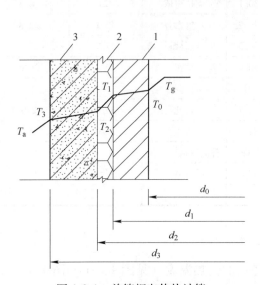

图 4.3-1　单筒烟囱传热计算

1—内衬；2—隔热层；3—筒壁

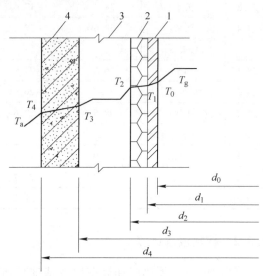

图 4.3-2　套筒烟囱传热计算

1—内筒；2—隔热层；3—空气层；4—筒壁

套筒烟囱内筒、隔热层、筒壁热阻以及总热阻，可分别按下列公式进行计算：

$$R_{\text{tot}} = R_{\text{in}} + \sum_{i=1}^{4} R_i + R_{\text{ex}} \tag{4.3-6}$$

$$R_{\text{in}} = \frac{1}{\beta \alpha_{\text{in}} d_0} \tag{4.3-7}$$

$$R_1 = \frac{1}{2\beta\lambda_1} \ln \frac{d_1}{d_0} \tag{4.3-8}$$

$$R_2 = \frac{1}{2\beta\lambda_2} \ln \frac{d_2}{d_1} \tag{4.3-9}$$

$$R_3 = \frac{1}{\alpha_s d_2} \tag{4.3-10}$$

$$R_4 = \frac{1}{2\lambda_4} \ln \frac{d_4}{d_3} \tag{4.3-11}$$

$$R_{\text{ex}} = \frac{1}{\alpha_{\text{ex}} d_4} \tag{4.3-12}$$

$$\alpha_s = 1.211 + 0.0681 T_g \tag{4.3-13}$$

式中　$\beta$ ——有通风条件时的外筒与内筒传热比，外筒与内筒间距不应小于 $100\text{mm}$，并取 $\beta = 0.5$；

$\alpha_s$ ——有通风条件时，外筒内表面与内筒外表面的传热系数。

矩形烟道侧壁或地下烟道的烟囱基础底板的总热阻可按式（4.3-2）计算，各层热阻可按下列公式进行计算：

$$R_{in} = \frac{1}{\alpha_{in}} \tag{4.3-14}$$

$$R_i = \frac{t_i}{\lambda_i} \tag{4.3-15}$$

$$R_{ex} = \frac{1}{\alpha_{ex}} \tag{4.3-16}$$

式中 $t_i$ ——分别为内衬、隔热层、筒壁或计算土层厚度，m。

内衬内表面的传热系数和筒壁或计算土层外表面的传热系数，可分别按表 4.3-2 及表 4.3-3 采用。

**表 4.3-2 内衬内表面的传热系数 $\alpha_{in}$**

| 烟气温度/℃ | 传热系数/W·(m²·K)⁻¹ |
|---|---|
| 50~100 | 33 |
| 101~300 | 38 |
| >300 | 58 |

**表 4.3-3 筒壁或计算土层外表面的传热系数 $\alpha_{ex}$**

| 季 节 | 传热系数/W·(m²·K)⁻¹ |
|---|---|
| 夏 季 | 12 |
| 冬 季 | 23 |

在烟道口高度范围内烟气温差可按下式计算：

$$\Delta T_0 = \beta T_g \tag{4.3-17}$$

式中 $\Delta T_0$ ——烟道入口高度范围内烟气温差，℃；

$\beta$ ——烟道口范围烟气不均匀温度变化系数，宜根据实际工程情况选取，当无可靠经验时，可按表 4.3-4 选取。

**表 4.3-4 烟道口范围烟气不均匀温度变化系数 $\beta$**

| 烟道情况 | 一个烟道 | | 两个或多个烟道 | |
|---|---|---|---|---|
| | 干式除尘 | 湿式除尘或湿法脱硫 | 直接与烟囱连接 | 在烟囱外部通过汇流烟道连接 |
| $\beta$ | 0.15 | 0.30 | 0.8 | 0.45 |

注：多烟道时，烟气温度 $T_g$ 按各烟道烟气流量加权平均值确定。

烟道口上部烟气温差可按下式进行计算：

$$\Delta T_g = \Delta T_0 \cdot e^{-\zeta_t z/d_0} \tag{4.3-18}$$

式中 $\Delta T_g$ ——距离烟道口顶部 $z$ 高度处的烟气温差，℃；

$\zeta_t$ ——衰减系数，多烟道且设有隔烟墙时，取 $\zeta_t = 0.15$；其余情况取 $\zeta_t = 0.40$；

$z$ ——距离烟道口顶部计算点的距离，m；

$d_0$ ——烟道口上部烟囱内直径，m。

沿烟囱直径两端，筒壁厚度中点处温度差可按下式进行计算：

$$\Delta T_\mathrm{m} = \Delta T_\mathrm{g}\left(1 - \frac{R_\mathrm{tot}^\mathrm{c}}{R_\mathrm{tot}}\right) \tag{4.3-19}$$

式中    $R_\mathrm{tot}^\mathrm{c}$ ——从烟囱内衬内表面到烟囱筒壁中点的总热阻，$\mathrm{m^2 \cdot K/W}$。

### 4.3.3   传热温度计算例题

#### 4.3.3.1   计算数据

烟气温度                        $T_\mathrm{g} = 250\,℃$

夏季极端最高温度                $T_\mathrm{a1} = 35℃$

冬季极端最低温度                $T_\mathrm{a2} = -40℃$

砖筒壁厚度、外直径       $t_n = 0.49\mathrm{m}$ ；$d_n = 4.41\mathrm{m}$

空气层厚度、外直径       $t_n = 0.05\mathrm{m}$ ；$d_n = 3.43\mathrm{m}$

砖内衬厚度、外直径       $t_n = 0.24\mathrm{m}$ ；$d_n = 3.33\mathrm{m}$

砖内衬内直径                    $d_0 = 2.85\mathrm{m}$

筒身传热如图 4.3-1 所示。

#### 4.3.3.2   夏温时受热温度计算

当烟气温度 $T_\mathrm{g} = 250℃$ ，远远小于砖砌体的允许受热温度（400℃），且钢筋（纵向钢筋）处受热温度也不超过100℃，钢筋强度不需折减，因此，夏温时受热温度计算从略。

#### 4.3.3.3   冬温时受热温度计算

A   筒身温度假定

按经验公式假定 $T_0 \sim T_3$ 温度，以便确定各层平均温度。假定：

$$T_0 = 250℃$$
$$T_1 = 197℃$$
$$T_2 = 175℃$$
$$T_3 = -40℃$$

B   导热系数计算

砖砌体内衬导热系数 $[\mathrm{W/(m \cdot K)}]$ 为：

$$\lambda_1 = 0.81 + 0.0006T = 0.81 + 0.0006 \times \frac{250 + 197}{2} = 0.944$$

空气层导热系数 $[\mathrm{W/(m \cdot K)}]$ 为：

$$\lambda_2 = 0.333 + 0.0052T = 0.333 + 0.0052 \times \frac{197 + 175}{2} = 1.300$$

砖砌体筒壁导热系数 $[\mathrm{W/(m \cdot K)}]$ 为：

$$\lambda_n = 0.81 + 0.0006T = 0.81 + 0.0006 \times \frac{175 - 40}{2} = 0.851$$

C   热阻计算

各层热阻及总热阻（$\mathrm{m^2 \cdot K/W}$）为：

$$R_\mathrm{in} = \frac{1}{\alpha_\mathrm{in} d_0} = \frac{1}{38 \times 2.85} = 0.009$$

$$R_1 = \frac{1}{2\lambda_1}\ln\frac{d_1}{d_0} = \frac{1}{2\times0.944}\ln\frac{3.33}{2.85} = 0.082$$

$$R_2 = \frac{1}{2\lambda_2}\ln\frac{d_2}{d_1} = \frac{1}{2\times1.300}\ln\frac{3.43}{2.85} = 0.011$$

$$R_n = \frac{1}{2\lambda_n}\ln\frac{d_n}{d_2} = \frac{1}{2\times0.851}\ln\frac{4.41}{3.43} = 0.148$$

$$R_{ex} = \frac{1}{\alpha_{ex}d_n} = \frac{1}{23\times4.41} = 0.010$$

$$R_{tot} = R_{in} + R_1 + R_2 + R_n + R_{ex} = 0.009 + 0.082 + 0.011 + 0.148 + 0.010 = 0.26$$

D 各层受热温度计算

将各层热阻及总热阻值代入温度计算公式，则得：

$$T_0 = 250 - \frac{250 - (-40)}{0.26}\times0.009 = 240.0\ \text{℃}$$

$$T_1 = 250 - \frac{250 + 40}{0.26}\times(0.009 + 0.082) = 148.5\ \text{℃}$$

$$T_2 = 250 - \frac{250 + 40}{0.26}\times(0.009 + 0.082 + 0.011) = 136.2\ \text{℃}$$

$$T_3 = 250 - \frac{250 + 40}{0.26}\times(0.009 + 0.082 + 0.011 + 0.148) = -28.9\ \text{℃}$$

以上计算所得温度值与假定温度相差均大于 5%。按规定应当以计算的温度值（$T_0 \sim T_3$）作为第二次假定温度值，再循环计算，直至假定值与计算值相差不超过 5% 为止。

### 4.3.4 假定传热温度的经验公式

计算筒身各层材料的导热系数与受热平均温度有关，所以在计算筒身受热温度之前，应首先假定各层的受热温度，然后再进行计算。如果假定的温度误差过大，则需要重新计算，往往需要多次反复，才能近于准确。

根据多次进行试算，总结出一个简便的经验公式，用于确定初步温度，能减少计算次数。筒身各层厚度分别为 $t_1$，$t_2$，$t_3$，$\cdots$，$t_n$；总厚度 $t = t_1 + t_2 + t_3 + \cdots + t_n$。计算点坐标为 $x$（如图 4.3-3 所示）：

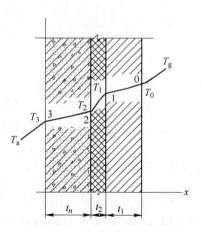

图 4.3-3 筒身传热计算简图

0 点　　$X = t$

1 点　　$X = t_n + t_2$

2 点　　$X = t_n$

3 点　　$X = 0$

则计算各点初步温度的经验公式为：

$$T_i = T_a + \frac{T_g - T_a}{t}x$$

# 4.4　温度作用

### 4.4.1　温度作用效应

温度作用是指结构或构件内部温度发生变化所产生的效应，包括变形和内力产生。温度变化会引起结构或构件发生变形，当变形受到约束时，便产生温度内力。在结构构件任意截面上的温度分布，一般可按三个分量叠加组成：均匀分布分量、线性变化分量和非线性变化分量，烟囱结构构件的截面温度分布，通常仅考虑前两个温度分量。

温度作用属于可变的间接作用，一般来讲其荷载分项系数应取1.4。但对于烟囱来讲，其温度作用主要包括烟气温度作用和日照温差作用，其中烟气温度作用属于长期荷载，并主要用于烟囱正常使用极限状态验算，故其分项系数取1.0，玻璃钢烟囱则为了与国际标准一致取1.1；日照温差荷载分项系数则应采用1.4。

计算结构或构件的温度作用效应时，应采用材料的线膨胀系数 $\alpha_T$，常用材料的线膨胀系数可按表4.4-1采用。

表 4.4-1　常用材料的线膨胀系数 $\alpha_T$

| 材　　料 | | 线膨胀系数 $\alpha_T / \text{℃}^{-1}$ |
|---|---|---|
| 轻骨料混凝土 | | $7 \times 10^{-6}$ |
| 普通混凝土 | | $10 \times 10^{-6}$ |
| 砖烟囱<br>或砖内筒 | 黏土砖砌体（≤200℃时） | $5 \times 10^{-6}$ |
| | 黏土砖砌体（>200℃时） | $\left(5 + \dfrac{T - 200}{200}\right) \times 10^{-6}$（$T$ 为温度） |
| | 其他砌块 | $(6 \sim 7) \times 10^{-6}$ |
| 钢、钢筋 | | $12 \times 10^{-6}$ |
| 不锈钢 | | $17 \times 10^{-6}$ |
| 铝、铝合金 | | $24 \times 10^{-6}$ |
| 玻璃钢烟囱 | 纵向 | $20 \times 10^{-6}$ |
| | 环向 | $12 \times 10^{-6}$ |

### 4.4.2　日照温差变形计算

由日照产生的筒身阳面与阴面的温差，应根据当地实测数据采用；当无实测数据时，可采用 $\Delta T \geqslant 20\text{℃}$。日照温差会产生烟囱筒身变形，从而引起附加弯矩。

根据平截面假定，压弯构件的曲率可用距离为单位长度的两相邻截面间的相对转角来表达，即：

$$\frac{1}{\rho} = \frac{\varepsilon' + \varepsilon}{d} = \frac{\alpha \Delta T}{d} \tag{4.4-1}$$

式中　$\varepsilon', \varepsilon$ ——筒身受压和受拉边缘的压应变和拉应变；

$\quad\quad\ \alpha$ ——筒身材料线膨胀系数；

$\Delta T$——由日照产生的筒身阳面与阴面温差；

$\rho$——曲率半径；

$d$——筒身直径，采用等曲率法计算筒身曲率时，可采用筒身2/3高度处直径。

烟囱在日照温差作用下的变形，可按等曲率计算。距烟囱底部 $h_i$ 距离处的烟囱水平位移值为：

$$U_i = \rho - \rho\cos\alpha = \rho(1 - \cos\alpha) = 2\rho\sin^2\frac{\alpha}{2} \tag{4.4-2}$$

因为 $\rho \gg h_i$，$\alpha = \dfrac{h_i}{\rho}$ 值很小，一般 $\alpha \leqslant 3°$，故 $\sin\dfrac{\alpha}{2} \approx \dfrac{\alpha}{2}$，则：

$$U_i = 2\rho\left(\frac{\alpha}{2}\right)^2 = \frac{1}{2}\rho\alpha^2 = \frac{1}{2}\rho\left(\frac{h_i}{\rho}\right)^2 \tag{4.4-3}$$

距烟囱底部 $h_i$ 的位移为：

$$U_i = \frac{\alpha\Delta T}{2d}h_i^2 \tag{4.4-4}$$

### 4.4.3 温度作用下内筒水平变形计算

温度效应是由烟气在纵向及环向产生的不均匀温度场所引起的，要计算出由温度效应在截面上产生的内力就需要先计算出温差下内筒烟囱产生的变形。

#### 4.4.3.1 横截面上的温度分布假定

横截面上的温度分布假定如图4.4-1所示，其中：

$$T_1 = \frac{\Delta T_x(1 + \cos\phi)}{2} \tag{4.4-5}$$

$$T_2 = \Delta T_x(1 - \phi/\pi) \tag{4.4-6}$$

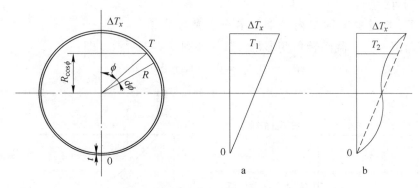

图4.4-1 横截面上的温度分布假定

a—沿直径方向呈线性分布；b—沿圆周方向呈线性分布

#### 4.4.3.2 转角变形计算

从假定的温差分布可以看到，沿直径方向的线性温差分布引起恒定的转角变形为：

$$\theta = \alpha\Delta T_x/d \tag{4.4-7}$$

式中 $\alpha$——钢材的线性膨胀系数；

$\Delta T_x$——从钢内筒烟囱烟道入口顶部算起距离 $x$ 处的截面温差，℃；

$d$——钢内筒直径。

同时，由于温度沿钢内筒圆周方向的不均匀分布产生次应力，使截面产生转角变形 $\theta_s$，在圆周上取微元 $dA$，微元面积 $dA = Rd\phi t$。

从温差分布应力图上可以得到微元上的应力 $f_\phi = \alpha(T_2 - T_1)E$，因此微元上的荷载为 $f_\phi dA = \alpha(T_2 - T_1)ERd\phi t$，荷载对截面中性轴取矩得：

$$M = 2\int_0^\pi f_\phi R\cos\phi dA = 2\int_0^\pi \alpha(T_2 - T_1)ER\cos\phi dA = -0.2976\alpha ER^2 t\Delta T_x$$

$M$ 引起的转角 $\theta_s$ 为：

$$\theta_s = \frac{M}{EI} = \frac{-0.2976\alpha ER^2 t\Delta T_x}{E\pi R^3 t} = -0.1895\frac{\alpha\Delta T_x}{d} \tag{4.4-8}$$

一阶效应与二阶效应两者产生的转角位移之和即为钢内筒的总转角为：

$$\theta_x = \theta + \theta_s = 0.811\alpha\Delta T_x/d \tag{4.4-9}$$

式中　$R$——钢内筒半径；

　　　$E$——钢材弹性模量；

　　　$t$——筒壁厚度。

### 4.4.3.3　钢内筒温差作用下的水平变形组成

钢内筒的温差分布由两部分组成，烟道入口高度范围内截面温差取恒值 $\Delta T_{x0}$ 和从烟道入口顶部以上距离 $x$ 处的截面温差值 $\Delta T_x$。在不同的温差作用下，钢内筒烟囱的水平变形由两部分组成：第一部分是烟道口区域温差产生的变形，沿高度线性变化，由于钢内筒为悬吊，膨胀节处可看作自由端，因此烟道口区域产生的变形只对底部的自立段有影响，对上部悬吊段没有影响；第二部分是由烟道口以上截面温差引起的变形，沿高度呈曲线变化，烟道口的顶部标高一般在 25m 左右，所以烟道口以上截面温差产生的变形对底部自立段和悬吊段均有影响。

### 4.4.3.4　烟道口范围钢内筒烟囱水平线变形计算

在烟道口范围内，截面转角变形是常数，如图 4.4-2 所示，即：

$$\theta_0 = \theta_{x=0} = 0.811\alpha\eta_t\Delta T_x/d$$

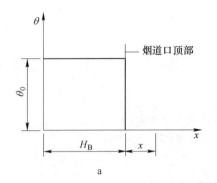
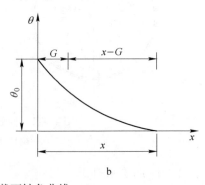

图 4.4-2　钢内筒横截面转角曲线

a—烟道口区域温差下的转角变形；b—烟道口以上截面的转角变形

转角曲线图的面积为：

$$A_B = \theta_0 H_B$$

距离烟道口顶部上 $x$ 处钢内筒烟囱截面在等值温度作用下的水平线变形为：

$$u_{xT} = \theta_0 H_B (H_B/2 + x)$$

距离烟道口顶部上 $x$ 处钢内筒烟囱截面的转角如图 4.4-2b 所示，计算公式为：

$$\theta = 0.811\alpha\eta_t\Delta T_0 e^{-\zeta_t x/d}/d$$

令 $\theta_0 = 0.811\alpha\eta_t\Delta T_0/2R$ ， $V = \zeta_t/d$ ，则 $\theta = \theta_0 e^{-Vx}$ ，转角曲线图的面积为：

$$A = \int_0^x \theta dx = \theta_0 \int_0^x e^{-Vx} dx = -\frac{\theta_0}{V} e^{-Vx} \Big|_0^x = \frac{\theta_0}{V}(1 - e^{-Vx})$$

将转角曲线图对 0 点取矩得：

$$M_0 = \int_0^x \theta x dx = \theta_0 \int_0^x e^{-Vx} x dx = -\frac{\theta_0}{V^2} e^{-Vx}(-Vx - 1)\Big|_0^x = \frac{\theta_0}{V^2}\big[1 - e^{-Vx}(Vx + 1)\big]$$

转角曲线的重心为 $G = M_0/A$ ，距离烟道口顶部上 $x$ 处钢内筒烟囱截面在温差作用下的水平线变形为：

$$u'_{xt} = A(x - G) = Ax - M_0 = \frac{\theta_0 x}{V}(1 - e^{-Vx}) - \frac{\theta_0}{V^2}\big[1 - e^{-Vx}(Vx + 1)\big] = \frac{\theta_0}{V}\Big[x - \frac{1}{V}(1 - e^{-Vx})\Big]$$

根据上面的分析和推导可以得到钢内筒底部自立段和上部悬吊段的水平变形计算公式为：

自立段
$$u_x = u_{xt} + u'_{xt} = \theta_0 H_B\Big(\frac{H_B}{2} + x\Big) + \frac{\theta_0}{V}\Big[x - \frac{1}{V}(1 - e^{-Vx})\Big] \tag{4.4-10}$$

悬吊段
$$u_x = u'_{xt} = \frac{\theta_0}{V}\Big[x - \frac{1}{V}(1 - e^{-Vx})\Big] \tag{4.4-11}$$

$$\theta_0 = 0.811 \times \frac{\alpha_z \Delta T_{m0}}{d} \tag{4.4-12}$$

$$V = \zeta t/d \tag{4.4-13}$$

式中　$u_x$——距离烟道口顶部 $x$ 处筒壁截面的水平位移，m；

　　　$\theta_0$——在烟道口范围内的截面转角变形，rad；

　　　$H_B$——筒壁烟道口高度，m；

　　　$\alpha_z$——筒壁材料的纵向膨胀系数；

　　　$d$——筒壁厚度中点所在圆直径，m；

$\Delta T_{m0}$——$x = 0$ 时 $\Delta T_m$ 计算值， $\Delta T_m$ 按式（4.3-19）计算。

### 4.4.4 温度作用计算

钢或玻璃钢内筒轴向温度应力应根据各层支承平台约束情况确定。内筒可按梁柱计算模型处理，可令各层支承平台位置的位移与按式（4.4-10）或式（4.4-11）计算的相应位置处的位移相等来计算梁柱内力，该内力可近似为内筒的轴向计算温度应力。内筒轴向计算温度应力也可按下列公式近似计算：

$$\sigma_m^T = 0.4E_{zc}\alpha_z\Delta T_m \tag{4.4-14}$$

$$\sigma_{sec}^T = 0.10E_{zc}\alpha_z\Delta T_g \tag{4.4-15}$$

$$\sigma_b^T = 0.5E_{zb}\alpha_z\Delta T_w \tag{4.4-16}$$

式中　$\sigma_m^T$——筒身弯曲温度应力，MPa；

$\sigma_{\mathrm{sec}}^{T}$ ——温度次应力，MPa；

$\sigma_{\mathrm{b}}^{T}$ ——筒壁内外温差引起的温度应力，MPa；

$E_{\mathrm{zc}}$ ——筒壁纵向受压或受拉的弹性模量，MPa；

$E_{\mathrm{zb}}$ ——筒壁纵向弯曲的弹性模量，MPa；

$\Delta T_{\mathrm{w}}$ ——筒壁内外温差，℃。

钢或玻璃钢内筒环向温度应力可按下式计算：

$$\sigma_{\theta}^{T} = 0.5 E_{\theta\mathrm{b}}\alpha_{\theta}\Delta T_{\mathrm{w}} \tag{4.4-17}$$

式中　　$\alpha_{\theta}$ ——筒壁材料环向膨胀系数；

$E_{\theta\mathrm{b}}$ ——筒壁环向弯曲弹性模量，MPa。

其他温度效应计算根据各章规定进行。

# 5 烟囱防腐蚀设计

## 5.1 脱硫工艺及特点

### 5.1.1 主要脱硫工艺

根据脱硫在生产过程中所处的环节，脱硫工艺可分为：

（1）燃烧前脱硫，如原煤洗选脱硫。

（2）燃烧中脱硫，如洁净煤燃烧、循环流化床锅炉和炉内喷钙。

（3）燃烧后脱硫，如烟气脱硫。

目前我国主要是燃烧后脱硫，即烟气脱硫，烟气脱硫主要有以下方式：

（1）湿法脱硫，石灰石—石膏湿法脱硫。

（2）干法脱硫，如回流式循环流化床（RCFB 干法）烟气脱硫。

（3）半干法脱硫，如 NID 半干法烟气脱硫。

（4）海水法脱硫。

（5）电子束法脱硫。

（6）氨水洗涤法脱硫。

### 5.1.2 石灰石—石膏法烟气脱硫工艺

石灰石—石膏法脱硫工艺是世界上应用最广泛的一种脱硫技术，日本、德国、美国的火力发电厂采用的烟气脱硫装置约 90% 采用该工艺。

它的工作原理是：将石灰石粉加水制成浆液作为吸收剂泵入吸收塔与烟气充分接触混合，烟气中的二氧化硫与浆液中的碳酸钙以及从塔下部鼓入的空气进行氧化反应生成硫酸钙，硫酸钙达到一定饱和度后，结晶形成石膏。经吸收塔排出的石膏浆液经浓缩、脱水，使其含水量小于 10%，然后用输送机送至石膏贮仓堆放。脱硫后的烟气经过除雾器除去雾滴，再经过换热器（GGH）加热升温后，由烟囱排入大气，烟气排放温度约 80℃。当不经 GGH 直接排放时，烟气排放温度约 50℃。

由于吸收塔内吸收剂浆液通过循环泵反复循环与烟气接触，吸收剂利用率很高，脱硫效率可大于 95%，适用于任何含硫量的煤种的烟气脱硫。这种脱硫方法是我国目前主要的脱硫手段，虽然烟气中 90% 以上的 $SO_2$ 被除去，但对 $SO_3$ 的脱除效果很低，一般不超过 40%。残余的低浓度的 $SO_3$（通常以 ppm 表示）结合水蒸气形成硫酸，导致了大部分烟囱腐蚀问题。图 5.1-1 为典型石灰石—石膏法烟气脱硫工艺。

我国煤的含硫量多在 0.5%～3.5% 之间。在燃烧过程中，硫被氧化为 $SO_2$，烟气中 $SO_2$ 的体积浓度为（368～2579）$\times 10^{-4}$%，$SO_3$ 含量为（7～52）$\times 10^{-4}$%。表 5.1-1 为某电

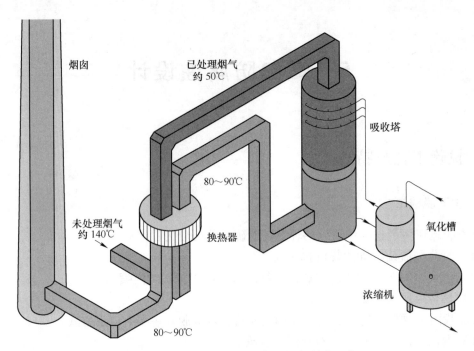

图 5.1-1　典型石灰石—石膏法烟气脱硫工艺

厂脱硫前后烟气介质及浓度（标准状态下）。

表 5.1-1　脱硫前后烟气介质浓度与温度变化（设 GGH 装置）

| 脱硫状态 | 烟气介质/mg·m⁻³ | | | | | $H_2O$（体积）/% | 温度/℃ |
|---|---|---|---|---|---|---|---|
| | $SO_2$ | $SO_3$ | $SO_x$ | HCl | HF | | |
| 脱硫前 | 2180.0 | 110.0 | 2268.0 | 50.0 | 25.0 | 7.20 | 130 |
| 脱硫后 | 108.8 | 65.9 | 161.5 | 2.5 | 1.2 | 11.03 | 75 |

可见脱硫对于 $SO_2$、HCl、HF 的脱除效率都超过了 95%，但对于 $SO_3$ 仅脱除 40%。脱硫后其烟气温度降幅很大，但湿度大幅度提高。

早期为了提升烟气的抬升高度，湿法脱硫过程中安装了烟气换热器（GGH），使得从吸收塔排出的净烟气（50℃左右）被加热到 80℃左右。2006 年后，由于 GGH 在运行过程中积灰、结垢严重，影响了整个脱硫装置的正常运行，于是，随后建造的脱硫装置几乎都取消了 GGH。

未设 GGH 的湿法脱硫烟气湿度呈饱和状态，其冷凝酸液的 pH 值为 1 ~ 3，表 5.1-2 为某电厂烟囱冷凝酸液检测结果。

表 5.1-2　某电厂烟囱冷凝酸液检测结果

| 检验项目 | 单位 | 1 号样 | 2 号样 |
|---|---|---|---|
| pH 值 | — | 2.48 | 2.45 |
| $Ca^{2+}$ | mg/L | 33.5 | 32.1 |
| $Mg^{2+}$ | mg/L | 4.01 | 4.13 |

| 检验项目 | 单位 | 1 号样 | 2 号样 |
|---|---|---|---|
| TFe | mg/L | 5.31 | 5.09 |
| $Na^+$ | mg/L | 0.12 | 0.10 |
| $HCO_3^-$ | mg/L | 0.00 | 0.00 |
| $CO_3^{2-}$ | mg/L | 0.00 | 0.00 |
| $Cl^-$ | mg/L | 5.00 | 5.10 |
| $NO_3^-$ | mg/L | 20.9 | 21.1 |
| $SO_4^{2-}$ | mg/L | 275 | 301 |
| $SO_3^{2-}$ | mg/L | 0.95 | 1.44 |

根据《烟囱设计规范》（GB 50051—2013）的规定，湿法脱硫烟气为强腐蚀性湿烟气；经过烟气换热器（GGH）加热后的湿法脱硫烟气为强腐蚀性潮湿烟气。

### 5.1.3 旋转喷雾干燥烟气脱硫工艺

喷雾干燥法脱硫工艺以石灰为脱硫吸收剂，石灰经消化并加水制成消石灰乳，消石灰乳由泵打入位于吸收塔内的雾化装置，在吸收塔内，被雾化成细小液滴的吸收剂与烟气混合接触，与烟气中的 $SO_2$ 发生化学反应生成 $CaSO_3$，烟气中的 $SO_2$ 被脱除。与此同时，吸收剂带入的水分迅速被蒸发而干燥，烟气温度随之降低。脱硫反应产物及未被利用的吸收剂以干燥的颗粒物形式随烟气带出吸收塔，进入除尘器被收集下来。脱硫后的烟气经除尘器除尘后排放。为了提高脱硫吸收剂的利用率，一般将部分除尘器收集物加入制浆系统进行循环利用。该工艺有两种不同的雾化形式可供选择，一种为旋转喷雾轮雾化，另一种为气液两相流。

喷雾干燥法脱硫工艺具有技术成熟、工艺流程较为简单、系统可靠性高等特点，脱硫率可达到85%以上。该工艺在美国及西欧一些国家有一定应用范围（8%）。脱硫灰渣可用于制砖、筑路，但多为抛弃至灰场或回填废旧矿坑。我国黄岛电厂也采用了该工艺。

### 5.1.4 磷铵肥法烟气脱硫工艺

磷铵肥法烟气脱硫技术属于回收法，以其副产品为磷铵而命名。该工艺过程主要由吸附（活性炭脱硫制酸）、萃取（稀硫酸分解磷矿萃取磷酸）、中和（磷铵中和液制备）、吸收（磷铵液脱硫制肥）、氧化（亚硫酸铵氧化）、浓缩干燥（固体肥料制备）等单元组成。它分为两个系统：

（1）烟气脱硫系统。烟气经高效除尘器后使含尘量（标态）小于 $200mg/m^3$，用风机将烟压升高到7000Pa，先经文丘里管喷水降温调湿，然后进入四塔并列的活性炭脱硫塔组（其中一塔为周期性切换再生），控制一级脱硫率大于或等于70%，并制得30%左右浓度的硫酸，一级脱硫后的烟气进入二级脱硫塔用磷铵浆液洗涤脱硫，净化后的烟气经分离雾沫后排放。

（2）肥料制备系统。在常规单槽多浆萃取槽中，同一级脱硫制得的稀硫酸分解磷矿粉（$P_2O_5$含量大于26%），过滤后获得稀磷酸（其浓度大于10%），加氨中和后制得磷氨，作为二级脱硫剂，二级脱硫后的料浆经浓缩干燥制成磷铵复合肥料。

### 5.1.5　炉内喷钙尾部增湿烟气脱硫工艺

炉内喷钙加尾部烟气增湿活化脱硫工艺是在炉内喷钙脱硫工艺的基础上，在锅炉尾部增设了增湿段，以提高脱硫效率。该工艺多以石灰石粉为吸收剂，石灰石粉由气力喷入炉膛中 850～1150℃ 的温度区，石灰石受热分解为氧化钙和二氧化碳，氧化钙与烟气中的二氧化硫反应生成亚硫酸钙。由于反应在气固两相之间进行，受到传质过程的影响，反应速度较慢，吸收剂利用率较低。在尾部增湿活化反应器内，增湿水以雾状喷入，与未反应的氧化钙接触生成氢氧化钙进而与烟气中的二氧化硫反应。当钙硫比控制在 2.0～2.5 时，系统脱硫率可达到 65%～80%。由于增湿水的加入使烟气温度下降，一般控制出口烟气温度高于露点温度 10～15℃，增湿水由于烟温加热被迅速蒸发，未反应的吸收剂、反应产物呈干燥态随烟气排出，被除尘器收集下来。该脱硫工艺在芬兰、美国、加拿大、法国等国家得到应用，采用这一脱硫技术的最大单机容量已达 30 万千瓦。南京下关电厂和浙江钱清电厂的 125MW 机组均采用了这种脱硫工艺。

### 5.1.6　烟气循环流化床脱硫（CFB）工艺

烟气循环流化床脱硫工艺由吸收剂制备、吸收塔、脱硫灰再循环、除尘器及控制系统等部分组成。该工艺一般采用干态的石灰粉作为吸收剂，也可采用其他对二氧化硫有吸收反应能力的干粉或浆液作为吸收剂。

由锅炉排出的未经处理的烟气从吸收塔（即流化床）底部进入。吸收塔底部为一个文丘里装置，烟气流经文丘里管后速度加快，并在此与很细的吸收剂粉末互相混合，颗粒之间、气体与颗粒之间剧烈摩擦，形成流化床，在喷入均匀水雾降低烟温的条件下，吸收剂与烟气中的二氧化硫反应生成 $CaSO_3$ 和 $CaSO_4$。脱硫后携带大量固体颗粒的烟气从吸收塔顶部排出，进入再循环除尘器，被分离出来的颗粒经中间灰仓返回吸收塔，由于固体颗粒反复循环达百次之多，故吸收剂利用率较高。

该工艺所产生的副产物呈干粉状，其化学成分与喷雾干燥法脱硫工艺类似，主要由飞灰、$CaSO_3$、$CaSO_4$ 和未反应完的吸收剂 $Ca(OH)_2$ 等组成，适合用于废矿井回填、道路基础等。

典型的烟气循环流化床脱硫工艺，当燃煤含硫量为 2% 左右，钙硫比不大于 1.3 时，脱硫率可达 90% 以上，排烟温度约 70℃。该工艺在国外目前应用在 10 万～20 万千瓦等级机组。由于其占地面积少，投资较省，尤其适合于老机组烟气脱硫。广东宝丽华电力公司二期 135MW2 号锅炉和 2×300MW3 号锅炉均采用循环流化床脱硫工艺。

循环流化床脱硫烟气属于强腐蚀性潮湿烟气。

### 5.1.7　海水脱硫工艺

海水脱硫工艺是利用海水的碱度达到脱除烟气中二氧化硫的一种脱硫方法，如图 5.1-2 所示。在脱硫吸收塔内，大量海水喷淋洗涤进入吸收塔内的燃煤烟气，烟气中的二氧化硫被海水吸收而除去，净化后的烟气经除雾器除雾及烟气换热器加热后排放。吸收二氧化硫后的海水与大量未脱硫的海水混合后，经曝气池曝气处理，使其中的 $SO_3^{2-}$ 被氧化成为

稳定的 $SO_4^{2-}$，并使海水的 pH 值与 COD 调整达到排放标准后排放大海。海水脱硫工艺一般适用于靠海边、扩散条件较好、用海水作为冷却水、燃用低硫煤（燃煤含硫量小于1.5%的中低硫煤）的电厂。海水脱硫工艺在挪威比较广泛用于炼铝厂、炼油厂等工业炉窑的烟气脱硫，先后有 20 多套脱硫装置投入运行。近几年，海水脱硫工艺在电厂的应用取得了较快的进展。但这种工艺最大问题是烟气脱硫后可能产生的重金属沉积和对海洋环境的影响需要长时间的观察才能得出结论，因此在环境质量比较敏感和环保要求较高的区域需慎重考虑。

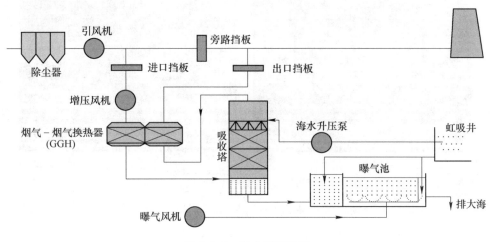

图 5.1-2　海水脱硫工艺

### 5.1.8　水膜脱硫除尘工艺

水膜脱硫除尘工艺主要应用于社区采暖锅炉或工厂用蒸汽锅炉，如图 5.1-3 所示，锅炉出力一般在 20t/h 左右，一般设有麻石水膜除尘器的锅炉的除尘效率较高，但脱硫效率较低。

水膜脱硫除尘主要工艺原理是：锅炉里烟气，首先经文丘里管，在喉部入口被水均匀喷入，由于烟气高速运动，喷入的水被细化为雾状，湿润了烟气中的颗粒，颗粒重量增加有利于离心分离，在高速呈絮流状态中，由于水滴与颗粒差别较大，其速度差别也较大，这样颗粒与水滴就发生碰撞凝聚，尤其粒径细小的灰尘可以被水雾水溶，这些都为灰尘的分离做好了准备，此后进入主塔。主塔是一圆柱筒体，水从除尘器上部注水槽进入筒体，使整个圆筒内壁形成一个水膜自上而下流动，烟气从筒体下部切向进入，在筒体内旋转上升。含尘烟气在离心作用下始终与筒壁面的水膜发生摩擦，含尘烟气被湿润，尘粒随水流到除尘器底部，并同时发生脱硫反应，烟气中的 $SO_2$、烟尘得到净化。经多次净化后的烟气，经主塔上部的挡水器、副塔及外置脱水器脱水后，由引风机经烟囱实现达标排放。脱硫除尘后的废水（pH 值为 5～6），由主塔下部排水口排出，与锅炉冲渣水一起依次排入沉渣池、沉淀池、清水池（即 pH 值调节池），清水池的水用脱硫液调至 pH 值为 8～9，循环使用不外排，而沉渣池中的渣，外运制砖，整个工艺过程不产生二次污染。

水膜脱硫除尘应用的是湿法脱硫技术，脱硫剂为轻烧氧化镁，采用锅炉冲渣水配制氧化镁乳化液，即脱硫液，该脱硫液主要成分就是悬浮态的 $Mg(OH)_2$，此外还含有冲渣水

图 5.1-3 水膜脱硫除尘装置

中的 $Ca(OH)_2$ 等碱性化合物。其中 $Mg(OH)_2$ 是中等强度的碱性化合物，溶解部分按碱的形式离解。它与酸性氧化物 $SO_2$ 在水溶液中发生酸碱中和反应。

经过水膜脱硫除尘的烟气其温度为 70～100℃，烟气湿度为饱和状态，属于强腐蚀性潮湿烟气。

## 5.2 烟囱腐蚀案例调查与分析

### 5.2.1 钢铁行业烟囱腐蚀案例（干烟气）

#### 5.2.1.1 烟囱原始设计情况

某钢厂环形炉 120m 高、出口内直径为 2.6m 的烟囱，于 1984 年建成，1986 年投入使用，烟囱采用翻模工艺施工。原烟囱基本设计数据见表 5.2-1。

表 5.2-1 烟囱原始数据

| 标高/m | 0 | 10 | 20 | 30 | 40 | 50 | 60 | 70 | 80 | 90 | 100 | 110 |
|---|---|---|---|---|---|---|---|---|---|---|---|---|
| 筒壁厚度/mm | 550 | 510 | 480 | 450 | 420 | 260 | 240 | 230 | 210 | 190 | 180 | 180 |
| 隔热层1/mm | 200 | 200 | 200 | 200 | 200 | 180 | 150 | 150 | 150 | 130 | 110 | 82 |
| 隔热层2/mm | 356 | 356 | 236 | 236 | 236 | 236 | 116 | — | — | — | — | — |
| 内衬/mm | 230 | 230 | 230 | 230 | 230 | 230 | 113 | 113 | 113 | 113 | 113 | 113 |

注：烟囱筒壁混凝土设计标号为 250 号，相当于现行规范中的 C23 强度等级；隔热层 1 为矿渣棉、隔热层 2 为硅藻土砖，每隔 2m 设置防沉带；内衬为黏土质耐火砖，采用 50 号（相当于 M5）耐火砂浆砌筑。

#### 5.2.1.2 烟囱调查情况

1989 年 9 月至 1990 年曾对烟囱进行过普查，发现筒身存在钢筋锈胀、混凝土开裂、酥松等现象，并采用防腐砂浆对筒身外壁进行了修补。但是，在后期的日常检查和检测中，发现烟囱筒壁仍然存在破损现象，而且发展得更为严重，分别于2002年、2006年11月至2007年4月进行过系统检查，发现的问题主要表现为继续腐蚀和开裂。1990年12月曾修复过的部分区域又重新开裂、脱落。主要存在如下问题。

（1）腐蚀。筒身多处出现钢筋外露、锈蚀和混凝土保护层因钢筋锈蚀而开裂、剥落的现象，而且部分区域的混凝土保护层的厚度不足。原设计筒壁环形钢筋的保护层厚度为30mm，但实际厚度差异很大。在环形钢筋锈蚀的部位，保护层厚度普遍不足，很多只为10mm左右；在其他区域，保护层厚度则明显偏大，达50～100mm。

（2）筒身开裂。筒身多处存在横、纵向裂缝，裂缝宽度大于0.5mm。

1）标高46.550m处环形水箱以下部分的筒壁外表混凝土大面积开裂和脱落，环向钢筋锈蚀、裸露，破损现象严重，如图5.2-1所示。

图5.2-1　筒壁破损情况

2）筒壁自标高46.550m平台向上开始出现竖向裂缝，标高70.000m以下的缝宽一般为0.2～1.0mm，标高70.000m以上的裂缝严重，特别是牛腿和囱帽附近，缝宽达到1～3mm。

3）根据取样结果，标高80.000m以上的部分裂缝已贯穿或基本贯穿筒壁（见图5.2-2），且越向上越严重，标高115.000m处的一个芯样在取出时已松散。

2007年混凝土钻芯共取完整芯样4个，编号依次为75A、75B、75C、95A，其余芯样全部呈碎状，如图5.2-3～图5.2-5所示。

（3）筒壁普遍存在蜂窝、麻面现象，标高70.000m以上的区域较严重，如图5.2-6所示。

（4）烟气温度调查测试结果。根据1999年的筒壁红外照片，自标高70.000m开始筒壁表面温度随烟囱高度明显增高，且牛腿附近的筒壁表面温度明显高于其他部位。根据热电偶测试的结果，烟囱内部的烟气温度沿高度大致按10℃/10m的规律降低，但在标高87.000m至102.000m的范围内烟气温度降低了20℃。

2007年在对烟囱内部温度进行测量时，钻芯完成的瞬间即利用热成像仪进行测温，芯

图 5.2-2　标高 85.000m 处的裂缝（贯穿、松散）

图 5.2-3　标高 75m、95m 处的芯样

孔温度均大于 200℃，温度在 210～298℃ 不等。

（5）腐蚀产物调查结果为：

1）筒壁混凝土以及耐火砖、矿渣棉、硅藻土砖的腐蚀十分轻微，混凝土腐蚀性指数 $S_x$ 的平均值仅为 0.87%，后三者的平均值仅为 0.91%。

2）内衬砂浆中腐蚀产物较多，腐蚀性指数 $S_x$ 的平均值为 1.8%，同时芯样外观也表明内衬砂浆疏松，呈蜂窝状，几乎没有黏结能力，说明内衬砂浆已遭受破坏，特别是标高

图 5.2-4 芯孔照片

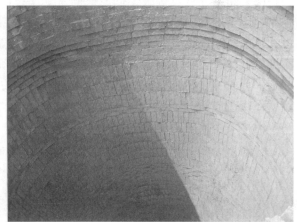

图 5.2-5 观察内衬完整

70.000m 以上的区域。

5.2.1.3 烟囱腐蚀、开裂原因分析

筒壁下部的混凝土开裂、剥落和钢筋锈蚀、外露等属于材料腐蚀破坏现象，主要原因包括：

（1）烟囱位于工业环境之中，腐蚀性介质含量相对较高，同时环境湿度和温度又较大，按我国《工业建筑防腐蚀设计规范》所划分的腐蚀性等级，环境中的气态介质对钢筋混凝土烟囱的腐蚀性等级为中到强，具有明显的腐蚀作用。

（2）烟气温度超过200℃，烟气属于强腐蚀性干烟气，不宜采用砖内衬单筒式钢筋混凝土烟囱。

（3）设计规范和原设计图纸都要求环向钢筋的保护层厚度为30mm，但部分环向钢筋的保护层厚度严重不足，有的不足10mm，破损严重的区域都存在该问题。

（4）筒壁施工质量不佳，存在蜂窝、麻面现象，局部混凝土不密实。

图 5.2-6　表面蜂窝普遍

（5）混凝土强度等级偏低。根据《烟囱设计规范》（GB 50051—2013）的规定，排放强腐蚀性干烟气的单筒式钢筋混凝土烟囱，其混凝土强度等级不应低于 C40，而烟囱实际设计强度等级仅相当于 C23，同时，施工质量很差，混凝土振捣不密实，致使混凝土的密实度较低，造成大气环境及烟气渗透对烟囱筒壁产生严重腐蚀。

（6）筒壁上部的竖向裂缝主要是由于内衬的保温效果差，而使混凝土筒壁受到较大的温度作用造成的。

上部温差较高，主要是与设计标准突变有关，具体为：

1）标高 60m 以上部分的耐火砖内衬厚度由 230mm 减为 113mm。

2）标高 70m 以上无硅藻土隔热层，使两层隔热层变为一层。

3）标高 70m 以上矿渣棉隔热层变薄。

这样上部保温效果明显低于下部，同时由于内衬变为单砖砌筑，砂浆不密实或遭到破坏，烟气很容易渗入隔热层中。实测烟气温度到烟囱上部降速较快，即证明了这一点。

（7）耐火砂浆防腐蚀能力很低，特别是内衬变为 113mm 厚后，烟气渗透能力增加，导致砂浆腐蚀加剧，实测 70m 以上的区域砂浆腐蚀程度加重便是很好的证明。

（8）牛腿附近的裂缝较为集中，这主要是因为牛腿附近的隔热层施工质量差，造成该处温度高、温差大及筒壁因牛腿等效厚度增加而导致裂缝加剧。

### 5.2.1.4　建议

**A　混凝土强度等级的确定**

处于环境湿度大、环境污染较重的沿海地区，要根据烟气和环境气体介质腐蚀等级来确定混凝土强度等级。当直接对烟囱筒壁接触的腐蚀介质腐蚀等级分别为微腐蚀、弱腐蚀、中等腐蚀和强腐蚀时，混凝土最低强度等级分别为 C25、C30、C35、C40；最大水灰比为 0.50，当为 C40 时控制值为 0.45；最小水泥用量控制值分别为 $250kg/m^3$、$280kg/m^3$、$300kg/m^3$ 和 $320kg/m^3$，这些指标应在设计文件中给出。腐蚀介质对混凝土构件的腐蚀速度与混凝土的抗渗能力有关系，抗渗能力愈强其腐蚀速度越慢。混凝土的抗渗能力主要决定于混凝土的密实度，而对混凝土密实度起控制作用的是水灰比和水泥用量，其中水灰比起主要作用。在防腐蚀工程中，加入减水剂的目的，主要是降低水灰比，从而提高混凝土的抗渗性。这对以物理性结晶破坏为主的盐类和气态腐蚀介质的效果比较明显，但对于以酸性液体等以化学腐蚀为主的介质，使用减水剂没有明显效果。

抗渗等级大于 0.8MPa 的混凝土对碱、呈碱性或中性反应的盐溶液以及气态介质的抗腐蚀性比普通混凝土均有所提高。混凝土抗渗等级大于 0.8MPa，其相应间接指标为：混凝土强度等级大于 C25；水泥强度等级不低于 32.5MPa；水灰比不大于 0.55；每立方米混凝土的水泥最小用量为 300kg。

需要注意的是《烟囱设计规范》控制每立方米混凝土的水泥用量不应超过 450kg，是控制采用低标号水泥。另外，混凝土强度等级也不宜过高，这与烟囱的受力特征有关。烟囱承受温度作用，抗温度开裂是烟囱设计的一项重要工作，而增加水泥用量会增加混凝土中水泥石的比重，增大了混凝土收缩和开裂影响因素。

**B 烟囱上部的内衬及隔热层不宜减薄**

传统烟囱的内衬和隔热层在烟囱上部都减薄，特别是砖内衬都由一砖厚减为半砖厚，即由 240mm（耐火砖 230mm）减为 120mm（耐火砖 115mm）。这种做法主要是考虑沿着烟囱高度烟气温度呈下降状态，因此，减薄后筒壁混凝土表面温度仍能满足规范要求。这种做法存在两个主要问题：

（1）未考虑腐蚀因素。内衬减薄后，其密闭性大幅下降。一砖厚砌体采用的是顶砖砌筑，相互交错 1/4 砖，半砖时为顺砖砌筑，相互交错 1/2 砖，这样形成的灰缝长度、贯通性大不相同，使得其密闭性也有很大区别，造成烟气穿透内衬的可能性和数量明显不同，特别是烟囱上部直径越来越小，烟气压力越来越大，烟气穿透能力增强。当烟气为低温湿烟气时，这种渗透对烟囱的影响是非常致命的：隔热层潮湿降低了隔热效果，进一步降低了烟气温度，使得烟气温度低于其酸露点，加剧烟气腐蚀；另外渗透本身会造成混凝土筒壁直接与腐蚀烟气接触，产生直接腐蚀。

（2）未考虑筒壁温度应力增加。虽然烟囱设计时考虑了内衬、隔热层减薄时的烟囱筒身温度梯度变化，但这些都与烟囱下部一样，是在假定烟气不渗透的前提下进行的。而实际上，由于烟气渗透能力不同，其导热系数也不同，致使烟囱保温能力进一步下降，筒壁温度应力增加幅度大于计算增幅，裂缝开裂数量也明显提高。现实烟囱的上部腐蚀、裂缝都明显超过下部便是对上述观点的佐证。

### 5.2.2 化工行业烟囱腐蚀案例（干烟气）

#### 5.2.2.1 耐火砖、耐火胶泥内衬

天津某石化公司炼油部催化裂化装置烟囱建于 1976 年，其结构形式为单筒式钢筋混凝土结构，烟囱主体结构高 100m，出口内直径为 3.48m，筒身壁厚为 300～400mm 筒壁混凝土标号为 300 号（相当 C28）。烟囱内衬采用黏土质耐火砖，用耐火胶泥砌筑，隔热层采用普通硅酸盐水泥膨胀珍珠岩制品。烟气最高温度约 200℃。

目前该烟囱已投产使用多年，结构老化、破损严重，且局部均出现渗漏现象，2011 年对烟囱进行了全面检测。

烟囱内衬完整，无大面积破损缺失现象；但从筒壁腐蚀情况（见图 5.2-7 和图 5.2-8）可以看出，烟囱内衬和隔热层的密闭性不佳，防渗防腐能力较弱，腐蚀液已通过内衬、隔热层直接渗入到筒壁内侧。烟囱筒身混凝土中上部内壁存在受腐蚀现象，牛腿及其上部混

凝土腐蚀比较严重，如图 5.2-9 所示。

图 5.2-7　筒身底部腐蚀情况

图 5.2-8　筒身上部腐蚀情况

图 5.2-9　内衬牛腿处积灰及表面状况

现场对烟囱烟灰、受腐蚀混凝土、渗出物结晶和隔热层珍珠岩进行了取样，样品进行硫酸根、氯离子含量的试验及分析，结果见表 5.2-2。

表 5.2-2　硫酸根、氯离子含量检测结果

| 样品名称 | 硫酸根（$SO_4^{2-}$）含量/% | 氯离子（$Cl^-$）含量/% |
|---|---|---|
| 受腐蚀混凝土 | 9.10 | 0.035 |
| 烟灰 | 30.66 | — |
| 隔热层 1 | 56.35 | — |
| 隔热层 2 | 33.98 | — |
| 渗出物结晶 | 31.85 | — |

检测结果表明，受腐蚀的混凝土、隔热层硫酸根离子、氯离子等腐蚀性离子含量都非常高。隔热层中腐蚀性离子含量较高，说明内衬防腐能力较弱，腐蚀液已通过内衬渗入到

筒壁内侧，且内壁混凝土受到腐蚀。但耐火砖的耐腐蚀性能良好。

#### 5.2.2.2 耐酸砖、耐酸胶泥内衬

中石化天津某公司炼油部 6 万吨/年硫黄回收装置，采用钢筋混凝土烟囱，烟囱建于 2008 年，烟囱主体结构高 100m，筒身壁厚为筒壁混凝土标号 C30（相当于 C28）。烟囱隔热层采用岩棉，内衬由耐酸砖和耐酸胶泥砌筑，烟气最高使用温度为 220℃。烟囱内衬腐蚀破坏严重（见图 5.2-10），并造成筒壁出现大面积裂缝和腐蚀。

图 5.2-10 耐酸砖内衬腐蚀破坏严重

检测发现烟囱下部有冷凝酸液流出。同时，可以看出耐酸砖的耐腐蚀性能不如黏土质耐火砖。因此，在耐酸砖的选择上应注意其质量和类型。

### 5.2.3 制药行业砖烟囱腐蚀案例（潮湿烟气）

#### 5.2.3.1 烟囱损坏情况介绍

湖北宜都某药厂蒸汽锅炉烟囱系选用国家标准图集 04G211 中 60/3.0-0.75-400 烟囱，烟囱于 2007 年 10 月建成投产，一年后，即 2008 年 10 月 18 日烟囱上部约 20m 处突然塌落，所幸未造成人员伤亡事故。烟囱塌落后的图片如图 5.2-11 所示。

图 5.2-11 烟囱上部约 20m 塌落后顶部圈梁挂在约 40m 处

烟囱塌落后，由于生产需要，工厂对烟囱进行了加固处理后继续使用并在附近新建一座 80m 钢筋混凝土烟囱。由于新烟囱还未建成，加固后的砖烟囱上部腐蚀程度进一步加

剧，为安全起见，工厂又于 2009 年 7 月将烟囱上部 10m 拆除，图 5.2-12 为烟囱拆除过程的照片。

图 5.2-12　烟囱上部正在拆除

### 5.2.3.2　烟囱损坏原因分析

（1）潮湿烟气作用。该烟囱采用麻石水膜脱硫除尘工艺，烟气温度约 70℃，烟气湿度为饱和状态，烟气腐蚀强度等级应为强腐蚀性潮湿烟气。对于强腐蚀潮湿烟气采用砖烟囱是不合适的，不符合现行《烟囱设计规范》的规定。砖烟囱仅适用于中等腐蚀及以下的干烟气排放。

（2）内衬厚度影响。烟囱内衬厚度为：标高 20m 以下为 240mm；20m 以上为 120mm。筒壁厚度为：0～10m 为 620mm；10～30m 为 490mm；30～40m 为 370mm；40～60m 为 240mm。内衬厚度对烟气渗透影响分析见 5.2.1 节有关"烟囱腐蚀、开裂原因分析"与"建议"。

（3）筒壁材料耐腐蚀性差。该烟囱筒壁采用 MU10 普通黏土砖和 M5 水泥混合砂浆砌筑，内衬采用耐火砖和耐酸胶泥砌筑。内衬材料耐腐蚀性能较强，但抗渗能力很差，虽然内衬本身没有腐蚀破坏，但烟气穿透内衬造成筒壁直接与腐蚀性烟气接触，并发生破坏。

黏土砖的主要成分是黏土，其化学成分主要是氧化硅和氧化铝。酸与砖中的氧化铝作用，生成易溶的盐，所以黏土砖耐酸性不高。黏土砖在低浓度的酸液中有一定的耐蚀性，但不耐较高浓度酸的腐蚀。因此，黏土砖对于酸性气体有一定的耐蚀性。

水泥砂浆或水泥混合砂浆耐腐蚀性能很差，在酸性气体或液体作用下会丧失强度变为松散状态，如图 5.2-13 所示。另外，酸液中的硫酸根离子与水泥石中的氢氧化钙作用生成石膏，而石膏又与水泥石中的水化铝酸钙作用生成含有 31 个结晶水的硫铝酸钙，体积增大 2.5 倍，造成砌体开裂。

（4）烟囱下部虽然进行了加固，但 1 年后又面临破坏，表明腐蚀仍在进行中，加固不能改善砌体强度持续降低和腐蚀物体积继续膨胀，造成砌体进一步开裂和破坏。

图 5.2-13　上部筒身塌落后散状砌体

### 5.2.3.3　建议

（1）用于排放湿烟气、潮湿烟气和强腐蚀性干烟气的烟囱均不应采用砖烟囱；砖烟囱仅适合排放非强腐蚀性的干烟气。

（2）对于排放腐蚀烟气的砖烟囱或普通钢筋混凝土单筒烟囱，其破坏属于脆性破坏，因而往往是突然性倒塌，应引起高度注意，应在腐蚀问题出现后及时处理。

## 5.2.4　电力行业烟囱腐蚀案例

### 5.2.4.1　垃圾电厂烟囱腐蚀案例

太仓某垃圾焚烧发电有限公司钢筋混凝土烟囱建于 2006 年。烟囱高度为 80m，筒身壁厚为 160～300mm，混凝土标号为 C30。烟囱内衬全高采用耐酸砖和耐酸胶泥砌筑，隔热层采用空气层，烟囱筒身内壁涂环氧硅酸酯重防腐涂料。烟囱内烟气设计温度：最高烟气温度为 230℃，正常工况下烟气温度为 160℃。

烟囱经过一段时间的运行，发现钢筋混凝土筒身外壁出现多条裂缝，并存在不同程度的渗漏现象，如图 5.2-14 和图 5.2-15 所示。

图 5.2-14　冷凝液从烟囱孔洞流出

图 5.2-15　烟囱蜂窝麻面处钢筋由内向外腐蚀

经检测发现烟囱内衬完整，无大面积破损缺失现象，但从外筒壁渗漏、冒烟情况可以看出，烟囱内衬防渗漏能力较弱，个别区域筒身空气隔热层发现烟气渗入问题，烟气已在筒壁内侧结露，大部分区域有明显渗漏痕迹（主要位于筒身高度约 20m、38m、45m、51m、57m、65m、79m 等处），牛腿及烟囱上部混凝土腐蚀比较严重，混凝土表面受腐蚀厚度达 10～20mm，如图 5.2-16 和图 5.2-17 所示。

图 5.2-16　筒壁中间缺陷处已经腐蚀　　　　　图 5.2-17　筒壁内侧腐蚀破坏较深

烟囱筒身外表面普遍蜂窝麻面，局部混凝土风化腐蚀严重，部分区域混凝土骨料外露且存在酥松破损现象（见图 5.2-15）；烟囱底部出灰处，存在大量积灰及积水现象。

烟囱结构混凝土存在多处严重开裂现象，裂缝长度 0.5～18m，宽度 0.15～0.5mm，裂缝走向多为纵向。

与燃煤电厂相比，垃圾电厂的烟气特点是腐蚀介质中含有较多的氯离子，具体检测结果见表 5.2-3。

表 5.2-3　硫酸根、氯离子含量检测结果

| 样品名称 | 硫酸根（$SO_4^{2-}$）含量/% | 氯离子（$Cl^-$）含量/% |
| --- | --- | --- |
| 烟灰 | 12.86 | 11.02 |
| 受腐蚀混凝土（芯样） | 0.76 | 0.11 |

研究发现，氯化物包含在各种固体燃料（如垃圾）里，在燃烧过程中，氯化物转化为自由氯离子，与水蒸气结合形成盐酸。因此，在垃圾电厂设计时应主要考虑硫酸根离子和氯离子的腐蚀影响。

**5.2.4.2　燃煤电厂烟囱腐蚀案例**

**A　耐酸浇注料内衬烟囱**

**a　烟囱腐蚀状况**

某热电有限公司 120m 钢筋混凝土单筒烟囱，主要为开发区内的化工厂、制药厂等提供水蒸气、热水等，于 2007 年建成。烟囱采用轻质耐酸浇注料作为防腐蚀内衬，最大厚度 250mm，最小厚度 100mm。烟囱运行半年，即出现如图 5.2-18 所示的严重渗漏现象。

湖北某厂 80m 钢筋混凝土烟囱，采用耐酸浇注料内衬，烟囱施工过程中出现开裂和垮塌现象，最后不得不整体拆除。

2009 年中国电力工程顾问集团公司组织了一次全国性电厂烟囱腐蚀性调查。自 2004 年至 2008 年年底的 5 年间，我国火电装机共计 $27184 \times 10^4 kW$，这次调查的装机容量为 $20963 \times 10^4 kW$，约占我国实施脱硫以来总装机容量的 77%，因此，这次调研的成果比较全面地反映了我国火力发电厂脱硫烟囱防腐情况现状。这次对脱硫烟囱防腐进行调查的项目共涉及 226 个电厂，其中采用石灰石-石膏湿法脱硫的电厂 216 个，采用海水脱硫的电厂 5 个，采用循环流化床机组（CFB）锅炉脱硫的电厂 4 个，采用干法脱硫的电厂 1 个。

图 5.2-18　浇注料烟囱腐蚀局部放大图

此次调查有 12 座烟囱采用了耐酸整体浇注料，其中已经运行 8 座，在建 4 座。已经运行的 8 座烟囱中有 7 座烟囱为有 GGH 湿法脱硫，1 座为无 GGH 湿法脱硫，调查结果均无明显渗漏现象。

耐酸浇注料渗漏和开裂是目前主要问题（见图 5.2-19 ~ 图 5.2-21），产生这些问题与材料自身特点和施工质量有关。目前市场的耐酸浇注料是由水玻璃和硬化剂为主要材料的耐酸材料，按水玻璃品种可分为钠水玻璃和钾水玻璃材料；按抗渗性能可分为普通型水玻璃材料和密实型水玻璃材料。水玻璃材料是无机质的化学反应型胶凝材料，主要反应生成物质是硅酸凝胶，因此这类材料具有良好的耐酸性和耐热性。

图 5.2-19　浇注内衬在牛腿处堆落

图 5.2-20　浇注内衬整片塌落　　　　　　图 5.2-21　浇注内衬水平开裂

　　由于水玻璃与硬化剂反应生成物的基质是硅酸凝胶，所以这类材料不耐碱和呈碱性反应的介质。而且硅酸凝胶从弹性胶体向具有固体性能的凝胶转变的过程中，要不断脱水和缩聚，从而形成无数微小的细孔，因此水玻璃材料的孔隙率很大，抗渗性能很差，抗渗能力一般仅为 0.2MPa。

　　改性水玻璃材料主要有两种途径：一是采用钾水玻璃代替钠水玻璃，其抗渗能力可提高到 0.4MPa；另一种途径是在钠水玻璃基础上添加密实剂。这些密实剂以有机材料为主，其中最有效果的是糠醇等添加剂。以糠醇改性的水玻璃材料，其孔隙率大幅降低，抗渗性能从原来的 0.2MPa 提高到 2MPa 以上，而且还具有抑制酸液渗透的能力，酸液渗透深度只有 2~5mm，从而改善了其对酸、中型化学介质和抗结晶盐的破坏能力。

　　b　浇注料破坏的主要原因

　　（1）材料配比和添加剂不符合要求或材料性能指标不满足要求。图 5.2-19 产生的问题主要是固化剂用量不足造成的，即添加的固化剂不能使水玻璃完全固化。在拆除模板时内衬因强度低而堆落，如图 5.2-22 所示。

　　（2）施工方法和施工环境不符合规定。图 5.2-20 为起鼓后脱落，图 5.2-21 为施工缝处理不当造成。

　　c　建议

　　（1）基于水玻璃与硬化剂反应生成物的基质硅酸凝胶不耐碱和呈碱性反应的特点，在耐酸浇注料与混凝土或水泥材料直接接触部位应涂防腐蚀隔离层。

图 5.2-22　浇注内衬拆除碎块

　　（2）水玻璃类材料不宜用于盐类介质干湿交替作用频繁的使用环境。

　　（3）温度高于 100℃时，应采用普通型耐酸浇注料，当温度较低时，宜采用密实型耐酸浇注料。

（4）钠水玻璃类材料与水泥基层的黏结力差，不得与水泥砂浆和混凝土等呈碱性反应的基层直接接触。但钾水玻璃胶泥和砂浆与水泥基层的黏结力较好。

（5）水玻璃混凝土抗渗性较差，钢筋表面应刷环氧涂料。

（6）浇注料内衬一般仅用于潮湿及干烟气，当用于湿烟气时应采取特殊防渗漏措施。

B  砖套筒烟囱腐蚀案例

a  烟囱基本情况

山东一座210m高砖套筒烟囱，砖内筒分段由钢筋混凝土环梁平台支承，1990年投入运行。砖砌体材料标准适中，砖内筒外侧设有耐酸砂浆封闭层和保温层，采用电除尘，烟气按不脱硫设计。

2008年7月，烟囱经脱硫改造后投运，未设烟气热交换设备（GGH），仅对砖内筒内侧进行防腐改造处理。同年10月底检查发现砖内筒下部腐蚀渗漏，防腐层受外力打击脱落失效，如图5.2-23所示。

b  原因分析及建议

（1）脱硫后的烟气是否设置GGH换热系统对烟气腐蚀强度有很大影响。脱硫后的烟气经过除雾器除去雾滴，再经过换热器（GGH）加热升温后，烟气温度约为80℃，当不加GGH直接排放时，烟气温度约为

图5.2-23  内筒外表面及平台腐蚀情况

50℃。由此可见，是否设置换热器（GGH）对烟气主要有两方面影响，即烟气的温度和湿度，从而决定了烟气为"潮湿烟气"还是"湿烟气"。

烟气主要含水蒸气、硫酸、亚硫酸和少量硝酸等物质，当烟气温度为50℃左右时，许多气体温度将低于其露点温度，如水蒸气、硝酸、氢氟酸、亚硫酸的露点温度约为49℃、硫酸的露点温度约为54℃。这样，未经GGH处理的烟气是一种处于结露状态的湿烟气，其腐蚀强度远远高于经过GGH处理的"潮湿烟气"，这是造成烟气腐蚀差异的重要原因。

（2）耐酸砖本身具有较好的耐酸性能，但其与砂浆组成的砌体抗渗透性能极低，结露液体很容易穿透砌体渗透到外部，造成外部耐腐蚀性能较差的材料腐蚀破坏。

（3）砖套筒外部一般都设有30mm厚耐酸砂浆"封闭层"，实际表明该"封闭层"作用不大。其主要原因是普通耐酸砂浆抗渗性能较差，同时从抗渗角度讲，砂浆厚度远不能满足要求，这样造成的结露液体渗漏是不可避免的。

（4）渗透酸液在砂浆内部空隙产生结晶腐蚀，腐蚀物体积膨胀造成封闭层开裂和脱落。

（5）基于抗渗性能较差原因，砖套筒烟囱只适合排放"干烟气"或"潮湿烟气"，当烟气为"湿烟气"时，即使烟气为负压运行，也不能阻止液体渗透。

（6）建议砖套筒烟囱采用密实型钾水玻璃胶泥砌筑，施工质量控制等级应满足A级要求，筒壁内侧用钾水玻璃胶泥进行勾缝。

C　泡沫玻璃砖钢内筒烟囱

某电厂 210m 钢内筒烟囱，内筒采用 10CrMnCu（JNS）耐候钢，并采用国产玻化砖防腐，外保温采用 80mm 厚超细玻璃棉，外包 20 号镀锌钢丝网和铝箔。

脱硫系统于 2007 年 12 月随机组投产使用，采用石灰石—石膏湿法工艺，无 GGH，脱硫后的烟气温度不低于 49℃。运行期间由于钢内筒腐蚀穿孔、漏液等问题，对筒壁及焊缝处进行修补，并在 0～120m 竖直沿圆周布置 6 道角钢进行加固处理。图 5.2-24 为内筒外侧保温层拆除后情况，图 5.2-25 为内筒腐蚀穿孔情况。

图 5.2-24　内筒保温层拆除后表面情况　　　　图 5.2-25　内筒表面穿孔情况

泡沫玻璃砖防腐隔热系统由泡沫玻璃砖和胶黏剂组成。胶黏剂应具有很好的弹性和耐高温、抗疲劳、抗老化的性能。胶黏剂的质量往往对泡沫玻璃砖防腐系统运行的稳定性起到主导作用。根据相关单位对国内部分大型火力发电厂的调查了解，目前国内采用废玻璃泡沫玻璃砖进行的湿烟囱防腐工程，其中大约 80% 的烟囱会在 1 年内出现渗漏，主要原因在于玻璃砖和胶黏剂质量不能满足技术要求。

目前市场上有两种泡沫玻璃砖，即含硼和不含硼的泡沫玻璃砖。含硼量是泡沫玻璃砖抗温度骤变的重要指标，含硼的泡沫玻璃砖（含硼量 12% 以上）能耐高温和温度的急剧变化（韧性）达上千次；而根据试验检测，不含硼的泡沫玻璃砖只能耐十次左右温度骤变，然后开裂。

根据有关资料介绍，硼只有在玻璃熔融的状态下才能均匀添加，然后再发泡，而普通的泡沫玻璃砖是在玻璃发泡时添加硼的，达不到预期效果。进口泡沫玻璃砖是采用石英砂来生产的，其质量稳定；早期部分国内生产的泡沫玻璃砖采用废弃玻璃来生产，由于废玻璃本身的来源复杂，材质无法控制，砖的质量也就难以保证。

目前玻璃砖破坏主要有三种情况：玻璃砖开裂、玻璃砖脱落和玻璃砖冲刷破坏，如图 5.2-26 和图 5.2-27 所示。

在《烟囱设计规范》修订过程中，规范编写组对采用宾高德内衬系统的烟囱进行了调研。其中包含湿法脱硫系统不含 GGH 的烟囱 9 座，含 GGH 的烟囱 4 座，其中最早的于 2006 年投入使用。采用宾高德系统的 13 座烟囱均为钢内筒烟囱，其中有 2 座烟囱（华能金陵电厂 1000MW 机组）为无外筒独立支撑的钢筒结构，这些烟囱中宾高德内衬作为防腐层和保温层贴衬在钢烟囱内壁。

图 5.2-26 玻璃砖因强度低造成烟气冲刷破坏

图 5.2-27 玻璃砖开裂

　　检查结果表明使用状况良好，未发现防腐砖脱落、筒体渗漏、胶黏剂粉化等问题。图 5.2-28 是对投用 5 年后的宾高德系统破坏性检查照片。防腐砖被破坏后胶黏剂依然黏附在钢板上，需要用钢刨刀铲除，胶黏剂残留在钢板上的痕迹明显。

　　检查结果表明：胶黏剂饱满、弹性良好，黏附力强固，钢基体干燥、没有任何腐蚀，底漆鲜亮，整体防腐性能优异。

　　D　钛基复合钢板钢内筒烟囱

　　钛基普通碳素结构钢复合钢板制作，即普通碳素结构钢钢板与 1.2 ~ 1.6mm 厚钛板爆破复合而成，该种钢内筒防腐蚀效果良好。

　　钛基复合钢板是在工厂爆破复合而成，不同的爆破轧制工艺对符合钢板质量有较大影响，主要表现为基层与复层的剪切强度、断裂韧性和剥离强度。图 5.2-29 为复合后钢板。由图 5.2-29 可以看出，现场钢板焊接完成后，还需要对钢板拼接缝范围采用钛板条进行后续覆盖，许多质量问题往往出现在这一环节，复合钢板的焊接形式如图 5.2-30 所示。

图 5.2-28 玻璃砖开裂

图 5.2-29 复合钢板边缘情况

　　图 5.2-31 和图 5.2-32 是某电厂火灾后钛基复合钢板检测结果。

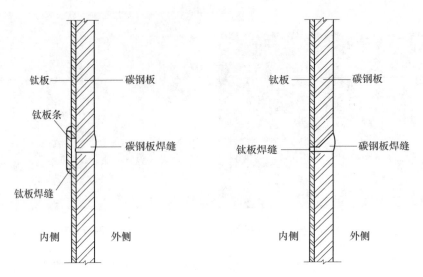

图 5.2-30　钛基复合钢板焊接形式

图 5.2-31　水平钛板条开裂

图 5.2-32　竖向钛板条开裂

调查发现钛复合钢板也有个别腐蚀穿透情况，但多数情况表明钛基复合钢板可以很好地满足湿法脱硫烟囱，但需要控制加工和施工质量。

E　内衬表面涂防腐蚀涂料改造烟囱

旧烟囱湿法脱硫改造采用涂料类防腐蚀处理方案，由于施工速度快、造价低，受到许多电厂的普遍欢迎，实施数量较多。但由于许多措施不完善，造成渗漏现象也极为普遍。

某发电厂 2 号、3 号烟囱分别于 1991 年和 1995 年建成，烟囱筒身为钢筋混凝土结构，全高 210m，烟囱上口内径 6m。

烟囱隔热层为水泥珍珠岩；烟囱内衬中，7.2 ~ 15m 采用耐火砖，15 ~ 210m 采用抗硫酸盐水泥配制的 200 号浮石混凝土；积灰平台为现浇钢筋混凝土结构、表面铺耐火砖。

2008 年因脱硫改造，对 2 号、3 号烟囱进行了防腐施工，采用涂料类防腐方案。施工期为每座烟囱各 20 天，2 号烟囱脱硫投入时间为 2008 年 9 月，3 号烟囱脱硫投入时间为

2008 年 12 月。

　　脱硫投入运行后不久发现烟囱筒身有渗漏现象，落灰平台漏水严重，停机后进入烟囱内部检查发现：筒身涂料局部脱落，积灰平台几乎全部剥落。涂料脱落碎片见图 5.2-33。图 5.2-34 和图 5.2-35 分别为玻璃鳞片和聚脲直接涂在砖内衬表面后的脱落情况。

　　一般来讲虽然涂料本身满足耐酸要求，但对于烟气的温度变化往往不能够适应，特别是高温下的耐老化性能和延伸性都存在不足。

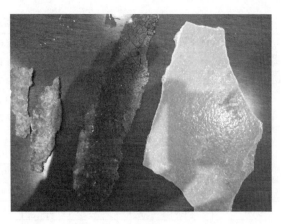

图 5.2-33　涂料脱落碎片

图 5.2-34　玻璃鳞片涂料脱落

图 5.2-35　聚脲涂料脱落

# 5.3　露点温度

　　腐蚀包括固态、液态和气态三种腐蚀情况，而液态腐蚀最为严重。在烟囱设计时，如果能够保持烟气温度高于露点温度 10℃ 以上，可以大大降低烟气腐蚀能力。因此，了解和确定各种气体的露点温度尤为重要。

### 5.3.1　大气露点温度

　　在一定的空气压力下，逐渐降低空气的温度，当空气中所含水蒸气达到饱和状态，开始凝结形成水滴时的温度叫做该空气在空气压力下的露点温度，即当温度降至露点温度以下，湿空气中便有水滴析出。因此，"露点温度"是指气体中的水分从未饱和水蒸气变成饱和水蒸气的温度。在 100% 的相对湿度时，周围环境的温度就是露点温度。露点温度越小于周围环境的温度，结露的可能性就越小，也就意味着空气越干燥。露点不受温度影响，但受压力影响，大气压力不同时，露点是不同的，压力越高，开始析出水滴的温度也越高。表 5.3-1 为大气露点温度换算表。由表 5.3-1 可见，大气的湿度越高，其露点温度也越高。

表 5.3-1 大气露点温度换算表

| 大气环境相对湿度/% | 环境温度/℃ | | | | | | | | | |
|---|---|---|---|---|---|---|---|---|---|---|
| | − 5 | 0 | 5 | 10 | 15 | 20 | 25 | 30 | 35 | 40 |
| 95 | − 6.5 | − 1.3 | 3.5 | 8.2 | 13.3 | 18.3 | 23.2 | 28.0 | 33.0 | 38.2 |
| 90 | − 6.9 | − 1.7 | 3.1 | 7.8 | 12.9 | 17.9 | 22.7 | 27.5 | 32.5 | 37.7 |
| 85 | − 7.2 | − 2.0 | 2.6 | 7.3 | 12.5 | 17.4 | 22.1 | 27.0 | 32.0 | 37.1 |
| 80 | − 7.7 | − 2.8 | 1.9 | 6.5 | 11.5 | 16.5 | 21.0 | 25.9 | 31.0 | 36.2 |
| 75 | − 8.4 | − 3.6 | 0.9 | 5.6 | 10.4 | 15.4 | 19.9 | 24.7 | 29.6 | 35.0 |
| 70 | − 9.2 | − 4.5 | − 0.2 | 4.6 | 9.1 | 14.2 | 18.5 | 23.3 | 28.1 | 33.5 |
| 65 | − 10.0 | − 5.4 | − 1.0 | 3.3 | 8.0 | 13.0 | 17.4 | 22.0 | 26.8 | 32.0 |
| 60 | − 10.8 | − 6.0 | − 2.1 | 2.3 | 6.7 | 11.9 | 16.2 | 20.6 | 25.3 | 30.5 |
| 55 | − 11.5 | − 7.4 | − 3.2 | 1.0 | 5.6 | 10.4 | 14.8 | 19.1 | 23.0 | 28.0 |
| 50 | − 12.8 | − 8.4 | − 4.4 | − 0.3 | 4.1 | 8.6 | 13.3 | 17.5 | 22.2 | 27.1 |
| 45 | − 14.3 | − 9.6 | − 5.7 | − 1.5 | 2.6 | 7.0 | 11.7 | 16.0 | 20.2 | 25.2 |
| 40 | − 15.9 | − 10.3 | − 7.3 | − 3.1 | 0.9 | 5.5 | 9.5 | 14.0 | 18.2 | 23.0 |
| 35 | − 17.5 | − 12.1 | − 8.6 | − 4.7 | − 0.8 | 3.4 | 7.4 | 12.0 | 16.1 | 20.6 |
| 30 | − 19.9 | − 14.3 | − 10.2 | − 6.9 | − 2.9 | 1.3 | 5.2 | 9.2 | 13.7 | 18.0 |

了解大气露点温度,对于钢烟囱设计很重要。

### 5.3.2 烟气露点温度

相对于大气来讲,影响烟气露点温度的因素更为复杂,但主要因素为烟气中 $SO_3$ 含量与烟气的相对湿度。

锅炉使用的煤、重油及天然气等燃料中都含有一定量的硫,在燃烧过程中 S 与 $O_2$ 生成 $SO_2$,并有少量的 $SO_2$ 在 $Fe_2O_3$、$V_2O_5$ 等催化剂作用下转化成 $SO_3$。通常情况下,锅炉烟气中 $SO_3$ 体积含量为 $(1 \sim 50) \times 10^{-4}\%$,水蒸气含量约为 10%。在烟气温度 200℃ 以下时,$SO_3$ 与水蒸气完全结合成 $H_2SO_4$ 蒸气,微量的 $H_2SO_4$ 蒸气使烟气的露点温度显著提高。

当锅炉尾部换热设备的壁面温度低于烟气露点温度时,$H_2SO_4$ 蒸气就会凝结在壁面上,形成浓度约为 80% 的硫酸溶液,黏附在换热器壁面上,产生酸腐蚀,因此像热水锅炉、锅炉的省煤器及空气预热器等低温受热面易受到酸侵蚀。在锅炉的设计和运行中,排烟温度是影响锅炉效率和安全运行的重要因素之一。排烟温度过高,排烟损失越大,排烟温度每升高 15 ~ 20℃,锅炉热效率大约降低 1%;排烟温度过低,会使低温受热面的壁温低于露点温度,引起受热面金属的严重腐蚀,危及锅炉运行安全。因此,锅炉的经济排烟温度应当控制在稍高于烟气露点的某个范围内。

从锅炉排除的烟气需要经过除尘和脱硫(脱硝)等烟道系统后才进入烟囱,使得烟气的介质成分、含量和温度都发生变化,造成烟囱的腐蚀环境发生巨大变化。

#### 5.3.2.1 影响烟气露点温度的主要因素

影响烟气露点温度的主要因素如下:

(1)燃料种类。燃油锅炉的燃料中所含硫分燃烧后将主要形成 $SO_2$ 和少量 $SO_3$,但是在燃煤时的情况则不相同,其中有些硫分将以 FeS 或其他形式存在于灰分中。在相同含硫量情况下,燃油烟气的露点温度往往高于燃煤烟气露点温度。

（2）燃料硫含量和燃烧方式。烟气中硫酸蒸气是由燃料中硫分氧化而来的，燃料含硫量越高，其露点温度越高。烟气中 $SO_2$ 对露点温度的影响很小，在相当大的浓度范围内，露点温度的波动不超过 $1℃$。$SO_3$ 对露点温度的影响很大，而 $SO_3$ 的形成是与燃烧设备和燃烧条件紧密相连的。

（3）过量空气系数。烟气的温度越低或 $O_2$ 含量越高，由 $SO_2$ 转化为 $SO_3$ 的比例会越大。因此，在保证充分燃烧的前提下，应尽量采用低过量空气系数，减少 $SO_3$ 生成量，降低烟气露点。

（4）烟气湿度。烟气湿度越大，水蒸气的分压力也越大，烟气露点温度越高。

（5）飞灰或受热面结构及积灰影响。低温烟气中的 $SO_2$ 继续氧化成 $SO_3$ 需要有催化剂的促进作用，而锅炉管子表面和烟道表面的铁锈 $Fe_2O_3$ 及烟气中的 $V_2O_5$ 等都是非常良好的催化剂，但未燃碳粒及钙镁等氧化物以及 $Fe_3O_4$ 等则能吸收或中和烟气中的 $SO_2$。燃油飞灰少，吸收作用较弱，因此对含有硫和钒的燃油经燃烧后的烟气中将具有相对较高的 $SO_3$ 含量，烟气露点温度高。

（6）其他影响因素。除上述影响因素外，露点温度还与烟气的压力、烟气在炉膛内停留时间、炉膛内温度场分布不均以及空气预热器漏风处造成局部温度偏低等情况有关。

### 5.3.2.2 烟气露点温度计算

由前所述，影响烟气露点温度的因素很多，所以很难从理论上直接精确地推导出烟气露点温度的计算式，一般皆由试验取得，或通过实验加上理论推导等方法确定。下面列举一些露点温度确定方法。

A 烟气中 $SO_3$ 气体浓度已知情况

在烟气露点温度的间接测量中，都是先测出烟气中的 $SO_3$ 或 $H_2SO_4$ 的体积含量，然后由 Müller 曲线查出露点温度。该曲线是 Müller 在 1959 年使用热力学关系式计算了含有很低浓度 $H_2SO_4$ 蒸气的烟气的露点温度而得到的，并为许多研究者的实验所证实。Müller 曲线是现在评价各种露点温度测量方法的基础。

手工查图确定露点温度引起误差较大，且不便于利用计算机优化设计和计算。现将曲线扫描至计算机中，并放大，采用 Adobe photoshop 5.0CS 软件读取曲线上一些点的数据，见表 5.3-2。

表 5.3-2 Müller 曲线对应的露点温度

| 烟气中 $SO_3$ 含量（体积分数）/ $\times 10^{-4}$% | 烟气露点温度/℃ |
| --- | --- |
| 0.1 | 101.4 |
| 0.2 | 105.9 |
| 0.5 | 111.7 |
| 1 | 116.6 |
| 2 | 122.0 |
| 5 | 128.4 |
| 10 | 133.5 |
| 20 | 138.7 |
| 50 | 146.7 |
| 100 | 153.3 |

采用 Origin 6.0 软件拟合表 5.3-2 中数据，得到回归方程如下：

$$T_{sld} = 116.5515 + 16.06329 \lg(V_{SO_3}) + 1.05377(\lg V_{SO_3})^2 \qquad (5.3-1)$$

式中　$V_{SO_3}$——烟气中 $SO_3$ 体积分数，$10^{-4}$%；

　　　$T_{sld}$——烟气的露点温度，℃。

B　烟气中 $H_2SO_4$ 蒸气浓度已知情况

学者 Halstead 在总结前人大量实验数据的基础上，以常用燃料燃烧形式的水蒸气体积含量为 11% 为基准，得出表 5.3-3 中数据。如水蒸气体积含量低于 9%，则表 5.3-3 中露点温度应再减去 3℃；如水蒸气体积含量高于 13%，则表 5.3-3 中露点温度应再加上 3℃。

表 5.3-3　Halstead 总结的烟气露点温度

| 烟气中 $H_2SO_4$ 含量（体积分数）/$\times 10^{-4}$% | 烟气露点温度/℃ |
| --- | --- |
| 1 | 113 |
| 10 | 130 |
| 20 | 137 |
| 40 | 142 |
| 60 | 146 |
| 100 | 152 |

由表 5.3-3 可以粗略地估算出烟气露点温度。同样采用 Origin 6.0 软件拟合表 5.3-3 中数据，得出回归方程如下：

$$T_{sld} = 113.0219 + 15.0777 \lg(V_{H_2SO_4}) + 2.0975(\lg V_{H_2SO_4})^2 \qquad (5.3-2)$$

式中　$V_{H_2SO_4}$——烟气中硫酸蒸气体积分数，$10^{-4}$%。

C　烟气中 $SO_3$ 和水蒸气浓度已知情况

荷兰学者 A. G. Okkes 根据 Müller 实验数据，提出方程（5.3-3），方程中分压单位均为标准大气压。文献比较了方程（5.3-3）计算结果与该文中由燃料中碳、硫含量及过量空气系数绘制的算图确定露点温度结果，两者相差不到 1.5℃，方程（5.3-3）计算精度比较高，适用范围广。

$$T_{sld} = 10.8809 + 27.6 \lg(p_{H_2O}) + 10.83 \lg(p_{SO_3}) + 1.06 \times [\lg(p_{SO_3}) + 2.9943]^{2.19}$$

$$(5.3-3)$$

式中　$p_{H_2O}$——烟气中水蒸气分压，Pa；

　　　$p_{SO_3}$——烟气中 $SO_3$ 气体分压，Pa。

注意：在任何容器内的气体混合物中，如果各组分之间不发生化学反应，则每一种气体都均匀地分布在整个容器内，它所产生的压强和它单独占有整个容器时所产生的压强相同。也就是说，一定量的气体在一定容积的容器中的压强仅与温度有关。例如，0℃ 时，1mol $O_2$ 在 22.4L 体积内的压强是 101.3kPa。如果向容器内加入 1mol $N_2$ 并保持容器体积不变，则 $O_2$ 的压强还是 101.3kPa，但容器内的总压强增大一倍。可见，1mol$N_2$ 在这种状态下产生的压强也是 101.3kPa。

# 5.4 烟囱防腐蚀基本概念与准则

## 5.4.1 建筑材料的腐蚀类型

腐蚀是指材料与环境间的物理化学作用引起材料本身性质的变化。材料与周围环境组成的有腐蚀的环境条件构成一个具有腐蚀作用的腐蚀性体系。这里的腐蚀性是指在特定的腐蚀条件下，环境对材料腐蚀的能力，而腐蚀作用则是指促进腐蚀的环境因素。在一个腐蚀系统中，对材料行为起决定作用的是化学成分、结构和表面状态。

腐蚀类型的划分，根据不同的起因、机理和破坏形式而言有各种方法。按腐蚀机理可分为电化学腐蚀和化学腐蚀两大类；按破坏类型可分为全面腐蚀和局部腐蚀；按环境可分为化学介质腐蚀、大气腐蚀、水腐蚀和土壤腐蚀；从建筑防腐蚀角度着眼，常按不同防护方法分为气态介质腐蚀（以涂料防护为主）、液态介质腐蚀（以覆面或衬护为主）和固态介质腐蚀。在实际的烟囱腐蚀行为中，有的为单一类型，但更为普遍的是两种或多种类型同时并存。

### 5.4.1.1 非金属材料的腐蚀类型

建筑用非金属材料分为无机和有机两类。非金属材料的腐蚀因无电流产生，一般属于化学或物理腐蚀，具体可分为如下 4 类：

（1）化学溶蚀。材料与介质相互作用，生成可溶性化合物或无胶结性产物。在腐蚀过程中，化学介质与材料的一些矿物成分或组成成分产生化学作用，使材料产生溶解或分解，其中酸对碱性材料（如石灰石、水泥砂浆、混凝土）的腐蚀最具代表性。

（2）膨胀腐蚀。由于腐蚀作用新生成物的体积膨胀，对材料产生较大的辐射压力而导致材料破坏，称为膨胀腐蚀。引起膨胀的原因是介质与材料反应生成新产物的体积比参与反应物质的体积更大，或由于盐类溶液渗入多孔材料内部，所产生的固相物或结晶水化物的体积增大。

（3）老化。高分子材料暴露于天然或人工环境下，受紫外线、热、水、化学介质等的作用，性能随时间的延续而破坏的现象，称为老化。高分子材料的老化分为化学和物理两种因素。化学老化是受氧、臭氧、水（湿气）的作用，使结构发生变化（分子链的断裂或交联）的结果；物理老化是由光、热、高能辐射、机械力引起的。老化后材料的强度、塑性和耐蚀性都会下降，如涂料的龟裂、沥青、塑料的变脆等。

（4）溶胀。材料在液体或蒸汽中，由于单纯的吸收作用而使其尺寸增大，称为溶胀。这类腐蚀多出现于高分子材料中。

### 5.4.1.2 金属材料的腐蚀类型

金属材料的腐蚀类型一般可分为化学腐蚀和电化学腐蚀两大类。

#### A 化学腐蚀

化学腐蚀是因为金属与腐蚀介质发生化学作用所引起的腐蚀，在腐蚀过程中没有电流产生。化学腐蚀可分为两类：

（1）气体腐蚀，即金属在干燥气体中的腐蚀，一般指气体在高温状态时的腐蚀。

（2）在非电解质溶液中的腐蚀，是指金属在不导电的液体中发生腐蚀，如金属在酒精、石油中的腐蚀。

　　B　电化学腐蚀

电化学腐蚀与化学腐蚀的不同点在于腐蚀过程中有电流产生。建筑结构中的金属，通常都是遭受电化学腐蚀的。电化学腐蚀可分为以下三种情况：

　　（1）大气腐蚀，即金属在潮湿大气中的腐蚀。

　　（2）在电解液中的腐蚀，这是一种极其普遍的腐蚀，如金属在水和酸、碱、盐溶液中所产生的腐蚀。

　　（3）土壤腐蚀，是指埋于地下的金属的腐蚀。

### 5.4.2　介质对建筑材料的腐蚀性

　　5.4.2.1　介质的腐蚀性

介质的腐蚀性通常与下面条件有关。

　　A　介质的性质

酸、碱类介质的腐蚀性，首先取决于其强度。强酸、强碱对建筑材料有较大的腐蚀性，其中含氧酸对有机材料的破坏性最大。强度相同的含氧酸和无氧酸对无机材料的腐蚀性大致相等。氢氟酸对许多有机和无机材料的腐蚀性不大，但对二氧化硅和含氧化硅成分的材料（如玻璃、陶瓷）具有强烈的腐蚀性。

在碱性介质中，苛性碱的腐蚀性最大，碱性碳酸盐次之。

盐类介质的腐蚀性比较复杂，盐溶液的腐蚀有化学的和物理的两个方面。在干湿交替和温度变化条件下，多数盐溶液都会出现结晶膨胀，因此它对混凝土、砖砌体、木材等材料均有物理破坏作用。由钠、钾、铵根、镁、铜、铁与 $SO_4^{2-}$ 所构成的硫酸盐对混凝土、黏土砖的腐蚀性最大，但硫酸盐对木材的腐蚀性较小。含氯盐对钢筋混凝土内的钢筋均有较大腐蚀性，但相比之下对混凝土的腐蚀性较小。

　　B　介质的含量或浓度

介质的腐蚀性与其含量或浓度有着密切关系。在多数情况下，介质的含量或浓度越高，腐蚀性越强。但也有少数例外，如浓硫酸作用于钢或浓硝酸作用于铝，都在材料表面生成保护性钝化膜；对某些树脂类材料，稀碱比浓碱的腐蚀性大；水玻璃类材料耐浓酸的性能比耐稀酸的性能好。

　　C　介质的形态

腐蚀介质的形态分为气态、液态和固态三种。一般来讲，液态介质的腐蚀性最大，气态介质次之，固态介质最小。气态介质是通过溶解空气中的水，形成溶液后才对材料产生腐蚀。固态介质只有吸湿潮解成为溶液后才有腐蚀作用。完全干燥的气体或固体不具有腐蚀性。但是，自然界环境不存在完全干燥的条件，因此，凡是有腐蚀性介质的地方，都会有不同程度的腐蚀，其重要条件之一便是环境湿度、水分和介质的溶解度。

　　D　介质的温度

温度对介质的腐蚀程度有直接影响。一般来讲，温度升高，腐蚀性加大。如耐酸砖可耐常温下碱液的作用，但当温度升高到40℃以上时，耐酸砖会逐渐出现腐蚀。不同介质对不同材料的腐蚀，其受温度的影响是不一样的。

E 其他

介质的腐蚀性除与上述条件有关外，还与环境的湿度、作用条件等有关。

湿度是决定气态和固态介质腐蚀速度的重要因素。对金属材料而言，当空气中的水分不足以在其表面形成液膜时，电化学腐蚀过程就无法进行；对钢筋混凝土也是如此，水分加速混凝土碳化，也为混凝土内部钢筋的腐蚀提供了条件。各种金属都有一个使腐蚀速度急剧加快的湿度范围，称为临界湿度。钢铁的临界湿度为60%~70%；对于钢筋混凝土内的钢筋，在相对湿度接近80%，且处于干湿交替条件下，腐蚀容易发生；当环境相对湿度小于60%时，对各种材料的腐蚀大大减缓。干湿交替环境容易使材料产生腐蚀，它可以促使盐类溶液再结晶，使金属材料具备电化学腐蚀所需要的水分和氧，使固、液态介质相互转化而产生渗透和结晶膨胀。环境中的水对腐蚀影响很大，不但提高环境湿度，而且可直接溶解介质。

介质的作用条件包含介质作用的频繁程度、作业量多少和持续时间的长短。

### 5.4.2.2 影响建筑材料耐蚀性的因素

建筑材料的耐蚀性取决于下列因素。

A 材料的化学成分

材料的化学成分对材料的耐蚀性起着决定作用，但大多数情况下，单凭化学成分还不足以判定某种材料的耐蚀性。对于无机材料，还需要知道材料的矿物成分及含量；对有机材料，还要知道其分子结构。

在无机材料中，多数遵循的规律是：材料的矿物成分中含酸性氧化物的耐酸性好，而含碱性氧化物为主的耐碱性好。花岗岩、石英石等岩浆岩，都是二氧化硅含量高的天然岩石，其耐酸性能很好；而石灰石、大理石、白云石等以碳酸盐成分为主的沉积岩，耐碱性好，但完全不耐酸；耐酸砖和玻璃是二氧化硅含量很高的材料，因此耐酸性好；耐酸砖结构致密，在常温下也耐碱性介质，但不耐高浓度的热碱液；水泥中的矿物组分基本上是弱酸的钙盐，为碱性氧化物，因此，水泥类材料耐碱性较好，耐酸性差；黏土砖的主要成分是氧化硅和氧化铝，有一定的耐酸能力（可耐酸性气体），但不耐碱。

有机材料对不同介质的耐蚀性也与其化学成分有关，一般来讲，分子量高的材料的耐蚀性较好。

B 材料的构造

材料的构造对其耐蚀性有重要影响。

在有机材料中，分子的聚合度越高，则材料的耐蚀性越强。常用聚氯乙烯、聚乙烯塑料和环氧、酚醛、不饱和聚酯等合成树脂，都是分子聚合度较高的高分子材料，其耐蚀性都比较高。

无机材料中，具有晶体构造的材料比相同成分的非晶体构造的耐蚀性好，这与晶体材料的元素质点排列规则、致密性高、介质难以渗入等有关。

C 材料的密实性

材料的密实性与其耐蚀性有密切关系，同一种材料，密实性不同，其耐蚀性也不同。较密实的材料具有较小的孔隙率和吸水率，介质渗入量少，介质与材料接触面积小，所以耐蚀性好。如黏土砖，当碱、盐溶液渗入砖的孔隙并结晶后，会引起砖层层剥落；但对于烧结较好的过火砖，由于结构比较致密，孔隙少，溶液难以渗入，可能使其不被破坏。

### 5.4.3　烟囱腐蚀与防护

#### 5.4.3.1　烟气腐蚀等级划分

烟气的腐蚀等级与烟气的介质成分、含量、温度和相对湿度等因素有关。根据烟气温度和相对湿度对燃煤烟气分类如下：

（1）干烟气，即相对湿度小于60%、温度大于或等于90℃的烟气。

（2）潮湿烟气，即相对湿度大于60%、温度大于60℃但小于90℃的烟气。

（3）湿烟气，即相对湿度为饱和状态、温度小于或等于60℃的烟气。

经常处于潮湿状态或不可避免结露的烟囱，其烟气相对湿度应按大于75%考虑。

在烟气腐蚀介质作用下，根据其对烟囱防腐蚀材料劣化的程度，即外观变化、重量变化、强度损失以及腐蚀速度等因素，综合评定腐蚀等级，并按干烟气、潮湿烟气和湿烟气三类烟气分别划分为：强腐蚀、中等腐蚀、弱腐蚀和微腐蚀三类四个等级。对于不同类别的烟气，虽然其腐蚀等级相同，但由于类别不同，其腐蚀程度也大不相同，因此烟囱设计应按烟气分类及相应腐蚀等级，采取对应的防腐蚀措施。

对于烟气主要腐蚀介质为二氧化硫的干烟气，当烟气温度低于150℃，且烟气二氧化硫含量大于$500 \times 10^{-4}$%时，应考虑烟气的腐蚀性影响，并按以下规定确定其腐蚀等级：

（1）当二氧化硫含量为$(500 \sim 1000) \times 10^{-4}$%时，为弱腐蚀干烟气。

（2）当二氧化硫含量大于$1000 \times 10^{-4}$%但小于或等于$1800 \times 10^{-4}$%时，为中等腐蚀干烟气。

（3）当二氧化硫含量大于$1800 \times 10^{-4}$%时，为强腐蚀干烟气。

湿法脱硫后的烟气应为强腐蚀性湿烟气；湿法脱硫烟气经过再加热（GGH）之后应为强腐蚀性潮湿烟气。多种介质同时存在时，腐蚀等级应取最高者；干湿交替和温度高低变化的烟气应采取比单一腐蚀等级下更高等级的防腐蚀措施。

烟气温度的高低与烟气露点温度数值的大小关系到烟气是否结露，烟气一旦结露，其腐蚀等级将大幅度提高。脱硫后烟气的露点温度与烟气中$SO_3$的浓度有直接关系，当烟气中$SO_3$含量达到$10 \times 10^{-4}$%（相当于未脱硫烟气中$SO_2$含量为$500 \times 10^{-4}$%）时，烟气的露点温度约为130℃，随着烟气中$SO_3$含量的提高，烟气露点温度也相应提高。一般烟气中的$SO_3$含量可取$SO_2$含量的2%~5%，用来确定烟气的露点温度。

烟囱设计应考虑周围环境对烟囱外部的腐蚀影响，可根据现行国家标准《工业建筑防腐蚀设计规范》（GB 50046）采取防腐蚀措施。

#### 5.4.3.2　烟囱腐蚀的防护

烟囱腐蚀的防护是为了保证烟囱在设计使用年限内的正常使用，属于正常使用状态设计范畴。因此烟囱防腐蚀存在一个防护使用年限概念，与烟囱设计使用年限概念不同。

烟囱设计使用年限是指在设计预定的环境作用和维修、使用条件下，具有一定保证率的目标使用年限，分为极限承载能力使用年限和耐久性使用年限。

烟囱防护使用年限是指在合理设计、正确施工、正常使用和维护的条件下，防腐蚀内衬、涂层等防护系统的预估使用年限。"合理设计"是指烟囱防腐蚀设计应以规范为依据，正确分析设计条件，采取合理的烟囱形式和防护措施，并依据环境条件、材料性能与供应条件、使用要求、施工条件和维护管理条件进行防腐蚀设计。"正确施工"是指防腐蚀工程应以现行国家有关标准为依据，精心施工，确保工程质量。"正常使用和维护"是指防腐蚀烟囱的使用单位应在设计规定的条件范围内，按规定的使用制度生产，并定期进行检测、防护和维修。

"预估使用年限"不是烟囱防腐蚀系统的实际使用年限，当使用年限超过预估使用年限时，应对烟囱防腐蚀系统进行全面评估，以确定是否需要大修、更新或继续使用。

一般来讲，烟囱防腐蚀系统的使用年限不可能与结构要求的烟囱设计使用年限相同，在整个设计使用年限内需要对烟囱防腐蚀系统进行多次的维修或更新，这需要确定烟囱各类构件的防腐蚀预估使用年限，以便业主在结构使用过程中能够有计划的管理。

烟囱防护可分为以下几类：

（1）块材类或具有一定厚度的整体内衬防护系统，如耐酸砌块、泡沫砖、浇注料、金属复合类钢板等。

（2）涂料类的薄膜覆面、厚型涂层或超厚型涂层。

（3）兼具结构与防护功能的"自防护烟囱"，如玻璃钢烟囱可以在规定的条件下用于排烟筒结构，同时具有自身防腐蚀功能；耐酸不锈钢可以用于高温下干烟气防腐蚀钢烟囱；耐候钢可用于潮湿地区的、烟气腐蚀等级不大于弱腐蚀的干烟气防腐蚀钢烟囱。

不同的烟囱防腐蚀系统其防护使用年限是不同的，如钛基复合钢板、玻璃钢烟囱其设计防护使用年限应不低于 30 年；涂层的使用年限则需根据涂料品种和涂层厚度以及对基层处理要求等因素确定，其使用年限可分为 10～15 年、5～10 年和 2～5 年三个等级。

### 5.4.4 烟囱防腐蚀的基本原则

#### 5.4.4.1 烟囱防腐蚀设计原则

烟囱应按下列原则进行防腐蚀设计：

（1）烟囱防腐蚀设计应根据环境腐蚀条件、防腐蚀设计年限、施工和维修条件等要求合理确定。

防腐蚀方案的实施与施工条件有关，因此选择防腐蚀方案的时候应考虑施工条件，避免选择可能会造成施工困难的防腐蚀方案。

由于结构防腐蚀设计年限通常低于建筑物设计年限，建筑物寿命期内通常需要对结构防腐蚀设施进行维修，因此选择防腐蚀方案的时候，应考虑维修条件，对维修困难的结构应加强防腐蚀要求。

（2）防腐蚀设计应考虑环保节能的要求。防腐蚀材料的挥发性有机物、重金属、有毒溶剂等危害人身健康，选择时应选用对人身和环境影响小的防腐蚀材料。防腐蚀设计方案本身的设计寿命越长，建筑物生命周期内大修的次数越少，消耗的材料和能源越少，这本身也是环保节能的有效措施。

（3）烟囱除必须采取防腐蚀措施外，尚应在构造上尽量避免加速腐蚀的不良设计。加速腐蚀的不良设计主要指容易导致水积聚，或者不能使水正常干燥的凹槽、死角、焊缝缝隙等。水的存在会加速钢铁腐蚀。

（4）防腐蚀设计中应考虑结构全寿命期内的检查、维护和大修，宜建议工程业主、防腐蚀施工单位、防腐蚀材料供应商等制定维护计划。

**5.4.4.2  准确定义烟气腐蚀等级**

烟囱设计前，首先应根据烟气成分与含量、烟气温度和烟气相对湿度等确定烟气腐蚀等级，这是确定烟囱防腐蚀方案的首要任务。当烟气运行工况在烟囱使用年限内有变化时，应按不利情况设计，或为后续改造预留空间与条件。

**5.4.4.3  选择正确的烟囱形式**

烟囱防腐是一个系统性概念，是一个防护体系的建立，应根据烟气的腐蚀等级与特点考虑烟囱结构体系的可靠性、适用性和重要性，并结合烟囱结构的使用年限、防腐蚀防护年限和维护要求等综合因素来确定烟囱形式。

单筒烟囱与套筒烟囱或多管烟囱的主要区别就是可维护性与安全性方面的差异，单筒烟囱的内衬与隔热层破坏或渗漏，直接威胁烟囱筒壁安全，也不方便烟囱的日常检修与维护，不适合重要性高和腐蚀等级高的烟囱。

钢烟囱与混凝土烟囱相比较也各有优缺点。

钢烟囱可实现工厂化制作，施工速度快，外形俊秀美观，便于场地布置与拆除，适合较小规模的烟囱。但其缺点是钢材的耐腐蚀性能，特别是耐大气腐蚀性能较差，需要定期维护；钢烟囱结构容易发生横风向共振，且因阻尼比较低，共振力大。钢烟囱设计使用年限不宜大于 30 年。

钢筋混凝土烟囱耐大气腐蚀性能比钢烟囱好，在合理设计与使用的情况下，相对于钢烟囱基本是"免维护结构"，适用于较重要与大型烟囱，设计使用年限可达 50 年或以上。钢筋混凝土烟囱占地与形体都较大，造型与混凝土本色容易造成审美疲劳，同时其拆除工作属于非环保范畴。

**5.4.4.4  选择适合的烟囱材料**

选择烟囱材料时应注意：

（1）混凝土和水泥砂浆应选用普通硅酸盐水泥。

（2）混凝土的砂、石应致密，可采用花岗岩、石英石等。

（3）保证混凝土的耐久性是钢及混凝土结构防腐蚀设计的重要措施，腐蚀环境下，混凝土应满足表 5.4-1 的要求。

表 5.4-1  混凝土的基本要求

| 项  目 | 环境腐蚀性等级 | | | |
| --- | --- | --- | --- | --- |
| | 强 | 中 | 弱 | 微 |
| 最低混凝土强度等级 | C40 | C35 | C30 | C25 |
| 最小水泥用量/kg·m$^{-3}$ | 340 | 320 | 300 | 275 |
| 最大水胶比 | 0.40 | 0.45 | 0.45 | 0.45 |
| 最大氯离子含量（水泥用量的百分比）/% | 0.08 | 0.10 | 0.10 | 0.15 |

（4）钢材的选用应综合大气环境与烟气腐蚀等级等综合确定，高温干烟气腐蚀环境宜选用耐候钢和不锈钢材料；湿烟气则不能直接与碳素钢接触，需要采用防腐蚀材料与碳素钢隔离。

（5）玻璃钢宜用于温度不超过 100℃ 的腐蚀性烟气。

（6）泡沫玻璃砖和涂料最佳的应用基层为钢结构，混凝土或砖砌体表面不宜采用涂料类防腐。

（7）水玻璃类烟囱内衬不宜用于干湿交替的烟气工况，密实型水玻璃材料可用于强腐蚀等级的潮湿烟气或干烟气，但不宜用于排放湿烟气的烟囱。

#### 5.4.4.5 注意防腐蚀体系的适应性

防腐是一个系统性工作，一个完整的防腐蚀体系，往往是由多道防线构成的，需要注意各个防腐层次的适应性。

（1）涂料设计应按照涂层配套进行设计，应考虑底涂与基材的适应性、涂料各层之间的相容性和适应性，以及涂料品种与施工方法的适应性。

（2）钠水玻璃材料与混凝土接触会发生碱化反应，需要设置隔离层。

（3）不同金属材料接触时会发生电化学反应，腐蚀严重，需要在接触部位采取防止电化学腐蚀的隔离措施。

#### 5.4.4.6 做好防腐蚀细节

（1）控制烟气直接接触的筒壁壁面温度高于烟气露点温度10℃以上，可有效防止烟气腐蚀。

（2）防止局部冷桥作用。

（3）减少烟囱应力集中现象，降低应力腐蚀，如钢烟囱开孔宜采用圆孔或对矩形孔洞进行倒角处理。

（4）在烟气可能接触的部位，焊缝应采用连续焊缝。

（5）烟气温度变化明显或频繁的部位，腐蚀程度加剧，应加强该部位的防腐蚀措施，如烟道入口和烟囱顶部出口部位。

（6）有效避免液体与沉积物的积聚，设计应消除易于积水和灰尘的凹槽或凹坑。

（7）钢结构的除锈等级应满足要求，底涂、中间涂和面涂应配套，涂层厚度要适宜。

（8）要消除涂层难以有效覆盖的焊接缺陷。

（9）注意防腐蚀的可操作性，包括施工、检查和维修能够方便地进行。

（10）在腐蚀等级大于弱腐蚀的环境里，主要钢结构构件不应采用格构式构件和冷弯薄壁型钢，应采用实腹式或闭口截面。不应采用双角钢组成的 T 形截面和由槽钢组成的工字形截面。

（11）钢结构构件采用钢板组合时，截面最小厚度不应小于 6mm；角钢截面最小厚度不应小于 5mm；闭口截面杆件最小截面厚度不应小于 4mm。

## 5.5 烟囱防腐蚀设计

### 5.5.1 烟囱型式选择

烟囱结构型式的选择是防腐蚀措施的重要环节。自《烟囱设计规范》（GB 50051—2002）提出了烟囱结构型式选择要求以来，针对不同的烟气腐蚀性等级选择的烟囱结构型式，对保证烟囱安全、正常使用和耐久性都起到了非常重要的指导性意义。

结合近 10 年来火力发电厂烟囱及其他行业烟囱，在不同使用条件、特别是烟气湿法脱硫运行条件下，采用不同烟囱结构型式和防腐蚀措施在运行后出现的渗漏腐蚀现象及处理经验，提出了对排放不同腐蚀性等级的干烟气、湿烟气和潮湿烟气的烟囱结构型式的选择要求。

烟囱的结构型式应根据烟气的分类和腐蚀等级确定，可参照表 5.5-1 的要求并结合实际情况进行选取。

**表 5.5-1　烟囱结构型式选用表**

| 烟囱类型 | | 烟气类型 | 干烟气 | | | 潮湿烟气 | 湿烟气 |
| --- | --- | --- | --- | --- | --- | --- | --- |
| | | | 弱腐蚀性 | 中等腐蚀 | 强腐蚀 | | |
| 砖烟囱 | | | ○ | □ | × | × | × |
| 单筒式钢筋混凝土烟囱 | | | ○ | □ | △ | △ | × |
| 套筒或多管式烟囱 | 砖内筒 | | □ | ○ | ○ | □ | × |
| | 钢内筒 | 防腐金属内衬 | △ | △ | □ | □ | ○ |
| | | 轻质防腐砖内衬 | △ | △ | □ | □ | ○ |
| | | 防腐涂层内衬 | □ | □ | □ | □ | □ |
| | | 耐酸混凝土内衬 | □ | □ | □ | △ | × |
| | 玻璃钢内筒 | | △ | △ | □ | □ | ○ |

注：1. "○"为建议采用的方案；"□"为可采用的方案；"△"为不宜采用的方案；"×"为不应采用的方案。
　　2. 选择表中所列方案时，其材料性能应与实际烟囱运行工况相适应。当烟气温度较高时，内衬材料应满足长期耐高温要求。

需要注意的是当烟囱所排放烟气的特性发生变化时，应对原烟囱的防腐蚀措施进行重新评估，按照实际使用条件对照表 5.5-1 选用；烟囱防腐蚀材料应满足烟囱实际存在的各运行工况条件，且应能适用于各工况可能存在交替变化的情况。

表 5.5-1 是总结近年来实践经验给出的，在选用时应结合实际烟囱运行工况的差异性进行调整。应根据烟囱的实际工况，对内衬防腐材料的耐酸、耐热老化、耐热冲击和耐磨性能以及断裂延伸率、抗渗透性能等主要性能指标进行综合评价后予以确定。

**5.5.1.1　排放干烟气的烟囱结构型式的选择**

排放干烟气的烟囱结构型式的选择应符合下列规定：

（1）烟囱高度小于或等于 100m 时，可采用单筒式烟囱。当烟气属强腐蚀性时，宜采用砖套筒式烟囱。

（2）烟囱高度大于 100m 时，当排放强腐蚀性烟气时，宜采用套筒式或多管式烟囱；当排放中等腐蚀性烟气时，可采用套筒式或多管式烟囱，也可采用单筒式烟囱；当排放弱腐蚀性烟气时，宜采用单筒式烟囱。

**5.5.1.2　排放潮湿烟气的烟囱结构型式的选择**

排放潮湿烟气的烟囱结构型式的选择应符合下列规定：

（1）宜采用套筒式或多管式烟囱。

（2）每个排烟筒接入锅炉台数应结合排烟筒的防腐措施确定。300MW 以下机组每个排烟筒接入锅炉台数不宜超过 2 台，且不应超过 4 台；300MW 及其以上机组每个排烟筒接入锅炉台数不应超过 2 台；1000MW 及其以上机组应为每个排烟筒接入锅炉台数不应超过 1 台。

### 5.5.1.3 排放湿烟气的烟囱结构型式的选择

排放湿烟气的烟囱结构型式的选择应符合下列规定：

（1）应采用套筒式或多管式烟囱。

（2）每个排烟筒接入锅炉台数应结合排烟筒的防腐措施确定。200MW 以下机组每个排烟筒接入锅炉台数不宜超过 2 台，且不应超过 4 台；200MW 及其以上机组每个排烟筒接入锅炉台数不应超过 2 台；600MW 及其以上机组每个排烟筒接入锅炉台数宜为 1 台；1000MW 及其以上机组应为每个排烟筒接入锅炉台数不应超过 1 台。

每个排烟筒接入锅炉台数根据发电厂机组规模进行了规定，其他行业可对照其规模容量执行。

（3）排烟筒内部应设置冷凝液收集装置，有条件时可在钢内筒其他部位设置冷凝液收集装置，以有效减少烟囱雨现象。

（4）烟囱顶部钢筋混凝土外筒筒首、避雷针和爬梯等应考虑烟羽造成的腐蚀影响，并采取防腐蚀措施。

（5）排烟筒应按照大型管道设备的要求，具备定期检修维护条件。

## 5.5.2 烟囱防腐蚀材料的选择

### 5.5.2.1 耐酸砖

（1）对于排放非脱硫处理的烟气、干法脱硫烟气、循环流化床锅炉产生的烟气以及符合本手册 5.4.3 节所规定的干烟气的烟囱，其内衬可采用普通型耐酸胶结料与普通型耐酸砖砌筑内衬。

（2）对于排放半干法脱硫烟气、经过气气交换器（GGH）的湿法脱硫烟气以及符合本手册 5.4.3 节所规定的潮湿烟气的烟囱，其内衬可采用密实型耐酸胶结料与防水型耐酸砖砌筑内衬。

（3）耐酸胶结料与耐酸砖材料性能应满足表 5.5-2 ~ 表 5.5-4 的要求。

表 5.5-2　耐酸胶结料的技术要求

| 项　　目 | | 普通型耐酸胶结料 | 密实型耐酸胶结料 |
|---|---|---|---|
| 体积密度/kg·m⁻³ | | ≥1750 | ≥1900 |
| 凝结时间<br>（20 ~ 25℃） | 初凝时间/min | ≥45 | ≥45 |
| | 终凝时间/h | ≤12 | ≤15 |
| 常温及[（110 ±5℃）×24h]下抗压强度/MPa | | ≥15.0 | ≥20.0 |
| 耐酸性（常温浸 40% $H_2SO_4$ 30d 或 80℃浸 40% $H_2SO_4$ 15d） | 外观 | 不允许有腐蚀、裂纹、膨胀、剥落等异常现象 | |
| | $f_s/f_o$ | ≥0.9 | ≥0.9 |
| 耐热性（250℃ ×4h） | 外观 | 不允许有裂纹、剥落及大于2.5%的线变化率 | |
| | $f_r/f_o$ | ≥0.9 | ≥0.9 |
| 耐水性（常温浸水 30d 或浸 90℃温水 15d） | 外观 | — | 不允许有溶蚀、裂纹 |
| | $f_{sh}/f_o$ | | ≥0.75 |

续表 5.5-2

| 项　　目 | 普通型耐酸胶结料 | 密实型耐酸胶结料 |
|---|---|---|
| 体积吸水率/% | — | ≤5.0 |
| 抗渗性/MPa | — | ≥0.6 |

注：1. 密实型耐酸胶结料经浸酸或加热后吸水率应不大于 8.0% ，加热后耐酸性应不降低；

　　2. 表中常温指 15～30℃ ；

　　3. $f_o$ 为试样经 110℃ 烘干后的常温抗压强度；

　　4. $f_s$ 为试样浸酸后的常温抗压强度；

　　5. $f_r$ 为试样加热后的常温抗压强度；

　　6. $f_{sh}$ 为试样浸水后的常温抗压强度。

表 5.5-3　普通型耐酸砖的技术要求

| 项　　目 | | 超轻质耐酸砖 | | 轻质耐酸砖 | | | | 重质耐酸砖 | |
|---|---|---|---|---|---|---|---|---|---|
| | | Ⅰ 型 | Ⅱ 型 | Ⅰ 型 | Ⅱ 型 | Ⅲ 型 | Ⅳ 型 | Ⅰ 型 | Ⅱ 型 |
| 体积密度/kg·m⁻³ | | 500～750 | 750～1000 | 1000～1200 | 1200～1400 | 1400～1650 | 1650～1900 | 1900～2150 | 2150～2400 |
| 常温导热系数/W·(m·K)⁻¹ | | ≤0.25 | ≤0.35 | ≤0.45 | ≤0.55 | ≤0.70 | ≤0.90 | ≤1.10 | ≤1.30 |
| 常温及[(110±5℃)×24h]下抗压强度/MPa | | ≥7.0 | ≥8.5 | ≥10.0 | ≥12.0 | ≥14.0 | ≥17.0 | ≥20.0 | ≥22.0 |
| 耐酸性（常温浸 40% $H_2SO_4$ 30d 或 80℃ 浸 40% $H_2SO_4$ 15d） | 外观 | 不允许有腐蚀、裂纹、膨胀、剥落等异常现象 | | | | | | | |
| | $f_s/f_o$ | ≥0.9 | | | | | | | |
| 耐热性（250℃ ×4h） | 外观 | 不允许有裂纹、膨胀、剥落等异常现象 | | | | | | | |
| | $f_r/f_o$ | ≥0.9 | | | | | | | |

注：烧结耐酸砖可不测耐热性。

表 5.5-4　防水型耐酸砖的技术要求

| 项　　目 | | 超轻质耐酸砖 | | 轻质耐酸砖 | | | | 重质耐酸砖 | |
|---|---|---|---|---|---|---|---|---|---|
| | | Ⅰ 型 | Ⅱ 型 | Ⅰ 型 | Ⅱ 型 | Ⅲ 型 | Ⅳ 型 | Ⅰ 型 | Ⅱ 型 |
| 体积密度/kg·m⁻³ | | 500～750 | 750～1000 | 1000～1200 | 1200～1400 | 1400～1650 | 1650～1900 | 1900～2150 | 2150～2400 |
| 常温导热系数/W·(m·K)⁻¹ | | ≤0.25 | ≤0.35 | ≤0.45 | ≤0.55 | ≤0.70 | ≤0.90 | ≤1.10 | ≤1.30 |
| 常温及[(110±5℃)×24h]下抗压强度/MPa | | ≥7.0 | ≥8.5 | ≥10.0 | ≥12.0 | ≥14.0 | ≥17.0 | ≥20.0 | ≥22.0 |
| 体积吸水率/% | | ≤5.0 | | | | | | | |
| 耐酸性（常温浸 40% $H_2SO_4$ 30d 或 80℃ 浸 40% $H_2SO_4$ 15d） | 外观 | 不允许有腐蚀、裂纹、膨胀、剥落等异常现象 | | | | | | | |
| | $f_s/f_o$ | ≥0.9 | | | | | | | |
| 耐热性（250℃ ×4h） | 外观 | 不允许有裂纹、膨胀、剥落等异常现象 | | | | | | | |
| | $f_r/f_o$ | ≥0.9 | | | | | | | |
| 耐水性（常温浸水 30d 或浸 90℃ 温水 15d） | 外观 | 不允许有溶蚀、裂纹、膨胀等异常现象 | | | | | | | |
| | $f_{sh}/f_o$ | ≥0.8 | | | | | | | |

注：防水型耐酸砖加热后体积吸水率应不大于 10.0% 。

#### 5.5.2.2 耐候钢

耐候钢即耐大气腐蚀钢，分为焊接结构用耐候钢和高耐候钢。

焊接结构用耐候钢是在钢中加入少量合金元素，如铜、铬和镍、钼、铌、钛、锆、钒等，使其在金属基体表面形成保护层，以提高钢材的耐候性能，同时使钢材保持良好的焊接性能。

高耐候钢是在钢中加入少量合金元素，如铜、磷、铬和镍、锰、铌、钛、锆、钒等，使其在金属基体表面形成保护层，以提高钢材的耐候性能，这类钢的耐候性能比焊接结构用耐候钢好。

耐候钢的特点是在金属表面有一自生的合金富集层（钝化膜），减缓了腐蚀反应过程，同时又增加了金属和油漆的黏合能力，提高了自身的保护性能。在大气环境下，耐候钢表面也需要采用涂料防腐。涂装后的耐候钢的抗大气腐蚀性能，比普通碳钢提高约 2.5 倍，适宜在室外环境使用。

处在大气潮湿地区的钢烟囱塔架和筒壁或排放烟气属于中等腐蚀性的筒壁宜采用 Q235NH、Q295NH 或 Q355NH 可焊接低合金耐候钢。其质量应符合现行国家标准《耐候结构钢》（GB/T 4171）。

#### 5.5.2.3 不锈钢

A 不锈钢分类

不锈钢就是不容易生锈的钢，实际上一部分不锈钢，既有不锈性，又有耐酸性（耐蚀性）。不锈钢的不锈性和耐蚀性是由于其表面上富铬氧化膜（钝化膜）的形成。这种不锈性和耐蚀性是相对的，试验表明，钢在大气、水等弱介质中和硝酸等氧化性介质中，其耐蚀性随钢中铬含量的增加而提高，当铬含量达到一定的数值时，钢的耐蚀性发生突变，即从易生锈到不易生锈，从不耐蚀到耐腐蚀。

不锈钢的分类方法很多，按常温下的组织结构分类，有马氏体型、奥氏体型、铁素体和双相不锈钢；按主要化学成分分类，基本上可分为铬不锈钢和铬镍不锈钢两大系统；按用途分则有耐硝酸不锈钢、耐硫酸不锈钢、耐海水不锈钢等；按耐蚀类型分可分为耐点蚀不锈钢、耐应力腐蚀不锈钢、耐晶间腐蚀不锈钢等；按功能特点分类又可分为无磁不锈钢、易切削不锈钢、低温不锈钢、高强度不锈钢等。由于不锈钢材具有优异的耐蚀性、成形性、相容性以及在很宽温度范围内的强韧性等特点，所以在重工业、轻工业、生活用品以及建筑装饰等行业中广泛应用。

B 不锈钢主要腐蚀类别

一种不锈钢可在许多介质中具有良好的耐蚀性，但在另外某种介质中，却可能因化学稳定性低而发生腐蚀。所以说，一种不锈钢不可能对所有介质都耐蚀。不锈钢的一种严重的腐蚀形式是局部腐蚀，即应力腐蚀开裂、点腐蚀、晶间腐蚀、腐蚀疲劳以及缝隙腐蚀。

（1）应力腐蚀开裂。应力腐蚀开裂是指承受应力的合金在腐蚀性环境中由于裂纹的扩展而互生失效的一种通用术语。

（2）点腐蚀。点腐蚀是指在金属材料表面大部分不腐蚀或腐蚀轻微而分散发生高度的局部腐蚀，常见蚀点的尺寸小于 1.00mm，深度往往大于表面孔径，轻者有较浅的蚀坑，严重的甚至形成穿孔。

（3）晶间腐蚀。晶粒间界是结晶学中取向不同的晶粒间紊乱错合的界域，因而，它们是钢中各种溶质元素偏析或金属化合物沉淀析出的有利区域。因此，在某些腐蚀介质中，晶粒间界可能先行被腐蚀，这种类型的腐蚀被称为晶间腐蚀。

（4）缝隙腐蚀。缝隙腐蚀是指在金属构件缝隙处发生斑点状或溃疡型的宏观蚀坑，是局部腐蚀的一种形式，它可能产生于溶液停滞的缝隙之中或屏蔽的表面内。这样的缝隙可以在金属与金属或金属与非金属的接合处形成，例如，在与铆钉、螺栓、垫片、阀座、松动的表面沉积物以及海生物相接触之处形成。

（5）全面腐蚀。全面腐蚀用来描述在整个合金表面上以比较均匀的方式所发生的腐蚀现象。当发生全面腐蚀时，材料由于腐蚀而逐渐变薄，甚至腐蚀失效。不锈钢在强酸和强碱中可能呈现全面腐蚀。

C　常用不锈钢的特性

不锈钢多用于钢烟囱顶部或双层钢烟囱内衬，烟囱常用不锈钢的特性见表5.5-5。

表 5.5-5　常用不锈钢的特性

| 钢　号 | 特　性 | 主要用途 |
| --- | --- | --- |
| 304/AISI SUS304/JIS 0Cr18Ni9/GB | 作为一种用途广泛的钢，具有良好的耐蚀性、耐热性、低温强度和机械特性；冲压、弯曲等热加工性好，无热处理硬化现象（无磁性，使用温度 - 196 ~ 800℃） | 家庭用品、汽车配件、医疗器具、建材、化学、食品工业、农业、船舶部件 |
| 304L/AISI SUS304L/JIS 00Cr19Ni10/GB | 作为低碳的 304 钢，在一般状态下，其耐蚀性与 304 相似，但在焊接后或者消除应力后，其抗晶界腐蚀能力优秀；在未进行热处理的情况下，亦能保持良好的耐蚀性，使用温度 - 196 ~ 800℃ | 应用于抗晶界腐蚀性要求高的化学、煤炭、石油产业的野外露天机器，建材耐热零件及热处理有困难的零件 |
| 316/AISI SUS316/JIS 0Cr17Ni12Mo2/GB | 因添加 Mo，故其耐蚀性、耐大气腐蚀性和高温强度特别好，可在严酷的条件下使用；加工硬化性优（无磁性）。高温条件下，当硫酸的浓度低于 15% 和高于 85% 时，316 不锈钢具有广泛的用途。316 不锈钢还具有良好的抗氯化物侵蚀的性能，所以通常用于海洋环境。在长期 800 ~ 1575℃的温度作用范围内，最好不要使用 316 不锈钢，但在该温度范围以外连续使用 316 不锈钢时，该不锈钢具有良好的耐热性 | 海水里用设备、化学、染料、造纸、草酸、肥料等生产设备；沿海地区设施、绳索、螺栓、螺母 |
| 316L/AISI SUS316L/JIS 00Cr17Ni14Mo2/GB | 作为 316 钢种的低碳系列，除与 316 钢有相同的特性外，其抗晶界腐蚀性优。316L 不锈钢的最大碳含量为 0.03，可用于焊接后不能进行退火和需要最大耐腐蚀性的用途中。316L 不锈钢的耐碳化物析出的性能比 316 不锈钢更好，可在 800 ~ 1575℃的温度范围连续使用 | 316 钢的用途中，对抗晶界腐蚀性有特别要求的产品 |
| 321/AISI SUS321L/JIS 0Cr18Ni11Ti/GB | 在 304 钢中添加 Ti 来防止晶界腐蚀；适合于在 430 ~ 900℃温度下使用 | 航空器、排气管、锅炉汽包 |

注：“304/AISI”—斜杠前 304 表示钢号；斜杠后 AISI 表示美国钢铁协会规格，JIS 表示日本工业标准协会规格，
　　GB 表示中华人民共和国国家标准。

### 5.5.2.4　钛/钢复合板

钛/钢复合板的钛材具有以下特性：与不锈钢、铝、铜等材料相比，具有密度小、强

度高、焊接性能好等优点，钛的热力活性所形成的稳定的膜会与氧化剂结合形成氧化膜。钛的氧化膜的稳定性远高于铝和不锈钢的氧化膜，钛的氧化膜在机械局部破坏时，具有瞬间修补特性。

钛及钛合金的耐腐蚀性取决于是否保持钝化，在不钝化的条件下，化学活性很高，不仅不耐腐蚀，甚至发生强烈的化学反应。

A 钛材的耐腐蚀性能

钛是一种非常活泼的金属，其平衡电位很低，在介质中的热力学腐蚀倾向大。但实际上钛在许多介质中很稳定，如钛在氧化性、中性和弱还原性等介质中是耐腐蚀的。这是因为钛和氧有很好的亲和力，在空气中或含氧的介质中，钛表面生成一层致密的、附着力强、惰性大的氧化膜，保护了钛基本不被腐蚀，即使由于机械磨损也会很快自愈或重新再生，这表明钛是具有强烈钝化倾向的金属。介质温度在315℃以下，钛的氧化膜始终保持钝化的特性，完全满足在恶劣环境中的耐腐蚀性能。

在通常情况下，钛金属对中性、氧化性、弱还原性的介质具有较好的耐腐蚀性，而对于强还原性和无水强氧化性的介质不耐腐蚀，这一点是由钛表面钝化膜的性质决定的。钛金属在具体介质中的耐腐蚀倾向见表5.5-6。

表5.5-6 钛材的腐蚀性能

| 介　　质 | 腐蚀倾向 |
|---|---|
| 发烟硫酸、氢氟酸、草酸、质量分数大于3%的盐酸、质量分数大于4%的硫酸、质量分数大于10%的三氯化钼、35℃以上的磷酸、氟化物、溴等 | 有 |
| 淡水、海水、湿氯气、二氧化氯、磷酸、醋酸、氯化铁、熔融硫、次氯酸盐、尿素、质量分数低于3%的盐酸、质量分数低于4%的硫酸、王水、乳酸等 | 无 |

由表5.5-6可知，质量分数低于3%的盐酸、质量分数低于4%的硫酸和湿氯气介质中钛不会被腐蚀，只有在氢氟酸环境下才会发生腐蚀，经过脱硫后的烟气酸性很小，含氟量很小，因此脱硫后的烟气对钛板腐蚀性很小。

B 钛复合板的制作工艺

钛复合板的制作工艺对其质量有较大影响，现阶段钛复合板的制作工艺主要有三种：（1）爆炸复合法；（2）爆炸-轧制复合法；（3）直接轧制复合法。

其中方法（2）作为方法（1）的延续，克服了直接爆炸法的产品单体面积小的缺点，适合于制作大面幅的钛钢复合板。

爆炸复合法与直接轧制复合法生产的复合板有以下差异。

a 复合板的厚度及最大宽度不同

爆炸复合加工法可对钛材厚度5mm以上，宽度达4m的超宽幅厚板进行加工。随着板材的厚度及宽度的加大，直接轧制复合加工法的层间结合性不易保证。

b 结合特性不同

爆炸复合板的剪切实验强度达到300MPa以上，而且是从母材部位发生断裂的，而直接轧制的钛钢复合板的剪切强度为200MPa，且在结合部位发生断裂。爆炸复合材的结合面强度大于直接轧制复合板。

c 界面特性不同

爆炸复合板的界面析出层（生成层）非常薄，而且仅存于波峰部位。而直接轧制复合板的析出层则是呈现于整个结合界面，比爆炸复合板的要大得多，约为1:0.4的关系。

直接轧制加工法所产生的生成层厚度一般要达到5μm左右，其剪切强度大幅度降低。

爆炸复合板的界面析出层非常薄，而且析出层本身呈波浪状态，即为原子金属键和机械结合；而直接轧制结合面仅为原子键结合，故其结合强度远小于爆炸复合。

d　加工特性不同

爆炸复合材能经得住苛刻的成形加工，而直接轧制复合板在加工中容易发生剥离或在成形后的坡口加工时产生剥离的例子较多。直接轧制所生产的复合板即使在前期加工中没有问题，在卷纸及焊接时也容易脱层。

而爆炸-轧制钛钢复合板结合了爆炸复合法与直接轧制复合法的优点，爆炸-轧制的钛钢复合板的主要生产工艺使钛板（复板）和钢板（基板）两种难熔金属通过瞬间产生的高温、高压相互摩擦，熔合在一块，两种金属在接触面上相互嵌入形成强固的机械齿合，提高了钛钢复合板的剪切强度和剥离强度，再经过加热单轧，充分保证钛材在空冷时晶粒细化，使组织性能得到保证，抗腐蚀性能不降低。直接轧制钛钢复合板和爆炸-轧制钛钢复合板的工艺过程相比，直接轧制的钛钢复合板未进行空冷而使钢板晶粒增大，降低了抗腐蚀性能。爆炸-轧制钛钢复合板的工艺是在空冷状态进行轧制，抗腐蚀性能高出直接轧制钛钢复合板的3倍。爆炸-轧制钛钢复合板在钢内筒使用时，由于两种材料受热膨胀系数不同，烟气温度造成钛钢复合板层间变形差异，层间出现滑移。爆炸-轧制钛钢复合板在接触面上相互嵌入形成了强固的机械齿合，剪切强度和剥离强度很高，不易造成钛层的脱落，而轧制钛钢复合板只是在结合面为原子键结合，在受热过程中容易造成钛层的脱落。

爆炸钛钢复合板在爆炸过程中会出现冲击波使钛板（复层）和钢板（基板）之间出现爆炸焊接后的波纹，爆炸焊接后的波纹从波峰到波谷的高度为0.5mm，经过压轧后，结合面再次受到挤压，使波峰到波谷的高度降低到0.05mm，减小了钛板（复层）和钢板（基层）过渡层波纹深度，有力地保证了复层厚度，有效地保证了使用寿命。爆炸-轧制钛钢复合板经过多年来在火电领域中的使用，受到了用户的一致好评，而轧制钛钢复合板在火电领域中应用时间较短，产品性能不稳定，所以我们推荐用爆炸-轧制钛钢复合板。

C　复合钛板的钛板厚度

烟囱用钛钢复合板复层钛板厚度为1.2mm，经实验测算烟囱中的烟气及酸液对钛板的腐蚀率大概为0.02mm/年，按照一般电厂烟囱使用寿命30年以上计算，复层钛板1.2mm厚度完全可以达到烟囱的使用标准。

D　复合板的焊接工艺

焊接材料选择为高牌号焊材可以代替低牌号焊材，最低标准为焊材可以等同于母材材质，但不得低于母材材质。

（1）复层钛板用焊丝应符合以下规定：

1）采用《钛制压力容器》（JB/T 4745）附录D中的相应焊丝时，选择次序为TA1。

2）采用《塔基钛合金丝》（GB/T 3623）中的相应焊丝时，选择次序为TA1、TAELI、TA2、TA2ELI。

3）采用《钛及钛合金板材》（GB/T 3621）中的相应焊丝时，选择次序为TA0、TA1、

TA2 板材。

（2）钛制钛贴条板应符合《钛及钛合金板材》（GB/T 3621）的规定。

（3）钛/钢复合板应采用爆炸-轧制法进行生产。复合板的材质要求、化学成分、质量标准和检验规则等严格按照《钛-钢复合板》（GB 8547）二类（BR2）执行。

（4）复合板基材焊接用焊材，应符合《钛制焊接容器》（JB/T 4745）及《钛及钛合金钢板焊接技术条件》（GB/T 13149）的规定，并符合表 5.5-7 的要求。

**表 5.5-7 基材 Q235B 钢材焊接材料**

| 母材 | 手工电焊焊条 | 埋弧自动焊 | | 气体保护焊 | |
|------|------------|----------|------|----------|--------|
| | | 焊丝 | 焊剂 | 焊丝 | 保护气体 |
| Q235B | E4316（J426）<br>（GB/T 5117） | H08A<br>H08E | HJ431 | H08MnSi | $CO_2$、$CO_2^+ AR$ |

（5）钛复层的焊接，优先采用非熔化极（TIC）氩弧焊接的方法，选用相应的手工氩弧焊接设备，为了使焊接能得以连续进行，应选用具备水冷系统的氩弧焊设备。

（6）烟囱用钛（TA2）/钢（Q235B）复合板焊接工艺参数应由施工单位经焊接工艺实验及焊接工艺评定时确定，其原则上应保证足够的熔透深度，但又不能熔到钢面，基层 Q235B 钢板的焊接过热，将会导致复层 TA2 钛板的氧化。宝鸡市钛程金属复合材料有限公司经过长期的技术研究及经验积累，推荐焊接工艺参数见表 5.5-8。

**表 5.5-8 手工钨极氩弧焊工艺参数**

| 钛板厚/mm | 钨极直径/mm | 焊丝直径/mm | 焊接电流/A | 喷嘴直径/mm | 氩气流量/L·min⁻¹ |
|----------|-----------|-----------|----------|-----------|----------------|
| 1.2 | 2 | 2 | 70~80 | 16 | 10~14 |

（7）焊接时应对钛复层采取保护措施。

#### 5.5.2.5 泡沫玻璃砖

在《烟囱设计规范》（GB 50051—2013）的修订过程，规范组调查了泡沫玻璃砖烟囱的腐蚀情况，其中国内约 30 座采用国产玻璃砖、国产泡沫玻化砖的烟囱，许多出现了不同程度的腐蚀情况。一般投运后 1~2 年内发生腐蚀破坏，最短投运 1 个月即出现钢内筒腐蚀穿孔。而进口宾高德泡沫玻璃砖与国产泡沫玻璃砖相比则具有明显优势，目前应用越加广泛。

**A 宾高德内衬系统的发展历史**

宾高德内衬系统起源于 80 年代，当时随着欧美国家对环保要求的提高，燃煤电厂陆续安装脱硫设备，随之带来的烟囱防腐问题成为焦点，于是包含涂料、耐酸混凝土、玻璃钢及合金等防腐方案不断被尝试应用，宾高德研发团队参与了最早的烟囱防腐方案的研究。如今宾高德系统已经成为烟囱防腐系统最佳选择方案之一，被美国、英国、法国、西班牙、南非、中国、越南、韩国、印度尼西亚、罗马尼亚等几十个国家的几十家电力集团公司采用。宾高德系统也是《美国湿烟囱设计导则》唯一推荐的可以适用于砖内衬及混凝土基体烟囱防腐的内衬系统，特别是在老烟囱改造中，宾高德系统不仅使用寿命长、应用范围广，更具有施工工期短、节约投资的优点，而且同其他防腐体系相比宾高德系统更容易减少烟囱雨的产生。

B　宾高德内衬系统应用

a　钢内筒烟囱应用

在新建钢套筒烟囱中宾高德在中国最早的应用实例是江苏利港发电厂，该厂是国内最早取消 GGH 而安装了湿法脱硫设备的大型电厂之一，其 3、4 期 4 台 630MW 机组于 2004 年开始建设，2006 年投入运行，该电厂的 4 根钢内筒采用了宾高德内衬系统进行防腐，迄今经过多次全面检查，使用情况良好，如图 5.5-1 所示。

钢内筒贴衬宾高德内衬系统以后，外壁不需要进行保温，该类烟囱在国内实施的项目还包括国电九江电厂、粤电珠海电厂、防城港二期等，另外还有一些原来采用其他发泡砖或涂层防腐失败的电厂，铲除原防腐层后重新贴衬宾高德系统。

图 5.5-1　江苏利港发电厂采用宾高德系统的烟囱

b　单筒烟囱应用

宾高德内衬系统本身具有防腐和保温功能，同时又可以直接贴衬在混凝土基体和砖基体表面，因而在老烟囱改造方面具有明显优势，如图 5.5-2 所示。对于单筒烟囱改造工程，由于烟囱直径通常较小，重新设置钢内筒的做法，不仅造价高昂、工期长、施工风险

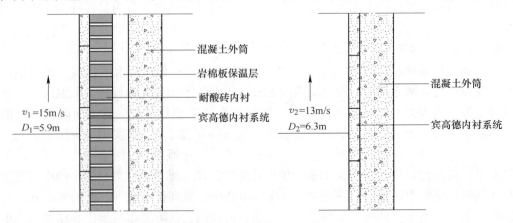

图 5.5-2　拆除内衬直接贴衬宾高德系统可以将烟气流速大大降低

高，而且由于烟囱直径限制，新设置的内筒直径严重偏小，内外筒之间不具备检修条件，同时造成的严重的烟囱雨问题难以解决。另外，该类烟囱由于烟气流速较大也造成增压风机能耗增加，每年增加的能耗（以工业电价折算费用）可达几十万至几百万元之多。

国外烟囱直接贴衬宾高德内衬系统的案例已有超过30年的历史。而在新建烟囱设计时即采用外筒直接贴衬宾高德内衬系统的方案也是一个非常好的选择，在国外已经被大量采用，新烟囱设计即考虑采用宾高德系统直接贴衬在外筒上，不仅安全可靠、节约投资，还可以减小烟囱占地，是一种具有多重优势的选择，长远来看将是烟囱设计发展的方向。图5.5-3为大唐某电厂单筒烟囱采用宾高德内衬进行防腐改造的实例。

图5.5-3　大唐某电厂单筒烟囱采用宾高德内衬进行防腐改造的实例

c　砖套筒烟囱应用

在砖套筒烟囱改造中，目前通常采用两种改造方式，一种是将原砖套筒拆除重新设置内筒，另一种是采用宾高德内衬系统直接贴衬。国内已经有超过10座烟囱采用砖套筒内壁直接贴宾高德内衬改造方案，使用情况良好，具有明显的价格优势。图5.5-4为华电某砖套筒烟囱采用宾高德内衬系统实例。

C　宾高德系统实际应用效果调研

国内已经有超过60座烟囱应用宾高德内衬系统，至今已经有超过20个项目实施过检查，从检查情况看，实际应用效果良好。

图5.5-5为江阴某电厂5号烟囱投运5年后的宾高德内衬状况，该烟囱于2006年投运，检查时间为2011年4月。

图5.5-6为将运行5年后的宾高德内衬铲除后，检查背后钢基体的情况，钢基体无任何腐蚀，砖背无酸液，胶黏剂黏性及弹性完好、无粉化脱落和含水现象。

图 5.5-4　华电某砖套筒烟囱采用宾高德内衬系统实例

图 5.5-5　防腐层完整连续，无砖块脱落，砖缝饱满

### 5.5.3　砖烟囱的防腐蚀

砖烟囱防腐蚀应注意以下几点：

（1）砖烟囱不得用于排放潮湿烟气、湿烟气以及强腐蚀等级的干烟气。

（2）当排放弱腐蚀性等级干烟气时，烟囱内衬宜按烟囱全高设置；当排放中等腐蚀性等级干烟气时，烟囱内衬应按烟囱全高设置。

（3）当排放中等腐蚀性等级干烟气时，烟囱内衬宜采用耐火砖和耐酸胶泥（或耐酸砂浆）砌筑。

### 5.5.4　单筒式钢筋混凝土烟囱的防腐蚀

单筒式钢筋混凝土烟囱筒壁混凝土强度等级应满足以下规定：

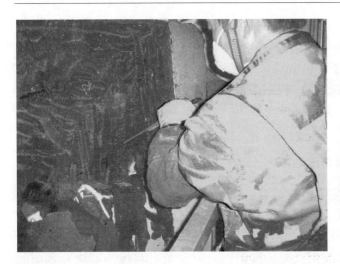

图 5.5-6 宾高德内衬铲除后基体情况

（1）当排放弱腐蚀性干烟气时，混凝土强度等级不低于 C30。

（2）当排放中等腐蚀性干烟气时，混凝土强度等级不低于 C35。

（3）当排放强腐蚀性干烟气或潮湿烟气时，混凝土强度等级不低于 C40。

单筒式钢筋混凝土烟囱筒壁内侧混凝土保护层最小厚度和腐蚀裕度厚度应满足以下规定：

（1）当排放弱腐蚀性干烟气时，混凝土最小保护层厚度为 35mm。

（2）当排放中等腐蚀性干烟气时，筒壁厚度宜增加 30mm 的腐蚀裕度，混凝土最小保护层厚度为 40mm。

（3）当排放强腐蚀性干烟气或潮湿烟气时，筒壁厚度宜增加 50mm 的腐蚀裕度，混凝土最小保护层厚度为 50mm。

单筒式钢筋混凝土烟囱内衬和隔热层应满足以下规定：

（1）当排放弱腐蚀性干烟气时，内衬宜采用耐酸砖（砌块）和耐酸胶泥砌筑或采用轻质、耐酸、隔热整体浇筑防腐内衬。

（2）当排放中等以及强腐蚀性干烟气或潮湿烟气时，内衬应采用耐酸胶泥和耐酸砖（砌块）砌筑或采用轻质、耐酸、隔热整体浇注防腐内衬。

（3）当排放强腐蚀性烟气时，砌体类内衬最小厚度宜不小于 200mm；当采用轻质、耐酸、隔热整体浇筑防腐蚀内衬时，其最小厚度不宜小于 150mm。

（4）烟囱保温隔热层应采用耐酸憎水性的材料制品。

（5）钢筋混凝土筒壁内表面应设置防腐蚀隔离层。

烟囱内的烟气压力宜符合下列规定：

（1）烟囱高度不超过 100m 时，烟囱内部烟气压力可大于 100Pa。

（2）烟囱高度大于 100m 时，当排放弱腐蚀性等级烟气时，烟气压力不宜超过 100Pa；当排放中等腐蚀性等级烟气时，烟气压力不宜超过 50Pa。

（3）当排放强腐蚀性烟气时，烟气宜负压运行。

（4）当烟气正压压力超过上述规定时，可采取下列措施：

1）增大烟囱顶部出口内直径，降低顶部烟气排放的出口流速；

2）调整烟囱外形尺寸，减小烟囱外表面的坡度或内衬内表面的粗糙度；

3）在烟囱顶部设置烟气扩散装置。

烟囱内衬耐酸砖（砌块）和耐酸砂浆（或耐酸胶泥）砌筑应采用挤压法施工，砌体中的水平灰缝和垂直灰缝应饱满、密实。当采用轻质、耐酸、隔热整体浇注防腐蚀内衬时，不宜设缝。

### 5.5.5  套筒式和多管式烟囱的砖内筒防腐蚀

砖内筒的材料选择应符合下列规定：

（1）当排放中等腐蚀性干烟气时，砖内筒宜采用耐酸砖（砌块）和耐酸胶泥（耐酸砂浆）砌筑；砖内筒的保温隔热层宜采用轻质隔热防腐的玻璃棉制品。

（2）当排放强腐蚀性干烟气或潮湿烟气时，排烟内筒应采用耐酸砖（砌块）和耐酸胶泥（耐酸砂浆）砌筑；砖内筒的保温隔热层应采用轻质隔热防腐的玻璃棉制品。

（3）在满足砖内筒砌体强度和稳定的条件下，应尽可能采用轻质耐酸材料砌筑。

（4）排烟内筒耐酸砖（砌块）宜采用异形形状，砌体施工应符合单筒式钢筋混凝土烟囱的有关规定。

（5）当砖内筒需在内筒外表面设置环向钢箍时，环箍应采取防腐措施。

砖内筒防腐蚀应符合下列规定：

（1）内筒中排放的烟气宜处于负压运行状态。当出现正压运行状态时，耐酸砖（砌块）砌体结构的外表面应设置密实型耐酸砂浆封闭层；或在内外筒间的夹层中设置风机加压，使内外筒间夹层中的空气压力超过相应处排烟内筒中的烟气压力值50Pa。

（2）内筒外表面应按照计算和构造要求确定设置保温隔热层，并使烟气不在内筒内表面出现结露现象。

（3）内筒各分段接头处，应采用耐酸防腐蚀材料连接，要求烟气不渗漏，满足温度伸缩要求，如图5.5-7所示。

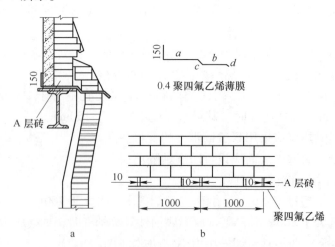

图 5.5-7  内筒接头构造（尺寸单位：mm）

a—剖面；b—立面

（4）砖内筒支承结构应进行防腐蚀保护。

### 5.5.6 套筒式和多管式烟囱的钢内筒防腐蚀

钢内筒材料及结构构造应符合下列规定：

（1）钢内筒的外表面和导流板以下的内表面应采用耐高温防腐蚀涂料防护。

（2）钢内筒的外保温层应分两层铺设，接缝应错开。钢内筒采用轻质防腐蚀砖内衬时，可不设外保温层。

（3）钢内筒筒首保温层应采用不锈钢包裹，其余部位可采用铝板包裹。

当排放干烟气、潮湿烟气时，钢内筒的材料选择应按下列要求：

（1）钢内筒的内表面防腐可选耐高温防腐蚀涂料或耐酸混凝土内衬。

（2）当烟囱使用周期内，存在湿烟气运行条件时，也可直接选用防腐金属内衬或轻质防腐砖内衬。

当排放湿烟气时，湿烟气烟囱内有冷凝液流淌，要解决防腐问题首先必须满足防渗，应采用整体性与密闭性较好的排烟筒或防腐内衬，目前钢内筒防腐内衬相对可靠的主要有：

（1）复合钛板内衬。

（2）进口玻璃砖防腐系统。

（3）玻璃钢烟囱。

（4）对于实际使用时间较短的可采用玻璃鳞片，但应对其抗渗性能和断裂延伸率等性能加以限制。

湿烟气烟囱宜作为设备，在运行期间定期做必要的检查和维护。

玻璃钢内筒的防腐要求见本手册"玻璃钢烟囱"相关章节。

### 5.5.7 钢烟囱防腐蚀

#### 5.5.7.1 除锈等级与表面预处理

有机涂层类材料用于金属钢烟囱涂装前，都必须对基体表面进行预处理，这种预处理对防腐蚀工程的质量是至关重要的。如果不清除基体表面的水分、油污、尘垢、介质污染物、外来物以及铁锈和氧化皮等，这些因素均会显著降低黏结剂对基体表面的浸润，从而严重影响界面黏结，影响到涂层的质量和使用效果。通过对影响涂层质量的各种因素进行调研分析，得到其评述结果，见表5.5-9。

表 5.5-9 影响涂层质量的各种因素

| 序号 | 因 素 分 类 | 影响质量的程度/% |
|---|---|---|
| 1 | 表面清理质量差 | 48.8 |
| 2 | 涂衬层厚度不够 | 16.4 |
| 3 | 涂衬工艺质量差 | 15.0 |
| 4 | 环境条件的影响 | 7.9 |
| 5 | 涂衬材料选择不当 | 4.5 |
| 6 | 其他因素 | 7.4 |

　　从表5.5-9可知，表面清理的质量是影响涂层质量的主要因素；而对涂层破坏的质量分析发现，其中的70%源于表面清理的不当。

　　一般意义上讲，涂层厚度小于1mm的系统设计称为烟囱防腐涂层设计；而大于1mm超厚型涂层称为有机内衬。对于鳞片类高分子材料，无论是刚性还是柔性材料其体系设计宜按照底层、中层、面层设计成超厚型涂层，体系中的每个单一的涂层结构都应满足烟囱运行时的抗腐蚀、温变、抗渗透功能，其材料的黏结强度应大于1.5MPa（包括层间黏结强度），其体系总厚度宜大于3mm。

　　对鳞片类刚性有机内衬其抗断裂性（弹性）应按照国家标准相关标准评价。一般意义上讲，刚性涂层系统宜应用在单一运行工况，弹性涂层系统可适应多种运行工况。涂层系统各层材料的抗渗透性、抗温性、抗老化性应按照国家标准进行评价。

　　涂层防腐体系，除底层和用于修补原结构的材料外，体系中的材料其抗断裂性能（弹性）在多工况运行条件下宜大于，20%~50%，该数据同样适应于轻质发泡材料内衬的粘接胶。

　　A　表面特性

　　基体的表面状态包括清洁度、粗糙度、孔隙度三个方面，它们均会影响防腐工程的施工质量。

　　a　清洁度

　　钢铁表面经常有一层铁锈或氧化皮，且经常被油污、水等污染，影响涂、衬层黏结。由于混凝土表面孔隙多，其内部含有的水分和碱性物质容易渗到表面，污染表面，同样影响涂层的黏结。

　　b　孔隙度

　　基体表面存在贯穿或不贯穿的细孔或毛细孔。黏结剂可以通过毛细孔作用渗入到孔内，起到镶嵌作用，其渗入的深度受到某些因素的影响。如果细孔是非贯穿的，黏结剂的黏度又大时，孔内气体无法排尽，此时的黏结剂虽能借助毛细孔的作用进入孔内，但会随孔内被封闭气体的压力升高而停止，最终不能充满整个细孔。如果细孔是贯穿的，黏结剂就能慢慢渗入充满整个细孔，但其渗入程度受到固化前黏结剂所能流淌的时间限制，当黏结剂太稠时，它就无法继续渗入。因此，对有空隙的基体进行涂装作业时，排尽空气是非常重要的。

　　c　粗糙度

　　粗糙度参数反映了固体表面的粗糙程度。适当的将表面粗糙化，可提高黏结强度。但是，粗糙度不能超过一定界限，过分地粗糙化反而会降低黏结强度，因为表面不能被黏结剂良好浸润，凹处的残留物或空气对黏结是不利的，其弊端类似于不通透的细孔。

　　B　除锈等级

　　钢结构防锈和防腐蚀采用的涂料、钢材表面的除锈等级以及防腐蚀对钢结构的构造要求等应符合现行国家标准《工业建筑防腐蚀设计规范》（GB 50046）和《涂装前钢材表面锈蚀等级和除锈等级》（GB 8923）的规定，在设计文件中应注明所要求的钢材等级及对应的除锈等级，并规定所用的涂料及涂层厚度。

a　锈蚀等级和除锈等级

国家标准《涂装前钢材表面锈蚀等级和除锈等级》（GB 8923）规定了涂装前钢材表面锈蚀程度和除锈质量的目视评定等级。它适用于以喷射或抛射除锈、手工和机械工具除锈的热轧钢材表面，冷轧钢材表面除锈质量等级的评定也可参照使用。

（1）锈蚀等级。钢材表面的四个锈蚀等级分别以 A、B、C 和 D 表示。这些锈蚀等级的定义如下：

1）A 表示全面地覆盖着氧化皮而几乎没有铁锈的钢材表面。

2）B 表示已发生锈蚀，并且部分氧化皮已经剥落的钢材表面。

3）C 表示氧化皮已因锈蚀而剥落，或者可以刮除，并且有少量点蚀的钢材表面。

4）D 表示氧化皮已因锈蚀而全面剥离，并且已普遍发生点蚀的钢材表面。

（2）除锈质量等级。

1）喷射（或抛射）除锈等级以字母"Sa"表示，分四个等级：

① Sa1 表示轻度的喷射除锈，钢材表面应无附着不牢的氧化皮、锈和附着物（是指焊渣、焊接飞溅物、可溶性盐等）。

② Sa2 表示一般的喷射除锈，钢材表面上的氧化皮、锈和附着物已基本清除，其残留物应是牢固附着的（是指氧化皮和锈等物，不能以刮刀从钢材表面上剥离）。

③ Sa2 $\frac{1}{2}$ 表示较彻底地喷射除锈，钢材表面应无可见的氧化皮、锈和附着物，任何残留的痕迹应仅是点状或条纹状的轻微色斑。

④ Sa3 表示彻底地喷射除锈，钢材表面应无可见的氧化皮、锈和附着物，该表面应显示均匀的金属光泽。

2）手工除锈等级，以字母"St"表示，分两个等级：

① St2 表示一般的手工机械除锈，钢材表面应无附着不牢的氧化皮、锈和附着物。

② St3 表示彻底的手工机械除锈，钢材表面应无附着不牢的氧化皮、锈和附着物，钢材显露部分的表面应具有金属光泽。

3）酸洗除锈等级，以字母"Be"表示，不分等级，即只有一个等级。Be 表示全部彻底地除尽氧化皮、锈、旧涂层及附着物。

4）火焰除锈等级，以字母"F1"表示（建筑钢结构很少采用，该系参照前联邦德国标准）。F1 表示钢材表面应无氧化皮、锈和涂层等附着物，任何残留的痕迹应仅为表面变色（不同颜色的暗影）。

b　除锈要求

钢结构、烟囱筒体在涂装前必须除锈，除锈是保证涂层质量的基础，除锈应优先采用喷砂、抛丸或酸洗，无条件时可采用机械或手工除锈（但对有锈的钢材，一般手工除锈很难保证质量）。新建钢结构烟囱的除锈质量等级宜采用大于"Sa2 $\frac{1}{2}$"标准；既有钢结构烟囱，在防腐作业前需测定钢材表面的锈蚀等级，并达到对应的除锈标准。具体钢材锈蚀分级及除锈标准参照《涂装前钢材表面锈蚀等级和除锈等级》（GB 8923—88）。

根据涂料品种，非脱硫的钢结构排烟筒除锈等级应符合表 5.5-10 的要求。

表 5.5-10　钢铁基层除锈等级

| 涂　料　品　种 | 最低除锈等级 |
|---|---|
| 沥　青　涂　料 | St2 或 Sa2 |
| 醇酸耐酸涂料、氯化橡胶涂料、环氧沥青涂料 | St3 或 Sa2 |
| 其他树脂类涂料、乙烯磷化底漆 | Sa2 |
| 各类富锌底漆、喷镀金属基层 | Sa2 $\frac{1}{2}$ |

注：1. 不易维修的重要构件的除锈等级不应低于 Sa2 $\frac{1}{2}$；

　　2. 钢结构的一般构件选用其他树脂类涂料时，除锈等级可不低于 St3；

　　3. 除锈等级标准应符合现行国家标准《涂装前钢材表面锈蚀等级和除锈等级》。

### 5.5.7.2　涂层体系设计

涂料的防腐蚀作用是通过涂膜（涂层）体现出来的。从生产厂家购进的涂料只是半成品，将其涂覆在物体表面上形成涂层才是成品。涂层的性能优劣既取决于选用的涂料质量的优劣，也取决于涂装技术运用是否正确，这就是所谓的"三分材料，七分施工"。优质的涂料如果施工和配套不当，就得不到优质的涂膜，这说明涂装和涂料同样重要。为使涂层能满足技术条件和使用环境所需的功能，保证涂装质量，花费最小的涂装成本达到最大的经济效果，必须精心进行涂装设计，掌握涂装要素。从涂料的选用到最后获得优质涂膜的整个涂装工程，直接影响涂层质量的是涂料、涂装技术和涂装管理三个因素。这三个因素是互相依存的关系，忽视哪一个方面都不能达到预期目的。

**A　设计目标——涂层使用寿命**

使用寿命有两种含义：一种是指维护的时间间隔期限；另一种是指自使用至失去保护效果的期限。大型结构和装置一般要考虑周期性维护；小型设备要考虑易更换，特别是受液相腐蚀的设备内壁，常按一次性使用处理。

目前电力行业已普遍接受将脱硫烟囱作为火电厂运行过程最后一台大型设备来进行维修和保养。涂层设计时可按一个大修周期（一般为 3 年）进行局部维护，并根据电厂的使用年限、涂层品种、涂层厚度、基层种类及处理要求和防腐工程造价成本要求来确定涂层失去保护效果的期限，分为 10~15 年、5~10 年、2~5 年三个等级。

**B　环境和工作条件**

脱硫烟囱面临的环境和工作条件通常需考虑化学环境、侵蚀和磨蚀环境、温度环境以及其他环境因素等方面。

（1）化学环境分为：

1）一级，即 pH 值为 3~8，为工艺系统最轻微的状况。亚硫酸（$H_2SO_3$）和硫酸（$H_2SO_4$）之间未作区别。

2）二级，即 pH 值为 0.1~3，酸浓度在 15% 以内，基于烟气中的 $H_2SO_4$ 平衡浓度，烟气中的水蒸气温度在水的露点以上。

3）三级，即酸浓度大于 15%。

（2）侵蚀、磨蚀环境分为：

1）一级，即烟气及液体低速流动。

2）二级，即烟气、液体高速流动或液体高速喷射。

3）三级，即高能量液体或烟气携带微粒流动。

（3）温度环境分为：

1）一级，即未脱硫正常原烟气温度（大于93℃）。

2）二级，即再加热后的烟气温度（60~93℃）。

3）三级，即脱硫后烟气温度（低于60℃）。

（4）其他环境因素，包括氯离子、氟离子、氮氧化物、碳混合物及其相互作用物质、大气环境等。

脱硫烟囱环境工作条件为：化学环境三级，侵蚀、磨损环境一级，温度环境一至三级，因此涂层选择时应考虑满足以上环境要求。

C　涂层的配套体系

涂层的配套体系，底层、中间层（结构层）、面层，应根据基体的腐蚀酥松和表面凹凸不平情况，以及涂层的设计使用寿命来选择，同时，应考虑实际运行环境和工况条件。涂层配套体系中根据功能的不同，设计原则也不相同，底层应注重抗渗性和对基体附着性的要求；中间层（结构层）注重与底层附着和自身的内聚强度以及找平工艺性能等；面层则注重与中间层附着性及耐化学性能等。整体涂层体系设计时还应考虑层间附着性、耐温性、耐热冲击性等。

脱硫烟囱可根据基体材质、表面腐蚀及酥松情况、实际运行工况条件以及使用寿命来综合考虑涂层的配套体系。

底层、中间层（结构层）、面层，应选用相互间结合良好的配套涂层。一般（非脱硫烟囱）钢结构防腐涂层的配套及厚度设计，可按表5.5-11选用。

**表5.5-11　干烟气常用涂层配套**

| 涂料品种 | | 涂　层　配　套 | | 每遍厚度 /μm |
|---|---|---|---|---|
| | | 水泥基层或木质基层 | 钢铁基层 | |
| 过氯乙烯涂料 | 室内 | 稀释的过氯乙烯防腐清漆1遍 | 喷砂除锈时：乙烯磷化底漆1遍 | 5~8 |
| | | — | 手工除锈时：铁红环氧酯底漆1遍 | 20~25 |
| | | 铁红过氯乙烯底漆1~2遍 | | 15~20 |
| | | 过渡漆（底漆:防腐漆 =1:1）1遍 | | |
| | | 各色过氯乙烯防腐漆2~3遍 | | |
| | | 过渡漆（防腐漆:清漆 =1:1）1遍 | | |
| | | 过氯乙烯防腐清漆2~3遍 | | |
| | 室外 | 稀释的过氯乙烯防腐清漆1遍 | 喷砂除锈时：乙烯磷化底漆1遍 | 5~8 |
| | | — | 手工除锈时：铁红环氧酯底漆1遍 | 20~25 |
| | | 铁红过氯乙烯底漆1~2遍 | | 15~20 |
| | | 过渡漆（底漆:防腐漆=1:1）1遍 | | |
| | | 各色过氯乙烯防腐漆3~7遍 | | |

| 涂料品种 | 涂层配套 | | 每遍厚度 /μm |
|---|---|---|---|
| | 水泥基层或木质基层 | 钢铁基层 | |
| 环氧涂料 | 稀释的环氧清漆1遍 | — | 5~8 |
| | — | 铁红环氧酯底漆1遍 | 20~25 |
| | 环氧防腐漆2~4遍 | | 20~40 |
| | 环氧清漆1~2遍 | | |
| 环氧沥青涂料 | 稀释的环氧沥青漆1遍 | — | 5~8 |
| | 环氧沥青底漆1~2遍 | | 40~70 |
| | 环氧沥青防腐漆2~3遍 | | |
| 沥青涂料 | 稀释的沥青漆1~2遍 | — | 5~8 |
| | — | 铁红醇酸底漆1遍 | 15~20 |
| | 沥青漆3~4遍 | | 30~40 |
| 聚氨酯涂料 | 稀释的聚氨酯清漆1遍 | — | 5~8 |
| | 聚氨酯底漆1遍 | | 20~30 |
| | 聚氨酯磁漆2~3遍 | | |
| | 聚氨酯清漆1~3遍 | | 15~20 |
| 聚氨酯沥青涂料 | 稀释的聚氨酯沥青漆1遍 | — | 5~8 |
| | 聚氨酯沥青底漆1~2遍 | | 20~40 |
| | 聚氨酯沥青面漆2~3遍 | | |
| 氯磺化聚乙烯涂料 | 氯磺化聚乙烯底漆2遍 | | 20~30 |
| | 氯磺化聚乙烯中间漆1~2遍 | | 35~40 |
| | 氯磺化聚乙烯面漆2~3遍 | | 15~20 |
| 氯化橡胶涂料 | 氯化橡胶底漆1层 | | 30~50 |
| | 氯化橡胶防腐漆2~4遍 | | |
| 聚氯乙烯含氟涂料 | 稀释的聚氯乙烯清漆2遍 | — | 5~8 |
| | — | 聚氯乙烯底漆2~3遍 | 15~20 |
| | 聚氯乙烯防腐漆4~7遍 | 聚氯乙烯防腐漆3~5遍 | |
| | 聚氯乙烯清漆1遍 | | 15~20 |
| 聚苯乙烯涂料 | 稀释的聚苯乙烯清漆1遍 | — | 5~8 |
| | — | 铁红聚苯乙烯底漆1遍 | 20~30 |
| | 聚苯乙烯防腐漆2~3遍 | | |
| | 聚苯乙烯清漆1遍 | | |
| 氯乙烯醋酸乙烯共聚涂料 | 氯乙烯醋酸乙烯共聚底漆1遍 | | 20~25 |
| | 氯乙烯醋酸乙烯共聚面漆3~6遍 | | |
| 醇酸耐酸涂料 | 稀释的醇酸清漆1遍 | — | 5~8 |
| | 醇酸底漆1遍 | | 15~25 |
| | 醇酸耐酸漆3~6遍 | | |

| 涂料品种 | 涂 层 配 套 | | 每遍厚度 /μm |
|---|---|---|---|
| | 水泥基层或木质基层 | 钢铁基层 | |
| 氯化橡胶涂料（厚浆型） | 稀释的氯化橡胶清漆1遍 | — | 5～8 |
| | — | 铁红环氧酯底漆1遍 | 20～25 |
| | 氯化橡胶底漆1遍 | | 30～50 |
| | 氯化橡胶（厚浆型）防腐漆1～2遍 | | 60～80 |
| 环氧涂料（厚浆型） | 稀释的环氧清漆1遍 | — | 5～8 |
| | — | 铁红环氧酯底漆1遍 | 20～25 |
| | 环氧（厚浆型）防腐漆1～2遍 | | 70～100 |
| | 环氧清漆1遍 | | 15～20 |
| 环氧沥青涂料（厚浆型） | 稀释的环氧沥青漆1遍 | — | 5～8 |
| | — | 铁红环氧酯底漆1遍 | 20～25 |
| | 环氧沥青底漆1遍 | | 40～70 |
| | 环氧沥青（厚浆型）面漆1～2遍 | | 80～120 |
| 聚氨酯涂料（厚浆型） | 稀释的聚氨酯清漆1遍 | — | 5～8 |
| | — | 铁红环氧酯底漆1遍 | 20～25 |
| | 聚氨酯（厚浆型）面漆1～2遍 | | 70～100 |
| | 聚氨酯清漆1遍 | | 15～20 |
| 环氧玻璃鳞片涂料 | 稀释的环氧清漆1遍 | — | 5～8 |
| | — | 环氧富锌底漆1遍 | 40～75 |
| | 环氧玻璃鳞片涂料1～2遍 | | 100～200 |
| | 环氧清漆1～2遍 | | 15～20 |
| 环氧沥青玻璃鳞片涂料 | 稀释的环氧沥青漆1遍 | — | 5～8 |
| | — | 环氧富锌底漆1遍 | 40～75 |
| | 环氧沥青底漆1遍 | | 40～70 |
| | 环氧沥青玻璃鳞片涂料1～2遍 | | 100～200 |
| 聚氨酯玻璃鳞片涂料 | 稀释的环氧清漆1遍 | — | 5～8 |
| | — | 环氧富锌底漆1遍 | 40～75 |
| | 聚氨酯玻璃鳞片涂料1～2遍 | | 100～200 |
| | 聚氨酯清漆1遍 | | 15～20 |
| 不饱和聚酯玻璃鳞片涂料 | 稀释的环氧清漆1遍 | — | 5～8 |
| | — | 环氧富锌底漆1遍 | 40～75 |
| | 不饱和聚酯玻璃鳞片涂料1～2遍 | | 100～200 |
| | 聚酯清漆1遍 | | 15～20 |

D 涂膜层数和总厚度

涂层的涂膜层数和总厚度应根据涂层防腐材料自身特性（如固含量的高低、施工工艺等）以及防腐使用寿命进行设计。防腐涂层不仅总厚度和使用寿命有密切关系，一般是厚膜优于薄膜，而且达到总厚度的施工道数对防腐寿命也有影响，达到同一总厚度的前提下，多道涂层质量更好，因为前一道涂层的缺陷可以被下一道涂层弥补。涂层厚度与使用寿命呈直线关系，达到相近的使用期限下，不同品种的涂料在不同环境下的最低总厚度也不尽相同。

脱硫烟囱涂膜层数和总厚度设计时应注意结合防腐材料自身的特性、防腐使用寿命、实际运行工况条件等系统考虑，尤其要注意实际运行工况条件中，是否存在旁路原烟气运行工况，烟气冷热冲击会加速涂层的老化和腐蚀。

非脱硫烟气烟囱的钢结构防护涂层的最小干膜厚度应符合表 5.5-12 的规定。特殊重要而且维修困难的部位，钢结构可采取在喷、镀金属层上再涂装防腐蚀涂料的复合面层或玻璃鳞片涂料等防护措施。需要特别指出的是，对涂装材料的抗温性能及抗温老化性能的评价需高度重视。

**表 5.5-12　钢结构防护涂层最小干膜厚度**　　　　　　（μm）

| 构件类别 | 强腐蚀 | 中等腐蚀 | 弱腐蚀 |
|---|---|---|---|
| 重要构件 | 200 | 150 | 120 |
| 一般构件及建筑配件 | 150 | | |
| 室外构件及维修困难部位的构件 | 增加 20~60 | | |

脱硫烟囱涂层体系中最小设计厚度见表 5.5-13。

**表 5.5-13　脱硫烟囱主要涂层防腐体系最小厚度**　　　　　（mm）

| 品　种 | 涂层配套 | | | 总厚度 | 备　注 |
|---|---|---|---|---|---|
| | 底涂 | 中涂 | 面涂 | | |
| 乙烯基脂类鳞片 | 0.1±0.01 | 2±0.2 | 0.1±0.02 | 2.2~3.00 | 保护基底不同体系总厚度有变化 |
| 环氧聚氨酯类鳞片 | 0.1±0.01 | 2±0.2 | 0.1±0.02 | 2.2~3 | |
| 氟橡胶内衬 | 0.1~0.3 | 2.5~3 | 0.4~0.5 | 3~3.8 | |

注：表中规定的最小厚度需要结合烟囱运行工况进行调整，一般来讲，钢结构烟囱因为基材相对于砖体基材或混凝土基材更为平整，设计厚度可取下限数值。

### 5.5.7.3　影响烟囱防腐涂层使用寿命的一些因素

烟囱防腐涂层使用寿命影响因素除了考虑实际运行工况条件的客观因素外，还应考虑以下有关因素：

（1）设计因素。设计时要认真分析涂装对象的材质、使用环境和使用寿命，正确地选择涂料体系，满足涂层配套并达到涂膜层数和总厚等要求，使涂料性能充分、正确的发挥，以达到保护目的。

（2）涂装因素。包括表面处理方法与质量，涂装方法选择是否正确，涂装工艺制定是否合理等。一个环节不合适，就会影响涂层的使用寿命。

（3）管理因素。虽然设计和涂装工艺正确，但如果涂装过程中管理不严格、不科学，也得不到好的结果，最终还是会影响到防腐蚀质量。脱硫烟囱防腐面积大，且对防腐的整体性和精细程度要求较高，因此应特别注意防腐施工过程的管理工作。

# 6   地基与基础

## 6.1   基础类型及其适用范围

### 6.1.1   基础类型

目前常用的烟囱基础有下列几种类型：

（1）无筋扩展基础（刚性基础），一般用砖、毛石砌体砌筑，也可用混凝土、毛石混凝土浇筑，常用于地基条件较好且低矮的砖烟囱。

（2）钢筋混凝土板式基础，有圆形和环形两种。

（3）钢筋混凝土壳体基础，按其形式有 M 形组合壳、正倒锥组合壳、截锥组合壳以及其他形式的壳体，《烟囱设计规范》（GB 50051）仅给出正倒锥组合壳。

（4）桩基础，包括钢筋混凝土圆形或环形承台，钢桩或混凝土桩。

### 6.1.2   适用范围

选择烟囱基础的类型和形式时，应考虑以下因素：

（1）基础受力大小及状态。

（2）地质条件。

（3）适用要求。

（4）材料供应条件。

（5）施工可能性。

无筋扩展基础（刚性基础）：适用于高度不高于 40m 的砖烟囱基础。如民用锅炉房及小型厂房的砖烟囱基础及大型厂房的除尘烟囱基础。刚性基础易于取材、施工方便，造价较低。

板式基础：板式基础分为圆形和环形两种形式，属柔性基础。由于底板配置了钢筋，以承受由地基反力引起的弯矩和剪力，底板的悬挑部分任一截面均具有足够的强度，所以底板厚度可较小，而悬挑部分尺寸可较大。因此板式基础常用于上部荷载较大，地基土质较差，持力层的地基承载力不高的情况。钢筋混凝土烟囱、较高的砖烟囱及钢烟囱往往采用板式基础。环形板式基础与圆形板式基础相比，有以下优点：

（1）当底面积相同时，环形基础的抵抗矩大于圆形，因此经济效益更好。

（2）对于地下烟道，环形板式基础避开了基础中部的高温区，可减少基础的温度应力。

因此，在一般情况下，应优先采用环形基础。但当地下水位较高时，宜采用圆形基础。

　　壳体基础：壳体基础适用于钢筋混凝土烟囱基础，由于基础底面展开面积较大，可用于基础承载力较低或倾覆力矩较大的烟囱。与板式基础相比，可节约钢材和水泥用量。

　　桩基础：桩基础用于地基软弱土层较厚或主要受力层存在液化土层时，采用其他基础没有条件或不经济时，常采用桩基础。桩基的作用是将荷载通过桩传给埋藏较深的坚硬土层，即端承桩，或通过桩周围的摩擦力传给地基，即摩擦桩。

# 6.2　地基计算

## 6.2.1　地基计算内容

　　地基计算的内容包括基础底面承载力计算、地基变形计算、地基稳定性计算。地基基础设计时，所采用的荷载效应最不利组合与相应的抗力代表值应符合《烟囱设计规范》（GB 50051）的要求，并满足以下规定：

　　（1）按地基承载力确定基础底面积及埋深或按单桩承载力确定桩数时，传至基础或承台底面上的荷载效应按正常使用极限状态下荷载效应的标准组合，相应的抗力应采用地基承载力特征值或单桩承载力特征值。

　　（2）计算地基变形时，传至基础底面上的荷载效应按正常使用极限状态下的荷载效应的准永久组合，当风玫瑰图严重偏心时，取风的频遇值组合，一般取组合系数0.4，不应计入地震作用。

　　（3）计算地基和斜坡的稳定及滑坡推力、地基基础抗拔时，荷载效应应按照承载力极限状态下荷载效应的基本组合，其荷载分项系数均为1.0。

　　（4）计算基础内力配筋及材料强度验算时，传至基础底面上的荷载效应和对应基底反力按承载力极限状态下荷载效应的基本组合，并采用相应的分项系数。

　　（5）天然基础进行抗震验算时，应采用地震作用效应标准组合，地基抗震承载力应按地基承载力特征值乘以地基抗震承载力调整系数进行计算。

　　（6）桩基础当需要验算基础裂缝宽度时，应按正常使用极限状态，采用荷载的标准组合并考虑长期作用的影响。

## 6.2.2　基础底面压力计算

### 6.2.2.1　轴心荷载作用

轴心荷载作用时，基础底面压力为：

$$p_k = \frac{N_k + G_k}{A} \leq f_a \qquad (6.2\text{-}1)$$

式中　$p_k$——相应于荷载效应标准组合时，基础底面处的平均压力值，kPa；

　　　$f_a$——修正后的地基承载力特征值，kPa。

### 6.2.2.2　偏心荷载作用

偏心荷载作用时除满足式（6.2-1）外，还应符合下列规定。

　　（1）地基最大压力为：

$$p_{kmax} = \frac{N_k + G_k}{A} + \frac{M_k}{W} \leq 1.2f_a \qquad (6.2\text{-}2)$$

（2）地基最小压力为：

板式基础

$$p_{kmin} = \frac{N_k + G_k}{A} - \frac{M_k}{W} \geqslant 0 \qquad (6.2\text{-}3)$$

壳体基础

$$p_{kmin} = \frac{N_k}{A} - \frac{M_k}{W} \geqslant 0 \qquad (6.2\text{-}4)$$

式中　$N_k$——相应荷载效应标准组合时，上部结构传至基础顶面竖向力值，kN；

$G_k$——基础自重标准值和基础上土重标准值之和，kN；

$M_k$——相应于荷载效应标准组合时，传至基础底面的弯矩值，kN·m；

$W$——基础底面的抵抗矩，m³，当为圆形基础时，$W = \frac{\pi r_1^3}{4}$；当为环形基础或正倒

锥组合壳时，$W = \frac{\pi(r_1^4 - r_4^4)}{4r_1}$；$r_1$、$r_4$ 分别为基础底面的水平外半径和内

半径；

$A$——基础底面面积，m²。

天然地基基础进行抗震验算时，基础内力应采用地震作用效应标准组合，式（6.2-1）和式（6.2-2）中应采用调整后的地基抗震承载力 $f_{aE}$ 代替地基承载力特征值 $f_a$，地基抗震承载力 $f_{aE}$ 按式（6.2-6）计算或按照现行国家标准《构筑物抗震设计规范》（GB 50191）的相关规定采用。

### 6.2.2.3　地基承载力特征值的确定

**A　地基承载力特征值**

地基承载力特征值可由载荷试验或其他原位测试、公式计算，并结合工程实践经验等方法综合确定。

**B　修正后的地基承载力特征值**

当基础宽度大于 3m 或埋置深度大于 0.5m 时，地基承载力特征值还应按下式修正：

$$f_a = f_{ak} + \eta_b \gamma (b - 3) + \eta_d \gamma_m (d - 0.5) \qquad (6.2\text{-}5)$$

式中　$f_a$——修正后的地基承载力特征值，kPa；

$f_{ak}$——地基承载力特征值，kPa；

$\eta_b$，$\eta_d$——基础宽度和埋置深度的地基承载力修正系数，按基底下土的类别查表 6.2-1；

$\gamma$——基础底面以下土的重度，kN/m³，地下水位以下取浮重度；

$b$——基础底面宽度，m，圆形基础可按等效宽度 $b = \sqrt{\pi} r_1$ 选取；当基础底面宽度
小于 3m 时按 3m 取值，大于 6m 时按 6m 取值；

$\gamma_m$——基础底面以上土的加权平均重度，kN/m³，位于地下水位以下的土层取有效
重度；

$d$——基础埋置深度，m，宜自室外地面标高算起；在填方整平地区，可自填土
地面标高算起，但填土在上部结构施工后完成时，应从天然地面标高
算起。

表 6.2-1　承载力修正系数

| 土 的 类 别 | | $\eta_b$ | $\eta_d$ |
|---|---|---|---|
| 淤泥和淤泥质土 | | 0 | 1.0 |
| 人工填土<br>$e \geqslant 0.85$ 或 $I_L \geqslant 0.85$ 的黏性土 | | 0 | 1.0 |
| 红黏土 | 含水比 $\alpha_w > 0.8$ | 0 | 1.2 |
| | 含水比 $\alpha_w \leqslant 0.8$ | 0.15 | 1.4 |
| 大面积<br>压实填土 | 压实系数大于 0.95、黏粒含量 $\rho_c \geqslant 10\%$ 的粉土 | 0 | 1.5 |
| | 最大干密度大于 2100kg/m³ 的级配砂石 | 0 | 2.0 |
| 粉土 | 黏粒含量 $\rho_c \geqslant 10\%$ 的粉土 | 0.3 | 1.5 |
| | 黏粒含量 $\rho_c < 10\%$ 的粉土 | 0.5 | 2.0 |
| $e < 0.85$ 或 $I_L < 0.85$ 的黏性土 | | 0.3 | 1.6 |
| 粉砂、细砂（不包括很湿与饱和时的稍密状态） | | 2.0 | 3.0 |
| 中砂、粗砂、砾砂和碎石土 | | 3.0 | 4.4 |

注：1. 强风化和全风化的岩石，可参照所风化成的相应土类取值，其他状态下的岩石不修正；
　　2. 地基承载力特征值按建筑地基基础设计规范附录 D 深层平板载荷试验确定时，$\eta_d$ 取 0；
　　3. 含水比是指土的天然含水量与液限的比值；
　　4. 大面积压实填土是指填土范围大于两倍基础宽度的填土。

### 6.2.2.4　天然基础地基抗震承载力计算

天然基础地基抗震承载力应按下式计算：

$$f_{aE} = \xi_a f_a \qquad\qquad (6.2-6)$$

式中　$f_{aE}$ ——调整后的地基抗震承载力；

　　　$\xi_a$ ——地基抗震承载力调整系数，应按表 6.2-2 采用；

　　　$f_a$ ——修正后的地基承载力特征值。

表 6.2-2　地基抗震承载力调整系数

| 岩土名称和性状 | $\xi_a$ |
|---|---|
| 岩石，密实的碎石土，密实的砾、粗、中砂，$f_{ak} \geqslant 300$kPa 的黏性土和粉土 | 1.5 |
| 中密、稍密的碎石土，中密和稍密的砾、粗、中砂，密实和中密的细、粉砂，150kPa$\leqslant f_{ak} <$300kPa 的黏性土和粉土，坚硬黄土 | 1.3 |
| 稍密的细、粉砂，100kPa$\leqslant f_{ak} <$150kPa 的黏性土和粉土，可塑黄土 | 1.1 |
| 淤泥，淤泥质土，松散的砂，杂填土，新近堆积黄土及流塑黄土 | 1.0 |

注：验算天然地基的抗震承载力时，基础底面零应力区的面积大小应符合以下规定：
　　1. 形体规则时，零应力区的面积不应大于基础底面面积的 25%；
　　2. 形体不规则时，零应力区的面积不宜大于基础底面面积的 15%；
　　3. 高宽比大于 4 时，零应力区的面积应为零。

## 6.2.3　地基变形计算

若当地基条件符合表 6.2-3 的条件，且地基基础设计等级为丙级，建筑场地稳定、地基岩土均匀良好、基础周围无较大堆载、相邻建筑距离较远、当地风玫瑰图不存在严重偏心时，可不进行变形验算。

**表 6.2-3　可不进行地基变形验算的烟囱最大高度限值**

| 地基承载力特征值 $f_{ak}$ /kPa | $60 \leqslant f_{ak} < 80$ | $80 \leqslant f_{ak} < 100$ | $100 \leqslant f_{ak} < 130$ | $130 \leqslant f_{ak} < 200$ | $200 \leqslant f_{ak} < 300$ |
|---|---|---|---|---|---|
| 各土层坡度/% | ≤5 | ≤5 | ≤10 | ≤10 | ≤10 |
| 高度限值/m | ≤30 | ≤40 | ≤50 | ≤75 | ≤100 |

#### 6.2.3.1　基础最终变形量计算

A　计算公式

基础最终变形量可按下式计算：

$$s = \psi_s s' = \psi_s \sum_{i=1}^{n} \frac{p_0}{E_{si}}(z_i \, \bar{a}_i - z_{i-1} \, \bar{a}_{i-1}) \tag{6.2-7}$$

式中　$s$——地基最终变形量，mm；

　　$s'$——按分层总和法计算出的地基变形量，mm；

　　$\psi_s$——沉降计算经验系数，根据地区沉降观测资料及经验确定，无地区经验时可根据变形计算深度范围内压缩模量的当量值（$\bar{E}_s$），基底附加压力按表 6.2-4 取值；

　　$n$——地基变形计算深度范围内所划分的土层数，如图 6.2-1 所示；

　　$p_0$——相应于作用的准永久组合时基础底面处的附加压力，kPa；

　　$E_{si}$——基础底面下第 $i$ 层土的压缩模量，MPa，应取土的自重压力至土的自重压力与附加压力之和的压力段计算；

　　$z_i, z_{i-1}$——基础底面至第 $i$ 层土、第 $i-1$ 层土底面的距离，m；

　　$\bar{a}_i, \bar{a}_{i-1}$——基础底面计算点至第 $i$ 层土、第 $i-1$ 层土底面范围内平均附加应力系数，可按表 6.2-5a、表 6.2-5b、表 6.2-5c 采用。

**表 6.2-4　沉降计算经验系数 $\psi_s$**

| | $\bar{E}_s$ /MPa | 2.5 | 4.0 | 7.0 | 15.0 | 20.0 |
|---|---|---|---|---|---|---|
| 基底附加压力 | $p_0 \geqslant f_{ak}$ | 1.4 | 1.3 | 1.0 | 0.4 | 0.2 |
| | $p_0 \leqslant 0.75 f_{ak}$ | 1.1 | 1.0 | 0.7 | 0.4 | 0.2 |

表 6.2-4 中 $\bar{E}_s$ 为变形计算深度范围内压缩模量的当量值，按下式计算：

$$\bar{E}_s = \frac{\sum\limits_{i=1}^{n} A_i}{\sum\limits_{i=1}^{n} \dfrac{A_i}{E_{si}}} \tag{6.2-8}$$

式中　$A_i$——第 $i$ 层土附加应力系数沿土层厚度的积分值，按下式计算：

$$A_i = p_0 \, \bar{a}_i z_i - p_0 \, \bar{a}_{i-1} z_{i-1} \tag{6.2-9}$$

B　计算位置

a　环形基础

环形基础可计算环宽中点 $C$、$D$（如图 6.2-2a 所示）的沉降。

b　圆形基础

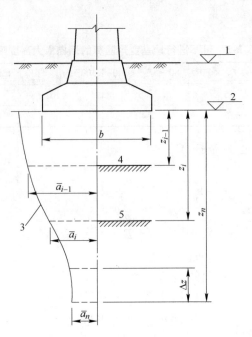

图 6.2-1　基础沉降计算的分层示意

1—天然地面标高；2—基底标高；3—平均附加应力系数 $\bar{a}$ 曲线；
4—$i-1$ 层；5—$i$ 层

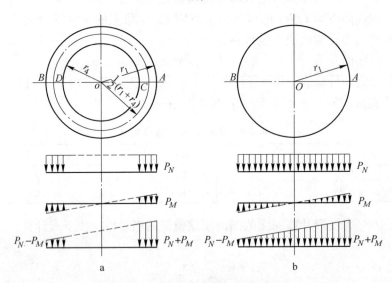

图 6.2-2　板式基础底板下压力

圆形基础应计算圆心 $O$ 点（如图 6.2-2b 所示）的沉降。

c　正倒锥组合壳

正倒锥组合壳基础可计算环宽中点 $C$、$D$（如图 6.2-2a 所示）的沉降。

C　平均附加应力系数

（1）计算环形基础沉降量时，其环宽中点的平均附加应力系数 $\bar{a}$ 值，应分别按大圆与小圆由表 6.2-5 中相应的 $z/R$ 和 $b/R$ 栏查得的数值相减后采用。

表 6.2-5a　圆形面积上均布荷载作用下土中任意点竖向平均附加应力系数 $\bar{a}$

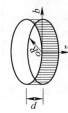

| z/R | b/R | | | | | | | | | | | | | | | | | | | | |
|---|---|---|---|---|---|---|---|---|---|---|---|---|---|---|---|---|---|---|---|---|---|
| | 0 | 0.200 | 0.400 | 0.600 | 0.800 | 1.000 | 1.200 | 1.400 | 1.600 | 1.800 | 2.000 | 2.200 | 2.400 | 2.600 | 2.800 | 3.000 | 3.200 | 3.400 | 3.600 | 3.800 | 4.000 |
| 0 | 1.000 | 1.000 | 1.000 | 1.000 | 1.000 | 0.500 | 0.000 | 0.000 | 0.000 | 0.000 | 0.000 | 0.000 | 0.000 | 0.000 | 0.000 | 0.000 | 0.000 | 0.000 | 0.000 | 0.000 | 0.000 |
| 0.20 | 0.998 | 0.997 | 0.996 | 0.992 | 0.964 | 0.482 | 0.025 | 0.004 | 0.001 | 0.001 | 0.000 | 0.000 | 0.000 | 0.000 | 0.000 | 0.000 | 0.000 | 0.000 | 0.000 | 0.000 | 0.000 |
| 0.40 | 0.986 | 0.984 | 0.977 | 0.955 | 0.880 | 0.465 | 0.079 | 0.022 | 0.008 | 0.003 | 0.002 | 0.001 | 0.001 | 0.000 | 0.000 | 0.000 | 0.000 | 0.000 | 0.000 | 0.000 | 0.000 |
| 0.60 | 0.960 | 0.956 | 0.941 | 0.902 | 0.803 | 0.447 | 0.121 | 0.045 | 0.019 | 0.009 | 0.005 | 0.003 | 0.002 | 0.001 | 0.000 | 0.000 | 0.000 | 0.000 | 0.000 | 0.000 | 0.000 |
| 0.80 | 0.923 | 0.917 | 0.895 | 0.845 | 0.739 | 0.430 | 0.149 | 0.066 | 0.032 | 0.016 | 0.009 | 0.005 | 0.003 | 0.002 | 0.001 | 0.001 | 0.001 | 0.001 | 0.000 | 0.000 | 0.000 |
| 1.00 | 0.878 | 0.870 | 0.835 | 0.790 | 0.685 | 0.413 | 0.167 | 0.083 | 0.044 | 0.024 | 0.015 | 0.009 | 0.006 | 0.004 | 0.003 | 0.002 | 0.001 | 0.001 | 0.001 | 0.000 | 0.000 |
| 1.20 | 0.831 | 0.823 | 0.795 | 0.740 | 0.638 | 0.396 | 0.177 | 0.096 | 0.054 | 0.032 | 0.020 | 0.013 | 0.008 | 0.006 | 0.004 | 0.003 | 0.002 | 0.001 | 0.001 | 0.001 | 0.000 |
| 1.40 | 0.784 | 0.776 | 0.747 | 0.693 | 0.597 | 0.380 | 0.183 | 0.105 | 0.063 | 0.039 | 0.025 | 0.019 | 0.011 | 0.008 | 0.006 | 0.004 | 0.003 | 0.002 | 0.002 | 0.001 | 0.001 |
| 1.60 | 0.739 | 0.731 | 0.704 | 0.649 | 0.561 | 0.364 | 0.186 | 0.112 | 0.070 | 0.045 | 0.030 | 0.021 | 0.014 | 0.010 | 0.007 | 0.005 | 0.004 | 0.003 | 0.002 | 0.001 | 0.001 |
| 1.80 | 0.697 | 0.689 | 0.662 | 0.613 | 0.529 | 0.350 | 0.186 | 0.116 | 0.076 | 0.050 | 0.035 | 0.024 | 0.017 | 0.012 | 0.009 | 0.007 | 0.005 | 0.004 | 0.003 | 0.002 | 0.001 |
| 2.00 | 0.658 | 0.650 | 0.625 | 0.578 | 0.500 | 0.336 | 0.185 | 0.119 | 0.080 | 0.055 | 0.038 | 0.027 | 0.020 | 0.015 | 0.011 | 0.008 | 0.006 | 0.005 | 0.004 | 0.002 | 0.002 |
| 2.20 | 0.623 | 0.615 | 0.591 | 0.546 | 0.473 | 0.322 | 0.183 | 0.120 | 0.083 | 0.058 | 0.042 | 0.030 | 0.022 | 0.017 | 0.012 | 0.010 | 0.007 | 0.006 | 0.005 | 0.003 | 0.002 |
| 2.40 | 0.590 | 0.582 | 0.560 | 0.518 | 0.450 | 0.309 | 0.180 | 0.121 | 0.085 | 0.061 | 0.044 | 0.033 | 0.024 | 0.019 | 0.014 | 0.011 | 0.009 | 0.007 | 0.005 | 0.003 | 0.003 |
| 2.60 | 0.560 | 0.553 | 0.531 | 0.492 | 0.428 | 0.297 | 0.176 | 0.121 | 0.086 | 0.063 | 0.046 | 0.035 | 0.026 | 0.020 | 0.016 | 0.012 | 0.010 | 0.008 | 0.006 | 0.004 | 0.003 |
| 2.80 | 0.532 | 0.526 | 0.505 | 0.468 | 0.408 | 0.285 | 0.173 | 0.120 | 0.087 | 0.064 | 0.048 | 0.037 | 0.028 | 0.022 | 0.017 | 0.013 | 0.011 | 0.009 | 0.007 | 0.004 | 0.004 |
| 3.00 | 0.507 | 0.501 | 0.483 | 0.447 | 0.390 | 0.274 | 0.169 | 0.119 | 0.087 | 0.065 | 0.049 | 0.038 | 0.030 | 0.023 | 0.018 | 0.015 | 0.012 | 0.009 | 0.008 | 0.005 | 0.004 |
| 3.20 | 0.484 | 0.478 | 0.460 | 0.427 | 0.373 | 0.265 | 0.165 | 0.117 | 0.087 | 0.066 | 0.050 | 0.039 | 0.032 | 0.024 | 0.019 | 0.016 | 0.013 | 0.010 | 0.008 | 0.006 | 0.005 |
| 3.40 | 0.463 | 0.457 | 0.440 | 0.408 | 0.357 | 0.255 | 0.160 | 0.115 | 0.086 | 0.066 | 0.051 | 0.040 | 0.033 | 0.025 | 0.020 | 0.017 | 0.014 | 0.011 | 0.009 | 0.006 | 0.005 |
| 3.60 | 0.443 | 0.438 | 0.421 | 0.392 | 0.343 | 0.246 | 0.156 | 0.113 | 0.085 | 0.066 | 0.052 | 0.041 | 0.034 | 0.026 | 0.021 | 0.017 | 0.014 | 0.012 | 0.010 | 0.007 | 0.006 |
| 3.80 | 0.425 | 0.420 | 0.404 | 0.376 | 0.330 | 0.238 | 0.152 | 0.112 | 0.085 | 0.066 | 0.052 | 0.041 | 0.034 | 0.027 | 0.022 | 0.018 | 0.015 | 0.012 | 0.010 | 0.008 | 0.006 |
| 4.00 | 0.409 | 0.404 | 0.389 | 0.361 | 0.318 | 0.230 | 0.149 | 0.109 | 0.084 | 0.065 | 0.052 | 0.042 | 0.035 | 0.028 | 0.023 | 0.019 | 0.016 | 0.013 | 0.011 | 0.008 | 0.007 |
| 4.20 | 0.393 | 0.388 | 0.374 | 0.348 | 0.306 | 0.223 | 0.145 | 0.107 | 0.082 | 0.065 | 0.052 | 0.042 | 0.035 | 0.028 | 0.023 | 0.019 | 0.016 | 0.014 | 0.011 | 0.009 | 0.008 |
| 4.40 | 0.379 | 0.374 | 0.360 | 0.336 | 0.295 | 0.216 | 0.141 | 0.105 | 0.081 | 0.064 | 0.052 | 0.042 | 0.035 | 0.029 | 0.024 | 0.020 | 0.017 | 0.014 | 0.012 | 0.009 | 0.008 |
| 4.60 | 0.365 | 0.361 | 0.348 | 0.324 | 0.285 | 0.209 | 0.137 | 0.103 | 0.080 | 0.064 | 0.052 | 0.042 | 0.035 | 0.029 | 0.024 | 0.020 | 0.017 | 0.015 | 0.012 | 0.010 | 0.009 |
| 4.80 | 0.353 | 0.349 | 0.336 | 0.313 | 0.276 | 0.203 | 0.134 | 0.101 | 0.079 | 0.063 | 0.051 | 0.042 | 0.035 | 0.029 | 0.024 | 0.021 | 0.018 | 0.015 | 0.013 | 0.010 | 0.009 |
| 5.00 | 0.341 | 0.337 | 0.325 | 0.303 | 0.267 | 0.197 | 0.131 | 0.099 | 0.078 | 0.062 | 0.051 | 0.042 | 0.035 | 0.029 | 0.025 | 0.021 | 0.018 | 0.015 | 0.013 | 0.011 | 0.010 |

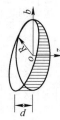

表 6.2-5b　圆形面积上三角形分布荷载作用下对称轴下土中任意点竖向平均附加应力系数 $\bar{a}$

| z/R | \multicolumn{21}{c}{b/R} |
|---|---|---|---|---|---|---|---|---|---|---|---|---|---|---|---|---|---|---|---|---|---|
| | 0 | 0.200 | 0.400 | 0.600 | 0.800 | 1.000 | 1.200 | 1.400 | 1.600 | 1.800 | 2.000 | 2.200 | 2.400 | 2.600 | 2.800 | 3.000 | 3.200 | 3.400 | 3.600 | 3.800 | 4.000 |
| 0 | 0.500 | 0.400 | 0.300 | 0.200 | 0.100 | 0.000 | 0.000 | 0.000 | 0.000 | 0.000 | 0.000 | 0.000 | 0.000 | 0.000 | 0.000 | 0.000 | 0.000 | 0.000 | 0.000 | 0.000 | 0.000 |
| 0.20 | 0.499 | 0.399 | 0.300 | 0.200 | 0.102 | 0.016 | 0.000 | 0.000 | 0.000 | 0.000 | 0.000 | 0.000 | 0.000 | 0.000 | 0.000 | 0.000 | 0.000 | 0.000 | 0.000 | 0.000 | 0.000 |
| 0.40 | 0.493 | 0.396 | 0.298 | 0.200 | 0.107 | 0.030 | 0.002 | 0.003 | 0.000 | 0.001 | 0.000 | 0.000 | 0.000 | 0.000 | 0.000 | 0.000 | 0.000 | 0.000 | 0.000 | 0.000 | 0.000 |
| 0.60 | 0.480 | 0.387 | 0.293 | 0.200 | 0.112 | 0.041 | 0.008 | 0.003 | 0.001 | 0.002 | 0.000 | 0.001 | 0.000 | 0.000 | 0.000 | 0.000 | 0.000 | 0.000 | 0.000 | 0.000 | 0.000 |
| 0.80 | 0.462 | 0.377 | 0.287 | 0.199 | 0.117 | 0.050 | 0.016 | 0.007 | 0.003 | 0.004 | 0.001 | 0.001 | 0.001 | 0.000 | 0.000 | 0.000 | 0.000 | 0.000 | 0.000 | 0.000 | 0.000 |
| 1.00 | 0.439 | 0.360 | 0.278 | 0.196 | 0.120 | 0.057 | 0.023 | 0.012 | 0.006 | 0.006 | 0.002 | 0.002 | 0.001 | 0.001 | 0.000 | 0.001 | 0.000 | 0.000 | 0.000 | 0.000 | 0.000 |
| 1.20 | 0.416 | 0.343 | 0.267 | 0.192 | 0.121 | 0.063 | 0.030 | 0.017 | 0.009 | 0.008 | 0.004 | 0.004 | 0.002 | 0.001 | 0.001 | 0.001 | 0.001 | 0.000 | 0.000 | 0.000 | 0.000 |
| 1.40 | 0.392 | 0.326 | 0.257 | 0.187 | 0.121 | 0.067 | 0.036 | 0.021 | 0.013 | 0.010 | 0.005 | 0.005 | 0.002 | 0.001 | 0.001 | 0.001 | 0.001 | 0.001 | 0.001 | 0.000 | 0.000 |
| 1.60 | 0.370 | 0.310 | 0.245 | 0.181 | 0.120 | 0.070 | 0.040 | 0.025 | 0.016 | 0.012 | 0.007 | 0.006 | 0.003 | 0.002 | 0.002 | 0.001 | 0.001 | 0.001 | 0.001 | 0.001 | 0.001 |
| 1.80 | 0.349 | 0.294 | 0.234 | 0.175 | 0.119 | 0.072 | 0.044 | 0.028 | 0.019 | 0.014 | 0.009 | 0.007 | 0.004 | 0.003 | 0.002 | 0.002 | 0.002 | 0.001 | 0.001 | 0.001 | 0.001 |
| 2.00 | 0.329 | 0.279 | 0.224 | 0.169 | 0.116 | 0.073 | 0.046 | 0.031 | 0.0021 | 0.016 | 0.010 | 0.009 | 0.005 | 0.004 | 0.003 | 0.002 | 0.002 | 0.002 | 0.001 | 0.001 | 0.001 |
| 2.20 | 0.312 | 0.265 | 0.214 | 0.163 | 0.114 | 0.07 | 0.048 | 0.033 | 0.023 | 0.018 | 0.012 | 0.010 | 0.006 | 0.005 | 0.004 | 0.003 | 0.003 | 0.002 | 0.002 | 0.001 | 0.001 |
| 2.40 | 0.295 | 0.252 | 0.205 | 0.157 | 0.111 | 0.073 | 0.049 | 0.035 | 0.025 | 0.019 | 0.013 | 0.011 | 0.007 | 0.006 | 0.004 | 0.003 | 0.003 | 0.002 | 0.002 | 0.002 | 0.001 |
| 2.60 | 0.280 | 0.240 | 0.196 | 0.151 | 0.108 | 0.072 | 0.050 | 0.036 | 0.026 | 0.020 | 0.014 | 0.012 | 0.008 | 0.006 | 0.005 | 0.004 | 0.004 | 0.003 | 0.002 | 0.002 | 0.002 |
| 2.80 | 0.266 | 0.229 | 0.187 | 0.145 | 0.105 | 0.071 | 0.051 | 0.037 | 0.027 | 0.021 | 0.015 | 0.013 | 0.009 | 0.007 | 0.006 | 0.004 | 0.004 | 0.003 | 0.003 | 0.002 | 0.002 |
| 3.00 | 0.254 | 0.218 | 0.180 | 0.140 | 0.102 | 0.070 | 0.051 | 0.037 | 0.028 | 0.022 | 0.016 | 0.014 | 0.010 | 0.007 | 0.006 | 0.005 | 0.005 | 0.004 | 0.003 | 0.002 | 0.002 |
| 3.20 | 0.242 | 0.209 | 0.172 | 0.135 | 0.099 | 0.069 | 0.051 | 0.038 | 0.029 | 0.023 | 0.017 | 0.015 | 0.011 | 0.008 | 0.007 | 0.005 | 0.005 | 0.004 | 0.003 | 0.003 | 0.002 |
| 3.40 | 0.232 | 0.200 | 0.166 | 0.130 | 0.096 | 0.067 | 0.050 | 0.038 | 0.029 | 0.023 | 0.018 | 0.015 | 0.012 | 0.009 | 0.007 | 0.006 | 0.005 | 0.004 | 0.003 | 0.003 | 0.002 |
| 3.60 | 0.222 | 0.192 | 0.159 | 0.125 | 0.094 | 0.066 | 0.050 | 0.038 | 0.029 | 0.023 | 0.018 | 0.016 | 0.012 | 0.009 | 0.007 | 0.006 | 0.006 | 0.005 | 0.004 | 0.003 | 0.003 |
| 3.80 | 0.213 | 0.184 | 0.152 | 0.121 | 0.091 | 0.065 | 0.049 | 0.037 | 0.029 | 0.023 | 0.019 | 0.016 | 0.012 | 0.010 | 0.008 | 0.007 | 0.006 | 0.005 | 0.004 | 0.003 | 0.003 |
| 4.00 | 0.205 | 0.177 | 0.148 | 0.117 | 0.088 | 0.063 | 0.048 | 0.037 | 0.030 | 0.024 | 0.019 | 0.016 | 0.013 | 0.010 | 0.008 | 0.007 | 0.006 | 0.005 | 0.004 | 0.004 | 0.003 |
| 4.20 | 0.197 | 0.171 | 0.142 | 0.113 | 0.086 | 0.062 | 0.047 | 0.037 | 0.029 | 0.024 | 0.019 | 0.016 | 0.013 | 0.011 | 0.009 | 0.007 | 0.006 | 0.005 | 0.004 | 0.004 | 0.003 |
| 4.40 | 0.190 | 0.165 | 0.138 | 0.110 | 0.083 | 0.061 | 0.046 | 0.036 | 0.029 | 0.024 | 0.019 | 0.016 | 0.013 | 0.011 | 0.009 | 0.008 | 0.007 | 0.006 | 0.005 | 0.004 | 0.003 |
| 4.60 | 0.183 | 0.159 | 0.133 | 0.107 | 0.081 | 0.059 | 0.045 | 0.036 | 0.029 | 0.024 | 0.019 | 0.016 | 0.013 | 0.011 | 0.009 | 0.008 | 0.007 | 0.006 | 0.005 | 0.004 | 0.004 |
| 4.80 | 0.177 | 0.154 | 0.129 | 0.104 | 0.079 | 0.058 | 0.044 | 0.036 | 0.029 | 0.023 | 0.019 | 0.016 | 0.014 | 0.011 | 0.010 | 0.008 | 0.007 | 0.006 | 0.005 | 0.004 | 0.004 |
| 5.00 | 0.171 | 0.151 | 0.125 | 0.101 | 0.077 | 0.057 | 0.043 | 0.035 | 0.028 | 0.023 | 0.019 | 0.016 | 0.014 | 0.012 | 0.010 | 0.008 | 0.007 | 0.006 | 0.005 | 0.005 | 0.004 |

表 6.2-5c　圆形面积上三角形分布荷载作用下对称轴下土中任意点竖向平均附加应力系数 $\bar{a}$

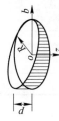

| z/R | \multicolumn{20}{c}{b/R} |
|---|---|---|---|---|---|---|---|---|---|---|---|---|---|---|---|---|---|---|---|---|
| | -0.200 | -0.400 | -0.600 | -0.800 | -1.000 | -1.200 | -1.400 | -1.600 | -1.800 | -2.000 | -2.200 | -2.400 | -2.600 | -2.800 | -3.000 | -3.200 | -3.400 | -3.600 | -3.800 | -4.000 |
| 0 | 0.600 | 0.700 | 0.800 | 0.900 | 0.500 | 0.000 | 0.000 | 0.000 | 0.000 | 0.000 | 0.000 | 0.000 | 0.000 | 0.00 | 0.000 | 0.000 | 0.000 | 0.000 | 0.000 | 0.000 |
| 0.20 | 0.598 | 0.697 | 0.791 | 0.862 | 0.466 | 0.024 | 0.004 | 0.001 | 0.000 | 0.000 | 0.000 | 0.000 | 0.000 | 0.000 | 0.000 | 0.000 | 0.000 | 0.000 | 0.000 | 0.000 |
| 0.40 | 0.589 | 0.679 | 0.755 | 0.774 | 0.435 | 0.071 | 0.019 | 0.007 | 0.003 | 0.001 | 0.001 | 0.000 | 0.000 | 0.000 | 0.000 | 0.000 | 0.000 | 0.000 | 0.000 | 0.000 |
| 0.60 | 0.569 | 0.647 | 0.702 | 0.691 | 0.406 | 0.106 | 0.038 | 0.015 | 0.007 | 0.004 | 0.002 | 0.001 | 0.001 | 0.000 | 0.000 | 0.000 | 0.000 | 0.000 | 0.000 | 0.000 |
| 0.80 | 0.541 | 0.608 | 0.646 | 0.622 | 0.380 | 0.126 | 0.054 | 0.025 | 0.013 | 0.007 | 0.004 | 0.003 | 0.002 | 0.001 | 0.001 | 0.000 | 0.000 | 0.000 | 0.000 | 0.000 |
| 1.00 | 0.511 | 0.567 | 0.594 | 0.565 | 0.356 | 0.137 | 0.066 | 0.034 | 0.019 | 0.011 | 0.006 | 0.004 | 0.003 | 0.002 | 0.001 | 0.001 | 0.001 | 0.000 | 0.000 | 0.000 |
| 1.20 | 0.479 | 0.527 | 0.548 | 0.517 | 0.333 | 0.142 | 0.075 | 0.042 | 0.024 | 0.015 | 0.009 | 0.006 | 0.004 | 0.003 | 0.002 | 0.001 | 0.001 | 0.001 | 0.001 | 0.000 |
| 1.40 | 0.449 | 0.491 | 0.506 | 0.476 | 0.313 | 0.143 | 0.080 | 0.048 | 0.029 | 0.018 | 0.012 | 0.008 | 0.005 | 0.004 | 0.003 | 0.002 | 0.001 | 0.001 | 0.001 | 0.000 |
| 1.60 | 0.421 | 0.457 | 0.470 | 0.441 | 0.294 | 0.142 | 0.084 | 0.052 | 0.033 | 0.022 | 0.014 | 0.010 | 0.007 | 0.005 | 0.004 | 0.003 | 0.002 | 0.001 | 0.001 | 0.001 |
| 1.80 | 0.395 | 0.428 | 0.438 | 0.410 | 0.278 | 0.140 | 0.085 | 0.055 | 0.036 | 0.024 | 0.017 | 0.012 | 0.008 | 0.006 | 0.004 | 0.003 | 0.002 | 0.002 | 0.001 | 0.001 |
| 2.00 | 0.372 | 0.401 | 0.409 | 0.383 | 0.263 | 0.137 | 0.087 | 0.057 | 0.039 | 0.026 | 0.019 | 0.014 | 0.010 | 0.007 | 0.005 | 0.004 | 0.003 | 0.002 | 0.002 | 0.001 |
| 2.20 | 0.350 | 0.376 | 0.384 | 0.360 | 0.248 | 0.134 | 0.087 | 0.058 | 0.040 | 0.028 | 0.021 | 0.015 | 0.011 | 0.008 | 0.006 | 0.005 | 0.004 | 0.003 | 0.002 | 0.001 |
| 2.40 | 0.331 | 0.355 | 0.362 | 0.339 | 0.236 | 0.130 | 0.085 | 0.059 | 0.042 | 0.030 | 0.022 | 0.016 | 0.012 | 0.009 | 0.007 | 0.006 | 0.004 | 0.003 | 0.003 | 0.002 |
| 2.60 | 0.313 | 0.336 | 0.341 | 0.320 | 0.225 | 0.126 | 0.084 | 0.059 | 0.042 | 0.031 | 0.023 | 0.017 | 0.013 | 0.010 | 0.008 | 0.006 | 0.005 | 0.004 | 0.003 | 0.002 |
| 2.80 | 0.297 | 0.318 | 0.323 | 0.303 | 0.214 | 0.122 | 0.082 | 0.059 | 0.043 | 0.032 | 0.024 | 0.018 | 0.014 | 0.011 | 0.009 | 0.007 | 0.005 | 0.004 | 0.003 | 0.002 |
| 3.00 | 0.283 | 0.302 | 0.307 | 0.288 | 0.204 | 0.118 | 0.081 | 0.058 | 0.043 | 0.032 | 0.025 | 0.019 | 0.015 | 0.012 | 0.009 | 0.007 | 0.006 | 0.005 | 0.004 | 0.003 |
| 3.20 | 0.269 | 0.287 | 0.292 | 0.274 | 0.196 | 0.114 | 0.079 | 0.058 | 0.043 | 0.033 | 0.025 | 0.020 | 0.016 | 0.012 | 0.010 | 0.008 | 0.006 | 0.005 | 0.004 | 0.003 |
| 3.40 | 0.257 | 0.274 | 0.278 | 0.261 | 0.188 | 0.110 | 0.077 | 0.057 | 0.043 | 0.033 | 0.026 | 0.020 | 0.016 | 0.013 | 0.010 | 0.008 | 0.007 | 0.005 | 0.004 | 0.004 |
| 3.60 | 0.246 | 0.262 | 0.266 | 0.250 | 0.180 | 0.107 | 0.076 | 0.056 | 0.043 | 0.033 | 0.026 | 0.021 | 0.017 | 0.013 | 0.011 | 0.009 | 0.007 | 0.006 | 0.005 | 0.004 |
| 3.80 | 0.236 | 0.251 | 0.255 | 0.239 | 0.173 | 0.104 | 0.074 | 0.055 | 0.042 | 0.033 | 0.026 | 0.021 | 0.017 | 0.014 | 0.011 | 0.009 | 0.007 | 0.006 | 0.005 | 0.004 |
| 4.00 | 0.224 | 0.241 | 0.244 | 0.229 | 0.167 | 0.101 | 0.072 | 0.054 | 0.042 | 0.033 | 0.026 | 0.021 | 0.017 | 0.014 | 0.012 | 0.009 | 0.008 | 0.007 | 0.006 | 0.005 |
| 4.20 | 0.217 | 0.231 | 0.234 | 0.220 | 0.161 | 0.098 | 0.070 | 0.053 | 0.041 | 0.033 | 0.026 | 0.021 | 0.017 | 0.014 | 0.012 | 0.010 | 0.008 | 0.007 | 0.006 | 0.005 |
| 4.40 | 0.209 | 0.222 | 0.225 | 0.212 | 0.155 | 0.095 | 0.069 | 0.052 | 0.040 | 0.032 | 0.026 | 0.021 | 0.018 | 0.015 | 0.012 | 0.010 | 0.008 | 0.007 | 0.006 | 0.005 |
| 4.60 | 0.202 | 0.214 | 0.217 | 0.204 | 0.150 | 0.092 | 0.067 | 0.051 | 0.040 | 0.032 | 0.026 | 0.021 | 0.018 | 0.015 | 0.012 | 0.010 | 0.009 | 0.007 | 0.006 | 0.005 |
| 4.80 | 0.195 | 0.207 | 0.209 | 0.197 | 0.145 | 0.090 | 0.065 | 0.050 | 0.040 | 0.032 | 0.026 | 0.021 | 0.018 | 0.015 | 0.012 | 0.010 | 0.009 | 0.008 | 0.006 | 0.005 |
| 5.00 | 0.188 | 0.201 | 0.202 | 0.190 | 0.140 | 0.087 | 0.064 | 0.049 | 0.039 | 0.031 | 0.026 | 0.021 | 0.018 | 0.015 | 0.013 | 0.011 | 0.009 | 0.008 | 0.007 | 0.006 |

（2）计算圆形基础沉降量时，其圆心的平均附加应力系数 $\bar{\alpha}$ 值，可直接采用表 6.2-5 中相应的数值。

（3）计算正倒锥组合壳基础沉降量时，其环宽中点的平均附加应力系数 $\bar{\alpha}$ 值，应分别按大圆与小圆由表 6.2-5 中相应的 $z/R$ 和 $b/R$ 栏查得的数值相减后采用。

**D　地基变形计算深度**

地基变形计算深度，应符合下式要求：

$$\Delta s_n' \leqslant 0.025 \sum_{i=1}^{n} \Delta s_i' \tag{6.2-10}$$

式中　$\Delta s_i'$——在计算深度范围内，第 $i$ 层土的计算变形值；

　　　$\Delta s_n'$——在计算深度向上取厚度为 $\Delta z$ 的土层计算变形值，$\Delta z$ 如图 6.2-1 所示，并按表 6.2-6 确定；若确定的计算深度下部仍有较软土层时，应继续计算。

**表 6.2-6　$\Delta z$ 取值**

| $b/\mathrm{m}$ | $b \leqslant 2$ | $2 < b \leqslant 4$ | $4 < b \leqslant 8$ | $b > 8$ |
|---|---|---|---|---|
| $\Delta z$ | 0.3 | 0.6 | 0.8 | 1.0 |

注：圆形基础，可按等效宽度 $b = \sqrt{\pi}r_1$ 选取。

### 6.2.3.2　基础倾斜计算

分别计算与基础最大压力 $p_{\max}$ 及最小压力 $p_{\min}$ 相对应的基础边缘 $A$、$B$ 两点的沉降量 $s_A$ 和 $s_B$，基础的倾斜值 $m_0$ 可按下式计算：

$$m_0 = \frac{s_A - s_B}{2r_1} \tag{6.2-11}$$

式中　$r_1$——圆形基础的半径或环形基础的外圆半径。

计算方法如下：

（1）计算在梯形荷载作用下的基础沉降量 $s_A$ 和 $s_B$ 时，可将荷载分为均布荷载和三角形荷载两部分，分别计算其相应的沉降量再进行叠加。

（2）计算环形基础在三角形荷载作用下的倾斜值时，可按半径 $r_1$ 的圆板在三角形荷载作用下，算得 $A$、$B$ 两点沉降值，减去半径为 $r_1$ 的圆板在相应的梯形荷载作用下，算得的 $A$、$B$ 两点沉降值。

基础沉降及倾斜允许值见表 6.2-7。

**表 6.2-7　基础沉降及倾斜允许值**

| 烟囱高度/m | 允许倾斜值 $\tan\theta$ | 允许沉降值/mm |
|---|---|---|
| $H \leqslant 20$ | 0.0080 | |
| $20 < H \leqslant 50$ | 0.0060 | 400 |
| $50 < H \leqslant 100$ | 0.0050 | |
| $100 < H \leqslant 150$ | 0.0040 | |
| $150 < H \leqslant 200$ | 0.0030 | 300 |
| $200 < H \leqslant 250$ | 0.0020 | 200 |

## 6.2.4 基础稳定性计算

### 6.2.4.1 基础的埋置深度

选择埋深应考虑的因素：

（1）工程地质和水文地质条件。在满足地基强度及变形的情况下，基础应尽量浅埋，特别是上层土的承载力大于下卧土层时。基础宜尽量埋置在地下水位以上，如无法避免时，则施工时应采取基坑排水及维护等措施。

（2）相邻建筑物的基础埋深。存在相邻建筑物时，新建基础的埋深不宜大于原有基础的埋深，否则应加大两基础之间的净距，应满足基础间距 $L \geqslant （1 \sim 2）\Delta H$（$\Delta H$ 为相邻基础基底高差），以保证原有建筑的安全。

（3）稳定性的要求。烟囱基础必须有足够的埋深，保证在风荷载和地震力作用下的稳定性，防止烟囱发生侧移和倾覆。

（4）土的冻胀性对埋置深度的影响。对建于冻胀性土上的基础最小埋深 $d_{min}$ 为：

$$d_{min} = Z_d - h_{max} \tag{6.2-12}$$

当有实测资料时

$$Z_d = h' - \Delta z \tag{6.2-13}$$

当无实测资料时

$$Z_d = z_0 \psi_{zs} \psi_{zw} \psi_{ze} \tag{6.2-14}$$

式中　$Z_d$——场地冻结深度，m，当有实测资料时按式（6.2-13）采用；

$h_{max}$——基础底面下允许冻土层最大厚度，m；

$z_0$——标准冻结深度；当无实测资料时，按《建筑地基基础设计规范》采用；

$\psi_{zs}$——土的类别对冻结深度的影响系数，按表6.2-8采用；

$\psi_{zw}$——土的冻胀性对冻结深度的影响系数，按表6.2-9采用；

$\psi_{ze}$——环境对冻结深度的影响系数，按表6.2-10采用；

$h'$——最大冻深出现时场地最大冻土层厚度，m；

$\Delta z$——最大冻深出现时场地地表冻胀量，m。

表 6.2-8　土的类别对冻结深度的影响系数

| 土 的 类 别 | 影响系数 $\psi_{zs}$ |
| --- | --- |
| 黏性土 | 1.00 |
| 细砂、粉砂、粉土 | 1.20 |
| 中、粗、砾砂 | 1.30 |
| 大块碎石土 | 1.40 |

表 6.2-9　土的冻胀性对冻结深度的影响系数

| 冻 胀 性 | 影响系数 $\psi_{zw}$ |
| --- | --- |
| 不冻胀 | 1.00 |
| 弱冻胀 | 0.95 |
| 冻胀 | 0.90 |
| 强冻胀 | 0.85 |
| 特强冻胀 | 0.80 |

表 6.2-10    环境对冻结深度的影响系数

| 周 围 环 境 | 影响系数 $\psi_{ze}$ |
|---|---|
| 村、镇、旷野 | 1.00 |
| 城市近郊 | 0.95 |
| 城市市区 | 0.90 |

#### 6.2.4.2    基础稳定性计算

**A    基础抗倾覆稳定性验算**

地基稳定性可采用圆弧滑动面法进行验算。最危险的滑动面上诸力对滑动中心所产生的抗滑力矩与滑动力矩应符合下式的要求：

$$M_R / M_S \geqslant 1.2 \qquad (6.2\text{-}15)$$

式中    $M_S$——滑动力矩，kN·m；

$M_R$——抗滑力矩，kN·m。

**B    基础抗滑移稳定性验算**

基础承受的水平荷载较大，而竖向荷载相对较小时，需进行基础的抗滑移稳定验算，并按下式计算：

$$H \leqslant \frac{(N + G)\mu}{\nu_k} \qquad (6.2\text{-}16)$$

式中    $H$——上部结构传至基础底面的水平力设计值，kN；

$N$——上部结构传至基础底面的垂直力设计值，kN；

$G$——基础自重及其台阶上的土重，kN；

$\mu$——基础底面对地基的摩擦系数，一般宜由实验确定，或按表6.2-11选用；

$\nu_k$——基础抗滑稳定系数，一般取1.2~1.3。

表 6.2-11    基础底面对地基的摩擦系数

| 土 的 类 别 | | 摩擦系数 $\mu$ |
|---|---|---|
| 黏性土 | 可塑 | 0.25~0.30 |
| | 硬塑 | 0.30~0.35 |
| | 坚硬 | 0.35~0.45 |
| 粉土 | | 0.30~0.40 |
| 中砂、粗砂、砾砂 | | 0.40~0.50 |
| 碎石土 | | 0.40~0.60 |
| 软质岩 | | 0.40~0.60 |
| 表面粗糙的硬质岩 | | 0.65~0.75 |

注：1. 对易风化的软质岩和塑性指数 $I_P > 22$ 的黏性土，基底摩擦系数应通过试验确定；

2. 对碎石土，可根据其密实程度、填充物状况、风化程度等确定。

# 6.3 基础计算

## 6.3.1 无筋扩展基础（刚性基础）

### 6.3.1.1 基础材料

A 混凝土和毛石混凝土基础

（1）混凝土基础的混凝土强度等级，不应低于 C15。在严寒地区，应采用不低于 C20。

（2）毛石混凝土基础一般采用不低于 C15 的混凝土，掺入少于基础体积30%的毛石，毛石强度等级不低于 MU20，其长度不宜大于 30cm；在严寒潮湿的地区，应用不低于 C20 的混凝土和不低于 MU30 的毛石。

B 砖基础

砖基础一般用不低于 MU10 烧结普通砖和不低于 M5 的水泥砂浆砌筑。因砖的抗冻性较差，所以在严寒地区❶和含水量较大的土中，应采用高强度等级的砖和水泥砂浆砌筑。具体要求为：

（1）当地基土稍潮湿时，应采用强度等级不低于 MU10 的烧结普通砖和强度等级不低于 M5 的水泥砂浆砌筑。

（2）当地基土很潮湿时，严寒地区应采用强度等级不低于 MU15，一般地区应采用强度等级不低于 MU10 烧结普通砖和强度等级不低于 M7.5 的水泥砂浆砌筑。

（3）地基土含水饱和时，严寒地区应采用强度等级不低于 MU20，一般地区应采用强度等级不低于 MU15 的烧结普通砖和强度等级不低于 M10 的水泥砂浆砌筑。

C 毛石基础

毛石基础石材应用无明显风化的天然石材（毛石或毛料石），并应根据地基土的潮湿程度采用，具体要求为：

（1）当地基土稍潮湿时，应采用强度等级不低于 MU30 的石材和强度等级不低于 M5 的水泥砂浆砌筑。

（2）当地基土很潮湿时，应采用强度等级不低于 MU30 的石材和强度等级不低于 M7.5 的水泥砂浆砌筑。

（3）地基土含水饱和时，应采用强度等级不低于 MU40 的石材和强度等级不低于 M10 的水泥砂浆砌筑。

### 6.3.1.2 基础计算

A 刚性基础的外形尺寸

刚性基础的外形尺寸（如图 6.3-1 所示），应按下列条件确定。

当为环形基础时：

$$b_1 \leq 0.8h\tan\alpha \tag{6.3-1}$$

$$b_2 \leq h\tan\alpha \tag{6.3-2}$$

---

❶ 严寒地区是指累年（近 30 年）最冷月平均温度低于或等于 −10℃的地区。

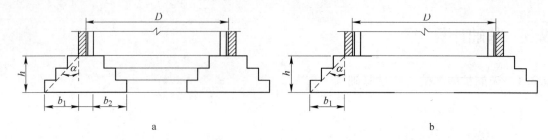

图 6.3-1　刚性基础

a—环形基础；b—圆形基础

当为圆形基础时：

$$b_1 \leqslant 0.8h\tan\alpha \qquad (6.3\text{-}3)$$

$$h \geqslant \frac{D}{3\tan\alpha} \qquad (6.3\text{-}4)$$

式中　　$b_1$，$b_2$——基础台阶悬挑尺寸，m；

　　　　　　$h$——基础高度，m；

　　　　$\tan\alpha$——基础台阶高度比；

　　　　　　$D$——基础顶面筒壁内直径，m。

B　基础台阶宽高比

刚性基础台阶宽高比的允许值见表 6.3-1。

表 6.3-1　刚性基础台阶宽高比允许值

| 基础材料 | 质量要求 | 台阶宽高比的允许值 | | |
|---|---|---|---|---|
| | | $p_k \leqslant 100$ | $100 < p_k \leqslant 200$ | $200 < p_k \leqslant 300$ |
| 混凝土基础 | C15 混凝土 | 1:1.00 | 1:1.00 | 1:1.25 |
| 毛石混凝土基础 | C15 混凝土 | 1:1.00 | 1:1.25 | 1:1.50 |
| 砖基础 | 砖不低于 MU10，砂浆不低于 M5 | 1:1.50 | 1:1.50 | 1:1.50 |
| 毛石基础 | 砂浆不低于 M5 | 1:1.25 | 1:1.50 | — |

注：1. $p_k$ 为荷载效应标准组合时基础底面处的平均压力值，kPa；

　　2. 阶梯形毛石基础的每阶伸出宽度，不宜大于 20cm；

　　3. 当基础由不同材料叠合组成时，应对接触部分进行抗压验算；

　　4. 基础底面处的平均压力值超过 300kPa 的混凝土基础，还应进行抗剪验算。

### 6.3.2　板式基础

#### 6.3.2.1　板式基础的设计内容

板式基础的设计内容如下：

（1）基底尺寸，可根据上部荷载及地基允许承载力确定。

（2）基础高度，根据基础台阶变截面处的抗剪及抗冲切验算，确定基础的最小高度。

（3）基础反力分布计算，近似假定按线性分布形式考虑。

（4）地基承载力及变形验算。

（5）基础底板内力计算，确定基础配筋。

（6）配筋构造设计。

### 6.3.2.2 基础合理外形

圆形基础外挑长度过长时，会使基础厚度急剧增加，造成基础混凝土用量过大。要实现基础合理外形，减小混凝土用量，可以采用以下措施：

（1）调整筒身坡度，特别调整第一节筒身坡度。

（2）调整环壁坡度，通常使环壁内表面垂直底板变为倾斜，一般倾斜角度控制在 $60° \sim 65°$，由此形成环板壳基础（底板为水平板）和正道锥组合壳基础。该方法具有一定的局限性，有时需要通过调整基础埋深来达到所需的基础底面积。

对于环形基础，其合理的外形是使内外悬挑的径向弯矩相等，据此得到如下合理外形控制方程：

$$2\beta^3 - 3\beta^2 - 4\alpha^2 + 10\alpha - 9 + \frac{8}{1 + \alpha} = 0 \qquad (6.3\text{-}5)$$

$$\alpha = \frac{r_1}{r_z} \qquad (6.3\text{-}6)$$

$$\beta = \frac{r_4}{r_z} \qquad (6.3\text{-}7)$$

式中  $r_1$ ——基础底板外半径；

$r_4$ ——基础底板内半径；

$r_z$ ——基础环壁与底板相交处内外交线中心处半径，即 $r_z = \dfrac{r_2 + r_3}{2}$。

根据式（6.3-5）可绘制图 6.3-2，也可拟合成下式：

$$\beta = -3.9 \times \left(\frac{r_1}{r_z}\right)^3 + 12.9 \times \left(\frac{r_1}{r_z}\right)^2 -$$

$$15.3 \times \frac{r_1}{r_z} + 7.3 \qquad (6.3\text{-}8)$$

### 6.3.2.3 板式基础计算

**A 板式基础外形尺寸**

板式基础外形尺寸，宜符合下列规定。

（1）当为环形基础时：

$$r_4 \approx \beta r_z \qquad (6.3\text{-}9)$$

$$h \geqslant \frac{r_1 - r_2}{2.2} \qquad (6.3\text{-}10)$$

$$h \geqslant \frac{r_3 - r_4}{3.0} \qquad (6.3\text{-}11)$$

$$h_1 \geqslant \frac{h}{2} \qquad (6.3\text{-}12)$$

$$h_2 \geqslant \frac{h}{2} \qquad (6.3\text{-}13)$$

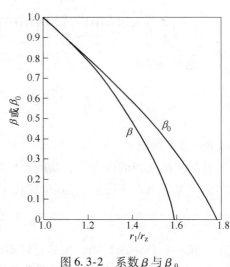

图 6.3-2　系数 $\beta$ 与 $\beta_0$

（2）当为圆形基础时：

$$\frac{r_1}{r_z} \approx 1.5 \tag{6.3-14}$$

$$h \geqslant \frac{r_1 - r_2}{2.2} \tag{6.3-15}$$

$$h \geqslant \frac{r_3}{4.0} \tag{6.3-16}$$

$$h_1 \geqslant \frac{h}{2} \tag{6.3-17}$$

式中　$\beta$ ——基础底板平面外形系数，根据 $r_1$ 与 $r_z$ 的比值，由图 6.3-1 查得或按式（6.3-8）计算；

　　　$r_z$ ——环壁底面中心处半径，$r_z = \dfrac{r_2 + r_3}{2}$ ，其余符号如图 6.3-3 所示。

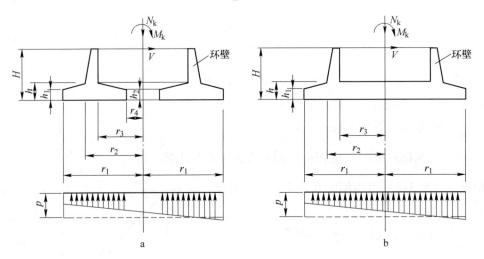

图 6.3-3　基础尺寸与底面压力计算

a—环形基础；b—圆形基础

B　基础底板压力

计算基础底板的内力时，基础底板的压力可按均布荷载采用，并取外悬挑中点处的最大压力（如图 6.3-3 所示），其值应按下式计算：

$$p = \frac{N}{A} + \frac{M_z}{I} \cdot \frac{r_1 + r_2}{2} \tag{6.3-18}$$

式中　$M_z$ ——作用于基础底面的总弯矩设计值，$kN \cdot m$；

　　　$N$ ——作用于基础顶面的垂直荷载设计值（不含基础自重及土重），$kN$；

　　　$A$ ——基础底面面积，$m^2$；

　　　$I$ ——基础底面惯性矩，$m^4$。

C　冲切强度计算

在环壁与底板交接处的冲切强度可按下式计算：

$$F_\lambda \leqslant 0.35 \beta_h f_{tt} (b_t + b_b) h_0 \tag{6.3-19}$$

式中　$F_\lambda$——冲切破坏体以外的荷载设计值，kN，按式（6.3-20）～式（6.3-22）
　　　　　计算；

　　　　$f_{tt}$——混凝土在温度作用下的抗拉强度设计值，$kN/m^2$；

　　　　$b_b$——冲切破坏锥体斜截面的下边圆周长，m，验算环壁外边缘时，$b_b = 2\pi(r_2 + h_0)$；验算环壁内边缘时，$b_b = 2\pi(r_3 - h_0)$；

　　　　$b_t$——冲切破坏锥体斜截面的上边圆周长，m，验算环壁外边缘时，$b_t = 2\pi r_2$；验算环壁内边缘时，$b_t = 2\pi r_3$；

　　　　$h_0$——基础底板计算截面处的有效厚度，m；

　　　　$\beta_h$——受冲切承载力截面高度影响系数，当 $h \leqslant 800mm$ 时，$\beta_h = 1.0$；当 $h \geqslant 2000mm$ 时，$\beta_h = 0.9$；其间按线性内插法取用。

D　冲切破坏锥体以外的荷载计算

冲切破坏锥体以外的荷载 $F_\lambda$ 按下列公式计算。

（1）计算环壁外边缘时：

$$F_\lambda = p\pi[r_1^2 - (r_2 + h_0)^2] \qquad (6.3\text{-}20)$$

（2）计算环壁内边缘时：

环形基础
$$F_\lambda = p\pi[(r_3 - h_0)^2 - r_4^2] \qquad (6.3\text{-}21)$$

圆形基础
$$F_\lambda = p\pi(r_3 - h_0)^2 \qquad (6.3\text{-}22)$$

E　底板配筋计算

（1）环形基础底板下部和底板内悬挑上部均采用径环向配筋时，确定底板配筋用的弯矩设计值可按下列公式计算。

1）底板下部半径 $r_2$ 处单位弧长的径向弯矩设计值为：

$$M_R = \frac{p}{3(r_1 + r_2)}(2r_1^3 - 3r_1^2 r_2 + r_2^3) \qquad (6.3\text{-}23)$$

2）底板下部单位宽度的环向弯矩设计值为：

$$M_\theta = \frac{M_R}{2} \qquad (6.3\text{-}24)$$

3）底板内悬挑上部单位宽度的环向弯矩设计值为：

$$M_{\sigma T} = \frac{pr_z}{6(r_z - r_4)}\left(\frac{2r_4^3 - 3r_4^2 r_z + r_z^3}{r_z} - \frac{4r_1^3 - 6r_1^2 r_z + 2r_z^3}{r_1 + r_z}\right) \qquad (6.3\text{-}25)$$

式中几何尺寸意义如图 6.3-4 所示。

（2）圆形基础底板下部采用径、环向配筋，环壁以内底板上部为等面积方格网配筋时，确定底板配筋用的弯矩设计值，可按下列规定计算。

1）当 $r_1/r_z \leqslant 1.8$ 时，底板下部径向弯矩和环向弯矩设计值，分别按式（6.3-23）和式（6.3-24）进行计算。

2）当 $r_1/r_z > 1.8$ 时❶，底板下部径向弯矩和环向弯矩设计值，分别按下列公式进行

————————————

❶　当 $r_1/r_z > 1.8$ 时，基础外形不合理，一般不采用。

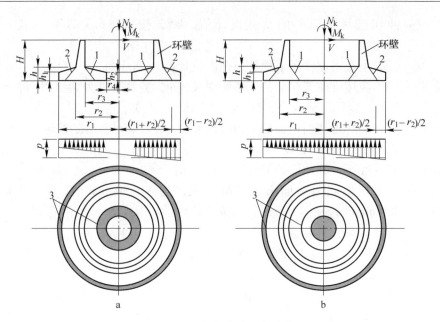

图 6.3-4　底板冲切强度计算

a—环形基础；b—圆形基础

1—验算环壁内边缘冲切强度时破坏锥体的斜截面；

2—验算环壁外边缘冲切强度时破坏锥体的斜截面；3—冲切破坏锥体的底截面

计算：

$$M_R = \frac{p}{12r_2}(2r_2^3 + 3r_1^2r_3 + r_1^2r_2 - 3r_1r_2^2 - 3r_1r_2r_3) \tag{6.3-26}$$

$$M_\theta = \frac{p}{12}(4r_1^2 - 3r_1r_2 - 3r_1r_3) \tag{6.3-27}$$

3）环壁以内底板上部两个正交方向单位宽度的弯矩设计值均为：

$$M_T = \frac{p}{6}\left(r_z^2 - \frac{4r_1^3 - 6r_1^2r_z + 2r_z^3}{r_1 + r_z}\right) \tag{6.3-28}$$

式中几何尺寸意义如图 6.3-4 所示。

（3）圆形基础底板下部和环壁以内底板上部均采用等面积方格网配筋时，确定底板配筋用的弯矩设计值，可按下列公式计算。

1）底板下部在两个正交方向单位宽度的弯矩为：

$$M_B = \frac{p}{6r_1}(2r_1^3 - 3r_1^2r_2 + r_2^3) \tag{6.3-29}$$

2）环壁以内底板上部在两个正交方向单位宽度的弯矩均为：

$$M_T = \frac{p}{6}\left(r_z^2 - 2r_1^2 + 3r_1r_z - \frac{r_z^3}{r_1}\right) \tag{6.3-30}$$

（4）当按式（6.3-25）、式（6.3-28）或式（6.3-20）计算所得的弯矩 $M_{\theta T}$（或 $M_T$）不大于 0 时，环壁以内底板上部一般不配置钢筋。但当 $p_{kmin} - \dfrac{G_k}{A} \leqslant 0$，或基础有烟气通过且烟气温度较高时，应按构造配筋。

（5）环形和圆形基础底板外悬挑上部一般不配置钢筋，但当地基反力最小边扣除基础自重和土重、基础底面出现负值（ $p_{kmin} - \dfrac{G_k}{A} < 0$ ）时，底板外悬挑上部应配置钢筋。其弯矩值可近似按承受均布荷载 $q$ 的悬臂构件进行计算。

$$q = \frac{M_z r_1}{I} - \frac{N}{A} \tag{6.3-31}$$

（6）底板下部配筋，应取半径 $r_2$ 处的底板有效高度 $h_o$，按等厚度进行计算。当采用径、环向配筋时，其径向钢筋可按 $r_2$ 处满足计算要求呈辐射状配置；环向钢筋可按等直径等间距配置。

（7）圆形基础底板下部不需配筋范围的半径 $r_d$（如图 6.3-5 所示），应按下列公式计算[●]。

1）径、环向配筋时：

$$r_d \leqslant \beta_0 r_z - 35d \tag{6.3-32}$$

式中　$\beta_0$——底板下部钢筋理论切断系数，按 $r_1/r_z$ 由图 6.3-2 查得；

　　　　$d$——受力钢筋直径，mm。

2）等面积方格网配置时：

$$r_d \leqslant r_3 + r_2 - r_1 - 35d \tag{6.3-33}$$

（8）当有烟气通过基础时，基础底板与环壁，可按下列规定计算受热温度。

1）基础环壁的受热温度，按式（4.3-1）进行计算。计算时环壁外侧的计算土层厚度（如图 6.3-6 所示）可按下式计算：

$$H_1 = 0.505H - 0.325 + 0.050DH \tag{6.3-34}$$

式中　$H_1$——计算土层厚度，m；

　　　　$H$——由内衬内表面计算的基础环壁埋深，m，如图 6.3-6 所示。

　　　　$D$——由内衬内表面计算。

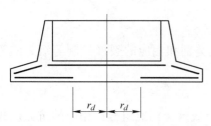

图 6.3-5　不需配筋范围的半径 $r_d$

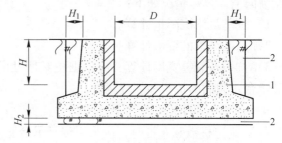

图 6.3-6　计算土层厚度示意
1—环壁；2—计算土层

2）基础底板的受热温度，可采用地温代替本手册平壁法温度计算公式中的空气温度 $T_a$，按第一类温度边界问题进行计算。计算时基础底板下的计算土层厚度（如图 6.3-6 所示）和地温可按下列规定采用：

①计算底板最高受热温度时，$H_2 = 0.3m$，地温取 15℃；

②计算底板温度差时，$H_2 = 0.2m$，地温取 10℃。

---

[●]　当计算出的 $r_d \leqslant 0$ 时，底板下部各处均应配筋（不切断）。

3）计算出的基础环壁及底板的最高受热温度，应小于或等于混凝土的最高受热温度允许值。

（9）计算基础底板配筋时，应根据最高受热温度，并采用本手册规定的混凝土和钢筋在温度作用下的强度设计值。

（10）在计算基础环壁和底板配筋时，当未考虑温度作用产生的应力时，配筋宜增加15%。

### 6.3.3　桩基础

#### 6.3.3.1　桩基基本规定

**A　桩基础的极限状态设计**

桩基础应按下列两种极限状态设计：

（1）承载能力极限状态。桩基达到最大承载能力、整体失稳或发生不适于继续承载的变形。具体情况如下：

1）应根据桩基的使用功能和受力特征分别进行桩基的竖向承载力和水平承载力计算。

2）应对桩身和承台结构承载力进行计算；对于桩侧土不排水抗剪强度小于10kPa且长径比大于50的桩，应进行桩身压屈验算；对于混凝土预制桩，应按吊装、运输和锤击作用进行桩身承载力验算；对于钢管桩，应进行局部压屈验算。

3）当桩端平面以下存在软弱下卧层时，应进行软弱下卧层承载力验算。

4）对位于坡地、岸边的桩基，应进行整体稳定性验算。

5）对于抗浮、抗拔桩基，应进行基桩和群桩的抗拔承载力计算。

6）对于抗震设防区的桩基，应进行抗震承载力验算。

（2）正常使用极限状态。桩基达到烟囱正常使用所规定的变形限值或达到耐久性要求的某项限值。具体情况如下：

1）桩基最终沉降量计算。

2）基础结构的变形计算。

3）抗裂及裂缝宽度计算，应根据桩基所处的环境类别和相应的裂缝控制等级，验算桩和承台正截面的抗裂和裂缝宽度。

**B　桩基设计作用效应组合与相应的抗力**

（1）确定桩数和布桩时，应采用传至承台底面的荷载效应标准组合；相应的抗力应采用基桩或复合基桩承载力特征值。

（2）计算荷载作用下的桩基沉降和水平位移时，应采用荷载效应准永久组合；计算水平地震作用、风载作用下的桩基水平位移时，应采用水平地震作用、风载效应标准组合。

（3）验算坡地、岸边烟囱桩基的整体稳定时，应采用荷载效应标准组合；抗震设防区，应采用地震作用效应和荷载效应的标准组合。

（4）在计算桩基结构承载力、确定尺寸和配筋时，应采用传至承台顶面的荷载效应基本组合。当进行承台和桩身裂缝控制验算时，应分别采用荷载效应标准组合和荷载效应准永久组合。

（5）桩基结构安全等级、结构设计使用年限和结构重要性系数 $\gamma_0$ 应按《烟囱设计规范》的规定采用。安全等级为一级的烟囱，重要性系数 $\gamma_0$ 为 1.1，其他情况不小于 1.0。

（6）对桩基结构进行抗震验算时，其承载力调整系数 $\gamma_{RE}$ 应按现行国家标准《建筑抗震设计规范》（GB 50011）的规定采用。非液化土中低承台桩基的单桩竖向和水平向抗震承载力特征值可比非抗震设计时提高 25%。

C 烟囱桩基的设计等级

无特殊复杂地质条件以及对邻近建筑物无重大影响时，100m 以上烟囱的桩基设计等级为甲级，其余为乙级。

6.3.3.2 桩的类型与特点

桩按施工方法可分为预制桩和灌注桩两大类。桩型、桩断面尺寸及桩端持力层的选择应综合考虑地质情况、施工条件、施工工艺、建筑场地环境等因素，充分利用各桩型特点以满足安全、经济及工期等方面的要求，可参照国家现行标准《建筑桩基技术规范》（JGJ 94）的规定进行设计。

A 预制桩

预制桩可用钢筋混凝土、预应力钢筋混凝土或钢材在预制厂或现场制作，以锤击、振动打入、静压或旋入等方式沉入土中。

（1）钢筋混凝土预制桩。钢筋混凝土预制桩的长度和截面尺寸、形状可在一定的范围内根据需要选择，质量较易保证，其横截面形式一般有方形、圆形等；可以是实心的，也可以是空心的。普通实心方桩的截面边长一般为 300～500mm。现场预制桩的长度一般为 25～30m；工厂预制桩的长度一般不超过 12m，沉桩时在现场连接到所需长度，接头数量不宜超过两个。钢筋混凝土桩具有桩体抗压、抗拉强度均较高的特点，可适用较复杂的荷载情况，因而得到广泛应用。

（2）预应力钢筋混凝土预制桩。预应力钢筋混凝土预制桩通常在地表预制，其断面多是圆形的。由于在预制过程中对钢筋及混凝土体施加预应力，使得桩体在抗弯、抗拉及抗裂等方面比普通的钢筋混凝土桩有较大的优越性。预应力管桩的接头数量不宜超过四个。近年来预应力高强管桩也广泛应用在工程上，由于它在工厂制作，质量更有保证。但空心桩在高烈度地区不宜采用。

（3）钢桩。常用的钢桩有开口或闭口的钢管桩、宽翼缘工字钢及型钢桩。钢桩的主要优点是桩身抗压、抗弯强度大，贯入性能好，能穿越相当厚度的硬土层，以提供很高的竖向承载力；另外，钢桩施工比较方便，易于裁、接。钢桩的缺点是耗钢量大、成本高；此外，还存在环境腐蚀等问题，需做特殊考虑。

B 灌注桩

灌注桩是在桩位处先成桩孔，然后在孔内设置钢筋笼，灌注混凝土而形成的桩。灌注桩无需像预制桩那样经历制作、运输及沉桩过程，因而比较经济，但施工技术较复杂，成桩质量控制比较困难。

灌注桩按成孔方法可分为非挤土桩、部分挤土桩和挤土桩。

（1）非挤土桩，包括干作业法钻（挖）孔灌注桩、泥浆护壁法钻（挖）孔灌注桩、套管护壁法钻（挖）孔灌注桩。其中钻孔灌注桩是各类灌注桩中应用最广泛的一种。由于其不存在挤土的负面效应，又具有穿越各种硬夹层、嵌岩和进入各类硬持力层的能力，桩的几何尺寸和单桩的承载力可调空间大。灌注桩的直径一般可达 0.3 ~ 2.0m，而桩长可为数米至一二百米。

（2）部分挤土桩，包括冲孔灌注桩、钻孔挤扩灌注桩。

（3）挤土桩，包括沉管灌注桩、沉管夯（挤）扩灌注桩。其中沉管灌注桩成桩过程的挤土效应在饱和黏土中是负面的，会引发灌注桩断桩、缩颈等质量事故，挤土效应还会造成周边房屋、市政设施受损，但因为施工速度快且造价较低，在松散土和非饱和填土中效益比较明显，因此，应用比较广泛。沉管灌注桩分为振动沉管桩和锤击沉管桩两种。

### 6.3.3.3　单桩承载力计算

单桩在竖向荷载作用下达到破坏状态前或出现不适于继续承载的变形时所对应的最大荷载即为其竖向极限承载力；在工作状态下桩所允许承受的最大荷载即为单桩竖向承载力的特征值。

**A　单桩竖向承载力特征值**

单桩竖向承载力按地基对桩体的阻力确定桩承载力的方法包括现场试验方法、经验公式方法、理论计算方法及经验值方法等。单桩竖向承载力特征值的确定应符合下列规定：

（1）单桩竖向承载力特征值应通过单桩竖向静荷载试验确定。在现场用静荷载试验确定单桩承载力是比较切合实际的方法，该方法确定的单桩承载力基本反映了现实工程的单桩承载力。因此，《建筑地基基础设计规范》规定："为保证桩基设计的可靠性，规定除设计等级为丙级的建筑外，单桩竖向承载力特征值应采用竖向静载荷试验确定"。在同一条件下的实验桩数量，不宜少于总桩数的 1%，且不少于 3 根。

单桩竖向承载力特征值的确定，是为设计提供依据。一般是在专门制作的实验桩上进行，荷载加到破坏荷载，得到单桩竖向极限承载力。将单桩竖向极限承载力除以安全系数 2，作为单桩竖向承载力特征值 $R_a$，该过程称为设计检验。单桩竖向静荷载试验要点见现行《建筑地基基础设计规范》有关规定。

控制检验是对工程桩按一定比例进行随机抽检，检验承载力是否满足设计要求和桩身结构的完整性。为确保实际单桩竖向承载力特征值达到设计要求，应根据工程重要性、地质条件、设计要求及工程施工情况进行单桩静荷载试验或可靠的动力试验。对于工程桩施工前未进行单桩静荷载试验的甲级建筑桩基以及地质条件复杂、桩的施工质量可靠性低、确定单桩竖向承载力的可靠性低、桩数多的乙级建筑桩基，应采用单桩静荷载试验对工程桩单桩竖向承载力进行检测，检验桩数同设计检验要求。除此之外，可采用可靠的动测法对工程桩单桩竖向承载力进行检测。

动力试桩主要用于控制性检验，根据作用在桩顶上能量的大小，分为高、低应变两种方法。高应变动测用于判定单桩的极限承载力及评价桩身结构的完整性；低应变动测用于桩身结构的完整性的检测，以确定桩身质量等级。采用高应变检测单桩承载力时，对工程地质条件、桩型、成孔机具和工艺相同、同一单位施工的基桩，检测数量不宜少于总桩数的 2%，且不得少于 5 根。采用低应变检测桩身完整性时，对于打入桩或压入桩不应少于总桩数的 10%，且不得少于 5 根；对灌注桩不应少于总桩数的 20%，且不得少于 10 根；对于一柱一桩的建筑物或构筑物，全部基桩都应进行检测。

（2）按经验公式计算。经验公式法根据桩侧摩阻力、桩端阻力与土层的物理力学状态指标的经验关系来确定单桩竖向承载力。这种方法可用于初步设计时，估算单桩承载力特征值及桩数，在各地区各部门均有大量应用。详细计算方法见《建筑地基基础设计规范》（GB 50007）及《建筑桩基技术规范》（JGJ 94）。

假定同一土层内桩摩擦力为均布，则采取以下两种形式确定单桩竖向抗压承载力：

1）按单桩极限承载力确定单桩承载力特征值。先建立土层的物理力学状态指标与桩极限侧摩阻力、极限端阻力的经验关系为：

$$Q_u = u_p \sum_{i=1}^{n} q_{siu} l_i + A_p q_{pu} \tag{6.3-35}$$

式中　$Q_u$——单桩竖向极限承载力，kN；

　　　$u_p$——桩身断面周长，m；

　　　$A_p$——桩端底面积，$m^2$；

　　　$q_{siu}$——第 $i$ 层土内桩侧极限摩阻力值，kPa；

　　　$q_{pu}$——桩端土极限端阻力值，kPa；

　　　$l_i$——桩穿越第 $i$ 层土的长度，m；

　　　$n$——桩长范围土层层数。

对单桩竖向极限承载力 $Q_u$ 除以安全系数 $K$，得到单桩承载力特征值 $R_a$ 为：

$$R_a = Q_u / K \tag{6.3-36}$$

式中　$K$——单桩竖向承载力安全系数，一般可取 $k = 2.0$。

2）直接建立土层的物理力学状态指标与单桩承载力特征值的关系：

$$R_a = u_p \sum_{i=1}^{n} q_{sia} l_i + A_p q_{pa} \tag{6.3-37}$$

式中　$R_a$——单桩竖向承载力特征值，kN；

　　　$q_{sia}$——第 $i$ 层土内桩侧摩阻力特征值，kPa；

　　　$q_{pa}$——桩端土端阻力特征值，kPa。

$q_{siu}$、$q_{pu}$ 或 $q_{sia}$、$q_{pa}$ 的经验值一般按土的类型、软硬或密实程度及成桩方法，通过对大量桩的静荷载试验结果的统计分析得到，也可根据地区性经验确定。

B　单桩水平承载力

单桩水平承载力特征值取决于桩的材料强度、截面刚度、入土深度、土质条件、桩顶水平位移允许值和桩顶嵌固情况等因素，应通过现场水平荷载试验确定，必要时可进行带承台桩的荷载试验，试验宜采用慢速维持荷载法。

6.3.3.4　桩基础设计

A　桩基础常规设计的内容与步骤

桩基础设计包括以下几方面的内容及步骤：

（1）收集设计资料，包括建筑物类型、规模、使用要求、结构体系及荷载情况，建筑场地的岩土工程勘察报告等。

（2）选择桩型，并确定桩的断面形式及尺寸、桩端持力层及桩长等基本参数和承台埋深。

（3）确定单桩承载力，包括竖向抗力、抗拔及水平承载力等。

（4）确定群桩的桩数及布桩形式，并按布桩形式及建筑平面及场地条件确定承台类型及尺寸。

（5）桩基承载力与变形验算，包括竖向及水平承载力、沉降或水平位移等，对有软弱下卧层的桩基，尚需验算软弱下卧层的承载力。

（6）桩基中各桩受力与结构设计，包括各桩桩顶荷载分析、内力分析以及桩身结构构造设计等。

（7）承台结构设计，包括承台的抗弯、抗剪、抗冲切及抗裂等强度设计及结构构造等。

B　桩型、桩断面尺寸及桩长的选择

a　桩型的选择

桩型的选择是桩基设计的最基本环节之一。桩型的选择应综合考虑建筑物对桩基的功能要求、土层分布及性质、桩施工工艺以及环境等方面因素，充分利用各桩型的特点来适应建筑物在安全、经济及工期等方面的要求。

b　断面尺寸的选择

桩的断面尺寸首先与所采用的桩材料有关。钢桩的断面一般有 H 型、圆管等形式，多数为原材料形状，也有按要求焊接组合而成形的。钢管桩直径一般为 250 ~ 1200mm，而 H 型钢桩常有相应的成品规格供选用。混凝土灌注桩均为圆形，其直径一般随成桩工艺有较大变化。对沉管灌注桩，直径一般在 300 ~ 500mm；对钻孔灌注桩，直径多为 500 ~ 1200mm，对一些特殊结构及施工工艺，也可达 3000mm 左右。对扩底钻孔灌注桩，扩底直径一般不大于桩身直径的 1.5 ~ 2.0 倍。预应力桩常做成空心断面的；混凝土预制桩断面常用方形，直径或边长一般不超过 550mm。当条件许可时，混凝土预制桩宜做成三角形、十字形断面，可取得桩自重小而侧表面积大的效果。

c　桩长的选择

桩长的选择与桩的材料、施工工艺等因素有关，但关键在于选择桩端持力层，因为持力层的位置及性状对桩承载力与变形性状有着重要影响。

坚实土层及岩层最适于作为桩端持力层。桩端进入坚硬土层的深度应保证桩端有稳固的土体以提供较高的端阻力。一般情况下，桩端进入黏性土、粉土及砂土的深度不宜小于 2 ~ 3 倍桩径；桩端进入碎石土的深度不宜小于 1 倍桩径。

桩端下土层的厚度对保证桩端提供可靠的承载力有重要意义。桩端下坚硬土层的厚度一般不宜小于 5 倍桩径。穿越软弱土层而支承于斜岩面的桩，当风化层较薄时应考虑将桩端嵌入新鲜基岩；当桩端岩层下有溶岩现象时，应注意溶岩顶板的厚度是否满足桩端冲切要求。

在选择桩长时还应该注意对同一建筑物尽量采用同一类型的桩，尤其不应同时采用端承桩和摩擦桩。除落于斜岩面上的端承桩外，桩端标高之差应从严掌握，当端部土层坚硬时不宜超过相邻桩之间的中心间距，对于摩擦桩不宜超过桩长的 1/10。

如已选择的桩长不能满足承载力或变形等方面的要求，可考虑适当调整桩的长度，必要时需调整桩型、断面尺寸以及成桩工艺等。

C　确定单桩承载力

根据结构物对桩功能的要求及荷载特性，需明确单桩承载力的类型，如抗压、抗拔及水平承载力等，并根据确定承载力的具体方法及有关规范要求给出单桩承载力的特征值。

D　确定桩数及布桩

a　桩数

桩数主要受到荷载量级、单桩承载力及承台结构强度等方面的影响。桩数确定的基本要求是满足单桩及群桩的承载力。

（1）对主要承担竖向荷载的桩基，可按以下方法初估桩数。

当桩基受轴心压力时，桩数应满足：

$$n \geqslant \frac{F_k + G_k}{R_a} \tag{6.3-38}$$

式中　$n$——初估的桩数；

$F_k$——相应于荷载效应标准组合时桩基竖向轴心压力值，kN；

$G_k$——承台自重和承台上土自重标准值，kN；

$R_a$——单桩竖向抗压承载力特征值，kN。

当桩基偏心受压时，一般先按轴心受压初估桩数，然后按偏心荷载大小将桩数增加10%~20%。这样定出的桩数也是初步的，最终要依桩基总承载力与变形、单桩受力以及承台结构强度等要求决定。

（2）对主要承担水平荷载的桩基，也可参照上述原则估计桩数，并由桩基总承载力与水平位移、单桩受力分析等最终确定桩数。

b　布桩

如烟囱桩基础的承台平面为圆形或环形，桩的平面布置应以承台平面中心点为中心，呈放射状布置为好。桩的分布半径，应考虑烟囱筒身荷载的作用点（基础环壁）的位置，在荷载作用点附近，桩适当加密。由于烟囱筒身传至承台的弯矩较大，桩的布置还应遵守内疏外密的原则，以加大群桩的平面抵抗矩。布桩的间距应满足表6.3-2的要求。

表 6.3-2　桩的最小中心距

| 土类与成桩工艺 | | 排数不少于3排且桩数不少于9根的摩擦型桩桩基 | 其他情况 |
|---|---|---|---|
| 非挤土灌注桩 | | 3.0$d$ | 3.0$d$ |
| 部分挤土桩 | 非饱和土<br>饱和非黏性土 | 3.5$d$ | 3.0$d$ |
| | 饱和黏性土 | 4.0$d$ | 3.5$d$ |
| 挤土桩 | 非饱和土<br>饱和非黏性土 | 4.0$d$ | 3.5$d$ |
| | 饱和黏性土 | 4.5$d$ | 4.0$d$ |
| 钻、挖孔扩底桩 | | 2$D$ 或 $D$+2.0m<br>（当 $D$>2m） | 1.5$D$ 或 $D$+1.5m<br>（当 $D$>2m） |
| 沉管夯扩<br>钻孔挤扩桩 | 非饱和土<br>饱和非黏性土 | 2.2$D$ 且 4.0$d$ | 2.0$D$ 且 3.5$d$ |
| | 饱和黏性土 | 2.5$D$ 且 4.5$d$ | 2.2$D$ 且 4.0$d$ |

E　群桩承载力验算

群桩承载力验算应按荷载效应标准组合取值并与承载力特征值进行比较，计算时应符合下列要求：

（1）荷载效应标准组合。

轴心竖向力作用下，应满足：

$$N_k \leqslant R \tag{6.3-39}$$

偏心竖向力作用下，除满足上式外，还应满足下式要求：

$$N_{kmax} \leqslant 1.2R \tag{6.3-40}$$

（2）地震作用效应和荷载效应标准组合。

轴心竖向力作用下，应满足：

$$N_{Ek} \leqslant 1.25R \tag{6.3-41}$$

偏心竖向力作用下，除满足上式外，还应满足下式要求：

$$N_{Ekmax} \leqslant 1.5R \tag{6.3-42}$$

式中　$N_k$——荷载效应标准组合轴心竖向力作用下，基桩或复合基桩的平均竖向力；

　　　$N_{kmax}$——荷载效应标准组合偏心竖向力作用下，桩顶最大竖向力；

　　　$N_{Ek}$——地震作用效应和荷载效应标准组合下，基桩或复合基桩的平均竖向力；

　　　$N_{Ekmax}$——地震作用效应和荷载效应标准组合下，基桩或复合基桩的最大竖向力；

　　　$R$——基桩或复合基桩竖向承载力特征值。

荷载效应应通过结构物内力分析确定，具体按现行相关荷载规范执行；桩基承载力可按有关规范要求计算。当某一项承载力指标不满足要求时，应对以前各步骤确定的内容进行调整。

对竖向承压群桩，当桩端持力层下存在软弱下卧层时，一般可将桩端所受荷载按其作用面积以扩散角方式在持力层中扩散至软弱层顶面，按假想基础计算其承载力。

F　群桩变形验算

桩基变形验算，应按荷载效应准永久组合进行计算，一般情况下不计入风荷载与地震作用。但对于烟囱基础，当该地区风玫瑰图呈严重偏心时，风荷载按频遇值系数 0.4 计算。

对于各种桩基础，其变形主要有四种类型，即沉降量、沉降差、倾斜及水平侧移。这些变形值均应满足结构物正常使用限值要求，即：

$$\Delta \leqslant [\Delta] \tag{6.3-43}$$

式中　$\Delta$——桩基变形特征值计算值，m；

　　　$[\Delta]$——桩基变形特征允许值，m，其中沉降量与倾斜变形应满足表 6.3-3 的规定。

表 6.3-3　桩基沉降与倾斜变形允许值

| 烟囱高度/m | 允许倾斜值 $\tan\theta$ | 允许沉降量/mm |
|---|---|---|
| $H \leqslant 20$ | 0.0080 | 350 |
| $20 < H \leqslant 50$ | 0.0060 | |
| $50 < H \leqslant 100$ | 0.0050 | |
| $100 < H \leqslant 150$ | 0.0040 | 250 |
| $150 < H \leqslant 200$ | 0.0030 | |
| $200 < H \leqslant 250$ | 0.0020 | 150 |

计算桩基沉降时，最终沉降量宜按单向压缩分层总和法计算。地基内的应力分布宜采用各向同性均质线性变形体理论，按照实体深基础方法或明德林应力公式方法进行计算。按照现行规范，单排疏桩以及桩距大于 $6d$ 的烟囱桩基础，建议采用明德林应力公式方法计算沉降，桩距小于 $6d$ 的多排桩基可采用假想实体的方法计算沉降，具体设计时要求设计人员自行理解把握，并按相关地区设计规范要求进行计算，如上海地区规范要求桩基沉降均采用明德林应力法。

在常用桩距（$s \leqslant 6d$）条件下的多排群桩，目前经常采用半经验的实体深基础法来估算桩基沉降，以及桩基规范介绍的考虑群桩的距径比与长径比等影响因素的等效作用分层总和法。

a　实体深基础法（《建筑地基基础设计规范》（GB 50007）方法）

常用的沉降计算方法，计算模式根据桩尖进入持力层的土质及桩身穿越的土层情况，大致可分为三种情况：

（1）当桩穿过软土层，而支承于较硬的黏性土或砂土层时，假想的实体深基础底面位置与桩尖平面一致，且不考虑沿桩身的应力扩散角。

（2）当桩尖持力层与桩身穿越土层的性质差异不大，即为支承于软土层中的摩擦桩基，则可考虑桩群外围侧面剪应力的扩散角 $\alpha$，对于一般淤泥质软土 $\alpha = 4°$，其他土质条件时可取 $\alpha = \dfrac{\varphi}{4}$（$\varphi$ 为桩穿过各土层内摩擦角的加权平均值）。

（3）当考虑桩间土的压缩变形时，将假想实体深基础底面取在桩尖以上一定厚度，例如 $l/3$（$l$ 为桩的入土长度）处，在此基底以下荷载按 1:2 的斜线扩散。

确定计算模式后，可按浅基础沉降计算方法来计算假想实体的沉降，工程实践中常采用单向压缩分层总和法计算，最终沉降量计算公式为：

$$s = \psi_{ps} \cdot \sum_{i=1}^{n} p_0 \frac{z_i \bar{a}_i - z_{i-1} \bar{a}_{i-1}}{E_{si}} \tag{6.3-44}$$

式中　$s$——桩基最终沉降量，mm；

$p_0$——假想实体基础底面在荷载效应准永久组合下的附加压力，kPa；

$\psi_{ps}$——桩基沉降计算经验系数，无地区经验时可根据变形计算深度范围内压缩模量的当量值（$\bar{E}_s$）按表 6.3-4 取值；

$n$——桩基沉降计算深度范围内所划分的土层数；

$E_{si}$——等效作用面以下第 $i$ 层土的压缩模量，MPa，采用地基土在自重压力至自重压力加附加应力作用时的压缩模量；

$z_i, z_{i-1}$——桩端平面至第 $i$ 层土、第 $i-1$ 层土底面的距离，m；

$\bar{a}_i, \bar{a}_{i-1}$——桩端平面计算点至第 $i$ 层土、第 $i-1$ 层土底面深度范围内平均附加应力系数，可按表 6.2-5 选用。

表 6.3-4　实体深基础计算桩基沉降计算经验系数 $\psi_{ps}$

| $\bar{E}_s$ /MPa | ≤15 | 25 | 35 | ≥45 |
|---|---|---|---|---|
| $\psi_{ps}$ | 0.5 | 0.4 | 0.35 | 0.25 |

b　等效作用分层总和法（《建筑桩基技术规范》（JGJ 94）方法）

（1）对于桩中心距不大于 6 倍桩径的桩基，其最终沉降量计算可采用等效作用分层总和法。等效作用面位于桩端平面，等效作用面积为桩承台投影面积，等效作用附加压力近似取承台底平均附加压力。等效作用面以下的应力分布采用各向同性均质直线变形体理论。计算模式如图 6.3-7 所示，桩基任一点最终沉降量可用角点法按下式计算：

$$s = \psi \cdot \psi_e \cdot s' = \psi \cdot \psi_e \cdot \sum_{i=1}^{n} p_{0j} \frac{z_i \, \overline{a}_i - z_{i-1} \, \overline{a}_{i-1}}{E_{si}}$$

$$(6.3\text{-}45)$$

式中　$s$——桩基最终沉降量，mm；

　　　$s'$——采用布辛奈斯克（Boussinesq）解，按实体深基础分层总和法计算出的桩基沉降量，mm；

　　　$\psi$——桩基沉降计算经验系数，无地区经验时可根据变形计算深度范围内压缩模量的当量值（$\overline{E}_s$）按表 6.3-5 取值；

　　　$\psi_e$——桩基等效沉降系数；

　　　$p_{0j}$——桩端平面在荷载效应准永久组合下的附加压力，kPa；

　　　$n$——桩基沉降计算深度范围内所划分的土层数；

　　　$E_{si}$——等效作用面以下第 $i$ 层土的压缩模量，MPa，采用地基土在自重压力至自重压力加附加应力作用时的压缩模量；

　　$z_i, z_{i-1}$——桩端平面至第 $i$ 层土、第 $i-1$ 层土底面的距离，m；

　$\overline{a}_i, \overline{a}_{i-1}$——桩端平面计算点至第 $i$ 层土、第 $i-1$ 层土底面深度范围内平均附加应力系数，可按表 6.2-5 选用。

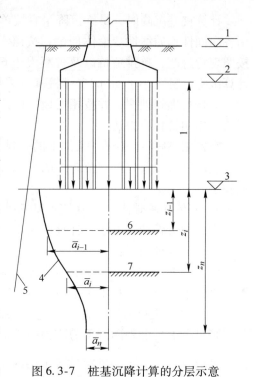

图 6.3-7　桩基沉降计算的分层示意

1—天然地面标高；2—承台底标高；3—实体深基础等效作用面（桩端平面）；4—平均附加应力系数 $\overline{a}$ 曲线；5—土的自重应力 $\sigma_c$ 线；6—第 $i-1$ 层；7—第 $i$ 层

表 6.3-5　桩基沉降计算经验系数 $\psi$

| $\overline{E}_s$ /MPa | ≤10 | 15 | 20 | 35 | ≥50 |
|---|---|---|---|---|---|
| $\psi$ | 1.2 | 0.9 | 0.65 | 0.50 | 0.40 |

注：表中 $\overline{E}_s$ 为变形计算深度范围内压缩模量的当量值，按公式 $\overline{E}_s = \sum A_i / \sum \dfrac{A_i}{E_{si}}$ 计算，式中 $A_i$ 为第 $i$ 层土附加压力系数沿土层厚度的积分值，可近似按分块面积计算；$\psi$ 可根据 $\overline{E}_s$ 内插取值。

（2）计算时应注意以下原则：

1）把桩基承台、桩群与桩间土作为实体深基础，不考虑沿桩身的压力扩散。

2）沉降计算深度自桩端全断面算起，算到附加应力等于土的自重压力的 20% 处，即

$\sigma_z \le 0.2\sigma_c$，附加压力的计算中应考虑相邻基础的影响。

3）沉降计算经验系数，无可靠经验时，桩基沉降计算经验系数可按表 6.3-5 选用，具体选用方法及折减见《建筑桩基技术规范》（JGJ 94）相关章节。

4）桩基等效沉降系数 $\psi_e$ 可按下式简化计算：

$$\psi_e = C_0 + \frac{\sqrt{n} - 1}{C_1(\sqrt{n} - 1) + C_2} \tag{6.3-46}$$

式中 $C_0$，$C_1$，$C_2$——根据群桩距径比 $s_a/d$、长径比 $l/d$ 及基础长宽比 $L_c/B_c$（圆、环形承台取 1.0）按《建筑桩基技术规范》（JGJ 94）附录 E 确定；

$n$——总桩数。

5）平均附加应力系数计算与圆、环承台计算位置等内容，可参考本手册 6.2.3 的相关内容。

G 桩基中各桩受力计算

在已知桩基承台所承受的荷载以后，应根据初步确定桩的数量及布置方案，进行桩的受力计算。

a 桩基轴心受力情况

桩基轴心受压时，各桩平均轴压力为：

$$Q_k = \frac{F_k + G_k}{n} \tag{6.3-47}$$

式中 $Q_k$——桩基中各桩桩顶轴心压力标准值平均值，kN；

$F_k$——相应于荷载效应标准组合时作用于桩基承台顶面的竖向力，kN；

$G_k$——桩基承台自重及承台上土自重标准值；

$n$——桩基中的桩数。

b 桩基偏心受压情况

桩基偏心受压时，各桩桩顶轴压力为：

$$Q_{ik} = \frac{F_k + G_k}{n} \pm \frac{M_{xk}y_i}{\sum y_i^2} \pm \frac{M_{yk}x_i}{\sum x_i^2} \tag{6.3-48}$$

式中 $M_{xk}$，$M_{yk}$——相应于荷载效应标准组合作用承台底面通过桩群形心的 $x$ 轴、$y$ 轴的弯矩值，kN·m；

$x_i, y_i$——桩 $i$ 至桩群形心的 $y$ 轴、$x$ 轴的距离，m；

$Q_{ik}$——在偏心竖向力作用下，第 $i$ 根桩桩顶轴向压力标准值。

c 桩基受水平力作用情况

桩基承受水平力时，桩基中各桩桩顶水平位移相等，故各桩桩顶所受水平荷载可按各桩抗弯刚度进行分配。当桩材料与截面相同时有：

$$H_{ik} = \frac{H_k}{n} \tag{6.3-49}$$

式中 $H_{ik}$——单桩顶水平力标准值，kN；

$H_k$——相应于荷载效应标准组合时，作用于承台底面的水平力，kN；

$n$——桩基中的桩数桩身承载力验算。

d 烟囱桩基简化计算

由于在烟囱基础上，桩是呈圆周形均匀布置的，因此，可以将式（6.3-48）写成如下简化式：

$$Q_{ik} = \frac{F_k + G_k}{n} \pm \frac{M_k r_i}{\frac{1}{2} \sum\limits_{i=1}^{n} r_i^2} \qquad (6.3\text{-}50)$$

式中　$r_i$——第 $i$ 根桩所在圆的半径，m。

　　H　桩身承载力验算

　　a　混凝土桩

混凝土桩桩身强度应满足桩的承载力设计要求。按桩身混凝土强度计算桩的承载力时，应按桩的类型和成桩工艺的不同将混凝土的轴心抗压强度设计值乘以工作条件系数，桩轴心受压时桩身强度应符合式（6.3-51）的规定。而桩顶以下 5 倍桩身直径范围内螺旋式箍筋间距不大于 100mm 且钢筋耐久性得到保证的灌注桩，可适当计入桩身纵向钢筋的抗压作用，根据《建筑桩基技术规范》（JGJ 94）可按式（6.3-52）计算：

$$Q \leqslant A_p f_c \varphi_c \qquad (6.3\text{-}51)$$

$$Q \leqslant A_p f_c \varphi_c + 0.9 f_y' A_s' \qquad (6.3\text{-}52)$$

式中　$f_c$——混凝土轴心抗压强度设计值，kPa；

　　　　$Q$——相应于作用的基本组合时的单桩竖向力设计值，kN；

　　　$A_p$——桩身截面面积，$m^2$；

　　　$\varphi_c$——工作条件系数，非预应力预制桩取 0.75，预应力桩取 0.55 ~ 0.65，灌注桩取 0.6 ~ 0.8（水下灌注桩、长桩或混凝土强度等级高于 C35 时用低值）。

　　b　预应钢筋混凝土桩（参考上海市《地基基础设计规范》）

$$Q \leqslant (0.75 ~ 0.85) A_p f_c - 0.37 A_p \sigma_{pc} \qquad (6.3\text{-}53)$$

式中　$\sigma_{pc}$——桩身截面上混凝土有效预加应力，kPa。

　　c　钢管桩（参考上海市《地基基础设计规范》）

$$Q \leqslant (0.60 ~ 0.75) f A' \qquad (6.3\text{-}54)$$

式中　$f$——钢材的抗拉和抗压强度设计值，kPa；

　　　$A'$——钢管桩扣除腐蚀影响后的有效截面面积，$m^2$。

有可靠工程经验时，可适当提高，但不得超过 $0.80 f A'$。

　　I　桩身使用及施工阶段强度验算

　　a　钢筋混凝土预制桩

钢筋混凝土预制桩在各类建筑物中有广泛的应用。这类桩的结构设计除满足按材料强度提供可靠的承载力外，还必须满足其在搬运、堆存、吊立以及打入过程中的受力要求。对于较长的桩，应分段制作并有可靠的接桩措施。

预制桩在起吊、运输过程中，主要受到自重作用，但考虑到操作过程的振动及冲击效应，应将自重乘以动力系数 1.5 作为桩的荷载，将桩按受弯构件计算。根据不同的起吊过程布置吊点，吊点的位置应考虑到操作便利，并按桩内正负弯矩接近的原则确定。

在沉桩过程中桩身受到轴向冲击力。对锤击沉桩，桩身内存在较高的拉应力波，预应力混凝土桩的配筋常取决于锤击拉应力的大小。锤击拉应力与锤击能量、锤垫与桩垫刚度、桩长与材料特性以及土层条件等因素有关，设计时常根据实测资料选取，一般为

5.0MPa、5.5MPa 或 6.0MPa；对长度小于 20m 的桩，可取小于 5.0MPa 以下的拉应力；对于长度大于 30m 的桩可取 6.0MPa。

在预制桩的吊装过程中以及预应力混凝土在使用时期还应满足抗裂度要求。在进行抗裂度验算时，计算荷载应按可能出现的最不利情况进行组合，并保证一定的安全系数。

b 钢管桩

钢管桩主材常用 Q235 号钢或 Q345 号锰钢。焊接材料的机械性能应与主材相适应。

钢管桩在使用时期及施工时期应分别进行强度和稳定性验算，以确定其管壁厚度。管壁设计厚度包括两部分：有效厚度，按强度要求依有关规范设计；腐蚀厚度，根据钢管桩使用年限、环境腐蚀能力及防腐措施等确定。

c 灌注桩

灌注桩一般只按使用阶段进行结构强度计算，其原理与混凝土预制桩相同。

### 6.3.3.5 承台计算

桩基承台作为连接各个单桩共同承受上部荷载的重要结构，受到上部结构与桩顶等的冲切、剪切及弯矩作用，故其必须有足够的强度与刚度。因此，承台设计的目的就是根据其抗冲切、抗剪与抗弯等要求确定其平面尺寸、厚度及结构构造。

一般情况下，承台的厚度受桩等荷载的冲切和剪切控制，而承台主筋需要根据承台梁或板的弯矩配置。承台的内力分析，应按基本组合考虑荷载效应，但对于低桩承台（在承台不脱空条件下）应不考虑承台及上覆填土的自重，即采用净荷载求桩顶反力；对高桩承台则应取全部荷载。承台的抗弯、抗剪及抗冲切的具体设计计算应满足有关混凝土结构设计规范的要求。

A 冲切计算

冲切破坏锥体采用自环壁底部与承台相交的变阶处，至相应桩顶边缘连线所构成的锥体，锥体斜面与承台底面夹角不小应于 45°（如图 6.3-8 所示）。其冲切强度可按下式计算：

$$F_l \leqslant \beta_{hp} \beta_0 u_m f_u h_0 \tag{6.3-55}$$

$$\beta_0 = \frac{0.84}{\lambda + 0.2} \tag{6.3-56}$$

式中　$F_l$——不计承台及其上土重，在荷载效应基本组合下冲切破坏椎体以外的荷载设计值；

$f_u$——承台混凝土在温度作用下抗拉强度设计值；

$\beta_{hp}$——承台受冲切承载力截面高度影响系数，当 $h \leqslant 800$mm 时，取 $\beta_{hp} = 1.0$；当 $h \geqslant 2000$mm 时，取 $\beta_{hp} = 0.9$，其间按线性内插法取值；

$u_m$——承台冲切破坏锥体一半有效高度处的周长；

$h_0$——环壁对承台破坏锥体的有效高度；

$\beta_0$——冲切系数；

$\lambda$——冲跨比，$\lambda = a_0/h_0$，其中 $a_0$ 为环壁底部承台变阶处到桩边水平距离；当 $\lambda < 0.25$ 时，取 $\lambda = 0.25$；当 $\lambda > 1.0$ 时，取 $\lambda = 1.0$。

冲切破坏锥体以外的荷载 $F_l$ 按下列公式计算。

计算环壁外边缘时有：

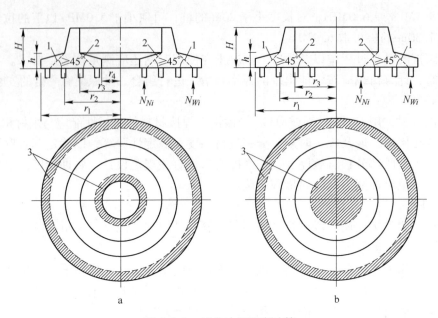

图 6.3-8　承台冲切强度验算

a—环形基础；b—圆形基础

1—验算环壁外边缘冲切强度时破坏锥体的斜截面；2—验算环壁内边缘冲切强度时破坏锥体的斜截面；

3—冲切破坏锥体的底截面

$$F_l = \sum N_{Wi} \tag{6.3-57}$$

式中　$\sum N_{Wi}$——不计承台及其上土重，在荷载效应基本组合下，环壁外侧作用于冲切破
坏体以外的各基桩或复合基桩的竖向净反力设计值之和。

　　计算环壁内边缘时有：

$$F_l = \sum N_{Ni} \tag{6.3-58}$$

式中　$\sum N_{Ni}$——不计承台及其上土重，在荷载效应基本组合下，环壁内侧作用于冲切破
坏体以外的各基桩或复合基桩的竖向净反力设计值之和。

　　B　斜截面抗剪计算

　　桩基承台应对环壁与承台相交的变阶处和桩边连线形成的贯通承台的斜截面受剪承载
力进行验算。当承台悬挑边有多排基桩形成多个斜截面时，应对每个斜截面的受剪承载力
进行验算（如图 6.3-9 所示）。其验算公式如下：

$$V \leqslant \beta_{hs} \beta f_u b_0 h_0 \tag{6.3-59}$$

$$\beta = \frac{1.75}{\lambda + 1} \tag{6.3-60}$$

$$\beta_{hs} = \left(\frac{800}{h_0}\right)^{1/4} \tag{6.3-61}$$

式中　$V$——不计承台及其上土自重，在荷载效应基本组合下，斜截面的最大剪力设计
值，kN；

　　　　$f_u$——混凝土在温度作用下的抗拉强度设计值，$kN/m^2$；

　　　　$b_0$——计算截面处的圆周长，m；验算环壁以外时，$b_0 = 2\pi r_2$；验算环壁以内时，

$b_0 = 2\pi r_3$ ，$r_2$ 与 $r_3$ 如图 6.3-9 所示；

$h_0$——承台计算截面处的有效高度，m；

$\beta_{hs}$——受剪切承载力截面高度影响系数；

$\lambda$——计算截面的剪跨比，$\lambda = \dfrac{a}{h_0}$，$a$ 为承台变阶处至计算一排桩的桩边的水平距

离，当 $\lambda < 0.25$ 时，取 $\lambda = 0.25$；当 $\lambda > 3$ 时，取 $\lambda = 3$。

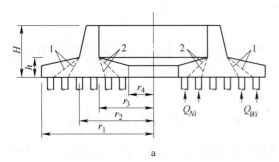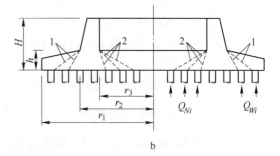

图 6.3-9　承台受剪承载力验算

a—环形基础；b—圆形基础；

1—验算环壁外边缘受剪的破坏斜截面；2—验算环壁内边缘受剪的破坏斜截面

斜截面的最大剪力设计值 $V$ 按下列公式计算。

计算环壁以外的斜截面时有：

$$V = \sum Q_{Wi} \tag{6.3-62}$$

式中　$\sum Q_{Wi}$——不计承台及其上土重，在荷载效应基本组合下，环壁外侧计算斜截面以
外的各基桩或复合基桩的竖向净反力设计值之和。

计算环壁以内的斜截面时有：

$$V = \sum Q_{Ni} \tag{6.3-63}$$

式中　$\sum Q_{Ni}$——不计承台及其上土重，在荷载效应基本组合下，环壁内侧计算斜截面以
外的各基桩或复合基桩的竖向净反力设计值之和。

C　抗弯强度计算

桩基承台应进行正截面受弯承载力计算，计算承台弯矩可按下列各式计算，受弯承载
力和配筋可按现行国家标准《混凝土结构设计规范》（GB 50010）的规定进行。

环形承台底板下部和底板内悬挑上部均采用径、环向配筋时，确定底板配筋用的弯矩
设计值可按下列公式计算。

（1）承台底板下部半径 $r_2$ 处单位弧长的径向弯矩设计值为：

$$M_R = \frac{1}{\pi} \cdot \sum_{i=1}^{w} \frac{P_{iw} N_{iw}(r_{iw} - r_2)}{r_1 + r_2} \tag{6.3-64}$$

式中　$P_{iw}$——不计承台及其上土重，在荷载效应基本组合下，作用于环壁以外 $r_{iw}$ 半径处
的单桩竖向净反力设计值，kN；

$r_{iw}$——环壁以外第 $i$ 圈桩的半径，m，共 $w$ 圈；$i = 1$ 表示 $r_2$ 以外的第一圈桩的
序号；

$N_{iw}$——环壁以外第 $i$ 圈桩的数量。

（2）承台底板下部单位宽度的环向弯矩设计值为：

$$M_\theta = \frac{1}{2} M_R \tag{6.3-65}$$

（3）承台底板内悬挑上部单位宽度的环向弯矩设计值为：

$$M_{\theta T} = \frac{r_z}{\pi(r_z - r_4)} \Big[ \sum_{j=1}^{n} \frac{P_{jn} N_{jn} (r_z - r_{jn})}{2r_z} - \sum_{i=1}^{w} \frac{P_{iw} N_{iw} (r_{iw} - r_z)}{r_1 + r_z} \Big] \tag{6.3-66}$$

式中　　$P_{jn}$——不计承台及其上土重，在荷载效应基本组合下，作用于环壁以内 $r_{jn}$ 半径处
的单桩竖向净反力设计值，kN；

　　　　$r_{jn}$——环壁以内第 $j$ 圈桩的半径，m，共 $n$ 圈；$j = 1$ 表示 $r_z$ 内侧的第一圈桩的
序号；

　　　　$N_{jn}$——环壁内侧第 $j$ 圈桩的数量；

　　　　$r_z$——环壁中点的半径，m，$r_z = \dfrac{r_2 + r_3}{2}$，其余尺寸符号如图 6.3-9 所示。

当计算所得 $M_{\theta T}$ 值小于 0 时，说明环壁内底板上部无需计算配筋，但考虑到温度应力作
用，尤其在出现桩受拔力以及承台有烟气通过或烟气温度较高时，一般应按构造配置钢筋。

（4）承台底板外悬挑上部径向弯矩，只有在外悬挑以下桩基受拔时产生，其弯矩设计
值为：

$$M_{RT} = M_{拔} + M_{覆土} \tag{6.3-67}$$

式中　　$M_{拔}$——基桩受拔时，拔力反作用于承台外悬挑时产生的弯矩；

　　　　$M_{覆土}$——承台外悬挑部分在脱空面之上的覆土自重产生的弯矩。

圆形承台底板下部均采用径环向配筋，环壁以内底板上部为等面积方格网配筋时，确
定底板配筋用的弯矩设计值可按下列规定计算。

（1）当 $r_1/r_z \leq 1.8$ 时，底板下部径向弯矩和环向弯矩设计值，分别按式（6.3-64）
和式（6.3-65）进行计算。

（2）当 $r_1/r_z > 1.8$ 时，其底板下部的径向和环向弯矩设计值，可分别按下列公式
计算：

$$M_R = \frac{1}{2\pi r_1} \cdot \Big[ \sum_{i=1}^{w} P_{iw} N_{iw} (r_{iw} - r_2) + \frac{r_1 - r_2}{r_2} \sum_{j=1}^{n} P_{jn} N_{jn} (r_2 - r_{jn}) \Big] \tag{6.3-68}$$

$$M_\theta = \frac{1}{2\pi r_1} \cdot \Big[ \sum_{i=1}^{w} P_{iw} N_{iw} (r_{iw} - r_2) - \sum_{j=1}^{n} P_{jn} N_{jn} (r_2 - r_{jn}) \Big] \tag{6.3-69}$$

（3）环壁以内底板上部两个正交方向单位宽度的弯矩设计值，可按下式计算：

$$M_T = \frac{1}{\pi} \cdot \Big[ \sum_{j=1}^{n} \frac{P_{jn} N_{jn} (r_z - r_{jn})}{2r_z} - \sum_{i=1}^{w} \frac{P_{iw} N_{iw} (r_{iw} - r_z)}{r_1 + r_z} \Big] \tag{6.3-70}$$

（4）承台底板外悬挑上部径向弯矩计算方法与环形承台相同，按式（6.3-67）计算。

D　局部承压验算

当承台混凝土强度等级低于桩的混凝土强度等级时，应验算桩上承台的局部受压承载
力。配置间接钢筋的混凝土结构构件，其局部受压区的截面尺寸应符合下列要求：

$$F_1 \leq 1.35 \beta_c \beta_1 f_c A_{1n} \tag{6.3-71}$$

$$\beta_1 = \sqrt{\frac{A_b}{A_1}} \tag{6.3-72}$$

式中　$F_1$——局部受压面上作用的局部荷载或局部压力设计值；

　　　　$f_c$——混凝土轴心抗压强度设计值；

　　　　$\beta_c$——混凝土强度影响系数；当混凝土强度等级不超过 C50 时，取 $\beta_c = 1.0$；当混凝土强度等级为 C80 时，取 $\beta_c = 0.8$；其间按线性内插法确定；

　　　　$\beta_1$——混凝土局部受压时的强度提高系数；

　　　　$A_1$——混凝土局部受压面积；

　　　　$A_{1n}$——混凝土局部受压净面积；

　　　　$A_b$——局部受压的计算底面积。

E　抗震验算

当进行承台的抗震验算时，应根据现行国家标准《建筑抗震设计规范》（GB 50011）的规定对承台顶面的地震作用效应和承台的受弯、受冲切、受剪切承载力进行抗震调整，可采用下式计算：

$$S_E \leqslant \frac{R}{\gamma_{RE}} \tag{6.3-73}$$

式中　$\gamma_{RE}$——承载力抗震调整系数，按表 6.3-6 采用，当仅考虑竖向地震作用时，均可采用 $\gamma_{RE} = 1.0$；

　　　　$S_E$——承台的地震作用效应和其他荷载效应基本组合的内力设计值，按《建筑抗震设计规范》（GB 50011）的规定进行计算。

表 6.3-6　承台承载力抗震调整系数 $\gamma_{RE}$

| 冲切、剪切 | 抗　弯 | 局部受压 |
|---|---|---|
| 0.85 | 0.75 | 1.0 |

### 6.3.4　壳体基础计算

圆形基础外悬挑长度过长时，基础受力会变得不合理，使基础厚度急剧增加，造成基础混凝土用量大幅度提高，此时可常采用壳体基础。壳体基础分为 M 形组合壳、正倒锥组合壳和截锥组合壳。根据应用情况，本节仅介绍正倒锥组合壳。

6.3.4.1　壳体基础的外形尺寸

A　确定下壳（倒锥壳）和上壳（正锥壳）相交处的半径 $r_2$

在确定壳体基础的外形尺寸（如图 6.3-10 所示）时，首先要确定基础的埋置深度 $z_2$。它是根据使用要求和地基情况以及邻近建筑物等因素确定的。

由于基础尺寸未定，对垂直荷载尚无法准确计算，只能用估算法，即取总的垂直力 $N$ 等于 1.25 倍的筒身传

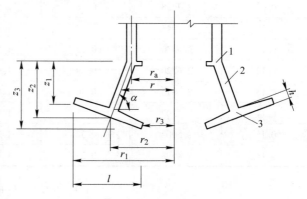

图 6.3-10　正倒锥组合壳基础
1—上环梁；2—正锥壳；3—倒锥壳

给基础的垂直内力标准值 $N_k$。这样就可计算偏心距 $e = M_k/N_k$。

根据基础抗倾斜的要求，$r_2 \geqslant 4e$，从而可近似确定 $r_2$，然后再按下式确定 $r_2$ 是否合适：

$$\frac{p_{kmax}}{p_{kmin}} = \frac{N_k + G_k}{2\pi r_2} \pm \frac{M_k}{\pi r_2^2} \tag{6.3-74}$$

$$\frac{p_{kmax}}{p_{kmin}} \leqslant 3 \tag{6.3-75}$$

式中　　$N_k$，$M_k$——分别为竖向力标准值和弯矩标准值；

　　　　　$G_k$——基础自重标准值和至埋深 $z_2$ 处的土重标准值之和，kN；

　　$p_{kmax}$，$p_{kmin}$——分别为下壳经向长度内，沿环向（$r_2$ 处）单位长度范围内，在水平投影面上的最大和最小地基反力标准值，kN/m²。

B　确定下壳经向水平投影宽度 $l$

根据 $e/r_2$，查表 6.3-7，可得地基塑性区对应的方位角 $\theta_0$。由 $r_2$、$\theta_0$ 可计算在荷载标准值作用下，下壳经向水平投影宽度 $l$ 和沿半径 $r_2$ 的环向单位弧长范围内产生的总的地基反力标准值 $p_k$。

表 6.3-7　$\theta_0$ 与 $e/r_2$ 的对应值

| $e/r_2$ | $\theta_0$ | $e/r_2$ | $\theta_0$ | $e/r_2$ | $\theta_0$ |
|---|---|---|---|---|---|
| 0 | 3.1416 | 0.17 | 2.4195 | 0.34 | 1.7010 |
| 0.01 | 3.0934 | 0.18 | 2.3792 | 0.35 | 1.6534 |
| 0.02 | 3.0488 | 0.19 | 2.3389 | 0.36 | 1.6045 |
| 0.03 | 3.0039 | 0.20 | 2.2985 | 0.37 | 1.5542 |
| 0.04 | 2.9596 | 0.21 | 2.2581 | 0.38 | 1.5024 |
| 0.05 | 2.9159 | 0.22 | 2.2175 | 0.39 | 1.4486 |
| 0.06 | 2.8727 | 0.23 | 2.1767 | 0.40 | 1.3927 |
| 0.07 | 2.8299 | 0.24 | 2.1357 | 0.41 | 1.3341 |
| 0.08 | 2.7877 | 0.25 | 2.0944 | 0.42 | 1.2723 |
| 0.09 | 2.7458 | 0.26 | 2.0528 | 0.43 | 1.2067 |
| 0.10 | 2.7043 | 0.27 | 2.0109 | 0.44 | 1.1361 |
| 0.11 | 2.6630 | 0.28 | 1.9685 | 0.45 | 1.0591 |
| 0.12 | 2.6220 | 0.29 | 1.9256 | 0.46 | 0.9733 |
| 0.13 | 2.5813 | 0.30 | 1.8821 | 0.47 | 0.8746 |
| 0.14 | 2.5407 | 0.31 | 1.8380 | 0.48 | 0.7545 |
| 0.15 | 2.5002 | 0.32 | 1.7932 | 0.49 | 0.5898 |
| 0.16 | 2.4598 | 0.33 | 1.7476 | 0.50 | 0 |

$$p_k = \frac{(N_k + G_k)(1 + \cos\theta_0)}{2r_2(\pi + \theta_0\cos\theta_0 - \sin\theta_0)} \tag{6.3-76}$$

经过深度和宽度修正后的地基承载力特征值 $f_a$ 按下式计算：

$$f_{\mathrm{a}} = f_{\mathrm{ak}} + \eta_{\mathrm{b}}\gamma(b-3) + \eta_{\mathrm{d}}\gamma_{\mathrm{m}}(z_2 - 0.5) \qquad (6.3\text{-}77)$$

式中　$f_{\mathrm{a}}$——修正后的地基承载力特征值；

　　$f_{\mathrm{ak}}$——地基承载力特征值；

　$\eta_{\mathrm{b}},\eta_{\mathrm{d}}$——基础宽度和埋深的地基承载力修正系数，由《建筑地基基础设计规范》查得；

　　$\gamma$——土的重度；

　　$\gamma_{\mathrm{m}}$——基础底面以上土的加权平均重度，地下水位以下取有效重度；

　　$b$——基础底面宽度，m，当 $b<3$m 按 3m 考虑；当 $b>6$m 按 6m 考虑；

　　$z_2$——基础埋置深度，m。

下壳经向水平投影宽度 $l$ 为：

$$l = \frac{p_{\mathrm{k}}}{f_{\mathrm{a}}} \qquad (6.3\text{-}78)$$

当为偏心荷载作用时，$f_{\mathrm{a}}$ 还应乘以 1.2 的偏心荷载放大系数。

C　确定下壳内、外半径 $r_3$、$r_1$

下壳内、外半径为：

$$r_3 = \frac{1}{2}\left(\frac{2}{3}r_2 - l\right) + \sqrt{\frac{1}{4}\left(l - \frac{2}{3}r_2\right)^2 + \frac{1}{3}(r_2^2 + r_2 l - l^2)} \qquad (6.3\text{-}79)$$

$$r_1 = r_3 + l \qquad (6.3\text{-}80)$$

D　确定下壳（倒锥壳）与上壳（正锥壳）相交边缘处的下壳有效厚度 $h$

下壳与上壳相交边缘处的下壳有效厚度为：

$$h \geqslant \frac{2.2Q_{\mathrm{c}}}{0.75f_{\mathrm{t}}} \qquad (6.3\text{-}81)$$

$$Q_{\mathrm{c}} = \frac{1}{2}p_l\frac{1}{\sin\alpha} \qquad (6.3\text{-}82)$$

式中　$Q_{\mathrm{c}}$——下壳最大剪力，N，计算时不计下壳自重；

　　$f_{\mathrm{t}}$——混凝土抗拉强度设计值，N/mm$^2$；

　　$p_l$——在荷载设计值作用下，下壳经向水平投影宽度 $l$ 和沿半径为 $r_2$ 的环向单位弧长范围内产生的总的地基反力设计值，kN/m，按式（6.3-3）计算，其中 $G_{\mathrm{k}}$、$N_{\mathrm{k}}$ 采用设计值；如 $p_l$ 无设计值，可在 $p_{\mathrm{k}}$ 前乘以大于 1 的系数，如 1.25。

在确定了上壳倾角 $\alpha$ 和上壳上边缘水平半径 $r_{\mathrm{a}}$ 后，即可较准确地计算上壳、下壳混凝土体积 $V_{\mathrm{s}}$、$V_{\mathrm{x}}$，上壳壳面以上的土重 $g_{\mathrm{st}}$，下壳壳面以上的土重 $g_{\mathrm{xt}}$，则作用在上壳下口的内力 $N_1$、$M_1$ 为：

$$N_1 = N_{\mathrm{k}} + g_{\mathrm{st}} + \gamma V_{\mathrm{s}} \qquad (6.3\text{-}83)$$

$$M_1 = M_{\mathrm{k}} + M_{\mathrm{fk}} + h_{\mathrm{st}}H_1 \qquad (6.3\text{-}84)$$

式中　$\gamma$——钢筋混凝土的重力密度；

　$M_{\mathrm{k}},M_{\mathrm{fk}}$——上壳上口处弯矩标准值和附加弯矩标准值；

　　$H_1$——上壳上口处水平剪力；

　　$h_{\mathrm{st}}$——上壳上口至上壳下口处的垂直距离。

作用在 $z_2$ 标高的垂直荷载 $N_2$ 为：

$$N_2 = N_1 + g_{xt} + \gamma V_x \tag{6.3-85}$$

将 $N_2$ 与前面估算的 $N$ 比较，当两者相差小于 5% 时，基础尺寸不需要修正；否则，要进行修正。

#### 6.3.4.2　壳体基础的内力计算

壳体基础的外形尺寸确定后进行内力计算。

**A　倒锥壳（下壳）的内力计算**

**a　计算总的被动土压力和总的剪切力**

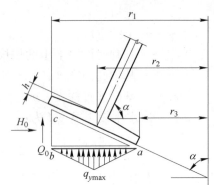

总的被动土压力 $H_0$ 和总的剪切力 $Q_0$（如图 6.3-11 所示）可按下式进行计算：

$$H_0 = 0.25\gamma_0(z_3^2 - z_1^2)\tan^2\left(\frac{1}{2}\varphi_0 + 45°\right)$$

$$\tag{6.3-86}$$

$$Q_0 = H_0\tan\phi_0 + c_0(z_3 - z_1) \tag{6.3-87}$$

图 6.3-11　倒锥壳土反力

式中　$H_0$——作用在 $bc$ 面上总的被动土压力，kN；

　　　$Q_0$——作用在 $bc$ 面上总的剪切力，kN；

　　　$\varphi_0$——土的计算内摩擦角，(°)；可取 $\varphi_0 = \frac{1}{2}\varphi$，其中 $\varphi$ 为土的实际内摩擦角；

　　　$c_0$——土的计算黏聚力，$c_0 = \frac{1}{2}c$，$c$ 为土的实际黏聚力；

　　　$\gamma_0$——土的重力密度；

　　　$z_1$——下壳（倒锥壳）外边缘至上壳上口处的距离；

　　　$z_2$——下壳（倒锥壳）底面中心至上壳上口处的距离；

　　　$z_3$——下壳（倒锥壳）内边缘至上壳上口处的距离。

**b　计算倒锥壳水平投影面上的最大土反力 $q_{ymax}$**

$$q_{ymax} = \frac{2\left(p_l - Q_0\dfrac{r_1}{r_2}\right)}{r_1 - r_3} \tag{6.3-88}$$

式中，$p_l$ 可按式（6.3-76）计算，其中 $G_k$、$N_k$ 用设计值代替。

**c　计算壳体特征系数 $C_s$**

$$C_s = \frac{r_1 - r_3}{2h\sin\alpha} \tag{6.3-89}$$

式中　$h$——倒锥壳与正锥壳相交处倒锥壳的厚度，m。

当 $C_s < 2$ 时为短壳，否则为长壳。

**d　倒锥壳内力计算**

（1）当为短壳时有：

环向拉力　$N_\theta = \dfrac{1}{6}(B_2q_{ymax} + B_3H + B_5)(x_1 - x_3)(x_1 + x_2 + x_3)$ $\qquad$ (6.3-90)

式中，$x_i = \dfrac{r_i}{\sin\alpha}$。另有：

$$H = 0.5\gamma_0 z_2 \tan^2\left(\frac{1}{2}\varphi_0 + 45°\right) \tag{6.3-91}$$

经向弯矩
$$M_{\alpha 1} = \frac{1}{x_2' W_1}(B_0 q_{ymax} + B_1 H + B_4) \tag{6.3-92}$$

$$M_{\alpha 2} = \frac{1}{x_2'' W_2}(B_0 q_{ymax} + B_1 H + B_4) \tag{6.3-93}$$

$$W_1 = \frac{12(x_1 - x_2)}{(x_1^2 - x_2'^2)(x_1 - x_2')^2} \tag{6.3-94}$$

$$W_2 = \frac{12(x_2 - x_3)}{(x_2''^2 - x_3^2)(x_2'' - x_3)^2} \tag{6.3-95}$$

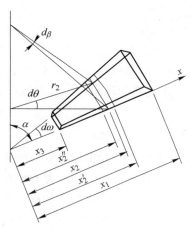

图 6.3-12  几何尺寸

$$\left.\begin{aligned}
B_0 &= \sin^2\alpha + \tan\varphi_0 \sin\alpha\cos\alpha \\
B_1 &= \cos^2\alpha + \tan\varphi_0 \sin\alpha\cos\alpha \\
B_2 &= \sin\alpha\cos\alpha - \tan\varphi_0 \sin^2\alpha \\
B_3 &= \tan\varphi_0 \cos^2\alpha - \sin\alpha\cos\alpha \\
B_4 &= c_0 \sin 2\alpha \\
B_5 &= c_0 \cos 2\alpha
\end{aligned}\right\} \tag{6.3-96}$$

采用 $M_{\alpha 1}$ 与 $M_{\alpha 2}$ 中较大者进行配筋计算，式中有关符号如图 6.3-12 所示。

（2）当为长壳时有：

环向拉力
$$N_{\theta 1} = N_\theta(C_s - 1) \tag{6.3-97}$$

式中，$N_\theta$ 按式（6.3-90）计算。

经向弯矩
$$M_{\alpha 1} = \frac{1}{x_2'}\left\{\frac{1}{W_1}\left[q_{ymax}(B_0 + W_1 W_3 B_2) + HB_1 + B_4 + W_1 W_3(HB_3 + B_5)\right] - \frac{1}{2}N_\theta(C_s - 1)k_0(x_1 - x_2')\cot\alpha\right\} \tag{6.3-98}$$

$$M_{\alpha 2} = \frac{1}{x_2''}\left\{\frac{1}{W_2}\left[q_{ymax}(B_0 + W_2 W_4 B_2) + HB_1 + B_4 + W_2 W_4(HB_3 + B_5)\right] - \frac{1}{2}N_\theta(C_s - 1)k_1(x_2'' - x_3)\cot\alpha\right\} \tag{6.3-99}$$

$$W_3 = \frac{1}{6}(x_1^2 + x_1 x_2 - 2x_2^2)k_0(x_1 - x_2')\cot\alpha \tag{6.3-100}$$

$$W_4 = \frac{1}{6}(x_2^2 - x_2 x_3 - x_3^2)k_1(x_2'' - x_3)\cot\alpha \tag{6.3-101}$$

采用 $M_{\alpha 1}$ 与 $M_{\alpha 2}$ 中较大者进行配筋计算，式中 $k_0$ 与 $k_1$（如图 6.3-13 所示）按下式确定：

$$k_0 = \frac{a}{x_1 - x_2'} \tag{6.3-102}$$

$$k_1 = \frac{b}{x_2'' - x_3} \tag{6.3-103}$$

式中  $a, b$ ——分别为下壳外部和内部环向拉、压合力作用点间的距离。

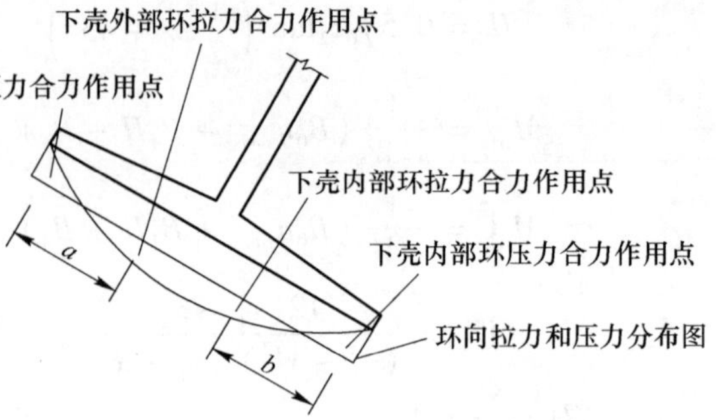

图 6.3-13　长壳环向压、拉力分布

**B　正锥壳（上壳）的内力计算**

正锥壳的环向内力可近似取为零，而经向内力仅为薄膜力，并按下式计算：

$$N_a = -\frac{N_l}{2\pi r \sin\alpha} - \frac{M_l + H_l(r - r_a)\tan\alpha}{\pi r^2 \sin\alpha} \tag{6.3-104}$$

式中　$N_l$——壳上边缘处总的垂直力，kN；

$\quad\quad M_l$——壳上边缘处总的弯矩设计值，kN·m；

$\quad\quad N_a$——壳体计算截面处单位长度的经向薄膜力，kN；

$\quad\quad H_l$——作用于壳体上边缘的水平剪力设计值，kN；

$\quad r_a, r$——分别为壳体上边缘及计算截面的水平半径（如图 6.3-10 所示），m；

$\quad\quad \alpha$——壳面与水平面的夹角（如图 6.3-10 所示）。

**6.3.4.3　配筋计算**

配筋计算时，内力应采用设计值。

**A　倒锥壳**

（1）环向配筋按下式计算：

当为短壳时
$$A_s = \frac{N_\theta}{f_y} \tag{6.3-105}$$

当为长壳时，用 $N_{\theta l}$ 代替 $N_\theta$。

（2）经向配筋按下式计算：

$$\alpha_s = \frac{M_{ai}}{\alpha_1 f_c b h_0^2} \tag{6.3-106}$$

由 $\alpha_s$ 查得 $\gamma_s$：

$$A_s = \frac{M_{ai}}{\gamma_s h_0 f_y} \tag{6.3-107}$$

**B　正锥壳**

（1）环向配筋，按构造配筋。

（2）经向配筋按下式计算：

$$A_s' = \frac{N_a / (0.9\varphi) - f_c A}{f_y'} \tag{6.3-108}$$

#### 6.3.4.4 受冲切承载力计算

受冲切承载力计算中，截面的几何尺寸如图 6.3-6 所示。它与前面的符号规定不同，应注意。

正倒锥壳的受冲切承载力可按下述公式计算。

A 冲切破坏锥体斜截面的上边圆周长 $b_t$

（1）验算外边缘时有：

$$b_t = 2\pi r_2 \ (\text{m}) \qquad\qquad (6.3\text{-}109)$$

（2）验算内边缘时有：

$$b_t = 2\pi r_3 \ (\text{m}) \qquad\qquad (6.3\text{-}110)$$

B 冲切破坏锥体斜截面的下边圆周长 $s_x$

（1）验算外边缘时有：

$$s_x = 2\pi [ r_2 + h_0 ( \sin\alpha + \cos\alpha ) ] \qquad\qquad (6.3\text{-}111)$$

（2）验算内边缘时有：

$$s_x = 2\pi [ r_3 - h_0 ( \sin\alpha - \cos\alpha ) ] \qquad\qquad (6.3\text{-}112)$$

C 冲切破坏锥体以外的荷载 $Q_c$

（1）验算外边缘时有：

$$Q_c = p\pi \{ r_1^2 - [ r_2 + h_0 ( \sin\alpha + \cos\alpha ) ]^2 \} \qquad\qquad (6.3\text{-}113)$$

（2）验算内边缘时有：

$$Q_c = p\pi \{ [ r_3 - h_0 ( \sin\alpha - \cos\alpha ) ]^2 - r_4^2 \}$$

$$(6.3\text{-}114)$$

式中 $p$ ——土的压应力，按图 6.3-14 计算；

$h_0$ ——计算截面的有效高度，其他符号如图 6.3-14 所示。

D 在上壳与下壳交接处的冲切承载力

在上壳与下壳交接处的冲切承载力可按下式计算：

$$Q_c \leqslant 0.35\beta_h f_{ut} ( b_t + S_x ) h_0 \qquad (6.3\text{-}115)$$

式中 $Q_c$ ——冲切破坏锥体以外的荷载设计值，kN；

$f_{ut}$ ——混凝土在温度作用下的抗拉强度设计值，$kN/m^2$；

$h_0$ ——基础底板计算截面处的有效厚度，m；

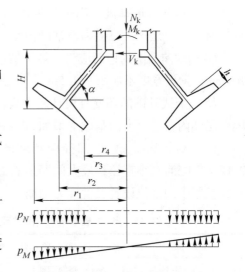

图 6.3-14 正倒锥组合壳

$\beta_h$ ——受冲切承载力截面高度影响系数，当 $h \leqslant 800\text{mm}$ 时，$\beta_h$ 取 1.0；当 $h \geqslant 2000\text{mm}$ 时，$\beta_h$ 取 0.9，其间按线性内插法取用。

#### 6.3.4.5 环梁

正倒锥组合壳上环梁的内力（如图 6.3-15 所示）可按下述公式计算：

$$N_{\theta M} = r_e N_{aa3} \cos\alpha \qquad (6.3\text{-}116)$$

$$M_a = -N_{ab1}e_1 - N_{aa3}e_3 \qquad (6.3\text{-}117)$$

$$M_\theta = M_a r_e \qquad (6.3\text{-}118)$$

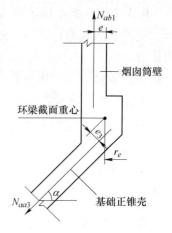

式中　　$N_{\theta M}$——环梁的环向力（以受拉为正），kN；

　　　　$M_a$——环梁单位长度上的扭矩（围绕环梁截面重心以顺时针方向转动为正），kN·m；

　　　　$M_\theta$——环梁的环向弯矩（以下表面受拉为正）；

$N_{aa3}$，$N_{ab1}$——分别为筒壁和正锥壳在环梁边缘处单位长度上的薄膜经向力（以受拉为正），kN；

　　　　$r_e$——环梁截面重心处的半径，m；

$e_1$，$e_3$——分别为薄膜经向力至环梁截面重心的距离（如图 6.3-15 所示）。

图 6.3-15　上环梁受力

# 6.4　基础构造

## 6.4.1　板式基础

（1）基础的底面应设混凝土垫层，厚度宜采用 100mm。

（2）地下烟道基础，宜设贮灰槽，槽底面应比烟道底面低 250～500mm。

（3）地下烟道基础，当烟气温度较高，采用普通混凝土不能满足《烟囱设计规范》规定时，宜将烟气入口提高至基础顶面以上。

（4）烟囱周围的地面应设护坡，坡度不应小于 2%；护坡的最低处，应高出周围地面 100mm；护坡宽度不应小于 1.5m。

（5）板式基础的环壁宜设计成内表面垂直、外表面倾斜的形式，上部厚度应在筒壁、隔热层和内衬总厚度的基础上增加 50～100mm。

（6）板式基础底板下部径向和环向（或纵向和横向）钢筋的最小配筋率不宜小于 0.15%。配筋最小直径和最大间距应符合表 6.4-1 的规定。当底板厚度大于 2000mm 时，宜在板厚中间部位设置温度应力钢筋。

表 6.4-1　板式基础配筋最小直径及最大间距　　　　　　　　　　（mm）

| 部　位 | 配　筋　种　类 | | 最小直径 | 最大间距 |
|---|---|---|---|---|
| 环　壁 | 竖向钢筋 | | 12 | 250 |
| | 环向钢筋 | | 12 | 200 |
| 底板下部 | 径环向配筋 | 径　向 | 12 | $r_2$ 处 250，外边缘 400 |
| | | 环　向 | 12 | 250 |
| | 方格网配筋 | | 12 | 250 |

（7）板式基础底板上部按构造配筋时，其钢筋最小直径与最大间距，应符合表 6.4-2 的规定。

表 6.4-2 板式基础底板上部的构造配筋 （mm）

| 基础形式 | 配筋种类 | 最小直径 | 最大间距 |
|---|---|---|---|
| 环形基础 | 径、环向配筋 | 12 | 径向 250，环向 250 |
| 圆形基础 | 方格网配筋 | 12 | 250 |

（8）基础环壁设有孔洞时，应符合《烟囱设计规范》的有关规定。洞口下部距基础底部距离较小时，该处的环壁应增加补强钢筋，必要时可按两端固接的曲梁进行计算。

## 6.4.2 桩基础

桩基础应满足国家现行标准《建筑桩基技术规范》（JGJ 94）的有关规定，并满足以下要求。

### 6.4.2.1 灌注桩

（1）桩身混凝土强度等级不应小于 C25，混凝土预制桩尖强度等级不应小于 C30。

（2）灌注桩主筋的混凝土保护层厚度不应小于 35mm，水下灌注桩的主筋混凝土保护层厚度不得小于 50mm。

（3）对于受水平荷载的桩，主筋不应小于 $8\phi12$；对于抗压桩和抗拔桩，主筋不应少于 $6\phi10$；纵向主筋应沿桩身周边均匀布置，其净距不应小于 60mm。

（4）箍筋应采用螺旋式，直径不小于 6mm，间距宜为 200～300mm。

### 6.4.2.2 混凝土预制桩

（1）预制桩混凝土强度等级不宜低于 C30；预应力混凝土实心桩的混凝土强度等级不应低于 C40；预制桩纵向钢筋的混凝土保护层厚度不宜小于 30mm。

（2）混凝土预制桩的截面边长不应小于 200mm；预应力混凝土预制实心桩的截面边长不宜小于 350mm。

### 6.4.2.3 钢桩

（1）钢桩分段长度宜为 12～15m。

（2）桩的拼接应选在内力较小处，也应避免选在桩身厚度变化处；上下桩段采用等强度的对接焊接进行连接。

（3）钢桩防腐处理可采用外表面涂防腐层、增加腐蚀余量及阴极保护；当钢管桩内壁同外界隔绝时，可不考虑内壁防腐；钢桩的腐蚀余量应根据腐蚀速率确定，当腐蚀速率无实测资料时，可按表 6.4-3 确定。

表 6.4-3 钢桩年腐蚀速率

| 钢桩所处环境 | | 单面腐蚀速率/mm · a$^{-1}$ |
|---|---|---|
| 地面以上 | 无腐蚀性气体或腐蚀性挥发介质 | 0.05～0.1 |
| 地面以下 | 水位以上 | 0.05 |
| | 水位以下 | 0.03 |
| | 水位波动区 | 0.1～0.3 |

6.4.2.4　承台构造

承台除满足受冲切、受剪切、受弯承载力和上部结构的要求外，还应符合《建筑桩基技术规范》（JGJ 94）的规定，并满足下列要求：

（1）承台的平面尺寸应根据上部结构要求和布桩形式确定，多排布桩时，宜满足板式基础合理外形尺寸的要求。

（2）承台的宽度不应小于 500mm。边桩中心至承台边缘的距离不宜小于桩的直径或边长，且桩的外边缘至承台边缘的距离不小于 150mm。

（3）承台的厚度往往由边桩的冲切控制，除按计算确定外，承台的最小厚度不应小于 300mm。

（4）承台主筋保护层厚度不应小于 40mm，当无混凝土垫层时，不应小于 70mm。承台混凝土强度等级不应低于 C25。

（5）承台配筋应按计算确定，底板下部径向和环向（或纵向和横向）钢筋的最小配筋率不宜小于 0.15%，且环壁及底板上、下部配筋最小直径和最大间距应符合表 6.4-1 和表 6.4-2 的规定；当底板厚度大于 2000mm 时，宜在板厚中间部位设置温度应力钢筋。

（6）承台其他构造要求与基础构造的相关内容相同，并应符合国家现行标准《建筑桩基技术规范》（JGJ 94）的规定。

### 6.4.3　壳体基础

（1）采用壳基础时，烟道宜采用地面烟道或架空烟道。

（2）壳体基础可按图 6.4-1 及表 6.4-4 所示外形尺寸进行设计，壳体厚度不应小于 300mm，壳体基础与筒壁相接处应设置环梁。

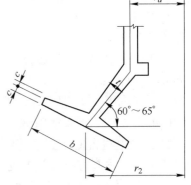

图 6.4-1　壳体基础外形

表 6.4-4　壳体基础外形尺寸

| 基础形式 | $t$ | $b$ | $c$ |
|---|---|---|---|
| 正倒锥组合壳 | $(0.035 \sim 0.06) r_2$ | $(0.35 \sim 0.55) r_2$ | $(0.05 \sim 0.065) r_2$ |

（3）壳体上不宜设孔洞，如需设置孔洞时，孔洞边缘距壳体上下边距离不宜小于 1m，孔洞周围应配置补强钢筋。

（4）壳体基础应配双层钢筋，其直径不小于 12mm，间距不大于 200mm。受力钢筋接头应采用焊接；当钢筋直径小于 14mm 时，也可采用搭接，搭接长度不应小于 $40d$，接头位置应相互错开，壳体最小配筋率（径向和环向）均不应小于 0.4%。上壳上、下边缘附近构造环向钢筋应适当加强。

（5）基础钢筋保护层应不小于 40mm；当无垫层时，不应小于 70mm。

（6）壳体基础不宜留施工缝，如施工有困难时，应注意对施工缝的处理。

# 6.5 基础计算实例

## 6.5.1 圆形板式基础

### 6.5.1.1 设计条件

A 基本设计资料

（1）基本风压为 $w_0 = 0.35\text{kN/m}^2$。

（2）地面粗糙度为 B 类。

（3）烟囱安全等级为二级；环境类别为二类。

（4）抗震设防烈度为 7 度（$0.15g$）；设计地震分组为第一组；建筑场地土类别为 Ⅱ 类。

（5）烟囱所在地区风玫瑰图呈严重偏心，地基变形验算时，风荷载频遇系数取 0.4。

B 基础设计参数

（1）基础形式为圆形基础；基础混凝土等级为 C30。

（2）基础钢筋等级为 HRB400。

（3）钢筋和混凝土材料强度为：

1）混凝土在温度作用下轴心抗压强度设计值 $f_{ct} = f_{ctk}/\gamma_{ct} = 20100/1.4 = 14357.14\text{kN/m}^2$；

2）混凝土在温度作用下轴心抗拉强度设计值 $f_{tt} = f_{tk}/\gamma_t = 2010/1.4 = 1435.71\text{kN/m}^2$；

3）钢筋在温度作用下抗拉强度设计值 $f_{yt} = f_{ytk}/\gamma_{yt} = 400000/1.1 = 363636.36\text{kN/m}^2$。

（4）底板下部配筋形式为方格网配筋。

（5）底板及其上土平均密度 $\gamma_G = 20.00\text{kN/m}^3$。

（6）底板埋深为 3.20m。

（7）地基土抗震承载力调整系数 $\zeta_a = 1.30$。

（8）基础宽度修正系数 $\eta_b = 0.30$。

（9）基础埋深修正系数 $\eta_d = 1.00$。

（10）基础持力层参数见表 6.5-1。

表 6.5-1 土层参数表

| 土层名称 | 底部标高/m | 密度/kN·m⁻³ | 压缩模量/MPa | 承载力/kPa |
|---|---|---|---|---|
| 黏土 | -5.00 | 19.00 | 6.00 | 140.00 |
| 圆砾 | -25.00 | 20.00 | 15.00 | 280.00 |

C 荷载内力组合情况

a 承载能力极限状态荷载内力组合

无地震作用时为：

$$S = 1.0S_{Gk} + 1.4S_{wk} + 1.0M_a + 0.7 \times 1.4 \times S_{Lk} \qquad （组合1）$$

$$S = 1.2S_{Gk} + 1.4S_{wk} + 1.0M_a + 0.7 \times 1.4 \times S_{Lk} \qquad （组合2）$$

$$S = 1.35S_{Gk} + 0.6 \times 1.4 \times S_{wk} + 1.0M_a + 0.7 \times 1.4 \times S_{Lk} \qquad (组合3)$$

式中    $S_{Lk}$——平台活荷载产生的效应标准值。

有地震作用情况下（不考虑竖向地震作用）为：

$$S = 1.2S_{GE} + 1.3S_{Ehk} + 0.2 \times 1.4 \times S_{wk} + 1.0 \times M_{aE} \qquad (组合4)$$

$$S = 1.0S_{GE} + 1.3S_{Ehk} + 0.2 \times 1.4 \times S_{wk} + 1.0 \times M_{aE} \qquad (组合5)$$

b   正常使用极限状态荷载内力组合

标准组合为：

$$S_k = S_{Gk} + 1.0S_{wk} + M_{ak} + 0.7S_{Lk} \qquad (组合6)$$

$$S_k = S_{GE} + 0.2S_{wk} + S_{Ehk} + M_{ak} \qquad (组合7)$$

准永久组合值（对于风玫瑰图呈严重偏心的地区）为：

$$S_{dq} = S_{Gk} + 0.6S_{Lk} + 0.4S_{wk}$$

上述各式中其他符号含义见《烟囱设计规范》（GB 50051—2013）。

D   传给基础顶部（±0.000）的内力

基本组合与标准组合见表6.5-2和表6.5-3。

**表 6.5-2   基本组合值**（设计值）

| 组合 | $N_t/kN$ | $M_t/kN \cdot m$ | $V_t/kN$ |
|---|---|---|---|
| 组合1 | 10562.08 | 10197.78 | 242.16 |
| 组合2 | 12664.72 | 10197.78 | 242.16 |
| 组合3 | 14241.69 | 6861.41 | 145.29 |
| 组合4 | 11408.13 | 18367.13 | 484.61 |
| 组合5 | 9506.77 | 18367.13 | 484.61 |

**表 6.5-3   标准组合值**（标准值）

| 组合 | $N_{kt}/kN$ | $M_{kt}/kN \cdot m$ | $V_{kt}/kN$ |
|---|---|---|---|
| 组合6 | 10548.11 | 7505.18 | 172.97 |
| 组合7 | 10563.08 | 15725.77 | 411.54 |

准永久组合（准永久值）为：

$$N_q = 10543.12kN \qquad M_q = 2383.12kN \cdot m \qquad V_q = 69.19kN$$

E   基础几何尺寸确定

圆形板式基础几何尺寸如图6.5-1
所示。

（1）环壁顶部厚度为：

$$r_t = 0.50m$$

$$r_2 = 4.90m$$

$$r_3 = 3.85m$$

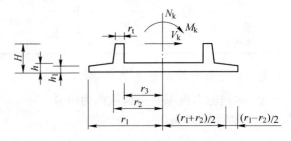

图6.5-1   圆形板式基础几何尺寸

$$r_z = (r_2 + r_3)/2 = (4.9 + 3.85)/2 = 4.375m$$

$$r_1 = 1.5r_z = 6.56, 取 r_1 = 6.50m$$

（2）基础底板厚度为：

$h \geq (r_1 - r_2)/2.2 = (6.50 - 4.90)/2.2 = 0.73m, h \geq r_3/4.0 = 3.85/4.0 = 0.96m$,
取 $h = 1.10m$

$h_1 \geq h/2 = 1.10/2 = 0.55m$, 取 $h_1 = 0.60m$

#### 6.5.1.2　地基承载力验算

A　荷载计算

（1）基础底面积　$A = \pi r_1^2 = 3.14 \times 6.50^2 = 132.73m^2$。

（2）基础自重及其上土重　$G_k = AH\gamma_G = 132.73 \times 3.20 \times 20.00 = 8494.87kN$。

（3）基础底面弯矩标准值　$M_k = M_{kt} + V_{kt}H$。

（4）基础底面轴力标准值　$N_k = N_{kt}$。

B　地基承载力

（1）基础底面抵抗矩　$W = \dfrac{\pi d_1^3}{32} = \dfrac{3.14 \times 13.00^3}{32} = 215.69m^3$。

（2）基础底面压力为：

$$p_{kmax} = \frac{N_k + G_k}{A} + \frac{M_k}{W}$$

$$p_{kmin} = \frac{N_k + G_k}{A} - \frac{M_k}{W}$$

$$p_k = \frac{N_k + G_k}{A}$$

C　地基承载力特征值修正

（1）基础底面所在土层地基承载力特征值　$f_{ak} = 140.00kPa$。

（2）修正后的地基承载力特征值为：

$$f_a = f_{ak} + \eta_b \gamma (b - 3) + \eta_d \gamma_m (d - 0.5)$$

$$= 140.00 + 0.30 \times 19.00 \times (6.00 - 3) + 1.00 \times 19.00 \times (3.20 - 0.5)$$

$$= 208.40kPa$$

D　地基承载力验算结果

当满足以下要求时为满足要求，否则为不满足要求。

（1）当基础内力标准组合中不包括地震作用效应时：

$$p_k \leq f_a$$

$$p_{kmax} \leq 1.2f_a = 1.2 \times 208.40 = 250.08kPa$$

$$p_{kmin} \geq 0$$

（2）当基础内力标准组合中包括地震作用效应时：

$$p_k \leq \zeta_a f_a = 1.00 \times 208.40 = 208.40kPa$$

$$p_{kmax} \leqslant 1.2\zeta_a f_a = 1.2 \times 1.00 \times 208.40 = 250.08 \text{kPa}$$

$$p_{kmin} \geqslant 0$$

具体计算结果见表 6.5-4。

**表 6.5-4　地基承载力验算表**

| 组合 | $N_k/\text{kN}$ | $M_k/\text{kN} \cdot \text{m}$ | $p_k/\text{kN} \cdot \text{m}^{-2}$ | $p_{kmax}/\text{kN} \cdot \text{m}^{-2}$ | $p_{kmin}/\text{kN} \cdot \text{m}^{-2}$ | 验算结果 |
|------|------|------|------|------|------|------|
| 组合 6 | 10548.11 | 8058.69 | 143.47 | 180.83 | 106.11 | 满足 |
| 组合 7 | 10563.08 | 17042.69 | 143.58 | 222.60 | 64.57 | 满足 |

由表 6.5-4 可知，地基承载力满足要求。

### 6.5.1.3　冲切强度验算

A　基础底板均布压力

（1）基础底面惯性矩　$I = \dfrac{\pi d_1^4}{64} = \dfrac{3.14 \times 13.00^4}{64} = 1401.98 \text{m}^4$。

（2）外悬挑部分中点处最大压力，计算时荷载按设计值选用，即：

$$p = \frac{N}{A} + \frac{M_z}{I} \frac{r_1 + r_2}{2}$$

（3）基础底面弯矩设计值　$M_z = M_t + V_t H$。

（4）基础底面轴力设计值　$N = N_t$。

B　冲切破坏锥体以外的荷载

（1）基础有效高度 $h_0 = h - 0.04 = 1.10 - 0.04 = 1.06 \text{m}$。

（2）计算环壁外边缘时，$F_{11} = p\pi[r_1^2 - (r_2 + h_0)^2]$。

（3）计算环壁内边缘时，$F_{12} = p\pi(r_3 - h_0)^2$。

C　冲切破坏锥体斜截面上、下边圆周长

（1）验算环壁外边缘时：

$$b_t = 2\pi r_2 = 2 \times 3.14 \times 4.90 = 30.79 \text{m}$$

$$b_b = 2\pi(r_2 + h_0) = 2 \times 3.14 \times (4.90 + 1.06) = 37.45 \text{m}$$

（2）验算环壁内边缘时：

$$b_t = 2\pi r_3 = 2 \times 3.14 \times 3.85 = 24.19 \text{m}$$

$$b_b = 2\pi(r_3 - h_0) = 2 \times 3.14 \times (3.85 - 1.06) = 17.53 \text{m}$$

D　冲切强度

（1）环壁外边缘：

$$0.35\beta_h f_u(b_t + b_b)h_0 = 0.35 \times 0.97 \times 1435.71 \times (30.79 + 37.45) \times 1.06 = 35436.94 \text{kN}$$

（2）环壁内边缘：

$$0.35\beta_h f_u(b_t + b_b)h_0 = 0.35 \times 0.97 \times 1435.71 \times (24.19 + 17.53) \times 1.06 = 21666.79 \text{kN}$$

E　冲切验算结果

计算结果列于表 6.5-5。

**表 6.5-5 冲切验算表**

| 组合 | $N$/kN | $M_z$/kN·m | $p$/kN·m$^{-2}$ | 环壁外边缘 | | 环壁内边缘 | |
|---|---|---|---|---|---|---|---|
| | | | | $F_{11}$/kN | 验算结果 | $F_{12}$/kN | 验算结果 |
| 组合 1 | 10562.08 | 10972.68 | 124.19 | 2625.02 | 满足 | 3036.89 | 满足 |
| 组合 2 | 12664.72 | 10972.68 | 140.03 | 2959.87 | 满足 | 3424.28 | 满足 |
| 组合 3 | 14241.69 | 7326.36 | 137.08 | 2897.64 | 满足 | 3352.29 | 满足 |
| 组合 4 | 11408.13 | 19917.88 | 166.93 | 3528.50 | 满足 | 4082.13 | 满足 |
| 组合 5 | 9506.77 | 19917.88 | 152.60 | 3225.71 | 满足 | 3731.83 | 满足 |

### 6.5.1.4 底板配筋计算

基础底板下部钢筋采用方格网配筋，底板上部钢筋采用方格网配筋，按 $r_2$ 处截面 $h_0 = 1.06$m 进行计算。

A 底板下部在两个正交方向单位宽度弯矩及配筋

（1）计算方法如下：

$$M_B = \frac{p}{6r_1}(2r_1^3 - 3r_1^2 r_2 + r_2^3)$$

$$\alpha_s = \frac{M_B}{\alpha_1 f_{ct} b h_0^2}$$

$$\xi = 1 - \sqrt{1 - 2\alpha_s}$$

$$\gamma_s = \frac{1 + \sqrt{1 - 2\alpha_s}}{2}$$

$$A_s = \frac{M_B}{f_{yt}\gamma_s h_0}$$

（2）计算配筋面积见表 6.5-6。

**表 6.5-6 圆板基础底板下部配筋计算**

| 组 合 | $p$/kN·m$^{-2}$ | $M_B$/kN·m | $\alpha_s$ | $\xi$ | $\gamma_s$ | $A_s$ |
|---|---|---|---|---|---|---|
| 组合 1 | 124.19 | 145.91 | 0.01 | 0.01 | 1.00 | 380.28 |
| 组合 2 | 140.03 | 164.53 | 0.01 | 0.01 | 0.99 | 429.04 |
| 组合 3 | 137.08 | 161.07 | 0.01 | 0.01 | 0.99 | 419.97 |
| 组合 4 | 166.93 | 196.14 | 0.01 | 0.01 | 0.99 | 511.97 |
| 组合 5 | 152.60 | 179.30 | 0.01 | 0.01 | 0.99 | 467.79 |

（3）实际配筋面积。先计算构造配筋 $A_{s-min} = \rho_{min} b h_0 = 0.15\% \times 1000 \times 1060 = 1590$mm$^2$，其值大于计算配筋面积，故按照正交等面积方格网配筋构造要求，底板下部单位宽度内实际配筋为：纵向与横向均为 D20@180（$A_s = 1745.33$mm$^2$）。

B 环壁以内底板上部两个正交方向单位宽度的弯矩及配筋

（1）计算方法如下：

$$M_T = \frac{\rho}{6}\left(r_z^2 - 2r_1^2 + 3r_1 r_z - \frac{r_z^3}{r_1}\right)$$

$$\alpha_s = \frac{M_T}{\alpha_1 f_{ct} b h_0^2}$$

$$\xi = 1 - \sqrt{1 - 2\alpha_s}$$

$$\gamma_s = \frac{1 + \sqrt{1 - 2\alpha_s}}{2}$$

$$A_s = \frac{M_T}{f_{yt}\gamma_s h_0}$$

（2）计算配筋面积见表6.5-7。

**表 6.5-7　圆板基础环壁以内底板上部配筋计算**

| 组　合 | $p/\text{kN} \cdot \text{m}^{-2}$ | $M_T/\text{kN} \cdot \text{m}$ | $\alpha_s$ | $\xi$ | $\gamma_s$ | $A_s$ |
|---|---|---|---|---|---|---|
| 组合1 | 124.19 | 146.33 | 0.01 | 0.01 | 1.00 | 381.37 |
| 组合2 | 140.03 | 165.00 | 0.01 | 0.01 | 0.99 | 430.27 |
| 组合3 | 137.08 | 161.53 | 0.01 | 0.01 | 0.99 | 421.18 |
| 组合4 | 166.93 | 196.70 | 0.01 | 0.01 | 0.99 | 513.45 |
| 组合5 | 152.60 | 179.82 | 0.01 | 0.01 | 0.99 | 469.14 |

（3）实际配筋面积。底板上部单位宽度内配筋为 D12@200（$A_s = 565.49\text{mm}^2$）。

C　环壁以外底板上部弯矩及配筋

当地基反力最小边扣除基础自重和土重后小于0时，应按承受均布荷载 $q$ 的悬臂构件进行弯矩计算并进行配筋，即：

$$q = \frac{M_z r_1}{I} - \frac{N}{A}$$

所有工况组合的地基反力最小边扣除基础自重和土重后均不小于0，所以不需要配筋。

D　验算不需配筋范围半径 $r_d$

等面积方格网配筋时，受力钢筋直径 $d = 20\text{mm}$，则有：

$$r_d = r_3 + r_2 - r_1 - 35d = 3.85 + 4.90 - 6.50 -$$
$$35 \times 20/1000 = 1.55\text{m}$$

即底板下部距圆心半径为 $r_d$ 范围内可以不用配筋。

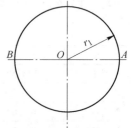

#### 6.5.1.5　沉降计算

采用实体深基础法计算圆心 $O$ 点处的沉降，如图 6.5-2 所示。

A　附加压应力

（1）基础底面弯矩准永久值 $M_q = M_{qt} + V_{qt}H = 2604.52\text{kN} \cdot \text{m}$。

（2）基础底面轴力准永久值 $N_q = N_{qt} = 10543.12\text{kN}$。

（3）基础底面以上土的平均密度 $\gamma_m = 19.40\text{kN/m}^3$。

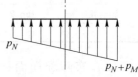

图 6.5-2　圆板基础
沉降计算图

（4）基底压应力为：

$$p_{max} = \frac{N_q + G_k}{A} + \frac{M_q r_1}{I} = \frac{10543.12 + 8494.87}{132.73} + \frac{2604.52 \times 6.50}{1401.98} = 155.51\text{kN/m}^2$$

$$p_{min} = \frac{N_q + G_k}{A} - \frac{M_q r_1}{I} = \frac{10543.12 + 8494.87}{132.73} - \frac{2604.52 \times 6.50}{1401.98} = 131.36 \text{kN/m}^2$$

（5）基底附加压应力为：

$$p_{0max} = p_{max} - \gamma_m h_0 = 155.51 - 19.00 \times 3.20 = 94.71 \text{kN/m}^2$$

$$p_{0min} = p_{min} - \gamma_m h_0 = 131.36 - 19.00 \times 3.20 = 70.56 \text{kN/m}^2$$

（6）基础底面附加应力为梯形分布，为计算方便将梯形荷载分为均布荷载与三角形荷载两部分：

均布荷载 $p_N = p_{0min} = 70.56 \text{kN/m}^2$

三角形荷载 $p_M = p_{0max} - p_{0min} = 94.71 - 70.56 = 24.15 \text{kN/m}^2$

B　平均附加应力系数

中心点 $O$ 的平均附加应力系数 $\bar{a}$ 值，按《烟囱设计规范》（GB 50051—2013）附录 C 中相应的 $z/R$ 和 $b/R$ 查得数值

C　各层沉降值 $\Delta s_i$

中心点 $O$ 的沉降为大圆在均布荷载及三角形荷载作用下产生的沉降的叠加，按下式进行计算：

$$\Delta s_i' = \frac{p_0}{E_{si}} (z_i \bar{a}_i - z_{i-1} \bar{a}_{i-1})$$

计算结果见表6.5-8。

表 6.5-8　圆板 $O$ 点沉降

| 计算深度 $z/m$ | 特性比值 | | 附加应力系数 $\bar{a}_i$ | | 沉降值/mm | |
| --- | --- | --- | --- | --- | --- | --- |
| | $z/R$ | $b/R$ | 均布 $\bar{a}_i$ | 三角形 $\bar{a}_i$ | $\Delta s_i'$ | $\sum \Delta s_i'$ |
| 1.80 | 0.28 | 0.00 | 0.99 | 0.50 | 24.63 | 24.63 |
| 20.80 | 3.20 | 0.00 | 0.48 | 0.24 | 45.61 | 70.23 |
| 21.80 | 3.35 | 0.00 | 0.47 | 0.23 | 0.74 | 70.97 |

D　地基变形计算深度 $z_n$

环板宽度 $b = \sqrt{\pi} r_1 = 1.7725 \times 6.5 = 11.52 \text{m}$，取 $\Delta z = 1.00 \text{m}$。当计算深度 $z_n = 21.80 \text{m}$ 时，向上取计算层厚度为 $\Delta z$ 的沉降量值 $\Delta s_n = 0.74 \text{mm}$，总的沉降量为 $\sum \Delta s_i = 70.97 \text{mm}$。由于 $\Delta s_n \leq 0.025 \sum \Delta s_i = 1.77 \text{mm}$，因此满足基础规范要求。

E　沉降计算经验系数 $\psi_s$

$$\sum_{i=1}^{n} A_i = \sum_{i=1}^{n} \Delta s_i' E_{si} = 0.84$$

$$\sum_{i=1}^{n} \frac{A_i}{E_{si}} = \sum_{i=1}^{n} \Delta s_i' = 0.07$$

$$\bar{E}_s = \frac{\sum_{i=1}^{n} A_i}{\sum_{i=1}^{n} \frac{A_i}{E_{si}}} = \frac{0.84}{0.07} = 11.88 \text{MPa}$$

基底附加压应力为 $p_0 = 82.63 \mathrm{kN/m^2}$。查基础规范可得，$\psi_s = 0.517$。

F　地基最终沉降量

$O$ 点的最终沉降量为：

$$s = \psi_s s' = 0.517 \times 70.97 = 36.70 \mathrm{mm}$$

满足基础规范中当烟囱高度为 60.00m 时，允许沉降值 400.00mm 的要求。

### 6.5.1.6　基础倾斜计算

倾斜计算时应分别计算基础边缘 $A$、$B$ 点的沉降量，然后再根据《烟囱设计规范》（GB 50051—2013）中公式 C.0.2 计算倾斜值。

A　基础边缘的沉降计算

计算过程与上面相同，计算结果见表 6.5-9 和表 6.5-10。

表 6.5-9　圆板 $A$ 点沉降

| 计算深度 $z$/m | 特性比值 | | 附加应力系数 $\bar{a}_i$ | | 沉降值/mm | |
| --- | --- | --- | --- | --- | --- | --- |
| | $z/R$ | $b/R$ | 均布 $\bar{a}_i$ | 三角形 $\bar{a}_i$ | $\Delta s_i'$ | $\sum \Delta s_i'$ |
| 1.80 | 0.28 | −1.00 | 0.48 | 0.45 | 13.35 | 13.35 |
| 20.80 | 3.20 | −1.00 | 0.27 | 0.20 | 27.15 | 40.50 |
| 21.80 | 3.35 | −1.00 | 0.26 | 0.19 | 0.56 | 41.06 |

表 6.5-10　圆板 $B$ 点沉降

| 计算深度 $z$/m | 特性比值 | | 附加应力系数 $\bar{a}_i$ | | 沉降值/mm | |
| --- | --- | --- | --- | --- | --- | --- |
| | $z/R$ | $b/R$ | 均布 $\bar{a}_i$ | 三角形 $\bar{a}_i$ | $\Delta s_i'$ | $\sum \Delta s_i'$ |
| 1.80 | 0.28 | 1.00 | 0.48 | 0.02 | 10.22 | 10.22 |
| 20.80 | 3.20 | 1.00 | 0.27 | 0.07 | 24.15 | 34.37 |
| 21.80 | 3.35 | 1.00 | 0.26 | 0.07 | 0.51 | 34.88 |

$A$ 点的最终沉降量为：

$$s_A = \psi_s s' = 0.510 \times 41.06 = 20.93 \mathrm{mm}$$

$B$ 点的最终沉降量为：

$$s_B = \psi_s s' = 0.499 \times 34.88 = 17.40 \mathrm{mm}$$

B　基础倾斜值计算

基础倾斜值为：

$$m_\theta = \frac{s_A - s_B}{2 r_1} = \frac{0.0209 - 0.0174}{2 \times 6.50} = 0.00027$$

计算结果满足基础规范中当烟囱高度为 60.00m 时，允许倾斜值 0.00500 的要求。

## 6.5.2　环形板式基础

### 6.5.2.1　设计资料

A　基本设计资料

（1）基本风压 $\omega_0 = 0.95 \mathrm{kN/m^2}$。

（2）地面粗糙度为 B 类。

（3）烟囱安全等级为二级；环境类别为二类。

（4）抗震设防烈度为 7 度（0.10$g$）；设计地震分组为第一组；建筑场地土类别为Ⅲ类。

（5）烟囱所在地区风玫瑰图呈严重偏心，地基变形验算时，风荷载频遇系数取 0.4。

B　基础设计参数

（1）基础形式为环形板式基础；基础混凝土等级为 C35。

（2）基础钢筋等级为 HRB400。

（3）钢筋和混凝土材料强度：

1）混凝土在温度作用下轴心抗压强度设计值 $f_{ct} = f_{ctk}/\gamma_{ct} = 23400/1.4 = 16714.29 kN/m^2$；

2）混凝土在温度作用下轴心抗拉强度设计值 $f_{tt} = f_{ttk}/\gamma_{tt} = 2200/1.4 = 1571.43 kN/m^2$；

3）钢筋在温度作用下抗拉强度设计值 $f_{yt} = f_{ytk}/\gamma_{yt} = 400000/1.1 = 363636.36 kN/m^2$。

（4）底板下部配筋形式为径环向配筋。

（5）底板及其上土平均密度 $\gamma_G = 20.00 kN/m^3$。

（6）底板埋深为 5.00m。

（7）地基抗震承载力调整系数 $\zeta_a = 1.30$。

（8）基础宽度修正系数 $\eta_b = 0.00$。

（9）基础埋深修正系数 $\eta_d = 1.00$。

（10）基础持力层参数见表 6.5-11。

表 6.5-11　土层参数表

| 土层名称 | 底部标高/m | 密度/kN·m$^{-3}$ | 压缩模量/MPa | 承载力/kPa |
|---|---|---|---|---|
| 粉质黏土 | -4.00 | 19.30 | 6.50 | 160.00 |
| 碎石 | -40.00 | 19.80 | 18.00 | 350.00 |

C　荷载内力组合情况

a　承载能力极限状态荷载内力组合

（1）无地震作用时为：

$$S = 1.0S_{Gk} + 1.4S_{wk} + 1.0M_a + 0.7 \times 1.4 \times S_{Lk} \qquad （组合1）$$

$$S = 1.2S_{Gk} + 1.4S_{wk} + 1.0M_a + 0.7 \times 1.4 \times S_{Lk} \qquad （组合2）$$

$$S = 1.35S_{Gk} + 0.6 \times 1.4 \times S_{wk} + 1.0M_a + 0.7 \times 1.4 \times S_{Lk} \qquad （组合3）$$

式中　$S_{Lk}$——平台活荷载产生的效应标准值。

（2）有地震作用情况下（考虑竖向地震作用）为：

$$S = 1.2S_{GE} + 1.3S_{Ehk} + 0.2 \times 1.4 \times S_{wk} + 1.0 \times M_{aE1} \qquad （组合4）$$

$$S = 1.0S_{GE} + 1.3S_{Ehk} + 0.2 \times 1.4 \times S_{wk} + 1.0 \times M_{aE2} \qquad （组合5）$$

式中，$M_{aE1}$ 为竖向地震作用力向下的附加弯矩，$M_{aE2}$ 为竖向作用力向上的附加弯矩。

b　正常使用极限状态荷载内力组合

（1）标准组合为：

$$S_k = S_{Gk} + 1.0S_{wk} + M_{ak} + 0.7S_{Lk} \qquad （组合6）$$

$$S_k = S_{GE} + 0.2S_{wk} + S_{Ehk} + M_{ak} \qquad （组合7）$$

（2）准永久组合值（对于风玫瑰图呈严重偏心的地区）为：

$$S_{dq} = S_{Gk} + 0.6S_{Lk} + 0.4S_{wk}$$

上述各式中其他符号含义见《烟囱设计规范》（GB 50051—2013）。

D　传给基础顶部（±0.000）的内力

基本组合与标准组合见表 6.5-12 和表 6.5-13。

表 6.5-12　基本组合值（设计值）

| 组　合 | $N_t/kN$ | $M_t/kN \cdot m$ | $V_t/kN$ |
|---|---|---|---|
| 组合 1 | 79731.60 | 521814.58 | 4258.89 |
| 组合 2 | 95677.92 | 521814.58 | 4258.89 |
| 组合 3 | 107637.66 | 352465.00 | 2555.33 |
| 组合 4 | 86110.13 | 222298.39 | 2309.99 |
| 组合 5 | 71758.44 | 222298.39 | 2309.99 |

表 6.5-13　标准组合值（标准值）

| 组　合 | $N_{kt}/kN$ | $M_{kt}/kN \cdot m$ | $V_{kt}/kN$ |
|---|---|---|---|
| 组合 6 | 79731.60 | 339764.47 | 3042.06 |
| 组合 7 | 79731.60 | 182917.83 | 1927.55 |

准永久组合（准永久值）为：

$$N_q = 79731.60kN \qquad M_q = 120963.99kN \cdot m \qquad V_q = 1216.83kN$$

E　基础几何尺寸确定

环形板式基础几何尺寸如图 6.5-3 所示。

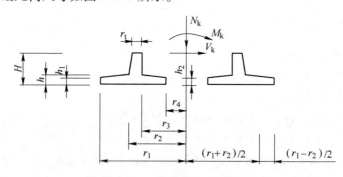

图 6.5-3　环形板式基础几何尺寸

（1）环壁顶部厚度为：

$$r_t = 1.00m$$

$$r_1 = 12.50m$$

$$r_2 = 10.00m$$

$$r_3 = 7.50m$$

$$r_z = (r_2 + r_3)/2 = (10.00 + 7.50)/2 = 8.75m$$

$$r_1/r_z = 12.50/8.75 = 1.429$$

查《烟囱设计规范》图 (12.4.11-2) 或规范 P122 页公式计算 $\beta$:

$$\beta = -3.9 \times \left(\frac{r_1}{r_z}\right)^3 + 12.9 \times \left(\frac{r_1}{r_z}\right)^2 - 15.3 \times \frac{r_1}{r_z} + 7.3$$

$$= -3.9 \times 1.429^3 + 12.9 \times 1.429^2 - 15.3 \times 1.429 + 7.3 = 0.398$$

$$r_4 = 0.398 \times 8.75 = 3.48m, \ \text{取} \ r_4 = 3.50m$$

(2) 基础底板厚度为:

$$h \geqslant (r_1 - r_2)/2.2 = (12.50 - 10.00)/2.2 = 1.14m$$

$$h \geqslant (r_3 - r_4)/3.0 = (7.50 - 3.50)/3.0 = 1.33m, \text{取} \ h = 1.80m$$

$$h_1 \geqslant h/2 = 1.80/2 = 0.90m, \text{取} \ h_1 = 1.00m$$

### 6.5.2.2 地基承载力验算

**A 荷载计算**

(1) 基础底面积 $A = \pi(r_1^2 - r_4^2) = 3.14 \times (12.50^2 - 3.50^2) = 452.39m^2$。

(2) 基础自重及其上土重 $G_k = AH\gamma_G = 452.39 \times 5.00 \times 20.00 = 45238.93kN$。

(3) 基础底面弯矩标准值 $M_k = M_{kt} + V_{kt}H$。

(4) 基础底面轴力标准值 $N_k = N_{kt}$。

**B 地基承载力**

(1) 基础底面抵抗矩 $W = \dfrac{\pi(d_1^4 - d_4^4)}{32d_1} = \dfrac{3.14 \times (25.00^4 - 7.00^4)}{32 \times 25.00} = 1524.55m^3$。

(2) 基础底面压力为:

$$p_{kmax} = \frac{N_k + G_k}{A} + \frac{M_k}{W}$$

$$p_{kmin} = \frac{N_k + G_k}{A} - \frac{M_k}{W}$$

$$p_k = \frac{N_k + G_k}{A}$$

**C 地基承载力特征值修正**

(1) 基础底面所在土层地基承载力特征值 $f_{ak} = 350.00kPa$。

(2) 修正后的地基承载力特征值为:

$$f_a = f_{ak} + \eta_b\gamma(b - 3) + \eta_d\gamma_m(d - 0.5)$$

$$= 350.00 + 0.00 \times 19.80 \times (6.00 - 3) + 1.00 \times 19.40 \times (5.00 - 0.5)$$

$$= 437.30kPa$$

**D 地基承载力验算结果**

(1) 当基础内力标准组合中不包括地震作用效应时 (组合6):

$$p_k \leqslant f_a$$

$$p_{kmax} \leqslant 1.2f_a = 1.2 \times 437.30 = 524.76kPa$$

$$p_{kmin} \geqslant 0$$

（2）当基础内力标准组合中包括地震作用效应时（组合7）：

$$p_k \leqslant \zeta_a f_a = 1.30 \times 437.30 = 568.49 \text{kPa}$$

$$p_{k\max} \leqslant 1.2 \zeta_a f_a = 1.2 \times 1.30 \times 437.30 = 682.19 \text{kPa}$$

$$p_{k\min} \geqslant 0$$

具体计算结果见表6.5-14。

表 6.5-14　地基承载力验算表

| 组合 | $N_k/\text{kN}$ | $M_k/\text{kN} \cdot \text{m}$ | $p_k/\text{kN} \cdot \text{m}^{-2}$ | $p_{k\max}/\text{kN} \cdot \text{m}^{-2}$ | $p_{k\min}/\text{kN} \cdot \text{m}^{-2}$ | 验算结果 |
|---|---|---|---|---|---|---|
| 组合6 | 79731.60 | 354974.78 | 276.25 | 509.08 | 43.41 | 满足 |
| 组合7 | 79731.60 | 192555.58 | 276.25 | 402.55 | 149.94 | 满足 |

由表6.5-14可知，地基承载力满足要求。

### 6.5.2.3　冲切强度验算

**A　基础底板均布压力**

（1）基础底面惯性矩　$I = \dfrac{\pi(d_1^4 - d_4^4)}{64} = \dfrac{3.14 \times (25.00^4 - 7.00^4)}{64} = 19056.90 \text{m}^4$。

（2）外悬挑部分中点处最大压力，计算时荷载按设计值选用，即：

$$p = \frac{N}{A} + \frac{M_z}{I} \frac{r_1 + r_2}{2}$$

（3）基础底面弯矩设计值　$M_z = M_t + V_t H$。

（4）基础底面轴力设计值　$N = N_t$。

**B　冲切破坏锥体以外的荷载**

（1）基础有效高度　$h_0 = h - 0.04 = 1.80 - 0.04 = 1.76 \text{m}$。

（2）计算环壁外边缘时，$F_{11} = p\pi[r_1^2 - (r_2 + h_0)^2]$。

（3）计算环壁内边缘时，$F_{12} = p\pi[(r_3 - h_0)^2 - r_4^2]$。

**C　冲切破坏锥体斜截面上、下边圆周长**

（1）验算环壁外边缘时：

$$b_t = 2\pi r_2 = 2 \times 3.14 \times 10.00 = 62.83 \text{m}$$

$$b_b = 2\pi(r_2 + h_0) = 2 \times 3.14 \times (10.00 + 1.76) = 73.89 \text{m}$$

（2）验算环壁内边缘时：

$$b_t = 2\pi r_3 = 2 \times 3.14 \times 7.50 = 47.12 \text{m}$$

$$b_b = 2\pi(r_3 - h_0) = 2 \times 3.14 \times (7.50 - 1.76) = 36.07 \text{m}$$

**D　冲切强度**

（1）环壁外边缘：

$0.35\beta_h f_u(b_t + b_b)h_0 = 0.35 \times 0.92 \times 1571.43 \times (62.83 + 73.89) \times 1.76 = 121318.09 \text{kN}$

（2）环壁内边缘：

$0.35\beta_h f_u(b_t + b_b)h_0 = 0.35 \times 0.92 \times 1571.43 \times (47.12 + 36.07) \times 1.76 = 73816.70 \text{kN}$

**E　冲切验算结果**

计算结果列于表6.5-15。

**表 6.5-15　冲切验算表**

| 组合 | $N$/kN | $M_z$/kN·m | $p$/kN·m$^{-2}$ | 环壁外边缘 | | 环壁内边缘 | |
|---|---|---|---|---|---|---|---|
| | | | | $F_{11}$/kN | 验算结果 | $F_{12}$/kN | 验算结果 |
| 组合 1 | 79731.60 | 543109.02 | 496.86 | 28022.64 | 满足 | 32307.74 | 满足 |
| 组合 2 | 95677.92 | 543109.02 | 532.11 | 30010.66 | 满足 | 34599.76 | 满足 |
| 组合 3 | 107637.66 | 365241.66 | 453.55 | 25579.67 | 满足 | 29491.20 | 满足 |
| 组合 4 | 86110.13 | 233848.34 | 328.39 | 18521.17 | 满足 | 21353.34 | 满足 |
| 组合 5 | 71758.44 | 233848.34 | 296.67 | 16731.95 | 满足 | 19290.53 | 满足 |

### 6.5.2.4　底板配筋计算

基础底板下部钢筋和上部钢筋均采用径、环向配筋，按 $r_2$ 处截面 $h_0 = 1.76\text{m}$ 进行计算。

**A　底板下部半径 $r_2$ 处，单位弧长径向弯矩及配筋**

（1）计算方法如下：

$$M_R = \frac{p}{3(r_1 + r_2)}(2r_1^3 - 3r_1^2 r_2 + r_2^3)$$

$$\alpha_s = \frac{M_R}{\alpha_1 f_{ct} b h_0^2}$$

$$\xi = 1 - \sqrt{1 - 2\alpha_s}$$

$$\gamma_s = \frac{1 + \sqrt{1 - 2\alpha_s}}{2}$$

$$A_s = \frac{M_R}{f_{yt} \gamma_s h_0}$$

（2）计算配筋面积见表6.5-16。

**表 6.5-16　环板基础底板下部径向配筋计算**

| 组合 | $p$/kN·m$^{-2}$ | $M_R$/kN·m | $\alpha_s$ | $\xi$ | $\gamma_s$ | $A_s$ |
|---|---|---|---|---|---|---|
| 组合 1 | 496.86 | 1610.20 | 0.03 | 0.03 | 0.98 | 2556.33 |
| 组合 2 | 532.11 | 1724.44 | 0.03 | 0.03 | 0.98 | 2740.87 |
| 组合 3 | 453.55 | 1469.83 | 0.03 | 0.03 | 0.99 | 2330.17 |
| 组合 4 | 328.39 | 1064.24 | 0.02 | 0.02 | 0.99 | 1680.33 |
| 组合 5 | 296.67 | 961.43 | 0.02 | 0.02 | 0.99 | 1516.45 |

（3）实际配筋面积。计算构造配筋 $A_{s-\min} = \rho_{\min} b h_0 = 0.15\% \times 1000 \times 1760 = 2640\text{mm}^2$，其值小于计算配筋面积，故底板下部单位宽度内实际径向配筋为 D25@150（$A_s = 3272\text{mm}^2$）。

**B　底板下部单位宽度的环向弯矩及配筋**

（1）计算方法如下：

$$M_\theta = \frac{M_R}{2}$$

$$\alpha_s = \frac{M_\theta}{\alpha_1 f_{ct} b h_0^2}$$

$$\xi = 1 - \sqrt{1 - 2\alpha_s}$$

$$\gamma_s = \frac{1 + \sqrt{1 - 2\alpha_s}}{2}$$

$$A_s = \frac{M_\theta}{f_{yt} \gamma_s h_0}$$

（2）计算配筋面积见表 6.5-17。

**表 6.5-17　环板基础底板下部环向配筋计算**

| 组合 | $M_R/\text{kN} \cdot \text{m}$ | $M_\theta/\text{kN} \cdot \text{m}$ | $\alpha_s$ | $\xi$ | $\gamma_s$ | $A_s$ |
|------|------|------|------|------|------|------|
| 组合 1 | 1610. 20 | 805. 10 | 0. 02 | 0. 02 | 0. 99 | 1267. 91 |
| 组合 2 | 1724. 44 | 862. 22 | 0. 02 | 0. 02 | 0. 99 | 1358. 63 |
| 组合 3 | 1469. 83 | 734. 91 | 0. 01 | 0. 01 | 0. 99 | 1156. 57 |
| 组合 4 | 1064. 24 | 532. 12 | 0. 01 | 0. 01 | 0. 99 | 835. 76 |
| 组合 5 | 961. 43 | 480. 72 | 0. 01 | 0. 01 | 1. 00 | 754. 64 |

（3）实际配筋面积。计算构造配筋 $A_{s-\min} = \rho_{\min} b h_0 = 0.15\% \times 1000 \times 1760 = 2640\text{mm}^2$，其值大于计算配筋面积，故按构造要求，底板下部单位宽度内实际环向配筋为 D25@180（$A_s = 2727.08\text{mm}^2$）。

C　底板内悬挑上部单位宽度的环向弯矩及配筋

（1）计算方法如下：

$$M_{\theta T} = \frac{p r_z}{6(r_z - r_4)} \left( \frac{2r_4^3 - 3r_4^2 r_z + r_z^3}{r_z} - \frac{4r_1^3 - 6r_1^2 r_z + 2r_z^3}{r_1 + r_z} \right)$$

$$\alpha_s = \frac{M_{\theta T}}{\alpha_1 f_{ct} b h_0^2}$$

$$\xi = 1 - \sqrt{1 - 2\alpha_s}$$

$$\gamma_s = \frac{1 + \sqrt{1 - 2\alpha_s}}{2}$$

$$A_s = \frac{M_{\theta T}}{f_{yt} \gamma_s h_0}$$

（2）计算配筋面积见表 6.5-18。

**表 6.5-18　环板基础底板内悬挑上部环向配筋计算**

| 组合 | $p/\text{kN} \cdot \text{m}^{-2}$ | $M_{\theta T}/\text{kN} \cdot \text{m}$ | $\alpha_s$ | $\xi$ | $\gamma_s$ | $A_s$ |
|------|------|------|------|------|------|------|
| 组合 1 | 496. 86 | 682. 27 | 0. 01 | 0. 01 | 0. 99 | 1073. 17 |
| 组合 2 | 532. 11 | 730. 68 | 0. 01 | 0. 01 | 0. 99 | 1149. 85 |
| 组合 3 | 453. 55 | 622. 79 | 0. 01 | 0. 01 | 0. 99 | 979. 04 |
| 组合 4 | 328. 39 | 450. 94 | 0. 01 | 0. 01 | 1. 00 | 707. 69 |
| 组合 5 | 296. 67 | 407. 38 | 0. 01 | 0. 01 | 1. 00 | 639. 05 |

（3）实际配筋面积。底板下部环向配筋为 D18@200（$A_s = 1272.35\text{mm}^2$）。

D　环壁以外底板上部弯矩及配筋

（1）当地基反力最小边扣除基础自重和土重后小于 0 时，应按承受均布荷载 $q$ 的悬臂构件进行弯矩计算并进行配筋，即：

$$q = \frac{M_z r_1}{I} - \frac{N}{A}$$

（2）计算配筋面积的公式如下：

$$M = \frac{1}{2}ql^2 = \frac{1}{2}q(12.50 - 10.00)^2$$

计算结果见表 6.5-19。

表 6.5-19　环板基础环壁以外底板上部配筋计算

| 组合 | $q/\text{kN} \cdot \text{m}^{-2}$ | $M/\text{kN} \cdot \text{m}$ | $\alpha_s$ | $\xi$ | $\gamma_s$ | $A_s$ |
|---|---|---|---|---|---|---|
| 组合 1 | 180.00 | 562.49 | 0.01 | 0.01 | 0.99 | 883.71 |
| 组合 2 | 144.75 | 452.33 | 0.01 | 0.01 | 1.00 | 709.89 |
| 组合 3 | 1.64 | 5.13 | 0.00 | 0.00 | 1.00 | 8.02 |

（3）实际配筋面积。底板上部配筋为 D16 @200（$A_s = 1005.31\text{mm}^2$）。

**6.5.2.5　沉降计算**

环形基础计算环宽中点 $C$、$D$ 的沉降，如图 6.5-4 所示。

A　附加压应力

（1）基础底面弯矩准永久值 $M_q = M_{qt} + V_{qt}H = 127048.11\text{kN} \cdot \text{m}$。

（2）基础底面轴力准永久值 $N_q = N_{qt} = 79731.60\text{kN}$。

（3）基础底面以上土的平均密度 $\gamma_m = 19.40\text{kN/m}^3$。

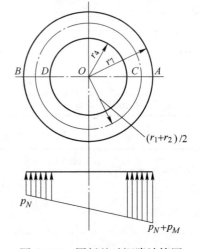

图 6.5-4　圆板基础沉降计算图

（4）基底压力为：

$$p_{max} = \frac{N_q + G_k}{A} + \frac{M_q r_1}{I} = \frac{79731.60 + 45238.93}{452.39} + \frac{127048.11 \times 12.50}{19056.90} = 359.58\text{kN/m}^2$$

$$p_{min} = \frac{N_q + G_k}{A} - \frac{M_q r_1}{I} = \frac{79731.60 + 45238.93}{452.39} - \frac{127048.11 \times 12.50}{19056.90} = 192.91\text{kN/m}^2$$

（5）基底附加压力为：

$$p_{0max} = p_{max} - \gamma_m h_0 = 359.58 - 19.40 \times 5.00 = 262.58\text{kN/m}^2$$

$$p_{0min} = p_{min} - \gamma_m h_0 = 192.91 - 19.40 \times 5.00 = 95.91\text{kN/m}^2$$

（6）大圆时基础底面附加压应力为：

均布荷载　$p_{Nb} = p_{0min} = 95.91\text{kN/m}^2$

三角形荷载　$p_{Mb} = p_{0max} - p_{0min} = 262.58 - 95.91 = 166.67\text{kN/m}^2$

（7）小圆时基础底面附加压应力为：

均布荷载　$p_{M1} = p_{Nb} + \dfrac{p_{Mb}(r_1 - r_4)}{2r_1} = 95.91 + \dfrac{166.67 \times (12.50 - 3.50)}{2 \times 12.50} = 155.91 \text{kN/m}^2$

三角形荷载　$p_{M1} = \dfrac{p_{Mb} r_4}{r_1} = \dfrac{166.67 \times 3.50}{12.50} = 46.67 \text{kN/m}^2$

B　平均附加应力系数：

环宽中点的平均附加应力系数 $\bar{a}$ 值，应分别按大圆与小圆由《烟囱设计规范》（GB 50051—2013）附录 C 表格中相应的 $z/R$ 和 $b/R$ 查得数值。

C　各层沉降值 $\Delta s_i$

环宽中点的沉降由大圆在均布荷载及三角形荷载与由小圆在均布荷载及三角性荷载作用下产生的沉降的差，按下式进行计算：

$$\Delta s_i' = \frac{p_0}{E_{si}}(z_i \bar{a}_i - z_{i-1} \bar{a}_{i-1})$$

计算结果见表 6.5-20 和表 6.5-21。

表 6.5-20　环板 C 点沉降

| 计算深度 $z$/m | 特性比值 | | 附加应力系数 $\bar{a}_i$ | | 沉降值/mm | |
|---|---|---|---|---|---|---|
| | $z/R$ | $b/R$ | 均布 $\bar{a}_i$ | 三角形 $\bar{a}_i$ | $\Delta s_i'$ | $\sum \Delta s_i'$ |
| 34.00 | 2.72 | −0.64 | 0.47 | 0.33 | 173.37 | 173.37 |
| | 9.71 | −2.29 | 0.04 | 0.02 | | |
| 35.00 | 2.80 | −0.64 | 0.46 | 0.32 | 1.06 | 174.43 |
| | 10.00 | −2.29 | 0.04 | 0.02 | | |

表 6.5-21　环板 D 点沉降

| 计算深度 $z$/m | 特性比值 | | 附加应力系数 $\bar{a}_i$ | | 沉降值/mm | |
|---|---|---|---|---|---|---|
| | $z/R$ | $b/R$ | 均布 $\bar{a}_i$ | 三角形 $\bar{a}_i$ | $\Delta s_i'$ | $\sum \Delta s_i'$ |
| 34.00 | 2.72 | 0.64 | 0.47 | 0.14 | 115.28 | 115.28 |
| | 9.71 | 2.29 | 0.04 | 0.02 | | |
| 35.00 | 2.80 | 0.64 | 0.46 | 0.14 | 0.96 | 116.24 |
| | 10.00 | 2.29 | 0.04 | 0.02 | | |

注：在某一深度处，上面一行的参数是大圆的参数，下面一行是小圆的参数。

D　地基变形计算深度 $z_n$

环板宽度 $b = 9.00\text{m}$，取 $\Delta z = 1.00\text{m}$。当计算深度 $z_n = 35.00\text{m}$ 时，向上取计算层厚度为 $\Delta z$ 的沉降量值 $\Delta s_n = 1.06\text{mm}$，总的沉降量为 $\sum \Delta s_i = 174.43\text{mm}$。

由于 $\Delta s_n \leqslant 0.025 \sum \Delta s_i = 4.36\text{mm}$，因此满足基础规范要求。

E　沉降计算经验系数 $\psi_s$

C 点沉降计算经验系数为：

$$\sum_{i=1}^{n} A_i = \sum_{i=1}^{n} \Delta s_i' E_{si} = 3.14$$

$$\sum_{i=1}^{n} \frac{A_i}{E_{si}} = \sum_{i=1}^{n} \Delta s_i' = 0.17$$

$$\overline{E}_s = \frac{\sum\limits_{i=1}^{n} A_i}{\sum\limits_{i=1}^{n} \dfrac{A_i}{E_{si}}} = \frac{3.14}{0.17} = 18.00 \text{MPa}$$

基底附加压应力 $p_0 = 232.58 \text{kN/m}^2$，查基础规范 P29 表 5.3.5，可得 $\psi_s = 0.280$。

$D$ 点沉降计算经验系数为：

$$\sum_{i=1}^{n} A_i = \sum_{i=1}^{n} \Delta s_i' E_{si} = 2.09$$

$$\sum_{i=1}^{n} \frac{A_i}{E_{si}} = \sum_{i=1}^{n} \Delta s_i' = 0.12$$

$$\overline{E}_s = \frac{\sum\limits_{i=1}^{n} A_i}{\sum\limits_{i=1}^{n} \dfrac{A_i}{E_{si}}} = \frac{2.09}{0.12} = 18.00 \text{MPa}$$

基底附加压应力 $p_0 = 149.25 \text{kN/m}^2$，查基础规范 P29 表 5.3.5，可得，$\psi_s = 0.280$。

F　地基最终沉降量

$C$ 点的最终沉降量为：

$$s_C = \psi_s s' = 0.280 \times 174.43 = 48.84 \text{mm}$$

$D$ 点的最终沉降量为：

$$s_D = \psi_s s' = 0.280 \times 116.24 = 32.55 \text{mm}$$

平均沉降量为：

$$s = (s_C + s_D)/2 = (48.84 + 32.55)/2 = 40.69 \text{mm}$$

计算结果满足基础规范中当烟囱高度为 180.00m 时，允许沉降值 300.00mm 的要求。

### 6.5.2.6　基础倾斜计算

倾斜计算时应分别计算基础边缘 $A$、$B$ 点的沉降量，然后再根据《烟囱设计规范》（GB 50051—2013）中公式 C.0.2 计算倾斜值。

A　基础边缘的沉降计算

计算过程与上面相同，计算结果见表 6.5-22 和表 6.5-23。

表 6.5-22　环板 $A$ 点沉降

| 计算深度 $z/m$ | 特性比值 | | 附加应力系数 $\overline{a}_i$ | | 沉降值/mm | |
|---|---|---|---|---|---|---|
| | $z/R$ | $b/R$ | 均布 $\overline{a}_i$ | 三角形 $\overline{a}_i$ | $\Delta s_i'$ | $\sum \Delta s_i'$ |
| 34.00 | 2.72 | −1.00 | 0.29 | 0.22 | 116.63 | 116.63 |
| | 9.71 | −3.57 | 0.01 | 0.01 | | |
| 35.00 | 2.80 | −1.00 | 0.28 | 0.21 | 1.11 | 117.74 |
| | 10.00 | −3.57 | 0.01 | 0.01 | | |

表 6.5-23　环板 $B$ 点沉降

| 计算深度 $z/m$ | 特性比值 | | 附加应力系数 $\overline{a}_i$ | | 沉降值/mm | |
|---|---|---|---|---|---|---|
| | $z/R$ | $b/R$ | 均布 $\overline{a}_i$ | 三角形 $\overline{a}_i$ | $\Delta s_i'$ | $\sum \Delta s_i'$ |
| 34.00 | 2.72 | 1.00 | 0.29 | 0.07 | 70.61 | 70.61 |
| | 9.71 | 3.57 | 0.01 | 0.01 | | |
| 35.00 | 2.80 | 1.00 | 0.28 | 0.07 | 1.05 | 71.67 |
| | 10.00 | 3.57 | 0.01 | 0.01 | | |

$A$ 点的最终沉降量为：

$$s_A = \psi_s s' = 0.280 \times 117.74 = 32.97\text{mm}$$

$B$ 点的最终沉降量为：

$$s_B = \psi_s s' = 0.280 \times 71.67 = 20.07\text{mm}$$

**B　基础倾斜值计算**

基础倾斜值为：

$$m_\theta = \frac{s_A - s_B}{2r_1} = \frac{0.0330 - 0.0201}{2 \times 12.50} = 0.00052$$

计算结果满足基础规范中当烟囱高度为 180.00m 时，允许倾斜值 0.00300 的要求。

### 6.5.3　桩基础

#### 6.5.3.1　基本设计资料

（1）烟囱总高度 $H = 140\text{m}$；烟气温度 $T_{\text{gas}} = 250.00℃$；基本风压 $\omega_0 = 0.40\text{kN/m}^2$。

（2）地面粗糙度为 B 类；烟囱安全等级为二级；环境类别为二类。

（3）抗震设防烈度为 7 度（0.10$g$）；设计地震分组为第一组；建筑场地土类别为Ⅱ类。

（4）烟囱所在地区风玫瑰图呈严重偏心，地基变形验算时，风荷载频遇系数取 0.4。

（5）基础形式：环形桩基础；基础混凝土等级：C30。

（6）钢筋和混凝土材料强度为：

1）$f_{ct} = 14357.14\text{kN/m}^2$，$f_{tt} = 1435.71\text{kN/m}^2$；

2）基础钢筋等级为 HRB335，$f_{yt} = 304545.45\text{kN/m}^2$。

（7）底板下部配筋形式为径环向配筋。

（8）底板及其上土平均密度 $\gamma_G = 20.00\text{kN/m}^3$。

（9）底板埋深 4.00m；桩身直径 $d = 0.50\text{m}$。

（10）桩身长度 $l = 39.00\text{m}$；单桩竖向承载力特征值 $R_a = 1050\text{kN}$。

（11）桩身混凝土等级为 C30；预应力桩工作条件系数 $\psi_c = 0.60$。

（12）桩及承台平面布置见图 6.5-5 和表 6.5-24。

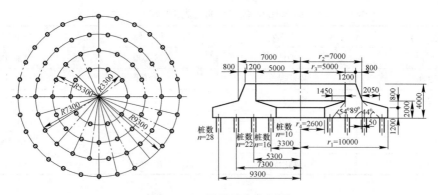

图 6.5-5 桩及承台布置图

表 6.5-24 桩参数表

| $i$ | 圆周轴线半径 $r_i$/m | 桩数 $n_i$ | 桩间距 $s_i$/m |
|-----|------------------|----------|-------------|
| 1 | 3.300 | 10 | 2.040 |
| 2 | 5.300 | 16 | 2.068 |
| 3 | 7.300 | 22 | 2.078 |
| 4 | 9.300 | 28 | 2.083 |

地面标高为 10.800m，±0.000 相当于绝对标高，即 10.800m。岩土性能参数及各点土层分布见表 6.5-25 ~ 表 6.5-28。

表 6.5-25 岩土性能参数

| 层 号 | 岩土名称 | 密度/kN·m$^{-3}$ | 压缩模量/MPa |
|------|--------|----------------|------------|
| 1-1A | 炉渣 | 20 | 2 |
| 2-1 | 粉质黏土 | 17.6 | 3.5 |
| 2-3 | 粉质黏土 | 18 | 3.4 |
| 2-4 | 粉细砂 | 18.4 | 9.8 |
| 3-1 | 强风化泥岩 | 19.2 | 15 |
| 3-2 | 中风化泥岩 | 19.5 | 20 |

表 6.5-26 勘探孔 A 点（地面标高 10.670m）土层分布

| 层 号 | 岩土名称 | 层 厚 | 层底埋深 |
|------|--------|------|--------|
| 1-1A | 炉渣 | 12.500 | 12.500 |
| 2-1 | 粉质黏土 | 23.500 | 36.000 |
| 2-3 | 粉质黏土 | 2.700 | 38.700 |
| 2-4 | 粉细砂 | 8.600 | 47.300 |
| 3-1 | 强风化泥岩 | 2.200 | 49.500 |
| 3-2 | 中风化泥岩 | 5.370 | 54.870 |

**表 6.5-27　勘探孔 _O_ 点（地面标高 10.500m）土层分布**

| 层　号 | 岩土名称 | 层　厚 | 层底埋深 |
|---|---|---|---|
| 1-1A | 炉渣 | 13.200 | 13.200 |
| 2-1 | 粉质黏土 | 22.100 | 35.300 |
| 2-3 | 粉质黏土 | 3.700 | 39.000 |
| 2-4 | 粉细砂 | 7.700 | 46.700 |
| 3-1 | 强风化泥岩 | 2.000 | 48.700 |
| 3-2 | 中风化泥岩 | 6.000 | 54.700 |

**表 6.5-28　勘探孔 _B_ 点（地面标高 10.520m）土层分布**

| 层　号 | 岩土名称 | 层　厚 | 层底埋深 |
|---|---|---|---|
| 1-1A | 炉渣 | 13.000 | 13.000 |
| 2-1 | 粉质黏土 | 21.700 | 34.700 |
| 2-3 | 粉质黏土 | 4.300 | 39.000 |
| 2-4 | 粉细砂 | 8.400 | 47.400 |
| 3-1 | 强风化泥岩 | 1.700 | 49.100 |
| 3-2 | 中风化泥岩 | 5.620 | 54.720 |

### 6.5.3.2　传给基础顶部（±0.000）的内力

基本组合与标准组合见表 6.5-29 和表 6.5-30。

**表 6.5-29　基本组合值（设计值）**

| 组　合 | $N_t/\mathrm{kN}$ | $M_t/\mathrm{kN \cdot m}$ | $V_t/\mathrm{kN}$ |
|---|---|---|---|
| 组合 3 | 42291.75 | 77985.47 | 754.67 |
| 组合 4（地震） | 38114.77 | 59194.45 | 763.34 |

**表 6.5-30　标准组合值（标准值）**

| 组　合 | $N_{kt}/\mathrm{kN}$ | $M_{kt}/\mathrm{kN \cdot m}$ | $V_{kt}/\mathrm{kN}$ |
|---|---|---|---|
| 组合 1 | 35212.36 | 51938.26 | 539.05 |
| 组合 2（地震） | 35291.46 | 47480.04 | 644.13 |

准永久组合（准永久值）为：

$$N_q = 35186.00\mathrm{kN} \qquad M_q = 15978.93\mathrm{kN \cdot m} \qquad V_q = 215.62\mathrm{kN}$$

### 6.5.3.3　基桩计算

**A　单桩竖向力计算**

（1）计算荷载效应标准组合时的单桩竖向力为：

$$Q_i = \frac{F+G}{n} \pm \frac{M_x r_i}{0.5 \sum r_i^2}$$

$$G_k = \pi \times (10^2 - 2.6^2) \times 4 \times 20 = 23434kN$$

$$n = 76$$

$$r_i = 9.300m$$

$$0.5 \sum r_i^2 = 0.5 \times (9.3^2 \times 28 + 7.3^2 \times 22 + 5.3^2 \times 16 + 3.3^2 \times 10) = 2076.22m^2$$

具体计算结果见表6.5-31。

表 6.5-31　标准组合的单桩竖向力表

| 组合 | $F_k/kN$ | $M_{xk}/kN \cdot m$ | $Q_{ikmin}/kN$ | $Q_k/kN$ | $Q_{ikmax}/kN$ |
|---|---|---|---|---|---|
| 组合1 | 35212.36 | $51938.26 + 539.05$ $\times 4 = 54094$ | $(35212.36 + 23434)/$ $76 - 54094 \times 9.3/$ $2076.22 = 529.36$ | $(35212.36 + 23434)/$ $76 = 771.66$ | $(35212.36 + 23434)/$ $76 + 54094 \times 9.3/$ $2076.22 = 1014$ |
| 组合2 （地震） | 35291.46 | $47480.04 + 644.13$ $\times 4 = 50057$ | $(35291.46 + 23434)/$ $76 - 50057 \times 9.3/$ $2076.22 = 548.5$ | $(35291.46 + 23434)/$ $76 = 772.7$ | $(35291.46 + 23434)/$ $76 + 50057 \times 9.3/$ $2076.22 = 997$ |

（2）相应于荷载效应基本组合时的单桩竖向力为：

$$Q_i = \frac{F + G}{n} \pm \frac{M_x r_i}{0.5 \sum r_i^2}$$

$$G = 1.35 G_k = 1.35 \times 23434 = 31636kN$$

$$n = 76$$

$$r_i = 9.300m$$

$$0.5 \sum r_i^2 = 2076.22m^2$$

具体计算结果见表6.5-32。

表 6.5-32　基本组合时单桩竖向力表

| 组合 | $F/kN$ | $M_x/kN \cdot m$ | $Q_{imax}/kN$ |
|---|---|---|---|
| 组合3 | 42291.75 | $77985.47 + 754.67 \times 4.0 = 81004$ | $(42291.75 + 31636)/76 + 81004 \times$ $9.3/2076.22 = 1336$ |
| 组合4（地震） | 38114.77 | $59194.45 + 763.34 \times 4.0 = 62248$ | $(38114.77 + 31636)/76 + 62248 \times$ $9.3/2076.22 = 1197$ |

（3）不计承台及土重，相应于荷载效应基本组合时的各桩最大竖向净反力设计值见表6.5-33。

表 6.5-33　不计承台及土重基本组合的桩最大竖向净反力设计值

| 组合 | $F/kN$ | $M_x/kN \cdot m$ | $N_{imax}/kN$ | | | |
|---|---|---|---|---|---|---|
| | | | $r_i = 9.3m$ | $r_i = 7.3m$ | $r_i = 5.3m$ | $r_i = 3.3m$ |
| 组合3 | 42291.75 | 81004 | $42291.75/76 + 81004 \times$ $9.3/2076.22 = 919$ | 841 | 763 | 685 |
| 组合4（地震） | 38114.77 | 62248 | $38114.77/76 + 62248 \times$ $9.3/2076.22 = 780$ | 720 | 660 | 600 |

B　单桩承载力验算

$$Q_k = 771.66\text{kN} < R_a = 1050\text{kN} \text{（满足）}$$

$$Q_k = 772.7\text{kN} < 1.25R_a = 1313\text{kN} \text{（满足）}$$

$$Q_{ikmax} = 1014\text{kN} < 1.2R_a = 1260\text{kN} \text{（满足）}$$

$$Q_{ikmax} = 997\text{kN} < 1.2 \times 1.25R_a = 1575\text{kN} \text{（满足）}$$

C　桩身混凝土强度验算

$$Q_{imax} = 1336\text{kN} \quad A_p f_c \psi_c = 1000 \times 0.20 \times 14.3 \times 0.60 = 1685\text{kN} \text{（满足）}$$

$$Q_{imax} = 1197\text{kN} \quad A_p f_c \psi_c / \gamma_{RE} = 1000 \times 0.20 \times 14.3 \times 0.60/0.9 = 1872\text{kN} \text{（满足）}$$

### 6.5.3.4　承台受冲切承载力计算

冲切承载力验算公式为：

$$F_1 \leqslant \beta_{hp} \beta_0 f_u u_m h_0$$

$$\beta_0 = \frac{0.84}{\lambda + 0.2}$$

$$f_u = 1.44\text{N/mm}^2$$

$$h_0 = 1.960\text{m}$$

冲切计算结果见表6.5-34。

**表 6.5-34　冲切计算表**

| 计算项目 | 环　壁　以　内 | 环　壁　以　外 |
|---|---|---|
| 冲切破坏锥体底面半径/m | 5 − 1.45 = 3.55 | 7 + 0.05 = 7.050 |
| $\beta_{hp}$ | 0.9 | 0.9 |
| 冲跨比 $\lambda$ | 1.45/1.960 = 0.74 | 0.05/1.96 = 0.0255 取 0.25 |
| 冲切系数 $\beta_0$ | 0.84/(0.74 + 0.2) = 0.894 | 0.84/(0.25 + 0.2) = 1.87 |
| $u_m$/m | 2π × (5 + 3.55)/2 = 26.86 | 2π × (7 + 7.05)/2 = 44.14 |
| $\beta_{hp}\beta_0 f_u u_m h_0$ /kN | 0.9 × 0.894 × 1.44 × 26.86 × 1.96 × 1000 = 60996 | 0.9 × 1.87 × 1.44 × 44.14 × 1.96 × 1000 = 209669 |
| $F_1$(组合3)/kN | 685 × 10 = 6850 | 919 × 28 + 841 × 22 = 44234 |
| $F_1$(组合4)/kN | 600 × 10 = 6000 | 780 × 28 + 720 × 22 = 37680 |
| 验算结果 | 6850 < 60996　满足 | 44234 < 209669　满足 |
| | 6000 < 60996/0.85 = 71760　满足 | 37680 < 209669/0.85 = 246669 满足 |

### 6.5.3.5　承台受剪承载力计算

受剪承载力验算公式为：

$$V \leqslant \beta_{hs} \beta f_u b_0 h_0$$

$$\beta = \frac{1.75}{\lambda + 1}$$

$$\beta_{hs} = \left( \frac{800}{h_0} \right)^{1/4}$$

$$f_u = 1.44\text{N/mm}^2$$

$$h_0 = 1.960\text{m}$$

受剪计算结果见表6.5-35。

**表 6.5-35 受剪计算表**

| 计算项目 | 环 壁 以 内 | 环 壁 以 外 | |
|---|---|---|---|
| 剪切破坏锥体底面半径/m | $5 - 1.45 = 3.55$ | $7 + 0.05 = 7.050$ | $7 + 2.05 = 9.050$ |
| $\beta_{hs}$ | 0.799 | 0.799 | 0.799 |
| $a/\text{m}$ | 1.450 | 0.050 | 2.050 |
| 剪切系数 $\lambda$ | $1.45/1.960 = 0.74$ | $0.05/1.96 = 0.0255$ 取 0.25 | $2.05/1.96 = 1.046$ |
| $\beta$ | $1.75/(0.74 + 1) = 1.006$ | $1.75/(0.25 + 1) = 1.4$ | $1.75/(1.046 + 1) = 0.86$ |
| $b_0/\text{m}$ | $2\pi \times 5 = 31.4$ | $2\pi \times 7 = 44$ | $2\pi \times 7 = 44$ |
| $\beta_{hs}\beta f_u b_0 h_0$ /kN | $0.799 \times 1.006 \times 1.44 \times$ $31.4 \times 1.96 \times 1000 = 71235$ | $0.799 \times 1.4 \times 1.44 \times 44 \times$ $1.96 \times 1000 = 138914$ | $0.799 \times 0.86 \times 1.44 \times 44 \times$ $1.96 \times 1000 = 85333$ |
| $V$(组合 3)/kN | $685 \times 10 = 6850$ | $919 \times 28 + 841 \times 22 = 44234$ | $919 \times 28 = 25732$ |
| $V$(组合 4)/kN | $600 \times 10 = 6000$ | $780 \times 28 + 720 \times 22 = 37680$ | $780 \times 28 = 21840$ |
| 验算结果 | $6850 < 71235$  满足 $6000 < 71235/0.85 = 83806$ 满足 | $44234 < 138914$  满足 $37680 < 138914/0.85 = 163428$ 满足 | $25732 < 85333$  满足 $21840 < 85333/0.85 = 100392$ 满足 |

### 6.5.3.6 底板配筋计算

**A 底板下部径向钢筋**

按照计算控制截面 $r_2$ 计算：

$$M_R = \frac{1}{\pi} \sum_{i=1}^{w} \frac{P_{iw} N_{iw} (r_{iw} - r_2)}{r_1 + r_2}$$

$$\alpha_s = \frac{M_R}{\alpha_1 f_{ct} b h_0^2}$$

$$\xi = 1 - \sqrt{1 - 2\alpha_s}$$

$$\gamma_s = \frac{1 + \sqrt{1 - 2\alpha_s}}{2}$$

$$A_s = \frac{M_R}{f_{yt}\gamma_s h_0}$$

配筋计算结果见表6.5-36。

**表 6.5-36 底板径向弯矩及配筋计算**

| 计算项目 | 组合 3 | 组合 4 |
|---|---|---|
| $P_{iw}$ /kN·m$^{-1}$ | 当 $r_i = 9.3\text{m}$, $P_i = 919$ 当 $r_i = 7.3\text{m}$, $P_i = 841$ | 当 $r_i = 9.3\text{m}$, $P_i = 780$ 当 $r_i = 7.3\text{m}$, $P_i = 720$ |
| $M_R$ /kN·m | $(1/3.14) \times [919 \times 28 \times (9.3 - 7.0) + 841$ $\times 22 \times (7.3 - 7.0)]/(10 + 7.0) = 1213$ | $(1/3.14) \times [780 \times 28 \times (9.3 - 7.0) + 720$ $\times 22 \times (7.3 - 7.0)]/(10 + 7.0) = 1030$ |
| $\alpha_s$ | $1213/(1.0 \times 14357.14 \times 1.0 \times 1.96) = 0.043$ | $1030/(1.0 \times 14357.14 \times 1.0 \times 1.96) = 0.037$ |

| 计算项目 | 组合 3 | 组合 4 |
|---|---|---|
| $\xi$ | $1 - \sqrt{1 - 2 \times 0.022} = 0.044$ | $1 - \sqrt{1 - 2 \times 0.037} = 0.038$ |
| $\gamma_s$ | 0.98 | 0.98 |
| $A_s$ | $1213 \times 10^6 / (304545.45 \times 0.98 \times 1.96)$ $= 2074 \text{mm}^2$ | $1030 \times 10^6 / (304545.45 \times 0.98 \times 1.96)$ $= 1761 \text{mm}^2$ |
| $A_s$（构造） | $1000 \times 1960 \times 0.15\% = 2940 \text{mm}^2$ | |
| 实际配筋 | $\phi 25@150(A_s = 3272 \text{mm}^2)$，抗震验算：$3272/0.75 = 4363 > 1761 \text{mm}^2$，满足。 | |

B　底板下部单位宽度的环向弯矩及配筋

$$M_\theta = \frac{M_R}{2}$$

$$\alpha_s = \frac{M_\theta}{\alpha_1 f_{ct} b h_0^2}$$

$$\xi = 1 - \sqrt{1 - 2\alpha_s}$$

$$\gamma_s = \frac{1 + \sqrt{1 - 2\alpha_s}}{2}$$

$$A_s = \frac{M_\theta}{f_{yt} \gamma_s h_0}$$

配筋计算结果见表 6.5-37。

表 6.5-37　底板环向弯矩及配筋计算

| 计算项目 | 组合 3 | 组合 4 |
|---|---|---|
| $M_\theta / \text{kN} \cdot \text{m}$ | $1213/2 = 606.5$ | $1030/2 = 515$ |
| $\alpha_s$ | $606.5/(1.0 \times 14357.14 \times 1.0 \times 1.96) = 0.022$ | $515/(1.0 \times 14357.14 \times 1.0 \times 1.96) = 0.018$ |
| $\xi$ | $1 - \sqrt{1 - 2 \times 0.022} = 0.022$ | $1 - \sqrt{1 - 2 \times 0.018} = 0.018$ |
| $\gamma_s$ | 0.99 | 0.99 |
| $A_s$ | $606.5 \times 10^6 / (304545.45 \times 0.99 \times 1.96)$ $= 1026 \text{mm}^2$ | $515 \times 10^6 / (304545.45 \times 0.99 \times 1.96)$ $= 871 \text{mm}^2$ |
| $A_s$（构造） | $1000 \times 1960 \times 0.15\% = 2940 \text{mm}^2$ | |
| 实际配筋 | $\phi 25@150(A_s = 3272 \text{mm}^2)$，抗震验算：$3272/0.75 = 4363 > 871 \text{mm}^2$，满足。 | |

C　承台底板内悬挑上部单位宽度的环向弯矩及配筋

$$M_{\theta T} = \frac{r_z}{\pi(r_z - r_4)} \left[ \sum_{j=1}^{n} \frac{p_{jn} N_{jn}(r_z - r_{jn})}{2 r_z} - \sum_{i=1}^{w} \frac{P_{iw} N_{iw}(r_{iw} - r_z)}{r_1 + r_z} \right]$$

$$r_z = \frac{r_2 + r_3}{2}$$

$$r_z = (7 + 5)/2 = 6\text{m}$$

$$M_{\sigma T} = \frac{6}{3.14 \times (6 - 2.6)}\left\{\left[\frac{685 \times 10 \times (6 - 3.3)}{2 \times 6}\right] - \right.$$
$$\left.\left[\left(\frac{919 \times 28 \times (9.3 - 6)}{10 + 6}\right) + \left(\frac{841 \times 22 \times (7.3 - 6)}{10 + 6}\right)\right]\right\}$$
$$= -2960\text{kN} \cdot \text{m} < 0$$

即按构造配置钢筋即可。

D 承台底板外悬挑上部径向弯矩及配筋

因无桩受拔情况，外悬挑径向按构造配筋即可。

E 承台其余配筋

承台其余位置配筋均为构造配筋。另外，承台混凝土强度等级与桩的混凝土强度等级一致，可不进行局部承压计算。

### 6.5.3.7 沉降计算

实体深基础计算圆心 $O$ 点处的沉降。实体深基础沉降计算如图 6.5-6 所示。

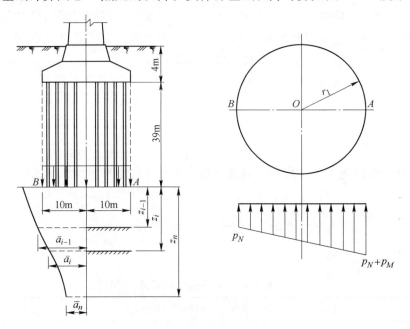

图 6.5-6 实体深基础沉降计算图

A 附加压应力（不考虑沿桩身的压力扩散，假想实体计算面为桩端面）

（1）桩端面弯矩准永久值为：

$$M_q = M_{qt} + V_{qt}(H + l) = 15978.93 + 215.62 \times (4 + 39) = 25251\text{kN} \cdot \text{m}$$

（2）桩端面轴力准永久值为：

$$N_q = N_{qt} = 35186.00\text{kN}$$

（3）桩端面以上 43m 内土的平均密度为：

$$\gamma_m = \frac{20 \times 13.5 + 17.6 \times 22.1 + 18 \times 3.7 + 18.4 \times 3.7}{4 + 39} = 18.5\text{kN/m}^3$$

（4）桩端面面积及惯性矩为：

$$A = \pi \times (10^2 - 2.6^2) = 293\text{m}^2$$

$$I = \pi \times \frac{20^4 - 5.2^4}{64} = 7818\text{m}^4$$

（5）桩端面以上土、桩及承台自重为：

$$G_k = 293 \times [(18.5 + 25)/2] \times (4 + 39) = 274028\text{kN}$$

（6）计算至桩端面的基底压力为：

$$p_{\max} = \frac{N_q + G_k}{A} + \frac{M_q r_1}{I} = \frac{35186.00 + 274028}{293} + \frac{25251 \times 10.00}{7818} = 1087\text{kN/m}^2$$

$$p_{\min} = \frac{N_q + G_k}{A} - \frac{M_q r_1}{I} = \frac{35186.00 + 274028}{293} - \frac{25251 \times 10.00}{7818} = 1023\text{kN/m}^2$$

（7）计算桩端面位置的附加压力为：

$$p_{0\max} = p_{\max} - \gamma_m h_0 = 1087 - 18.5 \times 43 = 292\text{kN/m}^2$$

$$p_{0\min} = p_{\min} - \gamma_m h_0 = 1023 - 18.5 \times 43 = 228\text{kN/m}^2$$

（8）因 $r_4$ 较小，沉降计算采用圆板近似计算，桩端面位置的附加压应力为：

均布荷载　$p_N = p_{0\min} = 228\text{kN/m}^2$

三角形荷载　$p_M = p_{0\max} - p_{0\min} = 292 - 228 = 64\text{kN/m}^2$

B　平均附加应力系数

中心点 $O$ 的平均附加应力系数 $\bar{a}$ 值，按烟囱规范附录表 C 中相应的 $z/R$ 和 $b/R$ 查得数值。

C　各层沉降值 $\Delta s_i$

中心点 $O$ 的沉降为大圆在均布荷载及三角形荷载作用下产生的沉降的叠加，按下式进行计算：

$$\Delta s_i' = \frac{p_0}{E_{si}}(z_i \bar{a}_i - z_{i-1} \bar{a}_{i-1})$$

计算结果见表 6.5-38。

表 6.5-38　环板 $O$ 点沉降

| 计算深度 $z$/m | 特性比值 | | 附加应力系数 $\bar{a}_i$ | | 沉降值/mm | |
|---|---|---|---|---|---|---|
| | $z/R$ | $b/R$ | 均布 $\bar{a}_i$ | 三角形 $\bar{a}_i$ | $\Delta s_i'$ | $\sum \Delta s_i'$ |
| 4.0 | 0.40 | 0.00 | 0.986 | 0.493 | 105 | 105 |
| 6.0 | 0.60 | 0.00 | 0.960 | 0.480 | 32 | 137 |
| 12.0 | 1.20 | 0.00 | 0.831 | 0.416 | 55 | 192 |

D　变形计算深度 $z_n$

（1）当计算深度 $z_n = 6.00\text{m}$ 时，附加压应力为：

均布荷载　$p_N = p_{0\min} = 1023 - 18.5 \times (43 + 6) = 116.5\text{kN/m}^2$

三角形荷载　$p_M = p_{0\max} - p_{0\min} = 1087 - 18.5 \times (43 + 6) - 116.5 = 64\text{kN/m}^2$

（2）当计算深度 $z_n = 6.00\text{m}$ 时，土的自重应力的 20% 为：

$$0.2\gamma_m h_0 = 0.2 \times 18.5 \times 49 = 181 \text{kN/m}^2$$

因此，按规范要求变形计算深度为 $z_n = 6.00 \text{m}$ 即可，本例中考虑变形计算深度以下土层压缩模量不是很大，实际计算到了 $z_n = 12.00 \text{m}$，该位置附加应力接近为零。

E  沉降计算经验系数 $\psi_s$

$$\sum_{i=1}^n A_i = \sum_{i=1}^n \Delta s_i' E_{si} = 0.105 \times 9.8 + 0.032 \times 15 = 1.509$$

$$\sum_{i=1}^n \frac{A_i}{E_{si}} = \sum_{i=1}^n \Delta s_i' = 0.137$$

$$\overline{E}_s = \frac{\displaystyle\sum_{i=1}^n A_i}{\displaystyle\sum_{i=1}^n \frac{A_i}{E_{si}}} = \frac{1.509}{0.137} = 11 \text{MPa}$$

查基础规范可得，$\psi_s = 0.500$。

F  地基最终沉降量

$O$ 点的最终沉降量为：

$$s = \psi_s s' = 0.500 \times 137 = 68.5 \text{mm} \ （或 \ 0.500 \times 192 = 96 \text{mm}）$$

计算结果满足基础规范中当烟囱高度为 140.00m 时，允许沉降值 250.00mm 的要求。

### 6.5.3.8  基础倾斜计算

倾斜计算时应分别计算基础边缘 $A$、$B$ 点的沉降量，然后再根据烟囱规范公式 C.0.2 计算倾斜值。

A  基础边缘的沉降计算

计算过程与上面相同，计算结果见表 6.5-39 和表 6.5-40。

**表 6.5-39  环板 $A$ 点沉降**

| 计算深度 z/m | 特性比值 | | 附加应力系数 $\overline{a}_i$ | | 沉降值/mm | |
|---|---|---|---|---|---|---|
| | z/R | b/R | 均布 $\overline{a}_i$ | 三角形 $\overline{a}_i$ | $\Delta s_i'$ | $\sum \Delta s_i'$ |
| 4.43 | 0.44 | −1.00 | 0.46 | 0.43 | 60 | 60 |
| 6.63 | 0.66 | −1.00 | 0.44 | 0.40 | 17 | 77 |
| 12 | 1.20 | −1.00 | 0.396 | 0.333 | 25 | 102 |

**表 6.5-40  环板 $B$ 点沉降**

| 计算深度 z/m | 特性比值 | | 附加应力系数 $\overline{a}_i$ | | 沉降值/mm | |
|---|---|---|---|---|---|---|
| | z/R | b/R | 均布 $\overline{a}_i$ | 三角形 $\overline{a}_i$ | $\Delta s_i'$ | $\sum \Delta s_i'$ |
| 4.68 | 0.47 | 1.00 | 0.46 | 0.03 | 51 | 51 |
| 6.38 | 0.64 | 1.00 | 0.44 | 0.04 | 10.5 | 61.5 |
| 12 | 1.20 | 1.00 | 0.396 | 0.06 | 23.5 | 85 |

$A$ 点的最终沉降量为：

$$s_A = \psi_s s' = 0.500 \times 77 = 38.5 \text{mm} \ （0.500 \times 102 = 51 \text{mm}）$$

$B$ 点的最终沉降量为：

$$s_B = \psi_s s' = 0.500 \times 61.5 = 30.75\text{mm}\ (0.500 \times 85 = 42.5\text{mm})$$

B　基础倾斜值计算

基础倾斜值为：

$$m_\theta = \frac{s_A - s_B}{2r_1} = \frac{0.0385 - 0.03075}{2 \times 10.00} = 0.0003875$$

计算结果满足基础规范中当烟囱高度为 140.00m 时，允许倾斜值 0.00400 的要求。

### 6.5.4　壳体计算

#### 6.5.4.1　原始资料

烟囱高度 $H = 120\text{m}$ ，烟囱顶部内直径 $D_0 = 3\text{m}$ ，基本风压 $w_0 = 0.4\text{kN/m}^2$ 。

A　上壳上口处荷载

（1）垂直力标准值　$N_k = 26669.5\text{kN}$ 。

（2）组合后的垂直力设计值　$N_1 = 33336.88\text{kN}$ 。

（3）弯矩标准值　$M_k = 48108.58\text{kN} \cdot \text{m}$ 。

（4）组合后的弯矩设计值　$M_1 = 67646.58\text{kN} \cdot \text{m}$ 。

（5）水平剪力标准值　$H_k = 37.98\text{kN}$ 。

（6）组合后的水平剪力设计值　$H_1 = 53.17\text{kN}$ 。

B　上壳上口处几何尺寸

基础壁厚 $\delta = 0.4\text{m}$ 。

C　地基

地基为黏性土地基。

（1）地基承载力特征值　$f_{ak} = 200\text{kPa}$ 。

（2）土的实际内摩擦角　$\varphi = 30°$ 。

（3）土的实际黏聚力　$c = 8\text{kPa}$ 。

（4）土的重力密度　$\gamma_0 = 18\text{kN/m}^3$ 。

D　基础材料

（1）壳体基础采用 C30 混凝土（$f_c = 14.3\text{N/mm}^2$ , $f_t = 1.43\text{N/mm}^2$）。

（2）受力筋等级为 HRB335（$f_y = 300\text{N/mm}^2$）。

#### 6.5.4.2　壳体基础的主要尺寸

A　埋置深度 $z_2$ 和 $r_2$

埋置深度 $z_2$ 和 $r_2$ ，如图 6.5-7 所示。

根据烟囱的使用要求和地基情况以及邻近建筑物等因素确定埋置深度 $z_2 = 4\text{m}$ 。

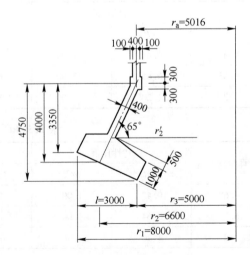

图 6.5-7　壳基础基本尺寸图

基底弯矩标准值为：

$$M = M_k + z_2 H_1 = 48108.58 + 4 \times 37.98 = 48260.5\text{kN} \cdot \text{m}$$

关于垂直荷载，由于基础尺寸未定，无法准确计算，只能用估算法，即：

$$N = N_k + G_k = 1.25 N_k = 1.25 \times 26669.5 = 33336.9 \text{kN}$$

$$e = \frac{M}{N} = \frac{48260.5}{33336.9} = 1.448 \text{m}$$

根据基础抗倾斜的要求，$r_2 \geqslant 4e = 4 \times 1.448 = 5.792 \text{m}$，取 $r_2 = 6.6 \text{m}$。

沿环向单位长度范围内，在水平投影面上的最大和最小地基反力标准值为：

$$p_{kmax} = \frac{N_k + G_k}{2\pi r_2} + \frac{M}{\pi r_2^2} = \frac{33336.9}{2 \times 3.14 \times 6.6} + \frac{48260.5}{3.14 \times 6.6^2}$$

$$= 804.3 + 352.84 = 1157.14 \text{kN/m}$$

$$p_{kmin} = \frac{N_k + G_k}{2\pi r_2} - \frac{M}{\pi r_2^2} = \frac{33336.9}{2 \times 3.14 \times 6.6} - \frac{48260.5}{3.14 \times 6.6^2}$$

$$= 804.3 - 352.84 = 451.46 \text{kN/m}$$

$$\frac{p_{kmax}}{p_{kmin}} = \frac{1157.14}{451.46} = 2.56 < 3$$

计算结果满足要求。

B　确定上壳倾角 $\alpha$ 和上壳上边缘水平半径 $r_a$

（1）取基础倾角 $\alpha = 65°$。

（2）上壳上口半径 $r_a = 5.016 \text{m}$。

C　确定下壳径向水平投影长度 $l$

根据 $e/r_2 = 1.448/6.6 = 0.219$，查表6.3-7可得：

$$\theta_0 = 2.2175 + \frac{2.2581 - 2.2175}{0.01}(0.22 - 0.219) = 2.222$$

将该值转化为角度值为127.38°。

沿半径 $r_2$ 的环向单位弧长范围内产生的总的地基反力标准值 $p_k$，由式（6.3-76）可得：

$$p_k = \frac{(N_k + G_k)(1 + \cos\theta_0)}{2r_2(\pi + \theta_0\cos\theta_0 - \sin\theta_0)}$$

$$= \frac{33336.9(1 + \cos127.38°)}{2 \times 6.6(\pi + 2.222\cos127.38° - \sin127.38°)}$$

$$= \frac{33336.9 \ (1 - 0.607)}{2 \times 6.6 \ (3.14 - 1.349 - 0.795)} = \frac{13101.4}{13.15} = 996.3 \text{kN/m}$$

修正后的地基承载力特征值 $f_a$ 为：

$$f_a = f_{ak} + \eta_b\gamma(b - 3) + \eta_d\gamma_m(z_2 - 0.5)$$

$$= 200 + 0.15 \times 18(6 - 3) + 1.4 \times 18(4 - 0.5)$$

$$= 296.3 \text{kN/m}^2$$

式中符号的具体含义见《建筑地基基础设计规范》（GB 50007—2011）。由于 $b$ 超过6m，所以取 $b = 6 \text{m}$。

计算下壳经向水平投影宽度 $l$ 为：

$$l = \frac{p_k}{1.2 f_a} = \frac{996.3}{355.56} = 2.80 \text{m}，取 l = 3.0 \text{m}$$

式中，1.2 为偏心荷载放大系数。

　　D　确定下壳内、外半径 $r_3$、$r_1$

　　由式（6.3-79）和式（6.3-80）可得：

$$r_3 = \frac{1}{2}\left(\frac{2}{3}r_2 - l\right) + \sqrt{\frac{1}{4}\left(l - \frac{2}{3}r_2\right)^2 + \frac{1}{3}(r_2^2 + r_2 l - l^2)}$$

$$= \frac{1}{2}\left(\frac{2}{3}\times 6.6 - 3.0\right) + \sqrt{\frac{1}{4}\left(3.0 - \frac{2}{3}\times 6.6\right)^2 + \frac{1}{3}(6.6^2 + 6.6\times 3.0 - 3.0^2)}$$

$$= 0.7 + \sqrt{0.49 + 18.12} = 5.01\text{m}$$

取 $r_3 = 5.0\text{m}$，则：

$$r_1 = r_3 + l = 5.0 + 3.0 = 8.0\text{m}$$

　　E　确定下壳与上壳相交边缘处的下壳有效厚度 $h$

　　由式（6.3-81）和式（6.3-82）可得：

下壳最大剪力 $Q_c = \frac{1}{2}p_l\frac{1}{\sin\alpha} = \frac{1}{2}\times 1.25\times \frac{996.3}{0.906} = 687.29\text{kN/m}$

下壳与上壳相交边缘处的下壳有效厚度 $h \geqslant \frac{2.2Q_c}{0.75f_t} = \frac{2.2\times 687.29}{0.75\times 1.43\times 10^3} = 1.41\text{m}$

取 $h = 1.5\text{m}$，下壳端部厚度取 $h' = 1.0\text{m}$。

　　到目前为止，可以准确计算上壳、下壳混凝土体积 $V_s$、$V_x$，上壳壳面以上土重 $g_{st}$，下壳壳面以上的土重 $g_{xt}$ 和作用在上壳下口的内力 $N_1$、$M_1$。另有：

$$r_2' = r_2 - h\cos\alpha = 6.6 - 1.5\times 0.423 = 5.97\text{m}$$

　　（1）上壳混凝土体积为：

$$V_s = \frac{1}{2}(r_a + r_2')\times 2\pi\delta(r_2' - r_a)\frac{1}{\cos\alpha}$$

$$= \pi\times(5.97^2 - 5.016^2)\times 0.4\times \frac{1}{0.423} = 31.12\text{m}^3$$

　　（2）下壳混凝土体积为：

$$V_x = \frac{\pi}{2}(r_2 + r_2')(h + h')l\frac{1}{\sin\alpha}$$

$$= \frac{\pi}{2}\times(6.6 + 5.97)\times(1.5 + 1.0)\times \frac{3}{0.906} = 163.37\text{m}^3$$

　　（3）上壳壳面以上的土重按下式进行计算。

　　1）上壳壳面以上的土体高为：

$$h_{st} = (r_2' - r_a)\tan\alpha = (5.97 - 5.016)\times 2.145 = 2.05\text{m}$$

　　2）上壳壳面以上的土体宽为：

$$b_{st} = r_2' - r_a = 5.97 - 5.016 = 0.954\text{m}$$

　　3）上壳壳面以上的土体重心半径为：

$$r_{st} = r_2' + \frac{\delta}{2} - \frac{1}{3}b_{st} = 5.97 + \frac{0.4}{2} - \frac{0.954}{3} = 5.85\text{m}$$

　　4）上壳壳面以上的土体体积为：

$$V_{st} = \frac{1}{2}b_{st}h_{st} \times 2\pi r_{st} = \frac{1}{2} \times 0.954 \times 2.05 \times 2 \times \pi \times 5.85 = 35.92 \mathrm{m}^3$$

5）上壳壳面以上土重为：

$$g_{st} = \gamma_0 V_{st} = 18 \times 35.92 = 646.56 \mathrm{kN}$$

（4）下壳壳面以上的土重按下式进行计算。

$$z_1 = z_2 - (r_1 - r_2)\cot\alpha = 4 - (8.0 - 6.6) \times 0.466 = 3.35 \mathrm{m}$$

$$z_3 = z_2 + (r_2 - r_3)\cot\alpha = 4 + (6.6 - 5.0) \times 0.466 = 4.75 \mathrm{m}$$

1）下壳壳面以上土体平均高度为：

$$h_{xt} = \frac{(z_1 - h'\sin\alpha) + (z_2 - h\sin\alpha)}{2}$$

$$= \frac{(3.35 - 1.0 \times \sin 65°) + (4 - 1.5\sin 65°)}{2} = 2.54 \mathrm{m}$$

2）下壳壳面以上土体宽为：

$$b_{xt} = (l + r_3 - h'\cos 65°) - \left(r'_2 + \frac{\delta}{2}\right)$$

$$= (3 + 5 - 1.0 \times \cos 65°) - (5.97 + 0.2) = 1.41 \mathrm{m}$$

3）下壳壳面以上土体重心半径：

$$r_{xt} = r'_2 + \frac{\delta}{2} + \frac{b_{xt}}{2} = 5.97 + 0.2 + \frac{1.41}{2} = 6.88 \mathrm{m}$$

4）下壳壳面以上土体体积：

$$V_{xt} = b_{xt}h_{xt} \times 2\pi r_{xt} = 1.41 \times 2.54 \times 2 \times \pi \times 6.88 = 154.74 \mathrm{m}^3$$

5）下壳壳面以上土重为：

$$g_{xt} = \gamma_0 V_{xt} = 18 \times 154.74 = 2785.3 \mathrm{kN}$$

（5）作用在上壳下口的内力 $N_1$、$M_1$（$\gamma$ 为钢筋混凝土的容重）按下式进行计算。

$$N_1 = N_k + g_{st} + \gamma V_s = 26669.5 + 646.56 + 25 \times 31.12 = 28094.06$$

风荷载引起的弯矩标准值为：

$$M_{wk} = 39464.9 \mathrm{kN} \cdot \mathrm{m}$$

风荷载引起的附加弯矩标准值为：

$$M_{ak} = 8643.68 \mathrm{kN} \cdot \mathrm{m}$$

两项风荷载弯矩标准值之和即为前面给出的上壳上口处的弯矩标准值。

水平剪力引起的弯矩标准值为：

$$h_{st}H_1 = 2.05 \times 37.98 = 77.86 \mathrm{kN} \cdot \mathrm{m}$$

$$M_1 = M_{wk} + M_{ak} + h_{st}H_1 = 39464.9 + 8643.68 + 77.86 = 48186 \mathrm{kN} \cdot \mathrm{m}$$

作用在 $z_2$ 标高的垂直荷载为：

$$N_2 = N_1 + g_{st} + \gamma V_s = 28094.06 + 2785.3 + 25 \times 163.37 = 34964 \mathrm{kN} > 1.25N_k = 33336.9 \mathrm{kN}$$

由于两者相差小于5%，因此不需修正基础尺寸。

下面按 $N = 34964 \mathrm{kN}$ 计算截面配筋。

（6）重新计算 $p_k$：

$$e = \frac{M_1}{N_2} = \frac{48186}{34964} = 1.38\text{m}$$

根据 $e/r_2 = 1.38/6.6 = 0.209$，查表 6.3-7 可得：

$$\theta_0 = 2.2985 - \frac{2.2985 - 2.2581}{0.01}(0.209 - 0.20) = 2.262$$

将该值转化为角度值为 129.61°。

沿半径 $r_2$ 的环向单位弧长范围内产生的总的地基反力标准值 $p_k$，由式（6.3-76）可得：

$$
\begin{aligned}
p_k &= \frac{(N_k + G_k)(1 + \cos\theta_0)}{2r_2(\pi + \theta_0\cos\theta_0 - \sin\theta_0)} \\
&= \frac{34964 \times (1 + \cos 129.61°)}{2 \times 6.6 \times (3.14 + 2.262 \times \cos 129.61° - \sin 129.61°)} \\
&= \frac{34964 \times (1 - 0.638)}{2 \times 6.6 \times (3.14 - 1.442 - 0.77)} \\
&= 1033.26\text{kN/m}
\end{aligned}
$$

计算下壳厚度时下壳自重不计，$N_1 = 28094\text{kN}$ 小于以前用的 $N = 33336.9\text{kN}$，所以 $h$ 不再重新计算。

由于有 $l = \dfrac{p_k}{1.2f_a} = \dfrac{1033.26}{355.56} = 2.906\text{m}$，可见取 $l = 3.0\text{m}$ 即可满足要求。

### 6.5.4.3　下壳计算

**A　计算总的被动土压力 $H_0$ 和剪切力 $Q_0$**

由土的实际内摩擦角 $\varphi = 30°$，得计算内摩擦角 $\varphi_0 = \dfrac{1}{2}\varphi = 15°$。

由土的实际黏聚力 $c = 8\text{kPa}$，得土的计算黏聚力 $c_0 = \dfrac{1}{2}c = 4\text{kPa}$。

（1）总的被动土压力 $H_0$ 为：

$$
\begin{aligned}
H_0 &= 0.25\gamma_0(z_3^2 - z_1^2)\tan^2\left(\frac{1}{2}\varphi_0 + 45°\right) = 0.25 \times 18 \times (4.75^2 - 3.35^2)\tan^2(7.5° + 45°) \\
&= 86.64\text{kN/m}
\end{aligned}
$$

（2）剪切力 $Q_0$ 为：

$$Q_0 = H_0\tan\varphi_0 + c_0(z_3 - z_1) = 86.64\tan 15° + 4 \times (4.75 - 3.35) = 28.82\text{kN/m}$$

**B　计算倒锥壳水平投影面上的最大土反力 $q_{y\max}$**

弯矩设计值为：

$$
\begin{aligned}
M &= M_1 + h_{st}H_1 \\
&= 67646.58 + 2.05 \times 53.17 = 67755.58\text{kN·m}
\end{aligned}
$$

垂直力设计值为：

$$
\begin{aligned}
N &= N_1 + \gamma_G\gamma(V_s + V_x) + \gamma_G(g_{st} + g_{xt}) \\
&= 33336.88 + 1.2 \times 25 \times (31.12 + 163.37) + 1.2 \times (645.56 + 2785.3) \\
&= 43289.81\text{kN}
\end{aligned}
$$

式中，$\gamma_G$ 为恒载分项系数，取 1.2；$\gamma$ 为钢筋混凝土重力密度，取 25kN/m³。综上可得：

$$e = \frac{M}{N} = \frac{67755.58}{43289.81} = 1.57\text{m}$$

根据 $e/r_2 = 1.57/6.6 = 0.238$ ，查表 6.3-7 可得：

$$\theta_0 = 2.1767 - \frac{2.1767 - 2.1357}{0.01}(0.238 - 0.23) = 2.1439$$

将该值转化为角度值为 122.8°。

沿半径 $r_2$ 的环向单位弧长范围内产生的总的地基反力设计值 $p_1$，由式（6.3-76）可得：

$$\begin{aligned}
p_1 &= \frac{N(1 + \cos\theta_0)}{2r_2(\pi + \theta_0\cos\theta_0 - \sin\theta_0)} \\
&= \frac{43289.81 \times (1 + \cos 122.8°)}{2 \times 6.6 \times (3.14 + 2.1439 \times \cos 122.8° - \sin 122.8°)} \\
&= 1320.75\text{kN/m}
\end{aligned}$$

$$q_{y\max} = \frac{2\left(p_1 - Q_0\dfrac{r_1}{r_2}\right)}{r_1 - r_3} = \frac{2 \times \left(1320.75 - 28.82 \times \dfrac{8.0}{6.6}\right)}{8.0 - 5.0} = 857.21\text{kN/m}^2$$

C　计算下壳特征参数 $C_s$

由式（6.3-89）可得：

$$C_s = \frac{r_1 - r_3}{2h\sin\alpha} = \frac{8.0 - 5.0}{2 \times 1.5 \times 0.906} = 1.1 < 2$$

由此可见，属于短壳。

D　下壳的内力及配筋

由式（6.3-96）可得：

$$B_0 = \sin^2\alpha + \tan\varphi_0\sin\alpha\cos\alpha = 0.906^2 + 0.268 \times 0.906 \times 0.423 = 0.924$$

$$B_1 = \cos^2\alpha + \tan\varphi_0\sin\alpha\cos\alpha = 0.423^2 + 0.268 \times 0.906 \times 0.423 = 0.282$$

$$B_2 = \sin\alpha\cos\alpha - \tan\varphi_0\sin^2\alpha = 0.906 \times 0.423 - 0.268 \times 0.906^2 = 0.163$$

$$B_3 = \tan\varphi_0\cos^2\alpha - \sin\alpha\cos\alpha = 0.268 \times 0.423^2 - 0.906 \times 0.423 = -0.335$$

$$B_4 = c_0\sin2\alpha = 4 \times 0.766 = 3.064$$

$$B_5 = c_0\cos2\alpha = 4 \times (-0.643) = -2.572$$

a　环向内力及配筋

由式（6.3-90）和式（6.3-91）可得：

$$H = 0.5\gamma_0 z_2\tan^2\left(\frac{1}{2}\varphi_0 + 45°\right) = 0.5 \times 18 \times 4 \times \tan^2\left(\frac{15°}{2} + 45°\right) = 61.14\text{kN/m}^2$$

$$\begin{aligned}
N_\theta &= \frac{1}{6}(B_2 q_{y\max} + B_3 H + B_5)(x_1 - x_3)(x_1 + x_2 + x_3) \\
&= \frac{1}{6}(B_2 q_{y\max} + B_3 H + B_5)(r_1 - r_3)(r_1 + r_2 + r_3)\frac{1}{\sin^2\alpha} \\
&= \frac{1}{6}(0.163 \times 857.21 - 0.335 \times 61.14 - 2.571)(8.0 - 5.0)(8.0 + 6.6 + 5.0)\frac{1}{0.821} \\
&= \frac{116.67 \times 3 \times 19.6}{4.926} = 1392.65\text{kN}
\end{aligned}$$

$$A_s = \frac{N_\theta}{f_y} = \frac{1392.65 \times 10^3}{300} = 4642.2 \text{mm}^2$$

由最小配筋率为 0.4% 可得:

$$A_{s,\min} = \rho_{\min} bh = 0.4\% \times 1000 \times 1500 = 6000 \text{mm}^2 > A_s$$

故按最小配筋率配筋, 配双层钢筋, 上层配 $\phi 18@100$, 下层配 $\phi 22@100$, ($A_s = 2545 + 3801 = 6346 \text{mm}^2$)。

b　经向内力及配筋

$$x_2 = \frac{r_2}{\sin\alpha} = \frac{6.6}{\sin 65°} = 7.28 \text{m}$$

$$x_2' = x_2 + \frac{\delta}{2} = 7.28 + \frac{0.4}{2} = 7.48 \text{m}$$

$$x_2'' = x_2 - \frac{\delta}{2} = 7.28 - \frac{0.4}{2} = 7.08 \text{m}$$

$$x_1 = \frac{r_1}{\sin\alpha} = \frac{8.0}{0.906} = 8.83 \text{m}$$

$$x_3 = \frac{r_3}{\sin\alpha} = \frac{5.0}{0.906} = 5.52 \text{m}$$

由式 (6.3-94) 和式 (6.3-95) 可得:

$$W_1 = \frac{12(x_1 - x_2)}{(x_1^2 - x_2'^2)(x_1 - x_2')^2}$$

$$= \frac{12 \times (8.83 - 7.28)}{(8.83^2 - 7.48^2)(8.83 - 7.48)^2} = \frac{18.6}{22.0 \times 1.82} = 0.465$$

$$W_2 = \frac{12(x_2 - x_3)}{(x_2''^2 - x_3^2)(x_2'' - x_3)^2}$$

$$= \frac{12 \times (7.28 - 5.52)}{(7.08^2 - 5.52^2)(7.08 - 5.52)^2} = \frac{21.12}{19.66 \times 2.43} = 0.442$$

由式 (6.3-92) 和式 (6.3-93) 可得经向弯矩:

$$M_{\alpha 1} = \frac{1}{x_2' W_1}(B_0 q_{y\max} + B_1 H + B_4) = \frac{1}{7.48 \times 0.465}(0.924 \times 857.21 + 0.282 \times 61.14 + 3.064)$$

$$= 233.56 \text{kN} \cdot \text{m}$$

$$M_{\alpha 2} = \frac{1}{x_2'' W_2}(B_0 q_{y\max} + B_1 H + B_4) = \frac{1}{7.08 \times 0.442}(0.924 \times 857.21 + 0.282 \times 61.14 + 3.064)$$

$$= 259.60 \text{kN} \cdot \text{m}$$

取 $M_{\alpha 1}$、$M_{\alpha 2}$ 中的较大者进行配筋, 即取 $M = 259.60 \text{kN} \cdot \text{m}$ 配筋, 由《混凝土结构设计规范》(GB 50010—2010) 可得:

$$\alpha_s = \frac{M}{\alpha_1 f_c bh_0^2} = \frac{259.60 \times 10^3}{1.0 \times 14.3 \times 10^6 \times 1 \times (1.5 - 0.05)^2} = 0.00863 < \alpha_{s,\max} = 0.398$$

$$\gamma_s = \frac{1 + \sqrt{1 - 2\alpha_s}}{2} = \frac{1 + \sqrt{1 - 2 \times 0.00863}}{2} = 0.996$$

$$A_s = \frac{M}{\gamma_s h_0 f_y} = \frac{259.60 \times 10^6}{0.996 \times 1.45 \times 300 \times 10^3} = 599.18mm^2$$

由最小配筋率为0.4%可得：

$$A_{s,min} = \rho_{min} bh = 0.4\% \times 1000 \times 1500 = 6000mm^2 > A_s$$

故每米配6ф25和6ф25（$A_s = 2945 + 2945 = 5890mm^2$）。

E 下锥壳冲切承载力计算。

a 基础底板反力

基础有效高度

$$h_0 = 1.5 - 0.05 = 1.45m$$

$$r_1 = 8m$$

$$r_2' = r_2 - \left( h\cos\alpha - \frac{\delta}{2}\sin\alpha \right) = 6.6 - 1.5\cos65° + 0.2\sin65° = 6.147m$$

$$r_2'' = r_2 - \left( h\cos\alpha + \frac{\delta}{2}\sin\alpha \right) = 6.6 - 1.5\cos65° - 0.2\sin65° = 5.785m$$

$$r_4 = r_3 - h'\cos65° = 5 - 1.0 \times \cos65° = 4.577m$$

弯矩设计值为：

$$M = M_1 + h_{st}H_1 = 67646.58 + 2.05 \times 53.17 = 67755.58kN \cdot m$$

垂直力设计值为：

$$N = N_1 + \gamma_G \gamma V_s + \gamma_G g_{st} = 33336.88 + 1.2 \times 2.5 \times 31.12 + 1.2 \times 646.56$$
$$= 35046.35kN$$

基础底面积为：

$$A = \pi(r_1^2 - r_4^2) = 3.14 \times (8^2 - 4.577^2) = 135.18m^2$$

基础底面惯性矩为：

$$J = \frac{\pi(d_1^4 - d_4^4)}{64} = \frac{3.14 \times (16^4 - 9.154^4)}{64} = 2870.86m^4$$

下壳外部中点压力为：

$$p = p_N + p_M = \frac{N}{A} + \frac{M}{J} \cdot \frac{r_1 + r_2'}{2} = \frac{35046.35}{135.18} + \frac{67755.58}{2870.86} \times \frac{8 + 6.147}{2}$$
$$= 426.20kN/m^2$$

b 冲切强度验算

（1）基础外边缘冲切强度验算

冲切破坏锥体斜截面的上边圆周长$b_t$，由式（6.3-109）可得：

$$b_t = 2\pi r_2' = 2 \times 3.14 \times 6.147 = 38.60m$$

冲切破坏锥体斜截面的下边圆周长$S_x$，由式（6.3-111）可得：

$$S_x = 2\pi[r_2' + h_0(\sin\alpha + \cos\alpha)] = 2 \times 3.14 \times [6.147 + 1.45 \times (\sin65° + \cos65°)]$$
$$= 6.28 \times 8.074$$

因为冲切斜截面的下边缘不应大于$r_1 = 8m$，现为8.074m，近似取8m，则有：

$$S_x = 6.28 \times 8 = 50.24\text{m}$$

上壳与下壳交接处的冲切承载力为：

$$0.35\beta_h f_{tt}(b_t + S_x)h_0 = 0.35 \times 1.0 \times 1.43 \times 10^3 \times (38.60 + 50.24) \times 1.45$$
$$= 64473.4\text{kN}$$

冲切破坏锥体以外的荷载为：

$$Q_c = p\pi\{r_1^2 - [r_2' + h_0(\sin\alpha + \cos\alpha)]^2\} = 426.20 \times 3.14 \times (8^2 - 8^2) = 0$$

满足 $Q_c \leqslant 0.35\beta_h f_{tt}(b_t + S_x)h_0$ 要求。

（2）基础内边缘冲切强度验算。

冲切破坏锥体斜截面的上边圆周长 $b_t$ 为：

$$b_t = 2\pi r_2'' = 2 \times 3.14 \times 5.785 = 36.33\text{m}$$

冲切破坏锥体斜截面的下边圆周长 $S_x$ 为：

$$S_x = 2\pi[r_2'' - h_0(\sin\alpha - \cos\alpha)] = 2 \times 3.14[5.785 - 1.45(\sin65° - \cos65°)]$$
$$= 31.93\text{m}$$

上壳与下壳交接处的冲切承载力为：

$$0.35\beta_h f_{tt}(b_t + S_x)h_0 = 0.35 \times 1.0 \times 1.43 \times 10^3 \times (36.33 + 31.93) \times 1.45$$
$$= 49537.99\text{kN}$$

冲切破坏锥体以外的荷载为：

$$Q_c = p\pi\{[r_2'' - h_0(\sin\alpha - \cos\alpha)]^2 - r_4^2\} = 426.20 \times 3.14 \times \{[5.785 - 1.45 \times$$
$$(\sin65° - \cos65°)]^2 - 4.577^2\} = 1338.27 \times 4.905 = 6564.21\text{kN}$$

计算结果满足 $Q_c \leqslant 0.35\beta_h f_{tt}(b_t + S_x)h_0$ 的要求。

#### 6.5.4.4　正锥壳计算

已知：上壳上口边缘中心的水平半径 $r_a = 5.016\text{m}$；基础壁厚 $\delta = 0.4\text{m}$；正锥壳上边缘处组合后的垂直力设计值 $N_1 = 33336.88\text{kN}$；组合后的弯矩设计值 $M_1 = 67646.58\text{kN} \cdot \text{m}$；组合后的水平剪力设计值 $H_1 = 53.17\text{kN}$。

**A　正锥壳上边缘处的经、环向薄膜力计算**

正锥壳可按无矩理论计算，正锥壳的经向薄膜力，可按式（6.3-104）计算，即：

$$N_a = -\frac{N_1}{2\pi r\sin\alpha} - \frac{M_1 + H_1(r - r_a)\tan\alpha}{\pi r^2 \sin\alpha}$$

由于正锥壳上边缘处，$r = r_a = 5.016\text{m}$，则正锥壳上边缘处单位长度的经向薄膜力为：

$$N_a = -\frac{33336.88}{2 \times 3.14 \times 5.016 \times \sin65°} - \frac{67646.58}{3.14 \times 5.016^2 \times \sin65°}$$
$$= -1168.10 - 945.09 = -2113.19\text{kN}$$

正锥壳上边缘处单位长度的环向薄膜力为：

$$N_\theta = 0$$

**B　正锥壳下边缘处的经、环向薄膜力计算**

正锥壳下边缘处有：

$$r = r_2 - h\cos\alpha = 6.6 - 1.5 \times 0.423 = 5.97\text{m}$$

正锥壳下边缘处单位长度的经向薄膜力为：

$$N_{ab1} = -\frac{33336.88}{2 \times 3.14 \times 5.97 \times \sin 65°} - \frac{67646.58 + 53.17 \times (5.97 - 5.016)\tan 65°}{3.14 \times 5.97^2 \sin 65°}$$

$$= -981.4 - \frac{67755.36}{101.39} = -1649.66 \text{kN}$$

正锥壳下边缘处单位长度的环向薄膜力为：

$$N_\theta = 0$$

采用 $N_a = -2113.19$kN 进行配筋计算，则正锥壳每米弧长的经向配筋为：

$$l_0 = 1.25 \times \frac{5.97 - 5.016}{\cos\alpha} = 1.25 \times \frac{0.954}{0.423} = 2.82$$

$$\frac{l_0}{h} = \frac{2.82}{0.4} = 7.05 < 8$$

$$\varphi = 1$$

$$A'_s = \frac{N_a/(0.9\varphi) - f_c bh}{f'_y} = \frac{2113.19 \times 10^3/0.9 - 14.3 \times 1000 \times 400}{300} < 0$$

故按构造配筋即可。$A_s = 0.004bh = 0.004 \times 1000 \times 400 = 1600\text{mm}^2$，对称配 $\phi12@140$（$A_s = 1616\text{mm}^2$）。

### 6.5.4.5 环梁计算

（1）筒壁薄膜经向力 $N_{ab1}$ 计算：

$$N_{ab1} = \frac{N_1}{2\pi r_a} + \frac{M_1}{\pi r_a^2} = \frac{33336.88}{2\pi \times 5.016} + \frac{67646.58}{\pi \times 5.016^2} = 1914.55 \text{kN/m}$$

（2）正锥壳经向薄膜力 $N_{aa3}$ 计算：

$$N_{aa3} = \frac{N_{ab1}}{\sin\alpha} = \frac{1914.55}{\sin 65°} = 2113.19 \text{kN/m}$$

（3）环梁环向压力 $N_{\theta M}$ 计算：

$$r_e = r_a = 5.016 \text{m}$$

$$N_{\theta M} = r_e N_{aa3}\cos\alpha = 5.016 \times 2113.19 \times \cos 65° = 4483.70 \text{kN}$$

（4）环梁配筋计算。根据图 6.5-7，环梁偏心距 $e_1 = e_2 = 0$，故环梁弯矩和扭矩均为 0，为轴向受压构件，配筋为：

$$A_s = \frac{N_{\theta M}/0.9 - f_c bh}{f'_y} = \frac{4483.70 \times 10^3/0.9 - 14.3 \times 600^2}{300} < 0$$

按构造配筋 $A_s = 4 \times 0.002 \times 600^2 = 2880\text{mm}^2$，周圈配 $12\phi18$（$A_s = 3054\text{mm}^2$）。

# 6.6 基础设计实例

某加热炉 70m 钢筋混凝土烟囱，为地下烟道，烟气设计温度为 400℃。地基承载力特征值为 250kPa；抗震设防烈度为 8 度（0.2g），场地类别为 Ⅱ 类，设计地震分组为第一组；设计基本风压为 0.55kN/m²。基础设计图纸如图 6.6-1 ~ 图 6.6-8 所示。

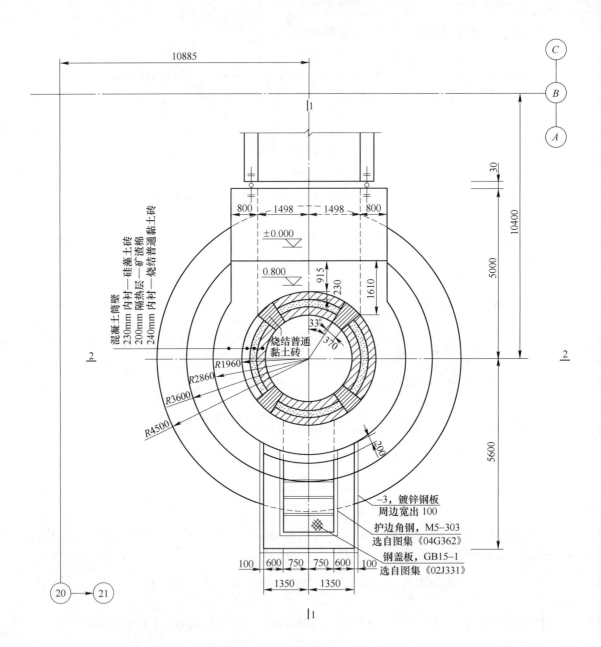

图 6.6-1　烟囱基础平面布置图

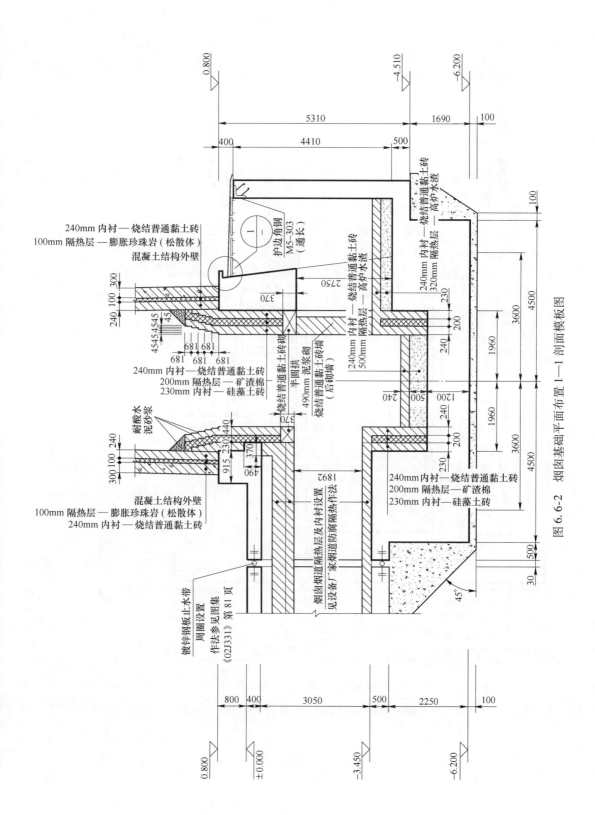

图 6.6-2 烟囱基础平面布置 1—1 剖面模板图

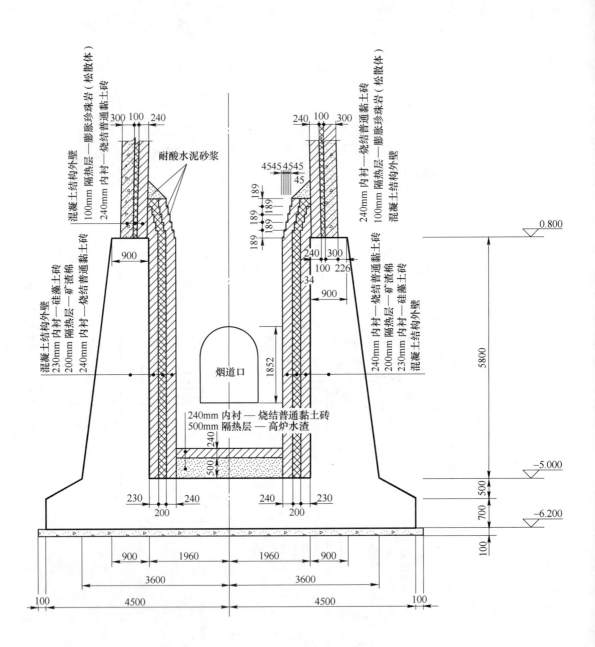

图 6.6-3　烟囱基础平面布置 2—2 剖面模板图

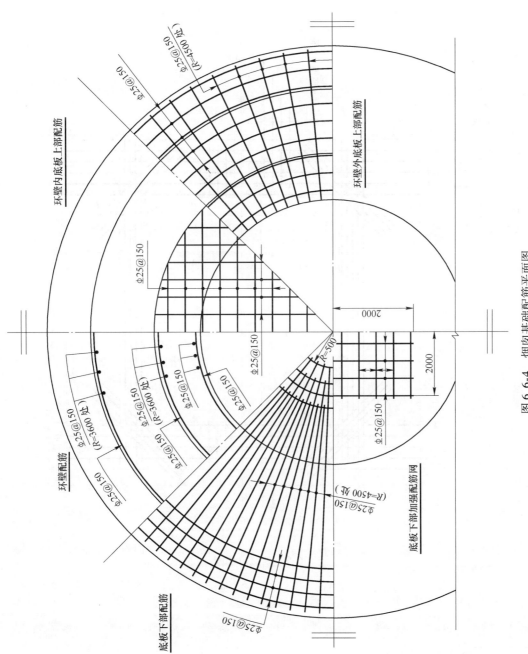

图 6.6-4 烟囱基础配筋平面图

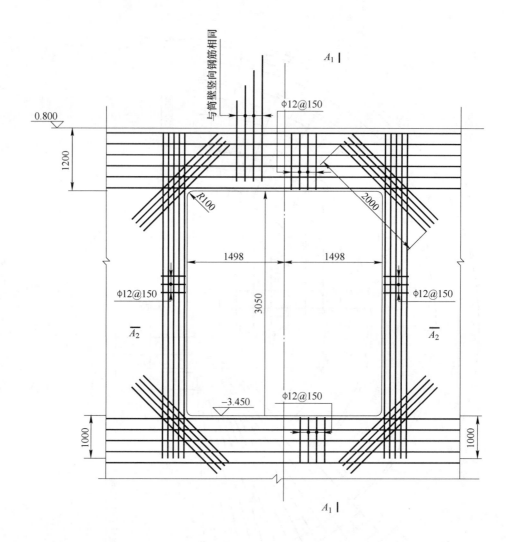

图 6.6-5　烟道口加固

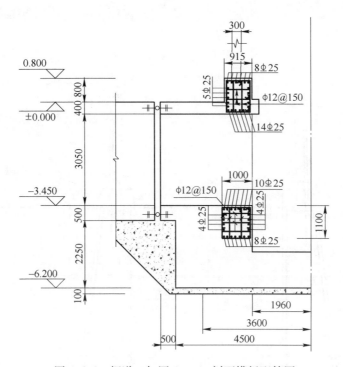

图 6.6-6 烟道口加固 $A_1$—$A_1$ 剖面模板配筋图

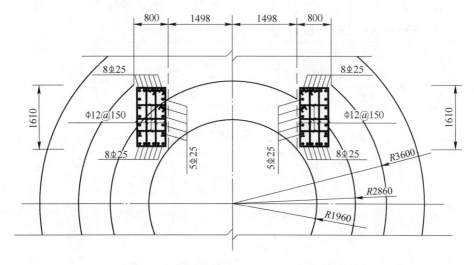

图 6.6-7 烟道口加固 $A_2$—$A_2$ 剖面模板配筋图

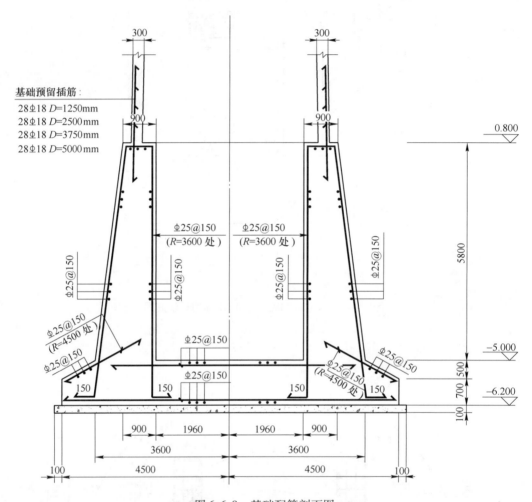

基础预留插筋：
28Φ18 *D*=1250mm
28Φ18 *D*=2500mm
28Φ18 *D*=3750mm
28Φ18 *D*=5000mm

图 6.6-8　基础配筋剖面图

# 7 钢筋混凝土烟囱

## 7.1 计算原则

本章适用于高度不大于240m的钢筋混凝土烟囱设计,当烟囱高度大于240m时,应进行专项审查和评估。钢筋混凝土烟囱设计时应进行下列计算或验算。

### 7.1.1 受热温度计算

按第4章的规定,计算内衬、隔热层和筒壁各层的受热温度。计算出的受热温度应满足材料受热温度允许值的要求,材料受热温度允许值见第3章有关内容。筒壁的最高受热温度应小于或等于150℃。

(1)单筒烟囱温度计算。在计算烟囱的受热温度和筒壁温度差时,均采用烟囱使用时的最高烟气温度。沿筒身高度不考虑烟气温度的降低。

烟囱外部的空气温度,当计算烟囱(包括内衬、隔热层和筒壁)的最高受热温度和确定材料在温度作用下的折减系数时,应采用夏季极端最高温度。当计算筒壁温度差时,应采用冬季极端最低温度。

(2)多管烟囱温度计算。多管(或套筒)烟囱与单筒烟囱的主要区别是,将排烟筒与承重外筒分离开,内、外筒间留有较大距离,使外筒壁不受烟气影响。外筒壁的温度计算按本手册第4章规定进行。

### 7.1.2 附加弯矩计算

(1)计算筒壁水平截面承载能力极限状态的附加弯矩,非地震区仅计算由于风荷载、日照和基础倾斜等原因产生的附加弯矩;当在地震区时,应计算由于地震作用、风荷载、日照和基础倾斜等原因,筒身重力荷载及竖向地震作用对筒壁水平截面产生的附加弯矩。

(2)计算正常使用极限状态下的附加弯矩时,不考虑地震作用。

### 7.1.3 承载能力极限状态计算

地震区的烟囱应分别按无地震作用和有地震作用两种情况进行计算。水平截面的极限状态承载能力计算参见7.3节;筒壁竖向截面极限承载能力按现行国家标准《混凝土结构设计规范》(GB 50010)正截面受弯承载力进行计算。

### 7.1.4 正常使用极限状态的应力计算

应分别计算水平截面和垂直截面的混凝土和钢筋应力。计算在荷载标准值和温度共同作用下的混凝土与钢筋应力,以及温度单独作用下的钢筋应力,并应满足下列条件:

$$\sigma_{cwt} \leqslant 0.4f_{ctk} \tag{7.1-1}$$

$$\sigma_{swt} \leqslant 0.5f_{ytk} \tag{7.1-2}$$

$$\sigma_{st} \leqslant 0.5f_{ytk} \tag{7.1-3}$$

式中　$\sigma_{cwt}$——在荷载标准值和温度共同作用下混凝土的应力值，N/mm²；

$\sigma_{swt}$——在荷载标准值和温度共同作用下竖向钢筋的应力值，N/mm²；

$\sigma_{st}$——在温度作用下环向和竖向钢筋的应力值，N/mm²；

$f_{ctk}$——混凝土在温度作用下的强度标准值，按表4.1-3取值，N/mm²；

$f_{ytk}$——钢筋在温度作用下的强度标准值，按式4.1-5计算，N/mm²。

### 7.1.5　正常使用极限状态的裂缝宽度验算

（1）水平裂缝宽度验算。在自重、风荷载、附加弯矩标准值和温度作用下，水平最大裂缝宽度应符合表1.3-3的规定。

（2）垂直裂缝宽度验算。在温度作用下，垂直最大裂缝宽度应符合表2.3-3的规定。

## 7.2　附加弯矩计算

### 7.2.1　附加弯矩的定义及计算公式

钢筋混凝土烟囱筒身在风荷载、地震作用、日照温差和基础倾斜的作用下，将发生挠曲和倾斜。由于筒身自重线分布重力的作用，在筒身各水平截面上产生的弯矩（$P\text{-}\Delta$）效应（如图7.2-1所示）定义为筒身水平截面上的附加弯矩 $M_{ai}$。由图7.2-1和附加弯矩的定义，筒身水平截面 $i$ 上的附加弯矩 $M_{ai}$ 表示为：

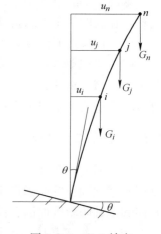

$$M_{ai} = \sum_{j=i+1}^{n} G_j(u_j - u_i) \tag{7.2-1}$$

式中　$G_j$——集中在 $j$ 质点的筒身自重重力（考虑地震作用时，应包括竖向地震作用）；

$u_i$，$u_j$——分别为筒身上 $i$、$j$ 质点处的最终水平位移；计算筒身位移时应考虑筒身日照温差、基础倾斜的影响和截面上材料受荷载作用后的非线性（塑性发展）的影响。

图 7.2-1　$P\text{-}\Delta$ 效应

烟囱筒身沿高度方向的弯矩 $M$ 和筒壁水平截面的刚度 $EI$ 均是变化的，这给筒身水平位移和转角变形计算带来很大困难。由于筒身水平截面上的材料（例如混凝土）在不同受力阶段和不同应力下，材料的塑性发展程度不同，因此截面刚度是变化的；计算筒身变形时需考虑附加弯矩对变形（曲率）的高阶影响，筒身变位的增加使附加弯矩增大，而附加弯矩的增大又会使筒身变形进一步增加，因此要计算筒身最终的变形（终曲率），需经多次迭代完成。

不同性质的荷载和作用下，筒身的变形曲率分布是不同的，因此其变形计算要按荷载和作用的不同分别考虑。水平荷载、日照和基础倾斜引起的筒身附加弯矩如图 7.2-2 所示。根据附加弯矩的定义,各种荷载作用下的筒身任一水平截面 $i$ 处的附加弯矩计算表达式为:

$$M_{ai} = \int_{h_i}^{H} \Delta_{hw} q_{hx} \mathrm{d}h_x + \int_{h_i}^{H} \Delta_{hr} q_{hx} \mathrm{d}h_x + \int_{h_i}^{H} \Delta_{h\theta} q_{hx} \mathrm{d}h_x \qquad (7.2-2)$$

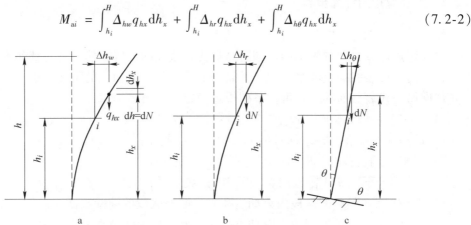

图 7.2-2 附加弯矩计算示意图

a—水平荷载效应;b—日照效应;c—基础倾斜效应

为了方便计算,《烟囱设计规范》对计算方法进行了简化处理:

(1) 取烟囱筒身代表截面处的终曲率按等效曲率计算筒身各处的变位与转角。

(2) 烟囱筒身自重沿筒身高度的分布按直线分布取折算值。

因此,烟囱筒身由于风荷载、日照和基础倾斜作用,筒身重力荷载对筒壁任一水平截面 $i$ 产生的附加弯矩 $M_{ai}$(如图 7.2-1 所示)的计算公式为:

$$M_{ai} = \frac{q_i(h - h_i)^2}{2} \left[ \frac{h + 2h_i}{3} \left( \frac{1}{\rho_c} + \frac{\alpha_c \Delta T}{d} \right) + \tan\theta \right] \qquad (7.2-3)$$

式中　$q_i$——距筒壁顶 $(h - h_i)/3$ 处的折算线分布重力荷载;

　　　$h$——筒身高度,m;

　　　$h_i$——计算截面 $i$ 的高度,m;

　　$1/\rho_c$——筒身代表截面处的弯曲变形曲率;

　　　$\alpha_c$——混凝土的线膨胀系数;

　　　$\Delta T$——由日照产生的筒身阳面与阴面的温度差,应按当地实测数据采用;当无实测数据时,可按20℃采用;

　　　$d$——高度为 $0.4h$ 处的筒身外直径,m;

　　　$\theta$——基础倾斜角(弧度),按现行国家标准《建筑地基基础设计规范》(GB 50007)规定的地基允许倾斜值采用。

当考虑地震作用时,筒身由于地震作用、风荷载、日照和基础倾斜作用,由筒身重力荷载及竖向地震作用对筒壁任一水平截面 $i$ 产生的附加弯矩 $M_{Eai}$ 按下式计算:

$$M_{Eai} = \frac{q_i(h - h_i)^2 \pm \gamma_{Ev} F_{Evik}(h - h_i)}{2} \left[ \frac{h + 2h_i}{3} \left( \frac{1}{\rho_{Ec}} + \frac{\alpha_c \Delta T}{d} \right) + \tan\theta \right] \qquad (7.2-4)$$

式中　$1/\rho_{Ec}$——考虑地震作用时,筒身代表截面处的变形曲率;

$\gamma_{Ev}$——竖向地震作用分项系数，取 0.50；

$F_{Evik}$——水平截面 $i$ 的竖向地震作用标准值。

## 7.2.2 附加弯矩的计算步骤

### 7.2.2.1 烟囱筒身代表截面位置的确定

附加弯矩计算时，首先须确定烟囱筒身代表截面的位置，然后计算代表截面的变形终曲率，最后用代表截面上的终曲率计算筒身上其他任一截面上的附加弯矩。

烟囱筒身代表截面的位置可按下列规定确定：

（1）当筒身各段坡度均不大于3%时：

1）筒身无烟道孔时，取筒身最下节的筒壁底截面；

2）筒身有烟道孔时，取洞口上一节的筒壁底截面。

（2）当筒身下部 $h/4$ 范围内有大于3%的坡度时：

1）在坡度小于3%的区段内无烟道孔时，取该区段的筒壁底截面；

2）在坡度小于3%的区段内有烟道孔时，取洞口上一节筒壁底截面。

当烟囱筒身下部坡度不满足上述确定筒身代表截面位置的条件，无法确定筒身代表截面的位置时，烟囱筒身的水平变形和附加弯矩不能采用筒身代表截面处的曲率，则按等曲率计算。在这种情况下，筒身附加弯矩可按附加弯矩的定义公式计算，相应地，在计算筒身水平位移时应考虑筒身日照温差、基础倾斜的影响和筒壁截面上材料受荷后塑性发展引起的非线性影响，计算的水平位移应是筒身变形的最终变形。

烟囱筒身下部放坡，一般是为了优化烟囱基础设计，使基础底板外悬挑尺寸在基础合理外形尺寸之内。一般情况下，在烟囱筒身下部 $h/4$ 范围内加大筒身的坡度，增大板式基础环壁的上口直径，减少基础底板的外悬挑尺寸，便可以达到基础优化设计的目的。

如果烟囱筒身下部的大坡（$i>3\%$）段高度范围超过 $h/4$，仍按代表截面的变形曲率计算附加弯矩，会使筒身附加弯矩计算值增大。因此，在具体设计时应按式（7.2-1）附加弯矩定义公式进行计算。

### 7.2.2.2 计算筒身折算线分布重力 $q_i$

烟囱筒身任一计算截面上的折算线分布重力 $q_i$ 是指在筒身 $i$ 截面以上距筒顶 $(h - h_i)/3$ 处的筒身每米自重的折算重力，每个计算截面的 $q_i$ 都不相同，可按下列公式分别计算：

$$q_i = \frac{2(h - h_i)}{3h}(q_0 - q_1) + q_1 \qquad (7.2\text{-}5)$$

承载能力极限状态时：

$$q_0 = \frac{G}{h} \qquad (7.2\text{-}6)$$

$$q_1 = \frac{G_1}{h_1} \qquad (7.2\text{-}7)$$

正常使用极限状态时：

$$q_0 = \frac{G_k}{h} \qquad (7.2\text{-}8)$$

$$q_1 = \frac{G_{1k}}{h_1} \tag{7.2-9}$$

式中　$q_0$——整个筒身的平均线分布重力荷载，kN/m；

　　　$q_1$——筒身顶部第一节的平均线分布重力荷载，kN/m；

　$G$，$G_k$——分别为筒身（内衬、隔热层、筒壁）全部自重荷载设计值和标准值，kN；

$G_1$，$G_{1k}$——分别为筒身顶部第一节全部自重荷载设计值和标准值，kN；

　　　$h_1$——筒身顶部第一节高度，m。

**7.2.2.3　计算烟囱筒身代表截面处的变形曲率**

筒身变形曲率 $1/\rho_c$ 与截面上所受的荷载性质（风、地震作用、日照、地基倾斜等）、受荷阶段（承载能力极限状态和正常使用极限状态）及截面上材料塑性发展程度有关。对于承载力极限状态和正常使用极限状态，应分别计算。截面上材料的塑性发展程度与截面应力状态有关，它可以用截面上的轴向力对截面中心的相对偏心距的大小来判别。当 $e/r \leqslant 0.5$ 时，截面上的应力处于单值应力状态；当 $e/r \geqslant 0.5$ 时，截面上的应力状态处于双值状态。这两种应力状态截面上的塑性发展不同，因此其变形曲率公式也不相同，应分别计算。

A　筒身代表截面上的轴向力对截面中心的相对偏心距的计算

烟囱筒身各计算截面的附加弯矩都是用代表截面上的曲率按等曲率计算的。为了计算筒身代表截面处的曲率，必须先计算出代表截面上的轴向力对截面中心的相对偏心距。筒身代表截面上的相对偏心距 $e/r$ 按下列公式计算：

a　承载能力极限状态

（1）不考虑地震作用时：

$$\frac{e}{r} = \frac{M_w + M_a}{N \cdot r} \tag{7.2-10}$$

（2）当考虑地震作用时：

$$\frac{e_E}{r} = \frac{M_E + \psi_{cwE} M_w + M_{Ea}}{N \cdot r} \tag{7.2-11}$$

b　正常使用极限状态

$$\frac{e_k}{r} = \frac{M_{wk} + M_{ak}}{N_k \cdot r} \tag{7.2-12}$$

式中　$N$——筒身代表截面处的轴向力设计值，kN；

　　　$N_k$——筒身代表截面处的轴向力标准值，kN；

　　　$M_w$——筒身代表截面处的风弯矩设计值，kN·m；

　　　$M_{wk}$——筒身代表截面处的风弯矩标准值，kN·m；

　　　$M_a$——筒身代表截面处承载能力极限状态附加弯矩设计值，kN·m；

　　　$M_{ak}$——筒身代表截面处正常使用极限状态附加弯矩标准值，kN·m；

　　　$M_E$——筒身代表截面处的地震作用弯矩设计值，kN·m；

　　　$M_{Ea}$——筒身代表截面处的考虑地震作用时附加弯矩设计值，kN·m；

　　　$e$——按作用效应基本组合计算的轴向力设计值对混凝土筒壁圆心轴线的偏心距，m；

$e_E$——按含地震作用的荷载效应基本组合计算的轴向力设计值对混凝土筒壁圆心轴线的偏心距，m；

$e_k$——按荷载效应标准组合计算的轴向力标准值对混凝土筒壁圆心轴线的偏心距，m；

$\psi_{cwE}$——含地震作用效应的基本组合中风荷载组合系数，取 0.2；

$r$——筒壁代表截面处的筒壁平均半径，m。

B　筒身代表截面处的变形曲率 $1/\rho_c$ 和 $1/\rho_{Ec}$ 计算

a　承载能力极限状态

（1）当 $\dfrac{e}{r} \leqslant 0.5$ 时：

$$\frac{1}{\rho_c} = \frac{1.6(M_w + M_a)}{0.33E_{ct}I} \tag{7.2-13}$$

（2）当 $\dfrac{e}{r} > 0.5$ 时：

$$\frac{1}{\rho_c} = \frac{1.6(M_w + M_a)}{0.25E_{ct}I} \tag{7.2-14}$$

（3）当考虑地震作用时：

$$\frac{1}{\rho_{Ec}} = \frac{M_E + \psi_{cwE}M_w + M_{Ea}}{0.25E_{ct}I} \tag{7.2-15}$$

b　正常使用极限状态

（1）当 $\dfrac{e_k}{r} \leqslant 0.5$ 时：

$$\frac{1}{\rho_c} = \frac{M_{wk} + M_{ak}}{0.65E_{ct}I} \tag{7.2-16}$$

（2）当 $\dfrac{e_k}{r} > 0.5$ 时：

$$\frac{1}{\rho_c} = \frac{M_{wk} + M_{dk}}{0.4E_{ct}I} \tag{7.2-17}$$

式中　$E_{ct}$——筒身代表截面处的筒壁混凝土在温度作用下的弹性模量，$kN/m^2$；

　　　$I$——筒身代表截面惯性矩，$m^4$。

7.2.2.4　计算筒身代表截面处的附加弯矩

采用式（7.2-3）和式（7.2-4）计算不同极限状态下筒身任一截面上的附加弯矩时，需要事先求出筒身代表截面处的变形终曲率，而根据式（7.2-13）~式（7.2-17）计算变形曲率时又需已知附加弯矩值，因此，筒身代表截面处的附加弯矩计算是一个迭代计算的过程。具体方法为：首先假定附加弯矩值（承载能力极限状态计算时假定 $M_a = 0.35M_w$，考虑地震作用时 $M_{Ea} = 0.35M_E$，正常使用极限状态取 $M_{ak} = 0.2M_w$），然后代入有关公式求得 $1/\rho_c$（或 $1/\rho_{Ec}$）值和相应的附加弯矩值，当附加弯矩计算值与假定值相差不超过 5% 时，可不再计算，否则应进行循环迭代，直到前后两次迭代计算的附加弯矩值相差不超过 5% 为止。其最终计算值为所求的附加弯矩值，与之相应的曲率值为筒身变形终曲率。

筒身代表截面处的附加弯矩也可按下列公式直接计算，不需迭代，具体计算如下。

（1）承载能力极限状态时：

$$M_{a} = \frac{\dfrac{1}{2}q_{i}(h-h_{i})^{2}\left[\dfrac{h+2h_{i}}{3}\left(\dfrac{1.6M_{w}}{\alpha_{e}E_{ct}I}+\dfrac{\alpha_{c}\Delta T}{d}\right)+\tan\theta\right]}{1-\dfrac{q_{i}(h-h_{i})^{2}}{2}\cdot\dfrac{(h+2h_{i})}{3}\cdot\dfrac{1.6}{\alpha_{e}E_{ct}I}} \qquad (7.2\text{-}18)$$

（2）承载能力极限状态下，考虑地震作用时：

$$M_{Ea} = \frac{\dfrac{q_{i}(h-h_{i})^{2}\pm\gamma_{Ev}F_{Evik}(h-h_{i})}{2}\left[\dfrac{h+2h_{i}}{3}\left(\dfrac{M_{E}+\psi_{cwE}M_{w}}{\alpha_{e}E_{ct}I}+\dfrac{\alpha_{c}\Delta T}{d}\right)+\tan\theta\right]}{1-\dfrac{q_{i}(h-h_{i})^{2}\pm\gamma_{Ev}F_{Evik}(h-h_{i})}{2}\cdot\dfrac{(h+2h_{i})}{3}\cdot\dfrac{1}{\alpha_{e}E_{ct}I}}$$

$$(7.2\text{-}19)$$

（3）正常使用极限状态时：

$$M_{ak} = \frac{\dfrac{1}{2}q_{i}(h-h_{i})^{2}\left[\dfrac{h+2h_{i}}{3}\left(\dfrac{M_{wk}}{\alpha_{e}E_{ct}}+\dfrac{\alpha_{c}\Delta T}{d}\right)+\tan\theta\right]}{1-\dfrac{q_{i}(h-h_{i})^{2}}{2}\cdot\dfrac{(h+2h_{i})}{3}\cdot\dfrac{1}{\alpha_{e}E_{ct}I}} \qquad (7.2\text{-}20)$$

式中　$\alpha_{e}$——刚度折减系数，承载能力极限状态时，当 $\dfrac{e}{r}\leqslant0.5$ 时，取 $\alpha_{e}=0.33$；当 $\dfrac{e}{r}>$

0.5 以及地震作用时，取 $\alpha_{e}=0.25$；正常使用极限状态时，当 $\dfrac{e_{k}}{r}\leqslant0.5$ 时，取

$\alpha_{e}=0.65$；当 $\dfrac{e_{k}}{r}>0.5$ 时，取 $\alpha_{e}=0.4$❶。

# 7.3　极限承载能力状态计算

钢筋混凝土烟囱筒壁水平截面极限状态承载能力，应按下列公式计算。

当烟囱筒壁计算截面无孔洞时（如图 7.3-1a 所示）：

$$N\leqslant\alpha_{1}\alpha f_{ct}A+(\alpha-\alpha_{t})f_{yt}A_{s} \qquad (7.3\text{-}1)$$

$$M+M_{a}\leqslant\alpha_{1}f_{ct}Ar\frac{\sin\alpha\pi}{\pi}+f_{yt}A_{s}r\frac{\sin\alpha\pi+\sin\alpha_{t}\pi}{\pi} \qquad (7.3\text{-}2)$$

$$\alpha=\frac{N+f_{yt}A_{s}}{\alpha_{1}f_{ct}A+2.5f_{yt}A_{s}} \qquad (7.3\text{-}3)$$

当 $\alpha\geqslant\dfrac{2}{3}$ 时：

❶ 在确定 $\dfrac{e}{r}$ 或 $\dfrac{e_{k}}{r}$ 时，先假定附加弯矩（如前注），然后确定式（7.2-18）、式（7.2-19）或式（7.2-20）中的 $\alpha_{e}$ 值；再用计算出的附加弯矩复核 $\dfrac{e}{r}$ 或 $\dfrac{e_{k}}{r}$ 值是否符合所采用的 $\alpha_{e}$ 值条件；否则应另确定 $\alpha_{e}$ 值。

$$\alpha = \frac{N}{\alpha_1 f_{ct} A + f_{yt} A_s} \tag{7.3-4}$$

当筒壁计算截面有孔洞时可按下列公式计算。

(1) 当计算截面有一个孔洞时（如图 7.3-1b 所示）：

$$N \leqslant \alpha_1 \alpha f_{ct} A + (\alpha - \alpha_t) f_{yt} A_s \tag{7.3-5}$$

$$M + M_a \leqslant \frac{r}{\pi - \theta} \{ (\alpha_1 f_{ct} A + f_{yt} A_s) [ \sin(\alpha\pi - \alpha\theta + \theta) - \sin\theta ] + f_{yt} A_s \sin[\alpha_t(\pi - \theta)] \}$$
$$\tag{7.3-6}$$

$$A = 2(\pi - \theta) rt \tag{7.3-7}$$

(2) 当计算截面有两个孔洞，且 $\alpha_0 = \pi$ 时（如图 7.3-1c 所示）：

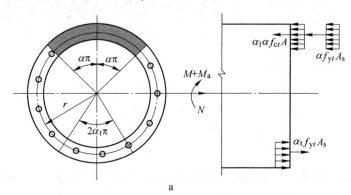

a

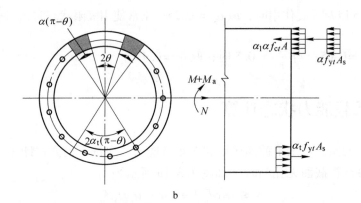

b

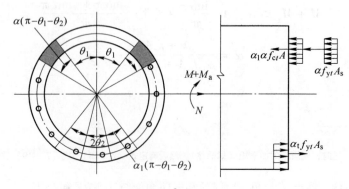

c

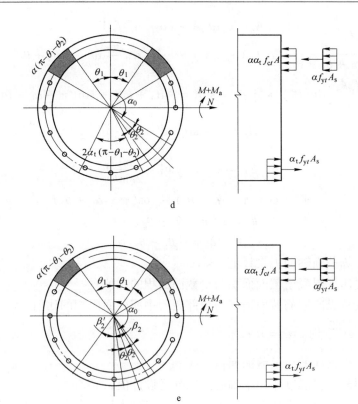

图 7.3-1 截面极限承载能力计算

a—筒壁没有孔洞；b—筒壁有一个孔洞；c—筒壁有两个孔洞（$\alpha_0 = \pi$，大孔位于受压区）

d—筒壁有两个孔洞（$\alpha_0 \neq \pi$，其中小孔位于拉压区之间）；e—筒壁有两个孔洞

（$\alpha_0 \neq \pi$，其中小孔位于受拉区内）

$$N \leqslant \alpha_1 \alpha f_{ct} A + (\alpha - \alpha_t) f_{yt} A_s \tag{7.3-8}$$

$$M + M_a \leqslant \frac{r}{\pi - \theta_1 - \theta_2} \{ (\alpha_1 f_{ct} A + f_{yt} A_s) \times [\sin(\alpha\pi - \alpha\theta_1 - \alpha\theta_2 + \theta_1) - \sin\theta_1] +$$

$$f_{yt} A_s [\sin(\alpha_t\pi - \alpha_t\theta_1 - \alpha_t\theta_2 + \theta_2) - \sin\theta_2] \} \tag{7.3-9}$$

$$A = 2(\pi - \theta_1 - \theta_2)rt \tag{7.3-10}$$

（3）当计算截面有两个孔洞，且 $\alpha_0 \neq \pi$，根据 $\alpha_0$ 的不同范围，分别按以下三种情况计算。

1）当 $\alpha_0 \leqslant \alpha(\pi - \theta_1 - \theta_2) + \theta_1 + \theta_2$ 时，因两个孔洞较为靠近，可按 $\theta = \theta_1 + \theta_2$ 的单孔洞截面计算。

2）当 $\alpha(\pi - \theta_1 - \theta_2) + \theta_1 + \theta_2 < \alpha_0 \leqslant \pi - \theta_2 - \alpha_t(\pi - \theta_1 - \theta_2)$ 时（如图7.3-1d所示）：

$$N \leqslant \alpha_1 \alpha f_{ct} A + (\alpha - \alpha_t) f_{yt} A_s \tag{7.3-11}$$

$$M + M_a \leqslant \frac{r}{\pi - \theta_1 - \theta_2} \{ (\alpha_1 f_{ct} A + f_{yt} A_s) \times [\sin(\alpha\pi - \alpha\theta_1 - \alpha\theta_2 + \theta_1) - \sin\theta_1] +$$

$$f_{yt} A_s \sin(\alpha_t\pi - \alpha_t\theta_1 - \alpha_t\theta_2) \} \tag{7.3-12}$$

3）当 $\alpha_0 > \pi - \theta_2 - \alpha_t(\pi - \theta_1 - \theta_2)$ 时（如图7.3-1e所示）：

$$N \leqslant \alpha_1 \alpha f_{ct} A + (\alpha - \alpha_t) f_{yt} A_s \tag{7.3-13}$$

$$M + M_a \leqslant \frac{r}{\pi - \theta_1 - \theta_2} \{ (\alpha_1 f_{ct} A + f_{yt} A_s) \times [\sin(\alpha \pi - \alpha \theta_1 - \alpha \theta_2 + \theta_1) - \sin\theta_1] +$$

$$\frac{f_{yt} A_s}{2} [\sin(\beta_2') + \sin\beta_2 - \sin(\pi - \alpha_0 + \theta_2) + \sin(\pi - \alpha_0 - \theta_2)]\} \tag{7.3-14}$$

$$\beta_2 = k - \arcsin\left(-\frac{m}{2\sin k}\right) \tag{7.3-15}$$

$$\beta_2' = k + \arcsin\left(-\frac{m}{2\sin k}\right) \tag{7.3-16}$$

$$m = \cos(\pi - \alpha_0 - \theta_2) - \cos(\pi - \alpha_0 + \theta_2) \tag{7.3-17}$$

$$k = \alpha_t(\pi - \theta_1 - \theta_2) + \theta_2 \tag{7.3-18}$$

$$A = 2(\pi - \theta_1 - \theta_2) rt \tag{7.3-19}$$

式中　$N$——计算截面轴向力设计值，kN；

　　　$\alpha$——受压区混凝土截面面积与全截面面积的比值；

　　　$\alpha_t$——受拉纵向钢筋截面面积与全部竖向钢筋截面面积的比值，$\alpha_t = 1 - 1.5\alpha$，当

　　　　　$\alpha \geqslant \frac{2}{3}$ 时，$\alpha_t = 0$；

　　　$A$——计算截面的筒壁截面面积，$m^2$；

　　　$f_{ct}$——混凝土在温度作用下轴心抗压强度设计值，$kN/m^2$；

　　　$\alpha_1$——受压区混凝土矩形应力图的应力与混凝土抗压强度设计值的比值，当混凝土强度等级不超过 C50 时，$\alpha_1 = 1.0$；当混凝土等级为 C80 时，$\alpha_1 = 0.94$，其间按线性内插法取用；

　　　$A_s$——计算截面钢筋总截面面积，$m^2$；

　　　$f_{yt}$——计算截面钢筋在温度作用下的抗拉强度设计值，$kN/m^2$；

　　　$M$——计算截面弯矩设计值，$kN/m^2$；

　　　$M_a$——计算截面附加弯矩设计值，$kN \cdot m$；

　　　$r$——计算截面筒壁平均半径，m；

　　　$t$——筒壁厚度，m；

　　　$\theta$——计算截面有一个孔洞时的孔洞半角（弧度）；

　　　$\theta_1$——计算截面有两个孔洞时，大孔洞的半角（弧度）；

　　　$\theta_2$——计算截面有两个孔洞时，小孔洞的半角（弧度）；

　　　$\alpha_0$——计算截面有两个孔洞时，两孔洞角平分线的夹角（弧度）。

# 7.4　正常使用极限状态计算

## 7.4.1　荷载标准值作用下的水平截面应力计算

　　在荷载标准值作用下，筒壁水平截面混凝土压应力及竖向钢筋拉应力的计算公式采用了以下假定：

　　（1）全截面受压时，截面应力呈梯形或三角形分布；局部受压时，压区和拉区应力都

呈三角形分布。

（2）平均应变和开裂截面应变都符合平截面假定。

（3）受拉区混凝土不参与工作。

（4）考虑高温与荷载长期作用下对混凝土产生塑性的影响。

（5）竖向钢筋按截面等效的钢筒考虑，其分布半径等于环形截面的平均半径。

钢筋混凝土筒壁水平截面在自重荷载、风荷载和附加荷载（均为标准值）作用下的应力计算，应根据轴向力标准值对筒壁圆心的偏心距 $e_k$ 与截面核心距 $r_{co}$ 的相应关系（$e_k > r_{co}$ 或 $e_k \leqslant r_{co}$），分别采用如图 7.4-1 所示的应力计算简图。

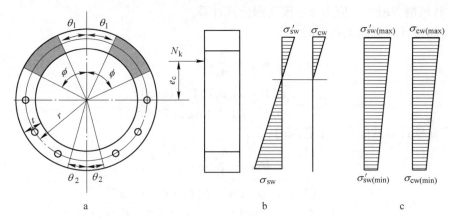

图 7.4-1 在荷载标注值作用下的应力计算

a—截面简图；b—$e_c > r_{co}$时的应力；c—$e_c \leqslant r_{co}$时的应力

（1）轴向力标准值对筒壁圆心的偏心距应按下式计算：

$$e_k = \frac{M_{wk} + M_{ak}}{N_k} \tag{7.4-1}$$

式中 $M_{wk}$ ——计算截面由风荷载标准值产生的弯矩，kN·m；

$M_{ak}$ ——计算截面正常使用极限状态下的附加弯矩标准值，kN·m；

$N_k$ ——计算截面的轴向力标准值，kN。

（2）截面核心距 $r_{co}$ 可按下列公式计算。

1）当筒壁计算截面无孔洞时：

$$r_{co} = 0.5r \tag{7.4-2}$$

2）当筒壁计算截面有一个孔洞（将孔洞置于受压区）时：

$$r_{co} = \frac{\pi - \theta - 0.5\sin2\theta - 2\sin\theta}{2(\pi - \theta - \sin\theta)}r \tag{7.4-3}$$

3）当筒壁计算截面有两个孔洞（$\alpha_0 = \pi$，并将大孔洞置于受压区）时：

$$r_{co} = \frac{\pi - \theta_1 - \theta_2 - 0.5(\sin2\theta_1 + \sin2\theta_2) + 2\cos\theta_2(\sin\theta_2 - \sin\theta_1)}{2[\sin\theta_2 - \sin\theta_1 + (\pi - \theta_1 - \theta_2)\cos\theta_2]}r \tag{7.4-4}$$

4）当筒壁计算截面有两个孔洞（$\alpha_0 \neq \pi$，并将大孔洞置于受压区）时，按以下两种情况计算。

①当 $\alpha_0 \leqslant \pi - \theta_2$ 时：

$$r_{co} = \frac{(\pi - \theta_1 - \theta_2) - 0.5[\sin 2\theta_1 - 0.5\sin 2(\alpha_0 - \theta_2) + 0.5\sin 2(\alpha_0 + \theta_2)] + \sin(\alpha_0 - \theta_2) - \sin(\alpha_0 + \theta_2) - 2\sin\theta_1}{2(\pi - \theta_1 - \theta_2) + \sin(\alpha_0 - \theta_2) - \sin(\alpha_0 + \theta_2) - 2\sin\theta_1} r$$

$$(7.4\text{-}5)$$

②当 $\alpha_0 > \pi - \theta_2$ 时:

$$r_{co} = \frac{(\pi - \theta_1 - \theta_2) - 0.5[\sin 2\theta_1 - 0.5\sin 2(\alpha_0 - \theta_2) + 0.5\sin 2(\alpha_0 + \theta_2)] - \cos(\alpha_0 + \theta_2)[\sin(\alpha_0 - \theta_2) - \sin(\alpha_0 + \theta_2) - 2\sin\theta_1]}{-2(\pi - \theta_1 - \theta_2)\cos(\alpha_0 + \theta_2) + \sin(\alpha_0 - \theta_2) - \sin(\alpha_0 + \theta_2) - 2\sin\theta_1} r$$

$$(7.4\text{-}6)$$

当 $e_k > r_{co}$ 时，筒壁水平截面混凝土及钢筋应力应按下列公式计算。

(1) 背风侧混凝土压应力 $\sigma_{cw}$ 按下列公式计算。

1) 当筒壁计算截面无孔洞时:

$$\sigma_{cw} = \frac{N_k}{A_0} C_{c1} \tag{7.4-7}$$

$$C_{c1} = \frac{\pi(1 + \alpha_{Et}\rho_t)(1 - \cos\varphi)}{\sin\varphi - (\varphi + \pi\alpha_{Et}\rho_t)\cos\varphi} \tag{7.4-8}$$

2) 当筒壁计算截面有一个孔洞时:

$$\sigma_{cw} = \frac{N_k}{A_0} C_{c2} \tag{7.4-9}$$

$$C_{c2} = \frac{(1 + \alpha_{Et}\rho_t)(\pi - \theta)(\cos\theta - \cos\varphi)}{\sin\varphi - (1 + \alpha_{Et}\rho_t)\sin\theta - [\varphi - \theta + (\pi - \theta)\alpha_{Et}\rho_t]\cos\varphi} \tag{7.4-10}$$

3) 当筒壁计算截面有两个孔洞 ($\alpha_0 = \pi$) 时:

$$\sigma_{cw} = \frac{N_k}{A_0} C_{c3} \tag{7.4-11}$$

$$C_{c3} = \frac{B_{c3}}{D_{c3}} \tag{7.4-12}$$

$$B_{c3} = (\pi - \theta_1 - \theta_2)(1 + \alpha_{Et}\rho_t)(\cos\theta_1 - \cos\varphi) \tag{7.4-13}$$

$$D_{c3} = \sin\varphi - (1 + \alpha_{Et}\rho_t)\sin\theta_1 - [\varphi - \theta_1 + \alpha_{Et}\rho_t(\pi - \theta_1 - \theta_2)]\cos\varphi + \alpha_{Et}\rho_t\sin\theta_2$$

$$(7.4\text{-}14)$$

4) 当筒壁计算截面有两个孔洞 ($\alpha_0 < \pi$) 时:

$$\sigma_{cw} = \frac{N_k}{A_0} C_{c4} \tag{7.4-15}$$

$$C_{c4} = \frac{B_{c4}}{D_{c4}} \tag{7.4-16}$$

$$B_{c4} = (\pi - \theta_1 - \theta_2)(1 + \alpha_{Et}\rho_t)(\cos\theta_1 - \cos\varphi) \tag{7.4-17}$$

$$D_{c4} = \sin\varphi - (1 + \alpha_{Et}\rho_t)\sin\theta_1 - [\varphi - \theta_1 + \alpha_{Et}\rho_t(\pi - \theta_1 - \theta_2)]\cos\varphi +$$
$$\frac{1}{2}\alpha_{Et}\rho_t[\sin(\alpha_0 - \theta_2) - \sin(\alpha_0 + \theta_2)] \tag{7.4-18}$$

式中　$A_0$ ——筒壁计算截面的换算面积;

　　　$\alpha_{Et}$ ——在温度和荷载长期作用下，钢筋的弹性模量与混凝土的弹塑性模量的比值;

　　　$\varphi$ ——筒壁计算截面的受压区半角;

　　　$\rho_t$ ——竖向钢筋总配筋率（包括筒壁外侧和内侧配筋）。

（2）迎风侧竖向钢筋拉应力 $\sigma_{sw}$ 按下列公式计算。

1）当筒壁计算截面无孔洞时：

$$\sigma_{sw} = \alpha_{Et} \frac{N_k}{A_0} C_{s1} \qquad (7.4\text{-}19)$$

$$C_{s1} = \frac{1 + \cos\varphi}{1 - \cos\varphi} C_{c1} \qquad (7.4\text{-}20)$$

2）当筒壁计算截面有一个孔洞时：

$$\sigma_{sw} = \alpha_{Et} \frac{N_k}{A_0} C_{s2} \qquad (7.4\text{-}21)$$

$$C_{s2} = \frac{1 + \cos\varphi}{\cos\theta - \cos\varphi} C_{c2} \qquad (7.4\text{-}22)$$

3）当筒壁计算截面有两个孔洞（ $\alpha_0 = \pi$ ）时：

$$\sigma_{sw} = \alpha_{Et} \frac{N_k}{A_0} C_{s3} \qquad (7.4\text{-}23)$$

$$C_{s3} = \frac{\cos\theta_2 + \cos\varphi}{\cos\theta_1 - \cos\varphi} C_{c3} \qquad (7.4\text{-}24)$$

4）当筒壁计算截面有两个孔洞（ $\alpha_0 \neq \pi$ ，并将大孔洞置于受压区）时，按以下两种情况计算。

①当 $\alpha_0 \leqslant \pi - \theta_2$ 时：

$$\sigma_{sw} = \alpha_{Et} \frac{N_k}{A_0} C_{s4} \qquad (7.4\text{-}25)$$

$$C_{s4} = \frac{1 + \cos\varphi}{\cos\theta_1 - \cos\varphi} C_{c4} \qquad (7.4\text{-}26)$$

②当 $\alpha_0 > \pi - \theta_2$ 时：

$$\sigma_{sw} = \alpha_{Et} \frac{N_k}{A_0} C_{s5} \qquad (7.4\text{-}27)$$

$$C_{s5} = \frac{\cos(\alpha_0 + \theta_2) + \cos\varphi}{\cos\theta_1 - \cos\varphi} C_{c4} \qquad (7.4\text{-}28)$$

（3）受压区半角 $\varphi$ ，应按下列公式确定。

1）当筒壁计算截面无孔洞时：

$$\frac{e_k}{r} = \frac{\varphi - 0.5\sin2\varphi + \pi\alpha_{Et}\rho_t}{2[\sin\varphi - (\varphi + \pi\alpha_{Et}\rho_t)\cos\varphi]} \qquad (7.4\text{-}29)$$

2）当筒壁计算截面有一个孔洞时：

$$\frac{e_k}{r} = \frac{(1 + \alpha_{Et}\rho_t)(\varphi - \theta - 0.5\sin2\theta + 2\sin\theta\cos\varphi) - 0.5\sin2\varphi + \alpha_{Et}\rho_t(\pi - \varphi)}{2\{\sin\varphi - (1 + \alpha_{Et}\rho_t)\sin\theta - [\varphi - \theta + (\pi - \theta)\alpha_{Et}\rho_t]\cos\varphi\}}$$

$$(7.4\text{-}30)$$

3）当筒壁计算截面有两个孔洞（ $\alpha_0 = \pi$ ）时：

$$\frac{e_k}{r} = \frac{B_{ec1}}{D_{ec1}} \qquad (7.4\text{-}31)$$

$$B_{ec1} = (1 + \alpha_{Et}\rho_t)(\varphi - \theta_1 - 0.5\sin2\theta_1 + 2\sin\theta_1\cos\varphi) - 0.5\sin2\varphi$$

$$+ \alpha_{Et} \rho_t (\pi - \varphi - \theta_2 - 0.5\sin2\theta_2 - 2\sin\theta_2\cos\varphi) \tag{7.4-32}$$

$$D_{ec1} = 2\{\sin\varphi - (1 + \alpha_{Et}\rho_t)\sin\theta_1 - [\varphi - \theta_1 + \alpha_{Et}\rho_t(\pi - \theta_1 - \theta_2)]\cos\varphi + \alpha_{Et}\rho_t\sin\theta_2\} \tag{7.4-33}$$

4）当筒壁计算截面有两个孔洞（$\alpha_0 \neq \pi$，并将大孔洞置于受压区）时：

$$\frac{e_k}{r} = \frac{B_{ec2}}{D_{ec2}} \tag{7.4-34}$$

$$B_{ec2} = (1 + \alpha_{Et}\rho_t)(\varphi - \theta_1 - 0.5\sin2\theta_1 + 2\sin\theta_1\cos\varphi) - 0.5\sin2\varphi +$$
$$\alpha_{Et}\rho_t[\pi - \varphi - \theta_2 - 0.25\sin(2\alpha_0 + 2\theta_2) + 0.25\sin(2\alpha_0 - 2\theta_2) +$$
$$\sin(\alpha_0 + \theta_2)\cos\varphi - \sin(\alpha_0 - \theta_2)\cos\varphi] \tag{7.4-35}$$

$$D_{ec2} = 2\{\sin\varphi - (1 + \alpha_{Et}\rho_t)\sin\theta_1 - [\varphi - \theta_1 + (\pi - \theta_1 - \theta_2)\alpha_{Et}\rho_t]\cos\varphi +$$
$$\frac{1}{2}\alpha_{Et}\rho_t[\sin(\alpha_0 - \theta_2) - \sin(\alpha_0 + \theta_2)]\} \tag{7.4-36}$$

当 $e_k \leqslant r_{co}$ 时，筒壁水平截面混凝土压应力应按下列公式计算。

（1）背风侧混凝土压应力 $\sigma_{cw}$ 按下列公式计算。

1）当筒壁计算截面无孔洞时：

$$\sigma_{cw} = \frac{N_k}{A_0}C_{c5} \tag{7.4-37}$$

$$C_{c5} = 1 + 2\frac{e_k}{r} \tag{7.4-38}$$

2）当筒壁计算截面有一个孔洞时：

$$\sigma_{cw} = \frac{N_k}{A_0}C_{c6} \tag{7.4-39}$$

$$C_{c6} = 1 + \frac{2(\frac{e_k}{r} + \frac{\sin\theta}{\pi - \theta})[(\pi - \theta)\cos\theta + \sin\theta]}{\pi - \theta - 0.5\sin2\theta - 2\frac{\sin^2\theta}{\pi - \theta}} \tag{7.4-40}$$

3）当筒壁计算截面有两个孔洞（$\alpha_0 = \pi$）时：

$$\sigma_{cw} = \frac{N_k}{A_0}C_{c7} \tag{7.4-41}$$

$$C_{c7} = 1 + \frac{2\left(\frac{e_k}{r} + \frac{\sin\theta_1 - \sin\theta_2}{\pi - \theta_1 - \theta_2}\right)[(\pi - \theta_1 - \theta_2)\cos\theta_1 - \sin\theta_2 + \sin\theta_1]}{(\pi - \theta_1 - \theta_2) - 0.5(\sin2\theta_1 + \sin2\theta_2) - 2\frac{(\sin\theta_2 - \sin\theta_1)^2}{\pi - \theta_1 - \theta_2}} \tag{7.4-42}$$

4）当筒壁计算截面有两个孔洞（$\alpha_0 \neq \pi$，并将大孔洞置于受压区）时：

$$\sigma_{cw} = \frac{N_k}{A_0}C_{c8} \tag{7.4-43}$$

$$C_{c8} = 1 + \frac{2\left(\frac{e_k}{r} + \frac{\sin\theta_1 + P_1}{\pi - \theta_1 - \theta_2}\right)[(\pi - \theta_1 - \theta_2)\cos\theta_1 + \sin\theta_1 + P_1]}{(\pi - \theta_1 - \theta_2) - 0.5(\sin2\theta_1 + P_2) - 2\frac{(\sin\theta_1 + P_1)^2}{\pi - \theta_1 - \theta_2}} \tag{7.4-44}$$

$$P_1 = \frac{1}{2}\big[\sin(\alpha_0 + \theta_2) - \sin(\alpha_0 - \theta_2)\big] \tag{7.4-45}$$

$$P_2 = \frac{1}{2}\big[\sin2(\alpha_0 + \theta_2) - \sin2(\alpha_0 - \theta_2)\big] \tag{7.4-46}$$

（2）迎风侧混凝土压应力 $\sigma'_{cw}$ 按下列公式计算。

1）当筒壁计算截面无孔洞时：

$$\sigma'_{cw} = \frac{N_k}{A_0}C_{c9} \tag{7.4-47}$$

$$C_{c9} = 1 - 2\frac{e_k}{r} \tag{7.4-48}$$

2）当筒壁计算截面有一个孔洞时：

$$\sigma'_{cw} = \frac{N_k}{A_0}C_{c10} \tag{7.4-49}$$

$$C_{c10} = 1 - \frac{2\left(\dfrac{e_k}{r} + \dfrac{\sin\theta}{\pi - \theta}\right)(\pi - \theta - \sin\theta)}{\pi - \theta - 0.5\sin2\theta - 2\dfrac{\sin^2\theta}{\pi - \theta}} \tag{7.4-50}$$

3）当筒壁计算截面有两个孔洞（ $\alpha_0 = \pi$ ）时：

$$\sigma'_{cw} = \frac{N_k}{A_0}C_{c11} \tag{7.4-51}$$

$$C_{c11} = 1 - \frac{2\left(\dfrac{e_k}{r} + \dfrac{\sin\theta_1 - \sin\theta_2}{\pi - \theta_1 - \theta_2}\right)\big[(\pi - \theta_1 - \theta_2)\cos\theta_2 + \sin\theta_2 - \sin\theta_1\big]}{(\pi - \theta_1 - \theta_2) - 0.5(\sin2\theta_1 + \sin2\theta_2) - 2\dfrac{(\sin\theta_2 - \sin\theta_1)^2}{\pi - \theta_1 - \theta_2}} \tag{7.4-52}$$

4）当筒壁计算截面有两个孔洞（ $\alpha_0 \neq \pi$ ）时，按以下两种情况计算。

①当 $\alpha_0 \leqslant \pi - \theta_2$ 时：

$$\sigma'_{cw} = \frac{N_k}{A_0}C_{c12} \tag{7.4-53}$$

$$C_{c12} = 1 - \frac{2\left(\dfrac{e_k}{r} + \dfrac{\sin\theta_1 + P_1}{\pi - \theta_1 - \theta_2}\right)\big[(\pi - \theta_1 - \theta_2) - \sin\theta_1 - P_1\big]}{(\pi - \theta_1 - \theta_2) - 0.5(\sin2\theta_1 + P_2) - 2\dfrac{(\sin\theta_1 + P_1)^2}{\pi - \theta_1 - \theta_2}} \tag{7.4-54}$$

②当 $\alpha_0 > \pi - \theta_2$ 时：

$$\sigma'_{cw} = \frac{N_k}{A_0}C_{c13} \tag{7.4-55}$$

$$C_{c13} = 1 - \frac{2\left(\dfrac{e_k}{r} + \dfrac{\sin\theta_1 + P_1}{\pi - \theta_1 - \theta_2}\right)\big[-(\pi - \theta_1 - \theta_2)\cos(\alpha_0 + \theta_2) - \sin\theta_1 - P_1\big]}{(\pi - \theta_1 - \theta_2) - 0.5(\sin2\theta_1 + P_2) - 2\dfrac{(\sin\theta_1 + P_1)^2}{\pi - \theta_1 - \theta_2}}$$

$$\tag{7.4-56}$$

筒壁水平截面的换算截面面积 $A_0$ 和 $\alpha_{Et}$ 按下列公式计算：

$$A_0 = 2rt(\pi - \theta_1 - \theta_2)(1 + \alpha_{Et}\rho_t) \tag{7.4-57}$$

$$\alpha_{Et} = 2.5\frac{E_s}{E_{ct}} \tag{7.4-58}$$

式中　　$E_s$——钢筋弹性模量，$N/mm^2$；

　　　　$E_{ct}$——混凝土在温度作用下的弹性模量，$N/mm^2$。

### 7.4.2　荷载标准值和温度共同作用下的水平截面应力计算

在荷载标准值和温度共同作用下的筒壁水平截面应力值通常为正常使用极限状态起控制作用的值。计算公式采用了以下假定：

（1）截面应变符合平截面假定。

（2）温度单独作用下压区应力图形呈三角形。

（3）受拉区混凝土不参与工作。

（4）计算混凝土压应力时，不考虑截面开裂后钢筋的应变不均匀系数 $\varphi_{st}$，即 $\varphi_{st} = 1$ 及混凝土应变不均匀系数，即 $\varphi_{ct} = 1$；在计算钢筋的拉应力时考虑 $\varphi_{st}$，但不考虑 $\varphi_{ct}$。

（5）烟囱筒壁能自由伸缩变形但不能自由转动。因此温度应力只需计算由筒壁内外表面温差引起的弯曲约束下的应力值。

（6）计算方法为分别计算温度作用和荷载标准值作用下的应力值后进行叠加。在叠加时考虑荷载标准值作用对温度作用下的混凝土压应力及钢筋拉应力的降低。

在计算荷载标准值和温度共同作用下的筒壁水平截面应力前，首先应按下列公式计算应变参数。

（1）压应变参数 $P_c$ 值按下列公式计算。

当 $e_k > r_{co}$ 时：

$$P_c = \frac{1.8\sigma_{cw}}{\varepsilon_t E_{ct}} \tag{7.4-59}$$

$$\varepsilon_t = 1.25(\alpha_c T_c - \alpha_s T_s) \tag{7.4-60}$$

当 $e_k \leqslant r_{co}$ 时：

$$P_c = \frac{2.5\sigma_{cw}}{\varepsilon_t E_{ct}} \tag{7.4-61}$$

（2）拉应变参数 $P_s$ 值（仅适用于 $e_k > r_{co}$）为：

$$P_s = \frac{0.7\sigma_{sw}}{\varepsilon_t E_s} \tag{7.4-62}$$

式中　　$\varepsilon_t$——筒壁内表面与外侧钢筋的相对自由变形值；

　　$\alpha_c$，$\alpha_s$——分别为混凝土、钢筋的线膨胀系数；

　　$T_c$，$T_s$——分别为筒壁内表面、外侧竖向钢筋的受热温度，℃；

　$\sigma_{cw}$，$\sigma_{sw}$——分别为在荷载标准值作用下背风侧混凝土压应力、迎风侧竖向钢筋拉应力，$N/mm^2$。

背风侧混凝土压应力 $\sigma_{cwt}$（如图 7.4-2 所示），应按下列公式计算。

当 $P_c \geqslant 1$ 时：

$$\sigma_{cwt} = \sigma_{cw} \tag{7.4-63}$$

当 $P_c < 1$ 时：

$$\sigma_{cwt} = \sigma_{cw} + E_{ct}{}'\varepsilon_t(\xi_{wt} - P_c)\eta_{ct1} \qquad (7.4\text{-}64)$$

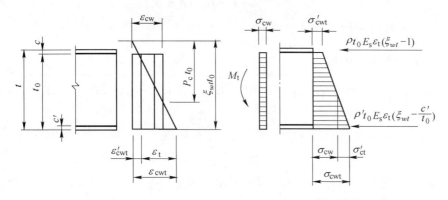

a

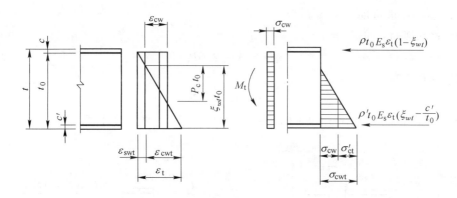

b

图 7.4-2　水平截面背风侧混凝土的应变和应力（宽度为 1）

$$a—1 > P_c > \dfrac{1 + 2\alpha_{Eta}\rho'\left(1 - \dfrac{c'}{t_0}\right)}{2\left[1 + \alpha_{Eta}(\rho + \rho')\right]}; b—P_c \leqslant \dfrac{1 + 2\alpha_{Eta}\rho'\left(1 - \dfrac{c'}{t_0}\right)}{2\left[1 + \alpha_{Eta}(\rho + \rho')\right]}$$

式 (7.4-63) 和式 (7.4-64) 中各变量按下列各公式计算。

$E_{ct}'$ 为在温度和荷载长期作用下混凝土的弹塑性模量。

当 $e_k > r_{co}$ 时：

$$E_{ct}' = 0.55 E_{ct} \qquad (7.4\text{-}65)$$

当 $e_k \leqslant r_{co}$ 时：

$$E_{ct}' = 0.4 E_{ct} \qquad (7.4\text{-}66)$$

$\xi_{wt}$ 为在荷载标准值和温度共同作用下筒壁厚度内受压区的相对高度系数。

当 $1 > P_c > \dfrac{1 + 2\alpha_{Eta}\rho'\left(1 - \dfrac{c'}{t_0}\right)}{2\left[1 + \alpha_{Eta}(\rho + \rho')\right]}$ 时：

$$\xi_{wt} = P_c + \frac{1 + 2\alpha_{Eta}\left(\rho + \rho' \dfrac{c'}{t_0}\right)}{2\left[1 + \alpha_{Eta}(\rho + \rho')\right]} \tag{7.4-67}$$

当 $P_c \leqslant \dfrac{1 + 2\alpha_{Eta}\rho'\left(1 - \dfrac{c'}{t_0}\right)}{2\left[1 + \alpha_{Eta}(\rho + \rho')\right]}$ 时：

$$\xi_{wt} = -\alpha_{Eta}(\rho + \rho') + \sqrt{\left[\alpha_{Eta}(\rho + \rho')\right]^2 + 2\alpha_{Eta}\left(\rho + \rho' \dfrac{c'}{t_0}\right) + 2P_c\left[1 + \alpha_{Eta}(\rho + \rho')\right]}$$

$$\tag{7.4-68}$$

$$\alpha_{Eta} = \frac{E_s}{E'_{ct}} \tag{7.4-69}$$

式中　$\rho$ , $\rho'$ ——分别为筒壁外侧和内侧竖向钢筋配筋率；

$\quad\quad t_0$ ——筒壁有效厚度，mm；

$\quad\quad c'$ ——筒壁内侧竖向钢筋保护层，mm；

$\quad\quad \eta_{ct1}$ ——温度应力衰减系数。

当 $P_c \leqslant 0.2$ 时：

$$\eta_{ct1} = 1 - 2.6P_c \tag{7.4-70}$$

当 $P_c > 0.2$ 时：

$$\eta_{ct1} = 0.6(1 - P_c) \tag{7.4-71}$$

迎风侧竖向钢筋应力 $\sigma_{swt}$（如图 7.4-3 所示），应按下列公式计算。

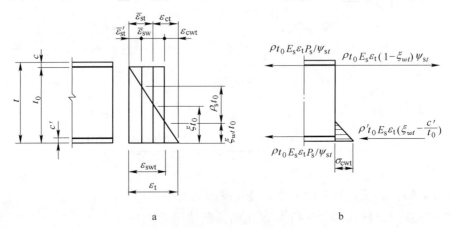

图 7.4-3　水平截面迎风侧钢筋的应变和应力计算（宽度为 1）

a—平均截面的截面应变；b—裂缝截面的内力平衡

（1）当 $e_k > r_{co}$ , $P_s \geqslant \dfrac{\rho + \psi_{st}\rho' \dfrac{c'}{t_0}}{\rho + \rho'}$ 时：

$$\sigma_{swt} = \sigma_{sw} \tag{7.4-72}$$

（2）当 $e_k > r_{co}$ , $P_s < \dfrac{\rho + \psi_{st}\rho' \dfrac{c'}{t_0}}{\rho + \rho'}$ 时：

$$\sigma_{swt} = \frac{E_s}{\psi_{st}}\varepsilon_t(1 - \xi_{wt}) \tag{7.4-73}$$

（3）当 $e_k \leqslant r_{co}$，$P_c \leqslant \dfrac{1 + 2\alpha_{Eta}\rho'\left(1 - \dfrac{c'}{t_0}\right)}{2[1 + \alpha_{Eta}(\rho + \rho')]}$ 时：

$$\sigma_{swt} = \sigma_{st} \tag{7.4-74}$$

（4）当 $e_k \leqslant r_{co}$，$P_c > \dfrac{1 + 2\alpha_{Eta}\rho'\left(1 - \dfrac{c'}{t_0}\right)}{2[1 + \alpha_{Eta}(\rho + \rho')]}$ 时，截面全部受压，不需进行计算。钢筋按极限承载能力计算结果配置。

式（7.4-72）～式（7.4-74）中各变量按下列公式计算。

在荷载标注值和温度共同作用下筒壁厚度内受压区的相对高度系数 $\xi_{wt}$ 为：

$$\xi_{wt} = -\alpha_{Eta}\left(\frac{\rho}{\psi_{st}} + \rho'\right) + \left\{\left[\alpha_{Eta}\left(\frac{\rho}{\psi_{st}} + \rho'\right)\right]^2 + 2\alpha_{Eta}\left(\frac{\rho}{\psi_{st}} + \rho'\frac{c'}{t_0}\right) - 2\alpha_{Eta}(\rho + \rho')\frac{P_s}{\psi_{st}}\right\}^{\frac{1}{2}} \tag{7.4-75}$$

式中 $\psi_{st}$——受拉钢筋在温度作用下的应变不均匀系数。

### 7.4.3 温度作用下水平截面和垂直截面应力计算

裂缝处水平截面和垂直截面在温度单独作用下混凝土压应力 $\sigma_{ct}$ 和钢筋拉应力 $\sigma_{st}$（如图 7.4-4 所示）应按下列各式计算：

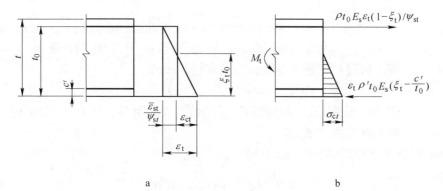

图 7.4-4 裂缝处水平截面和垂直截面应变和应力计算（宽度为 1）

a—截面应变；b—内力平衡

$$\sigma_{ct} = E'_{ct}\varepsilon_t\xi_1 \tag{7.4-76}$$

$$\sigma_{st} = \frac{E_s}{\psi_{st}}\varepsilon_t(1 - \xi_1) \tag{7.4-77}$$

$$\xi_1 = -\alpha_{Eta}\left(\frac{\rho}{\psi_{st}} + \rho'\right) + \sqrt{\left[\alpha_{Eta}\left(\frac{\rho}{\psi_{st}} + \rho'\right)\right]^2 + 2\alpha_{Eta}\left(\frac{\rho}{\psi_{st}} + \rho'\frac{c'}{t_0}\right)} \tag{7.4-78}$$

$$\psi_{st} = \frac{1.1E_s\varepsilon_t(1 - \xi_1)\rho_{te}}{E_s\varepsilon_t(1 - \xi_1)\rho_{te} + 0.65f_{ttk}} \tag{7.4-79}$$

式中 $E'_{ct}$——混凝土弹塑性模量，$N/mm^2$；

$f_{ttk}$——混凝土在温度作用下的抗拉强度标准值，$N/mm^2$；

$\rho_{te}$——以有效受拉混凝土截面积计算的受拉钢筋配筋率，取 $\rho_{te} = 2\rho$；

$\psi_{st}$——受拉钢筋在温度作用下的应变不均匀系数，当计算的 $\psi_{st} < 0.2$ 时，取 $\psi_{st} = 0.2$；当 $\psi_{st} > 1$ 时，取 $\psi_{st} = 1$。

### 7.4.4　筒壁裂缝宽度计算

钢筋混凝土筒壁应按下列公式计算最大水平裂缝宽度和最大垂直裂缝宽度。

**7.4.4.1　最大水平裂缝宽度**

最大水平裂缝宽度应按下列公式计算：

$$w_{max} = k\alpha_{cr}\psi\frac{\sigma_{swt}}{E_s}\left(1.9c + 0.08\frac{d_{eq}}{\rho_{te}}\right) \tag{7.4-80}$$

$$\psi = 1.1 - 0.65\frac{f_{ttk}}{\rho_{te}\sigma_{st}} \tag{7.4-81}$$

$$d_{eq} = \frac{\sum n_i d_i^2}{\sum n_i \nu_i d_i} \tag{7.4-82}$$

式中　$\sigma_{swt}$——荷载标准值和温度共同作用下竖向钢筋在裂缝处的拉应力，$N/mm^2$；

$\alpha_{cr}$——构件受力特征系数，当 $\sigma_{swt} = \sigma_{sw}$ 时，取 $\alpha_{cr} = 2.4$；在其他情况时，取 $\alpha_{cr} = 2.1$；

$k$——烟囱工作条件系数，取 $k = 1.2$；

$n_i$——第 $i$ 种钢筋根数；

$\rho_{te}$——以有效受拉混凝土截面积计算的受拉钢筋配筋率，当 $\sigma_{swt} = \sigma_{sw}$ 时，$\rho_{te} = \rho + \rho'$；当为其他情况时，$\rho_{te} = 2\rho$；当 $\rho_{te} < 0.01$ 时，取 $\rho_{te} = 0.01$；

$d_i, d_{eq}$——第 $i$ 种受拉钢筋及等效钢筋的直径，mm；

$c$——混凝土保护层厚度，mm；

$\nu_i$——纵向受拉钢筋的相对黏结特征系数，光面钢筋取 0.7，带肋钢筋取 1.0。

**7.4.4.2　最大垂直裂缝宽度**

最大垂直裂缝宽度应按下列公式计算：

$$w_{max} = 2.1k\psi\frac{\sigma_{st}}{E_s}\left(1.9c + 0.08\frac{d_{eq}}{\rho_{te}}\right) \tag{7.4-83}$$

$$d_{eq} = \frac{\sum n_i d_i^2}{\sum n_i \nu_i d_i} \tag{7.4-84}$$

裂缝计算公式引用了国家标准《混凝土结构设计规范》（GB 50010）中的公式。但公式中增加了一个大于 1 的工作条件系数 $k$，其理由是：

（1）烟囱处于室外环境及温度作用下，混凝土的收缩比室内结构大得多。在长期高温作用下，钢筋与混凝土间的黏结强度有所降低，滑移增大，这些均可导致裂缝宽度增加。

（2）烟囱筒壁模型试验结果表明，烟囱筒壁外表面由温度作用造成的竖向裂缝并不是沿圆周均匀分布的，而是集中在局部区域，应是由于混凝土的非匀质性引起的，而混凝土设计规范公式中，裂缝间距计算部分与烟囱实际情况不甚符合，以致裂缝开展宽度的实测值大部分大于国家标准《混凝土结构设计规范》（GB 50010）公式的计算值。例如，重庆电厂 240m 烟囱的竖向裂缝也远非均匀分布，实测值也大于计算值。

（3）模型试验表明，在荷载固定、温度保持恒温时，水平裂缝仍继续增大，估计是裂缝间钢筋与混凝土的膨胀差所致。

（4）西北电力设计院和西安建筑科技大学对国内四个混凝土烟囱钢筋保护层的实测结果都大于设计值；即使施工偏差在验收规范许可范围内，也不能保证沿周长均匀分布。这必将影响裂缝宽度。

# 7.5 筒壁洞口应力计算

## 7.5.1 洞口局部应力计算

烟囱钢筋混凝土筒壁在布置有孔洞处的截面，其筒壁厚度除应满足本手册 7.3 和 7.4 节的有关要求外，还应对孔洞口截面进行局部应力复核，即：

$$\sigma_c = \sigma_{cw} + \sigma_{cf} \leqslant f_{ct} \tag{7.5-1}$$

$$\sigma_{cf} = 0.25 b \sigma_{cw} / (rt)^{0.5} \tag{7.5-2}$$

式中　$\sigma_c$ ——孔洞口两侧筒壁混凝土的压应力，MPa；

　　　$\sigma_{cw}$ ——孔洞口顶部以上不开孔截面在结构自重和风荷载作用下，受压区边缘混凝土压应力，MPa；

　　　$\sigma_{cf}$ ——孔洞口两侧筒壁混凝土的附加压应力，MPa；

　　　$f_{ct}$ ——混凝土在温度作用下的轴心抗压强度设计值，MPa，可按《烟囱设计规范》（GB 50051）取值；

　　　$b$ ——孔洞口宽度，mm；

　　　$r$ ——孔洞口中部标高处筒壁截面的平均半径，mm；

　　　$t$ ——孔洞口范围筒壁截面的厚度，mm。

## 7.5.2 加强筋计算

对孔洞口四周应配置附加补强钢筋，补强钢筋配筋数量应按下面的计算要求确定。

（1）孔洞口两侧的每一侧，配置的附加钢筋总面积可取下列三式计算结果中的最大值：

$$A_{s1} = 0.65 \mu \cdot t \cdot b \cdot \sigma_{sw} / f_{yt} \tag{7.5-3}$$

$$A_{s1} = 0.1 H \cdot Q / [f_{yt} (r \cdot t)^{0.5}] \tag{7.5-4}$$

$$A_{s1} = 0.65 \mu \cdot t \cdot b \tag{7.5-5}$$

（2）孔洞口上部配置的附加钢筋总面积可取下列三式计算结果中的最大值：

$$A_{s2} = 0.3 t \cdot b \cdot \sigma_{cw} / f_{yt} \tag{7.5-6}$$

$$A_{s2} = 0.375 H \cdot Q / (f_{yt} b) \tag{7.5-7}$$

$$A_{s2} = 0.65 \mu_0 \cdot t_0 \cdot H \tag{7.5-8}$$

（3）孔洞口下部配置的附加钢筋总面积可取下列两式计算结果中的最大值：

$$A_{s3} = 0.375 H \cdot Q / (f_{yt} b) \tag{7.5-9}$$

$$A_{s3} = 0.65\mu_0 \cdot t_0 \cdot H \tag{7.5-10}$$

式中　$\sigma_{sw}$，$\sigma_{cw}$——孔洞口顶部以上不开孔处截面在结构自重和风荷载作用下，受拉区和受压区边缘应力，即该处钢筋的应力，MPa；

$f_{yt}$——钢筋在温度作用下的抗拉强度设计值，MPa，可按《烟囱设计规范》（GB 50051）取值；

$H$，$b$——孔洞口的高度和宽度，mm；

$Q$——作用于孔洞口顶部截面处的风剪力，N；

$\mu$，$\mu_0$——孔洞口范围筒壁截面的竖向、环向钢筋配筋率；

$t_0$——孔洞口范围筒壁截面的有效厚度，mm。

# 7.6　构造要求

## 7.6.1　筒壁构造

安全等级为一级的单筒式钢筋混凝土烟囱以及套筒式或多管式钢筋混凝土烟囱的筒壁应采用双侧配筋。其他单筒式钢筋混凝土烟囱筒壁内侧的下列部位应配置钢筋：

（1）筒壁厚度大于350mm时。

（2）夏季筒壁外表面温度长时间大于内侧温度时。

钢筋混凝土烟囱筒壁最小配筋率应符合表7.6-1的规定。

表 7.6-1　筒壁最小配筋率 　　　　　　　　　　　　　　　　　（％）

| 配　筋　方　式 | | 双侧配筋 | 单侧配筋 |
|---|---|---|---|
| 竖向钢筋 | 外侧 | 0.25 | 0.40 |
| | 内侧 | 0.20 | — |
| 环向钢筋 | 外侧 | 0.25（0.20） | 0.25 |
| | 内侧 | 0.10（0.15） | — |

注：括号内数字为套筒式或多管式钢筋混凝土烟囱最小配筋率。

筒壁环向钢筋应配在竖向钢筋靠筒壁表面（双侧配筋时指内、外表面）一侧，环向钢筋的保护层厚度不应小于30mm。

钢筋最小直径与最大间距应符合表7.6-2的规定。当为双侧配筋时，内、外侧钢筋应用拉筋拉结，拉筋直径不应小于6mm，纵横间距宜为500mm。

表 7.6-2　筒壁钢筋最小直径和最大间距 　　　　　　　　　　　　（mm）

| 配筋种类 | 最小直径 | 最大间距 |
|---|---|---|
| 竖向钢筋 | 10 | 外侧250，内侧300 |
| 环向钢筋 | 8 | 200，且不大于壁厚 |

竖向钢筋的分段长度，宜取移动模板的倍数，并加搭接长度。钢筋的搭接长度 $L_d$ 按照现行的国家标准《混凝土结构设计规范》（GB 50010）的规定采用，接头位置应相互错开，并在任一搭接范围内，接头数不应超过截面内钢筋总面积的1/4。当钢筋采用焊接接

头时，其焊接类型及质量应符合国家有关标准的规定。

筒壁坡度与厚度，应符合下列要求：

（1）筒壁坡度宜采用2%，对高烟囱也可采用几种不同的坡度（下部可大于2%，最大坡度可达10%左右）。

（2）筒壁分节高度应为移动模板高度的倍数，且不宜超过15m。

（3）筒壁最小厚度应符合表7.6-3的有关规定。

（4）筒壁厚度可随分节高度自下而上呈阶梯形减薄，但同一节厚度宜相同。

**表 7.6-3　筒壁最小厚度**

| 筒壁顶口内径 $D/\text{m}$ | 最小厚度/mm |
| --- | --- |
| $D \leqslant 4$ | 140 |
| $4 < D \leqslant 6$ | 160 |
| $6 < D \leqslant 8$ | 180 |
| $D > 8$ | $180 + (D-8) \times 10$ |

注：采用滑动模板施工时，最小厚度不宜小于160mm。

筒壁的环形悬臂和筒壁顶部加厚区段的构造，应符合下列规定：

（1）环形悬臂可按构造配置钢筋，受力较大或挑出较长的悬臂应按计算配置钢筋。

（2）在环形悬臂中，应沿悬臂全高设置垂直楔形缝，缝的宽度为20～25mm，缝的间距宜为1m左右，如图7.6-1所示。

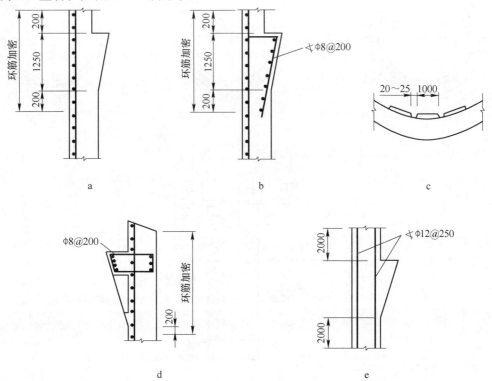

图 7.6-1　悬臂及筒顶配筋（尺寸单位：mm）

a—较小悬臂；b—较大悬臂；c—悬臂楔形缝；d—筒壁顶配筋；e—大悬臂加竖向钢筋

（3）在环形悬臂处和筒壁顶部加厚区段内，筒壁外侧环向钢筋应适当加密，一般宜比非加厚区段增加一倍配筋。

（4）当环形悬臂挑出较长或荷载较大时，宜在悬臂上下各 2m 范围内，对筒壁内外侧竖向钢筋及环向钢筋适当加密，一般宜比非加厚区段增加一倍配筋。

（5）筒壁顶部花饰构造如图 7.6-2 所示。由图 7.6-2 可以看出，当烟囱较高，上口径较大，烟气温度较高时，顶部花饰可按形式一；当烟囱较高，上口径大，烟气温度较低时，

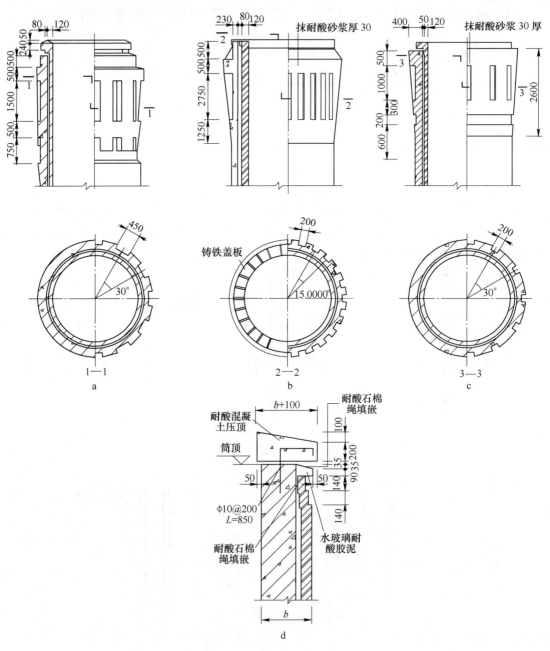

图 7.6-2　筒首形式（单位：mm）

a—形式一；b—形式二；c—形式三；d—形式四

顶部花饰可按形式二；当烟囱较高，上口径小，烟气温度较高时，顶部花饰可按形式三；设计者还可以根据实际情况需要，采用筒首形式四。

筒壁上设有孔洞时，应符合下列规定：

（1）在同一水平截面内有两个孔洞时，宜对称设置。

（2）孔洞对应的圆心角不应超过 70°，在同一水平截面内总的开孔圆心角不得超过 140°。同一截面上两个孔洞之间的筒壁宽度不宜小于筒壁厚度的 3 倍。当同一截面上圆心角总和大于 70°时，洞口影响范围及以下截面的混凝土强度等级宜大于上部截面一个等级。

（3）孔洞宜设计成圆形，矩形孔洞的转角宜设计成弧形，如图 7.6-3 所示。

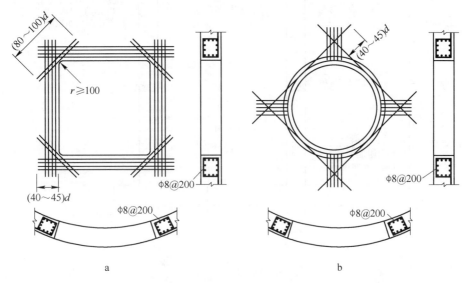

图 7.6-3　洞口加固筋（单位：mm）

a—矩形孔洞；b—圆形孔洞

（4）孔洞周围应配补强钢筋，并应布置在孔洞边缘 3 倍筒壁厚度范围内，其截面面积一般宜为同方向被切断钢筋截面面积的 1.3 倍。其中环向补强钢筋的一半应贯通整个环形截面。矩形孔洞转角处应配置与水平方向成 45°角的斜向钢筋，每个转角处的钢筋，按筒壁厚度每 100mm 不应小于 250mm$^2$，且不少于两根。所有补强钢筋伸过洞口边缘的长度应满足：抗震设防地区为 45$d$（$d$ 为钢筋直径），非抗震设防地区为 40$d$。

（5）洞口加密钢筋布置范围宜满足图 7.6-4 的要求。

（6）外筒壁有 3 个以上的烟道口时，洞口之间间距要求应参照以下规定：

1）在满足洞口间筒壁的承载力极限状态和正常使用极限状态的验算条件下，建议洞口之间竖向最小间距 $H \geqslant 0.5b$（如图 7.6-5 所示），$b$ 取洞口宽度的较大值。

2）当洞口布置如图 7.6-5a 和图 7.6-5b 所示，表 7.6-4 中规定的 $B$ 值作为洞口水平最小间距。此外对图 7.6-5b 布置的情况，还需要考虑竖向最小间距 $H$，按照构造要求须满足 $H \geqslant 0.5b$。

### 7.6.2　烟囱内衬设置规定

烟囱的设置应符合下列规定：

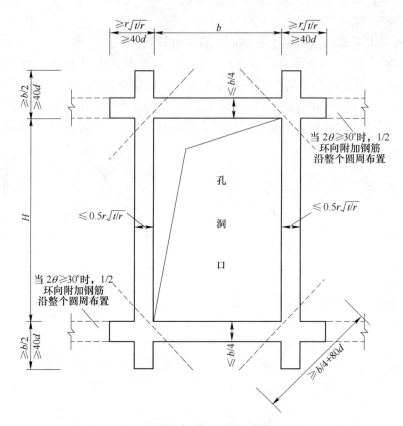

图 7.6-4　孔洞口附加补强钢筋

$\theta$—开孔半角；$t$—筒壁厚度；$r$—平均半径（孔中间标高处）；$d$—钢筋直径；
$b$—烟道孔宽度；$H$—烟道孔高度

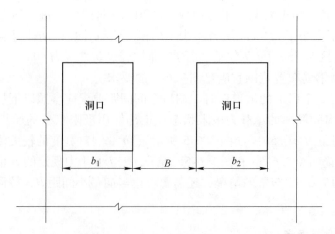

a

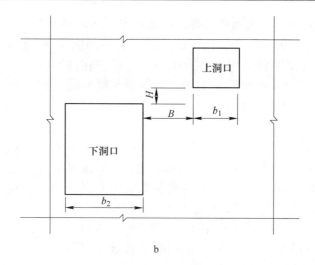

图 7.6-5　洞口布置方式

a—方式一；b—方式二

表 7.6-4　洞口水平最小间距 $B$

| 洞口宽度 $b/\mathrm{m}$ | $b \leqslant 4$ | $4 < b \leqslant 6$ | $6 < b \leqslant 8$ | $b > 8$ |
|---|---|---|---|---|
| 洞口高度 $h/\mathrm{m}$ | $h \leqslant 18$ | | | $h > 18$ |
| 水平最小间距 $B$ | 加密区宽度 $r\sqrt{\delta/r}$ 和 $0.6b$ 两者取大值 | $0.6b$ | $0.9b$ | 建议采用有限元方法确定 |

注：1. $b$ 取洞口宽度 $b_1$ 和 $b_2$ 中较大值；

　　2. 洞口最大宽度应满足孔洞对应的圆心角不应超过70°；

　　3. $r$ 为平均半径（孔中间标高处）；$\delta$ 为筒壁壁厚；$b$ 为洞口宽度；$h$ 为洞口高度。

（1）砖烟囱内衬应满足：

1）当烟气温度大于400℃时，内衬应沿筒壁全高设置。

2）当烟气温度小于或等于400℃时，内衬可在筒壁下部局部设置，其最低设置高度应超过烟道孔顶，超过高度不宜小于孔高的1/2。

（2）钢筋混凝土单筒烟囱的内衬宜沿筒壁全高设置。

（3）当筒壁温度符合温度限值且满足防腐蚀要求时，钢烟囱可以不设置内衬。但当筒壁温度较高时，应采取防烫伤措施。

（4）当烟气腐蚀等级为弱腐蚀及以上时，烟囱内衬设置还应符合本手册第5章的有关规定。

（5）内衬厚度应由温度计算确定，但烟道进口处一节（或地下烟道基础内部分）的厚度不应小于200mm或一砖；其他各节不应小于100mm或半砖。内衬各节的搭接长度不应小于300mm或六皮砖，如图7.6-6所示。

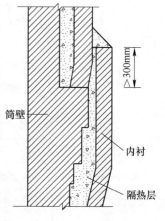

图 7.6-6　内衬搭接

### 7.6.3　烟囱隔热层设置规定

隔热层的设置应符合下列规定：

（1）如采用砖砌内衬、空气隔热层时，厚度宜为 50mm，同时在内衬靠筒壁一侧按竖向间距 1m，环向间距为 500mm，挑出顶砖，顶砖与筒壁间应留 10mm 缝隙。

（2）填料隔热层的厚度宜采用 80～200mm，同时应在内衬上设置间距为 1.5～2.5m 的整圈防沉带，防沉带与筒壁之间留出 10mm 的温度缝，如图 7.6-7 所示。

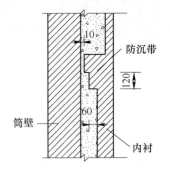

图 7.6-7　防沉带构造
（单位：mm）

### 7.6.4　烟囱隔烟墙设置规定

同一平面内，有两个烟道口时，宜设置隔烟墙，其高度宜采用烟道孔高度的 0.5～1.5 倍。隔烟墙高度与烟气压力以及运行工况等条件有关，调研表明烟道底部 1/3 烟气容易灌入对面烟道，上部 2/3 烟气会直接被抽入烟囱。为此，规定隔烟墙高度宜采用烟道孔高度的 0.5～1.5 倍，烟囱高度较低和烟道孔较矮的烟囱宜取较大值，反之取较小值。

隔烟墙厚度应根据烟气压力（抗震设防地区应考虑地震作用）进行计算确定。

### 7.6.5　烟囱平台及护坡

烟囱平台根据其主要功能分为积灰平台、检修平台、承重平台、吊装平台、采样平台和障碍灯平台，其具体设置要求如下。

（1）当烟囱设置架空烟道时，应在烟囱内部设置积灰平台，如图 7.6-8 所示，当为地

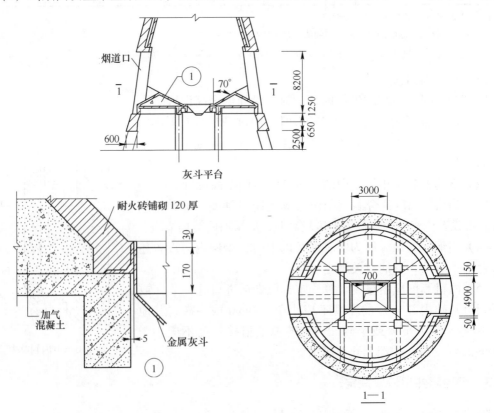

图 7.6-8　积灰平台（单位：mm）

面或地下烟道时，应设置出灰孔。

（2）烟囱外部检修或安装信号灯用的平台，其构造如图 7.6-9 所示，应按下列规定设置：

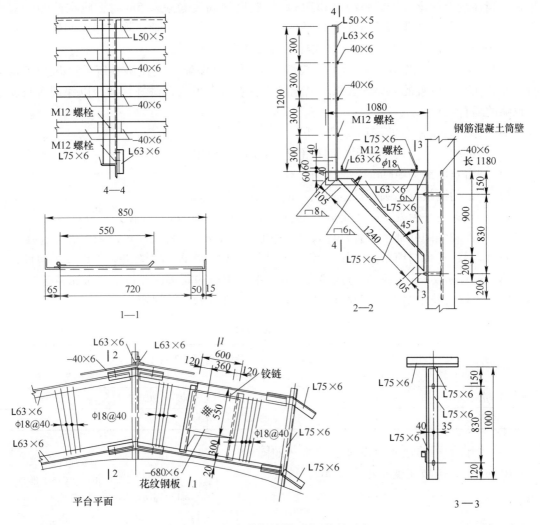

图 7.6-9　烟囱外部检修平台/信号平台

1）烟囱高度小于 60m 时，无特殊要求可不设置。

2）烟囱高度为 60～100m 时，可仅在顶部设置。

3）烟囱高度大于 100m 时，还应在中部适当增设平台。

4）当设置航空障碍灯时，检修平台可与障碍灯维护平台共用，而不再单独设置检修平台。

5）当设置烟气排放监测系统时，并设置了采样平台后，采样平台可与检修平台共用。

6）烟囱平台应设置高度不低于 1.1m 的安全护栏和不低于 100mm 的脚部挡板。

7）套筒烟囱与多管烟囱检修平台的设置可与排烟筒的承重平台或止晃平台统一考虑，而不另在烟囱外部单独设置。

8）当无特殊要求时，砖烟囱一般可不设置检修平台和信号灯平台。

（3）采样平台。烟囱设计应根据环保或工艺专业的要求，设置烟气排放连续监测系统（continuous emissions monitoring systems，CEMS），土建专业应预留位置并设置用于采样的平台。当连续监测烟气排放系统（CEMS）装置离地高度超过2.5m时，应在监测装置下部1.2~1.3m标高处设置采样平台，平台应设置爬梯或"Z"形楼梯；当监测装置离地高度超过5m时，平台应设置"Z"形楼梯、旋转楼梯或升降梯。

安装CEMS的工作区域应提供永久性的电源，以保障烟气监测系统CEMS的正常运行。安装在高空位置的CEMS要采取措施防止发生雷击事故，做好接地，以保证人身安全和仪器的运行安全。

（4）烟囱外部平台的构造要求如下：

1）顶部的平台可设置在距烟囱顶部7.5m高度范围内。

2）平台宽度约为800mm。

3）平台的铺板宜用圆钢筋组成或其他形式的格子板。

4）爬梯穿过平台处，平台上人孔的宽度不应小于600mm，并在其上设置活动盖板。

5）爬梯和烟囱外部平台各杆件长度不宜超过2.5m，杆件之间可以采用螺栓连接。

6）爬梯、平台与筒壁的连接应满足强度和耐久性要求。爬梯和平台等金属构件，宜采用热浸镀锌防腐，镀层厚度应满足表7.6-5中最小值的要求，并符合《金属覆盖层 钢铁制件热浸镀锌层技术要求及试验方法》（GB/T 13912）的有关规定。

**表7.6-5　金属热浸镀锌最小厚度**

| 镀层厚度/μm | 钢构件厚度 t/mm | | | |
| --- | --- | --- | --- | --- |
| | t < 1.6 | 1.6 ≤ t ≤ 3.0 | 3.0 ≤ t ≤ 6.0 | t > 6 |
| 平均厚度 | 45 | 55 | 70 | 85 |
| 局部厚度 | 35 | 45 | 55 | 70 |

（5）烟囱周围的地面应设排水护坡（如图7.6-10所示），护坡宽度不小于1.5m，坡度不小于2%。

### 7.6.6　烟囱爬梯

为了便于烟囱的检查和维护，在单筒烟囱筒壁外表面需设置爬梯（如图7.6-11所示），爬梯应按下列规定设置：

（1）爬梯宜在离地面2.5m处开始设置，直至烟囱顶端。

（2）爬梯宜设在常年主导风向的上风向。

（3）烟囱爬梯应设置安全防护围栏，围栏直径宜为700mm。

（4）烟囱高度大于40m时，应在爬梯上设置活动休息板，其间隔不应超过30m，休息板可设在围栏的水平箍上，其宽度不小于50mm。

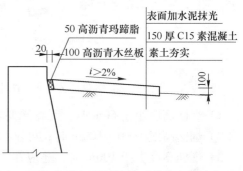

图7.6-10　地面护坡（单位：mm）

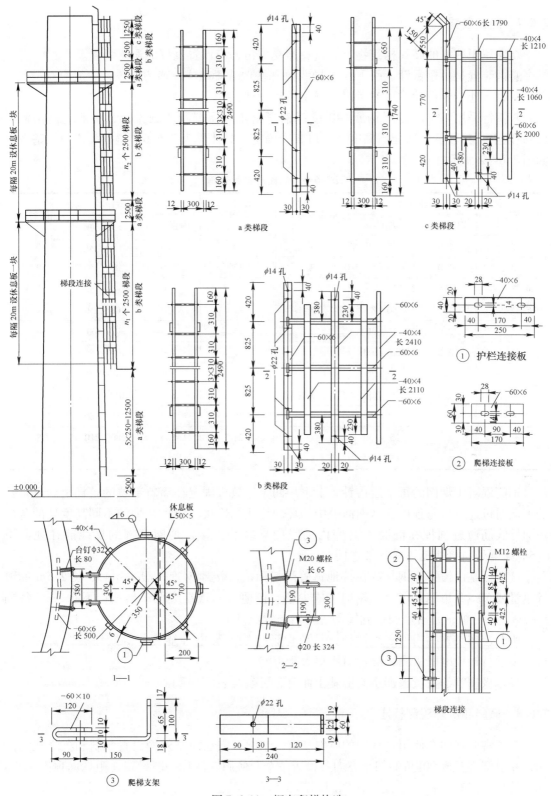

图 7.6-11 烟囱爬梯构造

### 7.6.7　避雷装置

烟囱属于独立的高耸构筑物，为避免遭受雷击，应设置良好的避雷装置。

避雷装置是由避雷针、引下线（导线）和接地装置组成。避雷针设计一般应有电气专业完成，土建专业设计时可参考以下规定进行设计：

避雷针采用Φ25镀锌圆钢或Φ40镀锌钢管制作，顶端制成圆锥形，一般应高出筒首1.8m以上，其数量根据烟囱高度及出口直径确定，具体见表7.6-6。避雷装置的构造要求如图7.6-12所示。

表 7.6-6　烟囱避雷针数量

| 序号 | 烟囱尺寸 | | 避雷针数量 | 序号 | 烟囱尺寸 | | 避雷针数量 |
|---|---|---|---|---|---|---|---|
| | 内直径/m | 高度/m | | | 内直径/m | 高度/m | |
| 1 | 1.0 | 15 ~ 30 | 1 | 12 | 5.0 | 15 ~ 100 | 3 |
| 2 | 1.0 | 35 ~ 50 | 2 | 13 | 5.0 | 100 ~ 150 | 4 |
| 3 | 1.5 | 15 ~ 45 | 2 | 14 | 6.0 | 50 ~ 100 | 3 |
| 4 | 1.5 | 50 ~ 80 | 3 | 15 | 6.0 | 100 ~ 150 | 4 |
| 5 | 2.0 | 15 ~ 30 | 2 | 16 | 7.0 | 80 ~ 100 | 4 |
| 6 | 2.0 | 35 ~ 100 | 3 | 17 | 7.0 | 100 ~ 150 | 6 |
| 7 | 2.5 | 15 ~ 30 | 2 | 18 | 8.0 | 80 ~ 100 | 4 |
| 8 | 2.5 | 35 ~ 150 | 3 | 19 | 8.0 | 100 ~ 150 | 6 |
| 9 | 3.0 | 15 ~ 150 | 3 | 20 | 7.0 | 150 ~ 180 | 6 |
| 10 | 3.5 | 15 ~ 150 | 3 | 21 | 8.0 | 180 ~ 210 | 8 |
| 11 | 4.0 | 15 ~ 150 | 3 | | | | |

钢筋混凝土烟囱的每个避雷针，上下用两个连接板固定在筒首部位的暗榫上。避雷针的下端通过连接板与预埋在烟囱筒壁中的环向导线筋连接。布置在烟囱不同高度处的各层环向导线筋通过预埋在混凝土筒壁内的竖向导线筋连接，烟囱底部的导线筋在地面下0.5m深度处与接地极的扁钢带连接在一起。

接地极是由镀锌扁钢与数根接地钢管焊接而成。接地钢管一般采用Φ50长2.5m的镀锌钢管或50×5角钢制作，下端加工成尖形。接地极的顶端应低于地面以下0.5m，每隔5～7m埋置一根，并沿烟囱基础周围等距离布置成环形。

所有避雷装置的构件必须镀锌，且要保证接触及导电性能良好。接地装置安装完毕后，须进行接地电阻实测，测量值不得大于10Ω。

接地极用管的数量根据不同地基土而定，可参考表7.6-7。

### 7.6.8　倾斜和沉降观测标志

为了观测烟囱在使用过程中的倾斜和沉降情况，需在筒壁外侧设置倾斜和沉降观测标志，并沿圆周互成90°角的四个方向各设置一个。倾斜观测标一般设置在距烟囱顶部4.5m标高处，沉降观测标一般设置在烟囱底部0.5m标高处。观测标的构造如图7.6-13所示，施工时需在筒壁预埋观测标志所需的暗榫。

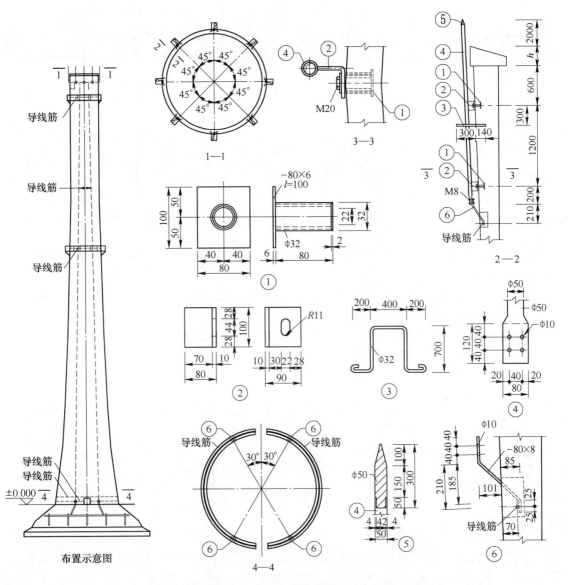

图 7.6-12 烟囱避雷装置构造

表 7.6-7 接地电极用管数量

| 序号 | 土种类 | 土的比阻抗 ×10⁴/Ω·cm | 接地电极 用管数量 | 计算的接地阻抗 /Ω | 接地电极用管 之间距离/m |
|---|---|---|---|---|---|
| 1 | 砂 | 7 | 12 | 30 | 5 |
| 2 | 砂质黏土 | 3 | 6 | 22 | 5 |
| 3 | 黏土 | 0.4 | 1 | 20 | — |
| 4 | 黑土 | 2 | 3 | 16 | 7.5 |

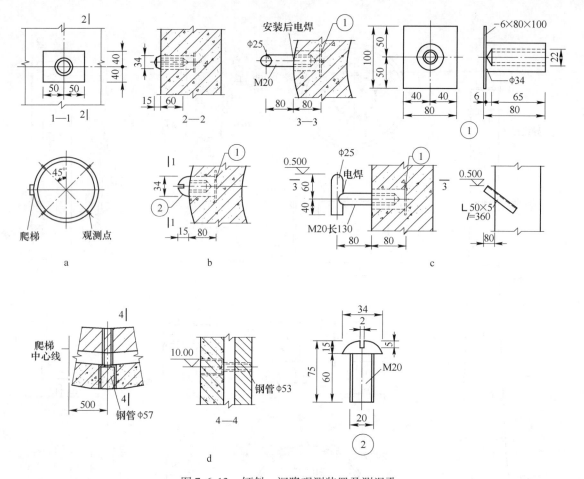

图 7.6-13　倾斜、沉降观测装置及测温孔

a—观测点平面；b—倾斜观测标；c—沉降观测标；d—测温孔

### 7.6.9　测温孔

为测量烟囱在使用时的内部温度值，在烟囱筒身（包括内衬、隔热层及筒壁）需预留测温孔。测温孔宜设在距爬梯旁 500mm 处（当未单独设置测温孔平台时）。一般应在烟囱的顶部、中部及下部各设置一个，也可以根据观测需要在筒身隔热层或内衬材料变化处设置。测温孔的构造如图 7.6-13 所示。

# 7.7　钢筋混凝土烟囱计算实例

### 7.7.1　设计资料

烟囱高度 $H = 150$ m；烟囱顶部内直径 $D_0 = 2.75$ m；基本风压值 $w_0 = 0.70$ kN/m$^2$；抗震设防烈度为 8 度；建筑场地土类别为 Ⅱ 类；烟气最高温度 $T_g = 750$ ℃；夏季极端最高温 $T_a = 38.4$ ℃；冬季极端最低温 $T_a = -30.4$ ℃。

筒壁采用强度等级 C30 混凝土，HRB400 钢筋。

（1）混凝土计算指标如下：

1）轴心抗压强度标准值 $f_{ck} = 20.1 \text{N/mm}^2$；轴心抗压强度设计值 $f_c = 14.3 \text{N/mm}^2$。

2）轴心抗拉强度标准值 $f_{tk} = 2.01 \text{N/mm}^2$；轴心抗拉强度设计值 $f_t = 1.43 \text{N/mm}^2$。

3）弹性模量 $E_c = 3.0 \times 10^4 \text{N/mm}^2$。

4）温度线膨胀系数 $\alpha_c = 1 \times 10^{-5} / ℃$。

5）重力密度为 $24 \text{kN/m}^3$。

（2）钢筋计算指标如下：

1）抗拉强度标准值 $f_{yk} = 400 \text{N/mm}^2$；抗拉强度设计值 $f_y = 360 \text{N/mm}^2$。

2）弹性模量 $E_s = 2.0 \times 10^5 \text{N/mm}^2$。

（3）隔热层指标如下：

1）矿渣棉重力密度为 $2 \text{kN/m}^3$。

2）硅藻土砖砌体重力密度为 $6 \text{kN/m}^3$。

3）内衬黏土质耐火砖重力密度为 $19 \text{kN/m}^3$。

## 7.7.2　烟囱形式

烟囱筒身高度每 10m 为一节，外壁坡度为 0.02，筒壁内侧挑出牛腿支承内衬及隔热层的重量，每节下部重量不包括本节的内衬及隔热层的重量，筒身尺寸及自重信息见表 7.7-1。

表 7.7-1　筒身截面尺寸及自重

| 截面号 | 标高/m | 筒壁外半径/m | 筒壁厚度/m | 每节下部重量/kN |
|---|---|---|---|---|
| — | 150 | 1.88 | 0.18 | — |
| 1 | 140 | 2.08 | 0.18 | 585.9 |
| 2 | 130 | 2.28 | 0.18 | 1628.7 |
| 3 | 120 | 2.48 | 0.19 | 2709.3 |
| 4 | 110 | 2.68 | 0.21 | 4038.3 |
| 5 | 100 | 2.88 | 0.23 | 5659.8 |
| 6 | 90 | 3.08 | 0.24 | 7432.5 |
| 7 | 80 | 3.28 | 0.26 | 9539.7 |
| 8 | 70 | 3.48 | 0.28 | 11831.2 |
| 9 | 60 | 3.68 | 0.31 | 14326.8 |
| 10 | 50 | 3.88 | 0.34 | 17264.2 |
| 11 | 40 | 4.08 | 0.37 | 20434.7 |
| 12 | 30 | 4.28 | 0.40 | 24099.8 |
| 13 | 20 | 4.48 | 0.43 | 28039.5 |
| 14 | 10 | 4.68 | 0.46 | 33106.3 |
| 15 | 0 | 4.88 | 0.50 | 38541.0 |

### 7.7.3　风荷载及风弯矩计算

风荷载系数取值及计算根据我国荷载规范有关内容，具体计算情况如下：

（1）风压高度变化系数。因地面粗糙度为 B 类，查《建筑结构荷载规范》（GB 50009—2012）P31 页表 8.2.1 可得到 $\mu_z$。

（2）风载体型系数 $\mu_s$。根据《建筑结构荷载规范》，$\mu_s = 0.60$。

（3）风荷载标准值为：

$$w_k = \beta_z \mu_s \mu_z w_0 = 0.42 \beta_z \mu_z$$

（4）风振系数 $\beta_z$。烟囱自振周期 $T_1$ 按《建筑结构荷载规范》附录 F（式 F.1.2-2）近似计算值为：

$$T_1 = 0.41 + 0.1 \times 10^{-2} H^2/d = 0.41 + 0.1 \times 10^{-2} \times 150^2/6.76 = 3.74 \text{s}$$

式中　$H$——烟囱高度，$H = 150$m；烟囱 1/2 高度处的外径 $d = 6.76$m。

脉动风荷载的共振分量因子 $R$ 为：

$$R = \sqrt{\frac{\pi}{6\zeta_1} \cdot \frac{x_1^2}{(1 + x_1^2)^{4/3}}}$$

$$x_1 = \frac{30 f_1}{\sqrt{k_w w_0}}$$

$$f_1 = 1/T_1 = 1/3.74 = 0.267$$

$$\beta_z = 1 + 2g I_{10} B_z \sqrt{1 + R^2} = 1 + 1.219 B_z$$

脉动风荷载的背景分量因子 $B_z$ 为：

$$B_z = k H^{a_1} \rho_x \rho_z \frac{\phi_1(z)}{\mu_z} = 0.91 \times 150^{0.218} \times 1 \times \rho_z \frac{\phi_1(z)}{\mu_z} = 2.713 \rho_z \frac{\phi_1(z)}{\mu_z} = 1.763 \frac{\phi_1(z)}{\mu_z}$$

式中，振型系数 $\phi_1(z)$ 根据相对高度 $z/H$ 按《建筑结构荷载规范》附录 G 近似确定；

脉动风荷载竖直方向相关系数为：

$$\rho_z = \frac{10 \sqrt{H + 60 e^{-\frac{H}{60}} - 60}}{H} = 0.650$$

风振系数计算及风荷载引起的剪力、弯矩标准值见表 7.7-2。

表 7.7-2　风振系数计算及风剪力、风弯矩标准值

| 截面号 | 标高 | 脉动风共振因子 $R$ | 脉动风背景因子 $B_z$ | 风振系数 $\beta_z = 1 + 1.219 B_z$ | 风剪力 $V_{wk}$ /kN | 风弯矩 $M_{wk}$ /kN·m |
|---|---|---|---|---|---|---|
| 1 | 150 | 1.743 | 0.638 | 1.778 | 0 | 0 |
| 2 | 140 | 1.743 | 0.570 | 1.695 | 45.7 | 231.0 |
| 3 | 130 | 1.743 | 0.501 | 1.611 | 88.2 | 903.2 |
| 4 | 120 | 1.743 | 0.476 | 1.580 | 130.4 | 1994.7 |
| 5 | 110 | 1.743 | 0.440 | 1.537 | 174.5 | 3518.4 |
| 6 | 100 | 1.743 | 0.397 | 1.484 | 219.8 | 5489.5 |

续表 7.7-2

| 截面号 | 标高 | 脉动风共振因子 $R$ | 脉动风背景因子 $B_z$ | 风振系数 $\beta_z = 1 + 1.219B_z$ | 风剪力 $V_{wk}$ /kN | 风弯矩 $M_{wk}$ /kN·m |
|---|---|---|---|---|---|---|
| 7 | 90 | 1.743 | 0.347 | 1.424 | 265.5 | 7915.9 |
| 8 | 80 | 1.743 | 0.295 | 1.360 | 311.0 | 10798.9 |
| 9 | 70 | 1.743 | 0.246 | 1.300 | 356.2 | 14134.9 |
| 10 | 60 | 1.743 | 0.196 | 1.239 | 400.8 | 17920.4 |
| 11 | 50 | 1.743 | 0.148 | 1.181 | 444.3 | 22147.1 |
| 12 | 40 | 1.743 | 0.104 | 1.127 | 486.1 | 26800.5 |
| 13 | 30 | 1.743 | 0.065 | 1.080 | 525.5 | 31860.5 |
| 14 | 20 | 1.743 | 0.034 | 1.042 | 562.0 | 37300.8 |
| 15 | 10 | 1.743 | 0.011 | 1.014 | 594.4 | 43087.4 |
| 16 | 0 | 1.743 | 0.000 | 1.000 | 622.9 | 49179.6 |

### 7.7.4　地震作用及内力计算

#### 7.7.4.1　动力特征计算

烟囱振型与周期由有限元分析软件计算求得，并取前 5 个振型的动力特征值。各振型相对位移计算结果见表 7.7-3。

表 7.7-3　各振型相对位移计算结果

| 标高/m | 第一振型 （相对值） | 第二振型 （相对值） | 第三振型 （相对值） | 第四振型 （相对值） | 第五振型 （相对值） |
|---|---|---|---|---|---|
| 150.00 | -1.0000 | -1.0000 | 1.0000 | 1.0000 | 1.0000 |
| 140.00 | -0.8752 | -0.6481 | 0.3987 | 0.1517 | -0.0706 |
| 130.00 | -0.7519 | -0.3138 | -0.1186 | -0.4508 | -0.6065 |
| 120.00 | -0.6337 | -0.0308 | -0.4252 | -0.5513 | -0.3153 |
| 110.00 | -0.5238 | 0.1779 | -0.4824 | -0.2453 | 0.2507 |
| 100.00 | -0.4234 | 0.3126 | -0.3606 | 0.1469 | 0.4701 |
| 90.00 | -0.3338 | 0.3792 | -0.1489 | 0.3834 | 0.2424 |
| 80.00 | -0.2556 | 0.3889 | 0.0698 | 0.3785 | -0.1437 |
| 70.00 | -0.1889 | 0.3570 | 0.2364 | 0.1928 | -0.3604 |
| 60.00 | -0.1338 | 0.2984 | 0.3213 | -0.0510 | -0.2871 |
| 50.00 | -0.0895 | 0.2273 | 0.3262 | -0.2379 | -0.0356 |
| 40.00 | -0.0552 | 0.1557 | 0.2718 | -0.3111 | 0.2028 |
| 30.00 | -0.0300 | 0.0924 | 0.1860 | -0.2728 | 0.2963 |
| 20.00 | -0.0130 | 0.0432 | 0.0971 | -0.1677 | 0.2318 |
| 10.00 | -0.0033 | 0.0119 | 0.0296 | -0.0580 | 0.0934 |
| 0 | 0 | 0 | 0 | 0 | 0 |

各振型自振周期分别为：

$T_1 = 3.08s$

$T_2 = 0.878\text{s}$

$T_3 = 0.379\text{s}$

$T_4 = 0.207\text{s}$

$T_5 = 0.130\text{s}$

抗震设防烈度为 8 度（$0.20g$），建筑场地为 Ⅱ 类，基本风压为 $0.70\text{kN/m}^2$，应考虑竖向地震作用。水平地震作用采用振型分解反应谱法，不考虑扭转耦联作用。

7.7.4.2　水平地震作用计算

（1）水平地震影响系数最大值。因抗震设防烈度为 8 度（$0.20g$），故多遇地震作用下水平地震影响系数最大值为 0.16。

（2）特征周期。因设计地震分组为第一组，建筑场地土为 Ⅱ 类，故特征周期 $T_g = 0.35\text{s}$。

（3）各振型参与系数。根据《烟囱设计规范》（GB 50051—2013）第 5.5.4 条规定，计算烟囱水平地震作用时可考虑前 5 个振型。振型参与系数为：

$$\gamma_j = \frac{\sum\limits_{i=1}^{n} X_{ji} G_i}{\sum\limits_{i=1}^{n} X_{ji}^2 G_i}$$

式中　$X_{ji}$——$j$ 振型 $i$ 质点的水平相对位移；

　　　$\gamma_j$——$j$ 振型的参与系数；

　　　$\alpha_j$——相应于 $j$ 振型自振周期的地震影响系数，按《建筑抗震设计规范》（GB 50011—2010）第 5.1.4 条确定。

（4）各截面水平地震作用标准值。根据《建筑抗震设计规范》（GB 50011—2010）中公式（5.2.2-1）可得：

$$F_{ji} = \alpha_j \gamma_j X_{ji} G_i \quad (i = 1, 2, \cdots, n; \ j = 1, 2, 3)$$

式中　$F_{ji}$——$j$ 振型 $i$ 质点的水平地震作用标准值。

烟囱相邻振型的周期比小于 0.85，根据《建筑抗震设计规范》（GB 50011—2010）中公式（5.2.2-3）可得：

$$S_{Ek} = \sqrt{\sum S_j^2}$$

7.7.4.3　竖向地震作用

任意水平截面的竖向地震作用标准值为：

$$F_{Evik} = \pm\, \eta\, (G_{iE} - G_{iE}^2 / G_E)$$

计算结果见表 7.7-4。

表 7.7-4　地震作用内力标准值

| 截面号 | 标高/m | 剪力/kN | 弯矩/kN·m | 竖向地震力/kN | 每节烟囱根部重量/kN |
|---|---|---|---|---|---|
| 1 | 140.00 | 150.8 | 1507.6 | 510.1 | 585.9 |
| 2 | 130.00 | 245.5 | 3845.4 | 1378.9 | 1628.7 |
| 3 | 120.00 | 265.2 | 6062.1 | 2226.7 | 2709.3 |
| 4 | 110.00 | 294.1 | 8089.4 | 3195.8 | 4038.3 |

| 截面号 | 标高/m | 剪力/kN | 弯矩/kN·m | 竖向地震力/kN | 每节烟囱根部重量/kN |
|---|---|---|---|---|---|
| 5 | 100.00 | 346.9 | 10140.4 | 4268.5 | 5659.8 |
| 6 | 90.00 | 409.5 | 12534.5 | 5303.2 | 7432.5 |
| 7 | 80.00 | 466.7 | 15441.0 | 6345.7 | 9539.7 |
| 8 | 70.00 | 506.5 | 18790.7 | 7248.2 | 11831.2 |
| 9 | 60.00 | 542.6 | 22445.8 | 7957.0 | 14326.8 |
| 10 | 50.00 | 595.8 | 26371.0 | 8425.2 | 17264.2 |
| 11 | 40.00 | 680.8 | 30711.9 | 8486.5 | 20434.7 |
| 12 | 30.00 | 798.6 | 35792.4 | 7982.6 | 24099.8 |
| 13 | 20.00 | 946.6 | 42025.1 | 6753.8 | 28039.5 |
| 14 | 10.00 | 1089.2 | 49716.1 | 4126.8 | 33106.3 |
| 15 | 0.00 | 1165.4 | 58723.9 | 3006.2 | 38541.0 |

钢筋混凝土烟囱结构弹性恢复系数 $C=0.7$，竖向地震系数 $k_v=0.13$，则有：
$$\eta = 4(1+C)k_v = 4(1+0.7) \times 0.13 = 0.884$$

### 7.7.5  筒身受热温度

烟囱的极端最高及最低温度工况见表 7.7-5 和表 7.7-6。

**表 7.7-5  极端最高温度工况**

| 截面号 | 标高/m | $T_0$/℃ | $T_1$/℃ | $T_2$/℃ | $T_3$/℃ | $T_4$/℃ |
|---|---|---|---|---|---|---|
| 1 | 140.00 | 346.1 | 324.1 | 324.1 | 74.7 | 54.3 |
| 2 | 130.00 | 346.2 | 324.4 | 324.4 | 78.5 | 53.7 |
| 3 | 120.00 | 346.2 | 324.7 | 324.7 | 79.0 | 53.9 |
| 4 | 110.00 | 346.3 | 325.1 | 325.1 | 83.2 | 53.6 |
| 5 | 100.00 | 346.4 | 325.6 | 325.6 | 87.2 | 53.3 |
| 6 | 90.00 | 346.4 | 325.8 | 325.8 | 87.7 | 53.5 |
| 7 | 80.00 | 346.5 | 326.2 | 326.2 | 91.6 | 53.2 |
| 8 | 70.00 | 346.5 | 326.3 | 326.3 | 92.1 | 53.4 |
| 9 | 60.00 | 346.5 | 326.5 | 326.5 | 92.5 | 53.6 |
| 10 | 50.00 | 346.6 | 326.9 | 326.9 | 96.4 | 53.3 |
| 11 | 40.00 | 346.6 | 327.0 | 327.0 | 96.8 | 53.4 |
| 12 | 30.00 | 346.7 | 327.3 | 327.3 | 100.6 | 53.2 |
| 13 | 20.00 | 346.8 | 310.1 | 310.1 | 96.9 | 52.4 |
| 14 | 10.00 | 346.8 | 310.7 | 310.7 | 100.5 | 52.3 |
| 15 | 0.00 | 346.9 | 310.9 | 310.9 | 100.8 | 52.4 |

注：$T_0$ 表示内衬内表面温度；$T_1$ 表示内衬外表面温度；$T_2$ 表示第一层隔热层外表面温度；$T_3$ 表示筒壁内表面温度；$T_4$ 表示筒壁外表面温度。

表 7.7-6　极端最低温度工况

| 截面号 | 标高/m | $T_0/℃$ | $T_1/℃$ | $T_2/℃$ | $T_3/℃$ | $T_4/℃$ |
|---|---|---|---|---|---|---|
| 1 | 140.00 | 345.4 | 319.1 | 319.1 | 13.6 | −11.1 |
| 2 | 130.00 | 345.4 | 319.5 | 319.5 | 18.5 | −11.5 |
| 3 | 120.00 | 345.5 | 319.8 | 319.8 | 19.0 | −11.3 |
| 4 | 110.00 | 345.6 | 320.4 | 320.4 | 24.3 | −11.5 |
| 5 | 100.00 | 345.7 | 320.9 | 320.9 | 29.4 | −11.7 |
| 6 | 90.00 | 345.7 | 321.1 | 321.1 | ·29.8 | −11.6 |
| 7 | 80.00 | 345.8 | 321.6 | 321.6 | 34.8 | −11.8 |
| 8 | 70.00 | 345.8 | 321.8 | 321.8 | 35.3 | −11.7 |
| 9 | 60.00 | 345.9 | 321.9 | 321.9 | 35.7 | −11.6 |
| 10 | 50.00 | 345.9 | 322.4 | 322.4 | 40.6 | −11.7 |
| 11 | 40.00 | 346.0 | 322.5 | 322.5 | 41.0 | −11.6 |
| 12 | 30.00 | 346.0 | 322.9 | 322.9 | 45.7 | −11.8 |
| 13 | 20.00 | 346.2 | 302.4 | 302.4 | 41.6 | −12.3 |
| 14 | 10.00 | 346.3 | 303.1 | 303.1 | 46.1 | −12.4 |
| 15 | 0.00 | 346.3 | 303.3 | 303.3 | 46.4 | −12.3 |

### 7.7.6　附加弯矩计算

#### 7.7.6.1　承载能力极限状态计算时的附加弯矩

承载能力极限状态计算时，由于风荷载、日照和基础倾斜的作用，筒身重力对各截面产生附加弯矩。

A　筒身代表截面变形曲率

当筒身各段坡度均小于 3% ，且不设烟道孔时，取筒身最下节筒壁的底截面，即截面 15（标高 0）处为代表截面。

a　代表截面几何特征

（1）外半径 $r_1 = 4.88\text{m}$，壁厚 $t = 0.5\text{m}$，平均半径 $r = 4.88 − 0.5/2 = 4.63\text{m}$。

（2）面积 $A = 2\pi r t = 2\pi × 4.63 × 0.5 = 14.54\text{m}^2$。

（3）惯性矩 $I = \pi r^3 t = \pi × 4.63 × 4.63 × 4.63 × 0.5 = 155.82\text{m}^4$。

b　折算线分布重力荷载

（1）筒身顶部第一节高度 $h_1 = 10\text{m}$，筒身顶部第一节全部自重 $G_1 = 886\text{kN}$，筒身全部自重 $G = 40050\text{kN}$。

（2）筒身顶部第一节的平均线分布重力荷载 $q_1 = G_1/h_1 = 886/10 = 88.6\text{kN/m}$。

（3）整个筒身线分布重力荷载 $q_0 = G/h = 40050/150 = 267\text{kN/m}$。

（4）计算截面折算线分布重力荷载：

$$q = [2(h − h_i)/3h] × (q_0 − q_1) + q_1 = [(2 × 150)/(3 × 150)] × (267 − 88.6) + 88.6$$
$$= 207.5\text{kN/m}$$

（7.7-1）

c　截面受力情况判别

已知轴向力 $N = 38541 \text{kN}$，风弯矩 $M_{wk} = 49179.6 \text{kN} \cdot \text{m}$。假定附加弯矩 $M_a = 0.35 M_{wk} = 0.35 \times 49179.6 = 17212.86 \text{kN} \cdot \text{m}$，则相对偏心距为：

$$e/r = (1.4 M_{wk} + M_a)/Nr = (1.4 \times 49179.6 + 17212.8)/38541 \times 4.88 = 0.45 < 0.5$$

式中，1.4 为风荷载分项系数。

d 代表截面附加弯矩

代表截面附加弯矩为：

$$M_a = \frac{\dfrac{q(h - h_i)^2}{2}\left[\dfrac{h + 2h_i}{3}\left(\dfrac{1.6 M_w}{CE_{ct}I} + \dfrac{\alpha_c \Delta T}{d}\right) + \tan\theta\right]}{1 - \dfrac{q(h - h_i)^2}{2} \times \dfrac{h + 2h_i}{3} \times \dfrac{1.6}{CE_{ct}I}} \tag{7.7-2}$$

其中，混凝土在温度作用下弹性模量 $E_{ct} = 3.0 \times 10^4 \times 0.792 = 2.3 \times 10^4 \text{N/mm}^2 = 2.3 \times 10^7 \text{kN/m}^2$；混凝土在温度作用下的线膨胀系数 $\alpha_c = 1.0 \times 10^{-5}/℃$；筒身日照温度差 $\Delta T = 20℃$；基础倾斜值 $\tan\theta = 0.004$；高度为 $0.4h$（标高 60.0m）处筒身外直径 $d = 2 \times 3.68 = 7.36 \text{m}$。将以上数值代入式（7.7-2），则有：

$$M_a = \frac{\dfrac{207.4 \times 150^2}{2}\left[\dfrac{150}{3}\left(\dfrac{1.6 \times 1.4 \times 49179.6}{0.33 \times 2.30 \times 10^7 \times 155.82} + \dfrac{1.0 \times 10^{-5} \times 20}{7.36}\right) + 0.004\right]}{1 - \dfrac{207.4 \times 150^2}{2} \times \dfrac{150}{3} \times \dfrac{1.6}{0.33 \times 2.30 \times 10^7 \times 155.82}}$$

$$= \frac{2333250\left[50(9.31 \times 10^{-5} + 2.72 \times 10^{-5}) + 0.004\right]}{1 - 0.158} = 27752.4 \text{kN} \cdot \text{m}$$

e 代表截面变形曲率

相对偏心距为：

$$\frac{e}{r} = \frac{1.4 \times 49179.6 + 27752.4}{38541 \times 4.88} = 0.514 > 0.5$$

变形曲率为：

$$\frac{1}{\rho_c} = \frac{1.6(M_w + M_a)}{0.25 E_{ct}I} = \frac{1.6 \times (1.4 \times 49179.6 + 27752.4)}{0.25 \times 2.3 \times 10^7 \times 155.82} = 17.25 \times 10^{-5}$$

B 计算截面折算线分布重力荷载 $q_i$

将各计算截面高度 $h_i$ 及 $q_1 = 88.6 \text{kN/m}$，$q_0 = 267 \text{kN/m}$ 代入表 7.7-7 中计算折算线分布荷载 $t_i$。再将各计算截面高度 $h_i$，折算线分布荷载 $q_i$ 值及代表截面变形曲率 $1/\rho_c = 17.25 \times 10^{-5}$，$\alpha_c \Delta T/d = 10^{-5} \times 20/7.36 = 2.72 \times 10^{-5}$，$\tan\theta = 0.004$，代入表 7.7-7 中进行计算，计算结果见表 7.7-7。

表 7.7-7 风荷载附加弯矩

| 截面号 | 标高 /m | 计算高度 $h_i$/m | 折算线分布重力荷载 $q_i$<br>$(q_i = [2(h - h_i)/3h] \times (q_0 - q_1) + q_1)$<br>/kN·m$^{-1}$ | 附加弯矩 $M_a$<br>$\left(M_a = \dfrac{q_i(h - h_i)^2}{2}\left[\dfrac{h + 2h_i}{3}\left(\dfrac{1}{\rho_c} + \dfrac{\alpha_c \Delta T}{d}\right) + \tan\theta\right]\right)$<br>/kN·m |
|---|---|---|---|---|
| 1 | 140 | 140 | 96.5 | 157.5 |
| 3 | 120 | 120 | 112.4 | 1515.2 |

| 截面号 | 标高 /m | 计算高度 $h_i$/m | 折算线分布重力荷载 $q_i$ $(q_i = [2(h-h_i)/3h] \times (q_0 - q_1) + q_1)$ /kN·m$^{-1}$ | 附加弯矩 $M_a$ $\left(M_a = \dfrac{q_i(h-h_i)^2}{2}\left[\dfrac{h+2h_i}{3}\left(\dfrac{1}{\rho_c} + \dfrac{\alpha_c \Delta T}{d}\right) + \tan\theta\right]\right)$ /kN·m |
|---|---|---|---|---|
| 5 | 100 | 100 | 128.2 | 4376.1 |
| 7 | 80 | 80 | 144.1 | 8697.6 |
| 9 | 60 | 60 | 156.0 | 14234.9 |
| 11 | 40 | 40 | 175.8 | 20540.4 |
| 13 | 20 | 20 | 191.7 | 26963.5 |
| 14 | 10 | 10 | 199.6 | 29960.6 |
| 15 | 0 | 0 | 207.5 | 32651.5 |

### 7.7.6.2　地震附加弯矩

地震作用下按承载能力极限状态计算时，由于地震作用及 20% 风荷载、日照和基础倾斜的作用，筒身重力对各截面产生附加弯矩。

**A　筒身代表截面变形曲率**

取截面 15（标高 0）处为代表截面。

**a　截面几何特征**

（1）外半径 $r_1 = 4.88$m，壁厚 $t = 0.5$m，平均半径 $r = 4.88 - 0.5/2 = 4.63$m。

（2）面积 $A = 2\pi r t = 2\pi \times 4.63 \times 0.5 = 14.54$m$^2$。

（3）惯性矩 $I = \pi r^3 t = \pi \times 4.63 \times 4.63 \times 4.63 \times 0.5 = 155.82$m$^4$。

**b　折算线分布重力荷载**

筒身自重产生的折算线分布重力荷载为：

$$q = [2(h-h_i)/3h] \times (q_0 - q_1) + q_1$$
$$= [(2 \times 150)/(3 \times 150)] \times (267 - 88.6) + 88.6 = 207.5 \text{kN/m}$$

**c　代表截面附加弯矩**

代表截面附加弯矩为：

$$M_{Ea} = \frac{[A]\left[\dfrac{h+2h_i}{3}\left(\dfrac{M_E + \psi_{cwE}M_w}{CE_{ct}I} + \dfrac{\alpha_c \Delta T}{d}\right) + \tan\theta\right]}{1 - [A]\dfrac{h+2h_i}{3}\dfrac{1}{CE_{ct}I}} \tag{7.7-3}$$

其中：

$$\frac{M_E + \psi_{cwE}M_w}{CE_{ct}I} = \frac{1.3 \times 58723.9 + 0.2 \times 1.4 \times 49179.6}{0.25 \times 2.3 \times 10^7 \times 155.82} = 10.06 \times 10^{-5} \tag{7.7-4}$$

$$[A] = \frac{q_i(h-h_i)^2 \pm 0.5F_{evik}(h-h_i)}{2} = \frac{207.4 \times 150^2 \pm 0.5 \times 3006.2 \times 150}{2}$$
$$= 2445982.5(2220517.5) \tag{7.7-5}$$

$$\frac{\alpha_c \Delta T}{d} = \frac{1 \times 10^5 \times 20}{7.36} = 2.72 \times 10^{-5} \tag{7.7-6}$$

将式 (7.7-4) ~式 (7.7-6) 代入式 (7.7-3), 当 $N + F_{Ev}$ 时:

$$M_{Ea} = \frac{2445982.5 \times \left[\dfrac{150}{3} \times (10.06 \times 10^{-5} + 2.72 \times 10^{-5}) + 0.004\right]}{1 - 2445982.5 \times \dfrac{150}{3} \times \dfrac{1}{0.25 \times 2.3 \times 10^7 \times 155.82}} = 29431.1 \text{kN} \cdot \text{m}$$

当 $N - F_{Ev}$ 时:

$$M_{Ea} = \frac{2220517.5 \times \left[\dfrac{150}{3} \times (10.06 \times 10^{-5} + 2.72 \times 10^{-5}) + 0.004\right]}{1 - 2220517.5 \times \dfrac{150}{3} \times \dfrac{1}{0.25 \times 2.3 \times 10^7 \times 155.82}} = 26334.5 \text{kN} \cdot \text{m}$$

d  代表截面变形曲率。

当 $N + F_{Ev}$ 时:

$$\frac{1}{\rho_{Ec}} = \frac{M_E + \psi_{cwE} M_w + M_{Ea}}{0.25 \times E_{ct} I} = \frac{1.3 \times 58723.9 + 0.2 \times 1.4 \times 49479.6 + 29431.1}{0.25 \times 2.3 \times 10^7 \times 155.82}$$

$$= 13.35 \times 10^{-5}$$

当 $N - F_{Ev}$ 时:

$$\frac{1}{\rho_{Ec}} = \frac{M_E + \psi_{cwE} M_w + M_{Ea}}{0.25 \times E_{ct} I} = \frac{1.3 \times 58723.9 + 0.2 \times 1.4 \times 49479.6 + 26334.5}{0.25 \times 2.3 \times 10^7 \times 155.82}$$

$$= 13.01 \times 10^{-5}$$

B  计算截面折算线分布重力荷载

各计算截面折算线分布重力荷载值 $q_i$ 计算见表 7.7-7。

地震附加弯矩 $M_{Ea}$ 计算公式为:

$$M_{Ea} = \frac{q_i (h - h_i)^2 \pm 0.5 F_{Evik} (h - h_i)}{2} \left[\frac{h + 2h_i}{3} \left(\frac{1}{\rho_{Ec}} + \frac{\alpha \Delta T}{d}\right) + \tan\theta\right] \quad (7.7-7)$$

将各计算截面高度 $h_i$、折算线分布重力荷载 $q_i$ 及 $\alpha_c \Delta T / d = 10^{-5} \times 20 / 7.36 = 2.72 \times 10^{-5}$, $\tan\theta = 0.004$, 以及考虑竖向地震作用上下方向时的代表截面变形曲率, 分别代入式 (7.7-7) 进行计算, 计算结果见表 7.7-8 和表 7.7-9。

**表 7.7-8  地震附加弯矩 ($N + F_{Ev}$) 时**

| 截面号 | 标高/m | 高度 $h_i$ /m | 折算线分布重力荷载 $q_i$/kN·m$^{-1}$ | 地震附加弯矩 $M_{Ea}$/kN·m |
|---|---|---|---|---|
| 1 | 140 | 140 | 96.5 | 165 |
| 3 | 120 | 120 | 112.4 | 1674.5 |
| 5 | 100 | 100 | 128.2 | 4860.4 |
| 7 | 80 | 80 | 144.1 | 9563.1 |
| 9 | 60 | 60 | 156.0 | 15266.5 |
| 11 | 40 | 40 | 175.8 | 21168.7 |
| 13 | 20 | 20 | 191.7 | 26075 |
| 14 | 10 | 10 | 199.6 | 27530.7 |
| 15 | 0 | 0 | 207.5 | 29455.5 |

表 7.7-9　地震附加弯矩（$N - F_{Ev}$）时

| 截面号 | 标高 /m | 高度 $h_i$ /m | 折算线分布重力荷载 $q_i$/kN·m$^{-1}$ | 地震附加弯矩 /kN·m |
|---|---|---|---|---|
| 1 | 140 | 140 | 96.5 | 94.3 |
| 3 | 120 | 120 | 112.4 | 828.2 |
| 5 | 100 | 100 | 128.2 | 2390.5 |
| 7 | 80 | 80 | 144.1 | 4901.6 |
| 9 | 60 | 60 | 156.0 | 8512.1 |
| 11 | 40 | 40 | 175.8 | 13334.6 |
| 13 | 20 | 20 | 191.7 | 19549.5 |
| 14 | 10 | 10 | 199.6 | 23395.5 |
| 15 | 0 | 0 | 207.5 | 26364.2 |

**7.7.6.3　正常使用极限状态计算时的附加弯矩**

正常使用极限状态计算时，由于标准风荷载、日照和基础倾斜的作用，筒身重力对各截面产生附加弯矩。

A　筒身代表截面变形曲率

取截面 15（标高 ±0.00）处为代表截面。

a　截面几何特征

截面几何特征同承载能力极限状态。

b　折算线分布重力荷载

折算线分布重力荷载同承载能力极限状态。

c　截面受力情况判别

假定附加弯矩为：

$$M_{ak} = 0.20 M_{wk} = 0.2 \times 49179.6 = 9836 \text{kN·m}$$

则相对偏心距为：

$$\frac{e}{r} = \frac{M_{wk} + M_{ak}}{N_k r} = \frac{49179.6 + 9836}{38541 \times 4.88} = 0.313 < 0.50$$

d　代表截面处附加弯矩

混凝土在温度作用下的弹性模量为：

$$E_{ct} = 3.0 \times 10^7 \times 0.73 = 2.2 \times 10^7 \text{kN/m}^2$$

$$M_{ak} = \frac{\dfrac{q_i (h - h_i)^2}{2} \left[ \dfrac{h + 2h_i}{3} \left( \dfrac{M_{wk}}{\alpha_e E_{ct} I} + \dfrac{\alpha_c \Delta T}{d} \right) + \tan\theta \right]}{1 - \dfrac{q (h - h_i)^2}{2} \times \dfrac{h + 2h_i}{3} \times \dfrac{1}{\alpha_e E_{ct} I}}$$

$$M_{ak} = \frac{\dfrac{207.5 \times 150^2}{2} \left[ \dfrac{150}{3} \left( \dfrac{49179.6}{0.65 \times 2.2 \times 10^7 \times 155.82} + \dfrac{1 \times 10^{-5} \times 20}{7.36} \right) + 0.004 \right]}{1 - \dfrac{207.5 \times 150^2}{2} \times \dfrac{150}{3} \times \dfrac{1}{0.65 \times 2.2 \times 10^7 \times 155.82}}$$

$$= 15092.7 \text{kN·m}$$

则偏心距为：

$$\frac{e}{r} = \frac{49179.6 + 15092.7}{38541 \times 4.88} = 0.342 \ < 0.50$$

e 代表截面变形曲率

变形曲率为:

$$\frac{1}{\rho_c} = \frac{M_{wk} + M_{ak}}{0.65 E_{ct} I} = \frac{49179.6 + 15092.7}{0.4 \times 2.2 \times 10^7 \times 155.82} = 4.68 \times 10^{-5}$$

B 计算截面折算线分布重力荷载

正常使用极限状态计算时的截面折算线分布重力荷载,同承载能力极限状态计算时的风荷载附加弯矩的折算线分布重力荷载。

C 附加弯矩计算

将各计算截面高度 $h_i$、折算线分布重力荷载 $q_i$ 及 $\alpha_c \Delta T / d = 2.72 \times 10^{-5}$、$\tan\theta = 0.004$,以及代表截面变形曲率 $4.68 \times 10^{-5}$,分别代入表7.7-10中进行计算,计算结果见表7.7-10。

**表 7.7-10 正常使用极限状态附加弯矩**

| 截面号 | 标高 /m | 计算高度 $h_i$ /m | 折算线分布重力荷载 $q_i$ $(q_i = [2(h - h_i)/3h] \times (q_0 - q_1) + q_1)$ /kN·m$^{-1}$ | 附加弯矩 $M_{ak}$ |
|---|---|---|---|---|
| 1 | 140 | 140 | 96.5 | 70.5 |
| 3 | 120 | 120 | 112.4 | 688.8 |
| 5 | 100 | 100 | 128.2 | 2025.2 |
| 7 | 80 | 80 | 144.1 | 4112 |
| 9 | 60 | 60 | 156.0 | 6906 |
| 11 | 40 | 40 | 175.8 | 10290 |
| 13 | 20 | 20 | 191.7 | 14069 |
| 14 | 10 | 10 | 199.6 | 16027 |
| 15 | 0 | 0 | 207.5 | 17978 |

表7.7-10中 $M_{ak}$ 计算公式为:

$$M_{ak} = \frac{q_i (h - h_i)^2}{2} \left[ \frac{h + 2h_i}{3} \left( \frac{1}{\rho_c} + \frac{\alpha_c \Delta T}{d} \right) + \tan\theta \right]$$

## 7.7.7 筒壁水平截面承载能力极限状态计算

(1) 承载能力计算内力组合,见表7.7-11。

(2) 截面数据计算,见表7.7-12。

(3) 风荷载作用时承载能力计算,见表7.7-13。

(4) 地震作用下最大轴向力时承载能力计算,见表7.7-14。

(5) 地震作用下最小轴向力时承载能力计算,见表7.7-15。

(6) 各种荷载工况下,当筒壁计算截面有一个孔洞(孔洞半角 $\theta = 25°$)时,第14截面(即烟囱根部)极限承载能力计算,见表7.7-16。

（7）各种荷载工况下，当筒壁计算截面有两个对称孔洞（$\alpha_0 = \pi$，$\theta_1 = 25°$，$\theta_2 = 20°$）时，第 14 截面（即烟囱根部）极限承载能力计算，见表 7.7-17。

（8）各种荷载工况下，当筒壁计算截面有两个非对称孔洞（$\alpha_0 \neq \pi$，$\theta_1 = 25°$，$\theta_2 = 20°$）时，第 14 截面（即烟囱根部）极限承载能力计算，见表 7.7-18 和表 7.7-19。

（9）筒壁水平截面承载能力极限状态计算，从表 7.7-13 ~ 表 7.7-19 计算结果可以看出：

1）风荷载及地震荷载作用时，截面承载力均大于外荷载产生的弯矩设计值，截面满足筒壁水平截面极限承载能力要求。

2）考虑竖向地震作用，从地震作用（$N + F_{Ev}$）与（$N - F_{Ev}$）计算结果进行比较，可以得出，地震作用最小轴向力（$N - F_{Ev}$）时，较地震作用最大轴向力（$N + F_{Ev}$）时更为不利，且沿筒壁高度中上部截面更为不利。

### 7.7.8　正常使用极限状态计算

（1）荷载标准值作用下水平截面应力计算结果如下：

1）截面数据及截面判别见表 7.7-20。

2）截面特征及系数计算见表 7.7-21 与相对偏心 $e_k/r$ 及截面特征系数有关，查表可得。

3）荷载标准值作用下截面应力计算见表 7.7-22。

（2）荷载标准值和温度共同作用下水平截面应力计算结果如下：

1）截面数据及截面参数计算见表 7.7-23。

2）截面特征和截面判别计算见表 7.7-24。

3）背风侧混凝土压应力计算见表 7.7-25。

4）迎风侧钢筋拉应力计算见表 7.7-26。

（3）温度单独作用下垂直截面应力计算结果如下：

1）截面数据及截面特征系数计算见表 7.7-27。

2）截面系数及截面应力计算见表 7.7-28。

### 7.7.9　烟囱顶部环向配筋计算

#### 7.7.9.1　局部风压作用下烟囱顶部环向风弯矩计算

将风压高度变化系数代入《烟囱设计规范》（GB 50051—2013）中公式（5.2.7-2）得：

$$M_{\theta out} = 0.272\mu_z w_0 r^2 = 0.272 \times 2.25 \times 0.7 \times 1.88^2 = 1.514 \text{kN} \cdot \text{m/m}$$

#### 7.7.9.2　配筋计算

根据钢筋混凝土结构有关公式及烟囱有关材料参数，计算结果如下：

$$\alpha_s = \frac{M_{\theta out}}{f_{ct} b h_0^2} = \frac{1.514 \times 10^6}{8.432 \times 1000 \times (180 - 35)^2} = 0.0086$$

$$\gamma_s = \frac{1 + \sqrt{1 - 2\alpha_s}}{2} = \frac{1 + \sqrt{1 - 2 \times 0.008}}{2} = 0.996$$

$$A_s = \frac{M_{\theta out}}{f_{yt} \gamma_s h_0} = \frac{1.413 \times 10^6}{250 \times 0.996 \times 145} = 39.3 \text{mm}^2/\text{m}$$

可见，由于烟囱上口直径较小，计算配筋很小，且小于构造配筋，不起控制作用。一般在上口直径较大时，才起控制作用。

表 7.7-11 承载能力计算内力组合

| 截面号 | 标高/m | 风荷载产生的内力设计值 | | | | 有地震作用时的内力设计值 | | | | | |
|---|---|---|---|---|---|---|---|---|---|---|---|
| | | 轴向力 $N$/kN | 风弯矩 $M_w$/kN·m | 附加弯矩 $M_a$/kN·m | 总弯矩 $M_w+M_a$ /kN·m | 竖向地震力 $F_{Ev}$/kN | 水平地震弯矩 $M_E$ /kN·m | 地震附加弯矩 $M_{Ea}$ /kN·m | 风弯矩 $0.2M_w$ /kN·m | 最大（小）轴向力 $N\pm F_{Ev}$/kN | 总弯矩 $M_E+M_{Ea}+0.2M_w$ /kN·m |
| 1 | 140 | 586 | 323.4 | 157.46 | 480.85 | 255.05 | 1959.88 | 164.95 (94.27) | 64.68 | 586+255.05=841.05 (586−255.05=330.95) | 2189.51 (2118.83) |
| 3 | 120 | 2709.3 | 2792.58 | 1515.25 | 4307.83 | 1113.35 | 7880.73 | 1674.52 (828.18) | 558.52 | 2709.3+1113.35=3822.65 (2709.3−1113.35=1595.95) | 10113.77 (9267.43) |
| 5 | 100 | 5660 | 7685.3 | 4376.07 | 12061.37 | 2134.25 | 13182.52 | 4860.45 (2390.5) | 1537.06 | 5660+2134.25=7794.25 (5660−2134.25=3525.75) | 19580.03 (17110.08) |
| 7 | 80 | 9540 | 15118.6 | 8697.63 | 23816.23 | 3172.85 | 20073.3 | 9563.09 (4901.56) | 3023.72 | 9540+3172.85=12712.85 (9540−3172.85=6367.15) | 32660.11 (27998.58) |
| 9 | 60 | 14326.8 | 25088.56 | 14234.9 | 39323.5 | 3978.5 | 29179.54 | 15266.5 (8512.1) | 5017.71 | 14326.8+3978.5=18305.3 (14326.8−3978.5=10348.3) | 49463.76 (42709.35) |
| 11 | 40 | 20434.7 | 37520.7 | 20540.4 | 58061.05 | 4243.25 | 39925.6 | 21168.7 (13334.6) | 7504.14 | 20434.7+4243.25=24677.95 (20434.7−4243.25=16191.4) | 68598.46 (60764.38) |
| 13 | 20 | 28039.5 | 52221.12 | 26963.5 | 79184.65 | 3376.9 | 54632.63 | 26075 (19549.5) | 10444.22 | 28039.5+3376.9=31416.4 (28039.5−3376.9=24662.6) | 91151.81 (84626.35) |
| 14 | 10 | 33106.3 | 60322.36 | 29960.6 | 90283 | 4126.8 | 64630.93 | 27530.7 (23395.5) | 12064.47 | 33106.3+4126.8=37233.1 (33106.3−4126.8=28979.5) | 104226.1 (100090.9) |
| 15 | 0 | 38541 | 68851.44 | 32651.5 | 101502.9 | 1503.1 | 76341.2 | 29455.5 (26364.2) | 13770.3 | 38541+1503.1=40044.1 (38541−1503.1=37037.9) | 119566.9 (116475.7) |

注：有地震作用时，括号内数字为（$N-F_{Ev}$）时的地震附加弯矩 $M_{Ea}$，最小轴向力（$N-F_{Ev}$）及总弯矩 $M_E+M_{Ea}+0.2M_w$。

**表7.7-12　截面数据计算**

| 截面号 | 标高/m | 截面尺寸 壁厚 t/m | 截面尺寸 平均半径 r/m | 纵向配筋 直径、间距（括号数值为内侧配筋） | 纵向配筋 截面面积 $A_s/\text{m}^2$ | 筒壁截面面积 $(A=2\pi rt)/\text{m}^2$ | 混凝土 平均温度 $T_p/℃$ | 混凝土 抗压强度设计值 $(f_{ct}=f_{ck}/\gamma_{ct})$ /kN·m⁻² | 钢筋 抗拉强度设计值 $(f_{yt}=f_{yk}/\gamma_t)$ /kN·m⁻² |
|---|---|---|---|---|---|---|---|---|---|
| 1 | 140 | 0.18 | 2.08−0.18/2 =1.99 | 10@145 (12@215) | 0.012517 | 2.25 | 74.7 | 15600/1.85=8432 | 250000 |
| 3 | 120 | 0.19 | 2.48−0.19/2 =2.39 | 12@145 (12@215) | 0.016875 | 2.85 | 79.0 | 15600/1.85=8432 | 250000 |
| 5 | 100 | 0.23 | 2.88−0.23/2 =2.77 | 14@145 (16@215) | 0.030093 | 3.99 | 87.2 | 15600/1.85=8432 | 250000 |
| 7 | 80 | 0.26 | 3.28−0.26/2 =3.15 | 14@145 (16@215) | 0.034817 | 5.14 | 91.6 | 15600/1.85=8432 | 250000 |
| 9 | 60 | 0.31 | 3.68−0.31/2 =3.53 | 14@145 (16@215) | 0.041090 | 6.86 | 92.5 | 15600/1.85=8432 | 400000/1.6=250000 |
| 11 | 40 | 0.37 | 4.08−0.37/2 =3.90 | 18@145 (18@215) | 0.069717 | 9.05 | 96.8 | 15600/1.85=8432 | 250000 |
| 13 | 20 | 0.43 | 4.48−0.43/2 =4.27 | 20@145 (18@215) | 0.091075 | 11.5 | 96.9 | 15600/1.85=8432 | 250000 |
| 14 | 10 | 0.46 | 4.68−0.46/2 =4.45 | 10@145 (12@215) | 0.131112 | 12.9 | 100.5 | 15600/1.85=8432 | 250000 |
| 15 | 0 | 0.5 | 4.88−0.5/2 =4.63 | 12@145 (12@215) | 0.102554 | 14.5 | 100.8 | 15600/1.85=8432 | 400000/1.6=250000 |
| 14 | | 有一个孔洞时 | 4.68−0.46/2 =4.45 | 14@145 (16@215) | 0.131112 | $2(\pi-\theta)\times4.45$ $\times0.46=11.07$ | 100.5 | 15600/1.85=8432 | 250000 |
| 14 | | 有两个孔洞时 | 4.68−0.46/2 =4.45 | 14@145 (16@215) | 0.131112 | $2(\pi-\theta_1-\theta_2)\times$ $4.45\times0.46$ $=9.65$ | 100.5 | 15600/1.85=8432 | 250000 |

**表 7.7-13　风荷载极限承载能力计算**

| 截面号 | 标高/m | 系数 | | | | 截面承载力 $M_R$/kN·m | 弯矩设计值 $M_w + M_a$/kN·m |
| --- | --- | --- | --- | --- | --- | --- | --- |
| | | $\alpha = (N + f_{yt}A_s)/(\alpha_L f_{cf}A + 2.5 f_{yt}A_s)$ | $\alpha_t = 1 - 1.5\alpha$ | $\sin(\alpha\pi)$ | $\sin(\alpha_t\pi)$ | | |
| 1 | 140 | 0.139 | 0.792 | 0.422 | 0.609 | 7114.807 | 480.85 |
| 3 | 120 | 0.201 | 0.699 | 0.589 | 0.811 | 15221.21 | 4307.83 |
| 5 | 100 | 0.251 | 0.623 | 0.709 | 0.926 | 31875.17 | 12061.37 |
| 7 | 80 | 0.28 | 0.58 | 0.77 | 0.969 | 48709.57 | 23816.23 |
| 9 | 60 | 0.294 | 0.558 | 0.798 | 0.983 | 72407.35 | 39323.5 |
| 11 | 40 | 0.316 | 0.526 | 0.837 | 0.997 | 118872.3 | 58061.05 |
| 13 | 20 | 0.330 | 0.505 | 0.86 | 1 | 170996.9 | 79184.65 |
| 14 | 10 | $(33106.3 + 250000 \times 0.13111)/$ $(1.0 \times 8432 \times 12.9 + 2.5 \times$ $250000 \times 0.13111) = 0.346$ | $1 - 1.5 \times 0.346$ $= 0.481$ | $\sin(0.346\pi)$ $= 0.885$ | $\sin(0.481\pi)$ $= 0.998$ | $[1 \times 8432 \times 12.9 \times 0.885/\pi + 250000 \times$ $0.13111(0.885 + 0.998)/\pi] \times 4.45$ $= 223463.8$ | 90283 |
| 15 | 0 | 0.344 | 0.484 | 0.882 | 0.999 | 230466.8 | 101502.9 |

注：当烟囱筒壁计算截面无孔洞时，$M_R = \left[ \alpha_L f_{cf}A \dfrac{\sin(\alpha\pi)}{\pi} + f_{yt}A_s \dfrac{\sin(\alpha\pi) + \sin(\alpha_t\pi)}{\pi} \right] r_0$。

**表 7.7-14　地震荷载（$N + F_{Ev}$）极限承载能力**

| 截面号 | 标高/m | 系数 | | | | 截面承载力 $M_R$/kN·m | 弯矩设计值 $M_E + M_{Ea} + 0.2M_w$ /kN·m |
| --- | --- | --- | --- | --- | --- | --- | --- |
| | | $\alpha = [(N + F_{EV}) + f_{yt}A_s]/$ $(\alpha_L f_{cf}A + 2.5 f_{yt}A_s)$（$\alpha$均小于 2/3） | $\alpha_t = 1 - 1.5\alpha$ | $\sin(\alpha\pi)$ | $\sin(\alpha_t\pi)$ | | |
| 1 | 140 | 0.148 | 0.778 | 0.449 | 0.644 | 7560.969 | 2189.51 |
| 3 | 120 | 0.233 | 0.651 | 0.668 | 0.89 | 17159.89 | 10113.77 |
| 5 | 100 | 0.292 | 0.562 | 0.793 | 0.981 | 35284.08 | 19580.03 |
| 7 | 80 | 0.329 | 0.507 | 0.859 | 1 | 53582.92 | 32660.11 |
| 9 | 60 | 0.342 | 0.487 | 0.879 | 0.999 | 78769.15 | 49463.76 |
| 11 | 40 | 0.351 | 0.473 | 0.892 | 0.996 | 125323.5 | 68598.46 |

续表 7.7-14

| 截面号 | 标高/m | 系数 $\alpha = \left[\left(N + F_{\text{EV}}\right) + f_{yt}A_s\right]/$ $\left(\alpha_t f_{ct}A + 2.5 f_{yt}A_s\right)$ （$\alpha$ 均小于 2/3） | $\alpha_t = 1 - 1.5\alpha$ | $\sin(\alpha\pi)$ | $\sin(\alpha_t\pi)$ | 截面承载力 $M_R/\text{kN}\cdot\text{m}$ | 弯矩设计值 $M_E + M_{Ea} + 0.2M_w$ /kN·m |
|---|---|---|---|---|---|---|---|
| 13 | 20 | 0.352 | 0.472 | 0.893 | 0.996 | 176261.3 | 91151.81 |
| 14 | 10 | $(35169.7 + 250000 \times 0.13111)/$ $(1.0 \times 8432 \times 12.9 + 2.5 \times$ $250000 \times 0.13111) = 0.357$ | $1 - 1.5 \times 0.357$ $= 0.465$ | $\sin(0.357\pi)$ $= 0.901$ | $\sin(0.465\pi)$ $= 0.994$ | $[1 \times 8432 \times 12.9 \times 0.901/\pi + 250000 \times$ $0.13111 \times (0.901 + 0.994)/\pi] \times 4.45$ $= 226324$ | 104226.1 |
| 15 | 0 | 0.352 | 0.472 | 0.893 | 0.996 | 232913 | 119566.9 |

注：当烟囱筒壁计算截面无孔洞时，$M_R = \left[\alpha_t f_{ct}A \dfrac{\sin(\alpha\pi)}{\pi} + f_{yt}A_s \dfrac{\sin(\alpha\pi) + \sin(\alpha_t\pi)}{\pi}\right]r_o$。

**表 7.7-15　地震荷载 $(N - F_{Ev})$ 极限承载能力**

| 截面号 | 标高/m | 系数 $\alpha = \left[\left(N - F_{\text{Ev}}\right) + f_{yt}A_s\right]/$ $\left(\alpha_t f_{ct}A + 2.5 f_{yt}A_s\right)$ | $\alpha_t = 1 - 1.5\alpha$ | $\sin(\alpha\pi)$ | $\sin(\alpha_t\pi)$ | 截面承载力 $M_R/\text{kN}\cdot\text{m}$ | 弯矩设计值 $M_E + M_{Ea} + 0.2M_w$ /kN·m |
|---|---|---|---|---|---|---|---|
| 1 | 140 | 0.129 | 0.806 | 0.395 | 0.573 | 6660.939 | 2118.83 |
| 3 | 120 | 0.168 | 0.747 | 0.504 | 0.713 | 13093.56 | 9267.43 |
| 5 | 100 | 0.211 | 0.684 | 0.614 | 0.838 | 27822.73 | 17110.08 |
| 7 | 80 | 0.231 | 0.653 | 0.664 | 0.887 | 42452.74 | 27998.58 |
| 9 | 60 | 0.247 | 0.63 | 0.7 | 0.918 | 64114.57 | 42709.35 |
| 11 | 40 | 0.28 | 0.579 | 0.771 | 0.969 | 110622.8 | 60764.38 |
| 13 | 20 | 0.308 | 0.538 | 0.823 | 0.993 | 164739.6 | 84626.35 |
| 14 | 10 | $(31043 + 250000 \times 0.13111)/(1.0 \times 8432 \times$ $12.9 + 2.5 \times 250000 \times 0.13111) = 0.335$ | 0.497 | 0.869 | 1 | 220277.8 | 100090.9 |
| 15 | 0 | 0.336 | 0.496 | 0.87 | 1 | 227843.2 | 116475.7 |

注：当烟囱筒壁计算截面无孔洞时，$M_R = \left[\alpha_t f_{ct}A \dfrac{\sin(\alpha\pi)}{\pi} + f_{yt}A_s \dfrac{\sin(\alpha\pi) + \sin(\alpha_t\pi)}{\pi}\right]r_o$。

**表 7.7-16　当烟囱筒壁计算截面有一个孔洞时，各工况下第 14 截面极限承载能力计算**

| 截面号 | 标高/m | 系　数 | | | | 截面承载力 | 荷载工况 |
|---|---|---|---|---|---|---|---|
| | | $\alpha = (N + f_{yt}A_s)/(\alpha_t f_{cd}A + 2.5f_{yt}A_s)$ | $\alpha_t = 1 - 1.5\alpha$ | $\sin(\alpha\pi - \alpha\theta + \theta)$ | $\sin[\alpha_t(\pi - \theta)]$ | $M_R/\text{kN}\cdot\text{m}$ | |
| 14 | 10 | $(33106.3 + 250000 \times 0.13111)/$ $(1.0 \times 8432 \times 12.9 + 2.5 \times$ $250000 \times 0.13111) = 0.346$ | $1 - 1.5 \times 0.346$ $= 0.481$ | 0.98 | 0.964 | $[(8432 \times 12.86 + 250000 \times 0.131) \times (0.98 -$ $0.761) + 250000 \times 0.131 \times 0.964] \times \dfrac{4.45}{\pi - 0.436}$ $= 181613.4$ | 风荷载 |
| 14 | 10 | $(35169.7 + 250000 \times 0.13111)/$ $(1.0 \times 8432 \times 12.9 + 2.5 \times$ $250000 \times 0.13111) = 0.357$ | $1 - 1.5 \times 0.357$ $= 0.465$ | 0.986 | 0.951 | $\dfrac{1}{0.9} \times [(8432 \times 12.86 + 250000 \times 0.131) \times (0.986$ $- 0.761) + 250000 \times 0.131 \times 0.951] \times \dfrac{4.45}{\pi - 0.436}$ $= 202418$ | $N + F_{Ev}$ |
| 14 | 10 | $(31043 + 250000 \times 0.13111)/$ $(1.0 \times 8432 \times 12.9 + 2.5 \times$ $250000 \times 0.13111) = 0.335$ | $1 - 1.5 \times 0.335$ $= 0.497$ | 0.974 | 0.974 | $\dfrac{1}{0.9} \times [(8432 \times 12.86 + 250000 \times 0.131) \times (0.974$ $- 0.761) + 250000 \times 0.131 \times 0.974] \times \dfrac{4.45}{\pi - 0.436}$ $= 200838.3$ | $N - F_{Ev}$ |

注：当烟囱筒壁计算截面有一个孔洞时，$\theta = 25° = 0.436\text{rad}$，$M_R = \{(\alpha_t f_{cd}A + f_{yt}A_s)[\sin(\alpha\pi - \alpha\theta + \theta) - \sin\theta] + f_{yt}A_s\sin[\alpha_t(\pi - \theta)]\} \times \dfrac{r}{\pi - \theta}$。

**表 7.7-17　当烟囱筒壁计算截面有两个对称孔洞时，各工况下第 14 截面极限承载能力计算**

| 截面号 | 标高/m | 系　数 | | | | 截面承载力 | 荷载工况 |
|---|---|---|---|---|---|---|---|
| | | $\alpha = (N + f_{yt}A_s)/(\alpha_t f_{cd}A + 2.5f_{yt}A_s)$ | $\alpha_t = 1 - 1.5\alpha$ | $\sin(\alpha\pi - \alpha\theta_1 - \alpha\theta_2 + \theta_1 + \theta_2)$ | $\sin(\alpha_t\pi - \alpha_t\theta_1 - \alpha_t\theta_2 + \theta_1 + \theta_2)$ | $M_R/\text{kN}\cdot\text{m}$ | |
| 14 | 10 | $(33106.3 + 250000 \times 0.13111)/$ $(1.0 \times 8432 \times 12.9 + 2.5 \times 250000 \times$ $0.13111) = 0.346$ | $1 - 1.5 \times 0.346$ $= 0.481$ | 0.949 | 0.996 | $[(8432 \times 12.86 + 250000 \times 0.131) \times (0.949 -$ $0.761) + 250000 \times 0.131 \times (0.996 - 0.607)] \times$ $\dfrac{4.45}{\pi - 0.436 - 0.348} = 181107.6$ | 风荷载 |

续表 7.7-17

| 截面号 | 标高/m | 系数 $\alpha = (N + f_{yt}A_s)/(\alpha_L f_{cd}A + 2.5 f_{yt}A_s)$ | $\alpha_t = 1 - 1.5\alpha$ | $\sin(\alpha\pi - \alpha\theta_1 - \alpha\theta_2 + \theta_1)$ | $\sin(\alpha_t\pi - \alpha_t\theta_1 - \alpha_t\theta_2 + \theta_2)$ | 截面承载力 $M_R/\text{kN}\cdot\text{m}$ | 荷载工况 |
|---|---|---|---|---|---|---|---|
| 14 | 10 | $(35169.7 + 250000 \times 0.13111)/$ $(1.0 \times 8432 \times 12.9 + 2.5 \times 250000 \times$ $0.13111) = 0.357$ | $1 - 1.5 \times 0.357$ $= 0.465$ | 0.957 | 0.992 | $\frac{1}{0.9} \times [(8432 \times 12.86 + 250000 \times 0.131) \times (0.957$ $- 0.761) + 250000 \times 0.131 \times (0.992 - 0.607)] \times$ $\dfrac{4.45}{\pi - 0.436 - 0.348} = 203226.7$ | $N + F_{Ev}$ |
| 14 | 10 | $(31043 + 250000 \times 0.13111)/$ $(1.0 \times 8432 \times 12.9 + 2.5 \times 250000 \times$ $0.13111) = 0.335$ | $1 - 1.5 \times 0.335$ $= 0.497$ | 0.941 | 0.999 | $\frac{1}{0.9} \times [(8432 \times 12.86 + 250000 \times 0.131) \times (0.941$ $- 0.761) + 250000 \times 0.131 \times (0.999 - 0.607)] \times$ $\dfrac{4.45}{\pi - 0.436 - 0.348} = 198950.7$ | $N - F_{Ev}$ |

注：当烟囱筒壁计算截面有两个对称的孔洞，且大孔位于受压区，即 $\alpha_0 = \pi$ 时，$\theta_1 = 25° = 0.436\text{rad}$, $\theta_2 = 20° = 0.348\text{rad}$, $M_R = \{(\alpha_L f_{cd}A + f_{yt}A_s)[\sin(\alpha_t\pi - \alpha_t\theta_1 - \alpha_t\theta_2 + \theta_2) - \sin\theta_1] + f_{yt}A_s[\sin(\alpha_t\pi - \alpha_t\theta_1 - \alpha_t\theta_2 + \theta_2) - \sin\theta_2]\} \cdot \dfrac{r}{\pi - \theta_1 - \theta_2}$。

表 7.7-18　当烟囱筒壁计算截面有两个非对称孔洞时，各工况下第 14 截面极限承载能力计算

| 截面号 | 标高/m | 系数 $\alpha = (N + f_{yt}A_s)/(\alpha_L f_{cd}A + 2.5 f_{yt}A_s)$ | $\alpha_t = 1 - 1.5\alpha$ | $\sin(\alpha\pi - \alpha\theta_1 - \alpha\theta_2 + \theta_1)$ | $\sin(\alpha_t\pi - \alpha_t\theta_1 - \alpha_t\theta_2)$ | 截面承载力 $M_R/\text{kN}\cdot\text{m}$ | 荷载工况 |
|---|---|---|---|---|---|---|---|
| 14 | 10 | $(33106.3 + 250000 \times 0.13111)/$ $(1.0 \times 8432 \times 12.9 + 2.5 \times 250000 \times$ $0.13111) = 0.346$ | $1 - 1.5 \times 0.346$ $= 0.481$ | 0.949 | 0.906 | $[(8432 \times 12.86 + 250000 \times 0.131) \times (0.949$ $- 0.761) + 250000 \times 0.131 \times 0.906] \times$ $\dfrac{4.45}{\pi - 0.436 - 0.348} = 196625.5$ | 风荷载 |
| 14 | 10 | $(35169.7 + 250000 \times 0.13111)/$ $(1.0 \times 8432 \times 12.9 + 2.5 \times 250000 \times$ $0.13111) = 0.357$ | $1 - 1.5 \times 0.357$ $= 0.465$ | 0.957 | 0.889 | $\frac{1}{0.9}[(8432 \times 12.86 + 250000 \times 0.131) \times (0.957$ $- 0.761) + 250000 \times 0.131 \times 0.889] \times$ $\dfrac{4.45}{\pi - 0.436 - 0.348} = 219592.7$ | $N + F_{Ev}$ |

续表 7.7-18

| 截面号 | 标高/m | 系 数 | | | | 截面承载力 | 荷载工况 |
|---|---|---|---|---|---|---|---|
| | | $\alpha = (N + f_{yt}A_s)/(\alpha_1 f_{cd}A + 2.5f_{yt}A_s)$ | $\alpha_t = 1 - 1.5\alpha$ | $\sin(\alpha\pi - \alpha\theta_1 - \alpha\theta_2 + \theta_1)$ | $\sin(\alpha_t\pi - \alpha_t\theta_1 - \alpha_t\theta_2)$ | $M_R/kN \cdot m$ | |
| 14 | 10 | $(31043 + 250000 \times 0.13111)/$ $(1.0 \times 8432 \times 12.9 + 2.5 \times 250000 \times$ $0.13111) = 0.335$ | $1 - 1.5 \times 0.335$ $= 0.497$ | 0.941 | 0.921 | $\frac{1}{0.9} \times [(8432 \times 12.86 + 250000 \times 0.131) \times (0.941 -$ $0.761) + 250000 \times 0.131 \times 0.921] \times$ $\frac{4.45}{\pi - 0.436 - 0.348} = 217078$ | $N - F_{Ev}$ |

注: 当烟囱筒壁计算截面有两个不对称的孔洞, 且小孔位于拉压区之间, 即 $\alpha_0 \neq \pi$ 时, $\theta_1 = 25° = 0.436 \text{rad}$, $\theta_2 = 20° = 0.348 \text{rad}$, $M_R = \{(\alpha_1 f_{cd}A + f_{yt}A_s)[\sin(\alpha\pi - \alpha\theta_1 -$ $\alpha\theta_2 + \theta_1) - \sin\theta_1] + f_{yt}A_s\sin(\alpha_t\pi - \alpha_t\theta_1 - \alpha_t\theta_2)\} \cdot \frac{r}{\pi - \theta_1 - \theta_2}$。

表 7.7-19 当烟囱筒壁计算截面有两个非对称孔洞时, 各工况下第 14 截面极限承载能力计算

| 截面号 | 标高/m | 系 数 | | | | 截面承载力 | 荷载工况 |
|---|---|---|---|---|---|---|---|
| | | $\alpha = (N + f_{yt}A_s)/(\alpha_1 f_{cd}A + 2.5f_{yt}A_s)$ | $\alpha_t = 1 - 1.5\alpha$ | $\sin(\alpha\pi - \alpha\theta_1 - \alpha\theta_2 + \theta_1)$ | $\sin\beta_2$ | $\sin\beta_2$ | |
| 14 | 10 | $(33106.3 + 250000 \times 0.13111)/$ $(1.0 \times 8432 \times 12.9 + 2.5 \times 250000 \times$ $0.13111) = 0.346$ | $1 - 1.5 \times 0.346$ $= 0.481$ | 0.949 | 0.997 | 0.966 | $[(8432 \times 12.86 + 250000 \times 0.131) \times (0.949 -$ $0.761) + 0.5 \times 250000 \times 0.131 \times (0.997 +$ $0.966 - 0.766 - 0.348)] \times \frac{4.45}{\pi - 0.436 - 0.348}$ $= 183030.2$ | 风荷载 |
| 14 | 10 | $(35169.7 + 250000 \times 0.13111)/$ $(1.0 \times 8432 \times 12.9 + 2.5 \times 250000 \times$ $0.13111) = 0.357$ | $1 - 1.5 \times 0.357$ $= 0.465$ | 0.957 | 0.999 | 0.956 | $\frac{1}{0.9} \times [(8432 \times 12.86 + 250000 \times 0.131) \times (0.957$ $0.761) + 0.5 \times 250000 \times 0.131 \times (0.999 +$ $0.956 - 0.766 + 0.175)] \times \frac{4.45}{\pi - 0.436 - 0.348}$ $= 205375.4$ | $N + F_{Ev}$ |

续表 7.7-19

| 截面号 | 标高/m | 系数 $\alpha_t = (N + f_{yt}A)/(\alpha_L f_{cf}A + 2.5f_{yt}A_s)$ | $\sin(\alpha\pi - \alpha\theta_1 - \alpha\theta_2 + \theta_1)$ | $\sin\beta_2$ | $\sin\beta_2$ | 截面承载力 $M_R/\text{kN·m}$ | 荷载工况 |
|---|---|---|---|---|---|---|---|
| 14 | 10 | $\alpha_t = 1 - 1.5\alpha$ <br> $\dfrac{(31043 + 250000 \times 0.13111)}{(1.0 \times 8432 \times 12.9 + 2.5 \times 250000 \times 0.13111)} = 0.335$ <br> $1 - 1.5 \times 0.335 = 0.497$ | 0.941 | 0.993 | 0.975 | $\dfrac{1}{0.9} \times \{[(8432 \times 12.86 + 250000 \times 0.131) \times (0.957 - 0.761) + 0.5 \times 250000 \times 0.131 \times (0.993 + 0.975 - 0.766 + 0.175)] \times \dfrac{4.45}{\pi - 0.436 - 0.348}\}$ <br> $= 201078.7$ | $N - F_{Ev}$ |

注：当烟囱筒壁计算截面有两个不对称的孔洞，且小孔位于受拉区，$\alpha_0 = 150° = 2.616\text{rad}$ 时，$\theta_1 = 25° = 0.436\text{rad}$，$\theta_2 = 20° = 0.348\text{rad}$，$M_R = \dfrac{1}{0.9} \times \{(\alpha f_{cf}A + f_{yt}A_s)[\sin(\alpha\pi - \alpha\theta_1 - \alpha\theta_2 + \theta_1) - \sin\theta_1] + \dfrac{1}{2}f_{yt}A_s[\sin(\beta'_2) + \sin\beta_2 - \sin(\pi - \alpha_0 + \theta_2)]\} \cdot \dfrac{r}{\pi - \theta_1 - \theta_2}$，式中 $\beta_2 = k - \arcsin\left(-\dfrac{m}{2\sin k}\right)$，$\beta'_2 = k + \arcsin\left(-\dfrac{m}{2\sin k}\right)$，$m = \cos(\pi - \alpha_0 - \theta_2) - \cos(\pi - \alpha_0 + \theta_2)$，$k = \alpha_t(\pi - \theta_1 - \theta_2) + \theta_2$。

表 7.7-20　截面数据及截面判别

| 截面号 | 标高/m | 内力标准值 轴向力 $N_k/\text{kN}$ | 风弯矩 $M_{wk}/\text{kN·m}$ | 附加弯矩 $M_{ak}/\text{kN·m}$ | 截面 壁厚 $t/\text{m}$ | 平均半径 $r/\text{m}$ | 截面判别 偏心距 $(e_k = (M_{wk} + M_{ak})/N_k)/\text{m}$ | 核心距 $r_{co} = 0.5r$ | 判别 |
|---|---|---|---|---|---|---|---|---|---|
| 1 | 140 | 586 | 231 | 70.5 | 0.18 | 1.99 | 0.515 | 0.995 | |
| 3 | 120 | 2709 | 1995 | 688.82 | 0.19 | 2.385 | 0.99 | 1.1925 | |
| 5 | 100 | 5660 | 5490 | 2025.2 | 0.23 | 2.765 | 1.328 | 1.3825 | |
| 7 | 80 | 9540 | 10799 | 4112 | 0.26 | 3.15 | 1.563 | 1.575 | $e_k < r_{co}$ |
| 9 | 60 | 14327 | 17920 | 6906 | 0.31 | 3.525 | 1.733 | 1.7625 | |
| 11 | 40 | 20435 | 26801 | 10290 | 0.37 | 3.895 | 1.815 | 1.9475 | |
| 13 | 20 | 28040 | 37301 | 14069 | 0.43 | 4.265 | 1.832 | 2.1325 | |
| 15 | 0 | 38541 | 49180 | 17978 | 0.5 | 4.63 | 1.742 | 2.315 | |

**表 7.7-21　截面特征及系数计算**

| 截面号 | 标高/m | 弹性模量比值 $E_s/E_c\beta_c$ | 相对偏心距 $e_k/r$ | 截面特征系数 $\alpha E_t\rho_t = 2.5\rho_t E_s/E_{ct}$ | 换算截面积/m² $A_0 = 2rt(\pi-\theta)(1+\alpha E_t\rho_t)$ |
|---|---|---|---|---|---|
| 1 | 140 | 8.19756 | 0.248 | 0.10946 | 2.60859 |
| 3 | 120 | 8.30737 | 0.399 | 0.10937 | 3.28279 |
| 5 | 100 | $200000/(30000\times0.782)=8.525$ | 0.461 | 0.12203 | 4.66750 |
| 7 | 80 | 8.64678 | 0.477 | 0.10831 | 5.93563 |
| 9 | 60 | 8.67209 | 0.471 | 0.10857 | 7.94201 |
| 11 | 40 | 8.79507 | 0.445 | 0.14496 | 10.85458 |
| 13 | 20 | 8.79798 | 0.409 | 0.14950 | 13.90646 |
| 15 | 0 | 8.91266 | 0.357 | 0.13662 | 17.41665 |

**表 7.7-22　荷载标准值作用下载面应力计算**

| 截面号 | 标高/m | 背风侧混凝土压应力系数 $C_{c5}=1+2\dfrac{e_k}{r}$ | 迎风侧混凝土压应力系数 $C_{c9}=1-2\dfrac{e_k}{r}$ | 背风侧混凝土压应力/N·mm⁻² $\sigma_{cw}=\dfrac{N_k C_{c5}}{A_0}$ | 迎风侧混凝土压应力/N·mm⁻² $\sigma'_{cw}=\dfrac{N_k C_{c9}}{A_0}$ |
|---|---|---|---|---|---|
| 1 | 140 | 1.4952 | 0.5048 | 0.33588 | 0.11340 |
| 3 | 120 | 1.7984 | 0.2016 | 1.48405 | 0.16637 |
| 5 | 100 | $1+2\times1.328/2.88=1.9222$ | $1-2\times1.328/2.88=0.0778$ | 2.33097 | 0.09432 |
| 7 | 80 | 1.9530 | 0.0470 | 3.13902 | 0.07546 |
| 9 | 60 | 1.9418 | 0.0582 | 3.50300 | 0.10490 |
| 11 | 40 | 1.8897 | 0.1103 | 3.55759 | 0.20764 |
| 13 | 20 | 1.8179 | 0.1821 | 3.66540 | 0.36726 |
| 15 | 0 | 1.7139 | 0.2861 | 3.79273 | 0.63303 |

**表 7.7-23　截面数据及截面参数计算**

| 截面号 | 标高/m | 荷载标准值作用下 混凝土应力 $\sigma_{cw}$/N·mm$^{-2}$ | 温度值 筒壁内表面 $T_c$ | 温度值 钢筋 $T_s$ | 截面特征 混凝土弹性模量 $(E_{ct}=\beta_c E_c)$/N·mm$^{-2}$ | 相对自由变形值 $\varepsilon_t=1.25(\alpha_c T_c - \alpha_s T_s)$ | 压应变参数 $E_k \leq r_{co}$, $P_c=2.5\sigma_{cw}/\varepsilon_t E_{ct}$ |
|---|---|---|---|---|---|---|---|
| 1 | 140 | 0.33588 | 13.6000 | -11.1000 | 24397.5 | 0.00034 | 0.10228 <1 |
| 3 | 120 | 1.48405 | 19.0000 | -11.3000 | 24075 | 0.00041 | 0.37864 <1 |
| 5 | 100 | 2.33097 | 29.4000 | -11.7000 | $300000 \times 0.782 = 23460$ | $1.25 \times [1.0 \times 29.4 - 1.2 \times (-11.7)] \times 10 - 5 = 0.00054$ | $(2.5 \times 2.33)/(54 \times 10-5 \times 2.346 \times 104) = 0.45745$ <1 |
| 7 | 80 | 3.13902 | 34.8000 | -11.8000 | 23130 | 0.00061 | 0.55438 <1 |
| 9 | 60 | 3.50300 | 35.7000 | -11.6000 | 23062.5 | 0.00062 | 0.61222 <1 |
| 11 | 40 | 3.55759 | 41.0000 | -11.6000 | 22740 | 0.00069 | 0.56972 <1 |
| 13 | 20 | 3.66540 | 41.6000 | -12.3000 | 22732.5 | 0.00070 | 0.57218 <1 |
| 15 | 0 | 3.79273 | 46.4000 | -12.3000 | 22440 | 0.00076 | 0.5527 <1 |

**表 7.7-24　截面特征及截面判别**

| 截面号 | 标高/m | 温度作用下混凝土弹塑性模量 /N·mm$^{-2}$ $E_{ct}'=0.4E_{ct}$ | 平均温度 $T_p$ | 温度作用下混凝土抗拉强度标准值/N·mm$^{-2}$ $f_{uk}$ | 截面特征系数 $\alpha E_{ta}\rho'=\rho E_s/E_{ct}'$ | 判别系数 $\dfrac{1+2\alpha_{Eta}\rho'\left(1-\dfrac{c'}{t_0}\right)}{2[1+\alpha_{Eta}(\rho+\rho')]}$ |
|---|---|---|---|---|---|---|
| 1 | 140 | 9759 | 64.5 | 1.38975 | $2 \times 105 \times 0.0027/0.98 \times 104 = 0.02292$ | 0.48594 >$P_c$ |
| 3 | 120 | 9630 | 66.45 | 1.38098 | 0.104 | 0.47744 >$P_c$ |
| 5 | 100 | $0.4 \times 23460 = 9384$ | 70.25 | 1.36388 | $2 \times 105 \times 0.0032/0.9384 \times 104 = 0.02732$ | $[1+2 \times 21.3 \times 0.0025 \times (1-0.035/0.16)]/\{2 \times [1+21.3 \times (0.0032+0.0025)]\} = 0.483 > P_c$ |

续表 7.7-24

| 截面号 | 标高/m | 混凝土弹塑性模量 /N·mm⁻² $E_{ct}'=0.4E_{ct}$ | 平均温度 $T_p$ | 温度作用下混凝土抗拉强度标准值/N·mm⁻² $f_{tk}$ | 截面特征系数 $\alpha E_{ta}\rho'=\rho E_s/E_{ct'}$ | 判别系数 $\dfrac{1+2\alpha_{Eta}\rho'(1-\frac{c'}{t_0})}{2[1+\alpha_{Eta}(\rho+\rho')]}$ |
|---|---|---|---|---|---|---|
| 7 | 80 | 9252 | 72.4 | 1.35420 | 0.02428 | 0.48455 $<P_c$ |
| 9 | 60 | 9225 | 73.05 | 1.35128 | 0.02414 | 0.48695 $<P_c$ |
| 11 | 40 | 9096 | 75.1 | 1.34205 | 0.03600 | 0.47699 $<P_c$ |
| 13 | 20 | 9093 | 74.65 | 1.34408 | 0.04000 | 0.47233 $<P_c$ |
| 15 | 0 | 8976 | 76.6 | 1.33530 | 0.03681 | 0.47422 $<P_c$ |

**表 7.7-25 混凝土压应力**

| 截面号 | 标高/m | 受压区相对高度系数 $\xi_{wt}$ | 温度应力衰减系数 $P_c>0.2$ 时 $\eta_{ct1}=0.6(1-P_c)$ | 背风侧混凝土压应力/N·mm⁻² $P_c<1$ 时，$\sigma_{cwt}=\sigma_{cw}+E_{ct}'\varepsilon_t(\xi_{wt}-P_c)\eta_{ct1}$ | 允许值/N·mm⁻² $0.4f_{ctk}$ |
|---|---|---|---|---|---|
| 1 | 140 | 0.50605 | $1-2.6\times0.10228=0.73495$ | 1.31007 | 6.59500 |
| 3 | 120 | 0.89610 | $0.6\times(1-0.37864)=0.373$ | 2.23988 | 6.57550 |
| 5 | 100 | 0.97637 | $0.6\times(1-0.45745)=0.32421$ | $2.33+0.9384\times104\times54\times10-5\times(0.97637-0.45745)\times0.32421=3.2$ | $0.4\times16.34375=6.53750$ |
| 7 | 80 | 1.51545 | 0.26508 | 4.59742 | 6.51600 |
| 9 | 60 | 1.51305 | 0.22994 | 4.70822 | 6.50950 |
| 11 | 40 | 1.52301 | 0.24690 | 5.11560 | 6.48900 |
| 13 | 20 | 1.52767 | 0.24501 | 5.25923 | 6.49350 |
| 15 | 0 | 1.52578 | 0.26625 | 5.58845 | 6.47400 |

注：$\xi_{wt}$ 按下式计算：

$1>P_c>\dfrac{1+2\alpha_{Eta}\rho'\left(1-\frac{c'}{t_0}\right)}{2[1+\alpha_{Eta}(\rho+\rho')]}$ 时，$\xi_{wt}=P_c+\dfrac{1+2\alpha_{Eta}\rho'\left(1-\frac{c'}{t_0}\right)}{2[1+\alpha_{Eta}(\rho+\rho')]}$；

$P_c\leq\dfrac{1+2\alpha_{Eta}\rho'\left(1-\frac{c'}{t_0}\right)}{2[1+\alpha_{Eta}(\rho+\rho')]}$ 时，$\xi_{wt}=-\alpha_{Eta}(\rho+\rho')+\sqrt{[\alpha_{Eta}(\rho+\rho')]^2+2\alpha_{Eta}\left(\rho+\rho'\frac{c'}{t_0}\right)+2P_c[1+\alpha_{Eta}(\rho+\rho')]}$。

表 7.7-26　迎风侧竖向钢筋应力计算

| 截面号 | 标高/m | 判别系数 $P_c = 2.5\sigma_{cw}/\varepsilon_t E_{ct}$ | $\dfrac{1 + 2\alpha_{Eta}\rho'\left(1 - \dfrac{c'}{t_0}\right)}{2[1 + \alpha_{Eta}(\rho + \rho')]}$ | 受拉钢筋 $\sigma_{swt}$ |
|---|---|---|---|---|
| 1 | 140 | 0.10228 | $0.48594 > P_c$ | 188.3 |
| 3 | 120 | 0.37864 | $0.47744 > P_c$ | 163 |
| 5 | 100 | 0.45745 | $0.48303 > P_c$ | $(2\times105/0.15)\times54\times10-5\times(1-0.769217)=171.2$ |
| 7 | 80 | 0.55438 | $0.48455 < P_c$ | 不用计算（见规范 7.4.8-4） |
| 9 | 60 | 0.61222 | $0.48695 < P_c$ | 不用计算 |
| 11 | 40 | 0.56972 | $0.47699 < P_c$ | 不用计算 |
| 13 | 20 | 0.57218 | $0.47233 < P_c$ | 不用计算 |
| 15 | 0 | 0.55270 | $0.47422 < P_c$ | 不用计算 |

表 7.7-27　截面数据及截面特征系数计算

| 截面号 | 标高/m | 截面数据 | | | 水平钢筋 | | 假定不均匀系数 $\psi_{st1}$ | 截面特征系数 $\alpha_{Eta}\rho/\psi_{st} = \rho E_s/0.4 E_{ct}\psi_{st}$ |
|---|---|---|---|---|---|---|---|---|
| | | 温度作用下混凝土抗拉强度标准值 $f_{tuk}/\text{N}\cdot\text{mm}^{-2}$ | 混凝土弹性模量 $E_{ct}/\text{N}\cdot\text{mm}^{-2}$ | 应变值 $\varepsilon_t$ | 直径、间距 | 配筋率 $\rho_t$ | | |
| 1 | 140 | 1.38975 | 24397.5 | 0.00034 | 10@145 | 0.00534 | 0.08000 | 1.36797 |
| 3 | 120 | 1.38098 | 24075 | 0.00041 | 12@145 | 0.00527 | 0.12000 | 0.91208 |
| 5 | 100 | 1.36388 | 23460 | 0.00054 | 14@145 | 0.00573 | 0.15000 | $0.00571\times200000/(0.4\times23460\times0.15)=0.81415$ |
| 7 | 80 | 1.35420 | 23130 | 0.00061 | 14@145 | 0.00501 | 0.16000 | 0.67688 |
| 9 | 60 | 1.35128 | 23062 | 0.00062 | 14@145 | 0.00501 | 0.17000 | 0.63893 |
| 11 | 40 | 1.34205 | 22740 | 0.00069 | 18@145 | 0.00548 | 0.25000 | 0.48197 |
| 13 | 20 | 1.34408 | 22732.5 | 0.00070 | 20@145 | 0.00564 | 0.28000 | 0.44304 |
| 15 | 0 | 1.33530 | 22440 | 0.00076 | 20@145 | 0.00581 | 0.28000 | 0.46234 |

表 7.7-28　截面系数及截面应力计算

| 截面号 | 标高/m | 受压相对高度系数 $\xi_1$ | 应变不均匀系数 $\psi_{st2}=\dfrac{1.1E_s\varepsilon_i(1-\xi_1)\rho_{te}}{E_s\varepsilon_t(1-\xi_1)\rho_{te}+0.65f_{tk}}$ | 误差 $(\psi_{st1}-\psi_{st2})/\psi_{st1}$ | 钢筋应力 /N·mm$^{-2}$ $\sigma_{st}=\dfrac{E_s}{\psi_{st1}}\varepsilon_t(1-\xi_1)$ | 应力允许值 /N·mm$^{-2}$ $0.5f_{yk}$ | 混凝土压应力 /N·mm$^{-2}$ $\sigma_{ct}=E'_{ct}\varepsilon_t\xi_1$ | 应力允许值 /N·mm$^{-2}$ $0.4f_{ck}$ |
|---|---|---|---|---|---|---|---|---|
| 1 | 140 | 0.77849 | 0.07903 | 0.01218 <0.05 | 188.28538 | | 2.58307 | 6.59500 |
| 3 | 120 | 0.76155 | 0.11493 | 0.04228 < 0.05 | 162.94030 | | 3.00683 | 6.57550 |
| 5 | 100 | 0.76217 | $[1.1\times200000\times0.00054\times$ $(1-0.76217)\times0.00641]/$ $[200000\times0.00054\times(1-0.76217)\times$ $0.00641+0.65\times1.36388]=0.14438$ | $(0.15-0.14438)/$ $0.15=$ $0.037<0.05$ | $(2\times105/0.15)\times$ $54\times10^{-5}$ $(1-0.769217)=$ $171.24014$ | | $0.4\times2.346\times10^4\times$ $\times54\times10^{-5}\times$ $0.76217=3.8628$ | $0.4\times16.34375=$ $6.53750$ |
| 7 | 80 | 0.72964 | 0.15997 | 0.00146 <0.05 | 206.15098 | $0.5\times400=200$ | 4.11787 | 6.51600 |
| 9 | 60 | 0.71645 | 0.16729 | 0.01484 <0.05 | 206.82259 | | 4.09775 | 6.50950 |
| 11 | 40 | 0.72020 | 0.24595 | 0.01134 <0.05 | 154.45196 | | 4.52012 | 6.48900 |
| 13 | 20 | 0.71308 | 0.27705 | 0.01442 <0.05 | 143.46216 | | 4.53880 | 6.49350 |
| 15 | 0 | 0.70888 | 0.27711 | 0.01378 <0.05 | 158.03885 | | 4.83578 | 6.47400 |

## 7.8　普通钢筋混凝土烟囱设计实例

图 7.8-1～图 7.8-3 是一高度为 85m 钢筋混凝土烟囱设计实例。

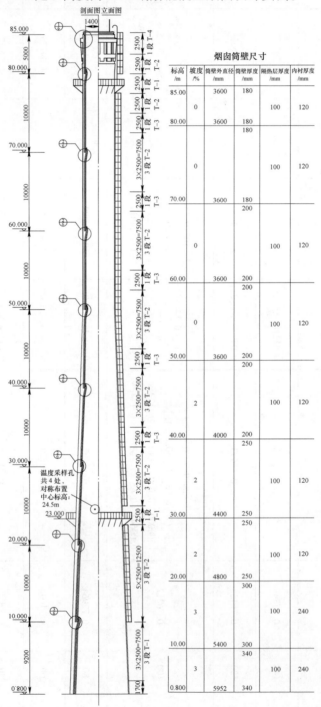

烟囱筒壁尺寸

| 标高/m | 坡度/% | 筒壁外直径/mm | 筒壁厚度/mm | 隔热层厚度/mm | 内衬厚度/mm |
|---|---|---|---|---|---|
| 85.00 | | 3600 | 180 | | |
| | 0 | | | 100 | 120 |
| 80.00 | | 3600 | 180 | | |
| | | | 180 | | |
| | 0 | | | 100 | 120 |
| 70.00 | | 3600 | 180 | | |
| | | | 200 | | |
| | 0 | | | 100 | 120 |
| 60.00 | | 3600 | 200 | | |
| | | | 200 | | |
| | 0 | | | 100 | 120 |
| 50.00 | | 3600 | 200 | | |
| | | | 200 | | |
| | 2 | | | 100 | 120 |
| 40.00 | | 4000 | 200 | | |
| | | | 250 | | |
| | 2 | | | 100 | 120 |
| 30.00 | | 4400 | 250 | | |
| | | | 250 | | |
| | 2 | | | 100 | 120 |
| 20.00 | | 4800 | 250 | | |
| | | | 300 | | |
| | 3 | | | 100 | 240 |
| 10.00 | | 5400 | 300 | | |
| | | | 340 | | |
| | 3 | | | 100 | 240 |
| 0.800 | | 5952 | 340 | | |

图 7.8-1　烟囱立面图

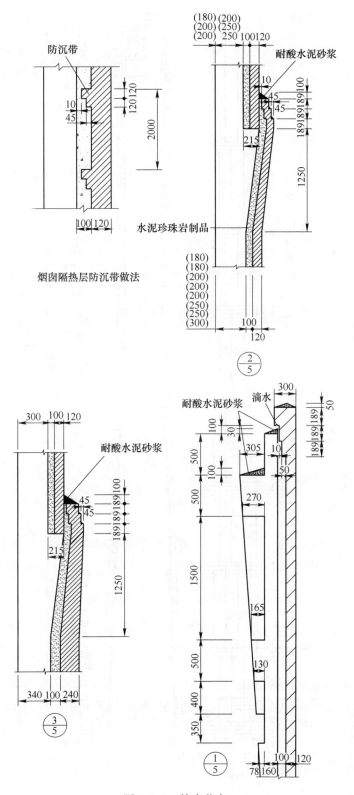

图 7.8-2 筒身节点

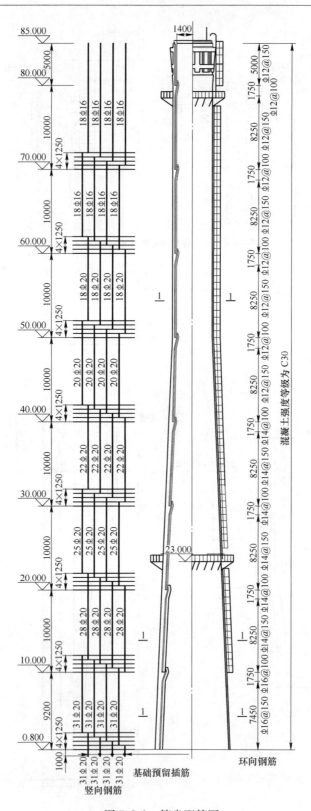

图 7.8-3　筒身配筋图

# 8  套筒式与多管式烟囱

套筒式与多管式烟囱是由承重外筒和排烟内筒组成的烟囱形式，其中外筒主要承担风荷载、地震作用以及内筒传递的荷载作用，内筒主要用于排烟功能，直接承担烟气温度作用和腐蚀作用。套筒式与多管式烟囱一般用于排放燃煤（油、气）含硫量较高、烟气脱硫处理等腐蚀性较强的烟气。根据已有的工程实践经验，套筒式或多管式烟囱的内筒结构可选用砖砌排烟筒、钢排烟筒和玻璃钢排烟筒。其中，钢排烟筒结构根据条件可采用自立式结构体系、整体悬挂式结构体系和分段悬挂式结构体系。

自立式钢内筒烟囱的内筒直接坐落在下部的烟囱基础板面上。这类烟囱的优点是结构简单，不必设置支承钢内筒烟囱的承重平台；缺点是钢内筒的用钢量较悬挂式钢内筒烟囱要高，与水平烟道的接口设计有一定的要求，水平烟道温度膨胀会对钢内筒产生不利影响。自立式钢内筒烟囱是目前国内外多管式钢内筒烟囱设计中应用最广泛的一种。

整体悬挂式钢内筒烟囱的内筒直接悬挂于烟囱内部的承重平台上；分段悬挂式钢内筒烟囱的内筒根据工程实际情况分成数段，分别悬挂于各承重平台上，各段之间用膨胀节连接。悬挂式钢内筒烟囱的优点是筒体以受拉为主，能更好地发挥材料的性能，尽量避免钢板局部压屈，钢内筒的用钢量较自立式钢内筒烟囱要低，对钢筋混凝土外筒的设计也有利；缺点是膨胀节的设计较为复杂，承重平台的结构设计较自立式要复杂，承重平台用钢量较自立式钢内筒烟囱要高。

套筒式或多管式钢内筒烟囱由钢筋混凝土外筒、钢内筒、钢结构平台、横向止晃装置和附属设施等部分组成。附属设施包括：航空信号标志、避雷接地装置、内部照明和通讯、上下垂直交通、监测系统、维修设施、通风措施等。

## 8.1  一般规定

### 8.1.1  排烟筒间距的确定

多管烟囱各排烟筒之间距离的确定主要考虑以下两种因素：

（1）从安装、维护及人员通行方面考虑，排烟筒与外筒壁之间的净间距以及排烟筒之间的净间距不宜小于 750mm，如图 8.1-1 所示。

（2）从烟囱出口烟气最大抬升高度方面考虑，排烟筒中心间距宜取 $S = (1.35 \sim 1.40)d$，在实际应用中可灵活掌握。

（3）套筒式烟囱的内筒与外筒壁之间一般布置有转梯，考虑到人员通行及基本作业空间需要，套筒式烟囱的排烟筒与外筒壁之间的净间距 $a$ 不宜小于 1000mm，如图 8.1-2 所示。

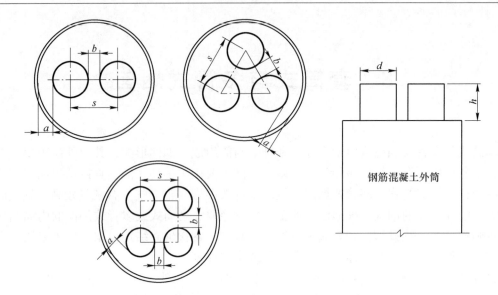

图 8.1-1　多管式钢内筒烟囱布置图

$a$—排烟筒与外筒壁之间的净间距；$b$—排烟筒之间的净间距；$s$—排烟筒之间的间距；

$d$—排烟筒的直径；$h$—排烟筒高出混凝土外筒的高度

## 8.1.2　内筒高度的确定

为减少烟气下泄对外筒的腐蚀影响，内筒应高出外筒足够高度，但考虑到烟囱顶部的整体外观，多管烟囱内筒高出钢筋混凝土外筒的高度不宜小于一倍的排烟筒直径，且不宜小于 3m；套筒烟囱内筒高出钢筋混凝土外筒的高度 $h$ 宜为 $d \sim 2a$（符号如图 8.1-2 所示）。

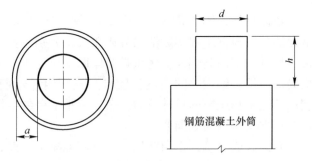

图 8.1-2　套筒式钢内筒烟囱布置图

$a$—排烟筒与外筒壁之间的净间距；$d$—排烟筒的直径；

$h$—排烟筒高出混凝土外筒的高度

## 8.1.3　主要计算内容及规定

### 8.1.3.1　钢筋混凝土外筒计算

承重钢筋混凝土外筒应进行承载能力极限状态计算和正常使用极限状态验算。

计算钢筋混凝土外筒时，除考虑自重（包括分段支承的内筒和平台及悬挂式钢内筒自重）、风荷载、日照、基础倾斜、地震作用及附加弯矩外，还应根据实际情况，考虑平台荷载及安装检修荷载。由于钢内筒的刚度相对于钢筋混凝土外筒的刚度要小很多，故在钢筋混凝土外筒计算时可不考虑钢内筒抗弯刚度的影响，而仅将钢内筒的质量作为附加水平地震参与计算质量进行考虑。

钢筋混凝土外筒壁承载能力计算时，各层平台可变（活）荷载折减系数可按表 1.5-1 采用。钢筋混凝土外筒壁抗震设计计算时，当按等效可变（活）荷载情况时，折减系数取 0.5。

8.1.3.2　钢内筒计算

钢内筒烟囱需计算以下内容：

（1）自立式钢内筒应进行强度、整体稳定、局部稳定、洞口补强、止晃装置、底板和地脚螺栓计算。

（2）悬挂式钢内筒应进行强度、整体稳定、局部稳定、止晃装置、悬挂节点强度计算。

（3）自立式钢内筒的极限承载能力计算，除应考虑自重荷载、烟气温度作用外，还应考虑外筒在承受风荷载、地震作用、附加弯矩、烟道水平推力及施工安装和检修荷载对它的影响。

（4）顶部平台以上部分钢内筒的风压脉动系数、风振系数可近似按外筒顶部标高处的数值采用。

8.1.3.3　砖内筒计算

砖内筒计算可参考砖烟囱内容进行计算，并需计算以下内容：

（1）水平截面承载力及抗裂度计算。

（2）环向及竖向配筋计算。

（3）在风荷载及地震荷载作用下，应考虑各层平台的振动放大效应。

8.1.3.4　玻璃钢内筒计算

玻璃钢内筒的主要计算内容参考钢内筒计算内容。

8.1.3.5　温度计算

（1）套筒式与多管式内筒烟囱的温度分布计算应参考图4.3-2进行计算，热阻应按式（4.3-6）~式（4.3-16）计算。

（2）内筒计算应考虑正常运行温度与非正常烟气运行温度两种工况，当按非正常烟气运行温度工况计算时，对应外筒风荷载组合值系数应取0.2。

（3）内筒外层表面温度应不大于50℃。

8.1.3.6　积灰荷载与平台活荷载计算

积灰荷载与平台活荷载应按本手册1.5节进行计算。

8.1.3.7　内筒位移限值

筒首内筒在支承位置以上自由段的相对变形应小于其自由段高度的1/100。变形和强度计算时，不考虑腐蚀裕度的刚度和强度影响。

# 8.2　自立式钢内筒烟囱

## 8.2.1　自立式钢内筒烟囱计算原则

### 8.2.1.1　自立式钢内筒的内力计算假定

（1）钢内筒可看作一个梁柱构件，按梁理论计算其纵向应力。

（2）考虑在风荷载和地震作用下钢筋混凝土外筒变形对钢内筒的影响，钢内筒可认为是依靠平台梁及止晃装置支撑在刚性钢筋混凝土外筒上的连续梁。

（3）在风荷载和地震作用下钢内筒和钢筋混凝土外筒在横向止晃装置处变位一致。

（4）在集中荷载作用点处所设环向加劲肋应足以保证钢内筒截面的圆整度并降低局部应力。

（5）自立式钢内筒在烟气温差作用下将产生变位，此时钢内筒可看作以平台梁及止晃装置为支承的连续梁，同时承受烟气温差在各支撑平台处产生的变位。

### 8.2.1.2　风荷载作用下外筒变形引起的钢内筒弯矩计算

设内筒从下到上有 1，2，…，$i$，…，$n$ 处水平约束（止晃装置），相应的外筒传来的计算水平变位分别为 $\Delta_1$，$\Delta_2$，…，$\Delta_i$，…，$\Delta_n$，这些水平变位实际水平力为 $P_1$，$P_2$，…，$P_i$，…，$P_n$。计算简图如图 8.2-1 所示，并建立力法方程如下：

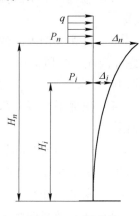

$$[\delta]\{P\} + \{\Delta_{1q}\} = \{\Delta\} \qquad (8.2\text{-}1)$$

式中　$[\delta]$——荷载 $P_j = 1$ 单独作用时在 $i$ 处产生的位移；

　　　$\{\Delta_{1q}\}$——钢内筒顶部风荷载 $q$ 单独作用下，各点产生的位移；

　　　$\{P\}$——支承平台反力；

　　　$\{\Delta\}$——支承平台处外筒在风荷载作用下的位移。

从而得到内筒各截面弯矩为：

图 8.2-1　钢内筒
弯矩计算简图

$$M_i = \sum_{j=i+1}^{n} P_j H_j + M_{qi} \qquad (8.2\text{-}2)$$

式中　$M_{qi}$——钢内筒顶部风荷载 $q$ 在各截面处产生的弯矩；

　　　$H_j$——荷载 $P_j$ 作用点距截面 $i$ 处的垂直距离。

### 8.2.1.3　地震作用下外筒变形引起的钢内筒内力计算

水平地震作用在钢内筒中产生的内力由两部分组成，即外筒在地震作用下变形使钢内筒产生的内力 $R_1$ 和钢内筒自身的惯性产生的地震内力 $R_2$。前者的弯矩可按风荷载作用下外筒变形引起的钢内筒弯矩计算方法确定。

当横向支承结构沿烟囱高度布置较密时，多跨钢内筒由自身惯性产生的内力 $R_2$ 很小，可略去不计。

### 8.2.1.4　烟气温差作用下钢内筒变形引起的内力计算

钢内筒在温度作用下将产生变形，并会在止晃平台处受到外筒的约束，由此在截面上产生内力。温度效应由烟气在纵向及环向产生的不均匀温差所引起，要计算出由温度效应在截面上产生的内力就需要先计算出温差下钢内筒烟囱产生的变形。

在温差作用下，钢内筒的水平变位由两部分组成，第一部分是烟道口区域温差产生的变形（见图 8.2-2c 中曲线"1"），它沿高度呈线性变化；第二部分是由烟道口以上截面温差引起的变形，它沿高度呈曲线变化。图 8.2-2 中曲线"2"是总变形曲线 $u_x$。

钢内筒由烟气温差作用产生的内力应根据各层支承平台约束情况确定。内筒可按梁柱计算模型处理，并令各层支承平台位置的位移与烟气温差作用下产生的相应位置处的水平位移相等来计算内筒内力。

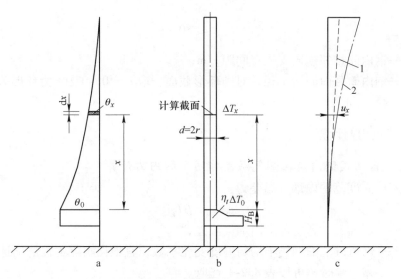

图 8.2-2 钢内筒温差变形图
a—角变位；b—钢内筒示意；c—水平变位

### 8.2.2 设计控制条件

#### 8.2.2.1 自振周期限制

钢内筒和钢筋混凝土外筒的基本自振周期宜满足下式：

$$\left| \frac{T_c - T_s}{T_c} \right| \geqslant 0.2 \qquad (8.2\text{-}3)$$

式中　$T_c$——钢筋混凝土外筒的基本自振周期，s；

　　　$T_s$——钢内筒的基本自振周期，s。

钢内筒的基本自振周期可按内外筒计算模型联解得到，工程设计中也可按下列连续梁近似公式计算最大跨度段钢内筒的基本自振周期：

$$T_s = \alpha_t \sqrt{\frac{G_0 \times l_{max}^4}{9.81 E \times I}} \qquad (8.2\text{-}4)$$

式中　$T_s$——钢内筒基本自振周期，s；

　　　$\alpha_t$——特征系数，根据该段钢内筒支承条件取值，当两端铰接支承时，$\alpha_t = 0.637$；当一端固定、一端铰接时，$\alpha_t = 0.408$；当两端固定支承时，$\alpha_t = 0.281$；当一端固定、一端自由时，$\alpha_t = 1.786$；

　　　$I$——截面惯性矩，$m^4$；计算时不考虑截面开孔影响；当钢内筒内设有半刚性喷涂保护层时，其刚度影响不考虑；当钢板预留有腐蚀厚度裕度时，应对包括腐蚀裕度时钢内筒截面刚度及不计腐蚀裕度时钢内筒截面刚度分别计算；

　　　$G_0$——钢内筒单位长度重量，N/m，包括保温、防护层等所有结构的自重；

　　　$l_{max}$——钢内筒相邻横向支承点最大间距，m；

　　　$E$——钢材的弹性模量，$N/m^2$。

#### 8.2.2.2 极限长细比

钢内筒长细比应满足下式要求：

$$\frac{l_0}{i} \leqslant 80 \tag{8.2-5}$$

式中　$l_0$——钢内筒相邻横向支承点间距，m；

　　　$i$——钢内筒截面回转半径，对圆环形截面，取 $i = 0.707r$（$r$ 为环形截面的平均半径），m。

### 8.2.3　自立式钢内筒计算

#### 8.2.3.1　自立式钢内筒在烟气温差作用下的内力计算

（1）烟道口高度范围内烟气温差为：

$$\Delta T_0 = \beta T_g \tag{8.2-6}$$

式中　$\Delta T_0$——烟道入口高度范围内烟气温差，℃；

　　　$\beta$——烟道口范围烟气不均匀温度变化系数，宜根据实际工程情况选取，当无可靠经验时，可按表 8.2-1 选取。

**表 8.2-1　烟道口范围烟气不均匀温度变化系数 $\beta$**

| 烟道情况 | 一个烟道 | | 两个或多个烟道 | |
|---|---|---|---|---|
| | 干式除尘 | 湿式除尘或湿法脱硫 | 直接与烟囱连接 | 在烟囱外部通过汇流烟道连接 |
| $\beta$ | 0.15 | 0.30 | 0.8 | 0.45 |

注：多烟道时，烟气温度 $T_g$ 按各烟道烟气流量加权平均值选取。

（2）烟道口上部烟气温差为：

$$\Delta T_g = \Delta T_0 \cdot e^{-\zeta_t \cdot z/d} \tag{8.2-7}$$

其中　$\Delta T_g$——距离烟道口顶部 $z$ 高度处的烟气温差，℃；

　　　$\zeta_t$——衰减系数；多烟道且设有隔烟墙时，取 $\zeta_t = 0.15$；其余情况取 $\zeta_t = 0.40$；

　　　$z$——距离烟道口顶部计算点的距离，m；

　　　$d$——烟道口上部筒壁厚度中点所在圆直径，m。

（3）沿烟囱直径两端，筒壁厚度中点处温度差为：

$$\Delta T_m = \Delta T_g \left( 1 - \frac{R_{tot}^c}{R_{tot}} \right) \tag{8.2-8}$$

式中　$R_{tot}^c$——从烟气到内筒筒壁中点的总热阻，$m^2 \cdot K/W$；

　　　$R_{tot}$——内衬、隔热层、筒壁或基础环壁及环壁外侧计算土层等总热阻，$m^2 \cdot K/W$。

（4）自立式钢内筒由烟气温差作用产生的水平位移为：

$$u_x = \theta_0 H_B \left( z + \frac{1}{2} H_B \right) + \frac{\theta_0}{V} \left[ z - \frac{1}{V} (1 - e^{-Vz}) \right] \tag{8.2-9}$$

$$\theta_0 = 0.811 \times \frac{\alpha_z \Delta T_{m0}}{d} \tag{8.2-10}$$

$$V = \zeta t/d \tag{8.2-11}$$

式中　$u_x$——距离烟道口顶部 $z$ 处筒壁截面的水平位移，m；

　　　$\theta_0$——在烟道口范围内的截面转角变位，rad；

　　　$H_B$——筒壁烟道口高度，m；

$\alpha_z$ ——筒壁材料的纵向膨胀系数;

$\Delta T_{m0}$ ——$z = 0$ 时的 $\Delta T_m$ 值。

(5) 自立式钢内筒由烟气温差作用产生的内力。自立式钢内筒由烟气温差作用产生的内力可根据本节中的基本计算原则进行计算,该内力可近似为内筒的轴向温度应力,内筒轴向温度应力也可按近似公式进行计算。该内力计算如下:

$$\sigma_m^T = 0.4 E_{zc} \alpha_z \Delta T_m \tag{8.2-12}$$

$$\sigma_{sec}^T = 0.1 E_{zc} \alpha_z \Delta T_g \tag{8.2-13}$$

式中 $\sigma_m^T$ ——筒身弯曲温度应力,MPa;

$\sigma_{sec}^T$ ——温度次应力,MPa;

$E_{zc}$ ——筒壁轴向受压或受拉弹性模量,MPa;

$\alpha_z$ ——筒壁材料轴向膨胀系数。

#### 8.2.3.2 自立式钢内筒在风荷载及地震作用下的内力计算

自立式钢内筒由风荷载及地震作用产生的内力可根据本节中的基本计算原则进行计算。

#### 8.2.3.3 自立式钢内筒水平截面承载力验算

$$\frac{N_i}{A_{ni}} + \frac{M_i}{W_{ni}} \leqslant \zeta_h f_t \tag{8.2-14}$$

$$\zeta_h = \begin{cases} 0.125C & (C \leqslant 5.6) \\ 0.583 + 0.021C & (C > 5.6) \end{cases} \tag{8.2-15}$$

$$C = \frac{t}{r} \times \frac{E}{f_t} \tag{8.2-16}$$

式中 $M_i$ ——钢烟囱水平计算截面 $i$ 的最大弯矩设计值(包括风弯矩、水平地震作用弯矩以及温度不均匀分布弯矩),N·mm;

$N_i$ ——与 $M_i$ 相应轴向压力或轴向拉力设计值(包括结构自重和竖向地震作用),N;

$A_{ni}$ ——计算截面处的净截面面积,mm²;

$W_{ni}$ ——计算截面处的净截面抵抗矩,mm³;

$f_t$ ——温度作用下钢材抗拉、抗压强度设计值,N/mm²;

$t$ ——计算截面钢内筒壁厚,mm;

$r$ ——计算截面钢内筒外半径,mm;

$E$ ——钢内筒弹性模量,N/mm²。

#### 8.2.3.4 止晃装置计算

刚性支承是目前国内套筒式或多管式钢内筒烟囱采用较多的止晃形式。根据刚性止晃装置的受力特性同时考虑到支承点作用方向的不同及偏心对支撑环受力产生的影响,刚性止晃可以按两点和四点受力两种模式来进行分析计算,其受力情况如图 8.2-3 和图 8.2-4 所示。

采用结构力学的基本原理和方法,综合上述止晃装置两点及四点受力模式,同时考虑到实际设计过程中的可操作性和便利性,在计算加强支承环的截面强度时,可采用下列简

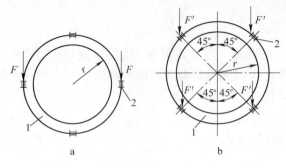

图 8.2-3　支承环两点、四点受力示意图
a—支承环；b—支承点

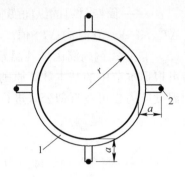

图 8.2-4　支承环受力
1—支承环；2—支撑点

化极值公式来进行：

$$M_{\max} = F_k(0.015r + 0.25a) \tag{8.2-17}$$

$$V_{\max} = F_k\left(0.12 + 0.32\frac{a}{r}\right) \tag{8.2-18}$$

当 $\dfrac{a}{r} \leqslant 0.656$ 时　　　　　　　$N_{\max} = \dfrac{F_k}{4}$ 　　　　　　(8.2-19)

当 $\dfrac{a}{r} > 0.656$ 时　　　$N_{\max} = F_k\left(0.04 + 0.32\dfrac{a}{r}\right)$ 　　　(8.2-20)

式中　　$M_{\max}$ ——支承环的最大弯矩，kN·m；

$\quad\quad V_{\max}$ ——支承环沿半径方向的最大剪力，kN；

$\quad\quad N_{\max}$ ——支承环沿圆周方向的最大拉力，kN；

$\quad\quad F_k$ ——外筒在 $k$ 层止晃装置处，传给每一个内筒的最大水平力，kN，可根据变形协调求得；

$\quad\quad r$ ——钢内筒半径，m；

$\quad\quad a$ ——支承点的偏心距离，m。

对需要进行抗震验算的烟囱，式（8.2-17）~式（8.2-20）中的 $F_k$ 还应以 $F_{Ek}$ 代替进行验算。

#### 8.2.3.5　环向加劲肋计算

钢内筒宜设置环向加劲肋。环向加劲肋的设置除需满足构造要求外，尚应根据正常运行情况和非正常运行情况下的烟气压力，对其截面积及其截面惯性矩进行计算。

**A　正常运行情况下的烟气压力计算**

正常运行情况下的烟气压力计算如下：

$$p_g = 0.01(\rho_a - \rho_g)h \tag{8.2-21}$$

$$\rho_a = \rho_{ao}\frac{273}{273 + T_a} \tag{8.2-22}$$

$$\rho_g = \rho_{go}\frac{273}{273 + T_g} \tag{8.2-23}$$

式中　　$p_g$ ——烟气压力，kN/m²；

$\quad\quad \rho_a$ ——烟囱外部空气密度，kg/m³；

$\rho_g$ ——烟气密度，kg/m³；

$h$ ——烟道口中心标高到烟囱顶部的距离，m；

$\rho_{ao}$ ——标准状态下的大气密度，kg/m³，按 1.285kg/m³ 采用；

$\rho_{go}$ ——标准状态下的烟气密度，kg/m³，按燃烧计算结果采用；无计算数据时，干式除尘（干烟气）取 1.32kg/m³，湿式除尘（湿烟气）取 1.28kg/m³；

$T_a$ ——烟囱外部环境温度，℃；

$T_g$ ——烟气温度，℃。

B　非正常运行情况下的烟气压力计算

钢内筒非正常操作压力或爆炸压力应根据各工程实际情况确定，且其负压值不小于 2.5kN/m²。压力值可沿钢内筒高度取恒定值。

C　环向加强环的截面积和截面惯性矩计算

$$A \geqslant \begin{cases} \dfrac{2\beta_t lr}{f_t} p_g \\[2mm] \dfrac{1.5\beta_t lr}{f_t} p_g^{AT} \end{cases} \tag{8.2-24}$$

$$I \geqslant \begin{cases} \dfrac{2\beta_t lr^3}{3E} p_g \\[2mm] \dfrac{1.5\beta_t lr^3}{3E} p_g^{AT} \end{cases} \tag{8.2-25}$$

式中　$A$ ——环向加强环截面积，m²；

$I$ ——环向加强环截面惯性矩，m⁴；

$l$ ——钢内筒加劲肋间距，m；

$\beta_t$ ——动力系数，取 2.0；

$p_g$ ——正常运行情况下的烟气压力，kN/m²；

$p_g^{AT}$ ——非正常运行情况下的烟气压力，kN/m²。

钢内筒环向加强环截面特性计算中，应计入钢内筒钢板有效高度 $h_e$（如图 8.2-5 所示），并按下式计算：

$$h_e = 1.56 \sqrt{rt} \tag{8.2-26}$$

式中　$h_e$ ——钢内筒钢板有效高度（计入的筒壁面积不大于加劲肋截面积），m；

$r$ ——钢内筒半径，m；

$t$ ——钢内筒钢板厚度，m。

烟道入口补强计算和底座计算等内容见本手册钢烟囱章节。

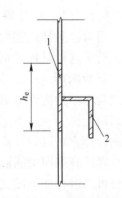

图 8.2-5　加强环截面
1—钢内筒钢板有效高度；
2—加劲肋

# 8.3　悬挂式钢内筒烟囱

悬挂式钢内筒烟囱结构体系是将套筒式和多管式烟囱中的钢排烟内筒，分成一段或几段悬吊于设置在不同高度上的烟囱内部约束平台上。各分段排烟内筒之间，通过竖向和横向均可自由变形的膨胀伸缩节相连，以消除出于排烟温度变化产生的热胀冷缩现象和烟囱钢筋混凝土外筒壁水平变位现象造成的排烟内筒纵（横）向伸缩变形的影响。

　　与常规的自立式钢内筒烟囱相比，悬挂式钢内筒烟囱在提高钢筒壁承载能力、减小筒壁厚度和降低筒壁用钢量等方面，具有一定的技术经济优势。但在各分段悬挂支承点处的连接设计和构造、筒体结构体系设计、筒体施工的成熟可靠性、各分段连接处设置的膨胀伸缩节日常维护和损坏更换等方面，又有一定的复杂性和控制难度。

　　悬挂式钢内筒烟囱结构形式的选择，应根据工程设计自然条件、排烟内筒中排放烟气的压力分布状况、烟气腐蚀性因素和耐久性要求综合考虑。悬挂式钢内筒可采用整体悬挂和分段悬挂方式，也可采用"中上部分悬挂 + 底部自立"的组合方式。当采用分段悬挂方式时，分段数应有所控制，不宜过多。一般情况下，分段悬挂式钢内筒的悬挂段数以 1 段为宜，最多不超过 2 段。各分段间连接的膨胀伸缩节设置标高位置应尽量降低，以方便日常运行时的维护和检修。

　　各分段间连接的膨胀伸缩节应优先采用柔性材料的制成品，现场连接的接缝应尽量控制为 1 处。悬挂式钢内筒烟囱膨胀伸缩节的连接布置如图 8.3-1 所示。

　　对于特殊运行要求的烟囱工程，如供热功能的火力发电厂和供热站等，要求冬季连续运行不能中断，考虑到各分段间连接的膨胀伸缩节使用寿命、自然损伤和修复条件复杂等因素，宜谨慎选用悬挂式钢内筒烟囱结构体系。

## 8.3.1　计算分析

　　除下述对悬挂式钢内筒烟囱结构体系的专项说明外，其余的设计计算方法、荷载及组合、强度及稳定性要求等，均同自立式钢内筒烟囱的相关规定。

### 8.3.1.1　计算模型

　　通常，悬挂式钢内筒烟囱的结构体系多采用"中上部分悬挂 + 底部自立"的组合方式。对于这种悬挂式钢内筒烟囱结构体系，中上部悬挂段钢内筒的计算模型一般按悬吊支承点处为固接（或铰接）、沿高度范围设置的各层横向约束支承平台处为铰接、承受各项荷载及作用的构件考虑。悬吊支承点标高以上的钢内筒以受压为主，支承点标高以下的钢内筒以受拉为主。下部自立段钢内筒的高度都不大，以受压为主，可参照自立式钢内筒烟囱的计算方法进行计算。

　　在计算烟囱钢筋混凝土外筒壁通过横向约束平台对内置的悬挂段钢内筒作用时，计算模型可以进行如下简化：

　　（1）根据实际构造情况，考虑悬挂支承平台结构对悬挂段钢内筒支承处的转动约束作用。

　　悬挂支承平台对悬挂段钢内筒的约束作用应根据两者间的相对刚度关系确定。当支承平台梁的转动刚度与钢内筒线刚度的比值小于 0.1 时，可将悬挂端简化为不动铰支座；当比值大于 10 时，可以将悬挂端简化为固定端；当比值为 0.1 ~ 10 时，应将悬吊端简化为弹性转动支座。

　　计算悬挂段钢内筒的悬挂支承平台构件时，应考虑由悬挂段钢内筒弯矩所产生的反作用力的影响。

　　（2）各层横向约束平台对悬挂段钢内筒的横向约束止晃点可按水平支点考虑。

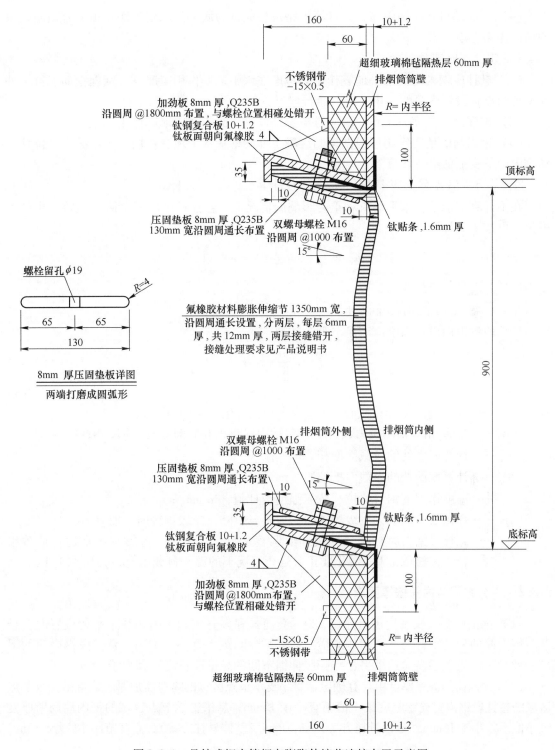

图 8.3-1 悬挂式钢内筒烟囱膨胀伸缩节连接布置示意图

（3）悬挂段间钢内筒或悬挂段与自立段钢内筒间设置的膨胀伸缩节处可视为自由，膨胀伸缩节需考虑横向和纵向两个方向的变形影响。

（4）对底部自立段钢内筒，其计算模型可将其视为底部为固定支座、顶部有横向约束的结构体系考虑。

### 8.3.1.2　地震作用

（1）悬挂段钢内筒的水平地震作用只考虑在水平地震作用工况下，烟囱钢筋混凝土外筒壁传给悬挂段钢内筒的作用效应；悬挂段钢内筒的惯性力可忽略不计。

（2）抗震设防烈度大于6度时应考虑悬挂段钢内筒的竖向地震作用。

（3）钢内筒的地震作用可根据钢筋混凝土外筒壁在水平地震作用下产生的水平位移带动钢内筒的变形值进行计算。

### 8.3.1.3　温差作用下钢内筒水平位移计算

在不计算支承平台水平约束和重力影响的情况下，悬挂式排烟筒由筒壁温差产生的水平位移可按下式计算：

$$u_x = \frac{\theta_0}{V}\Big[ z - \frac{1}{V}(1 - e^{-Vz}) \Big] \tag{8.3-1}$$

式中符号意义见本手册8.2.3节。

### 8.3.1.4　悬挂段钢内筒设计强度计算

悬挂段钢内筒设计强度应满足下列公式要求：

$$\frac{N_i}{A_{ni}} + \frac{M_i}{W_{ni}} \leqslant \sigma_t \tag{8.3-2}$$

$$\sigma_t = \gamma_t \cdot \beta \cdot f_t \tag{8.3-3}$$

式中　$M_i$——钢内筒水平计算截面 $i$ 的最大弯矩设计值，N·mm；

$N_i$——与 $M_i$ 相应轴向拉力设计值，包括内筒自重和竖向地震作用，N；

$A_{ni}$——计算截面处的净截面面积，mm²；

$W_{ni}$——计算截面处的净截面抵抗矩，mm³；

$f_t$——温度作用下钢材抗拉、抗压强度设计值，N/mm²；

$\beta$——焊接效率系数，一级焊缝时，取 $\beta = 0.85$；二级焊缝时，取 $\beta = 0.7$；

$\gamma_t$——悬挂段钢内筒抗拉强度设计值调整系数，对于风、地震及正常运行荷载组合，$\gamma_t$ 可取 1.0；对于非正常运行工况下的温差荷载组合，$\gamma_t$ 可取 1.1。

### 8.3.2　平台布置与内筒壁厚要求

（1）钢内筒各段长细比不宜超过120。套筒式和多管式烟囱内各约束平台设置时，悬挂段钢内筒的悬挂平台与下部相邻的横向约束平台间距不宜小于15m。悬挂段钢内筒的下部悬臂段，即最下层横向约束平台与膨胀伸缩节间的悬壁段长度不宜大于25m。

（2）钢内筒的筒壁厚度由计算确定，悬吊支承节点区域的筒壁需加厚。非悬吊支承节点区域的悬挂段钢内筒筒壁厚度最小值不宜小于10mm；悬吊支承节点区域的钢内筒筒壁厚度最小值不宜小于16mm（分段悬挂方案）和20mm（整体悬挂方案），高度范围不宜小于5m。

# 8.4　砖内筒烟囱

砖内筒烟囱是一种传统的烟囱结构形式。在国内外的烟囱工程，特别是火力发电厂工程中广泛应用。

砖内筒烟囱适用于套筒式和多管式烟囱结构体系中的砖砌排烟内筒方案。

## 8.4.1 砖内筒结构型式

国外设计的砖内筒烟囱主要是采用独立布置的、自立式承重的砖砌排烟内筒结构体系，一台锅炉排放的烟气接入一根排烟内筒中。为确保砖砌排烟内筒不出现烟气冷凝结露酸液的渗漏腐蚀现象，维护其安全可靠性，一般要求在烟囱的钢筋混凝土外筒壁和砖砌排烟内筒之间设置加压风机系统，以保证烟囱内外筒间的夹层空气压力值始终高于烟囱砖砌排烟内筒中运行的烟气正压压力值，避免渗漏腐蚀状况的发生。

国内设计的砖内筒烟囱，主要是采用筒体分段支承的结构形式，且不考虑在烟囱的钢筋混凝土外筒壁和砖砌排烟内筒之间设置加压风机系统。一般情况下，多采用两台锅炉排放的烟气接入一根排烟内筒中，即套筒式烟囱结构形式。

国内外烟囱工程采用的砖内筒烟囱结构体系各有优缺点，也各有相适应的使用条件、环境条件和设计理念。图 8.4-1 和图 8.4-2 分别为套筒式与多管式砖内筒结构形式。

### 8.4.1.1 套筒式砖内筒烟囱

套筒式烟囱筒身一般是由钢筋混凝土外筒壁、一根砖砌排烟内筒、多层斜撑式支撑平台、积灰平台、内烟道和其他附属设施等组成。其中，砖砌排烟内筒一般是由耐酸砖砌体、耐酸砂浆封闭层和保温隔热层组成，并与钢筋混凝土外筒壁等高；斜撑式支撑平台是由钢筋混凝土承重环梁、钢斜支柱、平台钢梁、平台剪力撑和平台钢格栅板组成；砖砌排烟内筒的荷重通过斜撑式支撑平台分段传给承重的钢筋混凝土外筒壁，并最终传递给烟囱的基础和地基。

斜撑式支撑平台一般沿烟囱筒身高度 25m 左右间距设置，设有多层；钢筋混凝土外筒壁与砖砌排烟内筒间的最小净距，即内外筒间的净空宽度不小于 1m。

一般情况下，套筒式烟囱的钢筋混凝土外筒壁和砖内筒在烟囱顶部通过钢筋混凝土盖板连接；盖板与钢筋混凝土外筒壁顶为固接连接，与砖内烟筒顶为嵌套连接。

### 8.4.1.2 多管式砖内筒烟囱

多管式烟囱与套筒式烟囱在结构型式的定义和组成上基本相同，差别在于内部独立布置的排烟内筒数量，两根及以上排烟内筒称之为多管烟囱。另外，排烟内筒一般要高出钢筋混凝土外筒壁 3.0～7.0m。

除多管式烟囱的楼板支承平台是采用钢梁-混凝土板组合结构外，其他都与套筒式烟囱结构体系相同。楼板支承平台一般沿筒身高度 30m 左右的间距设置，设有多层；钢筋混凝土外筒壁与砖砌排烟内筒间的最小净距，即内外筒间的净空宽度不小于 1m。

## 8.4.2 砖内筒烟囱选用与设计要求

（1）由于砖砌排烟内筒在砖缝和分段连接缝处的抗渗防腐能力不强，渗漏腐蚀现象时有发生，为确保砖内筒烟囱安全可靠地运行，对排放湿法脱硫烟气、且不设烟气加热系统的烟囱，不宜选用砖内筒烟囱结构体系。

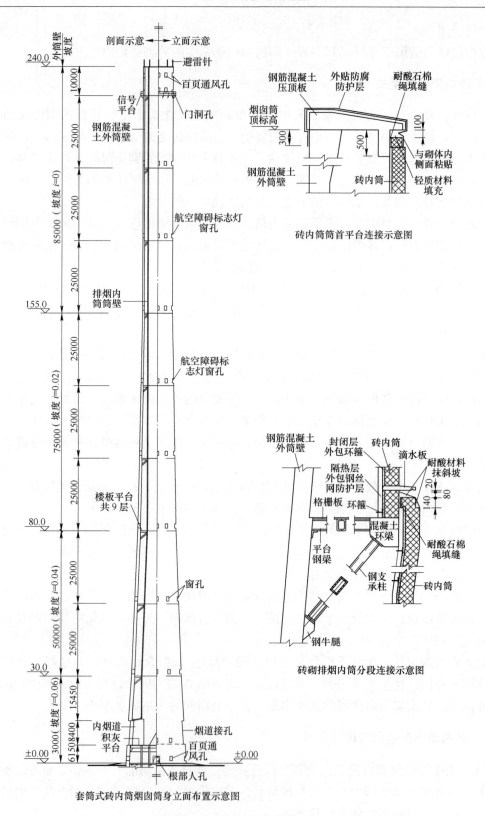

图 8.4-1 套筒式砖内筒烟囱

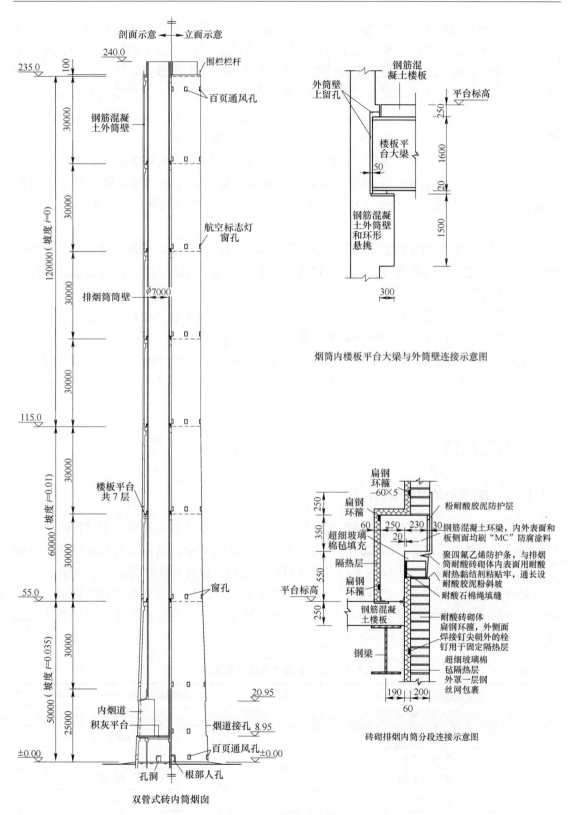

剖面示意　立面示意

围栏栏杆

百页通风孔

钢筋混凝土外筒壁

航空标志灯窗孔

排烟筒筒壁　φ7000

楼板平台共7层

窗孔

内烟道

积灰平台

烟道接孔 8.95

百页通风孔 ±0.00

孔洞　根部人孔

双管式砖内筒烟囱

钢筋混凝土楼板

外筒壁上留孔

楼板平台大梁

钢筋混凝土外筒壁和环形悬挑

平台标高

烟囱内楼板平台大梁与外筒壁连接示意图

扁钢环箍 -60×5

扁钢环箍

粉耐酸胶泥防护层

钢筋混凝土环梁，内外表面和板侧面均刷"MC"防腐涂料

超细玻璃棉毡填充

隔热层

扁钢环箍

钢筋混凝土楼板

钢梁

聚四氟乙烯防护条，与排烟筒耐酸砖砌体内表面用耐酸耐热黏结剂粘牢，通长设

耐酸胶泥粉斜坡

耐酸石棉绳填缝

耐酸砖砌体扁钢环箍，外侧面焊接钉尖朝外的栓钉用于固定隔热层

超细玻璃棉毡隔热层外罩一层钢丝网包裹

平台标高

砖砌排烟内筒分段连接示意图

图 8.4-2　双管式砖内筒烟囱

（2）砖内筒的结构布置形式，应按照工程设计自然条件、砖内筒中排放烟气的压力分布状况、砖内筒材料性能要求和施工技术条件综合考虑，可在分段支承形式和自立式自承重形式中选取。目前，国内烟囱工程的砖内筒主要采用分段支撑形式。

（3）采用分段支承形式的砖内筒结构，布置在下部的积灰平台、内烟道和隔烟墙等一般采用钢筋混凝土结构体系。积灰平台体系的荷重通常由平台下设置的钢筋混凝土柱和通过平台端部与钢筋混凝土外筒壁内侧留设的环形支承悬壁共同承担。

（4）采用分段支承形式的砖内筒结构，在套筒式烟囱斜撑式支撑平台和多管式烟囱楼板支承平台处，均采用搭接的连接方式。搭接连接接头需考虑烟气温度作用下，由烟气温度引起的砖内筒纵向变形伸长量和由内外温差引起的砖内筒纵向相对变形伸长量的影响。

（5）对于套筒式和多管式砖内筒烟囱，当砖砌排烟内筒在与内烟道连接处的开孔削弱较大，筒体强度需加固补强时，砖砌排烟内筒的下部结构可考虑采用整体性较强的单筒式钢筋混凝土烟囱结构型式。

（6）套筒式和多管式烟囱的内部平台，包括斜撑式支撑平台和楼板支承平台等，都应考虑垂直交通的留孔和检修维护设施的留孔。

烟囱内的垂直交通一般是采用沿钢筋混凝土外筒壁内侧设置环形（直）的钢扶梯及休息平台措施。顶部段 10m 高度范围在外筒壁外侧（套筒式）、内侧（多管式）设置直爬梯通至烟囱筒顶平台。当需要时，也可考虑在烟囱内设置电梯。

# 8.5   内筒构造

## 8.5.1   钢内筒最小加劲肋截面尺寸

对于大直径薄壁钢烟囱，其径厚比一般为 300～500，在正常运行情况下筒体内呈负压运行。所以筒体中存在着环向压力，为防止薄壁圆环结构失稳，筒体均有加劲环肋，该肋一般采用角钢或 T 形钢焊于筒体上，焊缝既可用连续焊，也可用间断焊。沿高度方向的间距最大不能超过 1.5 倍钢内筒直径，加劲肋的截面和间距原则上根据稳定计算确定，但每个肋的最小尺寸通常应满足表 8.5-1 的规定。加劲肋应在工厂内制作，这样可使筒体在运输过程中减少变形。

表 8.5-1   钢内筒加劲肋最小截面尺寸

| 钢内筒直径/m | 最小加劲角钢/mm |
|---|---|
| ≤4.50 | ∠75×75×6 |
| 4.50～6.10 | ∠100×80×6 |
| 6.10～7.60 | ∠125×80×8 |
| 7.60～9.10 | ∠140×90×10 |
| 9.10～10.70 | ∠160×100×10 |

### 8.5.2 钢内筒的保温

对保温材料的要求主要是：重量轻、导热系数低、弹性好、耐久、难燃等。目前保温材料用的多的是玻璃棉、岩棉和矿棉，外加铝箔及玻璃布等保护，密度为 $0.6 \sim 1.0 \text{kN/m}^3$。钢内筒烟囱保温材料必须采用柔性材料，以利于与烟囱钢内筒温度膨胀时同步变形。

钢内筒烟囱保温层厚度应通过计算确定，一般应分作两层，每层为 $25 \sim 40 \text{mm}$，总厚度为 $50 \sim 80 \text{mm}$。这样接缝就可错开，形成不了通缝，避免出现"冷桥"现象。

为防止保温层的下坠，一般采用两种措施：一是在钢内筒外侧沿纵、环向间距 $600 \text{mm}$左右焊一根 $\phi 4$ 的钢筋，将保温层挂在其上，如图 8.5-1 所示；另一种是沿筒体 $1 \sim 3 \text{m}$ 焊一扁钢环，作为保温层的防沉带。保温层采用不锈钢丝网保护，网孔约 $30 \text{mm} \times 60 \text{mm}$。

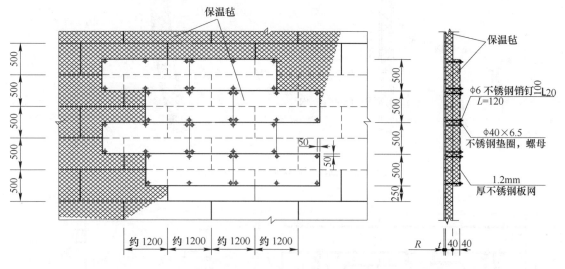

图 8.5-1　钢内筒保温层构造示例

烟囱顶部平台以上部位的钢内筒保温层外须用不锈钢板包裹。细节构造设计中要注意三点：一是防止雨水和湿气进入保温层；二是在风力作用下不应挤压保温层；三是顶部平台处泛水设计要注意能适应因烟气温度的变化而导致钢内筒的伸缩变形。构造实例如图8.5-2 所示。

### 8.5.3 钢内筒烟道接口

钢内筒烟道入口处两侧应增设钢立柱，以补偿内筒开孔的断面减小。补偿的面积不小于开洞面积，补偿后截面按其中和轴计算的惯性矩不应小于原来未开洞时的截面惯性矩，具体尺寸应根据补强计算确定。为使钢立柱应力均匀传至钢内筒整个断面，烟道口上下应增设环梁。同时，为弥补烟道口开孔对钢内筒局部稳定的影响，在烟道开孔范围内，钢内筒应增设环向加劲肋。

筒体在烟道接口处应设置烟气导流板。该板四周支承于钢内筒（允许变形），构造上保证导流板温度膨胀不至于传递给筒体。导流板与筒体成约 45°斜坡，以使烟道内烟气平稳地流入钢内筒，减小钢内筒由烟气紊流引起的振动。水平烟道与钢内筒之间应设伸缩缝，减小烟道温度膨胀对钢内筒的影响。图 8.5-3 为钢内筒烟囱烟道接口示例。

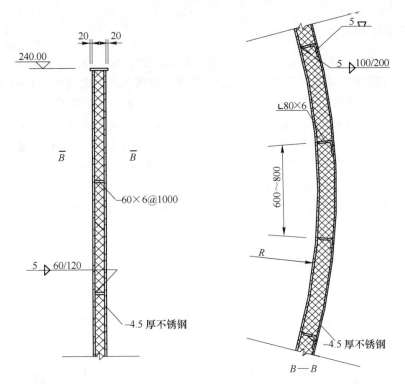

图 8.5-2　钢内筒烟囱筒首保温层构造示例

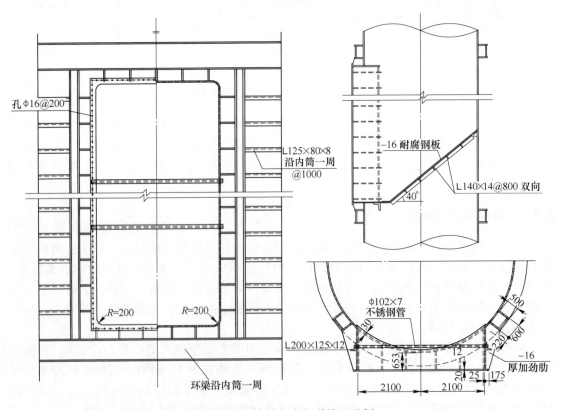

图 8.5-3　钢内筒烟囱烟道接口示例

### 8.5.4 平台

根据平台所处位置和主要作用，烟囱内部一般设有顶部平台、吊装平台、支承平台、检修平台等。这些平台一般沿高度每隔 30～40m 布置一个。烟囱建成后，所有平台均可作为检修工作平台。平台一般均采用钢结构平台或钢-混凝土组合平台。钢平台的计算与构造均按《钢结构设计规范》的规定执行。由于钢结构平台不与烟气接触，钢结构防腐可按一般钢结构的防腐要求，其连接一般采用焊接。

烟道口平台布置应考虑作为水平烟道支承。

各层平台应设置吊物孔。吊物孔尺寸及吊物时承受的重力，根据安装、检修方案确定。各层平台还应设置照明和通讯设施、上层照明开关应设置在下层平台上。

多管式钢内筒钢筋混凝土烟囱内各层平台的通道宽度不应小于 750mm，洞口周围应设栏杆和踢脚板。与排烟筒相接触的孔洞，应留有一定的间隙。

钢平台走道构造示例如图 8.5-4 所示。烟囱顶部平台构造示例如图 8.5-5 所示。

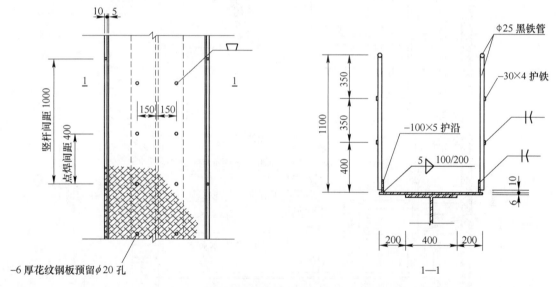

图 8.5-4　钢平台走道构造示例

### 8.5.5 横向止晃装置

钢内筒应设置止晃装置。止晃点的间距 $L$ 一般应满足 $L/D = 10～14$，$D$ 为钢内筒直径。

烟囱钢内筒横向止晃支承结构通常有两种形式，即刚性支承和柔性支承。止晃装置对钢内筒仅起水平弹性约束作用，而不应约束钢内筒由于烟气温度作用而产生的竖向和水平方向的温度变形。常用的类型有：

（1）刚性支承，采用各层钢平台作支承点支承钢内筒。

（2）刚性撑杆，由设在平台上方刚性撑杆支承钢内筒。

（3）柔性拉杆，由设在平台上方的扁钢或拉索等材料做成的拉杆，通过拉杆拉结于钢筋混凝土外筒。

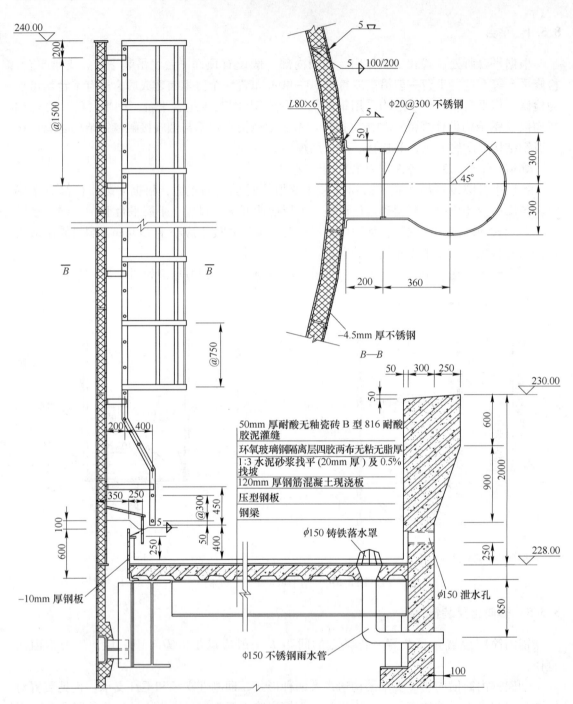

图 8.5-5　烟囱顶部平台构造示例

在止晃装置设计中必须考虑温度膨胀的影响，尤其应考虑事故温度情况下的不利因素。止晃装置处钢内筒应设加强环进行加强。

### 8.5.5.1　刚性支承

刚性支承是目前国内最常用的支承形式，国内电厂正在运行的钢内筒烟囱中绝大多数均采用该支承形式。刚性支承使钢内筒受力均匀,与设计假定一致,温度膨胀对钢内筒不产生次应力。在调查中发现,钢内筒振动、止晃装置摩擦将引起钢平台振动,并导致各层电气照明脱落。为此,在止晃点节点处增设了复合聚四氟乙烯板,这样一来既可减小摩擦又减缓了钢内筒振动对钢平台的影响,如图 8.5-6 所示。

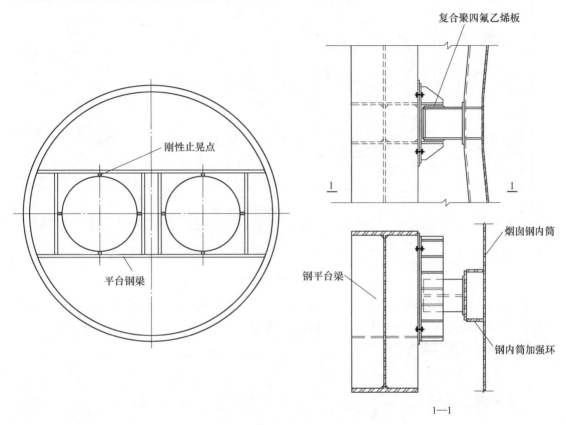

图 8.5-6 刚性支承止晃示意图

### 8.5.5.2 刚性撑杆

刚性撑杆支承形式结构新颖,构件简单,传力明确,施工便利,检修维护方便。但是,钢内筒温度膨胀纵向变形由于刚性撑杆的约束将会产生一定的水平变位。为此,在构造上可采取如下措施予以解决:

(1) 在水平刚性撑杆设计布置时尽可能地增加其长度。

(2) 根据烟囱的运行温度及安装温度计算,使水平刚性撑杆在安装时有一初始角度。

刚性撑杆布置如图 8.5-7 所示。

### 8.5.5.3 柔性拉杆

柔性止晃装置以扁钢或拉索为止晃受力构件,一般设在平台上方 2.0m 左右处,与外筒及内筒的连接均采用铰接。拉紧节点宜采用花篮螺栓,以调整松紧度。

柔性拉杆为国际常用的支承形式。该支承形式检修维护方便,但平面布置复杂,紧固装置安装调试要求较高,需定期对柔性拉杆的拉紧装置进行紧固和维护,以防蠕变造成紧固装置的约束力损失。钢内筒温度膨胀纵向变形对水平柔性拉杆产生较大的附加力,而当

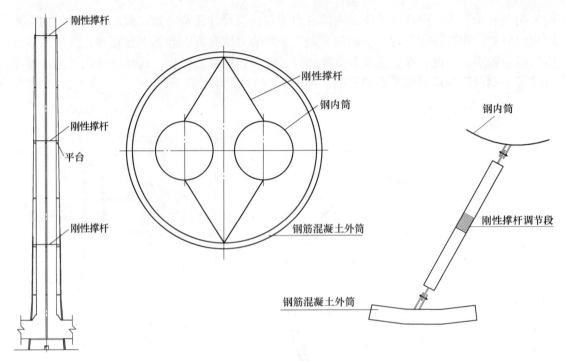

图 8.5-7　刚性撑杆止晃示意图

锅炉停运钢内筒回到常温时，柔性拉杆将会松弛，减弱对钢内筒的约束作用。由于各柔性拉杆拉力均不是很大，故可在各柔性拉杆的中间增设一个带阻尼器的弹簧装置解决这一问题。柔性拉杆布置如图8.5-8所示。

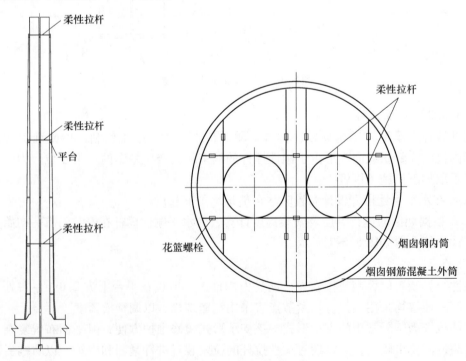

图 8.5-8　柔性拉杆止晃示意图

### 8.5.6 砖内筒筒壁

砖砌体的厚度不宜小于200mm，砖内筒外表面设置的配筋钾水玻璃类耐酸防腐材料封闭层厚度不宜小于30mm，封闭层外表面按照计算设置的超细玻璃棉毡或岩棉毡类隔热层厚度不宜小于60mm。筒壁构造如图8.5-9所示。

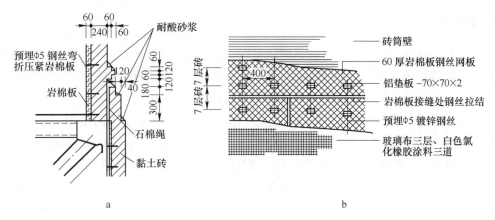

图8.5-9 排烟筒构造（单位：mm）
a—排烟筒壁剖面；b—隔热层详图

一般情况下，砖内筒结构的砖砌体内不配置环向和竖向钢筋。砖内筒可结合封闭层外表面固定隔热层的需要，在封闭层外表面沿高度方向设置扁钢环箍，环箍的最小配置是60mm×6mm，间距1000mm。

分段连接的砖砌排烟内筒接缝处，应留设100mm的竖向伸缩缝。支承平台的混凝土结构内侧需做特殊的防腐构造措施，如贴聚四氟乙烯贴面或涂耐酸防腐涂层等。

### 8.5.7 砖内筒烟囱斜撑式支承平台和楼板式支承平台

套筒式烟囱分段支承形式的斜撑式支承平台一般采用分段预制（有条件时应优先采用现场浇筑），然后与钢梁、钢柱和钢支撑等吊装拼接。承重环梁分段长度一般控制在3m左右，每段环梁上径向布置4根平台钢梁，其中的两根间隔布置的钢梁位置下设有钢支柱。钢梁间最小环向间距一般控制在750～1400mm；钢支撑设在钢梁间的平面内；钢支柱间最小环向间距一般控制在1500～2800mm。钢支柱和平台钢梁一般选用双槽钢组合而成。

多管式烟囱分段支承平台的混凝土板厚一般取250mm；楼板支承平台钢梁通常选用焊接工字形钢梁，钢梁端部应伸入钢筋混凝土外筒壁内的留孔中，以减少梁端荷载对钢筋混凝土外筒壁的偏心弯曲影响。

### 8.5.8 砖内筒烟囱内烟道和积灰平台

内烟道和积灰平台一般采用现浇钢筋混凝土结构。内烟道的顶（底）板和积灰平台板多选用梁板体系，侧壁多选用钢筋混凝土柱内填充砖砌体（包括耐酸砂浆封闭层和隔热层）体系（套筒式烟囱）和钢筋混凝土板墙（内设砖砌体内衬和隔热层）体系（多管式烟囱）；内烟道顶板一般取200mm厚，底板和积灰平台板取150mm厚，侧壁填充的砖砌体和砖砌体内衬不小于 200mm 厚。

内烟道端部与排烟内筒固接连接，与钢筋混凝土外筒壁通过支承牛腿铰接连接。

# 8.6  自立式钢内筒计算实例

## 8.6.1  基本资料

某电厂烟囱选用一座 240m 高双钢内筒多管式烟囱，一台炉对应一个钢内筒，排放介质为经湿法脱硫后的湿烟气。钢筋混凝土外筒高 230m，筒首外直径 20.4m，壁厚 0.30m；底部外直径 28.56m，壁厚 0.75m。外筒坡度 0 ~ 80.0 为 3.6%、80.0 ~ 160.0 为 1.5%、160.0 ~ 230.0 为 0.0%。钢筋混凝土外筒内布置两个 $\phi8.5m$ 等直径钢排烟筒，高 240m，筒壁厚度分别为 22mm(0 ~ 80.0)、18mm(80.0 ~ 120.0)、16mm(120.0 ~ 160.0)、14mm(160.0 ~ 240.0)。内外筒之间在 28.1m、52.5m、80.0m、120.0m、160.0m、200.0m、228.67m 处布置了七层钢平台，如图 8.6-1 所示。钢排烟筒为自立式，内衬为 38mm 泡沫玻璃砖。

百年一遇基本风压值为 $0.6kN/m^2$，地面粗糙度按 B 类考虑；正常运行烟气温度为 55℃，事故运行烟气温度为 180℃；基础倾斜值考虑为 0.002；日照温差为 20℃；混凝土强度等级为 C30 和 C40，钢筋选用 HRB335 钢筋；抗震设防烈度 8 度，场地类别为Ⅳ类，设计地震分组为第一组。

## 8.6.2  钢筋混凝土外筒计算

### 8.6.2.1  烟囱温度分布计算

A  极端最高温度情况下的温度计算

烟囱环境极端最高温度 $T_a = 42℃$，烟气正常温度 $T_g = 55℃$，其温度分布如图 8.6-2 所示，通过 51YC 专业软件计算结果见表 8.6-1。具体计算按式（4.3-1）计算。

**表 8.6-1  极端最高温度情况下温度分布结算结果**

| 标高/m | $T_0$/℃ | $T_1$/℃ | $T_2$/℃ | $T_3$/℃ | $T_4$/℃ |
|---|---|---|---|---|---|
| 228.67 | 54.7 | 43.7 | 43.7 | 43.2 | 42.4 |
| 200.00 | 54.7 | 43.7 | 43.7 | 43.2 | 42.4 |
| 160.00 | 54.7 | 44.0 | 44.0 | 43.5 | 42.4 |
| 120.00 | 54.7 | 44.2 | 44.2 | 43.7 | 42.3 |
| 80.00 | 54.7 | 44.3 | 44.3 | 43.8 | 42.3 |
| 52.50 | 54.7 | 44.3 | 44.3 | 43.8 | 42.3 |
| 28.10 | 54.7 | 44.3 | 44.2 | 43.8 | 42.3 |

B  极端最低温度情况下的温度计算

烟囱环境极端最高温度 $T_a = -15.8℃$，计算结果见表 8.6-2。

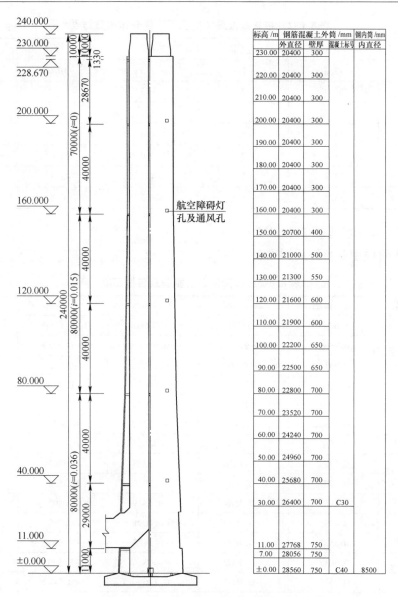

| 标高/m | 钢筋混凝土外筒/mm | | | 钢内筒/mm |
|---|---|---|---|---|
| | 外直径 | 壁厚 | 混凝土标号 | 内直径 |
| 230.00 | 20400 | 300 | | |
| 220.00 | 20400 | 300 | | |
| 210.00 | 20400 | 300 | | |
| 200.00 | 20400 | 300 | | |
| 190.00 | 20400 | 300 | | |
| 180.00 | 20400 | 300 | | |
| 170.00 | 20400 | 300 | | |
| 160.00 | 20400 | 300 | | |
| 150.00 | 20700 | 400 | | |
| 140.00 | 21000 | 500 | | |
| 130.00 | 21300 | 550 | | |
| 120.00 | 21600 | 600 | | |
| 110.00 | 21900 | 600 | | |
| 100.00 | 22200 | 650 | | |
| 90.00 | 22500 | 650 | | |
| 80.00 | 22800 | 700 | | |
| 70.00 | 23520 | 700 | | |
| 60.00 | 24240 | 700 | | |
| 50.00 | 24960 | 700 | | |
| 40.00 | 25680 | 700 | | |
| 30.00 | 26400 | 700 | C30 | |
| 11.00 | 27768 | 750 | | |
| 7.00 | 28056 | 750 | | |
| ±0.00 | 28560 | 750 | C40 | 8500 |

图 8.6-1  多管式钢内筒烟囱布置简图

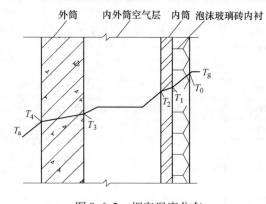

图 8.6-2  烟囱温度分布

**表 8.6-2　极端最低温度情况下温度分布结算结果**

| 标高/m | $T_0/℃$ | $T_1/℃$ | $T_2/℃$ | $T_3/℃$ | $T_4/℃$ |
|---|---|---|---|---|---|
| 228. 67 | 53. 3 | − 7. 4 | − 7. 5 | − 10. 3 | − 14. 7 |
| 200. 00 | 53. 3 | − 7. 4 | − 7. 5 | − 10. 3 | − 14. 7 |
| 160. 00 | 53. 4 | − 5. 5 | − 5. 5 | − 8. 2 | − 14. 7 |
| 120. 00 | 53. 4 | − 4. 7 | − 4. 7 | − 7. 4 | − 14. 8 |
| 80. 00 | 53. 4 | − 4. 0 | − 4. 0 | − 6. 6 | − 14. 9 |
| 52. 50 | 53. 4 | − 4. 1 | − 4. 1 | − 6. 8 | − 14. 9 |
| 28. 10 | 53. 4 | − 4. 1 | − 4. 2 | − 6. 8 | − 15. 0 |

### 8.6.2.2　外筒振型与周期计算

外筒前 5 阶振型及自振周期见表 8.6-3。

**表 8.6-3　外筒前 5 阶振型及自振周期**

| 坐标/m | 第一振型 | 第二振型 | 第三振型 | 第四振型 | 第五振型 |
|---|---|---|---|---|---|
| 230. 000 | 1. 0000 | 1. 0000 | 1. 0000 | − 1. 0000 | 1. 0000 |
| 228. 670 | 0. 9909 | 0. 9733 | 0. 9558 | − 0. 9383 | 0. 9226 |
| 220. 000 | 0. 9312 | 0. 7976 | 0. 6602 | − 0. 5137 | 0. 3692 |
| 210. 000 | 0. 8624 | 0. 5944 | 0. 3181 | − 0. 0268 | − 0. 2482 |
| 200. 000 | 0. 7938 | 0. 3947 | − 0. 0025 | 0. 3845 | − 0. 6755 |
| 190. 000 | 0. 7257 | 0. 2041 | − 0. 2740 | 0. 6471 | − 0. 7878 |
| 180. 000 | 0. 6587 | 0. 0296 | − 0. 4691 | 0. 7142 | − 0. 5708 |
| 170. 000 | 0. 5933 | − 0. 1226 | − 0. 5723 | 0. 5981 | − 0. 1702 |
| 160. 000 | 0. 5297 | − 0. 2521 | − 0. 5916 | 0. 3535 | 0. 2571 |
| 150. 000 | 0. 4683 | − 0. 3564 | − 0. 5319 | 0. 0403 | 0. 5647 |
| 140. 000 | 0. 4095 | − 0. 4332 | − 0. 4091 | − 0. 2575 | 0. 6421 |
| 130. 000 | 0. 3537 | − 0. 4829 | − 0. 2422 | − 0. 4802 | 0. 4825 |
| 120. 000 | 0. 3013 | − 0. 5062 | − 0. 0566 | − 0. 5792 | 0. 1625 |
| 110. 000 | 0. 2525 | − 0. 5053 | 0. 1269 | − 0. 5442 | − 0. 2000 |
| 100. 000 | 0. 2078 | − 0. 4832 | 0. 2857 | − 0. 3941 | − 0. 4662 |
| 90. 000 | 0. 1673 | − 0. 4434 | 0. 4057 | − 0. 1669 | − 0. 5566 |
| 80. 000 | 0. 1314 | − 0. 3905 | 0. 4756 | 0. 0806 | − 0. 4477 |
| 70. 000 | 0. 1000 | − 0. 3288 | 0. 4936 | 0. 2988 | − 0. 1895 |
| 60. 000 | 0. 0734 | − 0. 2636 | 0. 4645 | 0. 4437 | 0. 1124 |
| 52. 500 | 0. 0563 | − 0. 2147 | 0. 4174 | 0. 4928 | 0. 3100 |
| 44. 300 | 0. 0405 | − 0. 1644 | 0. 3505 | 0. 4890 | 0. 4488 |
| 28. 100 | 0. 0168 | − 0. 0779 | 0. 1957 | 0. 3467 | 0. 4633 |
| 18. 000 | 0. 0073 | − 0. 0375 | 0. 1047 | 0. 2090 | 0. 3219 |
| 7. 000 | 0. 0013 | − 0. 0088 | 0. 0288 | 0. 0665 | 0. 1174 |
| 0 | 0 | 0 | 0 | 0 | 0 |
| 自振周期/s | 2. 295 | 0. 558 | 0. 236 | 0. 132 | 0. 086 |

### 8.6.2.3 外筒风荷载计算

**A 外筒荷载计算**

外筒荷载计算结果见表8.6-4。

表8.6-4 外筒风荷载计算结果（标准值）

| 标高/m | 脉动风共振因子 | 脉动风背景因子 | 风振系数 | 截面剪力/kN | 弯矩/kN·m |
|---|---|---|---|---|---|
| 230.000 | 1.669 | 0.576 | 1.673 | 342.6 | 0.0 |
| 228.670 | 1.669 | 0.572 | 1.668 | 384.4 | 483.5 |
| 220.000 | 1.669 | 0.544 | 1.636 | 651.8 | 4981.4 |
| 210.000 | 1.669 | 0.511 | 1.597 | 949.8 | 12998.8 |
| 200.000 | 1.669 | 0.477 | 1.557 | 1236.4 | 23939.4 |
| 190.000 | 1.669 | 0.443 | 1.518 | 1511.7 | 37689.7 |
| 180.000 | 1.669 | 0.409 | 1.477 | 1775.6 | 54136.0 |
| 170.000 | 1.669 | 0.374 | 1.437 | 2028.3 | 73164.9 |
| 160.000 | 1.669 | 0.340 | 1.398 | 2269.7 | 94663.9 |
| 150.000 | 1.669 | 0.311 | 1.363 | 2502.1 | 118528.7 |
| 140.000 | 1.669 | 0.281 | 1.329 | 2727.5 | 144683.0 |
| 130.000 | 1.669 | 0.252 | 1.294 | 2945.6 | 173054.8 |
| 120.000 | 1.669 | 0.223 | 1.260 | 3156.0 | 203569.1 |
| 110.000 | 1.669 | 0.194 | 1.227 | 3358.6 | 236148.8 |
| 100.000 | 1.669 | 0.166 | 1.194 | 3553.2 | 270714.5 |
| 90.000 | 1.669 | 0.140 | 1.164 | 3739.6 | 307185.3 |
| 80.000 | 1.669 | 0.115 | 1.135 | 3917.7 | 345478.7 |
| 70.000 | 1.669 | 0.094 | 1.110 | 4088.9 | 385516.3 |
| 60.000 | 1.669 | 0.074 | 1.087 | 4254.5 | 427238.6 |
| 52.500 | 1.669 | 0.061 | 1.071 | 4374.4 | 459599.2 |
| 44.300 | 1.669 | 0.047 | 1.055 | 4500.6 | 495990.2 |
| 28.100 | 1.669 | 0.023 | 1.027 | 4732.0 | 570810.8 |
| 18.000 | 1.669 | 0.012 | 1.014 | 4860.0 | 619263.4 |
| 7.000 | 1.669 | 0.003 | 1.003 | 4978.8 | 673397.6 |
| 0 | 1.669 | 0 | 1.000 | 5050.3 | 708498.7 |

**B 环向风弯矩计算**

环向风弯矩计算结果见表8.6-5。

表8.6-5 局部风压引起的环向风弯矩（标准值）

| 标高/m | 内侧受拉环弯矩/kN·m | 外侧受拉环弯矩/kN·m |
|---|---|---|
| 230.000 | 84.0 | 72.8 |
| 228.670 | 83.6 | 72.4 |
| 220.000 | 81.0 | 70.2 |
| 210.000 | 78.0 | 67.6 |
| 200.000 | 75.0 | 65.0 |

| 标高/m | 内侧受拉环弯矩/kN·m | 外侧受拉环弯矩/kN·m |
|---|---|---|
| 190.000 | 72.0 | 62.3 |
| 180.000 | 68.9 | 59.7 |
| 170.000 | 65.9 | 57.1 |
| 160.000 | 62.9 | 54.5 |
| 150.000 | 62.0 | 53.7 |
| 140.000 | 60.9 | 52.8 |
| 130.000 | 59.7 | 51.7 |
| 120.000 | 58.4 | 50.6 |
| 110.000 | 56.9 | 49.3 |
| 100.000 | 55.3 | 47.9 |
| 90.000 | 53.6 | 46.5 |
| 80.000 | 51.8 | 44.9 |
| 70.000 | 51.8 | 44.9 |
| 60.000 | 51.5 | 44.6 |
| 52.500 | 50.9 | 44.1 |
| 44.300 | 50.0 | 43.3 |
| 28.100 | 46.4 | 40.2 |
| 18.000 | 42.3 | 36.7 |
| 7.000 | 37.2 | 32.2 |

C　横风向风振计算

烟囱顶部设计风速 $v_H = 49.59 \mathrm{m/s}$，第 1 阶临界风速 $v_{cr} = 44.9 \mathrm{m/s}$，满足 $1.2 v_H > v_{cr}$；雷诺数 $Re = 6.4 \times 10^7 > 3.5 \times 10^6$。

烟囱满足横风向共振条件，应对烟囱进行横风向共振验算，其中：

（1）横风向共振荷载范围起点高度 $H_1 = 35.072 \mathrm{m}$。

（2）横风向共振荷载范围顶点高度 $H_2 = 230.000 \mathrm{m}$。

（3）风振起点高度对应振型计算系数 $\lambda_1 = 1.545$。

（4）风振顶点高度对应振型计算系数 $\lambda_2 = 0$。

顺风向与横风向综合效应计算结果见表 8.6-6。

表 8.6-6　顺风向与横风向综合效应（标准值）

| 截面标高/m | 剪力/kN | 弯矩/kN·m |
|---|---|---|
| 228.670 | 406.1 | 491.4 |
| 220.000 | 1151.3 | 7073.6 |
| 210.000 | 2059.2 | 23260.5 |
| 200.000 | 2912.6 | 48340.1 |
| 190.000 | 3702.1 | 81676.8 |

| 截面标高/m | 剪力/kN | 弯矩/kN·m |
|---|---|---|
| 180.000 | 4426.6 | 122607.3 |
| 170.000 | 5086.8 | 170473.5 |
| 160.000 | 5684.1 | 224633.5 |
| 150.000 | 6224.7 | 284483.8 |
| 140.000 | 6713.6 | 349480.2 |
| 130.000 | 7152.2 | 419106.9 |
| 120.000 | 7542.0 | 492861.6 |
| 110.000 | 7885.2 | 570261.9 |
| 100.000 | 8184.4 | 650848.1 |
| 90.000 | 8442.8 | 734189.3 |
| 80.000 | 8663.7 | 819886.5 |
| 70.000 | 8852.6 | 907586.8 |
| 60.000 | 9014.3 | 996990.4 |
| 52.500 | 9120.1 | 1064964.0 |
| 44.300 | 9221.2 | 1140109.0 |
| 28.100 | 9379.9 | 1290865.0 |
| 18.000 | 9456.9 | 1385802.0 |
| 7.000 | 9522.7 | 1489922.0 |
| 0 | 9560.6 | 1556490.0 |

### 8.6.2.4 外筒地震荷载计算

地震计算参数如下：

（1）抗震设防烈度为 8 度。

（2）设计基本地震加速度值为 0.20$g$。

（3）场地类别为Ⅳ类。

（4）设计地震分组为第一组。

（5）水平地震影响系数最大值为 0.16。

（6）场地特征周期为 0.65s。

地震力及每节烟囱根部重量计算结果见表 8.6-7。

**表 8.6-7　地震作用内力及每节烟囱根部重量**（标准值）

| 高度/m | 截面剪力/kN | 截面弯矩/kN·m | 竖向地震力/kN | 每节烟囱底部重量/kN |
|---|---|---|---|---|
| 228.670 | 89.5 | 119.1 | 555.3 | 629.9 |
| 220.000 | 1796.9 | 15698.0 | 6707.8 | 7852.1 |
| 210.000 | 2703.4 | 42700.5 | 10527.7 | 12588.1 |
| 200.000 | 3346.5 | 75952.2 | 14177.8 | 17324.0 |
| 190.000 | 4068.4 | 115489.2 | 18371.2 | 23060.2 |

| 高度/m | 截面剪力/kN | 截面弯矩/kN·m | 竖向地震力/kN | 每节烟囱底部重量/kN |
|---|---|---|---|---|
| 180.000 | 4337.2 | 157359.9 | 21645.6 | 27796.1 |
| 170.000 | 4517.4 | 200299.6 | 25727.5 | 34079.3 |
| 160.000 | 4646.7 | 243277.3 | 29952.1 | 41130.2 |
| 150.000 | 4849.9 | 284847.5 | 34325.6 | 49201.1 |
| 140.000 | 5015.0 | 326223.4 | 38169.9 | 57192.5 |
| 130.000 | 5198.6 | 367367.1 | 41576.3 | 65301.7 |
| 120.000 | 5419.9 | 408452.7 | 44782.8 | 74329.9 |
| 110.000 | 5867.5 | 448790.2 | 47506.2 | 83894.0 |
| 100.000 | 6255.1 | 490742.1 | 49631.4 | 94002.1 |
| 90.000 | 6688.6 | 535025.6 | 50996.1 | 104251.5 |
| 80.000 | 7172.2 | 582423.7 | 51577.8 | 115482.7 |
| 70.000 | 7928.4 | 633559.8 | 51092.2 | 128094.1 |
| 60.000 | 8529.2 | 690075.6 | 49377.6 | 140837.9 |
| 52.500 | 9044.3 | 736375.3 | 47217.9 | 150655.6 |
| 44.300 | 9690.2 | 791286.3 | 43301.8 | 163466.4 |
| 28.100 | 10430.4 | 913704.2 | 32592.2 | 187517.1 |
| 18.000 | 11051.6 | 998818.7 | 22317.5 | 204609.8 |
| 7.000 | 11324.5 | 1097939.0 | 18205.9 | 222046.2 |
| 0 | 11401.7 | 1163741.0 | 18205.9 | 233409.3 |

### 8.6.2.5　外筒附加弯矩计算

荷载组合工况如下：

（1）组合（1）为恒载（1.0）+风荷载（1.4）。

（2）组合（2）为恒载（1.2）+风荷载（1.4）。

（3）组合（3）为重力荷载代表值（1.0）+风荷载（0.28）+水平地震力（1.3）-竖向地震力（0.5）。

（4）组合（4）为重力荷载代表值（1.2）+风荷载（0.28）+水平地震力（1.3）+竖向地震力（0.5）。

（5）组合（5）为重力荷载代表值（1.0）+风荷载（0.28）+水平地震力（0.5）-竖向地震力（1.3）。

（6）组合（6）为重力荷载代表值（1.2）+风荷载（0.28）+水平地震力（0.5）+竖向地震力（1.3）。

附加弯矩按式（7.2-1）进行计算，计算结果见表8.6-8。

#### 表8.6-8　附加弯矩计算结果

| 标高/m | 组合(1)/kN·m | 组合(2)/kN·m | 组合(3)/kN·m | 组合(4)/kN·m | 组合(5)/kN·m | 组合(6)/kN·m |
|---|---|---|---|---|---|---|
| 228.670 | 6.1 | 7.3 | 0.0 | 39.4 | 0.0 | 58.5 |
| 220.000 | 824.1 | 991.3 | 460.5 | 1534.7 | 0.0 | 1549.9 |
| 210.000 | 2393.9 | 2879.8 | 1274.0 | 4338.3 | 0.0 | 4298.2 |
| 200.000 | 4620.3 | 5558.9 | 2412.2 | 8227.3 | 0.0 | 8055.6 |

| 标高/m | 组合(1)/kN·m | 组合(2)/kN·m | 组合(3)/kN·m | 组合(4)/kN·m | 组合(5)/kN·m | 组合(6)/kN·m |
|---|---|---|---|---|---|---|
| 190.000 | 7952.9 | 9574.2 | 4334.0 | 13687.3 | 213.2 | 13099.9 |
| 180.000 | 11869.3 | 14294.0 | 6545.3 | 20053.1 | 421.0 | 18986.3 |
| 170.000 | 15702.2 | 18909.1 | 8680.8 | 26484.6 | 622.5 | 25155.1 |
| 160.000 | 19672.5 | 23638.0 | 11016.8 | 33487.0 | 816.8 | 31710.4 |
| 150.000 | 24316.5 | 29016.6 | 14453.3 | 41920.2 | 1008.3 | 38868.6 |
| 140.000 | 30391.5 | 35802.0 | 19991.2 | 52732.7 | 1541.4 | 46879.8 |
| 130.000 | 38792.2 | 44888.7 | 28667.3 | 66906.8 | 2787.8 | 56018.6 |
| 120.000 | 50456.3 | 57214.5 | 41387.8 | 85286.1 | 5100.6 | 66535.0 |
| 110.000 | 66269.0 | 73664.1 | 58854.8 | 108500.8 | 8791.8 | 78631.0 |
| 100.000 | 86968.9 | 94974.9 | 81513.0 | 136914.1 | 14113.4 | 92442.3 |
| 90.000 | 113059.2 | 121647.9 | 109493.7 | 170567.0 | 21239.1 | 108021.5 |
| 80.000 | 144725.2 | 153864.9 | 142624.3 | 209189.0 | 30262.8 | 125337.3 |
| 70.000 | 181777.1 | 191431.5 | 180422.4 | 252198.0 | 41193.3 | 144274.5 |
| 60.000 | 223689.3 | 233817.5 | 222180.8 | 298785.9 | 53979.5 | 164647.8 |
| 52.500 | 258742.0 | 269198.6 | 256332.4 | 336281.5 | 64999.9 | 181045.2 |
| 44.300 | 300989.6 | 311779.0 | 296642.7 | 379983.6 | 78633.8 | 200270.6 |
| 28.100 | 385613.2 | 396958.5 | 376267.2 | 465323.4 | 107301.8 | 238838.7 |
| 18.000 | 435807.7 | 447422.1 | 423155.8 | 515066.3 | 125582.2 | 262450.4 |
| 7.000 | 487518.3 | 499353.9 | 471245.7 | 565658.6 | 145972.2 | 287925.3 |
| 0 | 517997.4 | 529931.0 | 499606.0 | 595267.4 | 159199.3 | 303968.4 |

### 8.6.2.6 外筒组合弯矩计算

外筒组合弯矩计算结果见表8.6-9。

**表8.6-9 外筒组合弯矩计算结果（设计值）**

| 高度/m | 组合(1)/kN·m | 组合(2)/kN·m | 组合(3)/kN·m | 组合(4)/kN·m | 组合(5)/kN·m | 组合(6)/kN·m |
|---|---|---|---|---|---|---|
| 228.670 | 694.0 | 695.3 | 292.4 | 331.8 | 197.1 | 255.7 |
| 220.000 | 10727.1 | 10894.4 | 22848.5 | 23922.7 | 9829.6 | 11379.5 |
| 210.000 | 34958.5 | 35444.4 | 63297.6 | 66361.9 | 27863.2 | 32161.4 |
| 200.000 | 72296.4 | 73235.1 | 114685.2 | 120500.3 | 51511.3 | 59567.0 |
| 190.000 | 122300.5 | 123921.7 | 177339.5 | 186692.8 | 80827.3 | 93714.0 |
| 180.000 | 183519.5 | 185944.2 | 245443.2 | 258951.0 | 113431.0 | 131996.3 |
| 170.000 | 254365.0 | 257571.9 | 316802.8 | 334606.7 | 148504.8 | 173037.4 |
| 160.000 | 334159.4 | 338124.8 | 390174.7 | 412644.8 | 185352.9 | 216246.4 |
| 150.000 | 422593.8 | 427294.0 | 464410.6 | 491877.4 | 223087.5 | 260947.8 |
| 140.000 | 519663.7 | 525074.3 | 541936.1 | 574677.6 | 262507.6 | 307846.0 |
| 130.000 | 625541.8 | 631638.3 | 623594.5 | 661834.0 | 303821.3 | 357052.1 |

| 高度/m | 组合(1)/kN·m | 组合(2)/kN·m | 组合(3)/kN·m | 组合(4)/kN·m | 组合(5)/kN·m | 组合(6)/kN·m |
|---|---|---|---|---|---|---|
| 120.000 | 740462.6 | 747220.8 | 710377.6 | 754275.8 | 347328.3 | 408762.7 |
| 110.000 | 864635.7 | 872030.8 | 801955.4 | 851601.4 | 392860.2 | 462699.5 |
| 100.000 | 998156.2 | 1006162.0 | 901715.2 | 957116.3 | 441721.9 | 520050.8 |
| 90.000 | 1140924.0 | 1149513.0 | 1010600.0 | 1071673.0 | 494324.9 | 581107.3 |
| 80.000 | 1292566.0 | 1301706.0 | 1129343.0 | 1195908.0 | 551042.9 | 646117.4 |
| 70.000 | 1452399.0 | 1462053.0 | 1258174.0 | 1329950.0 | 612097.4 | 715178.7 |
| 60.000 | 1619476.0 | 1629604.0 | 1398436.0 | 1475042.0 | 678174.6 | 788842.9 |
| 52.500 | 1749691.0 | 1760148.0 | 1511810.0 | 1591759.0 | 731377.4 | 847422.6 |
| 44.300 | 1897142.0 | 1907931.0 | 1644545.0 | 1727886.0 | 793507.3 | 915144.1 |
| 28.100 | 2192824.0 | 2204170.0 | 1925525.0 | 2014581.0 | 925596.1 | 1057133.0 |
| 18.000 | 2375931.0 | 2387545.0 | 2109645.0 | 2201555.0 | 1013016.0 | 1149884.0 |
| 7.000 | 2573410.0 | 2585245.0 | 2315744.0 | 2410157.0 | 1112120.0 | 1254073.0 |
| 0 | 2697084.0 | 2709017.0 | 2448287.0 | 2543948.0 | 1176887.0 | 1321656.0 |

### 8.6.2.7　外筒位移计算

**A　荷载标准值组合下位移计算**

标准组合按以下情况进行计算：

(1) 组合1为恒载 (1.0) + 风荷载 (1.0)。

(2) 组合2为重力荷载代表值(1.0) + 风荷载(0.20) + 水平地震力(1.0) – 竖向地震力(0.4)。

(3) 组合3为重力荷载代表值(1.0) + 风荷载(0.20) + 水平地震力(1.0) + 竖向地震力(0.4)。

(4) 组合4为重力荷载代表值(1.0) + 风荷载(0.20) + 水平地震力(0.4) – 竖向地震力(1.0)。

(5) 组合5为重力荷载代表值(1.0) + 风荷载(0.20) + 水平地震力(0.4) + 竖向地震力(1.0)。

最终烟囱最大水平位移见表 8.6-10。

**表 8.6-10　荷载标准值组合下烟囱最大水平位移**　　　　　　　　(m)

| 标高 | 组合1 | 组合2 | 组合3 | 组合4 | 组合5 | 基础倾斜位移 | 日照温差位移 |
|---|---|---|---|---|---|---|---|
| 230.000 | 1.315 | 1.286 | 1.302 | 1.000 | 1.019 | 0.460 | 0.233 |
| 228.670 | 1.303 | 1.275 | 1.291 | 0.991 | 1.011 | 0.457 | 0.230 |
| 220.000 | 1.231 | 1.201 | 1.217 | 0.937 | 0.955 | 0.440 | 0.213 |
| 210.000 | 1.147 | 1.118 | 1.132 | 0.875 | 0.892 | 0.420 | 0.194 |
| 200.000 | 1.065 | 1.035 | 1.048 | 0.815 | 0.830 | 0.400 | 0.176 |
| 190.000 | 0.985 | 0.955 | 0.966 | 0.755 | 0.769 | 0.380 | 0.159 |
| 180.000 | 0.906 | 0.876 | 0.886 | 0.697 | 0.709 | 0.360 | 0.142 |

| 标高 | 组合 1 | 组合 2 | 组合 3 | 组合 4 | 组合 5 | 基础倾斜位移 | 日照温差位移 |
|------|--------|--------|--------|--------|--------|--------------|--------------|
| 170.000 | 0.829 | 0.800 | 0.809 | 0.641 | 0.652 | 0.340 | 0.127 |
| 160.000 | 0.754 | 0.727 | 0.735 | 0.587 | 0.596 | 0.320 | 0.113 |
| 150.000 | 0.682 | 0.657 | 0.664 | 0.534 | 0.542 | 0.300 | 0.099 |
| 140.000 | 0.613 | 0.590 | 0.596 | 0.484 | 0.490 | 0.280 | 0.086 |
| 130.000 | 0.546 | 0.526 | 0.531 | 0.435 | 0.441 | 0.260 | 0.074 |
| 120.000 | 0.483 | 0.466 | 0.470 | 0.388 | 0.393 | 0.240 | 0.063 |
| 110.000 | 0.423 | 0.408 | 0.412 | 0.344 | 0.348 | 0.220 | 0.053 |
| 100.000 | 0.366 | 0.354 | 0.357 | 0.302 | 0.305 | 0.200 | 0.044 |
| 90.000 | 0.313 | 0.304 | 0.306 | 0.262 | 0.264 | 0.180 | 0.036 |
| 80.000 | 0.264 | 0.257 | 0.259 | 0.224 | 0.226 | 0.160 | 0.028 |
| 70.000 | 0.219 | 0.214 | 0.215 | 0.189 | 0.190 | 0.140 | 0.022 |
| 60.000 | 0.177 | 0.174 | 0.174 | 0.156 | 0.157 | 0.120 | 0.016 |
| 52.500 | 0.149 | 0.146 | 0.147 | 0.132 | 0.133 | 0.105 | 0.012 |
| 44.300 | 0.120 | 0.118 | 0.118 | 0.108 | 0.108 | 0.089 | 0.009 |
| 28.100 | 0.069 | 0.068 | 0.068 | 0.064 | 0.064 | 0.056 | 0.003 |
| 18.000 | 0.041 | 0.041 | 0.041 | 0.039 | 0.039 | 0.036 | 0.001 |
| 7.000 | 0.015 | 0.015 | 0.015 | 0.014 | 0.014 | 0.014 | 0.000 |
| 0 | 0 | 0 | 0 | 0 | 0 | 0 | 0 |

根据《烟囱设计规范》（GB 50051—2013）第 3.2.6 条规定，钢筋混凝土烟囱在标准组合效应作用下，其水平位移不应大于该点离地高度的 1/100，表 8.6-10 中的计算结果均满足规范规定。

B 荷载设计值组合下位移计算

荷载设计组合按以下情况进行计算：

（1）组合 1 为恒载（1.0）+ 风荷载（1.4）。

（2）组合 2 为恒载（1.2）+ 风荷载（1.4）。

（3）组合 3 为重力荷载代表值（1.0）+ 风荷载（0.28）+ 水平地震力（1.3）- 竖向地震力（0.5）。

（4）组合 4 为重力荷载代表值（1.2）+ 风荷载（0.28）+ 水平地震力（1.3）+ 竖向地震力（0.5）。

（5）组合 5 为重力荷载代表值（1.0）+ 风荷载（0.28）+ 水平地震力（0.5）- 竖向地震力（1.3）。

（6）组合 6 为重力荷载代表值（1.2）+ 风荷载（0.28）+ 水平地震力（0.5）+ 竖向地震力（1.3）。

（7）组合 7 为恒载（1.2）+ 风荷载（0.28），该组合为事故温度组合。

最终烟囱最大水平位移见表 8.6-11。

**表 8.6-11　荷载设计值组合下烟囱最大水平位移**　　　　　　　　　　　（m）

| 标高 | 组合 1 | 组合 2 | 组合 3 | 组合 4 | 组合 5 | 组合 6 | 组合 7 |
|---|---|---|---|---|---|---|---|
| 230.000 | 2.173 | 2.180 | 2.028 | 2.114 | 1.349 | 1.436 | 0.990 |
| 228.670 | 2.154 | 2.161 | 2.009 | 2.095 | 1.337 | 1.423 | 0.982 |
| 220.000 | 2.029 | 2.036 | 1.889 | 1.968 | 1.261 | 1.341 | 0.929 |
| 210.000 | 1.886 | 1.892 | 1.751 | 1.824 | 1.173 | 1.247 | 0.870 |
| 200.000 | 1.744 | 1.750 | 1.615 | 1.681 | 1.087 | 1.154 | 0.811 |
| 190.000 | 1.604 | 1.610 | 1.482 | 1.541 | 1.003 | 1.063 | 0.753 |
| 180.000 | 1.467 | 1.472 | 1.352 | 1.405 | 0.920 | 0.974 | 0.696 |
| 170.000 | 1.334 | 1.338 | 1.226 | 1.273 | 0.841 | 0.888 | 0.641 |
| 160.000 | 1.205 | 1.208 | 1.106 | 1.147 | 0.764 | 0.805 | 0.588 |
| 150.000 | 1.080 | 1.083 | 0.990 | 1.026 | 0.690 | 0.726 | 0.536 |
| 140.000 | 0.960 | 0.963 | 0.881 | 0.911 | 0.619 | 0.650 | 0.486 |
| 130.000 | 0.846 | 0.848 | 0.776 | 0.802 | 0.551 | 0.577 | 0.437 |
| 120.000 | 0.738 | 0.740 | 0.678 | 0.699 | 0.487 | 0.509 | 0.391 |
| 110.000 | 0.636 | 0.638 | 0.586 | 0.603 | 0.427 | 0.444 | 0.346 |
| 100.000 | 0.542 | 0.543 | 0.501 | 0.514 | 0.370 | 0.384 | 0.304 |
| 90.000 | 0.454 | 0.455 | 0.422 | 0.432 | 0.316 | 0.327 | 0.264 |
| 80.000 | 0.374 | 0.375 | 0.349 | 0.357 | 0.267 | 0.275 | 0.226 |
| 70.000 | 0.302 | 0.303 | 0.283 | 0.289 | 0.221 | 0.227 | 0.190 |
| 60.000 | 0.238 | 0.238 | 0.224 | 0.229 | 0.179 | 0.183 | 0.156 |
| 52.500 | 0.195 | 0.195 | 0.185 | 0.188 | 0.150 | 0.153 | 0.133 |
| 44.300 | 0.152 | 0.152 | 0.145 | 0.147 | 0.121 | 0.123 | 0.108 |
| 28.100 | 0.081 | 0.081 | 0.079 | 0.080 | 0.069 | 0.070 | 0.064 |
| 18.000 | 0.046 | 0.046 | 0.045 | 0.046 | 0.041 | 0.042 | 0.039 |
| 7.000 | 0.016 | 0.016 | 0.015 | 0.015 | 0.015 | 0.015 | 0.014 |
| 0 | 0 | 0 | 0 | 0 | 0 | 0 | 0 |

注：各种组合计算位移包含基础倾斜和日照温差引起的位移。

### 8.6.2.8　外筒配筋计算

筒壁外侧竖向配筋与水平截面裂缝宽度计算结果见表 8.6-12。

**表 8.6-12　筒壁外侧竖向配筋与水平截面裂缝宽度计算结果**（钢筋采用 HRB335 级）

| 标高/m | 钢筋面积/mm² | 配筋率/% | 钢筋直径和间距/mm | 裂缝宽度/mm | 允许裂缝宽度/mm |
|---|---|---|---|---|---|
| 228.67 | 47936.4 | 0.25305 | 14@200 | 0.083 | 0.15 |
| 220.00 | 47936.4 | 0.25305 | 14@200 | 0.083 | 0.15 |
| 210.00 | 47936.4 | 0.25305 | 14@200 | 0.083 | 0.15 |
| 200.00 | 47936.4 | 0.25305 | 14@200 | 0.083 | 0.20 |
| 190.00 | 47936.4 | 0.25305 | 14@200 | 0.083 | 0.20 |

| 标高/m | 钢筋面积/mm² | 配筋率/% | 钢筋直径和间距/mm | 裂缝宽度/mm | 允许裂缝宽度/mm |
|---|---|---|---|---|---|
| 180.00 | 47936.4 | 0.25305 | 14@200 | 0.087 | 0.20 |
| 170.00 | 79241.8 | 0.31529 | 18@200 | 0.105 | 0.20 |
| 160.00 | 79241.8 | 0.28096 | 18@200 | 0.111 | 0.20 |
| 150.00 | 80411.7 | 0.28089 | 18@200 | 0.117 | 0.20 |
| 140.00 | 81581.7 | 0.25335 | 18@200 | 0.126 | 0.20 |
| 130.00 | 82751.6 | 0.25328 | 18@200 | 0.141 | 0.20 |
| 120.00 | 103606.8 | 0.28485 | 20@200 | 0.062 | 0.20 |
| 110.00 | 105051.1 | 0.28477 | 20@200 | 0.072 | 0.20 |
| 100.00 | 106495.4 | 0.26156 | 20@200 | 0.077 | 0.20 |
| 90.00 | 107939.7 | 0.26148 | 20@200 | 0.085 | 0.20 |
| 80.00 | 132354.7 | 0.29262 | 22@200 | 0.089 | 0.20 |
| 70.00 | 136549.0 | 0.29239 | 22@200 | 0.078 | 0.20 |
| 60.00 | 140743.4 | 0.27188 | 22@200 | 0.065 | 0.20 |
| 52.50 | 143889.1 | 0.27172 | 22@200 | 0.162 | 0.20 |
| 44.30 | 147328.5 | 0.25397 | 22@200 | 0.152 | 0.20 |
| 28.10 | 154123.4 | 0.25366 | 22@200 | 0.142 | 0.20 |
| 18.00 | 132604.8 | 0.25349 | 22@200 | 0.071 | 0.20 |
| 7.00 | 416291.9 | 0.64711 | 28@130 | 0.118 | 0.20 |
| 0 | 334878.8 | 0.64676 | 28@130 | 0.120 | 0.20 |

筒壁内侧竖向配筋结果见表 8.6-13。

**表 8.6-13 筒壁内侧竖向配筋（钢筋采用 HRB335 级）**

| 标高/m | 钢筋面积/mm² | 配筋率/% | 钢筋直径和间距/mm |
|---|---|---|---|
| 228.670 | 48070.9 | 0.32113 | 14@200 |
| 220.000 | 48070.9 | 0.32113 | 14@200 |
| 210.000 | 48070.9 | 0.32113 | 14@200 |
| 200.000 | 48070.9 | 0.32113 | 14@200 |
| 190.000 | 48070.9 | 0.32113 | 14@200 |
| 180.000 | 48070.9 | 0.32113 | 14@200 |
| 170.000 | 62154.8 | 0.31297 | 16@200 |
| 160.000 | 61839.0 | 0.27747 | 16@200 |
| 150.000 | 62786.5 | 0.27755 | 16@200 |
| 140.000 | 80263.6 | 0.31543 | 18@200 |
| 130.000 | 81462.7 | 0.31553 | 18@200 |
| 120.000 | 82262.1 | 0.28622 | 18@200 |
| 110.000 | 83461.3 | 0.28631 | 18@200 |

| 标高/m | 钢筋面积/mm² | 配筋率/% | 钢筋直径和间距/mm |
|---|---|---|---|
| 100.000 | 84260.7 | 0.26190 | 18@200 |
| 90.000 | 85459.9 | 0.26199 | 18@200 |
| 80.000 | 106493.0 | 0.29795 | 20@200 |
| 70.000 | 110046.0 | 0.29820 | 20@200 |
| 60.000 | 113105.6 | 0.27650 | 20@200 |
| 52.500 | 115770.4 | 0.27667 | 20@200 |
| 44.300 | 118190.4 | 0.25783 | 20@200 |
| 28.100 | 123946.4 | 0.25816 | 20@200 |
| 18.000 | 106793.3 | 0.21633 | 20@200 |
| 7.000 | 131443.3 | 0.25854 | 20@200 |
| 0 | 105831.5 | 0.20439 | 20@200 |

筒壁外侧环向配筋与竖向截面裂缝计算结果见表 8.6-14。

**表 8.6-14　筒壁外侧环向配筋与竖向截面裂缝计算结果**（钢筋采用 HRB335 级）

| 标高/m | 钢筋面积/mm²·m⁻¹ | 配筋率/% | 钢筋直径和间距/mm | 裂缝宽度/mm | 允许裂缝宽度/mm |
|---|---|---|---|---|---|
| 228.67 | 2116.4 | 0.70548 | 16@100 | 0.048 | 0.15 |
| 220.00 | 2116.4 | 0.70548 | 16@100 | 0.048 | 0.15 |
| 210.00 | 2010.6 | 0.67021 | 16@100 | 0.050 | 0.15 |
| 200.00 | 1914.9 | 0.63829 | 16@100 | 0.052 | 0.20 |
| 190.00 | 1827.8 | 0.60928 | 16@110 | 0.054 | 0.20 |
| 180.00 | 1748.4 | 0.58279 | 16@110 | 0.057 | 0.20 |
| 170.00 | 1148.9 | 0.28723 | 16@170 | 0.078 | 0.20 |
| 160.00 | 1005.3 | 0.22340 | 16@200 | 0.082 | 0.20 |
| 150.00 | 1005.3 | 0.22340 | 16@200 | 0.082 | 0.20 |
| 140.00 | 1272.3 | 0.25447 | 18@200 | 0.089 | 0.20 |
| 130.00 | 1272.3 | 0.25447 | 18@200 | 0.089 | 0.20 |
| 120.00 | 1272.3 | 0.23134 | 18@200 | 0.089 | 0.20 |
| 110.00 | 1272.3 | 0.23134 | 18@200 | 0.089 | 0.20 |
| 100.00 | 1570.8 | 0.26180 | 20@200 | 0.096 | 0.20 |
| 90.00 | 1570.8 | 0.26180 | 20@200 | 0.096 | 0.20 |
| 80.00 | 1570.8 | 0.24166 | 20@200 | 0.096 | 0.20 |
| 70.00 | 1570.8 | 0.24166 | 20@200 | 0.096 | 0.20 |
| 60.00 | 1570.8 | 0.22440 | 20@200 | 0.096 | 0.20 |
| 52.50 | 1570.8 | 0.22440 | 20@200 | 0.096 | 0.20 |
| 44.30 | 2454.4 | 0.32725 | 25@200 | 0.111 | 0.20 |
| 28.10 | 2454.4 | 0.32725 | 25@200 | 0.111 | 0.20 |
| 18.00 | 2454.4 | 0.32725 | 25@200 | 0.111 | 0.20 |
| 7.00 | 2454.4 | 0.32725 | 25@200 | 0.111 | 0.20 |
| 0 | 2454.4 | 0.32725 | 25@200 | 0.111 | 0.20 |

筒壁内侧环向钢筋计算结果见表 8.6-15。

表 8.6-15 筒壁内侧环向钢筋 （钢筋采用 HRB335 级）

表 8.6-15 筒壁内侧环向钢筋 （钢筋采用 HRB335 级）

| 高度/m | 钢筋面积/mm² · m⁻¹ | 配筋率/% | 钢筋直径和间距/mm |
|---|---|---|---|
| 228.67 | 2513.3 | 0.83776 | 16@80 |
| 220.00 | 2513.3 | 0.83776 | 16@80 |
| 210.00 | 2365.4 | 0.78848 | 16@85 |
| 200.00 | 2234.0 | 0.74467 | 16@90 |
| 190.00 | 2116.4 | 0.70548 | 16@95 |
| 180.00 | 2116.4 | 0.70548 | 16@95 |
| 170.00 | 1340.4 | 0.33510 | 16@150 |
| 160.00 | 1117.0 | 0.24822 | 16@180 |
| 150.00 | 1058.2 | 0.23516 | 16@190 |
| 140.00 | 1005.3 | 0.20106 | 16@200 |
| 130.00 | 1005.3 | 0.20106 | 16@200 |
| 120.00 | 1005.3 | 0.18278 | 16@200 |
| 110.00 | 1005.3 | 0.18278 | 16@200 |
| 100.00 | 1005.3 | 0.16755 | 16@200 |
| 90.00 | 1005.3 | 0.16755 | 16@200 |
| 80.00 | 1005.3 | 0.15466 | 16@200 |
| 70.00 | 1005.3 | 0.15466 | 16@200 |
| 60.00 | 1272.3 | 0.18176 | 18@200 |
| 52.50 | 1272.3 | 0.18176 | 18@200 |
| 44.30 | 1272.3 | 0.16965 | 18@200 |
| 28.10 | 1272.3 | 0.16965 | 18@200 |
| 18.00 | 1272.3 | 0.16965 | 18@200 |
| 7.00 | 1272.3 | 0.16965 | 18@200 |
| 0 | 1272.3 | 0.16965 | 18@200 |

注：烟囱顶部环向钢筋加大是由于上部截面是由环向风弯矩控制的结果。

## 8.6.3 钢内筒计算

### 8.6.3.1 钢内筒的截面性能

钢内筒设计计算时不考虑腐蚀裕度。钢内筒的截面性能见表 8.6-16。

表 8.6-16 钢内筒截面性能

| 截面编号 | 标高/m | 钢内筒壁厚/mm | 钢内筒面积/m² | 截面惯性矩/m⁴ | 钢内筒截面抵抗矩 $W/m^3$ |
|---|---|---|---|---|---|
| 9 | 240 | 14 | 0.3778 | 3.4847 | 0.811 |
| 8 | 228.67 | 14 | 0.3778 | 3.4847 | 0.811 |
| 7 | 200 | 14 | 0.3778 | 3.4847 | 0.811 |

| 截面编号 | 标高<br>/m | 钢内筒壁厚<br>/mm | 钢内筒面积<br>/m² | 截面惯性矩<br>/m⁴ | 钢内筒截面<br>抵抗矩 $W$/m³ |
|---|---|---|---|---|---|
| 6 | 160 | 14 | 0.3778 | 3.4847 | 0.811 |
| 5 | 120 | 16 | 0.4319 | 3.9853 | 0.928 |
| 4 | 80 | 18 | 0.4860 | 4.4867 | 1.044 |
| 3 | 52.5 | 22 | 0.5942 | 5.4913 | 1.277 |
| 2 | 28.1 | 22 | 0.5942 | 5.4913 | 1.277 |
| 1 | 0.00 | 22 | 0.5942 | 5.4913 | 1.277 |

### 8.6.3.2　设计控制条件

**A　自振周期限制**

按连续梁近似公式计算最大跨度段钢内筒的基本自振周期，钢内筒内衬为 38mm 泡沫玻璃砖，内积灰考虑为 50mm 厚，密度为 12.8kN/m³，钢内筒密度为 78.5kN/m³，其他附件按 0.5kN/m³ 考虑，内筒最大自振周期为：

$$T_s = 0.072s$$

$$\left| \frac{T_c - T_s}{T_c} \right| = \left| \frac{2.295 - 0.072}{2.295} \right| = 0.969 > 20\%$$

计算结果满足要求。

**B　极限长细比**

钢内筒各段最大计算长度 $l_0 = 40m$，截面回转半径 $i = 0.707 \times 4.295 = 3.037m$，则长细比为：

$$\frac{l_0}{i} = \frac{40}{3.037} = 13.17 \leqslant 80$$

计算结果满足要求。

### 8.6.3.3　钢内筒水平位移

内筒支承点相对位移及温差产生的位移见表 8.6-17。表 8.6-17 中各组合相对位移为外筒施加给内筒的位移，已经扣除基础倾斜位移。

**表 8.6-17　内筒支承点相对位移及温差产生的位移**　　　（m）

| 标高 | 组合1 | 组合2 | 组合3 | 组合4 | 组合5 | 组合6 | 组合7 | 正常温差位移 | 异常温差位移 |
|---|---|---|---|---|---|---|---|---|---|
| 228.670 | 1.697 | 1.704 | 1.552 | 1.637 | 0.880 | 0.966 | 0.525 | 0.105 | 0.149 |
| 200.000 | 1.344 | 1.350 | 1.215 | 1.281 | 0.687 | 0.754 | 0.411 | 0.089 | 0.126 |
| 160.000 | 0.885 | 0.888 | 0.786 | 0.827 | 0.444 | 0.485 | 0.268 | 0.066 | 0.094 |
| 120.000 | 0.498 | 0.500 | 0.438 | 0.459 | 0.247 | 0.269 | 0.151 | 0.044 | 0.062 |
| 80.000 | 0.214 | 0.215 | 0.189 | 0.197 | 0.107 | 0.115 | 0.066 | 0.022 | 0.031 |
| 52.500 | 0.090 | 0.090 | 0.080 | 0.083 | 0.045 | 0.048 | 0.028 | 0.008 | 0.012 |
| 28.100 | 0.025 | 0.025 | 0.023 | 0.023 | 0.013 | 0.014 | 0.008 | 0.001 | 0.001 |
| 0 | 0 | 0 | 0 | 0 | 0 | 0 | 0 | 0 | 0 |

### 8.6.3.4 内筒截面烟气温度不均匀分布温差及筒壁温差

烟道口顶部标高为 34.2m，烟道口高度范围内烟气温差见表 8.6-18。

**表 8.6-18 烟道口高度范围内烟气温差**

| 截面编号 | 标高/m | 钢内筒壁厚/mm | $\beta$ | 正常运行情况 | | 非正常运行情况 | |
|---|---|---|---|---|---|---|---|
| | | | | $T_g$/℃ | $\Delta T_0$/℃ | $T_g$/℃ | $\Delta T_0$/℃ |
| 2 | 18 | 22 | 0.3 | 55 | 16.5 | 180 | 54 |

内筒烟气温度沿高度不均匀分布温差及筒壁温差计算结果见表 8.6-19。

**表 8.6-19 内筒截面烟气温度不均匀分布温差及筒壁温差**

| 截面标高/m | 正常温度 $\Delta T_g$/℃ | 正常温度 $\Delta T_w$/℃ | 异常温度 $\Delta T_g$/℃ | 异常温度 $\Delta T_w$/℃ |
|---|---|---|---|---|
| 228.670 | 0.00 | 0.01 | 0.01 | 0.04 |
| 200.000 | 0.01 | 0.01 | 0.02 | 0.04 |
| 160.000 | 0.05 | 0.01 | 0.16 | 0.04 |
| 120.000 | 0.30 | 0.02 | 1.00 | 0.05 |
| 80.000 | 1.96 | 0.02 | 6.41 | 0.06 |
| 52.500 | 7.04 | 0.02 | 23.05 | 0.06 |
| 28.100 | 16.50 | 0.02 | 54.00 | 0.06 |
| 18.000 | 16.50 | 0.02 | 54.00 | 0.06 |

注：$\Delta T_g$—烟气温度在内筒截面内不均匀分布所产生的温差；$\Delta T_w$—筒壁内侧与外侧冬季温差。

### 8.6.3.5 内筒各截面设计强度允许值

内筒在正常运行工况和事故温度工况下的截面强度分别见表 8.6-20 和表 8.6-21。

**表 8.6-20 钢内筒截面抗压强度设计值（正常运行）**

| 标高/m | $\eta_h$ | $C = \dfrac{t}{r} \times \dfrac{E}{f_t}$ | $\zeta_h = 0.125C (C \leqslant 5.6)$ | $f_{ch} = \eta_h \zeta_h f_t$/MPa | $\dfrac{\eta_h \zeta_h f_t}{R_E}$/MPa |
|---|---|---|---|---|---|
| 228.670 | 1.0 | 2.182 | 0.273 | 84.545 | 105.681 |
| 200.000 | 1.0 | 2.182 | 0.273 | 84.545 | 105.681 |
| 160.000 | 1.0 | 2.182 | 0.273 | 84.545 | 105.681 |
| 120.000 | 1.0 | 2.492 | 0.312 | 96.578 | 120.722 |
| 80.000 | 1.0 | 2.945 | 0.368 | 108.599 | 135.749 |
| 52.500 | 1.0 | 3.596 | 0.450 | 132.608 | 165.760 |
| 28.100 | 1.0 | 3.596 | 0.450 | 132.608 | 165.760 |
| 0 | 1.0 | 3.596 | 0.450 | 132.608 | 165.760 |

注：$R_E$ 为抗震调整系数，取 0.8。

表 8.6-21　钢内筒截面抗压强度设计值（事故温度）

| 标高/m | $\eta_h$ | $C = \dfrac{t}{r} \times \dfrac{E}{f_t}$ | $\zeta_h = 0.125C(C \leqslant 5.6)$ | $f_{ch} = \eta_h \zeta_h f_t /\text{MPa}$ | $\dfrac{\eta_h \zeta_h f_t}{R_E}/\text{MPa}$ |
|---|---|---|---|---|---|
| 228.670 | 1.0 | 2.230 | 0.279 | 84.545 | 105.681 |
| 200.000 | 1.0 | 2.230 | 0.279 | 84.545 | 105.681 |
| 160.000 | 1.0 | 2.235 | 0.279 | 84.545 | 105.681 |
| 120.000 | 1.0 | 2.555 | 0.319 | 96.578 | 120.722 |
| 80.000 | 1.0 | 3.021 | 0.378 | 108.599 | 135.749 |
| 52.500 | 1.0 | 3.688 | 0.461 | 132.608 | 165.760 |
| 28.100 | 1.0 | 3.688 | 0.461 | 132.608 | 165.760 |
| 0 | 1.0 | 3.685 | 0.461 | 132.608 | 165.760 |

### 8.6.3.6　内筒各截面内力计算

A　内筒在外筒位移单独作用下最不利内力

内筒在外筒位移单独作用下最不利内力见表 8.6-22。

表 8.6-22　内筒在外筒位移单独作用下最不利内力

| 标高/m | 轴向力/kN | 轴向应力/MPa | 截面弯矩/kN·m | 弯曲应力/MPa | 支座反力/kN |
|---|---|---|---|---|---|
| 228.670 | 479.0 | 1.28 | 1427.6 | 1.79 | 803.7 |
| 200.000 | 1691.0 | 4.52 | 14391.1 | 18.06 | 1088.0 |
| 160.000 | 3381.9 | 9.03 | 35842.0 | 44.97 | 1043.8 |
| 120.000 | 5276.6 | 12.33 | 56145.1 | 61.61 | 1154.5 |
| 80.000 | 7375.1 | 15.31 | 82021.6 | 79.96 | 1050.1 |
| 52.500 | 9098.4 | 15.45 | 93110.2 | 74.20 | 465.6 |
| 28.100 | 10627.3 | 18.04 | 91588.5 | 72.99 | 962.9 |
| 0 | 12388.2 | 21.03 | 66284.7 | 52.82 | 900.5 |

B　内筒各种荷载组合下综合应力

内筒在外筒各种组合位移及温度作用下的组合内力计算结果见表 8.6-23，表中数值已经考虑了结构重要性系数。

表 8.6-23　内筒在外筒各种组合位移及温度作用下的组合内力

| 标高/m | 组合 1/MPa | 组合 2/MPa | 组合 3/MPa | 组合 4/MPa | 组合 5/MPa | 组合 6/MPa | 组合 7/MPa |
|---|---|---|---|---|---|---|---|
| 228.670 | 3.14 | 3.38 | 1.04 | 2.33 | 0.20 | 3.17 | 1.57 |
| 200.000 | 25.01 | 24.83 | 30.78 | 36.09 | 18.39 | 29.04 | 16.76 |
| 160.000 | 57.10 | 59.40 | 61.70 | 72.51 | 32.53 | 52.29 | 25.01 |
| 120.000 | 78.73 | 81.33 | 72.50 | 85.35 | 40.32 | 62.87 | 32.47 |
| 80.000 | 101.56 | 104.80 | 87.52 | 100.61 | 50.53 | 72.21 | 40.91 |
| 52.500 | 95.48 | 98.61 | 83.26 | 93.16 | 52.16 | 67.78 | 45.18 |
| 28.100 | 96.60 | 100.13 | 87.72 | 95.51 | 61.43 | 72.82 | 58.77 |
| 0 | 77.20 | 81.24 | 70.67 | 77.75 | 44.63 | 54.18 | 31.87 |

表 8.6-23 中各项计算结果分别与表 8.6-20、表 8.6-21 比较，截面强度满足要求。

# 8.7 悬挂式钢内筒烟囱计算实例

## 8.7.1 设计资料

某火力发电厂 $2 \times 350MW$ 燃煤发电机组共用一座高210m、出口内直径为8.0m钢内筒烟囱。

烟囱钢筋混凝土外筒壁高度为205.0m，筒顶外直径为10.90m，壁厚0.25m；筒底外直径20.90m，壁厚0.60m。烟囱内钢排烟筒高度均为210m，排烟筒顶部出口内直径 $D_0 = 8.0m$；100年一遇设计基本风压 $W_{100} = 0.5kN/m^2$，地面粗糙度类别为B类；抗震设防烈度为7度，地震加速度 $0.10g$，特征周期为0.35s；建筑场地类别Ⅱ类；夏季最高环境温度 $T_a = 37.0℃$，冬季最低环境温度 $T_a = -15.0℃$；钢排烟筒内烟气设计温度 $T_g = 50℃$（湿法脱硫运行工况）和 $T_g = 120℃$（烟气脱硫旁路运行工况）。

烟囱由钢筋混凝土外筒壁、一根悬挂式布置的钢排烟筒、钢梁+钢格栅或钢梁+现浇钢筋混凝土楼板组合结构式支撑平台、导流板、内烟道和其他附属设施组成。

烟囱钢筋混凝土外筒壁在0m和37.80m标高处分别对称设置两个根部施工孔洞和烟道接入孔洞；两个根部施工孔洞尺寸不同，分别为 $2.4m \times 2.4(h)m$ 和 $9.0m \times 6.0(h)m$；两个烟道接孔尺寸相同，均为 $6.6m \times 6.3(h)m$，两层孔洞的布置互成90°。

烟囱内的钢排烟筒分为两段；底部30～70m高度为一段，支承在35.0m标高处布置的平台上；70～210m高度为一段，悬挂在195.0m标高处布置的悬挂平台上；两段排烟筒通过柔性膨胀伸缩节相连，排烟筒采用钛钢复合板。

烟囱内在钢筋混凝土外筒壁与排烟筒之间，共设置有7层支撑平台、检修维护止晃平台、悬吊平台和顶层平台；各层平台标高分别为35.0m、70.0m、95.0m、130.0m、165.0m、195.0m、203.5m。其中，35.0m为下段自立内筒的支撑平台，195.0m标高处为上段悬挂内筒悬吊平台，203.5m标高处为顶层平台，平台结构采用钢梁+现浇钢筋混凝土楼板组合结构；其他6层检修维护和止晃平台、支撑平台，采用钢梁+钢格栅钢梁+钢格栅。

烟囱内的垂直交通是由沿钢筋混凝土外筒壁内侧所设的环形钢扶梯、直爬梯及休息平台解决。

烟囱地基采用天然地基方案，地基承载力特征值为 $400kN/m^2$。

## 8.7.2 材料选择

钢筋混凝土外筒壁采用C35和C40混凝土强度等级，对应混凝土轴心抗压强度设计值分别为 $f_c = 16.7N/mm^2$ 和 $f_c = 19.1N/mm^2$，对应的弹性模量分别为 $E_c = 3.15 \times 10^4 N/mm^2$ 和 $E_c = 3.25 \times 10^4 N/mm^2$；重力密度取 $25kN/m^3$。

钢筋采用HPB300（箍筋）和HRB400（受力主筋），HPB300和HRB400钢筋抗拉强度设计值分别为 $f_y = 270N/mm^2$ 和 $f_y = 360N/mm^2$，对应的弹性模量分别为 $E_s = 2.1 \times 10^5 N/mm^2$ 和 $E_s = 2.0 \times 10^5 N/mm^2$。

型钢采用 Q235B 及 Q345B 钢材，弹性模量 $E_s = 2.06 \times 10^5 \, \text{N/mm}^2$，重力密度为 78.5kN/m³，钢板和型钢的抗拉强度设计值分别为 $f_y = 215\text{N/mm}^2$ 及 $f_y = 310\text{N/mm}^2$。

钢排烟筒采用钛钢复合板，基材采用 Q235B 钢材，弹性模量 $E_s = 2.06 \times 10^5 \, \text{N/mm}^2$，重力密度为 78.5kN/m³，抗拉强度设计值 $f_y = 215\text{N/mm}^2$。

钢排烟筒外表面保温隔热材料为岩棉，其性能如下：

（1）重力密度为 2.0kN/m³。

（2）导热系数 $\lambda = 0.04\text{W/(m·K)}$。

### 8.7.3　外筒位移计算

钢内筒烟囱筒身布置及内部平台平面布置如图 8.7-1 和图 8.7-2 所示。

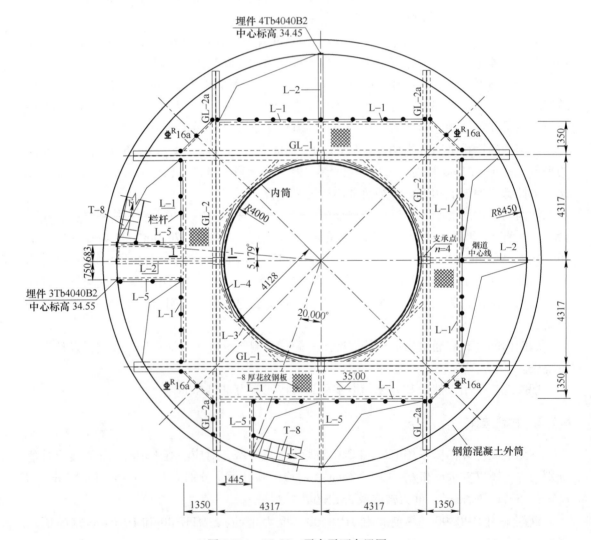

图 8.7-1　35.00m 平台平面布置图

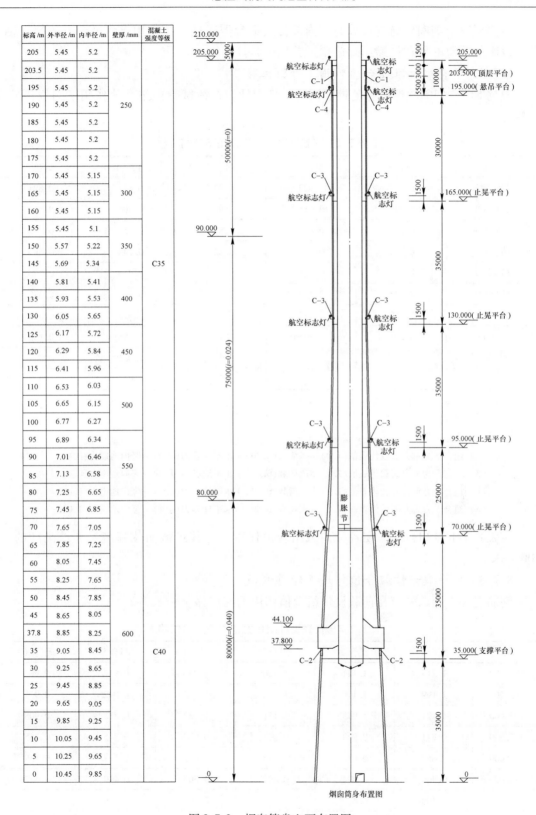

| 标高/m | 外半径/m | 内半径/m | 壁厚/mm | 混凝土强度等级 |
|---|---|---|---|---|
| 205 | 5.45 | 5.2 | | |
| 203.5 | 5.45 | 5.2 | | |
| 195 | 5.45 | 5.2 | | |
| 190 | 5.45 | 5.2 | 250 | |
| 185 | 5.45 | 5.2 | | |
| 180 | 5.45 | 5.2 | | |
| 175 | 5.45 | 5.2 | | |
| 170 | 5.45 | 5.15 | | |
| 165 | 5.45 | 5.15 | 300 | |
| 160 | 5.45 | 5.15 | | |
| 155 | 5.45 | 5.1 | | |
| 150 | 5.57 | 5.22 | 350 | |
| 145 | 5.69 | 5.34 | | C35 |
| 140 | 5.81 | 5.41 | | |
| 135 | 5.93 | 5.53 | 400 | |
| 130 | 6.05 | 5.65 | | |
| 125 | 6.17 | 5.72 | | |
| 120 | 6.29 | 5.84 | 450 | |
| 115 | 6.41 | 5.96 | | |
| 110 | 6.53 | 6.03 | | |
| 105 | 6.65 | 6.15 | 500 | |
| 100 | 6.77 | 6.27 | | |
| 95 | 6.89 | 6.34 | | |
| 90 | 7.01 | 6.46 | | |
| 85 | 7.13 | 6.58 | 550 | |
| 80 | 7.25 | 6.65 | | |
| 75 | 7.45 | 6.85 | | |
| 70 | 7.65 | 7.05 | | |
| 65 | 7.85 | 7.25 | | |
| 60 | 8.05 | 7.45 | | |
| 55 | 8.25 | 7.65 | | |
| 50 | 8.45 | 7.85 | | |
| 45 | 8.65 | 8.05 | | |
| 37.8 | 8.85 | 8.25 | 600 | |
| 35 | 9.05 | 8.45 | | C40 |
| 30 | 9.25 | 8.65 | | |
| 25 | 9.45 | 8.85 | | |
| 20 | 9.65 | 9.05 | | |
| 15 | 9.85 | 9.25 | | |
| 10 | 10.05 | 9.45 | | |
| 5 | 10.25 | 9.65 | | |
| 0 | 10.45 | 9.85 | | |

图 8.7-2  烟囱筒身立面布置图

钢筋混凝土烟囱外筒壁计算时，内部各层平台需通过支撑作用点将平台上的恒（活）荷载以附加荷重的形式传递给外筒壁，并用于其计算。

### 8.7.3.1　荷载标准组合值作用下外筒位移

根据 51YC 烟囱软件计算的钢筋混凝土烟囱外筒在荷载标准组合值作用下的位移见表 8.7-1。

表 8.7-1　荷载标准组合值作用下外筒位移　　　　　　　　　　　　（m）

| 高度 | 组合 1 | 组合 2 | 组合 3 | 组合 4 | 组合 5 |
|---|---|---|---|---|---|
| 205.000 | 0.957 | 0.922 | 0.927 | 0.815 | 0.821 |
| 203.500 | 0.947 | 0.911 | 0.917 | 0.806 | 0.813 |
| 195.000 | 0.887 | 0.853 | 0.858 | 0.756 | 0.763 |
| 165.000 | 0.752 | 0.721 | 0.724 | 0.644 | 0.649 |
| 130.000 | 0.534 | 0.511 | 0.513 | 0.466 | 0.468 |
| 110.000 | 0.425 | 0.407 | 0.408 | 0.375 | 0.377 |
| 95.000 | 0.350 | 0.336 | 0.337 | 0.313 | 0.314 |
| 70.000 | 0.201 | 0.195 | 0.198 | 0.185 | 0.185 |
| 35.000 | 0.085 | 0.084 | 0.084 | 0.081 | 0.081 |
| 0 | 0 | 0 | 0 | 0 | 0 |

注：1. 各种组合计算位移已包含基础倾斜和日照温差引起的位移。

　　2. 荷载组合如下：

　　　（1）组合 1 为恒载(1.0) + 风荷载(1.0)；

　　　（2）组合 2 为重力荷载代表值(1.0) + 风荷载(0.20) + 水平地震力(1.0) - 竖向地震力(0.4)；

　　　（3）组合 3 为重力荷载代表值(1.0) + 风荷载(0.20) + 水平地震力(1.0) + 竖向地震力(0.4)；

　　　（4）组合 4 为重力荷载代表值(1.0) + 风荷载(0.20) + 水平地震力(0.4) - 竖向地震(1.0)；

　　　（5）组合 5 为重力荷载代表值(1.0) + 风荷载(0.20) + 水平地震力(0.4) + 竖向地震力(1.0)。

由表 8.7-1 可知，烟囱在各种荷载组合值作用下，其各截面位移满足离地高度的 1/100 要求。

### 8.7.3.2　荷载设计组合值作用下外筒位移

钢筋混凝土烟囱外筒在荷载设计组合值作用下的位移见表 8.7-2。

表 8.7-2　荷载设计组合值作用下外筒位移　　　　　　　　　　　　（m）

| 高度 | 组合 1 | 组合 2 | 组合 3 | 组合 4 | 组合 5 | 组合 6 |
|---|---|---|---|---|---|---|
| 205.000 | 1.213 | 1.131 | 1.206 | 1.235 | 0.953 | 0.982 |
| 203.500 | 1.199 | 1.148 | 1.192 | 1.220 | 0.942 | 0.971 |
| 195.000 | 1.121 | 1.073 | 1.111 | 1.137 | 0.882 | 0.908 |
| 165.000 | 0.941 | 0.903 | 0.927 | 0.947 | 0.745 | 0.765 |
| 130.000 | 0.652 | 0.630 | 0.638 | 0.649 | 0.527 | 0.539 |
| 110.000 | 0.506 | 0.494 | 0.497 | 0.505 | 0.419 | 0.427 |
| 95.000 | 0.408 | 0.402 | 0.404 | 0.409 | 0.346 | 0.351 |
| 70.000 | 0.223 | 0.223 | 0.223 | 0.225 | 0.199 | 0.201 |

续表 8.7-2

| 高度 | 组合 1 | 组合 2 | 组合 3 | 组合 4 | 组合 5 | 组合 6 |
|------|--------|--------|--------|--------|--------|--------|
| 35.000 | 0.090 | 0.090 | 0.090 | 0.091 | 0.085 | 0.085 |
| 0 | 0 | 0 | 0 | 0 | 0 | 0 |

注：1. 各种组合计算位移包含基础倾斜和日照温差引起的位移。
　　2. 荷载组合如下：
　　　　（1）组合 1 为恒载（1.0）+ 风荷载（1.4）；
　　　　（2）组合 2 为恒载（1.2）+ 风荷载（1.4）；
　　　　（3）组合 3 为重力荷载代表值（1.0）+ 风荷载（0.28）+ 水平地震力（1.3）- 竖向地震力（0.5）；
　　　　（4）组合 4 为重力荷载代表值（1.2）+ 风荷载（0.28）+ 水平地震力（1.3）+ 竖向地震力（0.5）；
　　　　（5）组合 5 为重力荷载代表值（1.0）+ 风荷载（0.28）+ 水平地震力（0.5）- 竖向地震力（1.3）；
　　　　（6）组合 6 为重力荷载代表值（1.2）+ 风荷载（0.28）+ 水平地震力（0.5）+ 竖向地震力（1.3）。

钢内筒设计属于极限承载能力设计状态下的设计，应采用荷载设计组合值作用下外筒位移进行计算。

### 8.7.4 内筒计算

整个悬挂排烟筒分为两段：30～70m 高度范围为一段，10mm 厚，支承在 35.0m 平台上；70～210m 高度范围为整体悬吊段，8mm 厚，排烟筒上的悬挂点（上下各 2.5m 高度范围的壁厚增大到 20mm）悬挂支承在 195.0m 标高处的平台上；两段排烟筒之间通过柔性膨胀伸缩节相连。排烟筒和内烟道内表面均为 1.2mm 厚钛板。

#### 8.7.4.1 排烟筒内力计算（以 70～210m 为例）

A　荷载计算

a　结构自重计算

结构自重计算如下：

排烟筒自重　　　　　　　　$0.008 \times 78.5 = 0.628 \text{kN/m}^2$

排烟筒内钛板自重　　　　　$0.0012 \times 45.1 = 0.054 \text{kN/m}^2$

岩棉保温　　　　　　　　　$0.10 \times 2 = 0.2 \text{kN/m}^2$

排烟筒总自重　　$q = (0.628 + 0.054 + 0.2) \times \pi \times 8.0 = 22.15 \text{kN/m}$

b　风荷载计算

风荷载对排烟筒结构产生的作用分直接作用和间接作用两部分，要同时考虑。

间接作用是通过外筒壁变形对排烟筒的间接影响进行计算；根据内、外筒在各层平台止晃点和悬吊点处的变形协调，可算得排烟筒的水平位移，再根据位移求得排烟筒所受的内力，即得风荷载对排烟筒的间接作用。

风荷载对烟囱排烟筒的直接作用主要是指顶部露出的 5.0m 高范围，计算如下：

基本风压计算　　$W_k = \beta_z \times \mu_s \times \mu_z \times W_0 = 1.74 \times 0.6 \times 2.494 \times 0.50 = 1.302 \text{kN/m}^2$

均布风压计算　　$W = W_k \times b = 1.302 \times 8.0 = 10.415 \text{kN/m}$

c　水平地震作用计算、正常运行和非正常运行工况下的温差作用计算

在水平地震作用、正常运行和非正常运行工况的温差作用下，排烟筒的内力计算方法同风荷载作用。

d　竖向地震作用计算

排烟筒的竖向地震作用应按《烟囱设计规范》（GB 50051—2013）的有关规定计算，并应考虑悬挂平台的竖向地震效应增大系数，按 51YC 软件的具体计算结果见表 8.7-3 和表 8.7-4。

表 8.7-3　悬挂平台竖向地震效应增大系数

| 悬挂平台标高/m | 修正前增大系数 $\beta_{vi}$ | 折减系数 $\zeta$ | 增大效应系数 $\beta$ |
|---|---|---|---|
| 195.000 | 6.667 | 0.655 | 4.340 |
| 35.000 | 1.612 | 0.543 | 1.000 |

表 8.7-4　内筒各截面重力荷载与竖向地震力标准值

| 标高/m | 竖向地震作用标准值/kN | 重力荷载标准值/kN |
|---|---|---|
| 210.000 | 0 | 0 |
| 203.500 | 260.3 | 226.3 |
| 195.010 | 88.9 | 521.8 |
| 195.000 | 732.3 | 4298.9 |
| 165.000 | 1192.6 | 3602.7 |
| 130.000 | 2170.6 | 2384.4 |
| 95.000 | 1737.0 | 1166.1 |
| 71.500 | 0 | 0 |
| 70.000 | 23.5 | 52.2 |
| 35.010 | 54.9 | 1408.7 |
| 35.000 | 7.60 | 193.8 |
| 30.500 | 0 | 0 |

注：悬挂平台标高内力为平台下部拉力；平台标高 +0.010m 标高内力代表平台上部压力。

B　排烟筒的相关计算参数

（1）水平截面面积为：

$$A_n = 2\pi rt = 2 \times \pi \times 4.004 \times 8 \times 10^{-3} = 0.2 \text{m}^2$$

（2）截面惯性矩为：

$$I = \frac{\pi}{64}(D^4 - d^4) = 1.61 \text{m}^4$$

（3）截面抵抗矩为：

$$W_n = \pi r^2 t = \pi \times 4.004^2 \times 8 \times 10^{-3} = 0.40 \text{m}^3$$

悬吊点处，排烟筒壁厚局部增大到 20mm，$W_n = 1.00 \text{m}^3$。

（4）抗压强度设计值（温度值不大，其影响不计）为：

$$f_t = f_y = 215 \text{N/mm}^2$$

1）非悬吊点区域排烟筒（8mm 厚）的抗压强度设计值为：

$$f_{ch} = \eta_h \varepsilon_h f_t$$

经计算 $\eta_h > 1.0$，取 $\eta_h = 1.0$。

$$\varepsilon_h = 0.125C = 0.125 \times 1.914 = 0.239$$

$$f_{ch} = \eta_h \varepsilon_h f_t = 1.0 \times 0.239 \times 215 = 51.39 \text{N/mm}^2$$

2）悬吊点区域排烟筒（20mm 厚）的抗压强度设计值为 128.43N/mm²。

（5）抗拉强度设计值（焊缝等级为二级）为：

$$f_t = f_y = 215 \text{N/mm}^2$$

$$\sigma_t = \beta \times f_t = 0.7 \times 215 = 150.5 \text{N/mm}^2$$

C  各种工况下排烟筒的水平变位计算

通过烟囱计算分析程序的计算，在风荷载和水平地震作用下，钢筋混凝土外筒壁传给排烟筒的水平位移和排烟筒温差荷载作用下的水平位移见表 8.7-5。

表 8.7-5  排烟筒在各种荷载工况下水平位移　　　　　　　　　　　（m）

| 标高 | 组合1 | 组合2 | 组合3 | 组合4 | 组合5 | 组合6 | 组合7 | 正常温差位移 | 异常温差位移 |
|---|---|---|---|---|---|---|---|---|---|
| 203.500 | 0.784 | 0.742 | 0.792 | 0.823 | 0.537 | 0.059 | 0.372 | 0.203 | 0.485 |
| 195.000 | 0.723 | 0.684 | 0.728 | 0.756 | 0.494 | 0.522 | 0.342 | 0.191 | 0.456 |
| 165.000 | 0.585 | 0.554 | 0.581 | 0.063 | 0.396 | 0.418 | 0.276 | 0.162 | 0.386 |
| 130.000 | 0.368 | 0.351 | 0.360 | 0.372 | 0.248 | 0.261 | 0.176 | 0.111 | 0.265 |
| 95.000 | 0.197 | 0.192 | 0.195 | 0.200 | 0.136 | 0.142 | 0.098 | 0.061 | 0.146 |
| 70.000 | 0.083 | 0.083 | 0.084 | 0.086 | 0.059 | 0.061 | 0.043 | 0.017 | 0.040 |
| 35.000 | 0.020 | 0.020 | 0.021 | 0.021 | 0.015 | 0.015 | 0.011 | 0 | 0 |

注：1. 各种组合位移已经扣除了烟囱基础倾斜位移。

2. 荷载组合如下：

（1）组合 1 为恒载（1.0）+ 风荷载（1.4）；

（2）组合 2 为恒载（1.2）+ 风荷载（1.4）；

（3）组合 3 为重力荷载代表值（1.0）+ 风荷载（0.28）+ 水平地震力（1.3）- 竖向地震力（0.5）；

（4）组合 4 为重力荷载代表值（1.2）+ 风荷载（0.28）+ 水平地震力（1.3）+ 竖向地震力（0.5）；

（5）组合 5 为重力荷载代表值（1.0）+ 风荷载（0.28）+ 水平地震力（0.5）- 竖向地震力（1.3）；

（6）组合 6 为重力荷载代表值（1.2）+ 风荷载（0.28）+ 水平地震力（0.5）+ 竖向地震力（1.3）；

（7）组合 7 为恒载（1.2）+ 风荷载（0.20）组合工况，用于非正常温度工况。

D  各种工况下排烟筒的内力计算结果

为了节省篇幅，仅给出第一种荷载组合产生的内力，计算结果见表 8.7-6。

表 8.7-6  第一种荷载组合内筒组合内力

| 截面标高/m | 轴向力/kN | 轴向应力 $\sigma_N$/MPa | 截面弯矩/kN·m | 弯曲应力 $\sigma_M$/MPa |
|---|---|---|---|---|
| 203.500 | 226.3 | 1.12 | 367.7 | 0.91 |
| 195.000 | 521.8 | 2.59 | 6129.6 | 15.21 |
| 195.000 | 4298.9 | 21.36 | 9129.6 | 15.21 |
| 165.000 | 3602.7 | 17.90 | 6422.4 | 15.94 |
| 130.000 | 2384.4 | 11.85 | 17261.0 | 42.84 |
| 95.000 | 1166.1 | 5.79 | 0 | 0 |
| 35.000 | 1408.7 | 5.60 | 0 | 0 |

注：1. 内力不包含温度应力。

2. 重复标高截面表示该截面为竖向支承平台，该截面上下内力之状态与大小均有所不同。

钢内筒水平截面组合压（或拉）应力汇总（含烟囱重要性系数）（MPa），计算结果见表 8.7-7。

表 8.7-7　各工况应力汇总

| 截面标高/m | 工况 1/MPa | 工况 2/MPa | 工况 3/MPa | 工况 4/MPa | 工况 5/MPa | 工况 6/MPa | 工况 7/MPa | 允许应力/MPa |
|---|---|---|---|---|---|---|---|---|
| 203.500 | 2.24 | 2.49 | 0.73 | 2.40 | − 0.41 | 3.52 | 1.68 | 150.50 |
| 195.000 | 19.59 | 20.06 | 19.84 | 21.07 | 18.19 | 20.20 | 18.72 | 150.50 |
| 195.000 | 40.23 | 44.83 | 38.73 | 47.59 | 34.29 | 49.52 | 43.49 | 150.50/128.43 |
| 165.000 | 37.22 | 41.52 | 44.22 | 55.79 | 29.54 | 51.48 | 35.47 | 150.50 |
| 130.000 | 60.15 | 62.04 | 63.85 | 81.27 | 34.04 | 70.38 | 39.85 | 150.50 |
| 95.000 | 6.37 | 7.65 | 1.66 | 12.37 | − 5.89 | 19.91 | 7.65 | 150.50 |
| 35.000 | 6.16 | 7.39 | 6.04 | 7.51 | 5.85 | 7.70 | 7.39 | 51.39 |

注：悬挂段拉力为正，自立段压力为正。

E　烟气温度产生的静载作用

距离排烟筒顶部 $h_x$ 处的烟气静压计算见本手册 4.4 节有关公式，具体计算如下。

正常运行条件下烟气温度 $T_g = 50℃$，标准状态下烟气密度 $\rho_{g0} = 1.28 kg/m^3$，则：

$$\rho_g = \rho_{g0} \frac{273}{273 + T_g} = 1.28 \times \frac{273}{273 + 50} = 1.082 kg/m^3$$

非正常运行条件下烟气温度 $T_g = 120℃$，标准状态下烟气密度 $\rho_{g0} = 1.28 kg/m^3$，则：

$$\rho_g = \rho_{g0} \frac{273}{273 + T_g} = 1.28 \times \frac{273}{273 + 120} = 0.889 kg/m^3$$

外部环境空气密度，工程所在地历年平均气温取 20℃，标准大气密度 $\rho_{a0} = 1.285 kg/m^3$，则：

$$\rho_g = \rho_{a0} \frac{273}{273 + T_g} = 1.285 \times \frac{273}{273 + 20} = 1.197 kg/m^3$$

非正常操作压力或爆炸压力值 $F_e$ 需根据各工程实际条件确定，其负压值不小于 2.50kN/m²；$F_e$ 值可沿排烟筒高度取固定值。

各种运行条件下烟气静压的计算结果见表 8.7-8。

表 8.7-8　正常运行、非正常运行和非正常操作烟气压力

| 截面标高 /m | $h_x$/m | 正常运行条件下 烟气静压/kPa | 非正常运行条件下 烟气静压/kPa | 非正常操作 压力/kPa |
|---|---|---|---|---|
| 203.5 | 6.5 | 0.01 | 0.02 | 2.50 |
| 195.0 | 15.0 | 0.02 | 0.05 | 2.50 |
| 165.0 | 45.0 | 0.05 | 0.14 | 2.50 |
| 130.0 | 80.0 | 0.09 | 0.25 | 2.50 |
| 95.0 | 115.0 | 0.13 | 0.36 | 2.50 |
| 70.0 | 140.0 | 0.16 | 0.44 | 2.50 |
| 40.0 | 170.0 | 0.20 | 0.53 | 2.50 |

### 8.7.4.2　膨胀伸缩节的设计计算

底部排烟筒和中上部悬挂段排烟筒之间设置了"M"形膨胀伸缩节。

氟橡胶有很好的变形能力，筒体的水平变形通过氟橡胶片本身的变形性能得以保证，对于氟橡胶膨胀节，仅需要计算筒体的竖向变形。影响筒体的竖向变形因素主要为自重和

烟气温度。

A　膨胀伸缩节处的竖向变形计算

a　烟气温度作用下排烟筒的伸缩长度计算

烟气温度作用下悬吊段排烟筒的伸缩长度计算公式为 $\Delta L_1 = \alpha \Delta T L$。其中，$\alpha$ 为钢材线膨胀系数，取 $1.2 \times 10^{-5}/℃$；$L$ 为排烟筒长度；$\Delta T$ 为烟气最高温度（取事故温度）或烟气最低温度（取冬季停炉时的最低温度）与排烟筒安装时的平均气温之差，具体取值如下：

伸长量计算时　　　　　　　　　　　$\Delta T = T_{max} - T_0$

缩短量计算时　　　　　　　　　　　$\Delta T = T_{min} - T_0$

烟气最高温度 $T_{max}$ 取事故温度 $T_{max} = 120℃$，烟气最低温度 $T_{min}$ 取 $T_{min} = -15℃$，排烟筒安装时的平均气温 $T_0 = 20℃$。烟气温度作用下排烟筒的伸缩长度计算结果见表 8.7-9。

表 8.7-9　烟气温度作用下的排烟筒的伸缩长度

| 排烟筒 | 各段排烟筒长度/m | $\Delta T_1/℃$ | 伸长量/mm | $\Delta T_2/℃$ | 缩短量/mm |
| --- | --- | --- | --- | --- | --- |
| 自立段 | 40 | 100 | 48.0 | -35 | 16.8 |
| 悬挂段 | 140 | 100 | 168.0 | -35 | 58.8 |

b　自重作用下悬挂段排烟筒的伸长量计算

自重作用下悬吊段排烟筒的伸长量为：

$$\Delta l = \int_0^l \frac{qx\,\mathrm{d}x}{EA} = \frac{ql^2}{2EA}$$

（1）排烟筒自重为 $0.008 \times 78.5 = 0.628 \mathrm{kN/m^2}$。

（2）排烟筒内钛板自重为 $0.0012 \times 45.1 = 0.054 \mathrm{kN/m^2}$。

（3）岩棉保温为 $0.10 \times 2 = 0.2$。

（4）排烟筒总自重 $q = (0.628 + 0.054 + 0.2) \times \pi \times 8.0 = 22.15 \mathrm{kN/m}$。

自重作用下悬挂段排烟筒的伸长量计算结果见表 8.7-10。

表 8.7-10　自重作用下悬挂段排烟筒的伸长量

| 面积/m² | 悬吊长度/m | 竖向线荷载/kN·m⁻¹ | 伸长量/mm |
| --- | --- | --- | --- |
| 0.2 | 140 | $22.15 \times 1.2 = 26.58$ | 6.3 |

排烟筒膨胀伸缩节处的最小变形要求见表 8.7-11。

表 8.7-11　排烟筒伸缩节的最小变形要求　　　　　　　　　　（mm）

| 竖向膨胀伸长量 | 竖向收缩长度 |
| --- | --- |
| $-48 + 168 + 6.3 = 126.3$ | $16.8 + 58.8 - 6.3 = 69.3$ |

从表 8.7-11 可知，选用行程为 600mm 的"M"形膨胀节，即可满足钢内筒的变形要求。

B　膨胀伸缩节的选型要求

设计建议优先选用构造相对简单的对接式膨胀伸缩节，采用氟橡胶。

## 8.8　砖套筒烟囱计算实例

### 8.8.1　设计资料

烟囱高度 240m，排烟筒顶部出口内直径 $D_0 = 7.0$m；50 年一遇设计基本风压 $W_{50} = 0.35$kN/m²，地貌类别为 B 类；抗震设防烈度为 7 度（0.1$g$），建筑场地类别为 Ⅱ 类，特征周期为 0.35s；夏季最高环境温度 $T_a = 41.5$℃，冬季最低环境温度 $T_a = -4.0$℃，电（干式）除尘方式；砖砌排烟筒内烟气设计温度 $T_{g1} = 145$℃，烟气不脱硫运行工况；烟气不进行脱硫处理，钢筋混凝土外筒壁在 0m 和 6.85m 处分别对称设置两个孔洞，孔洞尺寸为 2.4m × 2.4($h$)m 和 5.5m × 9.4($h$)m，两个截面孔洞的布置互成 90°。

套筒式烟囱筒身由钢筋混凝土外筒壁、砖砌排烟筒（含耐酸砂浆封闭层和保温隔热层）、斜撑式支撑平台、积灰平台、内烟道和其他附属设施组成。钢筋混凝土外筒壁和砖砌排烟筒在烟囱顶部通过钢筋混凝土盖板连接；盖板与外筒壁顶为固接连接，与排烟筒顶为嵌套连接。砖砌排烟筒分段由斜撑式支撑平台支承，其荷重由支撑平台传给钢筋混凝土外筒壁。斜撑式支撑平台是由钢筋混凝土承重环梁、钢支柱、平台钢梁、平台剪力撑和平台钢格栅板组成，支撑平台沿筒身高度 25m 间距设置，共 9 层，标高分别为 30.0m、55.0m、80.0m、105.0m、130.0m、155.0m、180.0m、205.0m 和 230.0m。

烟囱的垂直交通是由沿钢筋混凝土外筒壁内侧所设的环形钢扶梯及休息平台组成。距离烟囱顶部 10m 高处，在外筒壁外侧设有直爬梯通至烟囱筒顶。

### 8.8.2　材料选择

#### 8.8.2.1　钢筋混凝土外筒

筒壁采用 C30 和 C40 混凝土强度等级，重力密度取 25kN/m³。钢筋采用 HPB300（箍筋）和 HRB400（受力主筋），型钢采用 Q235B。C30 和 C40 混凝土轴心抗压强度设计值分别为 $f_c = 14.3$N/mm² 和 $f_c = 19.1$N/mm²，对应的弹性模量分别为 $E_c = 3.0 \times 10^4$N/mm² 和 $E_c = 3.25 \times 10^4$N/mm²。HPB300 和 HRB400 钢筋抗拉强度设计值分别为 $f_y = 270$N/mm² 和 $f_y = 360$N/mm²，对应的弹性模量分别为 $E_s = 2.1 \times 10^5$N/mm² 和 $E_s = 2.0 \times 10^5$N/mm²。型钢 Q235B 的抗拉强度设计值为 $f_y = 215$N/mm²。

#### 8.8.2.2　砖砌排烟筒

排烟筒采用耐酸胶泥砌筑的耐火陶砖砌体，砖重力密度为 20kN/m³，胶泥重力密度为 16kN/m³，砖砌体组合重力密度近似按 19.6kN/m³ 计；砖砌体导热系数 $\lambda = 0.6 + 0.0005T$ W/(m·K)；耐酸砂浆封闭层重力密度 20kN/m³，导热系数 $\lambda = 1.51 + 0.0005T$ W/(m·K)。

#### 8.8.2.3　保温材料

排烟筒外包裹的保温隔热层采用 60mm 厚超细玻璃棉毡，重力密度 0.5kN/m³，导热系数 $\lambda = 0.035 + 0.0002T$ W/(m·K)。

### 8.8.3　烟囱钢筋混凝土外筒壁附加荷重计算

砖套筒式烟囱筒身布置及外形如图 8.8-1 和图 8.8-2 所示。

| 标高/m | 钢筋混凝土外筒壁 | | | | 内外筒间夹层厚度/mm | 排烟筒筒壁 | | | | |
|---|---|---|---|---|---|---|---|---|---|---|
| | 外半径/mm | 内半径/mm | 筒壁厚度/mm | 混凝土强度等级 | | 外半径/mm | 内半径/mm | 玻璃棉毡隔热层厚/mm | 砌体及封闭层总厚/mm | 排烟筒壁厚度/mm |
| 240.00 | 5200 | 4950 | 250 | | 1160 | 3790 | 3500 | 60 | 230 | 290 |
| 235.00 | 5200 | 4950 | 250 | | 1160 | 3790 | 3500 | 60 | 230 | 290 |
| 230.00 | 5200 | 4950 | | | | | | | | |
| 225.00 | 5200 | 4950 | | | | | | | | |
| 220.00 | 5200 | 4950 | | | | | | | | |
| 215.00 | 5200 | 4950 | 250 | | 1160 | 3790 | 3500 | 60 | 230 | 290 |
| 210.00 | 5200 | 4950 | | | | | | | | |
| 205.00 | 5200 | 4950 | | | | | | | | |
| 200.00 | 5200 | 4950 | | | | | | | | |
| 195.00 | 5200 | 4950 | | | | | | | | |
| 190.00 | 5200 | 4950 | 250 | | 1160 | 3790 | 3500 | 60 | 230 | 290 |
| 185.00 | 5200 | 4950 | | | | | | | | |
| 180.00 | 5200 | 4950 | | | | | | | | |
| 175.00 | 5200 | 4900 | | | | | | | | |
| 170.00 | 5200 | 4900 | | | | | | | | |
| 165.00 | 5200 | 4900 | 300 | | 1110 | 3790 | 3500 | 60 | 230 | 290 |
| 160.00 | 5200 | 4900 | | | | | | | | |
| 155.00 | 5200 | 4900 | | | | | | | | |
| 150.00 | 5300 | 4950 | | C30 | 1160 | | | | | |
| 145.00 | 5400 | 5050 | | | 1260 | | | | | |
| 140.00 | 5500 | 5150 | 350 | | 1360 | 3790 | 3500 | 60 | 230 | 290 |
| 135.00 | 5600 | 5250 | | | 1460 | | | | | |
| 130.00 | 5700 | 5350 | | | 1560 | | | | | |
| 125.00 | 5800 | 5400 | | | 1610 | | | | | |
| 120.00 | 5900 | 5500 | | | 1710 | | | | | |
| 115.00 | 6000 | 5600 | 400 | | 1810 | 3790 | 3500 | 60 | 230 | 290 |
| 110.00 | 6100 | 5700 | | | 1910 | | | | | |
| 105.00 | 6200 | 5800 | | | 2010 | | | | | |
| 100.00 | 6300 | 5850 | | | 2060 | | | | | |
| 95.00 | 6400 | 5950 | | | 2160 | | | | | |
| 90.00 | 6500 | 6050 | 450 | | 2260 | 3790 | 3500 | 60 | 230 | 290 |
| 85.00 | 6600 | 6150 | | | 2360 | | | | | |
| 80.00 | 6700 | 6250 | | | 2460 | | | | | |
| 75.00 | 6900 | 6400 | | | 2460 | 3940 | 3650 | | | |
| 70.00 | 7100 | 6600 | | | 2510 | 4090 | 3800 | | | |
| 65.00 | 7300 | 6800 | 500 | | 2560 | 4240 | 3950 | 60 | 230 | 290 |
| 60.00 | 7500 | 7000 | | | 2610 | 4390 | 4100 | | | |
| 55.00 | 7700 | 7200 | | | 2660 | 4540 | 4250 | | | |
| 50.00 | 7900 | 7350 | | | 2660 | 4690 | 4400 | | | |
| 45.00 | 8100 | 7550 | | | 2710 | 4840 | 4550 | | | |
| 40.00 | 8300 | 7550 | 550 | | 2760 | 4990 | 4700 | 60 | 230 | 290 |
| 35.00 | 8500 | 7950 | | | 2810 | 5140 | 4850 | | | |
| 30.00 | 8700 | 8150 | | | 2860 | 5290 | 5000 | | | |
| 16.25 | 9525 | 8925 | 600 | C40 | 3635 | 5290 | 5000 | 60 | 230 | 290 |
| 6.85 | 10089 | 9489 | | | 4199 | | | | | |
| 2.40 | 10356 | 9756 | 600 | | | 5290 | 5000 | 60 | 230 | 290 |
| 0 | 10500 | 9900 | | | | | | | | |

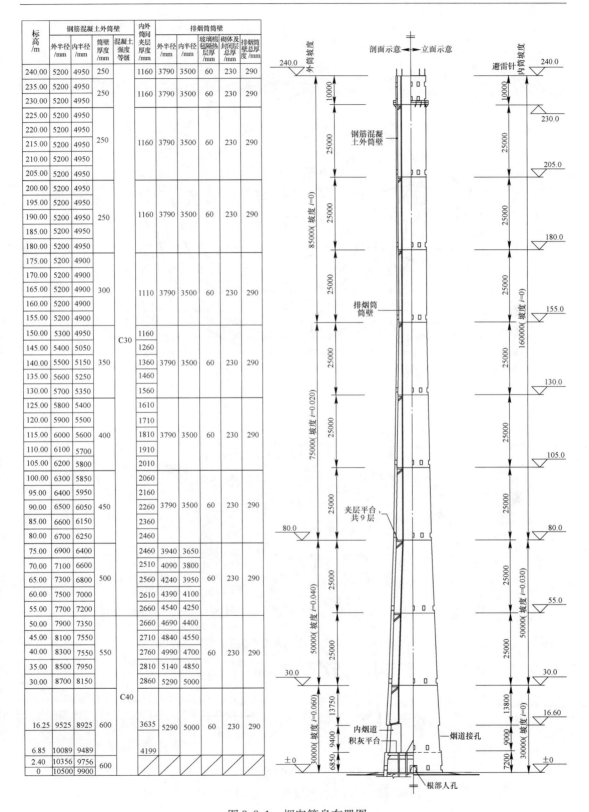

图 8.8-1　烟囱筒身布置图

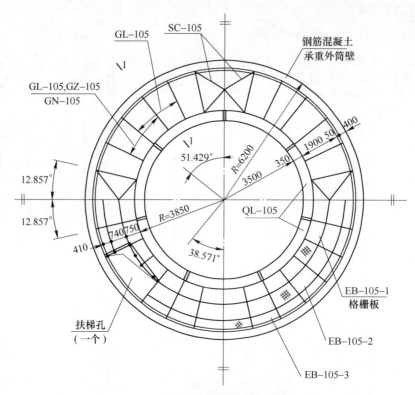

105.0m 标高平台结构布置图

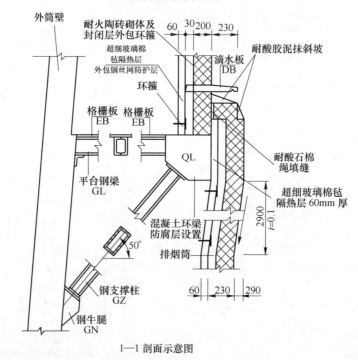

1—1 剖面示意图

图 8.8-2　烟囱筒身各层平台平面及剖面布置图

附加荷重主要是指砖砌排烟筒、耐酸砂浆封闭层、保温隔热层、斜撑式支撑平台、积灰平台、内烟道和其他附属设施产生的永久（恒）荷载和可变（活）荷载，附加荷重作用点就是支撑于钢筋混凝土外筒壁上的各层支撑平台和内烟道位置处。

**8.8.3.1 斜撑式支撑平台可变（活）荷载值及取用原则**

支撑平台（钢格栅）施工检修用途的可变（活）荷载标准值按 $10kN/m^2$ 计（《烟囱设计规范》第 5.3.1 条规定为 $7 \sim 11 kN/m^2$）。各层平台可变（活）荷载按以下情况考虑折减系数后进行组合。

（1）钢筋混凝土外筒壁承载能力计算时，各层平台可变（活）荷载折减系数见表 8.8-1。

表 8.8-1 各层平台可变（活）荷载折减系数

| 计算截面以上的平台数量 | 1 | 2~3 | 4~5 | 6~8 | 9~20 |
|---|---|---|---|---|---|
| 计算截面以上各平台活荷载总和的折减系数 | 1.0 | 0.85 | 0.7 | 0.65 | 0.6 |

（2）钢筋混凝土外筒壁抗震设计计算时，当按等效可变（活）荷载情况时，折减系数取 0.5。

（3）钢筋混凝土外筒壁基础地基变形计算时，可变（活）荷载折减系数取 0.4。

**8.8.3.2 各层斜撑式支撑平台荷重计算**

A 240.0m 标高顶层平台

混凝土盖板外半径为 5.25m，内半径为 3.5m，平均板厚为 0.3m。板面活荷载为 $7kN/m^2$（《烟囱设计规范》第 5.3.1 条规定），则荷重为：

$$Q_{恒} = 混凝土盖板自重 = \pi \times (5.25^2 - 3.5^2) \times 0.3 \times 25 = 361kN$$

$$Q_{活} = \pi \times (5.25^2 - 3.5^2) \times 7 = 337kN$$

B 230.0m 标高支承平台

排烟筒高为 10.0m，支承平台宽 1.16m；排烟筒外半径为 $3.5 + 0.2 + 0.03 + 0.06 = 3.79m$，内半径为 3.5m。支承平台钢梁钢柱及格栅板重（经验统计）为 42kN；支承平台混凝土环梁重（经验统计）为 74kN，则荷重为：

$$Q_{恒} = 砖砌体 + 耐酸砂浆封闭层 + 玻璃棉毡隔热层 + 支承平台$$
$$= \pi \times (3.7^2 - 3.5^2) \times 10 \times 19.6 + \pi \times (3.73^2 - 3.7^2) \times 10 \times 20 +$$
$$\pi \times (3.79^2 - 3.73^2) \times 10 \times 0.5 + (42 + 74) = 887 + 140 + 7 + 116 = 1150kN$$

$$Q_{活} = 2\pi \times (3.79 + 0.5 \times 1.16) \times 1.16 \times 10 = 319kN$$

C 205.0m、180.0m 和 155.0m 标高支承平台

排烟筒高为 $25.0 + 0.5 = 25.5m$，支承平台宽按 1.16m 取；排烟筒外半径为 $3.5 + 0.2 + 0.03 + 0.06 = 3.79m$，内半径为 3.5m。支承平台自重（经验统计）为 $42 + 74 = 116kN$，则荷重为：

$$Q_{恒} = 砖砌体 + 耐酸砂浆封闭层 + 玻璃棉毡隔热层 + 支承平台$$
$$= \pi \times (3.7^2 - 3.5^2) \times 25.5 \times 19.6 + \pi \times (3.73^2 - 3.7^2) \times 25.5 \times 20 +$$
$$\pi \times (3.79^2 - 3.73^2) \times 25.5 \times 0.5 + 116 = 2261 + 358 + 18 + 116 = 2753kN$$

$$Q_{活} = 2\pi \times (3.79 + 0.5 \times 1.16) \times 1.16 \times 10 = 319kN$$

D 130.0m 标高支承平台

排烟筒高为 $25.0 + 0.5 = 25.5m$，支承平台宽 1.56m；排烟筒外半径为 $3.5 + 0.2 +$

$0.03 + 0.06 = 3.79m$，内半径为 $3.5m$。支承平台自重（经验统计）为 $72 + 74 = 146kN$，则荷重为：

$$Q_\text{恒} = 砖砌体 + 耐酸砂浆封闭层 + 玻璃棉毡隔热层 + 支承平台$$
$$= \pi \times (3.7^2 - 3.5^2) \times 25.5 \times 19.6 + \pi \times (3.73^2 - 3.7^2) \times 25.5 \times 20 +$$
$$\pi \times (3.79^2 - 3.73^2) \times 25.5 \times 0.5 + 146 = 2261 + 358 + 18 + 146 = 2783kN$$

$$Q_\text{活} = 2\pi \times (3.79 + 0.5 \times 1.56) \times 1.56 \times 10 = 448kN$$

E　105.0m 标高支承平台

排烟筒高为 $25.0 + 0.5 = 25.5m$，支承平台宽 $2.01m$；排烟筒外半径为 $3.5 + 0.2 + 0.03 + 0.06 = 3.79m$，内半径为 $3.5m$。支承平台自重（经验统计）为 $110 + 74 = 184kN$，则荷重为：

$$Q_\text{恒} = 砖砌体 + 耐酸砂浆封闭层 + 玻璃棉毡隔热层 + 支承平台$$
$$= \pi \times (3.7^2 - 3.5^2) \times 25.5 \times 19.6 + \pi \times (3.73^2 - 3.7^2) \times 25.5 \times 20 +$$
$$\pi \times (3.79^2 - 3.73^2) \times 25.5 \times 0.5 + 184 = 2261 + 358 + 18 + 184 = 2821kN$$

$$Q_\text{活} = 2\pi \times (3.79 + 0.5 \times 2.01) \times 2.01 \times 10 = 606kN$$

F　80.0m 标高支承平台

排烟筒高为 $25.0 + 0.5 = 25.5m$，支承平台宽 $2.46m$；排烟筒外半径为 $3.5 + 0.2 + 0.03 + 0.06 = 3.79m$，内半径为 $3.5m$。支承平台自重（经验统计）为 $193 + 85 = 278kN$，则荷重为：

$$Q_\text{恒} = 砖砌体 + 耐酸砂浆封闭层 + 玻璃棉毡隔热层 + 支承平台$$
$$= \pi \times (3.7^2 - 3.5^2) \times 25.5 \times 19.6 + \pi \times (3.73^2 - 3.7^2) \times 25.5 \times 20 +$$
$$\pi \times (3.79^2 - 3.73^2) \times 25.5 \times 0.5 + 278 = 2261 + 358 + 18 + 278 = 2915kN$$

$$Q_\text{活} = 2\pi \times (3.79 + 0.5 \times 2.46) \times 2.46 \times 10 = 776kN$$

G　55.0m 标高支承平台

排烟筒高为 $25.0 + 0.5 = 25.5m$，支承平台宽 $2.66m$；排烟筒外半径平均值为 $(3.79 + 4.54)/2 = 4.165m$，排烟筒内半径平均值为 $(3.5 + 4.25)/2 = 3.875m$。支承平台自重（经验统计）为 $193 + 101 = 294kN$，则荷重为：

$$Q_\text{恒} = 砖砌体 + 耐酸砂浆封闭层 + 玻璃棉毡隔热层 + 支承平台$$
$$= \pi \times (4.075^2 - 3.875^2) \times 25.5 \times 19.6 + \pi \times (4.105^2 - 4.075^2) \times 25.5 \times 20 +$$
$$\pi \times (4.165^2 - 4.105^2) \times 25.5 \times 0.5 + 294 = 2497 + 393 + 20 + 294 = 3204kN$$

$$Q_\text{活} = 2\pi \times (4.54 + 0.5 \times 2.66) \times 2.66 \times 10 = 981kN$$

H　30.0m 标高支承平台

排烟筒高为 $25.0 + 0.5 = 25.5m$，支承平台宽 $2.86m$；排烟筒外半径平均值为 $(4.54 + 5.29)/2 = 4.915m$，排烟筒内半径平均值为 $(4.25 + 5.0)/2 = 4.625m$。支承平台自重（经验统计）为 $193 + 118 = 311kN$，则荷重为：

$$Q_\text{恒} = 砖砌体 + 耐酸砂浆封闭层 + 玻璃棉毡隔热层 + 支承平台$$
$$= \pi \times (4.825^2 - 4.625^2) \times 25.5 \times 19.6 + \pi \times (4.855^2 - 4.825^2) \times 25.5 \times 20 +$$
$$\pi \times (4.915^2 - 4.855^2) \times 25.5 \times 0.5 + 311 = 2968 + 466 + 24 + 311 = 3769kN$$

$$Q_\text{活} = 2\pi \times (5.29 + 0.5 \times 2.86) \times 2.86 \times 10 = 1208kN$$

### 8.8.3.3 积灰平台和内烟道层荷重计算（6.85m标高）

**A 工程做法及平台可变（活）荷载取用值**

积灰平台和内烟道均采用钢筋混凝土梁板式结构，耐酸腐蚀材料防护，侧壁采用与砖砌排烟筒相同的结构构造型式，即保温隔热层和耐火陶瓷砖砌体结构。

积灰平台及内烟道面层做法为：自上而下依次为65mm厚耐酸砌块层、8mm厚耐酸胶泥结合层、60mm厚防水隔热层、冷底子油层、20mm厚水泥砂浆找平层、195mm厚水泥焦渣层和约150mm厚钢筋混凝土梁板结构。

积灰平台及30.0m标高以下的砖砌排烟筒荷重直接坐落于烟囱基础上，不再通过钢筋混凝土外筒壁传递。内烟道荷重近似按一半传给钢筋混凝土外筒壁，一半直接坐落于烟囱基础上考虑。

积灰平台及内烟道面层积灰荷载（按永久荷载计）标准值：$25kN/m^2$。

**B 6.85m标高处积灰平台和内烟道荷重计算**

排烟筒高为 $30.0 + 0.5 - 6.85 = 23.65m$，排烟筒外半径为 $5.0 + 0.2 + 0.03 + 0.06 = 5.29m$，排烟筒内半径为 $5.0m$，钢筋混凝土外筒壁外半径为 $10.089m$，钢筋混凝土外筒壁内半径为 $10.089 - 0.6 = 9.489m$。内烟道长为 $9.489 - 5.29 = 4.199m$，内烟道平均净截面尺寸（宽×高）为 $5.0 \times (9.0 + 0.5 \times 1.0) = 5.0m \times 9.5m$，内烟道壁厚同排烟筒，顶板（底板）为 $0.2(0.15)m$ 厚钢筋混凝土梁板。积灰平台面积为 $\pi \times 5.0^2 = 78.6m^2$，内烟道面积为 $2 \times 5.0 \times 4.199 = 42.0m^2$，则：

$$夹层平台面积 = 外筒壁内总面积 - 积灰平台面积 - 内烟道面积$$
$$= \pi \times 9.489^2 - 78.6 - 42.0 = 162.3m^2$$

积灰平台和内烟道底板自重面分布计算（混凝土板厚按150mm计）：

$$q_1 = 0.065 \times 20 + 0.008 \times 16 + 0.06 \times 2.5 + 0.005 + 0.02 \times 20 + 0.195 \times 12 +$$
$$1.5 \times 0.15 \times 25(考虑梁重影响系数1.5) = 10kN/m^2$$

积灰平台自重计算（含灰）：

$$G_1 = 78.6 \times (10 + 25) = 2751kN$$

内烟道底板自重计算（含灰）：

$$G_2 = 42.0 \times (10 + 25) = 1470kN$$

其中，$G_2/2$ 由钢筋混凝土外筒壁承担，$G_2/2$ 由积灰平台支柱支承并传至基础。

内烟道顶板自重计算（混凝土板厚按200mm计，内烟道长3635mm）：

$$G_3 = 2 \times [1.5(考虑梁重影响系数) \times 0.2 \times 25 \times 5.0 \times 3.635] = 273kN$$

其中，$G_3/2$ 由钢筋混凝土外筒壁承担，$G_3/2$ 由积灰平台支柱支承并传至基础。

内烟道侧壁自重计算：

$$G_4 = 4 \times (0.2 \times 19.6 + 0.03 \times 20 + 0.06 \times 0.5) \times (3.635 + 4.199)/2 \times 9.5 = 678kN$$

其中，$G_4/2$ 由钢筋混凝土外筒壁承担，$G_4/2$ 由积灰平台支柱支承并传至基础。

积灰平台支柱自重计算：

$$G_5 = 8 \times 0.5 \times 0.5 \times [6.85 + 3.0(地坪下柱段)] \times 25 = 493kN$$

夹层平台自重计算（混凝土板厚150mm）：

$$G_6 = 1.5(考虑梁重影响系数) \times 0.15 \times 25 \times 162.3 = 913\text{kN}$$

其中，$G_6/2$ 由钢筋混凝土外筒壁承担，$G_6/2$ 由积灰平台支柱支承并传至基础。

钢筋混凝土外筒壁承担部分荷载为：

$$
\begin{aligned}
Q_恒 &= 内烟道（含灰）+ 夹层平台 = (G_2 + G_3 + G_4 + G_6)/2 \\
&= (1470 + 273 + 678 + 913)/2 = 1667\text{kN}
\end{aligned}
$$

$$Q_活 = 夹层平台 = 10 \times 162.3/2 = 812\text{kN}$$

通过积灰平台柱直接传到基础部分荷载为：

$$
\begin{aligned}
Q_恒 &= 排烟筒砖砌体 + 耐酸砂浆封闭层 + 玻璃棉毡隔热层 + 积灰平台（含灰）+ \\
&\quad 内烟道（含灰）+ 夹层平台 + 积灰平台柱 \\
&= \pi \times (5.2^2 - 5.0^2) \times 23.65 \times 19.6 + \pi \times (5.23^2 - 5.2^2) \times 23.65 \times 20 + \\
&\quad \pi \times (5.29^2 - 5.23^2) \times 23.65 \times 0.5 + G_1 + (G_2 + G_3 + G_4 + G_6)/2 + G_5 \\
&= 2971 + 465 + 24 + 2751 + (1470 + 273 + 678 + 913)/2 + 493 = 8371\text{kN}
\end{aligned}
$$

$$Q_活 = 夹层平台 = 10 \times 162.3/2 = 812\text{kN}$$

总荷载为：

$$Q = Q_恒 + Q_活 = 8371 + 812 = 9183\text{kN}$$

总荷载在钢筋混凝土外筒壁计算时，应按积灰平台处的水平作用考虑。

#### 8.8.3.4　其他附属设施荷重计算

其他附属设施主要是指信号照明平台、扶（直爬）梯及休息平台、避雷设施等，其荷重都较小，在烟囱钢筋混凝土外筒壁附加荷载计算中所占比例很小，故忽略不计。

### 8.8.4　烟囱钢筋混凝土外筒壁计算

钢筋混凝土外筒部分可参考第 15 章有关内容并结合内筒特点进行计算，也可采用 51YC 专业软件进行结构计算。

#### 8.8.4.1　外筒自振周期

通过 51YC 专业软件计算，烟囱基本自振周期为：

$$T_c = 4.57\text{s}$$

#### 8.8.4.2　烟囱温度分布计算

烟囱各层热阻按《烟囱设计规范》（GB 50051—2013）第 5.6.6 条计算，温度分布按 5.6.4 条计算。为了节省篇幅仅给出 80m 标高截面温度分布计算结果（见表8.8-2），其温度分布如图 8.8-3 所示。

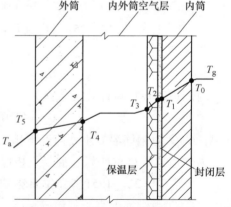

图 8.8-3　筒身温度分布

表 8.8-2　代表截面温度分布计算结果　　　　　　　　　　（℃）

| 温度工况 | $T_0$ | $T_1$ | $T_2$ | $T_3$ | $T_4$ | $T_5$ |
|---|---|---|---|---|---|---|
| 极端最高温度 | 143.7 | 127.5 | 126.6 | 46.9 | 45.9 | 42.5 |
| 极端最低温度 | 143.1 | 119.6 | 118.4 | 3.1 | 1.6 | −3.2 |

#### 8.8.4.3 烟囱水平位移计算

烟囱标准值作用下水平位移计算结果见表 8.8-3。

**表 8.8-3  荷载标准值组合作用下烟囱最大水平位移计算**　　　　　　（m）

| 高度 | 组合 1 | 组合 2 | 组合 3 | 组合 4 | 组合 5 | 基础倾斜位移 | 日照温差位移 |
|---|---|---|---|---|---|---|---|
| 240.000 | 1.532 | 1.471 | 1.510 | 1.195 | 1.244 | 0.480 | 0.434 |
| 230.000 | 1.431 | 1.371 | 1.407 | 1.119 | 1.163 | 0.460 | 0.399 |
| 217.500 | 1.307 | 1.250 | 1.281 | 1.025 | 1.065 | 0.435 | 0.357 |
| 205.000 | 1.186 | 1.131 | 1.159 | 0.933 | 0.968 | 0.410 | 0.317 |
| 192.500 | 1.067 | 1.016 | 1.040 | 0.845 | 0.875 | 0.385 | 0.279 |
| 180.000 | 0.952 | 0.906 | 0.926 | 0.760 | 0.785 | 0.360 | 0.244 |
| 167.500 | 0.843 | 0.801 | 0.818 | 0.678 | 0.699 | 0.335 | 0.212 |
| 155.000 | 0.739 | 0.703 | 0.716 | 0.601 | 0.618 | 0.310 | 0.181 |
| 142.500 | 0.641 | 8.611 | 0.621 | 0.528 | 0.541 | 0.285 | 0.153 |
| 130.000 | 0.550 | 0.526 | 0.534 | 0.459 | 0.470 | 0.260 | 0.127 |
| 117.500 | 0.467 | 0.447 | 0.453 | 0.396 | 0.403 | 0.235 | 0.104 |
| 105.000 | 0.390 | 0.376 | 0.380 | 0.336 | 0.342 | 0.210 | 0.083 |
| 92.500 | 0.321 | 0.310 | 0.313 | 0.281 | 0.285 | 0.185 | 0.065 |
| 80.000 | 0.259 | 0.251 | 0.253 | 0.231 | 0.233 | 0.160 | 0.048 |
| 67.500 | 0.203 | 0.198 | 0.199 | 0.184 | 0.186 | 0.135 | 0.034 |
| 55.000 | 0.154 | 0.151 | 0.151 | 0.142 | 0.143 | 0.110 | 0.023 |
| 42.500 | 0.110 | 0.109 | 0.109 | 0.104 | 0.104 | 0.085 | 0.014 |
| 30.000 | 0.072 | 0.072 | 0.072 | 0.069 | 0.069 | 0.060 | 0.007 |
| 17.500 | 0.039 | 0.039 | 0.039 | 0.038 | 0.038 | 0.035 | 0.002 |
| 6.850 | 0.014 | 0.014 | 0.014 | 0.014 | 0.014 | 0.014 | 0 |
| 0 | 0 | 0 | 0 | 0 | 0 | 0 | 0 |

注：各种组合计算位移已包含基础倾斜和日照温差引起的位移。

根据《烟囱设计规范》（GB 50051—2013）第 3.2.6 条规定，钢筋混凝土烟囱在标准组合效应作用下，其水平位移不应大于该点离地高度的 1/100，表 8.8-3 计算结果均满足规范规定。

### 8.8.5  砖砌排烟筒计算

#### 8.8.5.1  排烟筒砖砌体膨胀变形计算

排烟筒砖砌体和耐酸砂浆封闭层的膨胀变形应统一考虑。排烟筒分段高 25.5m，按独立的砖烟囱考虑，砖砌体和封闭层内外温差为 143.1 − 119.6 = 23.5℃，烟气温度 145℃。砖砌体线膨胀系数为 $5 \times 10^{-6}/℃$；纵向变形伸长量为 $5 \times 10^{-6} \times 25500 \times 145 = 18.5$mm，纵向相对变形伸长量为 $5 \times 10^{-6} \times 25500 \times 24.6 = 3.0$mm；环向相对变形伸长量经计算约 0.1mm。计算结果表明，变形伸长量均小于预留的 100mm，满足要求。

### 8.8.5.2　排烟筒计算

（1）外筒风振荷载对内筒的影响。作用在钢筋混凝土外筒上的平均风静荷载不直接作用在内筒上，因此可不考虑这部分荷载对内筒的振动影响，但对于风荷载中的动力部分，应考虑振动效应对内筒的影响，具体计算方法见本手册4.1.9节，风振引起的内筒底部弯矩计算结果见表8.8-4。

**表8.8-4　风振引起的内筒底部内力标准值**

| 平台标高/m | 顺风向弯矩/kN·m | 横风向弯矩/kN·m | 综合弯矩/kN·m | 内筒自重/kN |
|---|---|---|---|---|
| 230.0 | 34.8 | 69.9 | 78.1 | 1049.2 |
| 205.0 | 172.8 | 347.1 | 387.7 | 2623.0 |
| 180.0 | 129.8 | 260.7 | 291.2 | 2623.0 |
| 155.0 | 91.2 | 183.2 | 204.7 | 2623.0 |
| 130.0 | 65.1 | 119.3 | 135.9 | 2623.0 |
| 105.0 | 41.8 | 70.4 | 81.9 | 2623.0 |
| 80.0 | 23.2 | 36.1 | 42.9 | 2623.0 |
| 55.0 | 11.1 | 15.1 | 18.7 | 2623.0 |
| 30.0 | 3.4 | 4.0 | 5.3 | 2623.0 |

注：1. 顺风向荷载为脉动风引起的内筒振动效应。

　　2. 横风向荷载为横向风振时引起的内筒振动效应。

　　3. 综合效应为顺风向与横风向风振合力。

（2）烟囱平台对内筒地震作用的动力增大效应计算。烟囱平台对内筒的地震作用具有增大效应，具体计算方法按本手册第4.2.3节计算，具体结果见表8.8-5和表8.8-6。

**表8.8-5　支承平台水平地震参数、内筒自振周期与内筒底部水平地震内力**

| 平台标高/m | 平台地震系数 | 平台动力放大系数 | 地震影响系数 | 内筒自振周期/s | $(T_c - T_b)/T_c$ | 水平剪力/kN | 截面弯矩/kN·m |
|---|---|---|---|---|---|---|---|
| 205.000 | 0.010 | 1.425 | 0.014 | 0.389 | 0.915 | 31.0 | 527.2 |
| 180.000 | 0.017 | 1.425 | 0.024 | 0.389 | 0.915 | 54.2 | 920.7 |
| 155.000 | 0.012 | 1.425 | 0.017 | 0.389 | 0.915 | 37.3 | 634.0 |
| 130.000 | 0.009 | 1.425 | 0.013 | 0.389 | 0.915 | 28.4 | 482.7 |
| 105.000 | 0.008 | 1.425 | 0.012 | 0.389 | 0.915 | 26.5 | 449.8 |
| 80.000 | 0.011 | 1.425 | 0.016 | 0.389 | 0.915 | 35.1 | 597.2 |
| 55.000 | 0.017 | 1.425 | 0.024 | 0.389 | 0.915 | 52.5 | 892.4 |
| 30.000 | 0.015 | 1.425 | 0.021 | 0.389 | 0.915 | 46.2 | 784.7 |

注：1. 平台上砖内筒地震系数已经考虑了结构系数等影响。

　　2. $(T_c - T_b)/T_c$ 为内外筒自振周期比率，宜大于0.2。

**表8.8-6　支承平台竖向地震效应增大系数及竖向地震作用**

| 平台标高/m | 修正前增大系数 $\beta_{vi}$ | 折减系数 $\zeta$ | 增大效应系数 $\beta$ | 竖向地震力/kN |
|---|---|---|---|---|
| 230.000 | 6.302 | 0.666 | 4.195 | 171.6 |
| 205.000 | 5.969 | 0.666 | 3.973 | 406.5 |
| 180.000 | 5.576 | 0.666 | 3.712 | 379.7 |

| 平台标高/m | 修正前增大系数 $\beta_{vi}$ | 折减系数 $\zeta$ | 增大效应系数 $\beta$ | 竖向地震力/kN |
|---|---|---|---|---|
| 155.000 | 5.133 | 0.668 | 3.428 | 350.7 |
| 130.000 | 4.638 | 0.649 | 3.010 | 307.9 |
| 105.000 | 4.040 | 0.631 | 2.550 | 260.8 |
| 80.000 | 3.344 | 0.614 | 2.054 | 210.1 |
| 55.000 | 2.503 | 0.581 | 1.455 | 148.9 |
| 30.000 | 1.477 | 0.552 | 1.000 | 102.3 |

（3）各层平台砖内筒水平截面承载力验算见表 8.8-7。

**表 8.8-7  各层平台砖内筒水平截面承载力验算**

| 平台标高/m | 轴向压力设计值/kN | 截面承载力/kN | 偏心距标准值 $e_k$/m | 截面核心距 $r_{com}$/m | 偏心距设计值 $e_0$/m | 截面重心至筒壁外缘距离 $0.6a$/m |
|---|---|---|---|---|---|---|
| 230.0 | 1259.1 | 7769.50 | 0.07 | 1.75 | 0.10 | 2.24 |
| 205.0 | 3147.6 | 7503.11 | 0.15 | 1.75 | 0.21 | 2.24 |
| 180.0 | 3147.6 | 7561.62 | 0.11 | 1.75 | 0.16 | 2.24 |
| 155.0 | 3147.6 | 7609.77 | 0.08 | 1.75 | 0.11 | 2.24 |
| 130.0 | 3147.6 | 7644.99 | 0.05 | 1.75 | 0.07 | 2.24 |
| 105.0 | 3147.6 | 7670.75 | 0.03 | 1.75 | 0.04 | 2.24 |
| 80.0 | 3147.6 | 7688.24 | 0.02 | 1.75 | 0.02 | 2.24 |
| 55.0 | 3147.6 | 7698.62 | 0.01 | 1.75 | 0.01 | 2.24 |
| 30.0 | 3147.6 | 7704.24 | 0 | 1.75 | 0 | 2.24 |

表 8.8-7 中结果表明，截面承载力满足《烟囱设计规范》第 6.2 条有关要求。

（4）内筒配箍与配筋计算。经计算内筒环向需要配置 $-60 \times 6@1500$ 环箍或 $\phi 6@300$ 环筋，在顶部一半高度上方需按构造配置 $\phi 6@180$ 竖向钢筋。由于排烟筒砖砌体和耐酸砂浆封闭层外固定超细玻璃棉毡保温隔热层的需要，耐酸砂浆封闭层外需沿高度方向实际按 $-60 \times 6@1000$ 设置环箍。

### 8.8.6 斜撑式支承平台计算

斜撑式支承平台是由钢筋混凝土承重环梁、钢支柱、平台钢梁、平台剪力撑和平台钢格栅板组成。钢筋混凝土承重环梁一般采用分段预制，然后与钢梁、钢柱和钢支撑等吊装拼接。承重环梁分段长度一般控制在 3000mm 左右，每段环梁上径向布置有 4 根平台钢梁，其中的两根间隔布置的钢梁位置下设有钢支柱。钢梁间最小环向间距一般控制在 750～1400mm，钢支撑在钢梁间的平面内构造设置。

#### 8.8.6.1 平台钢梁计算

平台钢梁采用两个热轧槽钢组合成箱型形式，每个钢梁负载平均宽度按 1200mm 计。

平台钢格栅板永久（自重）荷载标准值为 $0.7kN/m^2$，可变（活）荷载标准值为 $10kN/m^2$；平台钢梁永久（自重）荷载标准值按 $0.3kN/m^2$ 考虑，简支支承；作用在平台钢梁上的线荷载设计值 $q = 1.2 \times (0.7 \times 1.2 + 0.3) + 1.4 \times 10 \times 1.2 = 18.2 \mathrm{kN/m}$。平台钢梁设计可按《钢结构设计手册》的相关要求进行，各层平台钢梁设计计算结果见表8.8-8。

表8.8-8　各层平台钢梁设计计算表

| 平台标高 /m | 钢梁长度 /mm | 线荷载设计值 /kN·m⁻¹ | 弯矩设计值 /kN·m | 钢梁选用规格 | 承载的弯矩设计值/kN·m | 备　注 |
|---|---|---|---|---|---|---|
| 155.0 及以上 | 1080 | | 2.66 | 2 [10 | 13.68 | 满足要求 |
| 130.0 | 1430 | | 4.65 | 2 [10 | 13.68 | 满足要求 |
| 105.0 | 1880 | 18.2 | 8.04 | 2 [12.6 | 20.8 | 满足要求 |
| 80.0 | 2280 | | 11.83 | 2 [14a | 26.2 | 满足要求 |
| 55.0 | 2480 | | 14.0 | 2 [16a | 34.2 | 满足要求 |
| 30.0 | 2680 | | 16.34 | 2 [16a | 33.0 | 满足要求 |

### 8.8.6.2　钢筋混凝土承重环梁计算

**A　环梁外形尺寸确定和荷重计算**

根据以往工程设计经验，环梁尺寸分为两种。A 型环梁用于 105.0m 平台及以上，B 型环梁用于 85.0m 平台及以下。A、B 型环梁断面如图8.8-4 所示。

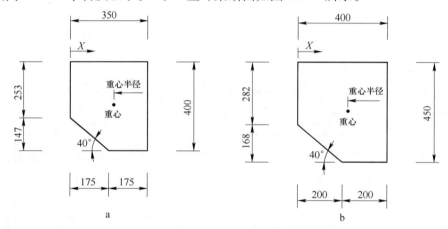

图 8.8-4　钢筋混凝土承重环梁截面图
a—A 型环梁截面图；b—B 型环梁截面图

环梁上作用的荷重有：排烟筒砖砌体自重、耐酸砂浆封闭层自重、超细玻璃棉毡保温隔热层自重、环梁自重、夹层平台自重和夹层平台活荷载。简化合并后形成的合力设计值及位置见表8.8-9。

表8.8-9　环梁上作用的荷重合力设计值明细表

| 序号 | 平台标高 /m | 环梁类型 | 合力 N /kN | 合力位置 X /m | 附加扭矩 $M_{\mathrm{S}}$ /kN·m |
|---|---|---|---|---|---|
| 1 | 230.0 | A | 1602 | 0.196 | 15 |
| 2 | 205.0 | A | 3572 | 0.217 | 108 |
| 3 | 180.0 | A | 3572 | 0.217 | 108 |
| 4 | 155.0 | A | 3572 | 0.217 | 108 |

| 序号 | 平台标高<br>/m | 环梁类型 | 合力 N<br>/kN | 合力位置 X<br>/m | 附加扭矩 $M_S$<br>/kN·m |
|---|---|---|---|---|---|
| 5 | 130.0 | A | 3669 | 0.211 | 88 |
| 6 | 105.0 | A | 3797 | 0.204 | 65 |
| 7 | 80.0 | B | 3944 | 0.239 | 99 |
| 8 | 55.0 | B | 4460 | 0.234 | 90 |
| 9 | 30.0 | B | 5327 | 0.232 | 96 |

B 环梁承载能力极限状态计算

环梁计算参数见表 8.8-10。环梁在荷重合力 N 作用下的内力计算结果见表 8.8-11。

表 8.8-10 环梁计算参数表

| 序号 | 平台标高<br>/m | 环梁重心处<br>半径 $R_1$/mm | 环梁周长<br>/mm | 环梁分<br>段数 | 每段长度<br>/mm | 环梁总<br>支柱数 | 每段环梁<br>支柱数 | 支柱间圆<br>心角/(°) |
|---|---|---|---|---|---|---|---|---|
| 1 | 230.0 | 3663 | 23016 | 7 | 3288 | 14 | 2 | 25.72 |
| 2 | 205.0 | 3663 | 23016 | 7 | 3288 | 14 | 2 | 25.72 |
| 3 | 180.0 | 3663 | 23016 | 7 | 3288 | 14 | 2 | 25.72 |
| 4 | 155.0 | 3663 | 23016 | 7 | 3288 | 14 | 2 | 25.72 |
| 5 | 130.0 | 3663 | 23016 | 7 | 3288 | 14 | 2 | 25.72 |
| 6 | 105.0 | 3663 | 23016 | 7 | 3288 | 14 | 2 | 25.72 |
| 7 | 80.0 | 3686 | 23160 | 7 | 3309 | 14 | 2 | 25.72 |
| 8 | 55.0 | 4436 | 27873 | 9 | 3097 | 18 | 2 | 20 |
| 9 | 30.0 | 5186 | 32585 | 10 | 3259 | 20 | 2 | 18 |

表 8.8-11 环梁在荷重合力 N 作用下的内力计算表

| 序号 | 平台<br>标高<br>/m | 环梁<br>荷重<br>合力<br>N/kN | 换算的<br>线荷载<br>q<br>/kN·m⁻¹ | 支座<br>点数<br>n | 支座点<br>间圆心<br>半角<br>/(°) | 环梁重<br>心处半<br>径 $R_1$<br>/m | 最大<br>剪力<br>$V_{max}$<br>/kN | 跨中<br>弯矩<br>$M_中$<br>/kN·m | 支座<br>弯矩<br>$M_支$<br>/kN·m | 最大<br>扭矩<br>$M_S$<br>/kN·m | 支座处<br>附加扭<br>矩 $M_{S1}$<br>/kN·m | 最大扭<br>矩时的<br>$\psi$ 角/(°) |
|---|---|---|---|---|---|---|---|---|---|---|---|---|
| 1 | 230.0 | 1602 | 70 | 14 | 12.86 | 3.663 | 58 | 7.7 | 16.1 | 0.8 | 2.1 | 7.322 |
| 2 | 205.0 | 3572 | 157 | 14 | 12.86 | 3.663 | 129 | 17.4 | 36.5 | 1.5 | 5.3 | 7.322 |
| 3 | 180.0 | 3572 | 157 | 14 | 12.86 | 3.663 | 129 | 17.4 | 36.5 | 1.5 | 5.3 | 7.322 |
| 4 | 155.0 | 3572 | 157 | 14 | 12.86 | 3.663 | 129 | 17.4 | 36.5 | 1.5 | 5.3 | 7.322 |
| 5 | 130.0 | 3669 | 161 | 14 | 12.86 | 3.663 | 133 | 17.8 | 37.0 | 1.6 | 5.2 | 7.322 |
| 6 | 105.0 | 3797 | 166 | 14 | 12.86 | 3.663 | 137 | 18.3 | 38.1 | 1.6 | 5.2 | 7.322 |
| 7 | 80.0 | 3944 | 172 | 14 | 12.86 | 3.663 | 143 | 19.3 | 40.0 | 1.7 | 7.8 | 7.322 |
| 8 | 55.0 | 4460 | 161 | 18 | 10 | 4.436 | 126 | 16.3 | 32.3 | 1.1 | 6.5 | 5.772 |
| 9 | 30.0 | 5327 | 164 | 20 | 9 | 5.186 | 134 | 18.3 | 36.4 | 1.1 | 7.0 | 5.195 |

环梁内力按如下公式计算:

线荷载设计值　　　　　$q = N/2\pi R_N$　　（$R_N$ 为合力 $N$ 作用处半径）

剪力设计值　　　　　　$V = \pi q R_1 / n$　　（$R_1$ 为环梁重心处半径）

跨中弯矩设计值　　　　$M_{中} = [\pi/(n\sin\alpha) - 1]q R_1^2$

支座弯矩设计值　　　　$M_{支} = (\pi\cot\alpha/n - 1)q R_1^2$

任意点扭矩设计值　　　$M_S = (\pi\sin\psi\sin\alpha/n - \psi)q R_1^2$

环梁在支座反力的水平分力作用下环向轴向力计算结果见表 8.8-12。

表 8.8-12　环梁在支座反力的水平分力作用下环向轴向力计算表

| 序号 | 平台标高 /m | 环梁荷重合力 $N$/kN | 支座点数 $n$ | 每个支点处荷载值 $N/n$ | 支柱反力 /kN | 支柱水平反力分力/kN | 环梁轴向力 $N_S$/kN |
|---|---|---|---|---|---|---|---|
| 1 | 230.0 | 1602 | 14 | 114.4 | 150 | 96 | 336 |
| 2 | 205.0 | 3572 | 14 | 255.2 | 333 | 214 | 749 |
| 3 | 180.0 | 3572 | 14 | 255.2 | 333 | 214 | 749 |
| 4 | 155.0 | 3572 | 14 | 255.2 | 333 | 214 | 749 |
| 5 | 130.0 | 3669 | 14 | 262.1 | 342 | 220 | 770 |
| 6 | 105.0 | 3797 | 14 | 271.2 | 354 | 228 | 798 |
| 7 | 80.0 | 3944 | 14 | 281.7 | 368 | 237 | 830 |
| 8 | 55.0 | 4460 | 18 | 247.8 | 324 | 208 | 936 |
| 9 | 30.0 | 5327 | 20 | 266.4 | 348 | 224 | 1120 |

注：环梁环向轴向力 $N_S = 0.25 \times n \times$ 支柱水平反力分力 $= 0.25 \times N \times \tan40°$。

环梁承载能力极限状态计算内容应包括：正截面受弯承载能力、斜截面受弯承载能力和截面的扭曲承载能力。混凝土环梁的受热温度按前述计算为 127.5℃（砖砌体排烟筒外表面处的温度值），其强度设计指标据此进行折减。对混凝土环梁而言，它属于弯、剪、扭和轴心受压作用的复合构件，可根据《混凝土结构设计规范》的有关要求，分别计算或验算四种受力条件下的混凝土环梁承载能力。这里不再详述具体过程，仅列出环梁的内力条件和配筋结果供参考。

A 型环梁用于 105.0 ~ 230.0m 支承平台，C30 混凝土，室内高湿环境，内力条件计算如下：

最大弯矩设计值　　　　　　$M_{max} = 38.1$kN·m

最大剪力设计值　　　　　　$V_{max} = 137.0$kN

最大扭矩设计值　　　　　　$M_{Smax} = M_S + M_{S1} = 1.6 + 5.2 = 6.8$kN·m

轴向压力设计值　　　　　　$N_{Smax} = 798.0$kN

配筋结果为：环梁纵向钢筋为构造配置，实配钢筋是 $13\phi16$，箍筋采用三肢，$\phi8@100$。

B 型环梁用于 30.0 ~ 80.0m 支承平台，C30 混凝土，室内高湿环境，内力条件计算如下：

最大弯矩设计值　　　　　　$M_{max} = 40.0$kN·m

最大剪力设计值 $V_{max} = 143.0\text{kN}$

最大扭矩设计值 $M_{Smax} = M_S + M_{S1} = 1.7 + 7.8 = 9.5\text{kN} \cdot \text{m}$

轴向压力设计值 $N_{Smax} = 1120.0\text{kN}$

配筋结果为：环梁纵向钢筋为构造配置，实配钢筋是 $13\phi18$，箍筋采用三肢，$\phi8@100$。

C 环梁正常使用极限状态验算

根据以往工程设计经验，混凝土环梁的裂缝宽度和挠度都能满足要求，故本例题不再作这两项计算的过程，仅验算环梁的稳定性。

由于混凝土环梁为削角四边形，其惯性矩计算应等于四边形的惯性矩减去削角部分的惯性矩，即 $J = J_\square - J_\triangle$。

经计算，A 型混凝土环梁的惯性矩为：

$$J = J_\square - J_\triangle = 1.45 \times 10^9 - 0.235 \times 10^9 = 1.215 \times 10^9 \text{mm}^4$$

B 型混凝土环梁的惯性矩为：

$$J = J_\square - J_\triangle = 2.435 \times 10^9 - 0.4 \times 10^9 = 2.035 \times 10^9 \text{mm}^4$$

C30 混凝土环梁的弹性模量 $E_c = 3.0 \times 10^4 \text{N/mm}^2$。

水平向环梁临界荷载 $q_k = 3EJ/R_1^3$，其中 $R_1$ 为环梁重心处半径。每个支柱处临界水平荷载 $P_k = 3\pi R_1 q_k/n$。

混凝土环梁为轴向受压，压杆的稳定应满足《混凝土结构设计规范》的相关要求。环梁稳定验算结果见表 8.8-13。

表 8.8-13 环梁稳定验算表

| 序号 | 平台标高 /m | 环梁重心处半径 $R_1$/m | 支座点数 $n$ | 环梁类型 | 临界荷载 $q_k$/kN·m$^{-1}$ | 临界水平荷载 $P_k$/kN | 支柱水平分力/kN |
|---|---|---|---|---|---|---|---|
| 1 | 230.0 | 3.663 | 14 | A | | | 96 |
| 2 | 205.0 | 3.663 | 14 | A | | | 214 |
| 3 | 180.0 | 3.663 | 14 | A | | | 214 |
| 4 | 155.0 | 3.663 | 14 | A | 2225 | 3658 | 214 |
| 5 | 130.0 | 3.663 | 14 | A | | | 220 |
| 6 | 105.0 | 3.663 | 14 | A | | | 228 |
| 7 | 80.0 | 3.663 | 14 | B | 3657 | 6050 | 237 |
| 8 | 55.0 | 4.436 | 18 | B | 2098 | 3249 | 208 |
| 9 | 30.0 | 5.186 | 20 | B | 1313 | 2139 | 224 |

由表 8.8-13 中数据知：每个支柱处临界水平荷载 $P_k$ 均远大于支柱水平反力分力，即满足要求。经计算，混凝土环梁的压杆稳定也满足要求。

### 8.8.6.3 钢支柱计算

A 钢支柱长度和柱顶荷载计算

钢支柱长度计算可根据斜撑式支承平台的几何尺寸进行。根据表 8.8-10 和表 8.8-11 可得钢支柱顶的荷载及柱规格选用，见表 8.8-14。

表 8.8-14　钢支柱长度、荷载设计值和规格明细表

| 序号 | 平台标高 /m | 钢支柱长 /mm | 柱顶弯矩 $M_支$/kN·m | 附加扭矩 $2M_{S1}$/kN·m | 柱顶轴向 压力/kN | 钢支柱 规格 |
|---|---|---|---|---|---|---|
| 1 | 230.0 | 1736 | 16.1 | 4.2 | 150 | 2［22a |
| 2 | 205.0 | 1736 | 36.5 | 10.6 | 333 | 2［22a |
| 3 | 180.0 | 1658 | 36.5 | 10.6 | 333 | 2［22a |
| 4 | 155.0 | 1628 | 36.5 | 10.6 | 333 | 2［22a |
| 5 | 130.0 | 2345 | 37.0 | 10.4 | 342 | 2［25a |
| 6 | 105.0 | 3062 | 38.1 | 10.4 | 354 | 2［25a |
| 7 | 80.0 | 3845 | 40.0 | 15.6 | 368 | 2［28a |
| 8 | 55.0 | 4171 | 32.3 | 13.0 | 324 | 2［28a |
| 9 | 30.0 | 4624 | 36.4 | 14.0 | 348 | 2［28a |

注：柱顶附加扭矩为支座两边环梁扭矩的代数和，故取 $2M_{S1}$。

　　B　钢支柱强度验算

　　验算按照《钢结构设计规范》的相关要求进行，采用 Q235B 钢。钢支柱强度验算见表 8.8-15。

表 8.8-15　钢支柱强度验算计算表

| 序号 | 平台 标高 /m | 柱顶轴 向压力 /N | 支柱横 截面积 /mm² | 柱顶弯 矩 $M_X$ /N·mm | 抵性矩 $W_X$ /mm³ | 柱顶扭 矩 $M_Y$ /N·mm | 抵抗矩 $W_Y$ /mm³ | 计算应 力值 /N·mm⁻² | 材料应 力限值 /N·mm⁻² |
|---|---|---|---|---|---|---|---|---|---|
| 1 | 230.0 | 150000 | 6367 | $16.1 \times 10^6$ | 435250 | $4.2 \times 10^6$ | 300300 | 75 | 215 |
| 2 | 205.0 | 333000 | 6367 | $36.5 \times 10^6$ | 435250 | $10.6 \times 10^6$ | 300300 | 172 | 215 |
| 3 | 180.0 | 333000 | 6367 | $36.5 \times 10^6$ | 435250 | $10.6 \times 10^6$ | 300300 | 172 | 215 |
| 4 | 155.0 | 333000 | 6367 | $36.5 \times 10^6$ | 435250 | $10.6 \times 10^6$ | 300300 | 172 | 215 |
| 5 | 130.0 | 342000 | 6981 | $37.0 \times 10^6$ | 537460 | $10.4 \times 10^6$ | 339400 | 149 | 215 |
| 6 | 105.0 | 354000 | 6981 | $38.1 \times 10^6$ | 537460 | $10.4 \times 10^6$ | 339400 | 153 | 215 |
| 7 | 80.0 | 368000 | 8004 | $40.0 \times 10^6$ | 678930 | $15.6 \times 10^6$ | 417100 | 143 | 215 |
| 8 | 55.0 | 324000 | 8004 | $32.3 \times 10^6$ | 678930 | $13.0 \times 10^6$ | 417100 | 120 | 215 |
| 9 | 30.0 | 348000 | 8004 | $36.4 \times 10^6$ | 678930 | $14.0 \times 10^6$ | 417100 | 131 | 215 |

　　C　钢支柱稳定验算

　　整体稳定验算和局部稳定验算可按照《钢结构设计规范》的相关要求进行，箱形截面，经验算都满足要求。

# 8.9　自立式钢内筒设计实例

　　图 8.9-1～图 8.9-5 为两管自立式钢内筒烟囱设计实例，烟囱高 240m，内筒直径为 6.8m。

# 8.10　单管式悬挂钢内筒设计实例

　　图 8.10-1～图 8.10-6 为一高 180m 悬挂式钢内筒设计实例，其中内筒直径为 6.5m，钢内筒采用 10mm、8mm、16mm 和 20mm 厚 Q235B、Q345B，具体范围如图 8.10-1 所示。筒首直爬梯及防雨罩不锈钢采用 1Cr18Ni12Mo2Ti，如图 8.10-5 所示。膨胀节位于标高为 25m 的平台上方，膨胀节制作方法如图 8.10-6 所示。

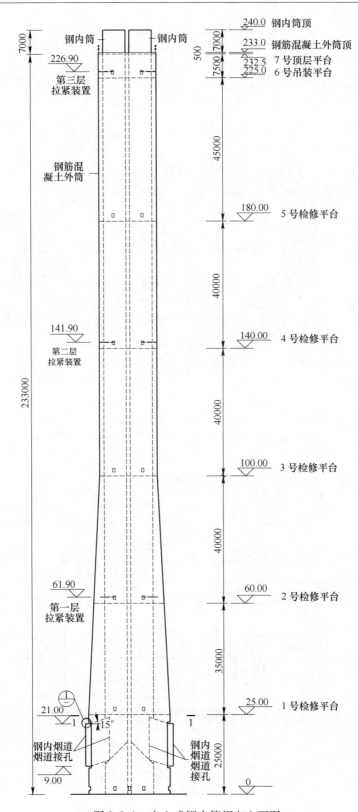

图 8.9-1 自立式钢内筒烟囱立面图

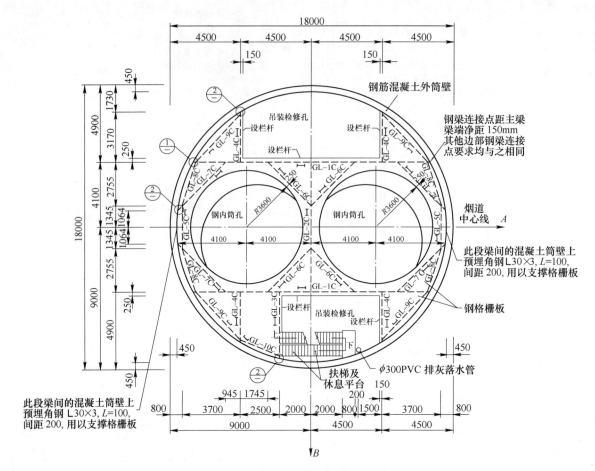

图 8.9-2　平台布置图

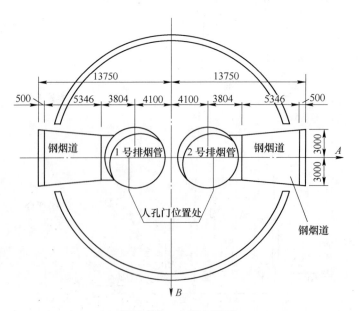

图 8.9-3　内筒布置图

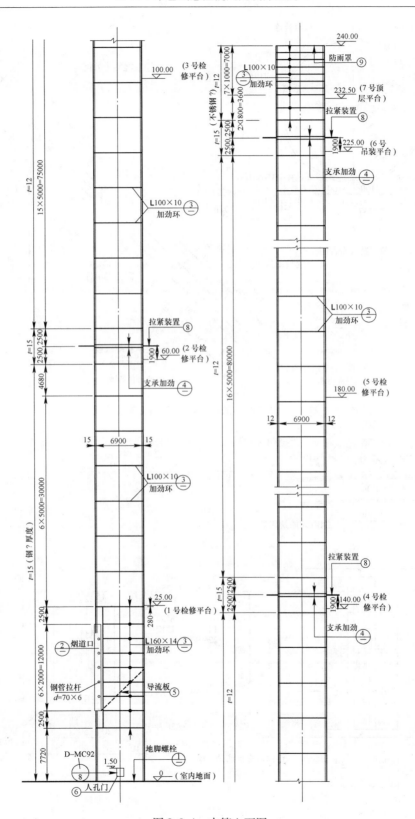

图 8.9-4 内筒立面图

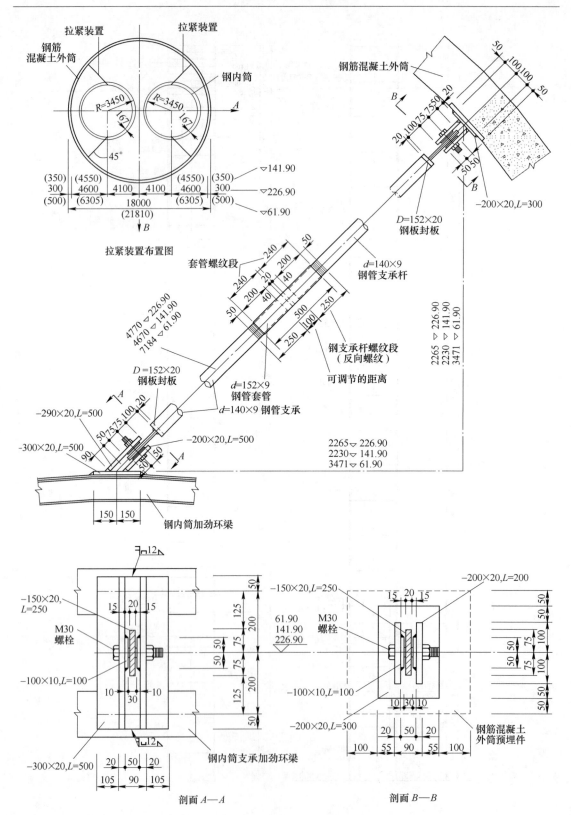

图8.9-5　柔性止晃装置图

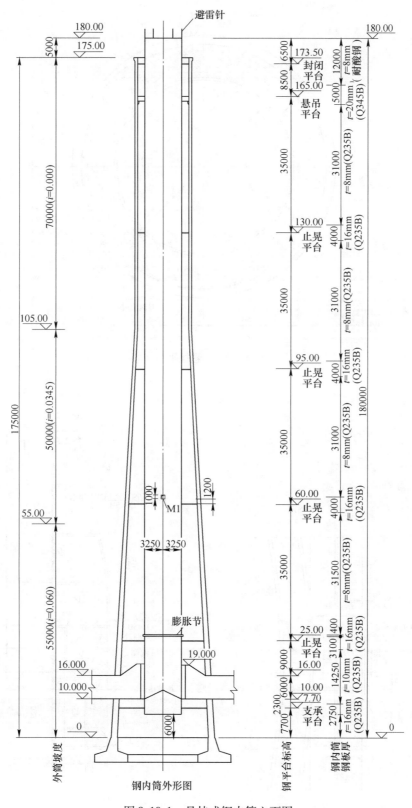

图 8.10-1 悬挂式钢内筒立面图

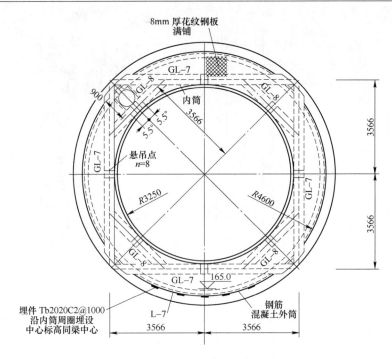

图 8.10-2　悬挂平台

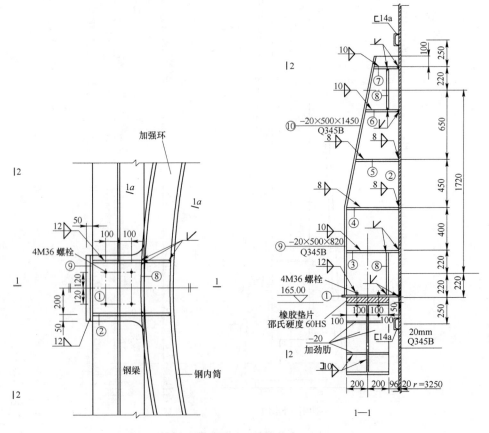

图 8.10-3　悬挂节点

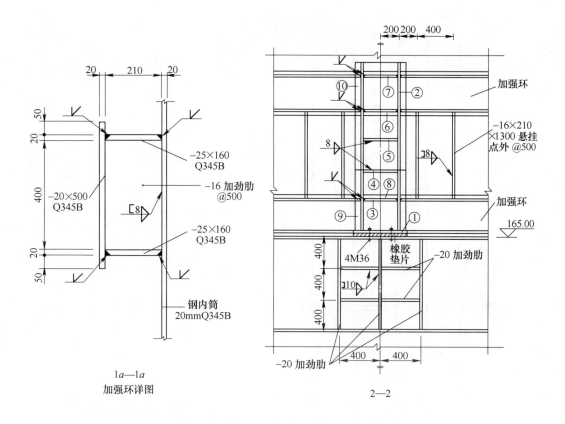

1a—1a
加强环详图

2—2

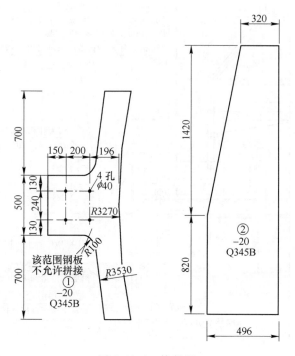

图 8.10-4　构件图

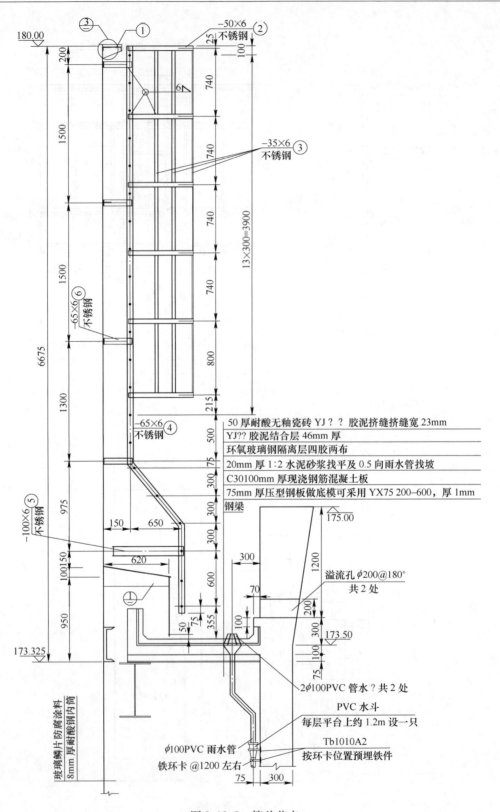

图 8.10-5　筒首节点

# 8.11　多管式悬挂钢内筒烟囱设计实例

## 8.11.1　适用范围

多管式钢内筒烟囱一般用于大型火力发电厂，排放燃煤（油、气）含硫量较高、腐蚀性较强的烟气或采用湿法脱硫排放湿烟气。承重外筒与排烟内筒分开，可避免含硫烟气对承重外筒的腐蚀，提高烟囱的耐久性。

## 8.11.2　结构型式

多管式钢内筒烟囱由钢筋混凝土承重外筒、由防腐层和隔热保温层组成的钢排烟内筒及悬挂平台、止晃平台和其他附属设施组成。外筒壁与内筒之间净距离不宜小于750mm，内筒与内筒间净距离也不宜小于750mm。

钢排烟内筒一般采用分段悬挂体系。内筒分段由悬挂平台支承，在悬挂平台之间沿筒壁间隔一定高度设置止晃平台。

承重外筒壁内侧设往返式钢梯及休息平台。

## 8.11.3　构造要求

（1）钢筋混凝土承重外筒。筒壁最小厚度不宜小于250mm，且双侧配筋，支承平台范围内筒壁环向配筋加密一倍。筒壁配筋还应满足表7.6-1的要求。

（2）排烟钢内筒。钢内筒材质一般选用Q235B碳素结构钢，内侧设防腐层，防腐层可采用防腐金属内衬。外侧设保温层，应通过计算确定厚度，并宜分作两层错缝铺设，总厚度控制在80~100mm。钢内筒各悬挂段的长细比不宜超过120，分段处由膨胀伸缩节连接，膨胀伸缩节的材质在烟气运行条件宜具有与钢内筒相同的使用年限。

（3）悬挂平台。一般采用钢平台，材质选用Q235B或Q345B，由钢梁、悬挂点以及用于通行的走道板及栏杆等组成。钢平台的构造应按现行国家标准《钢结构设计规范》（GB 50017）的规定执行。走道板可采用钢格栅板或花纹钢板。

（4）止晃平台。止晃平台对内筒仅起水平弹性约束作用，采用钢平台，材质选用Q235B或Q345B，由钢梁、止晃点以及用于通行的走道板及栏杆等组成。

（5）多管式烟囱竖向交通一般采用往返式钢梯，沿筒身高度能通向各层平台，钢梯宽度不宜小于700mm。

## 8.11.4　材料的选用

（1）混凝土宜采用普通硅酸盐水泥，粗骨料应坚硬致密，宜采用玄武岩、闪长岩、花岗岩等破碎的碎石或河卵石；细骨料宜采用天然砂，也可采用上述岩石经破碎筛分后的产品，但不得含有金属矿物、云母、硫酸化合物和硫化物。

（2）钢筋采用HRB335和HPB300级钢筋。

（3）钢材采用热轧普通型钢，钢号为 Q235B 及 Q345B，焊条 E43 型及 E50 型。

### 8.11.5　施工图实例

图 8.11-1～图 8.11-18 为一高 200m 悬挂式双钢内筒烟囱设计实例，其中内筒直径为 6.7m。钢内筒采用 8mm、12mm 厚钛钢复合板，具体范围如图 8.11-7 所示，钢材为 Q235B，钛板 1.2mm 厚。筒首直爬梯及防雨罩不锈钢采用 1Cr18Ni12Mo2Ti，如图 8.11-8 所示。膨胀节位于标高为 45m 平台的下方及 115m 的平台上方，膨胀节制作方法如图 8.11-10 所示。

（1）平面布置如图 8.11-1 所示。

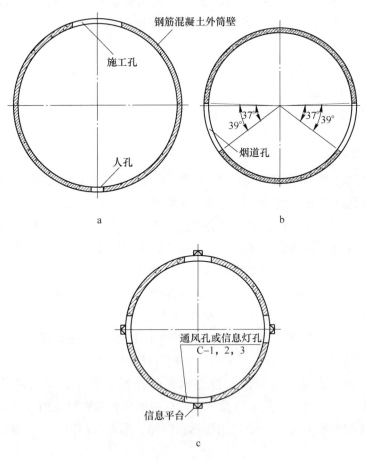

图 8.11-1　平面布置

a—0m 标高孔洞布置图；b—25.8m 标高孔洞布置图；

c—46.5m、81.5m、121.5m、156.5m、189.5m 标高孔洞布置图

（2）筒身布置如图 8.11-2 所示。

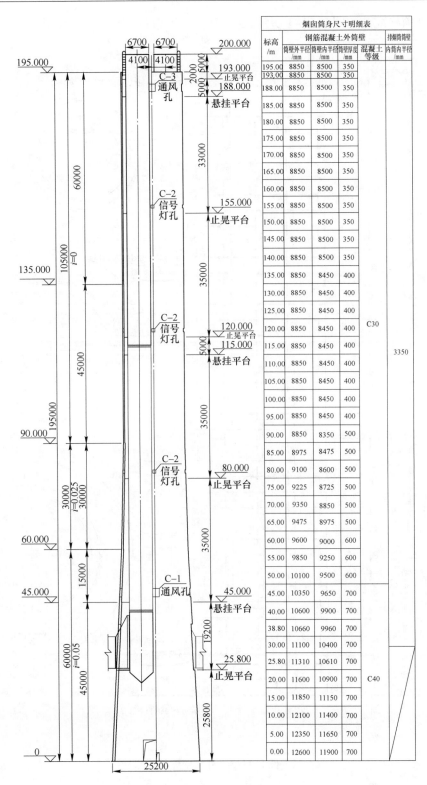

| 烟囱筒身尺寸明细表 | | | | | |
|---|---|---|---|---|---|
| 标高 /m | 钢筋混凝土外筒壁 | | | | 排烟筒筒壁 |
| | 筒壁外半径 /mm | 筒壁内半径 /mm | 筒壁厚度 /mm | 混凝土等级 | 内筒内半径 /mm |
| 195.00 | 8850 | 8500 | 350 | | |
| 193.00 | 8850 | 8500 | 350 | | |
| 188.00 | 8850 | 8500 | 350 | | |
| 185.00 | 8850 | 8500 | 350 | | |
| 180.00 | 8850 | 8500 | 350 | | |
| 175.00 | 8850 | 8500 | 350 | | |
| 170.00 | 8850 | 8500 | 350 | | |
| 165.00 | 8850 | 8500 | 350 | | |
| 160.00 | 8850 | 8500 | 350 | | |
| 155.00 | 8850 | 8500 | 350 | | |
| 150.00 | 8850 | 8500 | 350 | | |
| 145.00 | 8850 | 8500 | 350 | | |
| 140.00 | 8850 | 8500 | 350 | | |
| 135.00 | 8850 | 8450 | 400 | | |
| 130.00 | 8850 | 8450 | 400 | | |
| 125.00 | 8850 | 8450 | 400 | | |
| 120.00 | 8850 | 8450 | 400 | C30 | 3350 |
| 115.00 | 8850 | 8450 | 400 | | |
| 110.00 | 8850 | 8450 | 400 | | |
| 105.00 | 8850 | 8450 | 400 | | |
| 100.00 | 8850 | 8450 | 400 | | |
| 95.00 | 8850 | 8450 | 400 | | |
| 90.00 | 8850 | 8350 | 500 | | |
| 85.00 | 8975 | 8475 | 500 | | |
| 80.00 | 9100 | 8600 | 500 | | |
| 75.00 | 9225 | 8725 | 500 | | |
| 70.00 | 9350 | 8850 | 500 | | |
| 65.00 | 9475 | 8975 | 500 | | |
| 60.00 | 9600 | 9000 | 600 | | |
| 55.00 | 9850 | 9250 | 600 | | |
| 50.00 | 10100 | 9500 | 600 | | |
| 45.00 | 10350 | 9650 | 700 | | |
| 40.00 | 10600 | 9900 | 700 | | |
| 38.80 | 10660 | 9960 | 700 | | |
| 30.00 | 11100 | 10400 | 700 | | |
| 25.80 | 11310 | 10610 | 700 | | |
| 20.00 | 11600 | 10900 | 700 | C40 | |
| 15.00 | 11850 | 11150 | 700 | | |
| 10.00 | 12100 | 11400 | 700 | | |
| 5.00 | 12350 | 11650 | 700 | | |
| 0.00 | 12600 | 11900 | 700 | | |

图 8.11-2　筒身布置及尺寸明细

（3）外筒壁配筋如图 8.11-3 所示。

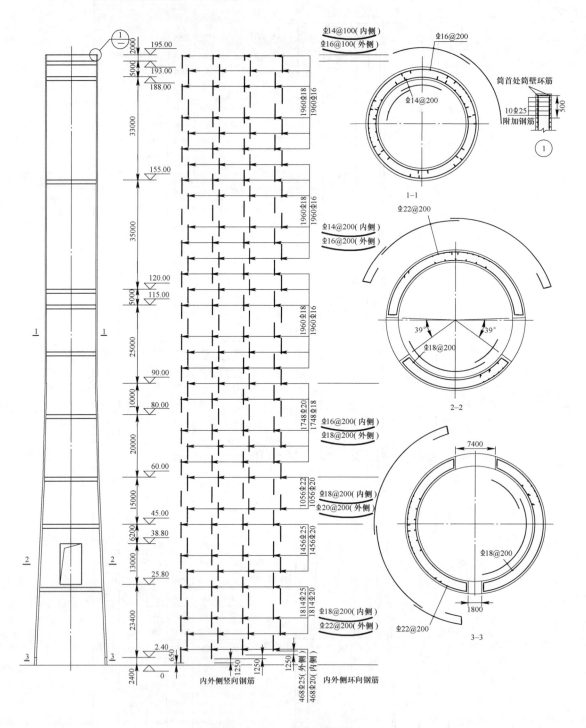

图 8.11-3  外筒壁配筋

（4）孔洞加强筋如图 8.11-4～图 8.11-6 所示。

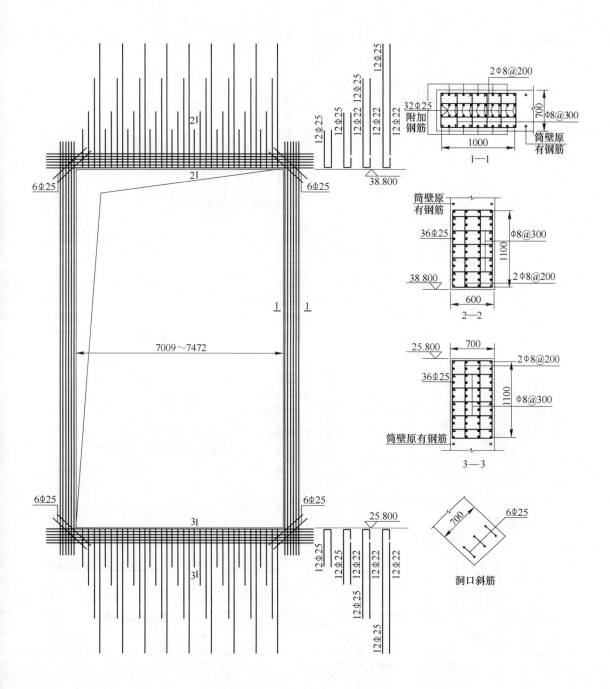

图 8.11-4 烟道孔洞加筋

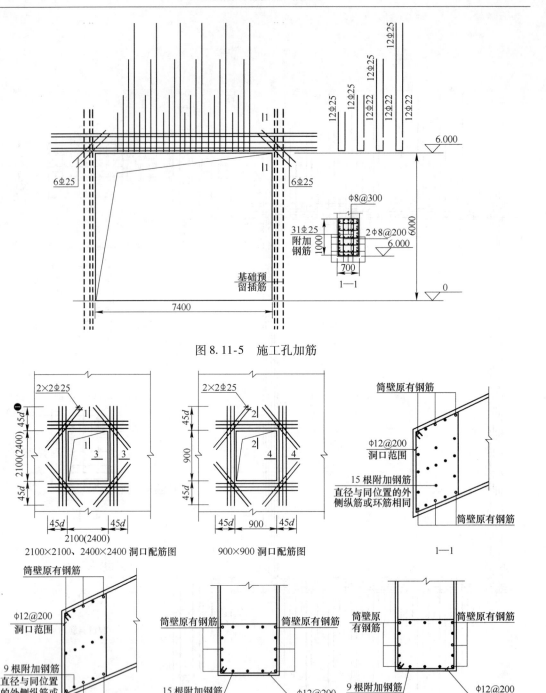

图 8.11-5  施工孔加筋

2100×2100、2400×2400 洞口配筋图

900×900 洞口配筋图

图 8.11-6  窗孔洞加筋❷

❶ d 为钢筋直径。

❷ 在标高 25.8m、45m、80m、115m、120m、155m、188m、193m 平台上 200mm 至平台下 1500mm 高度范围内,外侧环向钢筋加密一倍。

（5）钢内筒施工方法如图8.11-7～图8.11-10所示。

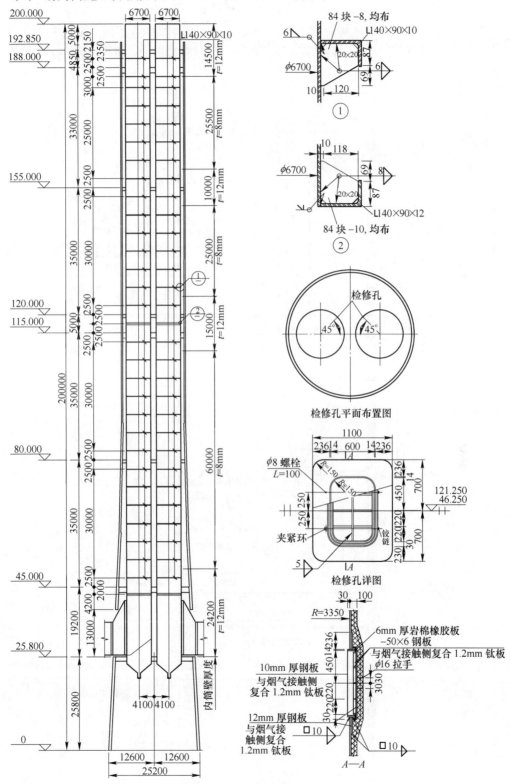

图 8.11-7　钢内筒施工详图

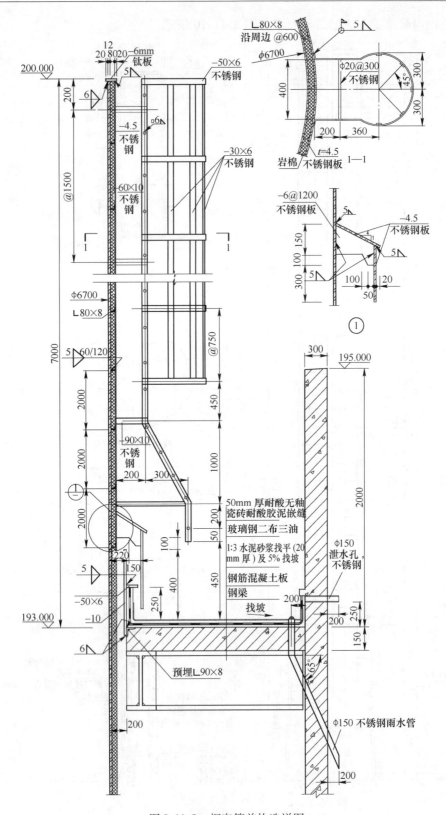

图 8.11-8　烟囱筒首构造详图

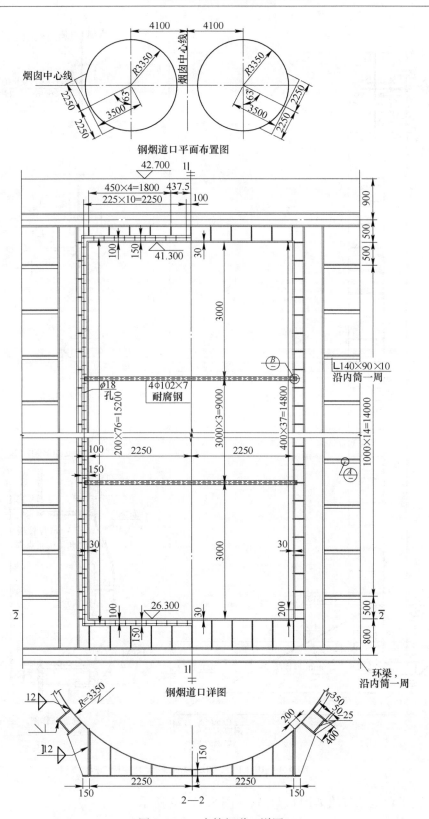

图 8.11-9 内筒烟道口详图

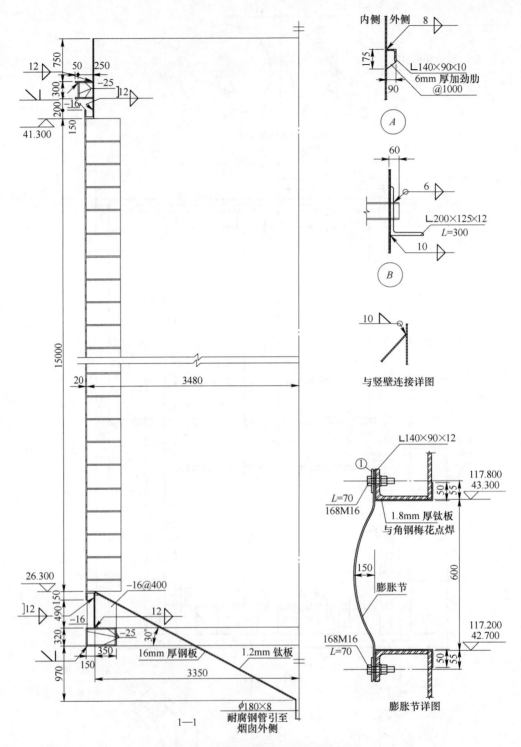

图 8.11-10　内筒烟道口及膨胀节详图

（6）钢平台施工方法如图 8.11-11 ~ 图 8.11-16 所示。

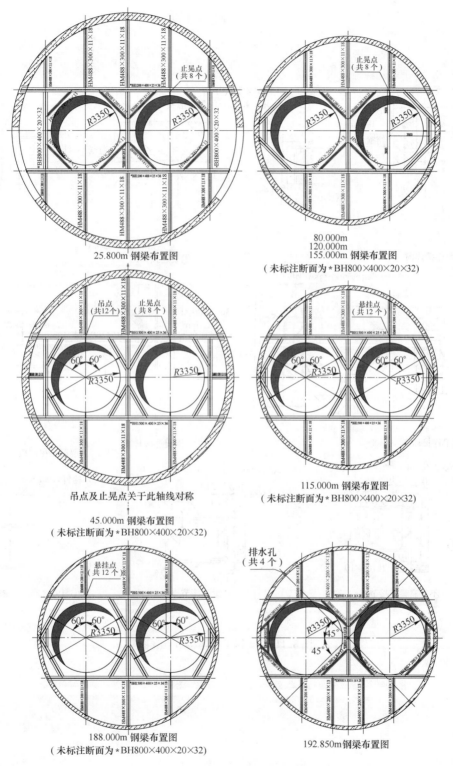

图 8.11-11 钢平台平面布置❶

---

❶ 带有"＊"的钢梁采用 Q345B 钢材，其余采用 Q235B 钢材。

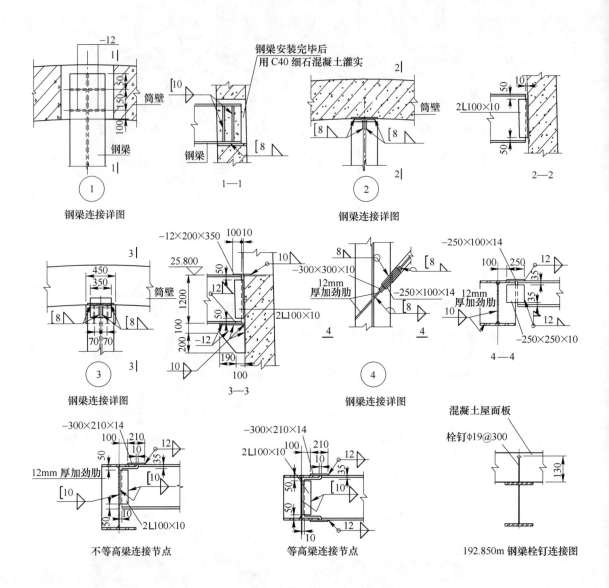

图 8.11-12  钢平台连接节点详图

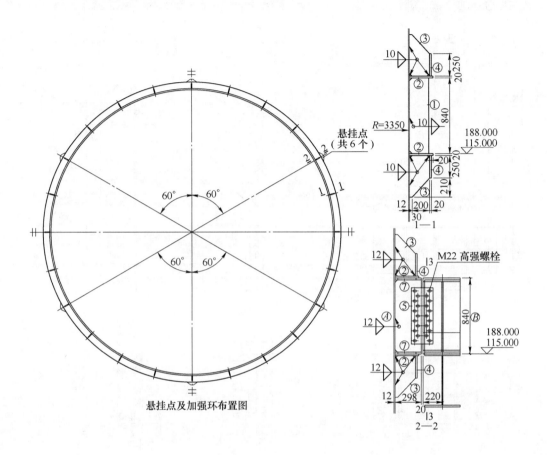

**悬挂点及加强环布置图**

图 8.11-13  钢内筒悬挂点布置

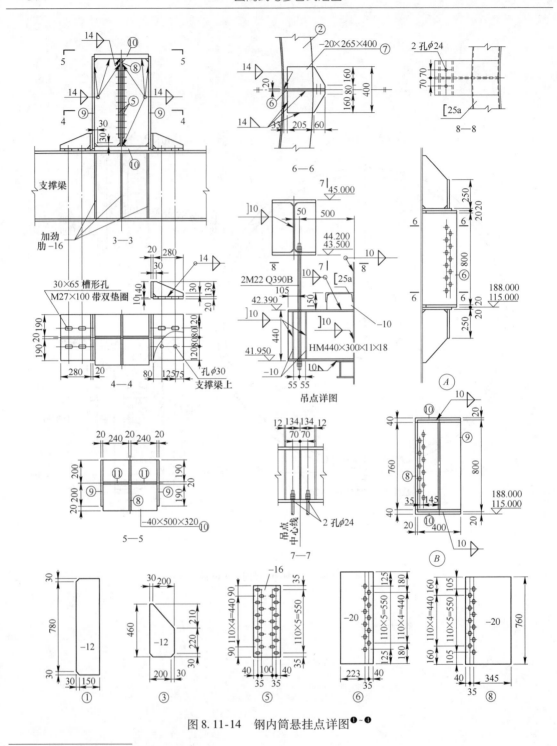

图 8.11-14　钢内筒悬挂点详图[1]~[4]

❶ 高强螺栓采用 10.9 级、摩擦型连接，符合国标《钢结构用扭剪型高强度螺栓连接副》（GB/T 3632—2008）技术条件。

❷ 摩擦面采用喷砂处理，抗滑移系数 $\mu \geq 0.50$，注意垫板的两面均为摩擦面。

❸ 高强螺栓的螺栓孔径 $d_0 = 23.5$mm（M22）。

❹ 图中悬挂点及吊点的连接件钢材材质为 Q345B。

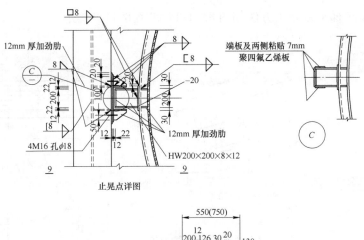

止晃点详图

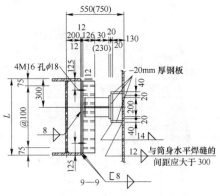

图 8.11-15 钢内筒止晃点施工详图

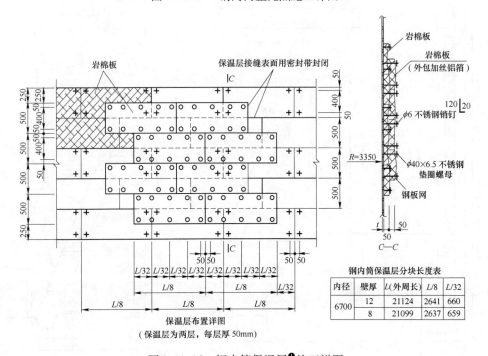

保温层布置详图
（保温层为两层，每层厚 50mm）

| 内径 | 壁厚 | L(外周长) | L/8 | L/32 |
|---|---|---|---|---|
| 6700 | 12 | 21124 | 2641 | 660 |
| | 8 | 21099 | 2637 | 659 |

钢内筒保温层分块长度表

图 8.11-16 钢内筒保温层❶施工详图

---

❶ 保温层的范围从钢内筒底部至 200.000m。

（7）钢梯及爬梯平台施工方法如图 8.11-17 和图 8.11-18 所示。

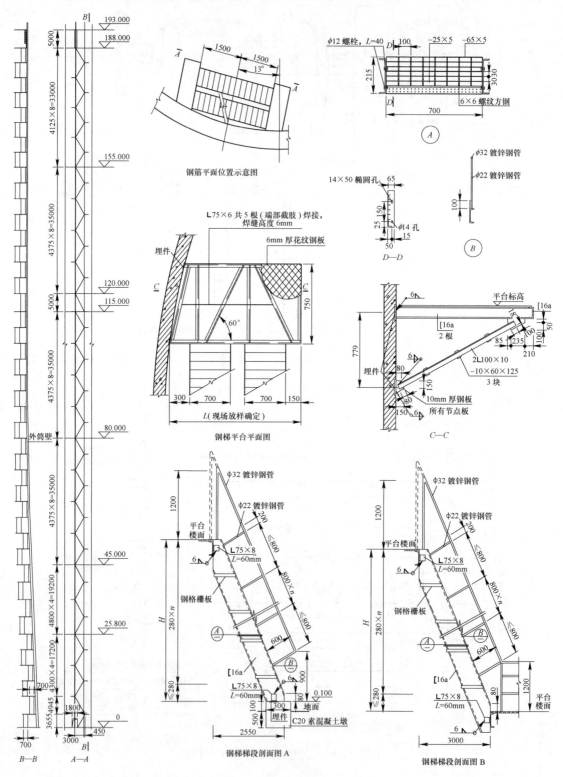

图 8.11-17　烟囱钢梯详图

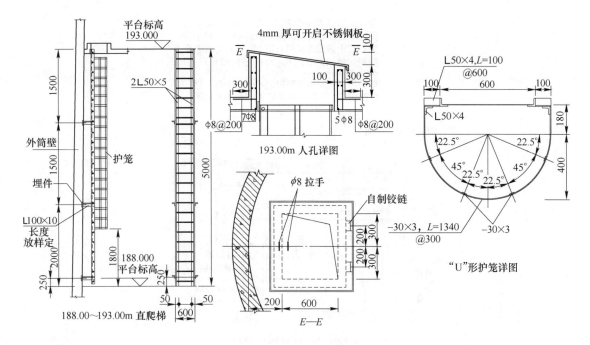

图 8.11-18　爬梯及护笼详图

# 8.12　砖套筒烟囱设计实例

## 8.12.1　适用范围

套筒式烟囱一般用于大型火力发电工程,排放燃煤(油、气)含硫量较高、腐蚀性较强的烟气。承重外筒与排烟内筒分开,可避免含硫烟气对承重外筒的腐蚀,提高烟囱的耐久性。

## 8.12.2　结构型式

套筒式烟囱由钢筋混凝土承重外筒、耐酸砂浆封闭层和隔热保温层组成的砖(耐火砖、耐酸砌块或耐酸陶砖)砌排烟内筒及斜撑式支承平台、积灰平台和其他附属设施组成。外筒与内筒之间净距离不宜小于1100mm。

砖砌内筒一般采用分段支承体系。内筒分段由斜撑式平台支承,斜撑式平台沿筒壁高度25m间距设置。

承重外筒壁内侧设环形钢扶梯及休息平台。

筒首构造节点和支承平台构造节点分别如图 8.12-1 和图 8.12-2 所示。

## 8.12.3　构造要求

(1)钢筋混凝土承重外筒、筒壁厚度最小250mm,且双侧配筋,支承平台范围内筒

混凝土压顶表面均刷防腐涂料2mm厚；
图示表面部分再粉耐酸防护层48mm厚；
防护层中部配铅丝网一道，铅丝网是由压顶上
插筋固定，插筋按φ6@300方格网布置埋入100mm，
伸出100mm；
防护层外表面再贴聚四氟乙烯防护条一道，
整圈设置，防护条布置宽度范围如图上所示

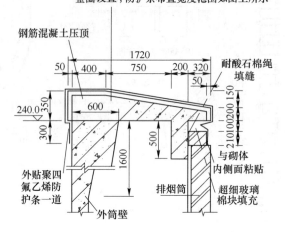

图8.12-1　筒首构造节点

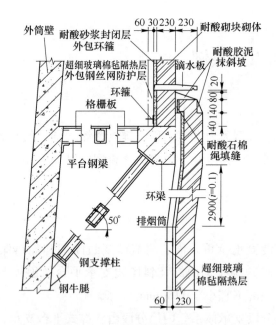

图8.12-2　支承平台构造节点

壁环向配筋加密一倍。筒壁配筋还应满足表7.6-1的要求。

（2）砖砌排烟内筒。砖砌体最小厚度180mm，耐热砂浆封闭层最小厚度为30mm，保温隔热层最小厚度为60mm。分段连接的砖砌内筒接缝处及钢筋混凝土环梁均需作防腐处理，用耐酸砂浆防腐涂层或聚四氯乙烯贴面。

（3）斜撑式支撑平台。斜撑式支撑平台由钢筋混凝土环梁、钢支柱、钢平台梁、平台

剪力撑及格栅钢板组成。环梁一般采用预制，分段长度 3m 左右。支撑平台板也可采用钢筋混凝土结构，板厚一般取 250mm。

（4）积灰平台和内烟道均采用钢筋混凝土板式结构，耐酸腐蚀材料防护，侧壁与砖砌排烟筒结构构造型式相同。

（5）套筒式烟囱爬梯一般布置成环形，沿筒身高度螺旋向上，爬梯最小宽度为 700mm。

## 8.12.4　材料的选用

（1）混凝土宜采用普通硅酸盐水泥，粗骨料应坚硬致密，宜采用玄武岩、闪长岩、花岗岩等破碎的碎石或河卵石；细骨料宜采用天然砂，也可采用上述岩石经破碎筛分后的产品，但不得含有金属矿物、云母、硫酸化合物和硫化物。

（2）钢筋采用 HRB335 和 HPB235 级钢筋。

（3）钢材采用热轧普通型钢，钢号为 Q235B，焊条为 E43 型及 E50 型。

## 8.12.5　施工图实例

（1）平面布置如图 8.12-3 所示。

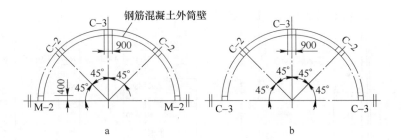

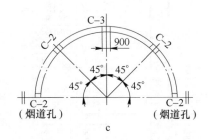

图 8.12-3　平面布置图

a—230.0m 标高层孔洞布置图；b—130.0m、180.0m 标高层孔洞布置图；

c—30.0m、55.0m、80.0m、105.0m、155.0m、205.0m 标高层孔洞布置图

（2）筒身布置如图 8.12-4 所示。

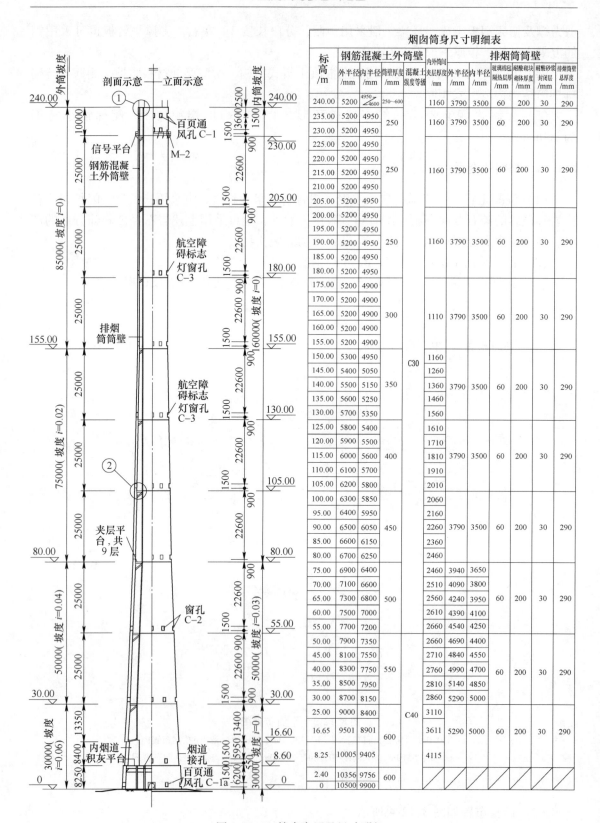

图8.12-4 筒身布置及尺寸明细

（3）外筒壁配筋如图 8.12-5 所示。

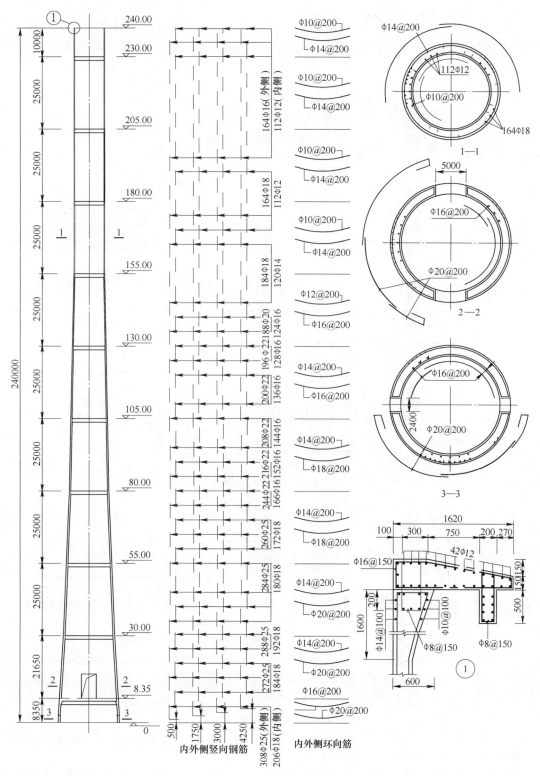

图 8.12-5　外筒壁配筋

（4）烟道口加筋如图 8.12-6 和图 8.12-7 所示。

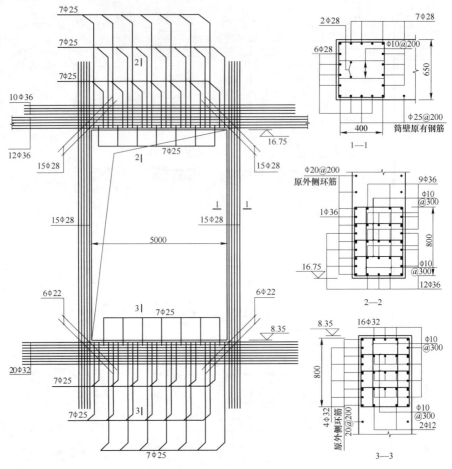

图 8.12-6　烟道孔洞加筋[1][2]

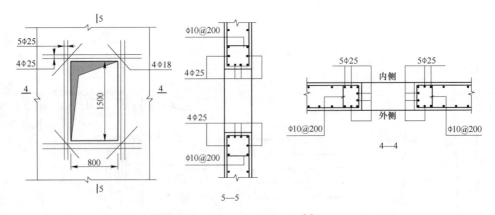

图 8.12-7　窗孔洞加筋[1][2]

[1] 图中所示均为洞口加配钢筋，筒壁原配筋未标注。

[2] 在标高 30m、55m、80m 下 5m 高度范围内；在标高 105m、103m 下 4m 高度范围内；在标高 155m、180m、205m、230m 下 3m 高度范围内，内外侧环向钢筋加密一倍。

（5）灰斗平台施工方法如图 8.12-8 所示。

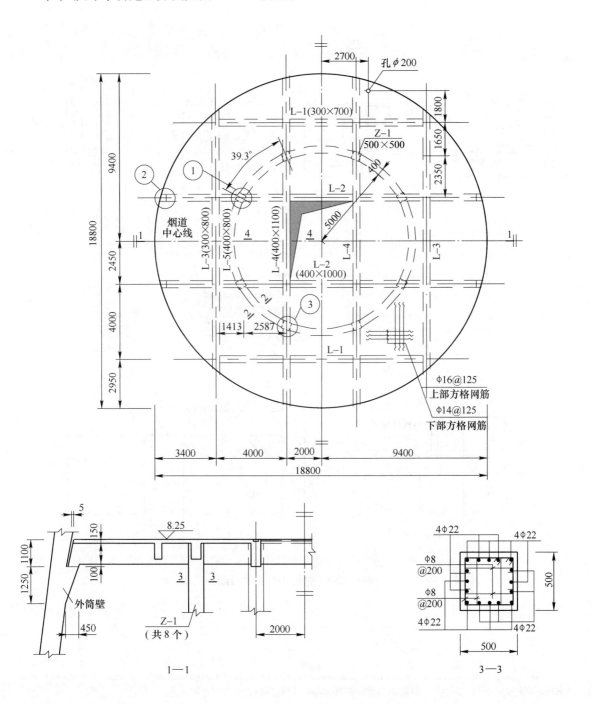

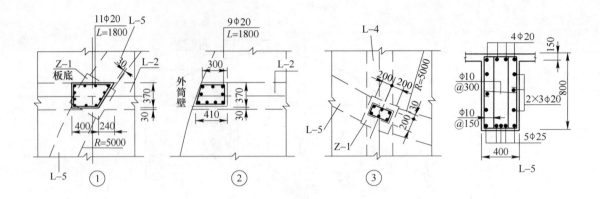

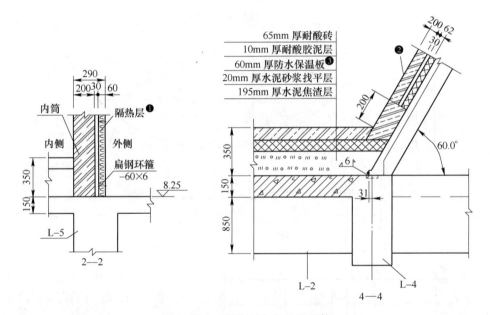

图 8.12-8　灰斗平台布置及配筋

❶ 排烟内筒和内烟道的耐酸砌块由耐酸胶泥砌筑，抹 30mm 厚耐酸砂浆封闭层，封闭层外包扁钢环箍，用以固定 60mm 厚超细玻璃棉毡隔热层，环箍沿高度间距 1000mm，隔热层外表面用钢丝网包裹。

❷ 200mm 厚耐酸砌块，30mm 厚耐酸砂浆封闭层，层内配钢丝网一道，60mm 厚水玻璃珍珠岩板涂 2mm 厚防腐隔离层，钢筋混凝土槽形板。

❸ 平台板 60mm 厚防水保温板下刷冷底子油一道，热沥青一道。

（6）夹层平台施工方法如图8.12-9所示。

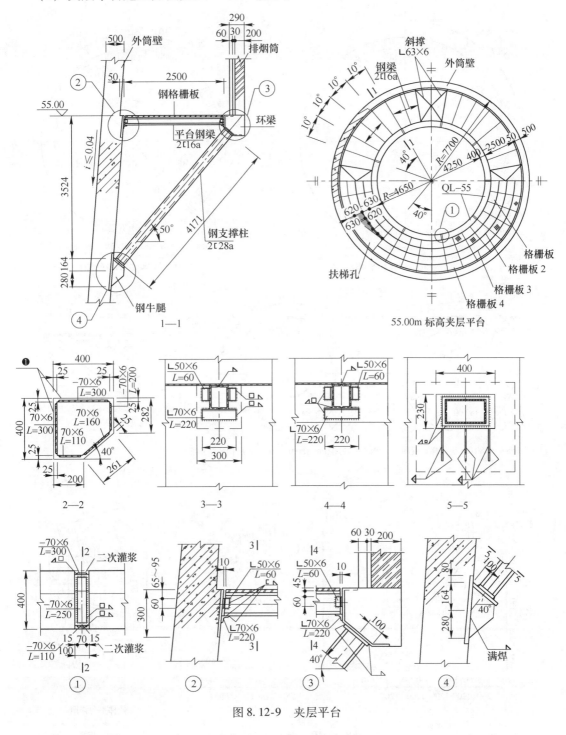

图8.12-9 夹层平台

---

❶ 钢筋混凝土环梁安装完毕，并刷涂料防腐隔离层后贴聚四氯乙烯一道。

❷ 所有焊缝厚度均大于或等于连接件最小厚度，且不小于6mm厚。

（7）钢梯及扶梯平台施工方法如图 8.12-10 所示。

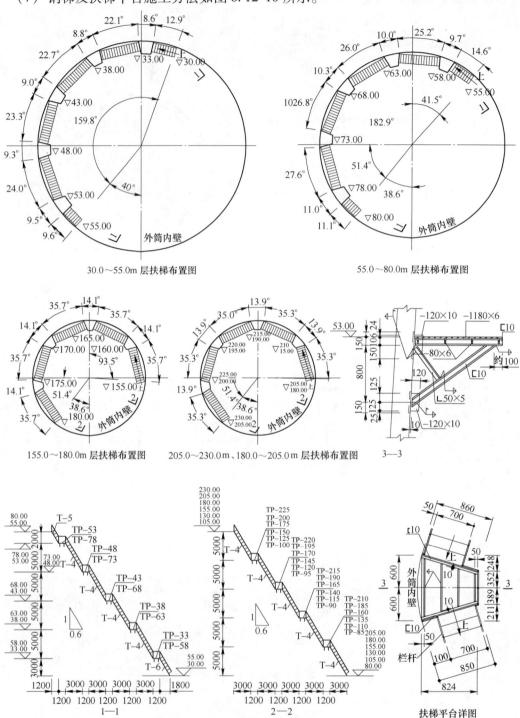

图 8.12-10　钢梯及扶梯平台❶

------

❶ 扶梯平面为局部布置示意，标高 30.00m 以下扶梯设在筒中心处；扶梯栏杆详图未表示，栏杆高 1050mm。

# 9 钢 烟 囱

## 9.1 一般规定

### 9.1.1 钢烟囱形式的选择

钢烟囱包括自立式、拉索式和塔架式三种形式。高度大于 120m 的钢烟囱可采用塔架式，高度低于 120m 的钢烟囱可采用自立式，高细比大于 30 的钢烟囱时可采用拉索式。为避免烟气温度降低过大而发生烟气结露现象，往往采用套筒式或多管式钢烟囱。图 9.1-1 为几种典型钢烟囱示例。

对于直径不大于 4m 的钢烟囱，一般都可在工厂分段制作完毕，现场通过法兰螺栓连接，这样速度快且质量更容易保证。

对于套筒式钢烟囱，内筒壁与外筒壁之间的净距离不宜小于 150mm，如内筒为多管式钢烟囱，则各内筒之间的净距离应满足最小安装尺寸（如图 9.1-2 所示）。

套筒式与多管式钢烟囱具有以下特点：

（1）增加烟囱结构的安全性。由于烟气仅与内筒接触，故外筒壁不受烟气腐蚀，避免了因烟气腐蚀对外筒所产生的安全隐患，烟囱整体结构安全得到了保证。

（2）避免烟囱因温度差引起的内衬开裂问题。传统烟囱的保温层不是整体性的，而是由多块板拼接，保温效果较差。而套筒式钢烟囱由于内筒外壁有保温层，且与外筒壁之间还有空气层，利用保温层材料隔热后，再经空气层隔热，这种隔热保温是非常有效的。由于有外筒的保护，保温层不受外界大气、雨水的侵蚀，因而持久性好。

（3）有效发挥各种材料的优势。内筒主要为排烟功能，风荷载、地震荷载的影响非常小，故内筒可单独从材料耐腐蚀方面考虑，壁厚可设计的比较薄。内筒可采用碳钢、耐候钢或耐酸钢等钢材料，并通过可靠涂层防腐；温度较高时可采用不锈钢内筒；温度低且湿度大时可采用玻璃钢内筒。而外筒不与烟气接触，主要抵抗风等外部荷载的影响，故可采用普通碳素结构钢或耐候钢制作。保温材料仅考虑保温作用，也不需考虑烟气腐蚀作用。

（4）整体环保、美观。由于此类烟囱全部在工厂预制，现场安装，不产生建筑垃圾。当达到使用寿命时，拆除方便且可二次回收利用。相较于钢筋混凝土烟囱，钢烟囱外形更加美观、轻巧。

### 9.1.2 钢材的选用

用于烟囱的钢材宜采用 Q235、Q345、Q390、Q420、Q460，其质量应分别符合现行国家标准《碳素结构钢》（GB/T 700—2006）、《低合金高强度结构钢》（GB/T 1591—2008）

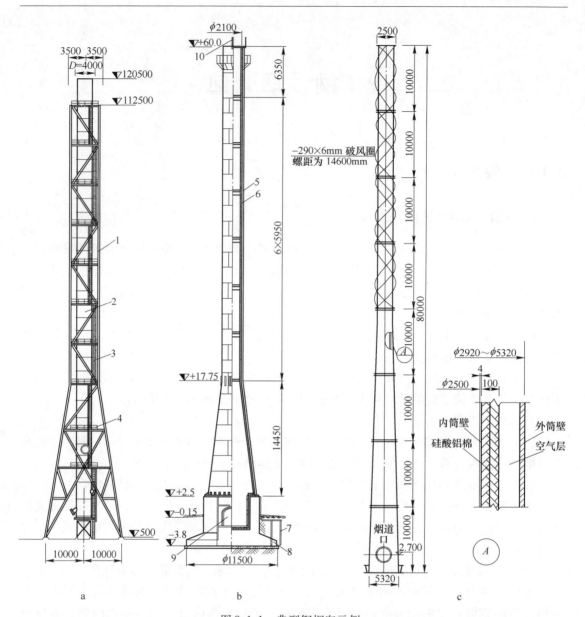

图 9.1-1　典型钢烟囱示例

a—塔架式钢烟囱；b— 传统自立式钢烟囱；c—套筒式自立钢烟囱

1—承重铁塔；2—钢排烟筒；3—爬梯；4—平台；5—钢外筒；6—砖内衬；7—接地装置；

8—钢筋混凝土基础；9—水平烟道引入口；10—避雷针

和《建筑结构用钢板》（GB/T 19879—2015）的规定。

钢烟囱处于外露环境，筒壁外表面直接受到大气腐蚀，同时烟囱筒壁内表面又受到烟气的腐蚀和温度作用，有条件时宜优先采用 Q235NH、Q355NH 和 Q415NH 牌号的耐候结构钢，其性能和技术条件应符合现行国家标准《耐候结构钢》（GB/T 4171—2008）的规定。

通常情况下，可依据以下原则选用合适的钢材牌号。

（1）处于大气干燥地区和一般地区的钢烟囱、排放弱腐性烟气或微腐蚀性烟气时，其

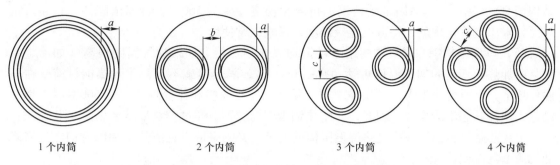

1 个内筒　　　　2 个内筒　　　　3 个内筒　　　　4 个内筒

图 9.1-2　套筒式与多管式钢烟囱最小净距

*a*—内筒与外筒壁之间距离，*a*≥150mm；*b*，*c*—内筒与内筒之间的距离，*b*≥200mm，*c*≥450mm

钢材可选用碳素结构钢或低合金高强度结构钢，即 Q235 钢、Q345 钢、Q390 钢、Q420 钢、Q460 钢。烟囱除了考虑烟气影响外，尚需考虑环境因素与结构类别影响，其钢材的质量等级，可按表 9.1-1 的规定选用。

表 9.1-1　钢材质量等级选用表

| 结构类别 | 工作温度/℃ | | | |
|---|---|---|---|---|
| | > 20 | 0 < *T* ≤ 20 | −20 < *T* ≤ 0 | −40 < *T* ≤ −20 |
| 非焊接结构 | A | B | C | Q235C　　Q390D　　Q420D<br>Q345C　　Q460D |
| 焊接结构 | Q235B<br>Q345A ~ Q420 | B | C | D |

注：结构工作温度是指结构在设计寿命期内，构件所在的工作环境的最低日平均温度。在室外工作的构件，其工作温度可采用当地室外的最低日平均温度。对于高温烟囱，其在极端最低温度工况下筒壁计算温度，可将其作为工作温度。

当承重结构在低于 −30℃ 环境下工作时，其选材还应符合下列规定：

1）不宜采用过厚的钢板；

2）严格控制钢材的硫、磷、氮含量；

3）重要承重结构的受拉板件，当板厚大于等于 40mm 时，宜选用细化晶粒的 GJ 钢板。

（2）处在大气潮湿地区或排放中等腐蚀性烟气的钢烟囱，筒壁宜采用焊接结构耐候钢，即 Q235NH、Q355NH 和 Q415NH 牌号的耐候结构钢。耐候钢是通过添加少量合金元素铜、磷、铬、镍等，使其在金属基体表面形成保护层，以提高耐大气腐蚀性能的钢。耐候结构钢分为高耐候钢和焊接耐候钢两类，高耐候结构钢具有较好的耐大气腐蚀性能，而焊接耐候钢具有较好的焊接性能。耐候结构钢的耐大气腐蚀性能为普通钢的 2 ~ 8 倍。

（3）烟囱筒首部分，因受大气腐蚀和烟气腐蚀比较严重，宜采用不锈钢板（高度为烟囱出口直径的 1.5 倍左右）。当筒壁受热温度高于 400℃ 时，采用不锈耐热钢，如 1Cr18Ni9Ti；当筒壁受热温度小于 400℃ 时，可采用不锈耐酸钢，如 0Cr18Ni9。其质量应分别符合 GB/T 1221 和 GB/T 1220 的规定。

（4）当烟气温度高于 560℃ 时，隔热层的锚固件可采用不锈耐热钢制造，如 1Cr18Ni9Ti，质量应符合 GB/T 1221 的规定。当烟气温度低于 560℃ 时，可采用一般碳素结构钢 Q235 制造。其原因是碳素钢的抗氧化温度上限为 560℃。金属锚固件一旦超过抗氧化界限出现氧化现象，将造成连接松动，影响正常使用。

（5）碳素结构钢和焊接结构用耐候钢均属非耐热钢。如果烟气温度很高（如冶金系统某些加热炉烟囱的烟气温度可达 700~1000℃），隔热措施不力，非耐热钢材筒壁在高温作用下，材质变化很大，不仅强度逐步降低，还有蓝脆和徐变现象。达 600℃ 时，钢材已进入塑性状态不能承载。因此，非耐热钢烟囱筒壁不应超过钢材最高受热温度限值。

上述非耐热钢由于最高受热温度限值的要求，必须采取设置隔热层和内衬的办法来降低钢筒壁的温度。

当烟气温度低于 150℃ 时，烟气有可能对烟囱产生腐蚀，也应设置隔热层。

（6）如果钢筒壁温度超过 400℃，工艺上烟气温度又降不下来，采取隔热措施也难以达到 400℃ 以下时，应采用不锈钢或其他耐热合金钢的筒壁。

（7）钢结构的连接材料，焊条型号、焊丝和焊剂应与主体金属力学性能相适应（与母材等强、等韧性，化学成分相近）。焊接材料选用匹配可按表 9.1-2 选用。

钢结构采用的焊条、螺栓、节点板等构件连接材料的耐腐蚀性能，不应低于主体材料的耐腐蚀性能。

（8）钢结构用紧固件材料应符合下列要求：

1）钢结构连接用螺栓，其性能和质量应符合现行国家标准《紧固件机械性能螺栓、螺钉和螺柱》（GB/T 3098.1）的规定。C 级螺栓与 A 级、B 级螺栓的规格及尺寸应分别符合现行国家标准《六角头螺栓 C 级》（GB/T 5780）与《六角头螺栓》（GB/T 5782）的规定。

2）锚栓应采用 Q235、Q345、Q390 钢，其质量和性能要求应符合现行国家标准《碳素结构钢》（GB/T 700）、《低合金高强度结构钢》（GB/T 1591）及《紧固件机械性能 螺栓、螺钉和螺柱》（GB/T 3098.1）的规定。

3）钢结构用大六角高强度螺栓应符合现行国家标准《钢结构用高强度大六角头螺栓》（GB/T 1228）、《钢结构用高强度大六角螺母》（GB/T 1229）、《钢结构用高强度垫圈》（GB/T 1230）、《钢结构用高强度大六角头螺栓、大六角螺母、垫圈技术条件》（GB/T 1231）的规定。钢结构用扭剪型高强度螺栓应符合现行国家标准《钢结构用扭剪型高强度螺栓连接副》（GB/T 3632）、《钢结构用扭剪型高强度螺栓连接副 技术条件》（GB/T 3633）的规定。

表 9.1-2　焊接材料选用匹配推荐表

| 母　材 | | | | 焊　接　材　料 | | | |
|---|---|---|---|---|---|---|---|
| GB/T 700 和 GB/T 1591 标准钢材 | GB/T 19879 标准钢材 | GB/T 4171 和 GB/T 4172 标准钢材 | GB/T 7659 标准钢材 | 焊条电弧焊 SMAW | 实心焊丝气体保护焊 GMAW | 药芯焊丝气体保护焊 FCAW | 埋弧焊 SAW |
| Q235 | Q235GJ | Q235NH Q295NH Q295GNH | ZG275H—485H | GB/T 5117：E43XX E50XX GB/T 5118：E50XX-X | GB/T 8110：ER49-X ER50-X | GB/T 17493：E43XTX-X E50XTX-X | GB/T 5293：F4XX-H08A GB/T 12470：F48XX-H08MnA |

| 母　　材 | | | | 焊接材料 | | | |
|---|---|---|---|---|---|---|---|
| GB/T 700 和<br>GB/T 1591<br>标准钢材 | GB/T 19879<br>标准钢材 | GB/T 4171 和<br>GB/T 4172<br>标准钢材 | GB/T 7659<br>标准钢材 | 焊条电弧焊<br>SMAW | 实心焊丝气<br>体保护焊<br>GMAW | 药芯焊丝气<br>体保护焊<br>FCAW | 埋弧焊<br>SAW |
| Q345<br>Q390 | Q345GJ<br>Q390GJ | Q355NH<br>Q345GNH<br>Q345GNHL<br>Q390GNH | — | GB/T 5117：<br>E5015、16<br>GB/T 5118：<br>E5015、16-X<br>E5515、16-X | GB/T 8110：<br>ER50-X<br>ER55-X | GB/T 17493：<br>E50XTX-X | GB/T 12470：<br>F48XX-H08MnA<br>F48XX-H10Mn2<br>F48XX-H10Mn2A |
| Q420 | Q420GJ | — | — | GB/T 5118：<br>E5515、16-X<br>E6015、16-X | GB/T 8110：<br>ER55-X<br>ER62-X | GB/T 17493：<br>E55XTX-X | GB/T 12470：<br>F55XX-H10Mn2A<br>F55XX-<br>H08MnMoA |
| Q460 | Q460GJ | Q460NH | — | GB/T 5118：<br>E5515、16-X<br>E6015、16-X | GB/T 8110：<br>ER55-X | GB/T 17493：<br>E55XTX-X<br>E60XTX-X | GB/T 12470：<br>F55XX-<br>H08MnMoA<br>F55XX-<br>H08Mn2MoVA |

注：1. 表中 XX、–X，X 为对应焊接材料标准中的焊接材料类别。

　　 2. 当所焊接头的板厚不小于 25mm 时，焊条电弧焊应采用低氢焊条。

### 9.1.3　钢烟囱防腐基本原则

（1）烟囱筒壁受大气腐蚀和烟气腐蚀，而且腐蚀速度较快，因此设计计算筒壁时，钢板厚度应留有 2～3mm 腐蚀厚度裕度。

自立式钢烟囱筒壁最小厚度应满足下列条件：

当烟囱高度 $h \leqslant 20\text{m}$ 时　　　　　　　　$t = 4.5 + C$　　　　　　　　（9.1-1）

当烟囱高度 $h > 20\text{m}$ 时　　　　　　　　　$t = 6 + C$　　　　　　　　（9.1-2）

式中　$C$——腐蚀厚度裕度，有隔热层时 $C = 2\text{mm}$，无隔热层时 $C = 3\text{mm}$；

　　　$t$——钢板厚度。

（2）大气中如含有腐蚀性介质，需判断大气对钢材的腐蚀等级。根据大气湿度，介质种类及含量，按《工业建筑防腐蚀设计规范》（GB 50046）来判断腐蚀等级，并根据腐蚀等级的判定来选用钢材品种或采取防腐措施。属于中等腐蚀和强腐蚀时，宜采用耐候钢；当为弱腐蚀和微腐蚀时，宜选用普通碳素钢 Q235 或低合金钢；但当大气环境湿度大于75% 时，不管大气中有无腐蚀介质均宜选用耐候钢或不锈钢。

（3）钢烟囱的内外表面应涂刷防护油漆。当排放强腐蚀性干烟气或潮湿烟气，且采用涂料防腐时，应考虑涂料的耐热、耐腐蚀和耐磨等性能满足实际要求。排放湿烟气的钢烟囱，应强腐蚀等级采取防腐蚀内衬措施。

（4）在寒冷地区，防腐蚀钢烟囱应同时采取保温措施，减少腐蚀加剧现象。

（5）塔架及附属构件应作长效防腐蚀处理。一般情况以热浸锌为宜，构件体型特殊且很大时，可用热喷锌（铝）复合涂层。热浸锌镀层厚度应满足表9.1-3最小值要求，并符合《金属覆盖层 钢铁制件热浸镀锌层技术要求及试验方法》（GB/T 13912）有关规定。

表9.1-3　金属热浸镀锌最小厚度

| 镀层厚度/μm | 钢构件厚度 $t$/mm | | | |
| --- | --- | --- | --- | --- |
| | $t<1.6$ | $1.6{\leqslant}t{\leqslant}3.0$ | $3.0{\leqslant}t{\leqslant}6.0$ | $t>6$ |
| 平均厚度 | 45 | 55 | 70 | 85 |
| 局部厚度 | 35 | 45 | 55 | 70 |

（6）钢结构防腐蚀设计应符合以下规定：

1）当采用型钢组合的杆件时，型钢间的空隙宽度宜满足防护层施工、检查和维修的要求。

2）不同金属材料接触的部位，应采用隔离措施。不同金属材料之间存在电位差，直接接触时会发生电偶腐蚀，电位低的金属会被腐蚀。如铁与铜直接接触时，由于铁的电位低于铜，铁会发生电偶腐蚀。

3）焊条、螺栓、垫圈、节点板等连接构件的耐腐蚀性能，不应低于主材材料。螺栓直径不应小于12mm。垫圈不应采用弹簧垫圈。螺栓、螺母和垫圈应采用镀锌等方法防护，安装后再采用与主体结构相同的防腐蚀方案。

4）当腐蚀性等级较高时，不易维修的重要构件宜选用耐候钢制作。

5）设计使用年限大于或等于25年的建筑物，对不易维修的结构应加强防护。

6）避免出现难于检查、清理和涂漆之处，以及能积留湿气和大量灰尘的死角或凹槽。闭口截面构件应沿全长和端部焊接封闭。

7）柱脚在地面以下的部分应采用强度等级较低的混凝土包裹（保护层厚度不应小于50mm），并宜使包裹的混凝土高出地面不小于150mm。当柱脚底面在地面以上时，柱脚底面宜高出地面不小于100mm。

（7）钢材表面原始锈蚀等级和钢材除锈等级标准应符合《涂装前钢材表面锈蚀等级和除锈等级》（GB/T 8923）的规定。

1）表面原始锈蚀等级为D级的钢材不宜用作结构钢。表面原始锈蚀等级为D级的钢材由于存在一些深入钢板内部的点蚀，这些点蚀还会进一步锈蚀，影响钢结构强度，因此不宜用作结构钢。

2）表面处理的清洁度要求不宜低于《涂装前钢材表面锈蚀等级和除锈等级》（GB/T 8923）规定的Sa 2½级，表面粗糙度要求应符合防腐蚀方案的特性。表面处理的清洁度和表面粗糙度是两个不相同的指标，清洁度反映钢结构表面残留的氧化皮、锈迹等的多少，表面粗糙度反映钢结构表面微观的外观，要求具有峰尖、峰谷的特性，加大防腐蚀产品与钢材的接触面积。清洁度和表面粗糙度对防腐蚀方案的性能影响都较大，低的清洁度会降低防腐蚀方案的实际使用寿命，达不到设计寿命；表面粗糙度影响防腐蚀产品在钢结构表面的附着力，不同的防腐蚀方案对粗糙度的要求不同，如无机富锌底漆对粗糙度的要求较高，在光滑的表面易开裂、脱落等。

3）局部难以喷砂处理的部位可采用手工或动力工具，达到《涂装前钢材表面锈蚀等级和除锈等级》（GB/T 8923）规定的St3级，并应具有合适的表面粗糙度，选用合适的防腐蚀产品。

喷砂或抛丸用的磨料等表面处理材料也应符合防腐蚀产品对表面清洁度和粗糙度的要求，并符合环保要求。

（8）钢结构防腐蚀涂料的配套方案，可根据环境腐蚀条件、防腐蚀设计年限、施工和维修条件等要求设计。涂料作为防腐蚀方案，通常由几种涂料产品组成配套方案。底漆通常具有化学防腐蚀或者电化学防腐蚀的功能、中间漆通常具有隔离水气的功能、面漆通常具有保光保色等耐候性能，因此需要结合工程实际，根据环境腐蚀条件、防腐蚀设计年限、施工和维修条件等要求进行配套设计，部分涂料配套方案可参见本手册表5.5-3。

修补和焊缝部位的底漆应能适应表面处理的条件。

（9）室外爬梯、平台和栏杆，其型钢最小壁厚不应小于6mm，圆钢直径不宜小于22mm，钢管壁厚不应小于4mm。

（10）柱子、主梁等重要钢构件不应采用薄壁型钢和轻型钢结构。格构式钢结构杆件截面较小，缀条、缀板较多，表面积大，不利于防腐。腐蚀性等级为强腐蚀、中等腐蚀时，不应采用格构式钢结构。

（11）钢结构杆件截面的选择应符合下列要求：

1）钢结构杆件应采用实腹式或闭口截面。

2）由角钢组成的T形截面或由槽钢组成的工形截面，当腐蚀性等级为中等腐蚀时不宜采用，当腐蚀性等级为强腐蚀时不应采用。因为由两根角钢组成的T形截面，其腐蚀速度为管形的2倍或普通工字钢的1.5倍，而且两角钢间形成的缝隙无法进行防护，形成腐蚀的集中点，因此对上述构件应限制使用范围。若需要采用组合截面杆件时，其型钢间的空隙宽度应满足防护层施工检查和维修的要求，一般不小于120mm，否则其空隙内应以耐腐蚀胶泥填塞。

（12）除筒壁外，其他重要杆件及节点板厚度，不宜小于8mm；非重要杆件的厚度不小于6mm；采用钢板组合的杆件的厚度不小于6mm；闭口截面杆件的厚度，不小于4mm。

（13）柱子、主梁等重要钢结构和矩形闭口截面杆件的焊缝，应采用连续焊缝，角焊缝的焊脚尺寸不应小于8mm；当杆件厚度小于8mm时，焊脚尺寸不应小于焊件厚度，闭口截面杆件的端部应封闭。断续焊缝容易产生缝隙腐蚀，腐蚀介质和水汽容易从焊缝空隙中渗入闭口截面内部，所以对重要杆件和闭口截面杆件的焊缝应采用连续焊缝。

（14）钢结构采用的焊条、螺栓、节点板等构件连接材料的耐腐蚀性能，不应低于构件主体材料的耐腐蚀性能，以保证结构的整体性。

（15）在钢结构设计文件中应注明使用单位在使用过程中对钢结构防腐蚀进行定期检查和维修的要求，建议制定防腐蚀维护计划。

## 9.1.5 防雷设计要求

自立式钢烟囱和塔架式钢烟囱应有可靠的防雷接地，接地标准应按国家现行有关标准执行。当采用筒身或塔体作为引下线时，必须保证筒身或塔体由避雷针到接地线全线连通，无绝缘涂层。高强缆索不能作为接地体。

### 9.1.6　特殊荷载取值

#### 9.1.6.1　结构及设备自重

结构及设备自重按荷载规范的有关规定进行计算。计算塔架自重时，应考虑节点板、法兰盘及焊缝的重量，一般可按塔架构件的自重乘以 1.15~1.20 的系数。

#### 9.1.6.2　活荷载

塔架上的检修（检测）平台、休息平台以及航空障碍灯维护等平台上的荷载都属活荷载。

检修平台活荷载可根据实际情况确定，但不得小于 $3kN/m^2$。顶层平台应考虑积灰荷载。休息平台单个杆件集中荷载不小于 1kN，均布活载应不小于 $2kN/m^2$。航空障碍灯维护平台可参照检修平台确定。

#### 9.1.6.3　风荷载

风荷载对塔架结构起着决定性作用。由风荷载引起的结构内力约占总内力的 80%~90%。仅在某些个别地区，即风力较小、空气湿度较大、覆冰较厚的地区（如云贵高原），结构的强度安全由覆冰状态决定的。即使在这种情况下，风力还是起主要作用。因为覆冰状态下的荷载组合仍包含了相当大的风荷载。因此，在塔架钢烟囱设计中，尽量减少风阻力，是一个很重要的考虑问题。

为了简化计算，在风荷载计算中，所有连接板的挡风面积不予单独计算，仅将杆件总面积予以适当增大。对于圆钢结构和钢管结构，增大系数可采用 1.1，对于圆钢组合结构和型钢结构可采用 1.15~1.2。楼梯及栏杆的挡风面积可取其轮廓面积的 0.4 倍。

#### 9.1.6.4　塔架覆冰荷载

在空气湿度较大的地区，当气温急剧下降时，结构物的表面会有结冰现象，即称为覆冰。结冰主要取决于建筑物所在地区的气象条件，即空气湿度的大小和气温的高低。寒冷的地区不一定就是覆冰最厚的地方，较温暖的地方也不一定就是覆冰较薄的地方。在同一地区离地面越高，覆冰越厚。一般来讲，覆冰是在无风或弱风时发生的。但在计算时，应与中等强度的风同时考虑，组合系数取 $\psi_{cw} = 0.6$。覆冰时的温度按 $-5℃$ 计算。

#### 9.1.6.5　塔架温度作用

塔架平台与排烟筒之间的连接，一般都采用滑道连接，纵向可自由变形。滑道应留有足够的横向膨胀间隙，以保证横向自由变形。塔架结构的温度应力和温度变形一般可以不予考虑。

## 9.2　自立式钢烟囱

### 9.2.1　自立式钢烟囱设计特点

#### 9.2.1.1　高径比与钢烟囱高度限值

自立式钢烟囱属于固定在基础上的悬臂构件，其高度和直径一般控制在高径比为 20 左右，即 $h/d \leqslant 20$。在这个比例内，自立式钢烟囱设计一般比较合理、安全和经济。实践中也有超过这个范围的，如 $h/d = 30$，这要根据具体情况来综合考虑，如地震级别、风力大小、实际经验，并通过计算，保证强度和变形要求，故《烟囱设计规范》（GB 50051—2013）放宽了高径比要求，规定 $h/d \leqslant 30$。

自立式钢烟囱的抗震性能均好于砖烟囱和混凝土烟囱，但由于其阻尼比较小容易发生横风向共振，故其抗风性能较差，因此其高度一般不应超过 120m。

### 9.2.1.2 自立式钢烟囱横风向共振

钢烟囱内力一般由风荷载控制，特别是当发生横风向共振时，其荷载对烟囱截面尺寸和变形将起到决定性作用。许多工程实例表明，钢烟囱破坏往往都是由横向风荷载引起的，且发生共振的风力等级多数为 5~7 级风，对应风速为 8~17m/s，对应的风压很小，基本上都低于该地区的基本设计风压。

在横风向共振问题方面，现行国家《烟囱设计规范》（GB 50051—2013）与《建筑结构荷载规范》（GB 50009—2012）有以下几个方面的差异：

（1）《烟囱设计规范》第5.2.5条规定，应验算风速小于基本设计风压工况下可能发生的最不利共振响应。

（2）《烟囱设计规范》第5.2.4条给出的斯脱罗哈数 $St$ 的取值范围为 0.2~0.3，而《建筑结构荷载规范》给出的是固定值，为 0.2。

（3）地面粗糙度指数 $\alpha$ 方面，《建筑结构荷载规范》将地面类别划分为 A、B、C、D 4 类地貌，对应地貌粗糙度指数分别取 0.12、0.15、0.22 和 0.30，而这些数值仅为该类地貌的平均数，对于一般建筑结构是满足要求的，但对于横风向共振非常敏感的钢烟囱，有必要细化，并取不利数值，故《烟囱设计规范》规定钢烟囱可根据实际情况取不利数值。

（4）在计算等效横风向共振荷载时，《烟囱设计规范》是根据横风向共振荷载的分布范围进行计算的，即 $\lambda_j = \lambda_j(H_1/H) - \lambda_j(H_2/H)$，这与《建筑结构荷载规范》有较大区别。《建筑结构荷载规范》只计算横风向共振荷载的起点高度 $H_1$，并以此计算等效共振荷载，这样是偏于安全的。但这种安全对于钢烟囱设计来讲有时是不可接受的，会把根本未共振情况误当作共振，且数值相当大，造成钢烟囱设计困难。

因此，钢烟囱风振计算应分别按地貌粗糙度指数和斯脱罗哈数 $St$ 的取值范围寻找不利荷载，以确定最大共振效应。

### 9.2.1.3 钢烟囱筒壁最小厚度

钢烟囱筒壁最小厚度应通过计算确定，厚度为结构应力计算允许厚度与腐蚀厚度之和，但最小厚度不宜小于 6mm 及烟囱外径的 1/500。

### 9.2.1.4 减小横向风振的措施

当判断发生横向风振并起控制作用时，一种设计方案是增大截面使烟囱满足承载力要求，另一种方案是采取减震措施。减震措施主要有以下两种：

（1）设置"破风圈"，通过"破风圈"来消除规则的旋涡脱落现象，从而达到消除或减小横向风振的效果，破风圈的设置条件和要求：

1）破风圈型式与尺寸。

螺旋板型厚度不小于 6mm，板宽为烟囱外径的 0.1~0.12 倍。螺旋板为 3 道，沿圆周均布，螺旋节距可为烟囱外直径的 5 倍。

2）设置破风圈范围的烟囱体型系数应按 1.2 选用。

　　3）破风圈设置位置，应在距离烟囱顶部 1/3 高度范围内设置。

（2）设置附加的结构阻尼装置，可采用 TMD 或 TLD 减振阻尼器。

### 9.2.2　自立式钢烟囱风荷载计算

#### 9.2.2.1　顺风向风荷载计算

　　钢烟囱顺风向荷载计算按第 2 章有关内容进行计算。计算时，钢烟囱阻尼比应按以下原则确定：

（1）无内衬钢烟囱取 0.01。

（2）整体浇注内衬钢烟囱取 0.02；其他内衬应根据内衬的减震能力在 0.01 ~ 0.02 取值。

#### 9.2.2.2　横风向风荷载计算

A　临界风速 $V_{cr}$ 计算

　　当建筑物受到风力作用时，不但顺风向会发生风振，而且在一定条件下，也能发生横风向风振。横风向风振的荷载效应对钢烟囱往往起到控制作用，因此，需要准确判断。

　　对圆截面柱体结构，当发生旋涡脱落且旋涡脱落频率与结构自振频率一致时，将会发生横向共振。大量试验表明，旋涡脱落频率 $f_s$ 与风速 $V$ 成正比，与截面的直径 $D$ 成反比：

$$f_s = \frac{StV}{D} \tag{9.2-1}$$

式中　$f_s$——旋涡脱落频率；

　　　$St$——斯脱罗哈数（Strouhal Number），对圆截面柱体 $St \approx 0.2$；

　　　$V$——结构 $z$ 高度处风速；

　　　$D$——结构 $z$ 高度处直径。

　　根据旋涡脱落频率 $f_s$ 等于结构自振频率 $f_j = \dfrac{1}{T_j}$，可以确定临界风速 $V_{cr}$：

$$V_{cr} = \frac{D}{T_j St} = \frac{5D}{T_j} \tag{9.2-2}$$

式中　$T_j$——结构 $j$ 振型时的自振周期；

　　　$D$——圆截面直径；非等截面圆锥体结构且斜率不大于 2% 时，可取 $\dfrac{2}{3}$ 高度处的直径作为等截面圆柱体来处理；

　　　$V_{cr}$——产生横向风振时的临界风速。

B　结构顶部风速

　　横向风振的条件之一就是结构顶部风速 $V_H > V_{cr}$，此时 $H_1 < H$，存在共振区，其中 $H_1$ 为共振区起点高度（$H$ 为结构总高度）。

　　结构顶部风速可按下列公式确定：

$$V_H = \sqrt{\frac{2000\mu_H w_0}{\rho}} = \sqrt{\frac{2000\mu_H w_0}{1.25}} = \sqrt{1600\mu_H w_0} = 40\sqrt{\mu_H w_0} \tag{9.2-3}$$

式中　$V_H$——结构顶部风速；

　　　$\mu_H$——结构顶部风压高度变化系数；

$w_0$ ——基本风压，$kN/m^2$；

$\rho$ ——空气密度，$kg/m^3$（标准空气密度 $\rho = 1.25kg/m^3$）。

C 雷诺数 $Re$ 与横向风振的关系

同时试验表明横向风振与雷诺数 $Re$ 有密切关系。

当风速较低，即 $Re < 3 \times 10^5$ 时，可发生亚临界微风共振。此时可在构造上采取防振措施，或控制结构的临界风速 $V_{cr}$ 不小于 $15m/s$。

当风速增大，$3 \times 10^5 \leqslant Re < 3.5 \times 10^6$ 时，属超临界范围，旋涡脱落没有明显周期，结构的横向振动也呈随机性。

当风更大时 $Re > 3.5 \times 10^6$，进入跨临界范围，重新出现规则的周期性旋涡脱落，一旦与结构自振频率接近，结构将发生强风共振。

一般情况下，当风速在亚临界或超临界范围时，只要采取适当的构造措施，不会对结构产生严重影响。

当风速进入跨临界范围内时（即 $Re > 3.5 \times 10^6$），结构有可能出现严重的振动，甚至于破坏，国内外都曾发生过很多这类的损坏和破坏的事例，对此必须引起注意。

D 锁住区范围（即临界风速起点和终点）的确定

试验表明，当风速增大使旋涡脱落频率达到结构自振频率后，再增大风速时旋涡频率不再增大而仍等于结构自振频率。这种使旋涡脱落频率达到自振频率后，在一定风速范围内仍保持等于结构自振频率的区域，称为"锁住区"。

根据试验，"锁住区"始于 $f_s = 5$，止于 $f_s = 6.5 \sim 7$。设"锁住区"起点高度即临界风速起点高度为 $H_1$，终点高度为 $H_2$，起点和终点的风速和截面宽度分别为 $V_1$（即 $V_{cr}$）、$D_1$ 和 $V_2$、$D_2$，根据式（9.2-1）有：

$$\frac{V_2}{V_1} = \frac{(6.5 \sim 7)D_2}{5D_1} = (1.3 \sim 1.4)\frac{D_2}{D_1} = 1.3 \sim 1.4 \tag{9.2-4}$$

$$V_2 = (1.3 \sim 1.4)V_1 = (1.3 \sim 1.4)V_{cr} \approx 1.3V_{cr} \tag{9.2-5}$$

$$H_1 = H\left(\frac{V_{cr}}{V_H}\right)^{1/\alpha} \tag{9.2-6}$$

$$H_2 = H\left(\frac{1.3V_{cr}}{V_H}\right)^{1/\alpha} = (1.3)^{1/\alpha}H_1 \tag{9.2-7}$$

式中 $V_1$，$V_2$ ——分别为"锁住区"起点和终点的风速，$V_1$ 也就是临界风速 $V_1 = V_{cr}$；

$\alpha$ ——地面粗糙度指数；

$H_1$，$H_2$ ——分别为锁住区起点和终点高度。

$H_1$ 也就是临界风速起点高度，在顶部风速确定时，考虑到荷载分项系数 1.4，则公式（9.2-6）近似为：

$$H_1 = H\left(\frac{V_{cr}}{1.2V_H}\right)^{1/\alpha} \tag{9.2-8}$$

E 等效风荷载计算

跨临界强风共振引起在 $z$ 高度处振型 $j$ 的等效风荷载可由下列公式确定：

$$\omega_{czj} = |\lambda_j|V_{cr}^2\varphi_{zj}/12800\xi_j \quad (kN/m^2) \tag{9.2-9}$$

$$\lambda_j = \frac{\int_{H_1}^{H_2} \varphi_{zj} \mathrm{d}z}{\int_0^H \varphi_{zj}^2 \mathrm{d}z} \qquad (9.2\text{-}10)$$

对于第一振型系数可取：

$$\varphi_{zj} = 2\left(\frac{Z}{H}\right)^2 - \frac{4}{3}\left(\frac{Z}{H}\right)^3 + \frac{1}{3}\left(\frac{Z}{H}\right)^4 \qquad (9.2\text{-}11)$$

将式 (9.2-11) 代入式 (9.2-10) 得：

$$\lambda_1 = \frac{135}{104}\left\{\left(\frac{H_2}{H}\right)^3\left[2 - \frac{H_2}{H} + \frac{1}{5}\left(\frac{H_2}{H}\right)^2\right] - \left(\frac{H_1}{H}\right)^3\left[2 - \frac{H_1}{H} + \frac{1}{5}\left(\frac{H_1}{H}\right)^2\right]\right\} \qquad (9.2\text{-}12)$$

当 $H_2 = H$ 时，则式 (9.2-14) 变为：

$$\lambda_1 = 1.56 - 1.3\left(\frac{H_1}{H}\right)^3\left[2 - \frac{H_1}{H} + \frac{1}{5}\left(\frac{H_1}{H}\right)^2\right] \qquad (9.2\text{-}13)$$

式 (9.2-13) 即为《建筑结构荷载规范》（GB 50009）所给的第一振型计算用表的计算公式。但该公式的应用前提为共振"锁住区"顶点高度为 $H_2 = H$，当 $H_2 < H$ 时，应按以下公式计算：

令 $\beta = 1.3^{\frac{1}{\alpha}}$，$y = \frac{H_1}{H}$，并将式 (9.2-7) 代入式 (9.2-12) 得：

$$\lambda_1(y) = \frac{135}{104}y^3\left\{\beta^3\left[2 - \beta y + \frac{1}{5}(\beta y)^2\right] - \left(2 - y + \frac{1}{5}y^2\right)\right\} \qquad (9.2\text{-}14)$$

很显然，当 $H_1 = 0$ 时，由式 (9.2-14) 得计算系数为 0，而不是《建筑结构荷载规范》所给出的 1.56。这是由于《建筑结构荷载规范》为安全起见，无论何种情况都假定 $H_2 = H$，才有此结果。事实上，$H_1 = 0$ 时，$H_2 = 0$，即无共振荷载。

因此，准确计算系数应按式 (9.2-15) 计算：

$$\lambda_j = \lambda_j(H_1/H) - \lambda_j(H_2/H) \qquad (9.2\text{-}15)$$

式中　$\lambda_j$ ——计算系数，按表 2.4-1 选取。

### 9.2.3　自立式钢烟囱自振周期计算

自立式钢烟囱自振周期的准确性至关重要，直接影响横风向共振的计算结果，因此需要采用专业软件计算。当无专业软件时，下面给出了简化计算公式，但这些公式计算误差有时会很大，造成共振判断错误，因此，简化公式仅供设计参考。

（1）等截面自立式钢烟囱。

$$T_i = \frac{2\pi H^2}{C_i}\sqrt{\frac{W}{E_t I g}} \qquad (9.2\text{-}16)$$

式中　$T_i$ ——第 $i$ 振型的周期；

　　　$H$ ——烟囱总高度，m；

　　　$E_t$ ——在温度作用下，筒壁钢材弹性模量，$kN/m^2$；

　　　$I$ ——筒身截面惯性矩，$m^4$；

　　　$g$ ——重力加速度，$g = 9.8 m/s^2$；

　　　$W$ ——筒身单位长度重量，$kN/m$；

$C_i$——与振型有关的常数：第一振型 $C_1 = 3.515$；第二振型 $C_2 = 22.034$；第三振型 $C_3 = 61.701$。

该公式也适用于其他材料的等截面烟囱或等截面悬臂杆件，用于其他材料时，$E_t$ 改为其他材料的弹性模量。该公式是采用无限自由度体系偏微分方程（弯曲型高耸结构自由振动方程）推导出来的。

（2）沿高度直线变化的自立式钢烟囱周期（如图 9.2-1 所示）。

周期计算公式为：

$$T_i = \frac{2\pi H^2}{C_i} \sqrt{\frac{W_0}{E_t I_0 g}} \qquad (9.2\text{-}17)$$

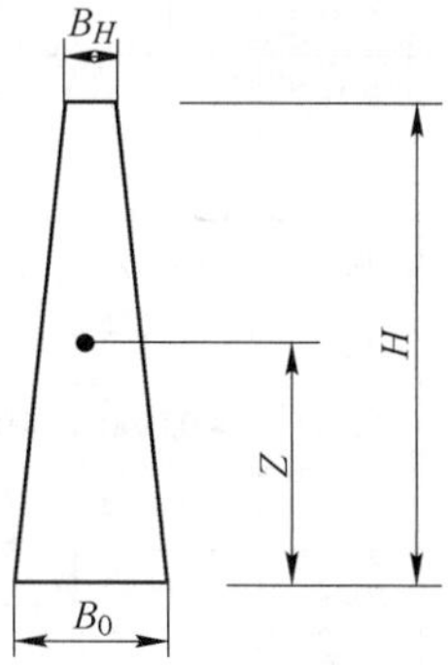

图 9.2-1 截头圆锥立面尺寸

式中 $T_i$——第 $i$ 振型时的周期；

$H$——烟囱高度，m；

$E_t$——在温度作用下的钢材弹性模量，$kN/m^2$；

$I_0$——筒身下端横截面惯性矩；

$W_0$——筒身底部单位长度重量，$W_0 = A_0\rho + A_1\rho_1$；

$C_i$——与振型有关的系数，根据 $Z/H$ 值和 $B_H/B_0$，查表 9.2-1。$i = 1, 2, 3$ 为振型阶数。当 $B_H/B_0 = 1$（即等截面）时，查表 9.2-1 有 $C_1 = 3.519$、$C_2 = 22.04$、$C_3 = 61.72$，与式（9.2-1）中 $C$ 值基本一致；

$g$——重力加速度，$g = 9.8 m/s^2$；

$A_0$——烟囱下端横截面积，$m^2$；

$A_1$——内衬横截面积，$m^2$；

$\rho_0$，$\rho_1$——分别为钢和内衬的重力密度，$\rho_0 = 78.5 kN/m^3$，$\rho_1$ 按实际材料取值。

表 9.2-1 截头圆锥形即沿高度直线变化结构的振型 $\varphi$ 和振型常数 $C_i$

| $Z/H$ | | $B_H/B_0$ | | | | | | | | |
|---|---|---|---|---|---|---|---|---|---|---|
| | | 1 | 0.9 | 0.8 | 0.7 | 0.6 | 0.5 | 0.4 | 0.3 | 0.2 | 0.1 |
| 第一振型 $\varphi_1$ | 1 | 1 | 1 | 1 | 1 | 1 | 1 | 1 | 1 | 1 | 1 |
| | 0.9 | 0.862 | 0.859 | 0.856 | 0.851 | 0.846 | 0.839 | 0.829 | 0.816 | 0.798 | 0.767 |
| | 0.8 | 0.725 | 0.719 | 0.712 | 0.704 | 0.693 | 0.680 | 0.663 | 0.640 | 0.611 | 0.567 |
| | 0.7 | 0.591 | 0.583 | 0.573 | 0.562 | 0.547 | 0.530 | 0.509 | 0.482 | 0.448 | 0.405 |
| | 0.6 | 0.461 | 0.451 | 0.440 | 0.428 | 0.412 | 0.394 | 0.372 | 0.346 | 0.314 | 0.277 |
| | 0.5 | 0.339 | 0.330 | 0.318 | 0.306 | 0.291 | 0.274 | 0.255 | 0.233 | 0.208 | 0.179 |
| | 0.4 | 0.230 | 0.221 | 0.211 | 0.201 | 0.189 | 0.175 | 0.161 | 0.144 | 0.126 | 0.107 |
| | 0.3 | 0.136 | 0.130 | 0.123 | 0.115 | 0.107 | 0.098 | 0.089 | 0.078 | 0.068 | 0.057 |
| | 0.2 | 0.064 | 0.060 | 0.056 | 0.052 | 0.048 | 0.043 | 0.039 | 0.034 | 0.029 | 0.024 |
| | 0.1 | 0.017 | 0.016 | 0.015 | 0.013 | 0.012 | 0.011 | 0.010 | 0.008 | 0.007 | 0.006 |
| | $C_1$ | 3.519 | 3.671 | 3.847 | 4.038 | 4.304 | 4.602 | 4.976 | 5.459 | 6.113 | 7.041 |

| Z/H | | 1 | 0.9 | 0.8 | 0.7 | 0.6 | 0.5 | 0.4 | 0.3 | 0.2 | 0.1 |
|---|---|---|---|---|---|---|---|---|---|---|---|
| | | $B_H/B_0$ | | | | | | | | | |
| 第二振型 $\varphi_2$ | 1 | 1 | 1 | 1 | 1 | 1 | 1 | 1 | 1 | 1 | 1 |
| | 0.9 | 0.524 | 0.524 | 0.524 | 0.523 | 0.522 | 0.520 | 0.516 | 0.509 | 0.495 | 0.461 |
| | 0.8 | 0.070 | 0.073 | 0.076 | 0.079 | 0.083 | 0.087 | 0.092 | 0.098 | 0.104 | 0.108 |
| | 0.7 | −0.317 | −0.306 | −0.292 | −0.276 | −0.258 | −0.235 | −0.203 | −0.173 | −0.129 | −0.074 |
| | 0.6 | −0.590 | −0.564 | −0.534 | −0.501 | −0.462 | −0.416 | −0.363 | −0.300 | −0.225 | −0.140 |
| | 0.5 | −0.714 | −0.673 | −0.627 | −0.577 | −0.522 | −0.460 | −0.390 | −0.313 | −0.229 | −0.139 |
| | 0.4 | −0.683 | −0.634 | −0.580 | −0.523 | −0.462 | −0.397 | −0.328 | −0.256 | −0.181 | −0.107 |
| | 0.3 | −0.526 | −0.479 | −0.430 | −0.380 | −0.328 | −0.276 | −0.222 | −0.168 | −0.116 | −0.067 |
| | 0.2 | −0.301 | −0.269 | −0.237 | −0.205 | −0.174 | −0.143 | −0.112 | −0.083 | −0.056 | −0.031 |
| | 0.1 | −0.093 | −0.081 | −0.071 | −0.060 | −0.050 | −0.040 | −0.031 | −0.022 | −0.015 | −0.008 |
| | $C_2$ | 22.04 | 21.53 | 21.02 | 20.49 | 19.97 | 19.44 | 18.93 | 18.44 | 18.08 | 18.01 |
| 第三振型 $\varphi_3$ | 1 | 1 | 1 | 1 | 1 | 1 | 1 | 1 | 1 | 1 | 1 |
| | 0.9 | 0.229 | 0.223 | 0.217 | 0.210 | 0.201 | 0.191 | 0.179 | 0.163 | 0.141 | 0.103 |
| | 0.8 | −0.375 | −0.394 | −0.392 | −0.388 | −0.382 | −0.372 | −0.356 | −0.331 | −0.287 | −0.214 |
| | 0.7 | −0.658 | −0.636 | −0.611 | −0.581 | −0.545 | −0.500 | −0.444 | −0.374 | −0.285 | −0.176 |
| | 0.6 | −0.474 | −0.439 | −0.401 | −0.359 | −0.314 | −0.264 | −0.209 | −0.152 | −0.094 | −0.041 |
| | 0.5 | 0.198 | 0.038 | 0.056 | 0.073 | 0.086 | 0.096 | 0.102 | 0.099 | 0.086 | 0.060 |
| | 0.4 | 0.526 | 0.501 | 0.472 | 0.439 | 0.398 | 0.351 | 0.298 | 0.238 | 0.169 | 0.096 |
| | 0.3 | 0.756 | 0.690 | 0.622 | 0.552 | 0.475 | 0.397 | 0.317 | 0.236 | 0.156 | 0.082 |
| | 0.2 | 0.605 | 0.536 | 0.468 | 0.402 | 0.334 | 0.269 | 0.206 | 0.147 | 0.093 | 0.046 |
| | 0.1 | 0.228 | 0.198 | 0.168 | 0.141 | 0.114 | 0.089 | 0.065 | 0.046 | 0.028 | 0.013 |
| | $C_3$ | 61.72 | 59.15 | 56.53 | 53.87 | 51.14 | 48.32 | 45.40 | 42.37 | 39.18 | 35.73 |

（3）上部圆筒下部截头圆锥型的自立式钢烟囱自振周期（如图9.2-2所示）。

$$T = \frac{H^2}{768.3d(1 + 47.5t)} \qquad (9.2\text{-}18)$$

式中　$d$——筒壁底部直径，m；

　　　$t$——筒壁底部厚度，m；

　　　$H$——烟囱等效高度，m；$H = H_s + \dfrac{H_b}{3} + \dfrac{d}{2}$；

　　　$H_b$——烟囱底部截锥体高度，m；

　　　$H_s$——烟囱上部直段高度，m。

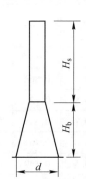

图9.2-2　上部圆筒下部截头圆锥形烟囱

### 9.2.4　自立式钢烟囱承载力验算

（1）在弯矩和轴力作用下，钢烟囱强度应按下列规定进行计算：

$$\gamma_0 \left( \frac{N_i}{A_{ni}} + \frac{M_i}{w_{ni}} \right) \leqslant f_t \tag{9.2-19}$$

式中　　$M_i$——钢烟囱水平计算截面 $i$ 的最大弯矩设计值，N·mm，包括风弯矩和水平地震作用弯矩；

$N_i$——与 $M_i$ 相应轴向压力或轴向拉力设计值，N，包括结构自重和竖向地震作用；

$A_{ni}$——计算截面处的净截面面积，$\text{mm}^2$；

$W_{ni}$——计算截面处的净截面抵抗矩，$\text{mm}^3$；

$f_t$——温度作用下钢材抗拉、抗压强度设计值，$\text{N/mm}^2$；

$\gamma_0$——烟囱重要性系数。

（2）弯矩和轴向力作用下，钢烟囱局部稳定性应按下列公式进行验算：

$$\sigma_N + \sigma_B \leqslant \sigma_{crt} \tag{9.2-20}$$

$$\sigma_N = \frac{N_i}{A_{ni}} \tag{9.2-21}$$

$$\sigma_B = \frac{M_i}{W_{ni}} \tag{9.2-22}$$

$$\sigma_{crt} = \begin{cases} (0.909 - 0.375\beta^{1.2})f_{yt} & \beta \leqslant \sqrt{2} \\ \dfrac{0.68}{\beta^2}f_{yt} & \beta > \sqrt{2} \end{cases} \tag{9.2-23}$$

$$\beta = \sqrt{\frac{f_{yt}}{\alpha\sigma_{et}}} \tag{9.2-24}$$

$$\sigma_{et} = 1.21E_t \cdot \frac{t}{D_i} \tag{9.2-25}$$

$$\alpha = \delta \cdot \frac{\alpha_N\sigma_N + \alpha_B\sigma_B}{\sigma_N + \sigma_B} \tag{9.2-26}$$

$$\alpha_N = \begin{cases} \dfrac{0.83}{\sqrt{1 + D_i/(200t)}} & \dfrac{D_i}{t} \leqslant 424 \\ \dfrac{0.7}{\sqrt{0.1 + D_i/(200t)}} & \dfrac{D_i}{t} > 424 \end{cases} \tag{9.2-27}$$

$$\alpha_B = 0.189 + 0.811\alpha_N \tag{9.2-28}$$

$$f_{yt} = \gamma_s f_y \tag{9.2-29}$$

式中　　$\sigma_{crt}$——烟囱筒壁局部稳定临界应力，$\text{N/mm}^2$；

$f_y$——钢材屈服强度，$\text{N/mm}^2$；

$\gamma_s$——钢材在温度作用下强度设计值折减系数；

$t$——筒壁厚度，mm；

$E_t$——温度作用下钢材的弹性模量，$\text{N/mm}^2$；

$D_i$——$i$ 截面钢烟囱外直径，mm；

$\delta$——烟囱筒体几何缺陷折减系数，当 $w \leqslant 0.01l$ 时（如图 9.2-3 所示），取 $\delta = 1.0$；当 $w = 0.02l$ 时，取 $\delta = 0.5$；当 $0.01l < w < 0.02l$ 时，采用线性插值；不允许出现 $w > 0.02l$ 的情况。

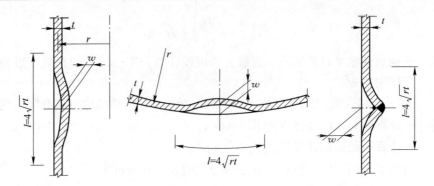

图 9.2-3　钢烟囱筒体几何缺陷示意图

（3）在弯矩和轴向力作用下，钢烟囱的整体稳定性应按下式进行验算：

$$\frac{N_i}{\varphi A_{bi}} + \frac{M_i}{W_{bi}(1 - 0.8N_i/N_{Ex})} \leqslant f_t \tag{9.2-30}$$

$$N_{Ex} = \frac{\pi^2 E_t A_{bi}}{\lambda^2} \tag{9.2-31}$$

式中　$A_{bi}$——计算截面处的毛截面面积，$mm^2$；

　　　$W_{bi}$——计算截面处的毛截面抵抗矩，$mm^3$；

　　　$N_{Ex}$——欧拉临界力，N；

　　　$\lambda$——烟囱长细比，按悬臂构件计算；

　　　$\varphi$——圆筒截面轴心受压构件稳定系数，按表 9.2-2 确定截面类别，并分别按表 9.2-3 和表 9.2-4 选取。

**表 9.2-2　高耸结构常用轴心受压钢构件的截面分类**

| 截面类别 | 截面形式和对应轴线 |
|---|---|
| a 类 | $x$——$x$，$y$——$y$　扎制 |
| b 类 | 双角钢　　双角钢　　焊接<br>等边角钢　　等边角钢　　轧制矩形、焊接矩形板件宽厚比大于 20<br>格构式　　格构式<br>格构式　　格构式 |

表 9.2-3  a 类截面轴心受压构件的稳定系数 $\varphi$

| $\lambda\sqrt{\dfrac{f_y}{235}}$ | 0 | 1 | 2 | 3 | 4 | 5 | 6 | 7 | 8 | 9 |
|---|---|---|---|---|---|---|---|---|---|---|
| 0 | 1.000 | 1.000 | 1.000 | 1.000 | 0.999 | 0.999 | 0.998 | 0.998 | 0.997 | 0.996 |
| 10 | 0.995 | 0.994 | 0.993 | 0.992 | 0.991 | 0.989 | 0.988 | 0.986 | 0.985 | 0.983 |
| 20 | 0.981 | 0.979 | 0.977 | 0.976 | 0.974 | 0.972 | 0.970 | 0.968 | 0.966 | 0.964 |
| 30 | 0.963 | 0.961 | 0.959 | 0.957 | 0.955 | 0.952 | 0.950 | 0.948 | 0.946 | 0.944 |
| 40 | 0.941 | 0.939 | 0.937 | 0.934 | 0.932 | 0.929 | 0.927 | 0.924 | 0.921 | 0.919 |
| 50 | 0.916 | 0.913 | 0.910 | 0.907 | 0.904 | 0.900 | 0.897 | 0.894 | 0.890 | 0.886 |
| 60 | 0.883 | 0.879 | 0.875 | 0.871 | 0.867 | 0.863 | 0.858 | 0.854 | 0.849 | 0.844 |
| 70 | 0.839 | 0.834 | 0.829 | 0.824 | 0.818 | 0.813 | 0.807 | 0.801 | 0.795 | 0.789 |
| 80 | 0.783 | 0.776 | 0.770 | 0.763 | 0.757 | 0.750 | 0.743 | 0.736 | 0.728 | 0.721 |
| 90 | 0.714 | 0.706 | 0.699 | 0.691 | 0.684 | 0.676 | 0.668 | 0.661 | 0.653 | 0.645 |
| 100 | 0.638 | 0.630 | 0.622 | 0.615 | 0.607 | 0.600 | 0.592 | 0.585 | 0.577 | 0.570 |
| 110 | 0.563 | 0.555 | 0.548 | 0.541 | 0.534 | 0.527 | 0.520 | 0.514 | 0.507 | 0.500 |
| 120 | 0.494 | 0.488 | 0.481 | 0.475 | 0.469 | 0.463 | 0.457 | 0.451 | 0.445 | 0.440 |
| 130 | 0.434 | 0.429 | 0.423 | 0.418 | 0.412 | 0.407 | 0.402 | 0.397 | 0.392 | 0.387 |
| 140 | 0.383 | 0.378 | 0.373 | 0.369 | 0.364 | 0.360 | 0.356 | 0.351 | 0.347 | 0.343 |
| 150 | 0.339 | 0.335 | 0.331 | 0.327 | 0.323 | 0.320 | 0.316 | 0.312 | 0.309 | 0.305 |
| 160 | 0.302 | 0.298 | 0.295 | 0.292 | 0.289 | 0.285 | 0.282 | 0.279 | 0.276 | 0.273 |
| 170 | 0.270 | 0.267 | 0.264 | 0.262 | 0.259 | 0.256 | 0.253 | 0.251 | 0.248 | 0.246 |
| 180 | 0.243 | 0.241 | 0.238 | 0.236 | 0.233 | 0.231 | 0.229 | 0.226 | 0.224 | 0.222 |
| 190 | 0.220 | 0.218 | 0.215 | 0.213 | 0.211 | 0.209 | 0.207 | 0.205 | 0.203 | 0.201 |
| 200 | 0.199 | 0.198 | 0.196 | 0.194 | 0.192 | 0.190 | 0.189 | 0.187 | 0.185 | 0.183 |
| 210 | 0.182 | 0.180 | 0.179 | 0.177 | 0.175 | 0.174 | 0.172 | 0.171 | 0.169 | 0.168 |
| 220 | 0.166 | 0.165 | 0.164 | 0.162 | 0.161 | 0.159 | 0.158 | 0.157 | 0.155 | 0.154 |
| 230 | 0.153 | 0.152 | 0.150 | 0.149 | 0.148 | 0.147 | 0.146 | 0.144 | 0.143 | 0.142 |
| 240 | 0.141 | 0.140 | 0.139 | 0.138 | 0.136 | 0.135 | 0.134 | 0.133 | 0.132 | 0.131 |
| 250 | 0.130 | | | | | | | | | |

表 9.2-4  b 类截面轴心受压构件的稳定系数 $\varphi$

| $\lambda\sqrt{\dfrac{f_y}{235}}$ | 0 | 1 | 2 | 3 | 4 | 5 | 6 | 7 | 8 | 9 |
|---|---|---|---|---|---|---|---|---|---|---|
| 0 | 1.000 | 1.000 | 1.000 | 0.999 | 0.999 | 0.998 | 0.997 | 0.996 | 0.995 | 0.994 |
| 10 | 0.992 | 0.991 | 0.989 | 0.987 | 0.985 | 0.983 | 0.981 | 0.978 | 0.976 | 0.973 |
| 20 | 0.970 | 0.967 | 0.963 | 0.960 | 0.957 | 0.953 | 0.950 | 0.946 | 0.943 | 0.939 |
| 30 | 0.936 | 0.932 | 0.929 | 0.925 | 0.922 | 0.918 | 0.914 | 0.910 | 0.906 | 0.903 |
| 40 | 0.899 | 0.895 | 0.891 | 0.887 | 0.882 | 0.878 | 0.874 | 0.870 | 0.865 | 0.861 |

| $\lambda\sqrt{\dfrac{f_y}{235}}$ | 0 | 1 | 2 | 3 | 4 | 5 | 6 | 7 | 8 | 9 |
|---|---|---|---|---|---|---|---|---|---|---|
| 50 | 0.856 | 0.852 | 0.847 | 0.842 | 0.838 | 0.833 | 0.828 | 0.823 | 0.818 | 0.813 |
| 60 | 0.807 | 0.802 | 0.797 | 0.791 | 0.786 | 0.780 | 0.774 | 0.769 | 0.763 | 0.757 |
| 70 | 0.751 | 0.745 | 0.739 | 0.732 | 0.726 | 0.720 | 0.714 | 0.707 | 0.701 | 0.694 |
| 80 | 0.688 | 0.681 | 0.675 | 0.668 | 0.661 | 0.655 | 0.648 | 0.641 | 0.635 | 0.628 |
| 90 | 0.621 | 0.614 | 0.608 | 0.601 | 0.594 | 0.588 | 0.581 | 0.575 | 0.568 | 0.561 |
| 100 | 0.555 | 0.549 | 0.542 | 0.536 | 0.529 | 0.523 | 0.517 | 0.511 | 0.505 | 0.499 |
| 110 | 0.493 | 0.487 | 0.481 | 0.475 | 0.470 | 0.464 | 0.458 | 0.453 | 0.447 | 0.442 |
| 120 | 0.437 | 0.432 | 0.426 | 0.421 | 0.416 | 0.411 | 0.406 | 0.402 | 0.397 | 0.392 |
| 130 | 0.387 | 0.383 | 0.378 | 0.374 | 0.370 | 0.365 | 0.361 | 0.357 | 0.353 | 0.349 |
| 140 | 0.345 | 0.341 | 0.337 | 0.333 | 0.329 | 0.326 | 0.322 | 0.318 | 0.315 | 0.311 |
| 150 | 0.308 | 0.304 | 0.301 | 0.298 | 0.295 | 0.291 | 0.288 | 0.285 | 0.282 | 0.279 |
| 160 | 0.276 | 0.273 | 0.270 | 0.267 | 0.265 | 0.262 | 0.259 | 0.256 | 0.254 | 0.251 |
| 170 | 0.249 | 0.246 | 0.244 | 0.241 | 0.239 | 0.236 | 0.234 | 0.232 | 0.229 | 0.227 |
| 180 | 0.225 | 0.223 | 0.220 | 0.218 | 0.216 | 0.214 | 0.212 | 0.210 | 0.208 | 0.206 |
| 190 | 0.204 | 0.202 | 0.200 | 0.198 | 0.197 | 0.195 | 0.193 | 0.191 | 0.190 | 0.188 |
| 200 | 0.186 | 0.184 | 0.183 | 0.181 | 0.180 | 0.178 | 0.176 | 0.175 | 0.173 | 0.172 |
| 210 | 0.170 | 0.169 | 0.167 | 0.166 | 0.165 | 0.163 | 0.162 | 0.160 | 0.159 | 0.158 |
| 220 | 0.156 | 0.155 | 0.154 | 0.153 | 0.151 | 0.150 | 0.149 | 0.148 | 0.146 | 0.145 |
| 230 | 0.144 | 0.143 | 0.142 | 0.141 | 0.140 | 0.138 | 0.137 | 0.136 | 0.135 | 0.134 |
| 240 | 0.133 | 0.132 | 0.131 | 0.130 | 0.129 | 0.128 | 0.127 | 0.126 | 0.125 | 0.124 |
| 250 | 0.123 | | | | | | | | | |

（4）刚接法兰计算。

1）刚接法兰中摩擦型高强螺栓群同时受弯矩 $M$ 和轴拉力 $N$ 时，单个螺栓最大拉力按下式计算：

$$N_{max}^b = \frac{My_n}{\sum y_i^2} + \frac{N}{n_0} \leqslant N_t^b \tag{9.2-32}$$

式中　$y_i$——第 $i$ 个螺栓到法兰中性轴的距离；

　　　$y_n$——离法兰中性轴最远的螺栓到法兰中性轴的距离；

　　　$n_0$——法兰盘上螺栓总数；

　　　$N_t^b$——摩擦型高强螺栓抗拉设计承载力。

2）刚接法兰中法兰板厚度 $t$ 应按下式计算：

$$t \geqslant \sqrt{\frac{5M_{max}}{f}} \tag{9.2-33}$$

式中　$M_{max}$——按单个螺栓最大拉力均布到法兰板对应区域时计算得到的法兰板最大

弯矩。

3）刚接法兰的加劲板强度按平面内拉、弯计算，拉力大小按三边支承板的两固结边支承反力计，拉力中心与螺栓对齐。加劲板与法兰板的焊缝、加劲板与筒壁焊缝按上述同样受力分别验算。

4）刚接法兰抗剪按高强螺栓抗剪验算。

（5）半刚接法兰计算。

1）半刚接法兰用高强度普通螺栓连接。在荷载频遇值作用下，法兰不开缝；在承载能力极限状态下，法兰可开缝，并绕特定的转动中心轴转动。

2）半刚接法兰既可能受轴压又可能受轴拉时，轴压力通过钢管与法兰板之间的焊缝直接传递。应保证焊缝与钢管壁等强，拉力 $N$ 则通过螺栓传递。

①有加劲肋法兰单个螺栓拉力按下式计算：

$$N_{max}^b = \frac{N}{n_0} \leqslant N_t^b \qquad (9.2\text{-}34)$$

②无加劲肋法兰单个螺栓（如图 9.2-4 所示）拉力按下式计算：

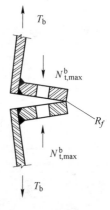

$$N_{t,max}^b = m \cdot T_b \cdot \frac{a+b}{a} \leqslant N_t^b \qquad (9.2\text{-}35)$$

式中　$T_b$ —— 一个螺栓对应的筒壁拉力；

　　　$N_{t,max}^b$ —— 单个螺栓受力；

　　　$m$ ——工作条件系数，取 0.65。

3）半刚接法兰主要受弯矩作用时的计算。

①有加劲肋法兰螺栓最大拉力按下列计算：

$$N_{max}^b = \frac{My_n}{\sum (y_i)^2} \qquad (9.2\text{-}36)$$

图 9.2-4　无加劲肋法兰受力

式中　$y_i$ ——螺栓群转动中心轴到第 $i$ 个螺栓的距离；

　　　$y_n$ ——离螺栓群转动中心轴最远螺栓的距离。

对于有加劲肋外法兰、有加劲肋内法兰，转动中心轴分别如图 9.2-5 所示。

②无加劲肋法兰螺栓最大拉力按下列计算：

$$N_{t,max}^b = \frac{2mM}{nR} \cdot \frac{a+b}{a} \leqslant N_t^b \qquad (9.2\text{-}37)$$

式中　$M$ ——法兰板所受的弯矩；

　　　$R$ ——筒壁的外半径；

　　　$n$ ——法兰板上螺栓数目。

（6）地脚螺栓。

1）地脚螺栓最大拉力可按下式计算：

$$P_{max} = \frac{4M}{nd} - \frac{N}{n} \qquad (9.2\text{-}38)$$

式中　$P_{max}$ ——地脚螺栓的最大拉力，kN；

　　　$M$ ——烟囱底部最大弯矩设计值，kN·m；

$N$——与弯矩相应的轴向压力设计值，kN；

$d$——地脚螺栓所在圆直径，m；

$n$——地脚螺栓数量。

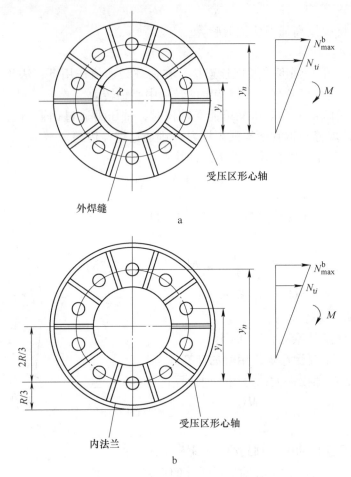

图 9.2-5　法兰螺栓群计算形心轴

a—外法兰；b—内法兰

2）地脚螺栓应沿烟囱底座等距离设置。地脚螺栓有沿筒壁外侧布置一圈的形式，如图 9.2-6 所示；也有沿筒壁外侧和内侧同时布置一周的，如图 9.2-7 所示。后者优点是地脚螺栓在壁板两侧对称布置，壁板不产生局部弯矩，适用于高大的烟囱，但壁板内部螺栓需用隔热层和内衬保护好，以防腐蚀。

3）底板加劲肋一般为三角形或梯形，要求均匀分布于烟囱底座四周，必要时还可在主加劲肋之间设次加劲肋。所有加劲肋的斜边与水平面夹角不应小于 60°，加劲肋的最小厚度不应小于 8mm。

（7）钢烟囱底座基础局部受压应力，可按下式计算：

$$\sigma_{cbt} = \frac{G}{A_t} + \frac{M}{W} \leqslant \omega\beta_1 f_{ct} \qquad (9.2\text{-}39)$$

式中　　$\sigma_{cbt}$——钢烟囱（包括钢内筒）荷载设计值作用下，在混凝土底座处产生的局部受压应力，N/mm²；

$A_t$——钢烟囱与混凝土基础的接触面面积，mm²；

$W$——钢烟囱与混凝土基础的接触面截面抵抗矩，mm³；

$\omega$——荷载分布影响系数，可取 $\omega = 0.675$；

$\beta_1$——混凝土局部受压时强度提高系数，按国家标准《混凝土结构设计规范》（GB 50010）计算；

$f_{ct}$——混凝土在温度作用下的轴心抗压强度设计值。

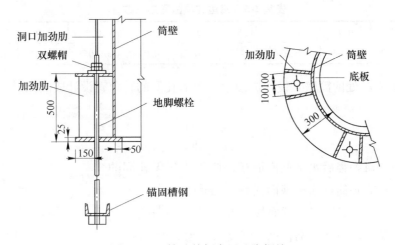

图 9.2-6　筒壁外侧布置地脚螺栓

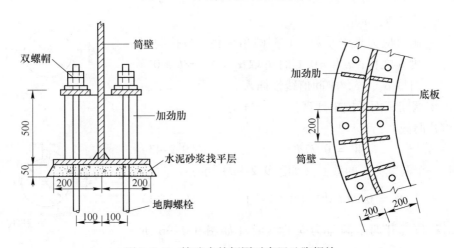

图 9.2-7　筒壁内外侧同时布置地脚螺栓

（8）钢烟囱底板厚度按式（9.2-33）计算，其中 $M_{max}$ 可按三边支承板计算：

$$M_{max} = \beta \sigma_{cbt} a^2 \tag{9.2-40}$$

式中　$\beta$——系数，由 $b/a$ 查表9.2-5确定，当 $b/a < 0.3$ 时，可按悬臂长度为 $b$ 的悬臂板计算；

$a$——筒壁底板外侧加劲板之间底板自由边长度（如图9.2-8所示）；

$b$——筒壁底板外侧底板悬臂长度（如图9.2-8所示）。

对一边支承板，按悬臂板计算：

$$M = \frac{1}{2}\sigma_{cbt}C^2 \qquad (9.2\text{-}41)$$

式中　$C$——筒壁内侧底板悬臂长度。

　　为了使底板具有足够刚度，以符合基础反力均匀分布的假定，底板厚度一般为 20～40mm，通常最小厚度为 14mm。

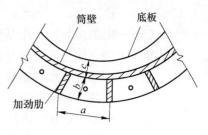

图 9.2-8　筒壁底板计算尺寸

**表 9.2-5　三边支承板弯矩系数 β**

| $b/a$ | 0.3 | 0.4 | 0.5 | 0.6 | 0.7 | 0.8 | 0.9 | 1.0 | 1.2 | ≥1.4 |
|---|---|---|---|---|---|---|---|---|---|---|
| $\beta$ | 0.0273 | 0.0439 | 0.0602 | 0.0747 | 0.0871 | 0.0972 | 0.1053 | 0.1117 | 0.1205 | 0.1258 |

　　（9）烟道入口处的筒壁宜设计成圆形。矩形孔洞的转角宜设计成圆弧形。孔洞应力应满足下式：

$$\sigma = \left(\frac{N}{A_0} + \frac{M}{W_0}\right)\alpha_k \leqslant f_t \qquad (9.2\text{-}42)$$

式中　$A_0$——洞口补强后水平截面面积，应不小于无孔洞的

　　　　　　相应圆筒壁水平截面面积，$mm^2$；

　　　$W_0$——洞口补强后水平截面最小抵抗矩，$mm^3$；

　　　$f_t$——温度作用下的钢材抗压强度设计值，$N/mm^2$；

　　$N$，$M$——洞口截面处轴向力设计值，$N$；弯矩设计值，$N \cdot mm$；

　　　$\alpha_k$——洞口应力集中系数，孔洞圆角半径 $r$ 与孔洞宽度 $b$ 之比；$r/b = 0.1$ 时可取 $\alpha_k = 4$，$r/b \geqslant 0.2$ 时取 $\alpha_k = 3$，中间值线性插入。

　　（10）钢烟囱截面抵抗矩计算：

　　1）未开洞截面：

$$W = 0.77d^2t \qquad (9.2\text{-}43)$$

筒壁厚度 $t$

a

筒壁厚度 $t$

b

　　2）开一个洞宽为 $b$ 的截面（如图 9.2-9a 所示）：

$$W = 0.77d^2t\left(1 - 0.65\frac{b}{d}\right) \qquad (9.2\text{-}44)$$

　　3）对称位置开两个洞宽为 $b$ 的截面（如图 9.2-9b 所示）：

$$W = 0.77d^2t\left(1 - 1.3\frac{b}{d}\right) \qquad (9.2\text{-}45)$$

筒壁厚度 $t$

c

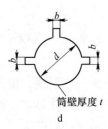

　　4）在相互垂直位置开两个洞宽为 $b$ 的截面（如图 9.2-9c 所示）：

$$W = 0.77d^2t\left(1 - 0.7\frac{b}{d}\right) \qquad (9.2\text{-}46)$$

　　5）在相互 90° 位置开三个洞宽为 $b$ 的截面（如图 9.2-

筒壁厚度 $t$

d

图 9.2-9　不同钢烟囱截面图

9d 所示）：

$$W = 0.77d^2t\left(1 - 1.3\frac{b}{d} - 0.216\frac{b^3}{d^3}\right) \tag{9.2-47}$$

### 9.2.5 自立式钢烟囱隔热层与内衬设置要求

#### 9.2.5.1 隔热层

（1）当烟气温度高于本手册规定的钢筒壁最高受热温度时，应设置隔热层。

（2）烟气温度低于150℃，烟气有可能对烟囱产生腐蚀时，应设置隔热层。

（3）隔热层厚度由温度计算决定，但最小厚度不宜小于50mm。对于全辐射炉型的烟囱，隔热层厚度不宜小于75mm。

（4）隔热层应与烟囱筒壁牢固连接，当采用块体材料或不定型现场浇注材料时，可采用锚固钉或金属网固定。烟囱顶部可设置钢板圈保护隔热层边缘。钢板圈厚度不小于6mm。

（5）为支承隔热层重量，可在钢烟囱内表面，沿烟囱高度方向，每隔1～1.5m设置一个角钢加固圈。

（6）当烟囱温度高于560℃时，隔热层的锚固件可采用不锈钢（1Cr18Ni9Ti）制造；烟气温度低于560℃时，可采用一般碳素钢制造。

（7）对于无隔热层的烟囱，在其底部2m高度范围内，应对烟囱采取外隔热措施或者设置防护栏杆，防止烫伤事故。

#### 9.2.5.2 内衬

（1）设置内衬是因为以下一个原因或多个原因同时存在。

1）隔热，避免筒壁温度过高；

2）保温，避免烟气温度过低产生结露，减少筒壁腐蚀。

（2）内衬材料。内衬材料应根据烟气温度和烟气腐蚀性质综合确定。

1）耐火砖，最高使用温度可达1400℃，自重比较大，施工繁重；

2）硅藻土砖，最高使用温度达800℃，自重轻，保温隔热效果好，膨胀系数低；

3）耐酸砖，用于强腐蚀烟气，使用温度不超过150℃，不能用于烟气温度波动频繁的烟囱；

4）普通黏土砖，最高使用温度500℃，自重大，耐酸性较好；

5）耐热混凝土，可根据烟气温度要求配置不同耐热度的混凝土（200～1200℃），可现浇，也可预制；

6）硅藻混凝土，以碎砖为骨料，以氧化铝水泥配置，可现浇，也可预制，允许受热温度为150～900℃，是良好的隔热、保温材料；

7）烟囱FC-S喷涂料，适用于温度小于等于400℃的钢烟囱。主要成分：结合剂——特殊水泥；骨料——用高硅质烧成蜡石为主要成分的骨料；外掺剂——耐酸细粉料。施工方法：先在筒内壁焊短筋挂钢丝片，再喷涂60～80mm厚的FC-S喷涂料；

8）高强轻质浇注料，重力密度8～10kN/m³，耐热温度700℃，采用密布的锚固件与筒壁加强连接，锚固件为Y形或V形不锈钢板制作。现浇厚度可为250mm左右；

9）不定型耐火喷涂料 FN130、FN140，起隔热耐磨防腐作用，喷涂厚度可为 70 ~ 120mm，使用温度为 1200℃。为了固结喷涂料，应先在筒壁内侧点焊 Y 形或 V 形锚固件（φ6 钢筋高 60 ~ 100mm），间距为 250mm。

（3）内衬支承环。内衬要超过支承环边缘，并不小于 12mm，也不大于内衬厚度的 1/3。筒首宜用不锈钢板封闭，如图 9.2-10 所示。

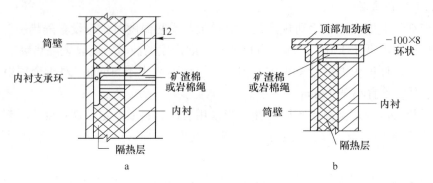

图 9.2-10　内衬节点
a—内衬支承环详图；b—烟囱顶部内衬详图

# 9.3　自立式钢烟囱计算实例

## 9.3.1　设计条件

（1）烟囱基本设计参数。烟囱高度为 60m；出口直径为 2.484m（如图 9.3-1 所示），其余截面尺寸见表 9.3-1。

（2）基本风压。基本风压为 0.6kPa；地面粗糙度类别为 B 类。

（3）抗震设计。抗震设防烈度为 8 度，设计基本地震加速度值为 $0.2g$（$g$ 为重力加速度），设计地震分组为第一组，场地类别为 Ⅱ 类。

（4）设计温度。大气极端最高气温为 38℃；大气极端最低气温为 -20℃；烟气设计温度为 300℃。

（5）烟囱选型及选材设计。

1）烟囱采用浇注料内衬，内衬容重为 14kN/m³，内衬导热系数为 0.45W/（m·K）；外筒壁采用 Q345B 级钢材。

2）钢烟囱每段采用刚性法兰连接；采用 8.8 级高强螺栓或 8.8 级 A 级普通螺栓连接，螺栓抗拉强度设计值为 400MPa。

3）根据风振计算情况确定烟囱减震方式，并确定破风圈设置范围。

4）靴梁及地脚锚栓。地脚锚栓采用 Q345B 级钢材制作，抗拉强度设计值为 180MPa；靴梁采用 Q235B 级钢材制作。

5）烟囱外筒壁防腐蚀处理。铁红环氧酯底漆一道，25μm；聚氨酯厚浆型面漆两道，每道 100μm；聚氨酯厚清漆一道，20μm。

6）筒身材料量。筒壁钢材重量为 53.7t，内衬体积为 60.2m³。

表 9.3-1 烟囱截面参数

| 标高<br>/m | 筒壁<br>厚度<br>$t$/mm | 筒壁<br>材质<br>$M$ | 内衬<br>厚度<br>$t_n$/mm | 坡度<br>$i$ | 筒壁<br>外直径<br>/m |
|---|---|---|---|---|---|
| 60.000 | 8 | | | | 2.700 |
| | | Q235B | 100 | 0.00 | |
| | 8 | | | | 2.700 |
| 52.000 | 8 | | | | 2.700 |
| | | Q235B | 100 | 0.00 | |
| | 8 | | | | 2.700 |
| 44.000 | 10 | | | | 2.700 |
| | | Q235B | 100 | 0.00 | |
| | 10 | | | | 2.700 |
| 35.000 | 10 | | | | 2.700 |
| | | Q235B | 100 | 0.03 | |
| | 10 | | | | 3.300 |
| 25.000 | 12 | | | | 3.300 |
| | | Q235B | 100 | 0.03 | |
| | 12 | | | | 3.900 |
| 15.000 | 12 | | | | 3.900 |
| | | Q235B | 100 | 0.03 | |
| | 12 | | | | 4.260 |
| 9.000 | 14 | | | | 4.260 |
| | | Q345B | 100 | 0.03 | |
| 0.500 | 14 | | | | 4.800 |

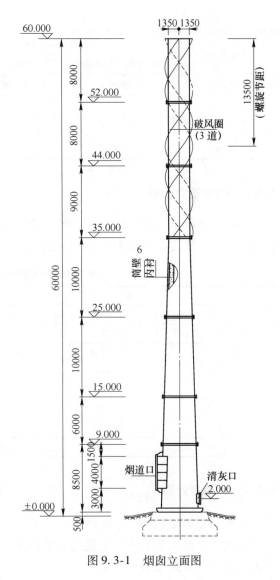

图 9.3-1 烟囱立面图

## 9.3.2 筒壁受热温度计算

烟囱温度按下列公式计算，计算结果见表 9.3-2。

$$T_{cj} = T_g - \frac{T_g - T_a}{R_{tot}}\left(R_{in} + \sum_{i=1}^{j} R_i\right) \tag{9.3-1}$$

表 9.3-2 烟囱各点计算温度 （℃）

| 标高/m | 极端最高温度 | | 极端最低温度 | |
|---|---|---|---|---|
| | 内衬内表面温度 | 内衬外表面温度 | 内衬内表面温度 | 内衬外表面温度 |
| 52.00 | 278.2 | 101.5 | 269.9 | 25.8 |
| 44.00 | 278.2 | 101.5 | 269.9 | 25.8 |
| 35.00 | 278.2 | 101.4 | 269.9 | 25.8 |

| 标高/m | 极端最高温度 | | 极端最低温度 | |
|---|---|---|---|---|
| | 内衬内表面温度 | 内衬外表面温度 | 内衬内表面温度 | 内衬外表面温度 |
| 25.00 | 278.4 | 101.9 | 270.2 | 26.2 |
| 15.00 | 278.6 | 102.2 | 270.3 | 26.4 |
| 9.00 | 278.6 | 102.3 | 270.4 | 26.5 |
| 0.00 | 278.7 | 102.5 | 270.5 | 26.7 |

### 9.3.3　烟囱动力分析

通过 51YC 烟囱软件计算，烟囱第一阶自振周期为 1.125s；第二阶自振周期为 0.259s；第三阶自振周期为 0.103s。前四阶振型见表 9.3-3。

**表 9.3-3　烟囱前四阶振型计算结果**

| 标高/m | 第一振型 | 第二振型 | 第三振型 | 第四振型 |
|---|---|---|---|---|
| 60.000 | −1.0000 | 1.0000 | −1.0000 | −1.0000 |
| 52.000 | −0.7707 | 0.2821 | 0.1272 | 0.4530 |
| 44.000 | −0.5499 | −0.3108 | 0.6550 | 0.4139 |
| 35.000 | −0.3330 | −0.6247 | 0.1895 | −0.6051 |
| 25.000 | −0.1566 | −0.5288 | −0.4991 | −0.1156 |
| 15.000 | −0.0521 | −0.2404 | −0.4503 | 0.5495 |
| 9.000 | −0.0185 | −0.0973 | −0.2236 | 0.3809 |
| 0.000 | 0.0000 | 0.0000 | 0.0000 | 0.0000 |

### 9.3.4　风荷载计算

#### 9.3.4.1　顺风向风荷载计算

根据本手册 2.3 节的有关规定计算顺风向风荷载，不设破风圈计算结果见表 9.3-4，设破风圈计算结果见表 9.3-5。

**表 9.3-4　不设破风圈顺风向风荷载计算结果（标准值）**

| 标高/m | 脉动风共振因子 $R$ | 脉动风背景因子 $B_z$ | 风振系数 $\beta_z = 1 + 2gI_{10}\dfrac{B_z}{\sqrt{1+R^2}}$ | 剪力/kN | 水平截面弯矩/kN·m | 垂直截面环向弯矩/kN·m |
|---|---|---|---|---|---|---|
| 60.0 | 2.438 | 0.903 | 2.541 | 0.0 | 0.0 | 1.5 |
| 52.0 | 2.438 | 0.726 | 2.240 | 31.2 | 128.3 | 1.3 |
| 44.0 | 2.438 | 0.545 | 1.930 | 57.2 | 485.2 | 1.0 |
| 35.0 | 2.438 | 0.353 | 1.603 | 80.6 | 1109.5 | 0.8 |
| 25.0 | 2.438 | 0.224 | 1.383 | 103.1 | 2028.8 | 0.9 |
| 15.0 | 2.438 | 0.103 | 1.175 | 123.6 | 3165.0 | 1.0 |
| 9.0 | 2.438 | 0.045 | 1.076 | 134.1 | 3939.1 | 0.9 |
| 0.00 | 2.438 | 0.000 | 1.000 | 148.6 | 5214.2 | 1.5 |

表 9.3-5 设破风圈顺风向风荷载计算结果（标准值）

| 标高/m | 脉动风共振因子 $R$ | 脉动风背景因子 $B_z$ | 风振系数 $\beta_z = 1 + 2gI_{10}B_z\sqrt{1+R^2}$ | 剪力 /kN | 水平截面弯矩 /kN·m | 垂直截面环向弯矩/kN·m |
|---|---|---|---|---|---|---|
| 60.0 | 2.438 | 0.903 | 2.541 | 0.0 | 0.0 | 1.5 |
| 52.0 | 2.438 | 0.726 | 2.240 | 62.4 | 256.6 | 1.3 |
| 44.0 | 2.438 | 0.545 | 1.930 | 114.4 | 970.4 | 1.0 |
| 35.0 | 2.438 | 0.353 | 1.603 | 159.1 | 2218.1 | 0.8 |
| 25.0 | 2.438 | 0.224 | 1.383 | 181.6 | 3922.3 | 0.9 |
| 15.0 | 2.438 | 0.103 | 1.175 | 202.1 | 5843.5 | 1.0 |
| 9.00 | 2.438 | 0.045 | 1.076 | 212.6 | 7088.5 | 0.9 |
| 0.00 | 2.438 | 0.000 | 1.000 | 227.1 | 9070.2 | 1.5 |

#### 9.3.4.2 横风向风振计算

根据 51YC 烟囱软件找出最不利风荷载的横风向共振范围、斯脱罗哈数 $St$ 和地面粗糙度指数如下：

最不利风压：$W_0 = 0.600$

斯脱罗哈数：$St = 0.265$

地面粗糙度指数：$\alpha = 0.130$

（1）第一阶横风向共振验算。

$$v_H = 40\sqrt{\mu_H W_0} = 40\sqrt{1.71 \times 0.6} = 40.52\text{m/s} \tag{9.3-2}$$

$$v_{\text{cr},1} = \frac{d}{St \times T_1} = 9.1\text{m/s}(< 1.2v_H = 48.62\text{m/s}) \tag{9.3-3}$$

$$Re = 69000vd = 1.7 \times 10^6 < 3.5 \times 10^6 \tag{9.3-4}$$

上述结果不满足一阶共振条件。

（2）第二阶横风向共振验算。

$$v_{\text{cr},2} = \frac{d}{St \times T_1} = 39.3\text{m/s}(< 1.2v_H = 48.62\text{m/s}) \tag{9.3-5}$$

$$Re = 69000vd = 7.3 \times 10^6 > 3.5 \times 10^6 \tag{9.3-6}$$

满足共振条件，需要进行共振荷载验算。

$$H_1 = H\left(\frac{v_{\text{cr},2}}{1.2v_H}\right)^{\frac{1}{\alpha}} = 60 \times \left(\frac{39.3}{48.62}\right)^{1/0.13} = 11.67\text{m} \tag{9.3-7}$$

经计算 $H_2 > 60\text{m}$，取 $H_2 = 60\text{m}$，则等效共振荷载计算系数为：

$$\lambda_2 = \lambda_2(H_1/H) - \lambda_2(H_2/H) = 0.763 \tag{9.3-8}$$

本例题采用"破风圈"来降低横风向共振响应，设置范围应大于烟囱高度的 1/3。确定在烟囱上部 25m 范围设置"破风圈"，该范围体形系数取 1.2，重新计算顺风向风荷载，并取 25% 的横风向共振荷载来计算合力，合力按下式计算：

$$S = \sqrt{(0.25S_C)^2 + S_A^2} \tag{9.3-9}$$

式中　$S_C$，$S_A$——横风向与顺风向荷载效应（计算结果见表 9.3-6）。

表 9.3-6　烟囱横向共振荷载总效应

| 标高/m | 剪力 $V_C$/kN | 弯矩 $M_C$/kN·m |
|---|---|---|
| 52.0 | 67.575 | 369.571 |
| 44.0 | 116.154 | 1133.159 |
| 35.0 | 159.308 | 2334.072 |
| 25.0 | 187.754 | 3943.407 |
| 15.0 | 215.780 | 5853.655 |
| 9.00 | 228.533 | 7139.266 |
| 0.00 | 243.129 | 9221.477 |

## 9.3.5　地震作用计算

采用振型分解法，按《建筑抗震设计规范》有关规定进行计算（计算过程略），计算结果见表 9.3-7。

表 9.3-7　钢烟囱各截面地震力计算结果（标准值）

| 标高<br>/m | 剪力<br>/kN | 弯矩<br>/kN·m | 竖向地震力<br>/kN | 每节烟囱根部<br>重量/kN |
|---|---|---|---|---|
| 52.0 | 21.4 | 171.4 | 36.2 | 42.5 |
| 44.0 | 32.7 | 423.4 | 132.8 | 175.9 |
| 35.0 | 33.5 | 665.6 | 210.4 | 326.5 |
| 25.0 | 41.1 | 907.2 | 259.0 | 502.4 |
| 15.0 | 58.7 | 1256.4 | 253.4 | 735.2 |
| 9.00 | 71.9 | 1566.1 | 172.4 | 960.4 |
| 0.00 | 80.3 | 2155.3 | 125.3 | 1205.1 |

注：烟囱根部重量未包括本节烟囱内衬重量。

## 9.3.6　截面内力组合与水平变形计算

### 9.3.6.1　设计基本组合工况
截面基本组合按以下工况进行：
（1）$1.0D + 1.4W$。
（2）$1.2D + 1.4W$。
（3）$1.0D + 0.28W + 1.3E_h - 0.5E_v$。
（4）$1.2D + 0.28W + 1.3E_h + 0.5E_v$。
（5）$1.0D + 0.28W + 0.5E_h - 1.3E_v$。
（6）$1.2D + 0.28W + 0.5E_h + 1.3E_v$。
其中，$D$、$W$、$E_h$、$E_v$ 分别代表恒载、风荷载、水平地震力和竖向地震力。
烟囱各截面附加弯矩与组合弯矩设计值见表 9.3-8 和表 9.3-9。

表 9.3-8 烟囱各截面附加弯矩值 （kN·m）

| 标高/m | 组合1 | 组合2 | 组合3 | 组合4 | 组合5 | 组合6 |
|---|---|---|---|---|---|---|
| 52.0 | 7.8 | 9.3 | 2.5 | 8.4 | 0.0 | 10.4 |
| 44.0 | 30.4 | 36.6 | 11.9 | 30.7 | 2.5 | 36.3 |
| 35.0 | 71.2 | 85.6 | 30.3 | 70.3 | 8.8 | 81.6 |
| 25.0 | 129.0 | 155.1 | 59.8 | 127.4 | 22.5 | 147.0 |
| 15.0 | 193.3 | 232.3 | 99.1 | 195.2 | 46.3 | 224.1 |
| 9.00 | 233.3 | 280.3 | 127.4 | 240.9 | 66.1 | 276.1 |
| 0.00 | 295.2 | 354.7 | 178.0 | 317.6 | 105.4 | 363.1 |

表 9.3-9 烟囱各截面组合弯矩设计值 （kN·m）

| 标高/m | 组合1 | 组合2 | 组合3 | 组合4 | 组合5 | 组合6 |
|---|---|---|---|---|---|---|
| 52.0 | 525.2 | 526.7 | 328.8 | 334.7 | 189.2 | 199.6 |
| 44.0 | 1616.9 | 1623.0 | 879.6 | 898.4 | 531.4 | 565.2 |
| 35.0 | 3338.9 | 3353.3 | 1549.2 | 1589.1 | 995.2 | 1068.0 |
| 25.0 | 5649.8 | 5675.8 | 2343.3 | 2410.9 | 1580.2 | 1704.8 |
| 15.0 | 8388.5 | 8427.4 | 3371.4 | 3467.5 | 2313.5 | 2491.3 |
| 9.00 | 10228.2 | 10275.2 | 4162.3 | 4275.8 | 2848.1 | 3058.1 |
| 0.00 | 13205.3 | 13264.7 | 5561.9 | 5701.5 | 3765.0 | 4022.7 |

#### 9.3.6.2 在标准组合下，截面水平位移计算

截面标准组合按以下工况进行：

（1） $1.0D + 1.0W$。

（2） $1.0D + 0.20W + 1.0E_h - 0.4E_v$。

（3） $1.0D + 0.20W + 1.0E_h + 0.4E_v$。

（4） $1.0D + 0.20W + 0.4E_h - 1.0E_v$。

（5） $1.0D + 0.20W + 0.4E_h + 1.0E_v$。

在荷载标准值组合下，烟囱最大水平位移计算结果见表 9.3-10。

表 9.3-10 烟囱最大水平位移 （m）

| 标高 | 组合1 | 组合2 | 组合3 | 组合4 | 组合5 |
|---|---|---|---|---|---|
| 60.0 | 0.238 | 0.105 | 0.106 | 0.070 | 0.071 |
| 52.0 | 0.183 | 0.080 | 0.080 | 0.054 | 0.054 |
| 44.0 | 0.131 | 0.056 | 0.057 | 0.038 | 0.038 |
| 35.0 | 0.079 | 0.034 | 0.034 | 0.023 | 0.023 |
| 25.0 | 0.037 | 0.015 | 0.016 | 0.011 | 0.011 |
| 15.0 | 0.012 | 0.005 | 0.005 | 0.003 | 0.003 |
| 9.00 | 0.004 | 0.002 | 0.002 | 0.001 | 0.001 |
| 0.00 | 0.000 | 0.000 | 0.000 | 0.000 | 0.000 |

注：烟囱水平位移未包括基础倾斜位移。

## 9.3.7 烟囱承载力验算

### 9.3.7.1 烟囱筒壁截面特性计算

烟囱筒壁截面特性计算结果见表 9.3-11。

表 9.3-11 筒壁截面特性计算结果

| 标高 /m | 筒壁厚度 /mm | 直径 /m | 径厚比 | 面积 /cm² | 惯性矩 /cm⁴ | 形心与圆心距离 /mm | 形心距最远端距离 /mm | 形心距孔洞边距离 /mm |
|---|---|---|---|---|---|---|---|---|
| 52.0 | 8.0 | 2.700 | 337.5 | 676.57 | 6128794.0 | 0.0 | 1350.0 | 1350.0 |
| 44.0 | 8.0 | 2.700 | 337.5 | 676.57 | 6128794.0 | 0.0 | 1350.0 | 1350.0 |
| 35.0 | 10.0 | 2.700 | 270.0 | 845.09 | 7643930.0 | 0.0 | 1350.0 | 1350.0 |
| 25.0 | 10.0 | 3.300 | 330.0 | 1033.58 | 13984520.0 | 0.0 | 1650.0 | 1650.0 |
| 15.0 | 12.0 | 3.900 | 325.0 | 1465.74 | 27696180.0 | 0.0 | 1950.0 | 1950.0 |
| 9.00 | 12.0 | 4.260 | 355.0 | 1601.46 | 36123890.0 | 0.0 | 2130.0 | 2130.0 |
| 0.00 | 14.0 | 4.800 | 342.9 | 1862.42 | 45239650.0 | 304.9 | 2095.1 | 2549.3 |

### 9.3.7.2 筒壁局部稳定验算

在风荷载与地震荷载作用下筒壁局部稳定验算结果分别见表 9.3-12 和表 9.3-13。

表 9.3-12 风荷载作用下筒壁局部稳定验算

| 标高/m | $\sigma_{ctr1}$ /MPa | $\sigma_{ctr2}$ /MPa | 组合 1 筒壁应力 /MPa | 组合 2 筒壁应力 /MPa |
|---|---|---|---|---|
| 52.0 | 138.5 | 187.1 | 12.2 | 12.4 |
| 44.0 | 138.3 | 186.9 | 38.2 | 38.9 |
| 35.0 | 159.8 | 201.1 | 62.8 | 63.9 |
| 25.0 | 140.6 | 188.3 | 71.5 | 72.8 |
| 15.0 | 141.9 | 189.2 | 64.1 | 65.4 |
| 9.00 | 132.4 | 182.9 | 66.3 | 67.8 |
| 0.00 | 136.3 | 185.5 | 80.9 | 82.5 |

注：局部稳定允许应力 $\sigma_{ctr1}$ 和 $\sigma_{ctr2}$ 分别为烟囱筒体几何缺陷折减系数取 0.5 和 1.0 时对应计算结果，设计时应根据不同取值对施工提出对应要求。

烟囱筒体几何缺陷折减系数 δ 取值规定本手册见 9.2.4 节。

表 9.3-13 地震荷载作用下筒壁局部稳定验算

| 标高/m | $\sigma_{ctr1}$ /MPa | $\sigma_{ctr2}$ /MPa | 组合 3 筒壁应力/MPa | 组合 4 筒壁应力/MPa | 组合 5 筒壁应力/MPa | 组合 6 筒壁应力/MPa |
|---|---|---|---|---|---|---|
| 52.0 | 170.0 | 231.7 | 6.1 | 6.7 | 3.3 | 4.7 |
| 44.0 | 168.8 | 230.9 | 16.8 | 19.1 | 9.3 | 14.5 |
| 35.0 | 196.9 | 249.5 | 24.0 | 27.2 | 14.6 | 21.4 |
| 25.0 | 171.8 | 232.8 | 25.0 | 28.4 | 16.2 | 23.4 |

| 标高/m | $\sigma_{ctr1}$/MPa | $\sigma_{ctr2}$/MPa | 组合3筒壁应力/MPa | 组合4筒壁应力/MPa | 组合5筒壁应力/MPa | 组合6筒壁应力/MPa |
|---|---|---|---|---|---|---|
| 15.0 | 173.6 | 234.0 | 22.3 | 25.0 | 15.2 | 20.6 |
| 9.00 | 161.5 | 226.0 | 24.0 | 26.4 | 17.1 | 21.3 |
| 0.00 | 167.2 | 229.7 | 30.0 | 32.2 | 21.4 | 25.0 |

#### 9.3.7.3　烟囱整体稳定验算

在弯矩和轴向力作用下，钢烟囱的整体稳定性应按以下公式进行验算：

$$\frac{N_i}{\varphi A_{bi}} + \frac{M_i}{W_{bi}(1 - 0.8N_i/N_{Ex})} \leq f_t \qquad (9.3-10)$$

公式中符号意义见本手册 8.2 有关内容，烟囱长细比，按悬臂构件计算其计算值为 $\lambda = 101.391$；焊接圆筒截面轴心受压构件稳定系数 $\varphi$，查《烟囱设计规范》附录 B，得到数值为 $\varphi = 0.422$，代入欧拉临界力公式，可以获得烟囱根部截面临界力为：

$$N_{Ex} = \frac{\pi^2 E_t A_{bi}}{\lambda^2} = \frac{\pi^2 \times 206000 \times 186242}{101.391^2} = 3.6834 \times 10^7 N = 36843kN$$

各种工况下计算结果见表 9.3-14。

**表 9.3-14　各种工况下烟囱整体稳定计算结果**

| 荷载工况 | 组合1 | 组合2 | 组合3 | 组合4 | 组合5 | 组合6 |
|---|---|---|---|---|---|---|
| 毛截面面积 $A_{bi}$/mm² | 186242 | 186242 | 186242 | 186242 | 186242 | 186242 |
| 毛截面抵抗矩 $W_{bi}$/mm³ | $1.88 \times 10^8$ | $1.88 \times 10^8$ | $1.88 \times 10^8$ | $1.88 \times 10^8$ | $1.88 \times 10^8$ | $1.88 \times 10^8$ |
| 欧拉临界力 $N_{Ex}$/N | $3.683 \times 10^7$ | $3.683 \times 10^7$ | $3.683 \times 10^7$ | $3.683 \times 10^7$ | $3.683 \times 10^7$ | $3.683 \times 10^7$ |
| 烟囱长细比 $\lambda$ | 101.391 | 101.391 | 101.391 | 101.391 | 101.391 | 101.391 |
| 截面轴心受压构件稳定系数 $\varphi$ | 0.422 | 0.422 | 0.422 | 0.422 | 0.422 | 0.422 |
| 截面轴力 $N_i$/N | 1205100 | 1446120 | 1142450 | 1508770 | 1042210 | 1609010 |
| 截面弯矩 $M_i$/N·mm | $1.32053 \times 10^{10}$ | $1.32647 \times 10^{10}$ | $5.5619 \times 10^9$ | $5.7015 \times 10^9$ | $3.765 \times 10^9$ | $4.0227 \times 10^9$ |
| $\frac{N_i}{\varphi A_{bi}} + \frac{M_i}{W_{bi}(1 - 0.8N_i/N_{Ex})}$ | 92.0 | 95.8 | 46.8 | 52.5 | 35.0 | 44.0 |

烟囱根部壁厚为 14mm，筒壁温度为 102.5℃，其抗压强度设计值为 308.81MPa。表格计算值小于允许值，满足要求。

#### 9.3.7.4　烟道口应力验算

本工程实例烟道入口采用圆形，洞口应力集中系数取 3.0，2.7m 标高处截面参数为：

截面面积 $A_0 = 186242mm^2$；

截面惯性矩 $I_0 = 452397 \times 10^6 mm^4$；

截面形心距 $y_0 = 304.9mm$；

截面形心距离洞口距离为 2549.3mm；

截面最小抵抗矩 $W_0 = 177.5 \times 10^6 mm^3$。

代入公式得：

$$\sigma = \left(\frac{N}{A_0} + \frac{M}{W_0}\right)\alpha_k$$

$$= \left(\frac{1446120}{186242} + \frac{13264.7 \times 10^6}{177.5 \times 10^6}\right) \times 3 = 247.5 < f_t = 308.81$$

满足要求。

### 9.3.7.5　法兰计算

各截面法兰计算结果见表 9.3-15。

表 9.3-15　法兰板与加劲肋计算结果

| 标高/m | 法兰板厚度 | 加劲肋厚度/mm | 加劲肋高度/mm |
|---|---|---|---|
| 52.0 | 18 | 8 | 100 |
| 44.0 | 18 | 8 | 200 |
| 35.0 | 20 | 8 | 200 |
| 25.0 | 20 | 8 | 200 |
| 15.0 | 20 | 8 | 200 |
| 9.00 | 20 | 8 | 200 |

### 9.3.7.6　连接螺栓计算

各截面连接螺栓计算结果见表 9.3-16。

表 9.3-16　连接螺栓计算结果

| 标高/m | 螺栓直径/mm | 螺栓数量 | 螺栓中心距离/mm |
|---|---|---|---|
| 52.0 | 16.0 | 31.0 | 288.0 |
| 44.0 | 16.0 | 36.0 | 244.9 |
| 35.0 | 16.0 | 74.0 | 117.8 |
| 25.0 | 16.0 | 102.0 | 104.4 |
| 15.0 | 16.0 | 126.0 | 99.2 |
| 9.00 | 16.0 | 138.0 | 98.5 |

### 9.3.7.7　地脚螺栓计算

地脚螺栓材质采用 Q345B 级钢制作，抗拉强度设计值为 180MPa。地脚螺栓承载力可按表 9.3-17 选用。

表 9.3-17　地脚螺栓承载力选用表

| 锚栓直径 $d$/mm | 每个锚栓截面有效面积 $A_e$/mm² | 每个锚栓受拉承载力设计值 $N_t^a$/kN | |
|---|---|---|---|
| | | 锚栓钢材牌号 | |
| | | Q345 | Q235 |
| 20 | 244.8 | 44.1 | 34.3 |
| 22 | 303.4 | 54.6 | 42.5 |
| 24 | 352.5 | 63.5 | 49.3 |
| 27 | 459.3 | 82.7 | 64.3 |
| 30 | 560.6 | 100.9 | 78.5 |

| 锚栓直径 $d$/mm | 每个锚栓截面有效面积 $A_e$/mm² | 每个锚栓受拉承载力设计值 $N_t^a$/kN | |
|---|---|---|---|
| | | 锚栓钢材牌号 | |
| | | Q345 | Q235 |
| 33 | 693.6 | 124.8 | 97.1 |
| 36 | 816.7 | 147.0 | 114.3 |
| 39 | 975.8 | 175.6 | 136.6 |
| 42 | 1121 | 201.8 | 156.9 |
| 45 | 1306 | 235.1 | 182.8 |
| 48 | 1473 | 265.1 | 206.2 |
| 52 | 1758 | 316.4 | 246.1 |
| 56 | 2030 | 365.4 | 284.2 |
| 60 | 2362 | 425.2 | 330.7 |
| 64 | 2676 | 481.7 | 374.6 |
| 68 | 3055 | 549.9 | 427.7 |
| 72 | 3460 | 622.8 | 484.4 |
| 76 | 3889 | 700.0 | 544.5 |
| 80 | 4344 | 781.9 | 608.2 |
| 85 | 4948 | 890.6 | 692.7 |
| 90 | 5591 | 1006 | 782.7 |
| 95 | 6273 | 1129 | 878.2 |
| 100 | 6995 | 1259 | 979.3 |

地脚螺栓数量采用 30 根，直径为 52mm，螺栓承载能力验算结果如下：

$$P_{max} = \frac{4M}{nd} - \frac{N}{n} = \frac{4 \times 13264.7}{30 \times 5.1} - \frac{0.9 \times 1205.1}{30} = 301.6kN < 316.4kN$$

满足要求。

# 9.4 自立式钢烟囱设计实例

烟囱截面尺寸见表 9.4-1。烟囱筒身图如图 9.4-1 所示，梯子平台如图 9.4-2 所示。

# 9.5 塔架式钢烟囱

## 9.5.1 塔架式形式选择

钢塔架可根据排烟筒的数量，将水平截面设计成三角形、四边形、六边形、八边形等，实际应用中以三角形和四边形居多。塔架立面形式上，有等坡度锥形塔架，有变坡度的抛物线形或折线形塔架。塔架的腹杆体系常采用：刚性交叉腹杆、柔性交叉腹杆、预加拉力交叉腹杆、K 形腹杆和组合桁架式腹杆。

表 9.4-1　钢烟囱筒壁材料与尺寸

| 标高/m | 筒壁厚度 | 筒壁材质 | 内衬厚度 | 坡度 | 筒壁外直 |
| | $t$/mm | $M$ | $t_n$/mm | $i$ | 径/mm |
|---|---|---|---|---|---|
| 50.000 | 12 | | | | 1400 |
| | | Q345B（N） | 100 | 0.000 | |
| | 12 | | | | 1400 |
| 42.000 | 12 | | | | |
| | | Q345B（N） | 100 | 0.000 | |
| | 12 | | | | 1400 |
| 34.000 | 14 | | | | |
| | | Q345B（N） | 100 | 0.000 | |
| | 14 | | | | 1400 |
| 25.000 | 14 | | | | |
| | | Q345B（N） | 100 | 0.026 | |
| | 14 | | | | 1815 |
| 17.000 | 16 | | | | |
| | | Q345B（N） | 100 | 0.26 | |
| | 16 | | | | 2204 |
| 9.500 | 20 | | | | |
| | | Q345B（N） | 100 | 0.026 | |
| 0.500 | 20 | | | | 2670 |

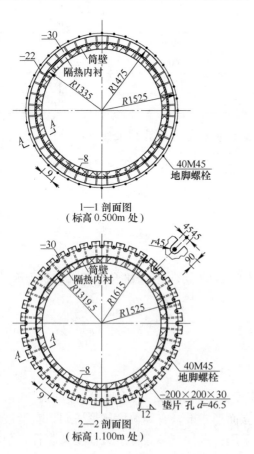

1—1 剖面图
（标高 0.500m 处）

2—2 剖面图
（标高 1.100m 处）

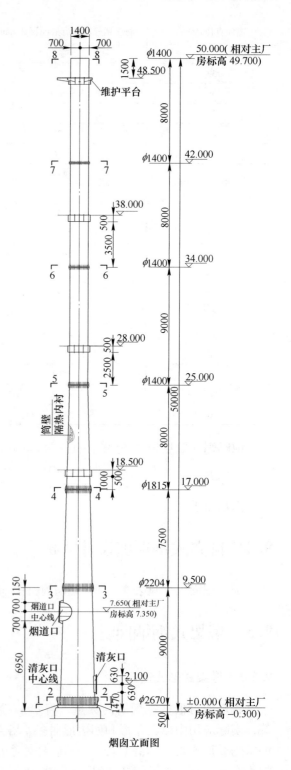

烟囱立面图

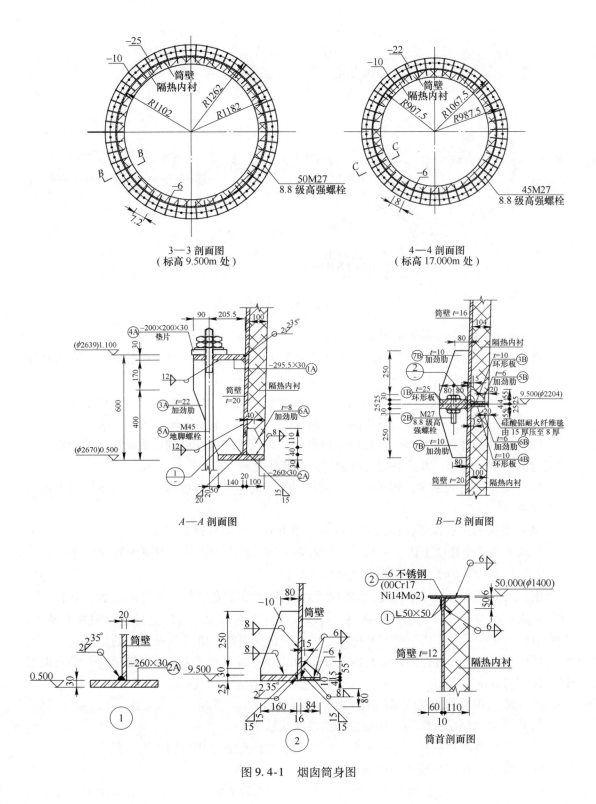

3—3 剖面图
(标高 9.500m 处)

4—4 剖面图
(标高 17.000m 处)

A—A 剖面图

B—B 剖面图

图 9.4-1 烟囱筒身图

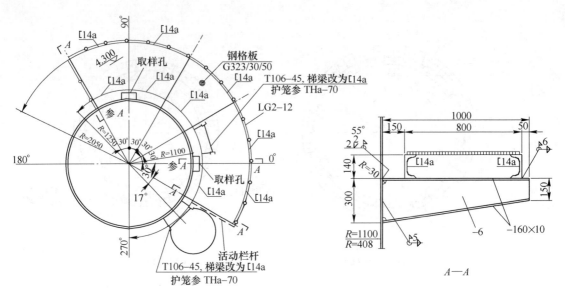

图 9.4-2　梯子平台图

### 9.5.1.1　塔架的平截面形式

塔架的平截面形式，对于经济效果和造型美观都有关系。塔架的边数越多，它所耗用的钢材也越多，耗钢量最少的是三角形塔架。主要原因如下：

（1）塔架所受荷载，主要是风荷载。在风荷载作用下，塔架受力与悬臂梁很相似。所以在多边形塔架中，离开塔身平截面形心越近的塔柱，越不能发挥材料的作用。

（2）虽然杆件数量增多，可以减少杆件的截面尺寸，但杆件数量的增加，要增加一些连接材料和挡风面积。因而塔架的边数越多，其荷载越大。

（3）塔架的边数越多，用于维持平面几何稳定的横膈材料也越多，三角形塔架不需要横膈材料。

（4）塔架的边数越多，连接节点越多，用于节点板的材料也较多。

但从结构安全角度上讲，边数较多的塔架比边数较少的塔架具有更大的安全度。

### 9.5.1.2　塔架的立面形式及腹杆体系

钢塔架沿高度可采用单坡度或多坡度形式。塔架底部宽度与高度之比，不宜小于 1/8，常取底盘宽度为整个塔高的 1/4 ~ 1/8。塔架底部宽度对塔架本身的钢材量影响并不显著，但它对塔架在风荷载作用下的水平位移、塔架的自振周期、塔架基础受力的影响较大。同时，塔架立面形式、腹杆体系以及各部分的构造形式都对上述结果有直接影响。钢塔架腹杆宜按下列规定确定：

（1）塔架顶层和底层应采用刚性 K 形腹杆。

（2）塔架中间层宜采用预加拉紧的柔性交叉腹杆。

（3）塔柱及刚性腹杆宜采用钢管，当为组合截面时宜采用封闭式组合截面。

（4）交叉柔性腹杆宜采用圆钢。

刚性腹杆，适用于斜腹杆受力较大的塔架和扭矩较大的塔架。在一般塔架中，特别是在塔柱的坡度选择比较合理的塔架中，腹杆的受力是很小的。当斜腹杆受力较小时，斜腹杆按柔性杆件设计是合理而经济的。当斜腹杆受力较小时，即使按柔性杆件设计，斜腹杆也不能充分发挥材料的强度，而往往由长细比控制。为了使斜腹杆充分发挥其强度作用，就有所谓预加拉力斜腹杆出现。这种预加拉力斜腹杆仍属于柔性斜腹杆的性质。它主要是在结构安装时，将斜腹杆预受张拉内力使之拉紧。这样，斜腹杆的断面就不受长细比限制。一般情况下，预加拉力斜腹杆的塔架较柔性斜腹杆的塔架节约钢材 25% 左右，同时，结构具有轻巧、主次分明、线条清晰等特点。

柔性交叉斜杆分预应力和非预应力两种，非预应力柔性斜杆一旦受压则退出工作，拉杆仍有长细比限制。

塔架中柔性预应力交叉斜杆的预拉力值不宜小于按线弹性理论计算时交叉斜杆的压力设计值。预应力柔性斜杆在施加预应力后使柔性斜杆在各种工况中始终处在受拉状态，计算整体塔架时应考虑预应力对塔柱和横杆产生的压力，按预应力结构体系进行计算。

非预应力柔性交叉体系中的圆钢腹杆应施加非结构性预应力，其预应力值一般可取材料强度设计值的 15% ~20% ，且不小于塔架在永久荷载作用下对腹杆所产生的压应力值。塔架同一节间中的腹杆预应力值应相等。

K 形腹杆的主要特点是减少节间长度和斜腹杆长度，属刚性腹杆体系，用于剪力和扭矩较大的塔架。

对于高度较高，底部较宽的钢塔架，宜在底部各边增设拉杆。

塔架中的构造支承（不受力或受力很小的横膈、再分式腹杆等）的内力不应小于被它所支承的杆件的内力值的 1/50。

### 9.5.1.3　塔架变截面处的连接形式

这里的截面变化处，是指截面突变的地方，而不是塔柱坡度改变的地方。塔架平截面突变有三种形式，第一种是平面的大小突然变化，第二种是平截面的几何形状突然变化，第三种是平截面的大小和形状同时发生突然变化。

不论属于哪种截面变化，其连接形式可分为插入式和承接式两种。插入式是将平截面较小的上部结构插入平截面较大的下部结构，两部分结构用两层横膈连在一起。为了两层横膈更好地工作，当上部和下部结构的截面相差较大时，在两层横膈之间应设垂直方向的交叉支承。

插入部分长度，应根据上部结构、下部结构和横膈的受力情况决定。插入部分的长度应是上部和下部结构的整节间数。

承接式的连接方法，是把发生突变的上下两部分结构，通过一段变化比较和缓的过渡节段连接在一起。

## 9.5.2　塔架的横膈及电梯井道的结构型式

### 9.5.2.1　塔架横膈的结构型式

四边形及四边形以上的塔架，为了保证平截面的几何不变及塔柱有较好的工作条件，都必须设一定数量的横膈。

关于横膈垂直方向的布置问题，从一般概念出发，凡是四边形以上的塔架，每个节间都必须设置横膈。但试验表明，在直线形塔架和折线形塔架的直线形部分，不必每个节间都设置横膈，即使每隔三个节间设置一层横膈，仍可保证塔身平面的稳定及塔柱有良好的工作条件。因此，横膈沿垂直高度方向的布置，按结构的需要，在直线形塔架中，可以每隔 2 ~ 3 个节间设置一道横膈；在折线塔架中，凡是塔柱坡度发生变化的弯折点处和塔身平截面发生突变处，均须设置横膈。平台可以看作一个刚度极大的横膈。

除了平台以外，横膈可分为三种形式：杆件结构横膈、刚性圈梁横膈和预应力拉条横膈。

杆件结构横膈，是用杆件将原来几何不稳定的平面形式变为几何稳定形式。这种横膈构造简单，适用于较小型的塔架。塔架中心有排烟筒时，杆件应沿周圈布置。

刚性圈梁横膈，是以周围的平面桁架构成的，依靠这个在水平方向具有较大刚度的圈梁来保证平面的几何不变。这种横膈构造比较复杂，材料用量也较大。它适用于中型塔架，特别适用于塔架中心很大范围内有排烟筒的塔架。

当采用刚性圈梁式横膈时，塔架中心的排烟筒所需的支承点，可以将排烟筒用三个或四个杆件连接至圈梁或塔架柱节点上。但绝大部分情况下，是采用刚性平台作为排烟筒的滑道支承点。

对于用于一般目的的大型塔架，由于塔架的平截面尺寸相当大，不论采用杆件结构横膈还是刚性圈梁横膈，都将有很多材料被消耗在横膈上。此时采用预应力拉条横膈，是一种比较经济合理的横膈结构形式。预应力拉条横膈和自行车轮子的构造原理相似，仅其构造形式有些不同。它是通过安装时预先张拉的拉条，将所有的塔柱向塔柱中心方向张拉。这些拉条除了预拉力以外，一般都是受力极小的。因此，可以按构造用很细的高强度钢绞线制成。

塔架应沿高度每隔 20 ~ 30m 用横膈设一道休息平台或检修平台。

#### 9.5.2.2　塔架电梯井道的结构型式

塔架电梯井道有露天和密封两种形式。

最简单的电梯井道，是用两根电梯轨道支柱构成的，轨道支柱通常用钢管制作，钢管直径根据支承间距及其他设备确定。电梯轨道支柱总是固定在横膈或平台上。

露天的电梯井道，还可以做成四边形格构式的。为了减少塔架的风阻力，格构式电梯井道的材料，最好选用钢管，电缆及其他管道较多时，选用角钢也是比较经济的。因为所有的管线可设法放在角钢内，使之不产生风阻。

在大型塔架中，当通往塔顶的管道、爬梯等特别多时，采用封闭圆筒形的电梯井道，将产生更小的风阻。

### 9.5.3　塔架结构计算

#### 9.5.3.1　塔架的自振周期计算

塔架的自振周期，是确定塔架设计风荷载和地震荷载的依据。所以在确定塔身几何尺寸以后，首先需要计算的就是塔架自振周期。塔架自振周期的计算方法很多，这里仅给出一种近似而适用的方法，计算公式为：

$$T_1 = 2\pi \sqrt{\frac{y_n \sum_{i=1}^{n} G_i \left( y_i / y_n \right)^2}{g}} \tag{9.5-1}$$

式中　$G_i$——分布在塔身各处的重量，kN；

$y_i$——在塔顶作用单位水平力 $F = 1kN$ 时，在重量 $G_i$ 处产生的位移，m/kN；

$y_n$——在塔顶作用单位水平力 $F = 1kN$ 时，顶部重量 $G_n$ 处产生的位移，m/kN；

$g$——重力加速度，$9.8m/s^2$。

对于塔架式钢烟囱高振型自振周期可参考以下经验公式进行近似估算：

$$T_2 = 0.352T_1 \qquad (9.5\text{-}2)$$

$$T_3 = 0.2T_1 \qquad (9.5\text{-}3)$$

塔架的质量分布不均匀，在确定 $G_i$ 时，应分段进行，分段原则如下：

（1）塔身结构部分，应和具有较大质量的附属结构及其他设备分开。例如较大的平台结构等，应视为一个集中质量，作用在质量重心处。

（2）对质量沿高度不变的塔架部分，应适当地分成若干段，每一段的质量也看作作用在其质量重心处的集中质量。

（3）对质量沿塔架高度变化的塔架部分，在其变化发生突变的地方，应该是分段的界限。无突变点或突变点较少时，也应该适当地分成若干段。每一段的质量也看作作用在其质量重心处的集中质量。质量重心，可以近似地视为在其几何形心处。

采用这一方法计算时，分段越细，计算结果越精确。但分段过细，将大大增加计算工作量。

### 9.5.3.2 塔架杆件的自振周期计算

塔架杆件在微风下往往因微风共振发生破坏，因此对于圆形辅助杆件，应在构造上采取防振措施或控制结构的临界风速不小于 $15m/s$，以降低微风共振的发生概率。钢塔架杆件的自振频率应与塔架的自振频率相互错开。

杆件临界风速按式（9.2-2）计算，杆件自振周期可按下列公式计算：

（1）两端固定杆件（塔柱、两端与塔柱连接的横杆或斜杆）。

$$T_1 = \frac{l^2}{3.56i}\sqrt{\frac{\rho}{E}} \qquad (9.5\text{-}4)$$

（2）一端固定，一端铰接（一端与横杆连接的斜杆）。

$$T_1 = \frac{l^2}{2.455i}\sqrt{\frac{\rho}{E}} \qquad (9.5\text{-}5)$$

（3）两端铰接杆件（辅助杆件）。

$$T_1 = \frac{2l^2}{\pi i}\sqrt{\frac{\rho}{E}} \qquad (9.5\text{-}6)$$

式中　$E$——杆件弹性模量，$kN/m^2$；

$\rho$——杆件质量密度，$\rho = W/g = W/9.81$，$W$ 为杆件重力密度，$kN/m^3$；

$l$——杆件长度，m；

$i$——杆件回转半径，m。

### 9.5.3.3 塔架内力计算

A　概述

本节所讲的塔架计算方法，只适用于以下常用形式：截面形式是正三角形、正方形、正六边形和正八边形等；立面形式是塔柱坡度不变和塔柱坡度变化的；腹杆体系是交叉腹杆和 K 形腹杆。但其计算原则，可用于其他形式的塔架。

　　平面桁架法是一个比较适用的近似法，但由于没有统一考虑各杆件的变形关系，致使其计算结果不能更可靠地反映实际情况。对于塔柱坡度变化的塔架，平面桁架法将产生更大的误差。对于六边形和六边形以上的塔架，应用平面法在理论上还存在很多缺陷。

　　目前，比较实用而精确的塔架计算方法，是空间桁架法和网架法。这两个方法都是在统一考虑塔架各杆件变形间的关系而得出的，其基本假定也相同。所不同的是：空间桁架法将塔架视为一个空间铰接桁架，网架法则将塔架视为层间杆件铰接于横杆上的网架；空间桁架法以内力为未知数，网架法以变形为未知数。所以，从原则上讲，这两个方法的不同点在于对横膈的计算方法上。计算精度上，两个方法是很接近的。

　　空间桁架法又分为简化空间桁架法、分层空间桁架法、整体空间桁架法三种。本节采用简化空间桁架法。计算结果与精确的整体空间桁架法结果相差 10% 左右，满足工程要求。

　　B　平面桁架法

　　a　平面桁架法基本原理及适用范围

　　按平面桁架法计算塔架，是将塔架视为由若干个平面桁架所组成。其计算原理是将外力按一定的关系分配到各个平面桁架上，先单独对各个平面桁架进行计算，然后再用叠加原理决定杆件内力。

　　关于荷载在平面桁架上的分配关系，是按塔架的平面形状和风力的作用方向来决定的，如图 9.5-1 所示。

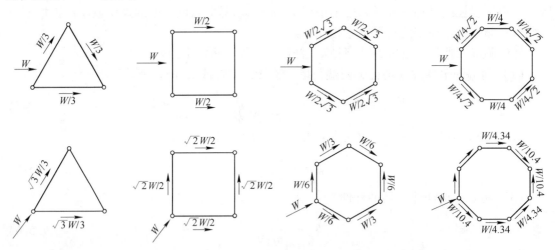

图 9.5-1　水平荷载 $W$ 在塔面上的分配

　　因为平面桁架法没有统一考虑塔架变形的关系，也没有考虑塔柱坡度改变的影响，同时也不能圆满地解决多边形塔架的计算问题，因此平面桁架法一般只适用于塔柱坡度不变的三角形和四边形塔架；对于多边形塔架，当计算精度要求不高时，也可以采用。

　　b　塔架杆件内力的计算

　　（1）在自重及其他竖向荷载作用下，不考虑腹杆受力，塔柱内力可按下式计算：

$$N = -\frac{\sum G}{n\sin\beta} \tag{9.5-7}$$

式中　$\sum G$——计算节间以上所有竖向荷载的总和，kN；

　　　　$n$——塔架的平截面边数；

　　　　$\beta$——塔柱与水平面的夹角。

（2）三角形和四边形塔架在水平荷载作用下，对于每一平面桁架塔柱和腹杆内力可按表 9.5-1 计算。

**表 9.5-1　平面桁架法塔架内力计算公式**

| 塔　柱 | 刚性交叉腹杆 | 柔性交叉腹杆 | 横　杆 |
|---|---|---|---|
| $N = \pm \dfrac{l_k}{h_i b_1} M_{01}$ | $S = \pm \dfrac{(b_1 - b_2) l_s}{2 h_i b_1 b_2} M_{02}$ | $S = \dfrac{(b_1 - b_2) l_s}{h_i b_1 b_2} M_{02}$ | $H = \dfrac{b_1 - b_2}{h_i b_1} M_{02}$ |

表中 $M_{01}$、$M_{02}$ 分别为该平面桁架节间以上所有外荷载对 $O_1$、$O_2$ 点的力矩。其他各几何参数如图 9.5-2 所示。

按照上述方法求得的杆件内力，系一个平面桁架的内力。实际杆件内力，还需要考虑相邻两平面桁架的叠加关系。

（3）当塔架的平面形状为正六边形或正八边形时，塔架的各杆件内力就不可能完全按照上述方法计算。在水平荷载作用下，正多边形塔架的塔柱内力，可以将塔架当作悬臂梁而求得。为了简化计算，不考虑斜腹杆内力抵抗梁截面上的正应力的作用，塔柱内力为：

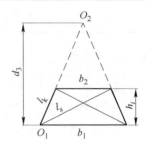

图 9.5-2　塔架杆件几何关系

$$N = \left( \pm \frac{4M}{nd} - \frac{\sum G}{n} \right) \frac{1}{\sin\beta} \qquad (9.5\text{-}8)$$

式中　$M$——整个塔身在节间 $i$ 以上所有水平荷载对节间 $i$ 上端所产生的力矩；

　　　　$n$——塔身的平截面边数；

　　　　$d$——塔身在节间 $i$ 上端处的外接圆直径；

　　$\sum G$——计算节间以上所有竖向荷载的总和，kN；

　　　　$\beta$——塔柱与水平面的夹角。

C　空间桁架法

（1）空间桁架法的基本假定。空间桁架法是根据塔架的构造和受力特点，考虑各杆件变形间的关系而得到的。这个方法建立在下列基本假定的基础上：

1）假定塔架为空间铰接桁架，所有各杆件的交会点，均为理想的铰接点。

2）假定塔架各杆件的工作，完全处于弹性阶段。

3）假定在水平荷载、扭矩荷载及重力荷载的作用下，塔架的变形符合平截面假定，其平截面也保持几何不变。即塔架的任意平截面，在塔架变形后仍保持平面，并仍保持原来的几何形状。

4）假定横杆为一不可拉伸、不可压缩的刚性杆件。

（2）在水平荷载作用下的杆件内力计算通式。塔柱最大内力 $N$ 和腹杆最大内力 $S$ 按下列公式计算：

$$N = C_1 \frac{M_y}{D\sin\beta} + C_2 \frac{\sin\alpha\sin\beta_n}{2\sin\beta} S \qquad (9.5\text{-}9)$$

$$S = \frac{V_x - \dfrac{2M_y}{D}\cot\beta}{C_3\cos\alpha + C_4\sin\alpha\sin\beta_n\cot\beta + C_5\sin\alpha\cos\beta_n} \qquad (9.5\text{-}10)$$

式中　　$M_y$——在塔段底部绕 $y-y$ 轴作用的弯矩；

　　　　$V_x$——在塔段底部沿 $x-x$ 轴作用的剪力；

　　　　$\alpha$——腹杆同横杆的夹角；

　　　　$\beta$——塔柱同水平面的夹角；

　　　　$\beta_n$——塔面同水平面的夹角；

　　　　$D$——塔段底部外接圆直径；

　　$C_1 \sim C_5$——系数，按表 9.5-2 采用。

表 9.5-2　简化空间桁架法计算塔架柱和腹杆的内力系数

| 边数 | 风向 | 刚性交叉腹杆 | | | | | 柔性交叉腹杆 | | | | |
|---|---|---|---|---|---|---|---|---|---|---|---|
| | | $C_1$ | $C_2$ | $C_3$ | $C_4$ | $C_5$ | $C_1$ | $C_2$ | $C_3$ | $C_4$ | $C_5$ |
| 八边形 | 正塔面 | 0.462 | −0.707 | 8.000 | −3.066 | 0 | 0.462 | 0.500 | 4.000 | −1.533 | 0 |
| | 对角线 | 0.500 | −0.829 | 8.668 | −3.314 | 0 | 0.500 | 0.758 | 4.334 | −1.658 | 0 |
| 六边形 | 正塔面 | 0.577 | −1.000 | 6.928 | −3.464 | 0 | 0.577 | 0.500 | 3.464 | −1.732 | 0 |
| | 对角线 | 0.667 | −1.000 | 6.000 | −3.000 | 0 | 0.667 | 0.500 | 3.000 | −1.500 | 0 |
| 四边形 | 正塔面 | 0.707 | −1.000 | 4.000 | −2.328 | 0 | 0.707 | 0 | 2.000 | −1.414 | 0 |
| | 对角线 | 1.000 | −2.000 | 5.656 | −4.000 | 0 | 1.000 | 1.000 | 2.828 | −2.000 | 0 |
| 三角形 | 正塔面 | 1.333 | −2.000 | 3.464 | −2.598 | 0 | 1.333 | 0 | 1.732 | −1.000 | −1.000 |
| | 对角线 | 1.333 | −2.000 | 3.464 | −3.000 | 0 | 1.333 | −2.000 | 1.732 | −2.000 | 1.000 |
| | 平行面 | 1.155 | 1.500 | 3.000 | −2.598 | 0 | 1.155 | 0.250 | 1.500 | −1.299 | 0 |

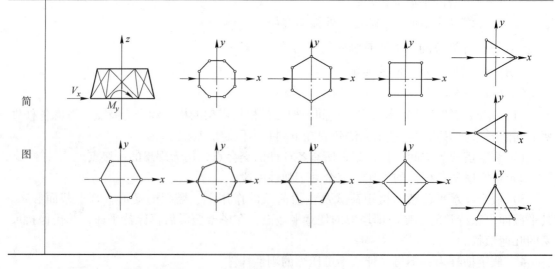

（3）在竖向荷载作用下塔架内力。塔架在竖向力作用下，根据荷载和结构的对称性以及不同腹杆形式的特点得知：

1）对于刚性交叉腹杆塔架，任意平面的所有塔柱内力均相等，所有腹杆内力均相等；

2）对于柔性交叉腹杆塔架，任意平面的所有塔柱内力均相等，所有腹杆内力均为零；

3) 对于 K 形交叉腹杆塔架，任意平面的所有塔柱内力均相等，所有腹杆内力均为零。

对于刚性交叉腹杆塔架

$$N = - \frac{\sum G}{n\sin\beta \left(1 + 2\eta \frac{l_K}{l_S}\right)} \qquad (9.5\text{-}11)$$

$$S = - \frac{\eta \sum G}{n\sin\beta \left(1 + 2\eta \frac{l_K}{l_S}\right)} \qquad (9.5\text{-}12)$$

$$\eta = \left(\frac{l_K}{l_S}\right)^2 \frac{A_S}{A_K} \qquad (9.5\text{-}13)$$

对于柔性交叉腹杆和 K 形腹杆塔架

$$N = - \frac{\sum G}{n\sin\beta} \qquad (9.5\text{-}14)$$

$$S = 0 \qquad (9.5\text{-}15)$$

式中　$A_S$，$A_K$——刚性交叉腹杆和塔柱截面面积；

其余符号同前。

（4）在扭矩 $M_Z$ 作用下，由结构的对称性可知，不论哪种腹杆形式的塔架，同截面的所有塔柱内力均应相等；刚性交叉腹杆和 K 形腹杆的塔架，腹杆内力为等值而符号相反的两组；柔性交叉腹杆塔架，则有一半腹杆受拉而另一半腹杆内力为零。这样，所有塔柱和腹杆内力，只需用静力平衡条件求得：

对于刚性交叉腹杆和 K 形腹杆塔架

$$S = \frac{M_Z}{nd\cos\alpha\cos\frac{\pi}{n}} \qquad (9.5\text{-}16)$$

$$N = 0 \qquad (9.5\text{-}17)$$

对于柔性交叉腹杆塔架

$$S = \frac{2M_Z}{nd\cos\alpha\cos\frac{\pi}{n}} \qquad (9.5\text{-}18)$$

$$N = - \frac{2M_Z}{nd\cos\alpha\cos\frac{\pi}{n}} \qquad (9.5\text{-}19)$$

式中　$M_Z$——整个塔身在节间 $i$ 以上所有不对称水平荷载对节间 $i$ 上端所产生的扭矩；

　　　　$d$——节间 $i$ 上端的塔架外接圆直径；

其余符号同前。

按空间桁架计算的钢管塔结构，其法兰连接应与结构整体计算模型相匹配，在节点附近出现铰或半铰是符合整体计算模式的。故其节点邻近处（一般柱法兰在节点上方）的法兰可用半刚接法兰，用高强度普通螺栓连接，加双螺母防松。

（5）埃菲尔效应。对于抛物线形四边形钢塔，由于其下部塔柱斜度较大，有较强的抗剪能力，从而使得相应层的腹杆所承受的剪力减小，而实际上当风的分布状况发生变化时，腹杆的内力会大大超过这一数值，这一现象称为埃菲尔效应。因此，工程设计中应控制腹杆最小内力值。

当计算所得四边形钢塔腹杆（如图9.5-3所示）承担的剪力与同层塔柱承担的剪力之比 $\Delta = \left| \dfrac{Vb}{\sqrt{2}M\tan\theta} - 1 \right| \leqslant 0.4$ 时，腹杆最小轴力取塔柱内力乘系数 $\alpha$：

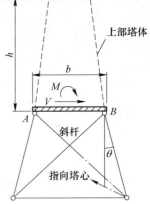

图 9.5-3　斜杆最小内力限
值计算图

$$\alpha = \mu(0.228 + 0.649\Delta)\frac{b}{h} \qquad (9.5\text{-}20)$$

式中　$M$——整个塔身在节间 $i$ 以上所有水平荷载对节间 $i$ 上
　　　　　端所产生的力矩；
　　　$V$——整个塔身在节间 $i$ 以上所有水平荷载对节间 $i$ 上
　　　　　端所产生的剪力；
　　　$b$——节间 $i$ 上端的塔架宽度；
　　　$\theta$——塔柱与铅垂线之夹角；
　　　$h$——计算截面以上塔体高度；
　　　$\mu$——刚性腹杆取 1，柔性腹杆取 2。

（6）塔架主杆与主斜杆之间的辅助杆（如图9.5-4所示）应能承受下列公式给出的节点支承力：

当节间数不超过4时：

$$F = N/80 \qquad\qquad (9.5\text{-}20\text{a})$$

当节间数大于4时：

$$F = N/100 \qquad\qquad (9.5\text{-}20\text{b})$$

式中　$N$——主杆压力设计值。

（7）横杆内力计算。对于无横膈节间的横杆，有了塔柱和腹杆的内力，横杆内力可以利用节点法求得。

设所求横杆内力为 $H$，对应节点上下塔柱内力分别为 $N_1$、$N_2$，长度分别为 $l_{K1}$、$l_{K2}$；腹杆内力分别 $S_1$、$S_2$、$S_3$、$S_4$（如图9.5-5所示），对应长度分别为 $l_{S1}$、$l_{S2}$、$l_{S3}$、$l_{S4}$；节点所在塔架水平截面外接圆直径为 $d$，节点相邻节间之上节间之上端面和下节间之下端面

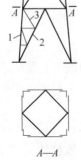

图 9.5-4　塔架下端示意图
1—主杆；2—主斜杆；3—辅助杆

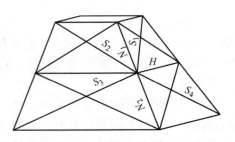

图 9.5-5　塔架节点内力图

所在圆直径分别为 $d'$、$D$。据此，将该节点所有杆件的轴力投影于水平面上，再通过节点做一条垂直于左侧横杆的直线 $uu$，则由 $\sum F_{uu} = 0$ 可得：

$$H = \rho_{H1}\left(N_2\frac{D-d}{l_{K2}} - N_1\frac{d-d'}{l_{K1}}\right) + \left(S_3\frac{m_3}{l_{S3}} - S_1\frac{m_1}{l_{S1}} - S_2\frac{m_2}{l_{S2}} - S_4\frac{m_4}{l_{S4}}\right) \quad (9.5\text{-}21)$$

$$m_1 = d\sin\frac{\pi}{n} + \rho_{H2}(d-d') \quad (9.5\text{-}22)$$

$$m_2 = \rho_{H1}(d-d') \quad (9.5\text{-}23)$$

$$m_3 = \rho_{H1}(D-d) \quad (9.5\text{-}24)$$

$$m_4 = d\sin\frac{\pi}{n} - \rho_{H2}(D-d) \quad (9.5\text{-}25)$$

式中 $\rho_{H1}$，$\rho_{H2}$ ——与塔架平面形状有关的常数，其值见表9.5-3。

**表9.5-3 计算系数 $\rho_{H1}$、$\rho_{H2}$ 用表**

| 塔架边数 | 正八边形 | | 正六边形 | | 正四边形 | | 正三边形 | |
|---|---|---|---|---|---|---|---|---|
| 风向 | 正塔面 | 对角线 | 正塔面 | 对角线 | 正塔面 | 对角线 | 正塔面 | 对角线 |
| $\rho_{H1}$ | 0.653 | 0.653 | 0.5 | 0.5 | 0.354 | 0.354 | 0.288 | 0.288 |
| $\rho_{H2}$ | 0.268 | 0.268 | 0.0 | 0.0 | −0.354 | −0.354 | −0.866 | −0.866 |

（8）横膈计算。横膈内力要根据其构造形式进行计算。当上下塔柱和腹杆内力已知时，则横膈结构将构成一个平面结构。如不考虑横杆及横杆本身的风荷载，则这个平面结构的荷载如图9.3-6所示，可分为径向荷载 $R$ 和切向荷载 $T$。这些荷载可按下式计算。

$$R = \left(N_2\frac{D-d}{2l_{K2}} - N_1\frac{d-d'}{2l_{K1}}\right) - (S_1+S_2)\left[\left(2\sin^2\frac{\pi}{n}-1\right) + \frac{d}{d'}\right]\frac{d'}{2l_{S1}} +$$
$$(S_3+S_4)\left[\left(1-2\sin^2\frac{\pi}{n}\right) - \frac{d}{D}\right]\frac{D}{2l_{S3}} \quad (9.5\text{-}26)$$

$$T = (S_1-S_2)\frac{d'\cos^2\dfrac{\pi}{n}}{l_{S1}} + (S_4-S_3)\frac{D\cos^2\dfrac{\pi}{n}}{l_{S3}} \quad (9.5\text{-}27)$$

公式中符号参见图9.5-6。

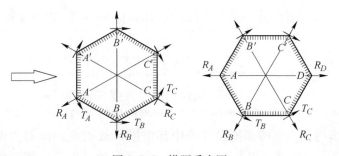

图9.5-6 横膈受力图

上述所有节点荷载的总和，应当是平衡的。有了横膈荷载，用结构力学方法不难求出横膈各杆件内力。在实际工程设计中，横膈结构一般由构造上的要求而决定的。所以在计算中，可不必进行横膈内力分析。

#### 9.5.3.4　塔架的位移计算

简化空间桁架法中的塔架位移，采用共轭梁法进行计算。视塔架为一直立的悬臂梁，梁任一点处的弯矩为 $M$，对应虚梁的荷载为 $M/EI$，以塔顶为支座的虚梁任一点的弯矩即为塔架在该截面的水平位移。

塔架任一截面的抗弯刚度公式为：

$$EI = E\left(A_{C} \cdot \sum_{i=1}^{n} a_i^2 + nI_{C}\right) \qquad (9.5\text{-}28)$$

式中　$A_C$——所计算塔层的塔柱截面积；

$a_i$——塔柱主轴至塔架平截面中和轴的距离；

$I_C$——塔柱截面对其形心轴的惯性矩。

由于塔架实际上是一个杆件结构，其塔身除了弯曲变形外，还有剪切变形。按共轭梁法算的塔架位移，未计入剪切变形的影响。故按此法求得的位移应乘以修正系数。对刚性交叉腹杆塔架和K形腹杆塔架，修正系数取1.05，对柔性交叉腹杆塔架，修正系数取1.10。

#### 9.5.3.5　结构杆件承载力计算

（1）轴心受拉构件，当端部连接（及中部拼接）处组成截面的各板件都有连接件直接传力时，除采用高强度螺栓摩擦型连接者外，其截面强度计算应符合下列规定：

毛截面屈服：
$$\sigma = \frac{N}{A} \leqslant f \qquad (9.5\text{-}29a)$$

净截面断裂：
$$\sigma = \frac{N}{A_n} \leqslant 0.7f_u \qquad (9.5\text{-}29b)$$

式中　$N$——所计算截面的拉力设计值；

$A_n$——净截面面积，当构件多个截面有孔时，取最不利的截面；

$f$——钢材的强度设计值，N/mm$^2$，按本手册第4章有关规定采用；

$A$——构件的毛截面面积；

$f_u$——钢材极限抗拉强度最小值。

用高强螺栓摩擦型连接的构件，其截面强度计算应符合下列规定：

1）当构件为沿全长都有排列较密螺栓的组合构件时，其截面强度应按下式计算：

$$\frac{N}{A_n} \leqslant f \qquad (9.5\text{-}29c)$$

2）除第（1）款的情形外，其毛截面强度计算应采用式（9.5-29a），净截面强度应按下式计算：

$$\sigma = \left(1 - 0.5\frac{n_1}{n}\right)\frac{N}{A_n} \leqslant f \qquad (9.5\text{-}29d)$$

式中　$n$——在节点或拼接处，构件一端连接的高强度螺栓数目；

$n_1$——所计算截面（最外列螺栓处）上高强度螺栓数目。

（2）轴心受压构件，当端部连接（及中部拼接）处组成截面的各板件都有连接件直接传力时，截面强度应按式（9.5-29a）计算。但含有虚孔的构件尚需在孔心所在截面按式（9.5-29b）计算。

（3）轴心受拉和轴心受压构件，当其组成板件在节点或拼接处并非全部直接传力时，应对危险截面面积乘以有效截面系数 $\eta$，不同构件截面形式和连接方式的 $\eta$ 值可由表9.5-4查得。

表 9.5-4　轴心受力构件节点或拼接处危险有效截面系数

| 构件截面形式 | 连接形式 | $\eta$ | 图　例 |
|---|---|---|---|
| 角钢 | 单边连接 | 0.85 | 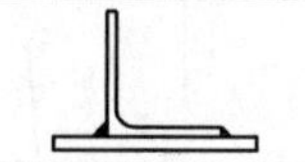 |
| 工形、H 形 | 翼缘连接 | 0.90 | 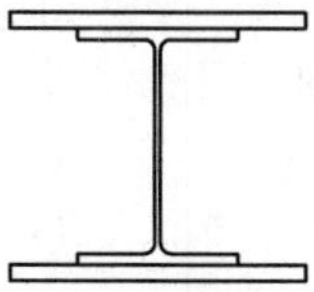 |
| | 腹板连接 | 0.70 |  |

（4）轴心受压杆件的稳定性应按下式进行计算：

$$\frac{N}{\varphi A} \leqslant f \tag{9.5-30}$$

式中　$A$——杆件毛截面面积；

　　　$\varphi$——轴心受压构件稳定系数，可根据构件长细比 $\lambda$ 按表 9.2-3 和表 9.2-4 采用（也可按附录 A 进行计算）。

杆件长细比 $\lambda$ 取值方法如下：

1）单角钢。

① 弦杆长细比 $\lambda$ 按表 9.5-5 采用。

② 斜杆长细比 $\lambda$ 按表 9.5-6 采用。

③ 横杆和横膈长细比 $\lambda$ 按表 9.5-7 采用。

表 9.5-5　塔架弦杆长细比 $\lambda$

| 弦杆形式 | 两塔面斜杆交点错开 | 二塔面斜杆交点不错开 |
|---|---|---|
| 简图 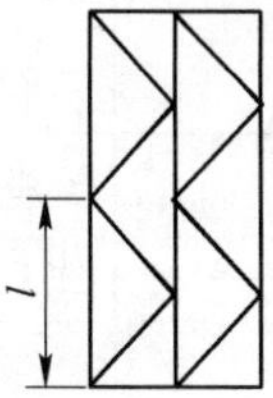 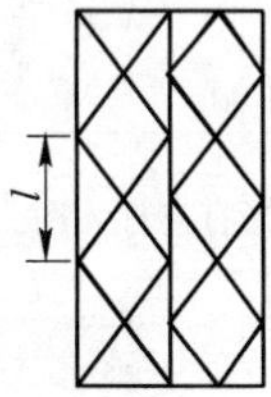 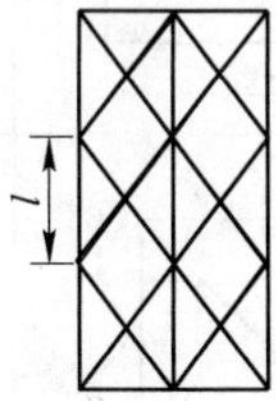 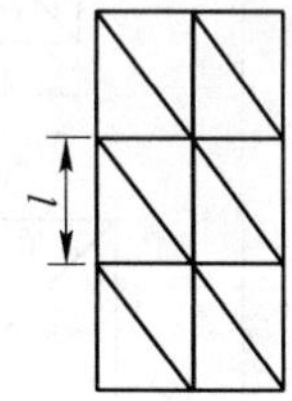 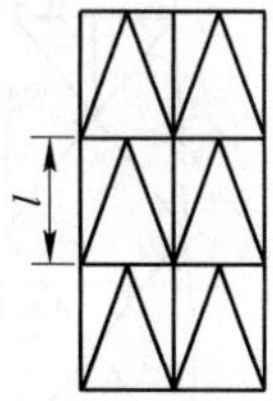 | | |
| 长细比 | $\lambda = \dfrac{1.2l}{i_x}$ | $\lambda = \dfrac{l}{i_{y0}}$ |
| 符号说明 | 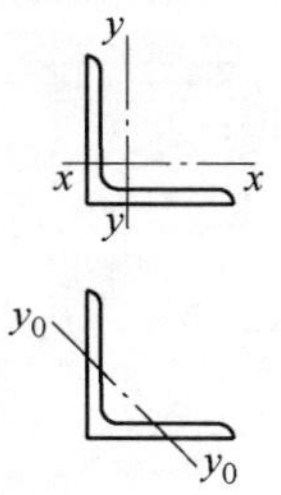 | $i_x$——单角钢截面对平行肢轴的回转半径；<br>$i_{y0}$——单角钢截面的最小回转半径；<br>$l$——节间长度 |

**表 9.5-6　塔架斜杆长细比 λ**

| 斜杆形式 | 单斜杆 | 双斜杆 | 双斜杆加辅助杆 | |
|---|---|---|---|---|
| 简图 | | | | |
| 长细比 | $\lambda = \dfrac{l}{i_{y0}}$ | 当斜杆不断开又互相不连接时：<br>$\lambda = \dfrac{l}{i_{y0}}$<br>斜杆断开，中间连接时：<br>$\lambda = \dfrac{0.7l}{i_{y0}}$<br>斜杆不断开，中间用螺栓连接时：<br>$\lambda = \dfrac{l_1}{i_{y0}}$ | 当 $A$ 点、$B$ 点与相邻塔面的对应点之间有连杆时：<br>$\lambda = \dfrac{l_1}{i_{y0}}$<br>其中两斜杆同时受压时：<br>$\lambda = \dfrac{1.25l}{i_x}$<br>当 $A$ 点与相邻塔面的对应点之间无连杆时：<br>$\lambda = \dfrac{1.1 \times l}{i_x}$ | 斜杆不断开又互相连接时：<br>$\lambda = \dfrac{1.1l_1}{i_x}$<br>两斜杆同时受压时：<br>$\lambda = \dfrac{0.8l}{i_x}$ |

**表 9.5-7　塔架横杆及横膈长细比 λ**

| 简　图 | 截面形式 | 横　杆 | 横　膈 |
|---|---|---|---|
| | | 当有连杆 $a$ 时：<br>$\lambda = \dfrac{l_1}{i_x}$<br>当无连杆 $a$ 时：<br>$\lambda = \dfrac{l_1}{i_{y0}}$ | $\lambda = \dfrac{l_2}{i_{y0}}$ |
| | | 当有连杆 $a$ 时：<br>$\lambda = \dfrac{l_1}{i_x}$<br>当无连杆 $a$ 时：<br>$\lambda = \dfrac{l_1}{i_{y0}}$ | 当一根交叉杆断开，用节点板连接时：<br>$\lambda = \dfrac{1.4l_2}{i_{y0}}$<br>当斜杆不断开，用螺栓连接时，$\lambda = \dfrac{l_2}{i_{y0}}$ |
| | | 当有连杆 $a$ 时：<br>$\lambda = \dfrac{l_1}{i_{y0}}$<br>当无连杆 $a$ 时：<br>$\lambda = \dfrac{2l_1}{i_x}$ | $\lambda = \dfrac{l_2}{i_{y0}}$ |

| 简 图 | 截面形式 | 横 杆 | 横 膈 |
|---|---|---|---|
| | | 当有连杆 $a$ 时：<br>$$\lambda = \frac{l_1}{2i_{y0}}$$<br>当无连杆 $a$ 时：<br>$$\lambda = \frac{l_1}{i_x}$$ | $$\lambda = \frac{l_2}{i_{y0}}$$ |

2）双角钢、T形及十字形截面按附录 A 计算。

（5）格构式轴心受压构件的稳定性应按公式（9.3-6）验算。此时，对虚轴长细比应采用换算长细比 $\lambda_0$，$\lambda_0$ 应按表 9.5-8 或附录 A 计算。

（6）塔架杆件特殊问题的处理措施见附录 C。

**表 9.5-8 格构式构件换算长细比 $\lambda_0$**

| 构件截面形式 | 缀材 | 计 算 公 式 | 符 号 说 明 |
|---|---|---|---|
| 四边形截面 | 缀板 | $$\lambda_{0x} = \sqrt{\lambda_x^2 + \lambda_1^2}$$ $$\lambda_{0y} = \sqrt{\lambda_y^2 + \lambda_1^2}$$ | $\lambda_x$，$\lambda_y$—整个构件对 $x$—$x$ 轴或 $y$—$y$ 轴的长细比；<br>$\lambda_1$—单肢对最小刚度轴 1—1 的长细比 |
| | 缀条 | $$\lambda_{0x} = \sqrt{\lambda_x^2 + 40\frac{A}{A_{1x}}}$$ $$\lambda_{0y} = \sqrt{\lambda_y^2 + 40\frac{A}{A_{1y}}}$$ | $A_{1x}$，$A_{1y}$— 构件截面中垂直于 $x$—$x$ 轴或 $y$—$y$ 轴各斜缀条毛截面面积之和 |
| 等边三角形截面 | 缀板 | $$\lambda_{0x} = \sqrt{\lambda_x^2 + \lambda_1^2}$$ $$\lambda_{0y} = \sqrt{\lambda_y^2 + \lambda_1^2}$$ | $\lambda_1$— 单肢长细比 |
| | 缀条 | $$\lambda_{0x} = \sqrt{\lambda_x^2 + 56\frac{A}{A_1}}$$ $$\lambda_{0y} = \sqrt{\lambda_y^2 + 56\frac{A}{A_1}}$$ | $A_1$— 构件截面中各斜缀条毛截面面积之和 |

注：1. 缀板式构件的单肢长细比 $\lambda_1$ 不应大于 40。

2. 斜缀条与构件轴线间的倾角应保持在 40°～70°范围内。

3. 缀条式轴心受压格构式构件的单肢长细比 $\lambda_1$ 不应大于构件双向长细比的 0.7 倍；缀板式轴心受压格构式构件的单肢长细比 $\lambda_1$ 不应大于构件双向长细比的 0.5 倍。

（7）拉弯和压弯构件。

1）弯矩作用在两个主平面内的拉弯构件和压弯构件（圆管截面除外），其截面强度应按下列规定计算：

$$\frac{N}{A_n} \pm \frac{M_x}{\gamma_x W_{nx}} \pm \frac{M_y}{\gamma_y W_{ny}} \leqslant f \qquad (9.5\text{-}31)$$

式中 $\gamma_x$，$\gamma_y$——与截面模量相应的截面塑性发展系数，应按表 9.5-9 选用。

2）弯矩作用在两个主平面内的圆形截面拉弯构件和压弯构件，其截面强度应按下列规定计算：

$$\frac{N}{A_n} \pm \frac{\sqrt{(M_x^2 + M_y^2)}}{\gamma W_n} \leqslant f \qquad (9.5\text{-}32)$$

式中　$A_n$——圆管净截面面积；

　　　　$W_n$——与合成弯矩矢量方向对应的圆管净截面模量；

　　　　$\gamma$——截面塑性发展系数，取 1.15。

表 9.5-9　截面塑性发展系数 $\gamma_x$、$\gamma_y$

| 项次 | 截 面 形 式 | $\gamma_x$ | $\gamma_y$ |
|---|---|---|---|
| 1 | 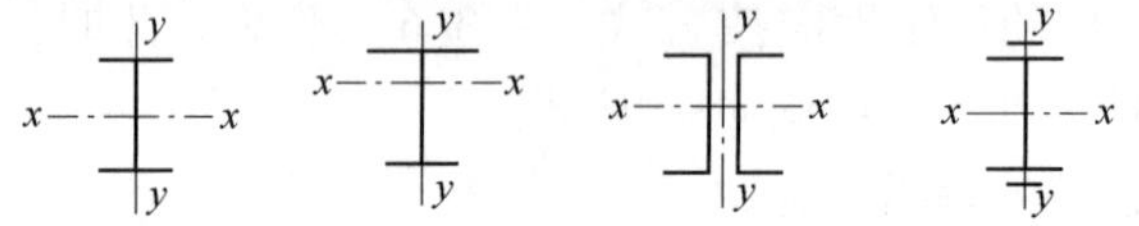 （截面图示） | 1.05 | 1.2 |
| 2 | 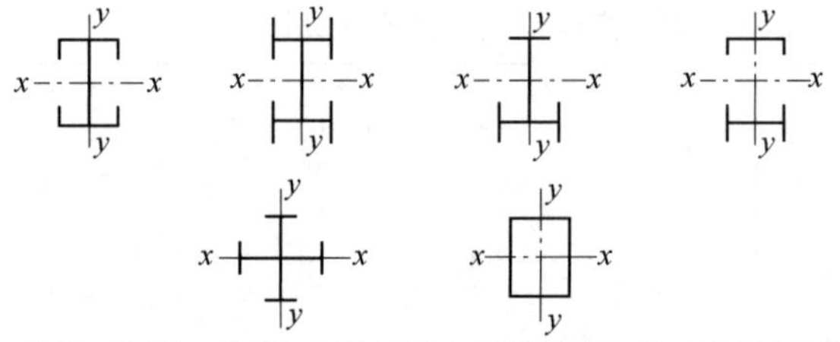 （截面图示） | | 1.05 |
| 3 | 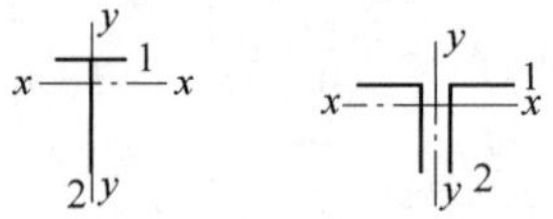 （截面图示） | $\gamma_{x1} = 1.05$<br>$\gamma_{x2} = 1.2$ | 1.2 |
| 4 | 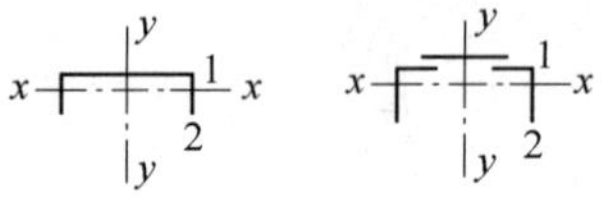 （截面图示） | | 1.05 |
| 5 | 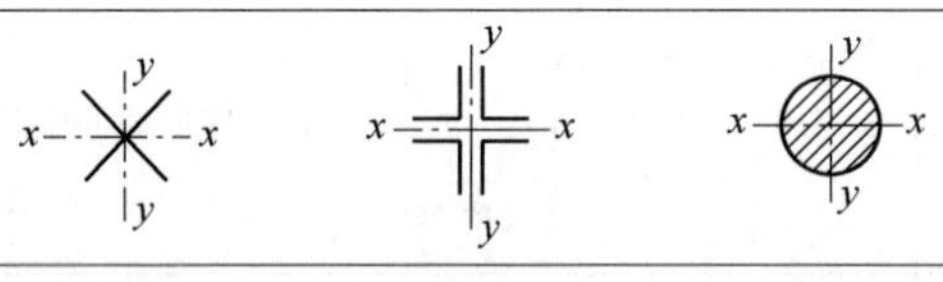 （截面图示） | 1.2 | 1.2 |
| 6 | 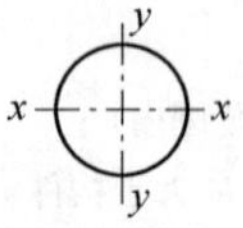 （截面图示） | 1.15 | 1.15 |
| 7 | 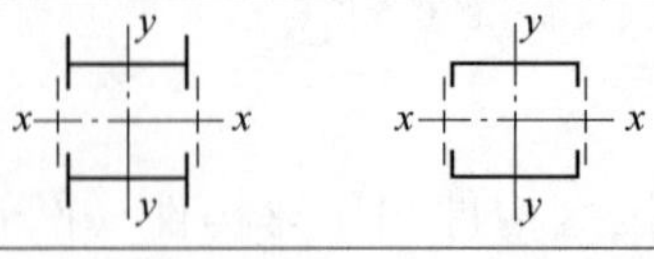 （截面图示） | 1.0 | 1.05 |
| 8 | 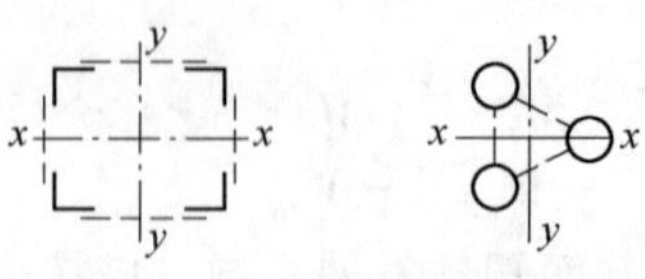 （截面图示） | | 1.0 |

当压弯构件受压翼缘的自由外伸宽度与其厚度之比大于 $13\sqrt{235/f_{yk}}$ 而不超过 $15\sqrt{235/f_{yk}}$ 时，应取 $\gamma_x = 1.0$。

3）弯矩作用在对称轴平面内（绕 $x$ 轴）的实腹式压弯构件（圆管截面除外），其稳定性应按下列规定计算：

$$\frac{N}{\varphi_x Af} + \frac{\beta_{mx} M_x}{\gamma_x W_{1x}(1 - 0.8N/N'_{Ex})f} \leqslant 1 \qquad (9.5\text{-}33)$$

式中　$N$——所计算构件范围内轴心压力设计值；

$N'_{Ex}$——参数，$N'_{Ex} = \pi^2 EA/(1.1\lambda^2)$；

$\varphi_x$——弯矩作用平面内轴心受压构件稳定系数；

$M_x$——所计算构件段范围内的最大弯矩设计值；

$W_{1x}$——在弯矩作用平面内对模量较大受压最大纤维的毛截面模量；

$\beta_{mx}$——等效弯矩系数。

$\beta_{mx}$ 应按下列规定选用：

无侧移框架柱和两端支承的构件：

①无横向荷载作用时，取 $\beta_{mx} = 0.6 + 0.4\dfrac{M_2}{M_1}$，$M_1$ 和 $M_2$ 为端弯矩，使构件产生同向曲率（无反弯点）时取同号；使构件产生反向曲率（有反弯点）时取异号，$|M_1| \geqslant |M_2|$；

②无端弯矩但有横向荷载作用时：

跨中单个集中荷载　　　　　　$\beta_{mqx} = 1 - 0.36N/N_{cr}$

全跨均布荷载　　　　　　　　$\beta_{mqx} = 1 - 0.18N/N_{cr}$

式中　$N_{cr}$——弹性临界力，$N_{cr} = \dfrac{\pi^2 EI}{(\mu l)^2}$；

$\mu$——构件的计算长度系数。

③有端弯矩和横向荷载同时作用时，将式（9.5-33）的 $\beta_{mx} M_x$ 取为 $\beta_{mqx} M_{qx} + \beta_{m1x} M_1$，即工况①和工况②等效弯矩的代数和。$M_{qx}$ 为横向荷载产生的弯矩最大值。

有侧移框架柱和悬臂构件：

①除本款②项规定之外的框架柱，$\beta_m = 1 - 0.36N/N_{cr}$；

②有横向荷载的柱脚铰接的单层框架柱和多层框架的底层柱，$\beta_m = 1.0$；

③自由端作用有弯矩的悬臂柱，$\beta_m = 1 - 0.36(1 - m)N/N_{cr}$，式中 $m$ 为自由端弯矩与固定端弯矩之比，当弯矩图无反弯点时取正号，有反弯点时取负号。

对于表 9.5-9 的 3、4 项中的单轴对称压弯构件，当弯矩作用在对称平面内且使翼缘受压时，除应按公式（9.5-33）计算外，尚应按下式计算：

$$\left| \frac{N}{Af} - \frac{\beta_{mx} M_x}{\gamma_x W_{2x}(1 - 1.25N/N'_{Ex})f} \right| \leqslant 1 \qquad (9.5\text{-}34)$$

式中　$W_{2x}$——对无翼缘端的毛截面模量。

4）弯矩作用平面外稳定性：

$$\frac{N}{\varphi_y Af} + \eta \frac{M_x}{\varphi_b W_{1x} f} \leqslant 1 \qquad (9.5\text{-}35)$$

式中　$\varphi_y$——弯矩作用平面外的轴压构件稳定系数；

　　　　$\varphi_b$——考虑弯矩变化和荷载位置影响的受弯构件整体稳定系数，按《钢结构设计规
　　　　　　　范》规定取值；

　　　　$M_x$——所计算构件段范围内的最大弯矩设计值；

　　　　$\eta$——截面影响系数，闭口截面 $\eta = 0.7$，其他截面 $\eta = 1.0$。

　　5）弯矩绕虚轴（$x$ 轴）作用的格构式压弯构件，其弯矩作用平面内的整体稳定性应
按下式计算：

$$\frac{N}{\varphi_x Af} + \frac{\beta_{mx} M_x}{W_{1x}\left(1 - \frac{N}{N'_{Ex}}\right)f} \leqslant 1 \tag{9.5-36}$$

式中，$W_{1x} = I_x/y_0$；$I_x$ 为对 $x$ 轴的毛截面的惯性矩；$y_0$ 为由 $x$ 轴到压力较大分肢的轴线距
离或者到压力较大分肢腹板外边缘的距离，二者取较大者；$\varphi_x$、$N'_{Ex}$ 由换算长细比确定。

　　弯矩作用平面外的整体稳定性可不计算，但应计算分肢的稳定性，分肢的轴心力应按
桁架的弦杆计算。对缀板柱的分肢尚应考虑由剪力引起的局部弯矩。

　　6）弯矩绕实轴作用的格构式压弯构件，其弯矩作用平面内和平面外的稳定性计算均
与实腹式构件相同。但在计算弯矩作用平面外的整体稳定性时，长细比应取换算长细比，
$\varphi_b$ 应取 1.0。

　　7）当柱段中没有很大横向力或集中弯矩时，双向压弯圆管的整体稳定按下式计算：

$$\frac{N}{\varphi A} + \frac{\beta M}{\gamma W\left(1 - 0.8\frac{N}{N'_E}\right)} \leqslant f \tag{9.5-37}$$

$$M = \max\left(\sqrt{M_{xA}^2 + M_{yA}^2},\ \sqrt{M_{xB}^2 + M_{yB}^2}\right) \tag{9.5-38}$$

$$\beta = \beta_x \beta_y \tag{9.5-39}$$

$$\beta_x = 1 - 0.35\sqrt{N/N_E} + 0.35\sqrt{N/N_E}(M_{2x}/M_{1x}) \tag{9.5-40}$$

$$\beta_y = 1 - 0.35\sqrt{N/N_E} + 0.35\sqrt{N/N_E}(M_{2y}/M_{1y}) \tag{9.5-41}$$

$$N_E = \frac{\pi^2 EA}{\lambda^2} \tag{9.5-42}$$

$$N'_E = \frac{\pi^2 EA}{1.1\lambda^2} \tag{9.5-43}$$

式中　　　　　　　$\varphi$——轴心受压稳定系数，按构件最大长细比取值；

　　　　　　　　　$M$——计算双向压弯整体稳定时采用的弯矩值；

$M_{xA}$，$M_{yA}$，$M_{xB}$，$M_{yB}$——分别为构件 $A$ 端关于 $x$、$y$ 轴的弯矩和构件 $B$ 端关于 $x$、$y$ 轴的
　　　　　　　　　　弯矩；

　　　　　　　　　$\beta$——计算双向压弯整体稳定时采用的等效弯矩系数；

$M_{1x}$，$M_{2x}$，$M_{1y}$，$M_{2y}$——分别为构件两端关于 $x$ 轴的最大、最小弯矩；关于 $y$ 轴的最大、
　　　　　　　　　　最小弯矩，同曲率时取同号，异曲率时取负号；

　　　　　　　　　$N_E$——根据构件最大长细比计算的欧拉力；

　　　　　　　　　$\gamma$——截面塑性发展系数，取 1.15；

　　　　　　　　　$N'_E$——系数。

8) 弯矩作用在两个主平面内的双轴对称实腹式工字形（含 H 形）和箱形（闭口）截面的压弯构件，其稳定性应按下列公式计算：

$$\frac{N}{\varphi_x Af} + \frac{\beta_{mx} M_x}{\gamma_x W_x \left(1 - 0.8\frac{N}{N'_{Ex}}\right)f} + \eta\frac{\beta_{ty} M_y}{\varphi_{by} W_y f} \leqslant 1 \qquad (9.5\text{-}44)$$

$$\frac{N}{\varphi_y Af} + \eta\frac{\beta_{tx} M_x}{\varphi_{bx} W_x f} + \frac{\beta_{my} M_y}{\gamma_y W_y \left(1 - 0.8\frac{N}{N'_{Ey}}\right)f} \leqslant 1 \qquad (9.5\text{-}45)$$

式中　$\varphi_x$，$\varphi_y$——对强轴 $x$-$x$ 和弱轴 $y$-$y$ 的轴心受压构件稳定系数；

　　$\varphi_{bx}$，$\varphi_{by}$——均匀弯曲的受弯构件整体稳定性系数，按《钢结构设计规范》计算，其中工字形（含 H 型钢）截面的非悬臂（悬伸）构件 $\varphi_{bx}$、$\varphi_{by}$ 可取 1.0；对闭口截面，取 $\varphi_{bx} = \varphi_{by} = 1.0$；

　　$M_x$，$M_y$——所计算构件段范围内对强轴和弱轴的最大弯矩设计值；

　　$N'_{Ex}$，$N'_{Ey}$——参数，$N'_{Ex} = \pi^2 EA/1.1\lambda_x^2$，$N'_{Ey} = \pi^2 EA/1.1\lambda_y^2$；

　　$W_x$，$W_y$——对强轴和弱轴的毛截面模量；

　　$\beta_{mx}$，$\beta_{my}$——等效弯矩系数，应按弯矩作用平面内稳定计算的有关规定采用；

　　$\beta_{tx}$，$\beta_{ty}$——等效弯矩系数，应按弯矩作用平面外稳定计算的有关规定采用。

（8）格构式压弯构件。

1）格构式压弯构件应按下式验算单肢的强度：

$$\frac{\frac{N}{n} + N_m}{A_{nu}} \leqslant f \qquad (9.5\text{-}46)$$

式中　$n$——单肢数目；

　　$N_m$——截面弯矩在单肢中引起的轴力，N；

　　$A_{nu}$——单肢净截面面积，$mm^2$。

2）格构式压弯构件应按下式计算单肢的稳定性：

$$\frac{\frac{N}{n} + N_m}{\varphi A_u} \leqslant f \qquad (9.5\text{-}47)$$

式中　$A_u$——单肢毛截面面积，$mm^2$。

3）格构式轴心受压构件的剪力应按下式计算：

$$V = \frac{Af}{85}\sqrt{\frac{f_y}{235}} \qquad (9.5\text{-}48)$$

式中　$f_y$——钢材屈服强度，$N/mm^2$。

此剪力 $V$ 值可认为沿构件全长不变，并由承受该剪力的缀件面分担。

4）计算格构式压弯构件的缀件时，应取实际最大剪力和按公式（9.5-37）的计算剪力两者之较大者进行计算。

①缀条的内力应按桁架的腹杆计算。

②缀板的内力应按下列公式计算，如图 9.5-7 所示。

剪力：
$$V_l = \frac{V_1 a}{s} \tag{9.5-49}$$

弯矩（在和肢件连接处）：
$$M_l = \frac{V_1 a}{2} \tag{9.5-50}$$

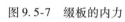

式中　$V_1$——分配到一个缀板面的剪力，N；

　　　$a$——缀板中到中距离，m；

　　　$s$——肢件轴线间距，m。

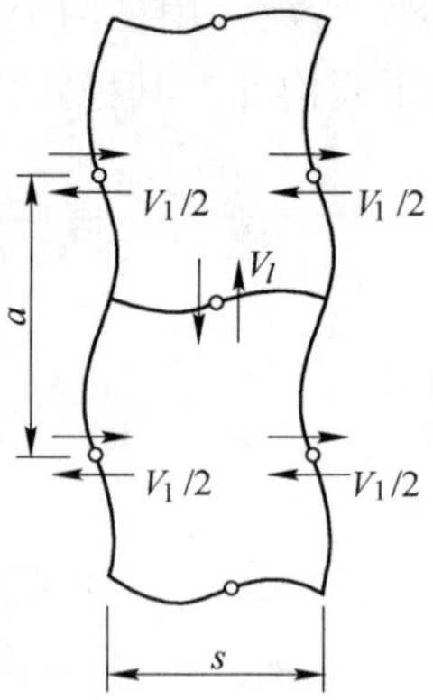

（9）焊缝连接计算。

1）承受轴心拉力和压力的对接焊缝强度应按下式计算：
$$\sigma = \frac{N}{l_w t} \leqslant f_t^w（或 f_c^w） \tag{9.5-51}$$

图 9.5-7　缀板的内力

式中　$N$——作用在连接处的轴心拉力或压力；

　　　$l_w$——焊缝计算长度，mm，未用引弧板施焊时，每条焊缝取实际长度减去 $2t$，mm；

$f_t^w$，$f_c^w$——对接焊缝抗拉、抗压强度设计值。

2）承受剪力的对接焊缝剪应力应按下式计算：
$$\tau = \frac{VS}{It} \leqslant f_v^w \tag{9.5-52}$$

式中　$V$——剪力；

　　　$I$——焊缝计算截面惯性矩；

　　　$S$——计算剪应力处以上的焊缝计算截面对中和轴的面积矩；

　　　$f_v^w$——对接焊缝的抗剪强度设计值。

3）承受弯矩和剪力的对接焊缝，应分别计算其正应力 $\sigma$ 和剪应力 $\tau$，并在同时受有较大正应力和剪应力处，应按下式计算折算应力：
$$\sqrt{\sigma^2 + 3\tau^2} \leqslant 1.1 f_t^w \tag{9.5-53}$$

4）角焊缝在轴心力（拉力、压力或剪力）作用下的强度应按下式计算：
$$\sigma_f（或 \tau_f） = \frac{N}{h_e l_w} \leqslant f_f^w \tag{9.5-54}$$

式中　$h_e$——角焊缝的有效厚度，对直角焊缝取 $0.7 h_f$，$h_f$ 为较小焊脚尺寸；

　　　$l_w$——角焊缝的计算长度，每条焊缝取实际长度减去 $2h_f$，mm；

　　　$f_f^w$——角焊缝的强度设计值。

5）角焊缝在非轴心力或各种力共同作用下的强度应按下式计算：
$$\sqrt{\sigma_w^2 + \tau_w^2} \leqslant f_f^w \tag{9.5-55}$$

式中　$\sigma_w$——按焊缝有效截面计算，垂直于焊缝长度方向的应力；

　　　$\tau_w$——按焊缝有效截面计算，沿焊缝长度方向的应力。

6）圆钢与钢板（或型钢）、圆钢与圆钢的连接焊缝抗剪强度应按下式计算：
$$\tau = \frac{N}{h_e l_w} \leqslant f_t^w \tag{9.5-56}$$

式中　$N$——作用在连接处的轴心力；

　　　$l_w$——焊缝计算长度；

$h_e$——焊缝有效厚度，对圆钢与钢板连接取 $h_e = 0.7 h_f$；对圆钢与圆钢连接，取

$$h_e = 0.1(d_1 + 2d_2) - a$$

$d_1$，$d_2$——大、小钢筋的直径，mm；

　　$a$——焊缝表面至两根圆钢公切线的距离。

（10）螺栓连接计算。

1）受剪和受拉螺栓连接中，每个螺栓的受剪、承压、受拉承载力设计值应按下列公式计算：

受剪 　　　　　　　　$$N_V^b = n_V \frac{\pi d^2}{4} f_V^b \qquad\qquad (9.5-57)$$

承压 　　　　　　　　$$N_c^b = d \sum t f_c^b \qquad\qquad (9.5-58)$$

受拉 　　　　　　　　$$N_t^b = \frac{\pi d_e^2}{4} f_t^b \qquad\qquad (9.5-59)$$

式中　　$n_V$——每个螺栓的受剪面数目；

　　　　$d$——螺栓杆直径，mm；

　　　　$d_e$——螺栓纹处的有效直径，mm；

　　$\sum t$——在同一受力方向的承压构件的较小总厚度；

$f_V^b$，$f_c^b$，$f_t^b$——螺栓的抗剪、承压、抗拉强度设计值，N/mm$^2$。

2）承受轴心力的连接所需普通螺栓数目按下式计算：

$$n \geqslant \frac{N}{N^b} \qquad\qquad (9.5-60)$$

式中　　$N^b$——螺栓承载力设计值。

3）螺栓同时承受剪力和拉力时应满足下列两式的要求：

$$\sqrt{\left(\frac{N_V}{N_V^b}\right)^2 + \left(\frac{N_t}{N_t^b}\right)^2} \leqslant 1 \qquad\qquad (9.5-61)$$

$$N_V \leqslant N_c^b \qquad\qquad (9.5-62)$$

式中　　$N_V$，$N_t$——每个螺栓所承受的剪力、拉力，N；

$N_V^b$，$N_c^b$，$N_t^b$——每个螺栓的受剪、承压和受拉承载力设计值。

### 9.5.4　构造要求

#### 9.5.4.1　一般规定

（1）杆件长细比规定。

1）塔柱。塔柱长细比不应大于 120，但实际上，要达到经济合理的目的，塔柱的长细比宜满足：Q235 钢材，$\lambda \leqslant 80$；Q345 钢材，$\lambda \leqslant 60$。

2）其他杆件长细比 $\lambda$ 不应超过表 9.5-10 规定值。

表 9.5-10　构件容许长细比最大值

| 受　压　杆 | | 受　拉　杆 | |
|:---:|:---:|:---:|:---:|
| 斜杆、横杆 | 辅助杆 | 一般受拉杆件 | 预应力杆件 |
| 150 | 200 | 350 | 不限 |

（2）所有杆件的交点必须通过杆件的轴线汇交于一点，不得有偏心。

（3）塔架主管与支管用相贯线焊接时，应满足下列设计要求：

1）主管径厚比 $D/t$ 不宜大于 45；支管与主管直径之比不宜小于 0.4；主管壁厚与支管壁厚之比 $t/t_i$ 不宜小于 1.2；主管长细比不小于 40。当满足上述条件时可不作主管局部承载力验算。否则应按现行国家标准《钢结构设计规范》（GB 50017）相应要求作主管局部承载力验算。

2）主管与支管的相贯线焊缝应满足如下要求：

①相贯线焊缝包括坡口线应该连续，圆滑过渡。

②当支管壁厚 $t_i$ 不大于 6mm 时，可用相贯线全长角焊缝连接，焊脚尺寸 $h_f = 1.2t_i$。

③当支管壁厚 $t_i$ 大于 6mm 时，若节点受疲劳动力作用或高频振动，或主管与支管轴线最小夹角小于 30°，则相贯线焊缝全长按四分区方式设计（见图 9.5-8、表 9.5-11、表 9.5-12）。

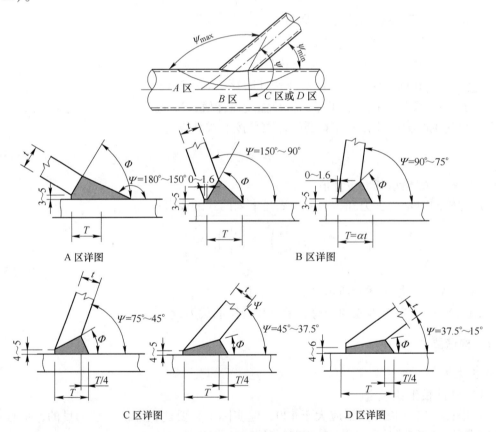

图 9.5-8　钢管相贯焊缝四分区法

表 9.5-11　$\Psi$ 使用范围与坡口角度 $\Phi$

| 位　　置 | $\Psi$ 使用范围 | 坡口角度 $\Phi$ |
|---|---|---|
| A 区 | 180° ~ 150° | $\Phi \geq 45°$ |
| B 区 | 150° ~ 75° | $37.5° \leq \Phi \leq 60°$ |
| C 区 | 75° ~ 37.5° | $\Phi = \Psi/2$，最大 37.5° |
| D 区 | 37.5° ~ 20° | $\Phi = \Psi/2$ |

表 9.5-12 $\Psi$ 使用范围与 $T = \alpha t$

| $\Psi$ | $\alpha$ |
|---|---|
| $180° > \Psi \geqslant 70°$ | 1.50 |
| $70° > \Psi \geqslant 40°$ | 1.70 |
| $40° > \Psi \geqslant 20°$ | 2.00 |

④当支管壁厚 $t_i$ 大于 6mm 时，除③之外的其他情况，相贯线焊缝全长按三分区方式设计（如图 9.5-9 所示）。

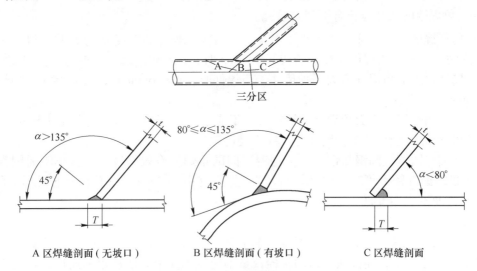

图 9.5-9 钢管相贯焊缝三分区法

⑤当与主管连接的多根支管在节点处相互干扰时，应首先确保受力大的主要支管按①到④的要求作相贯线焊接，受力较小的次要支管可通过其他过渡板与主管连接。若两根支管受力相当时，则通过对称中心的加强板辅助相贯线连接（如图 9.5-10 所示），并按现行国家标准《钢结构设计规范》（GB 50017）相应要求验算主管局部承载力。

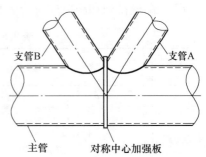

图 9.5-10 加强板辅助相贯线连接

（4）角钢塔的腹杆应伸入弦杆，钢管塔腹杆用相贯线焊缝焊于弦杆上。钢塔腹杆应直接与弦杆相连，或采用不小于腹杆厚度的节点板连接；当采用螺栓连接时，腹杆与弦杆间的净距离不宜大于 10mm。

（5）钢塔架主要受力杆件（包括塔柱、横杆、斜杆及横膈）及连接杆件宜符合下列要求：

1）钢板厚度不小于 5mm；

2）角钢截面不小于 $L45 \times 4$；

3）圆钢直径不小于 16mm；

4）钢管壁厚不小于 4mm。

### 9.5.4.2 焊缝连接

（1）焊接材料的强度宜与主体钢材强度相适应。当不同强度的钢材焊接时，宜按强度低的钢材选择焊接材料。当大直径圆钢对接焊时，宜采用铜模电渣焊及熔渣焊，也可用 X 形坡口点渣焊。对接焊缝强度不应低于母材强度。当钢管对接焊接时，焊缝强度应不低于钢管的连接强度。

（2）焊缝的布置应对称于构件的重心，避免立体交叉和集中在一处。

（3）焊缝的坡口形式应根据焊件尺寸和施工条件按现行有关标准的要求确定，并应符合下列规定：

1）钢板对接的过渡段的坡度不得大于 1:4。

2）钢管或圆钢对接的过渡段长度不得小于直径差的 2 倍。

（4）角焊缝的尺寸应符合下列要求：

1）角焊缝的焊脚尺寸 $h_f$ 不得小于 $1.5\sqrt{t}$（$t$ 为较厚焊件的厚度 mm），并不得大于较薄焊件厚度的 1.2 倍。当焊件厚度小于或等于 4mm 时，最小焊脚尺寸可取与焊件厚度相同。

2）焊件边缘的角焊缝最大焊脚尺寸，当焊件厚度 $t \leq 6mm$ 时，取 $h_f \leq t$；当焊件厚度 $t > 6mm$ 时，取 $h_f \leq t - (1 \sim 2)mm$。

3）侧面角焊缝或正面角焊缝的计算长度不应小于 $8h_f$ 和 40mm，并不应大于 $40h_f$。若内力沿侧面角焊缝全长分布，则计算长度不受此限。

4）圆钢与圆钢、圆钢与钢板（或型钢）间的角焊缝有效厚度，不宜小于圆钢直径的 0.2 倍（当圆钢直径不等时，取平均直径），且不宜小于 3mm，并不大于钢板厚度的 1.2 倍。计算长度不应小于 20mm。

### 9.5.4.3　螺栓连接

（1）构件采用螺栓连接时，连接螺栓直径不应小于 12mm，每一杆件在接头一边的螺栓数量不宜少于 2 个，连接法兰盘的螺栓数量不应少于 3 个。塔柱角钢连接，在接头一边的螺栓数量不应少于 6 个。

（2）螺栓排列和距离应符合表 9.5-13 的要求。

表 9.5-13　螺栓的排列和允许距离

| 名称 | 位置和方向 | | | 最大允许距离（取两者较小值） | 最小允许距离 |
|---|---|---|---|---|---|
| 中心距离 | 外排 | | | $8d_0$ 或 $12t$ | $3d_0$ |
| | 中间排 | 垂直内力方向 | | $16d_0$ 或 $24t$ | |
| | | 顺内力方向 | 构件受压 | $12d_0$ 或 $18t$ | |
| | | | 构件受拉 | $16d_0$ 或 $24t$ | |
| | 沿对角线方向 | | | — | |
| 中心至构件边缘距离 | 顺内力方向 | | | $4d_0$ 或 $8t$ | $2d_0$ |
| | 垂直内力方向 | 剪切边或手工气割边 | | | $1.5d_0$ |
| | | 轧制边、自动气割或锯割边 | 高强度螺栓 | | |
| | | | 其他螺栓或铆钉 | | $1.2d_0$ |

注：1. $d_0$ 为螺栓或铆钉的孔径，$t$ 为外层较薄板件的厚度；
　　2. 钢板边缘与刚性构件（如角钢、槽钢等）相连的螺栓或铆钉的最大间距，可按中间排的数值采用。

（3）受剪螺栓的螺纹不宜进入剪切面，受拉螺栓及位于受振动部位的螺栓应采取防松措施。

（4）在同一个节点上，不应采用两种以上直径的螺栓。同时采用焊接和螺栓连接的节点，不应考虑两种连接同时受力。

#### 9.5.4.4 法兰盘连接

钢管法兰连接应符合如下构造要求：

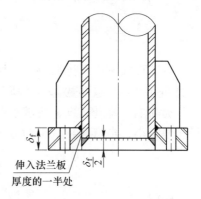

（1）法兰板应为环状，钢管插入其孔中，插入深度取法兰板厚之半（如图9.5-11所示），法兰板两侧与钢管焊接。

（2）法兰板上螺孔分布应均匀对称。螺栓应选强度等级较高者。螺栓数量和直径选择在满足操作间距的前提下应尽量靠近管壁。

（3）法兰板与钢管外壁之焊缝为非全熔透的角接焊缝，其厚度不应大于管壁厚的1.2倍，管端焊缝为角焊缝，其焊脚高度等于管壁厚。

图9.5-11 钢管插入法兰板深度

（4）加劲板厚度不小于其长度或宽度的1/15。加劲板与法兰板的连接及加劲板与钢管壁的连接采用双面角焊缝。加劲板和法兰板、筒壁三向交会处加劲板应有四分之一圆弧形切口，其半径不宜小于加劲板厚的1.5倍，也不宜小于20mm（如图9.5-12所示）。

（5）当管结构内壁不做防腐蚀处理时，管端部法兰应用3mm厚钢板作气密性焊接封闭。当钢管用热浸锌做内外防腐蚀处理时，管端不应封闭。

（6）普通螺栓连接的法兰应用双螺母防松。

（7）承压型法兰钢管贯穿全部环形法兰板厚。承压型法兰在焊接完毕后端部铣平（如图9.5-13所示）。

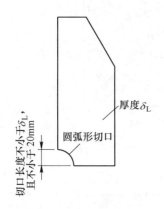

图9.5-12 加劲板圆弧形切口

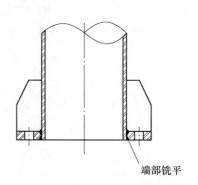

图9.5-13 承压型法兰端部铣平

塔柱由角钢或其他格构式杆件组成时，塔柱与法兰盘的连接构造和计算应与柱脚相同。

#### 9.5.4.5 滑道连接

钢塔架平台与排烟筒连接时，可采用滑道式连接（如图9.5-14所示）。

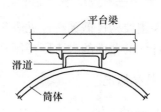

图9.5-14 滑道式连接

# 9.6 塔架式钢烟囱计算实例

### 9.6.1 工程概况

本工程实例4个排烟筒内径均为4.2m，高200m。中间电梯筒内径为2.2m。四边形塔架底部宽50m，顶部宽13m，高192m，如图9.6-1所示。烟囱排气量为680m³/s，为了进一步提高烟气排升高度，要求顶部烟气排出速度达到30m/s，在筒身顶部8m范围内将直径缓慢缩小，出口面积减小约10%，如图9.6-2所示。

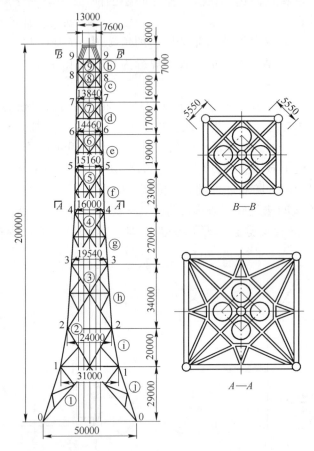

图 9.6-1   200m 塔架式四筒钢烟囱

### 9.6.2 塔架主要构件截面特性

塔架主要构件截面特性见表9.6-1～表9.6-3。构件截面的大小主要取决于截面应力，而辅助杆件的截面的大小则控制其共振风速不小于15m/s。

### 9.6.3 结构概况

（1）基础采用 φ660.4×10 钢管桩，单桩极限承载力为1100kN，桩的用量为221根。作用塔架基础的上拔力由基础及其上面的覆盖土的重量来平衡，使桩不承受拉力。

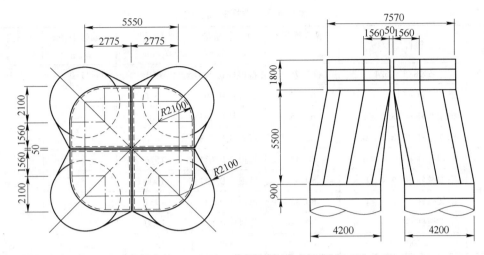

图 9.6-2 排烟筒顶部收缩处理

表 9.6-1 塔柱截面特性

| 塔柱序号 | 塔柱型号 | 截面面积 /$cm^2$ | 每米长重量 /$kN \cdot m^{-1}$ | 节间长度 $l_k$/cm | 回转半径 $i$/cm | 长细比 $\lambda$ |
|---|---|---|---|---|---|---|
| b | $\phi 406.4 \times 12.7$ | 157.1 | 1.233 | 700 | 13.9 | 50 |
| c | $\phi 406.4 \times 12.7$ | 157.1 | 1.233 | 817 | 13.9 | 59 |
| d | $\phi 500 \times 12$ | 183.97 | 1.444 | 868 | 9.56 | 50 |
| e | $\phi 600 \times 16$ | 293.55 | 2.304 | 972 | 20.66 | 47 |
| f | $\phi 800 \times 20$ | 490.09 | 3.847 | 1181 | 27.59 | 43 |
| g | $\phi 1100 \times 22$ | 745.06 | 5.849 | 1484 | 38.12 | 39 |
| h | $\phi 1300 \times 25$ | 1001.39 | 7.861 | 1874 | 45.09 | 42 |
| i | $\phi 1400 \times 28$ | 1206.88 | 9.474 | 2060 | 48.52 | 43 |
| j | $\phi 1400 \times 28$ | 1206.88 | 9.474 | 1598 | 48.52 | 33 |

表 9.6-2 斜杆截面特性

| 斜杆序号 | 斜杆型号 | 截面面积 /$cm^2$ | 每米长重量 /$kN \cdot m^{-1}$ | 节间长度 $l_k$/cm | 回转半径 $i$/cm | 长细比 $\lambda$ |
|---|---|---|---|---|---|---|
| 9 | $\phi 318.5 \times 6.4$ | 62.75 | 0.493 | 500 | 11.0 | 45 |
| 8 | $\phi 318.5 \times 6.4$ | 62.75 | 0.493 | 540 | 11.0 | 49 |
| 7 | $\phi 318.5 \times 6.4$ | 62.75 | 0.493 | 570 | 11.0 | 52 |
| 6 | $\phi 355.6 \times 9.5$ | 103.3 | 0.811 | 620 | 12.2 | 51 |
| 5 | $\phi 406.4 \times 12.7$ | 157.1 | 1.233 | 720 | 13.9 | 52 |
| 4 | $\phi 406.4 \times 12.7$ | 157.1 | 1.233 | 900 | 13.9 | 65 |
| 3 | $\phi 500 \times 12$ | 183.97 | 1.444 | 1100 | 9.56 | 64 |
| 2 | $\phi 650 \times 14$ | 279.63 | 2.196 | 1179 | 22.49 | 52 |
| 1 | $\phi 700 \times 16$ | 343.82 | 2.699 | 1315 | 24.19 | 54 |

表9.6-3　横杆截面特性

| 横杆序号 | 横杆型号 | 截面面积 /cm² | 每米长重量 /kN·m⁻¹ | 节间长度 $l_k$/cm | 回转半径 $i$/cm | 长细比 $\lambda$ |
|---|---|---|---|---|---|---|
| 9-9 | $\phi$318.5 × 6.4 | 62.75 | 每根杆0.493 | 650 | 11.0 | 59 |
| 8-8 | 桁架弦杆 $\phi$318.5 × 6.4 | 62.75 | 每根杆0.493 | 1326 | — | — |
| 7-7 | 桁架弦杆 $\phi$318.5 × 6.4 | 62.75 | 每根杆0.493 | 1384 | — | — |
| 6-6 | 桁架弦杆 $\phi$318.5 × 6.4 | 62.75 | 每根杆0.493 | 1446 | — | — |
| 5-5 | 桁架弦杆 $\phi$406.4 × 6.4 | 80.42 | 每根杆0.631 | 1516 | — | — |
| 4-4 | 桁架弦杆 $\phi$406.4 × 6.4 | 80.42 | 每根杆0.631 | 1600 | — | — |
| 3-3 | 桁架弦杆 $\phi$406.4 × 6.4 | 80.42 | 每根杆0.631 | 1954 | — | — |
| 2-2 | 桁架弦杆 $\phi$406.4 × 6.4 | 80.42 | 每根杆0.631 | 2400 | — | — |
| 1-1 | $\phi$700 × 16 | 343.82 | 2.699 | 1550 | 24.19 | 64 |

（2）筒身部分：钢板板厚为7～14mm，内径为4200mm，全焊接结构。

（3）电梯筒：钢板板厚为7～12mm，内径2200mm，全焊接结构。

（4）构件断面和接头形式：塔架杆件全部采用钢管。直径为 $\phi$800～1400的塔柱采用焊缝连接，小于以上直径的塔柱均采用高强螺栓的法兰盘连接（如图9.6-3所示）。斜杆、水平杆、辅助杆件通过十字形节点板用高强螺栓连接（如图9.6-4所示）。排烟筒与各层平台的连接为在垂直方向可自由滑动的结构（如图9.6-5所示）。

（5）塔架材质：Q235B。

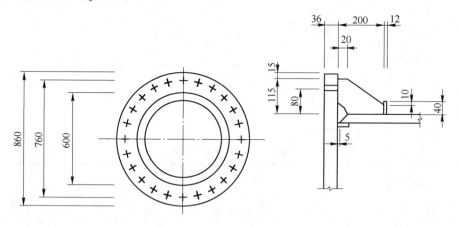

图9.6-3　塔柱高强螺栓连接

### 9.6.4　设计参数

（1）烟气温度：100℃。

（2）设计风压：$w_0 = 0.7$kN/m²。

（3）烟气腐蚀等级：弱腐蚀。

（4）塔架及排烟筒体形系数。

为确定结构体形系数，设计前进行了风洞试验。由于塔架上下各部分的挡风系数不

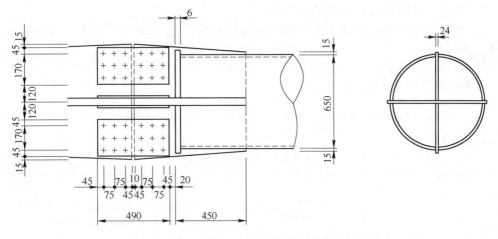

图 9.6-4 十字形节点板用高强螺栓连接

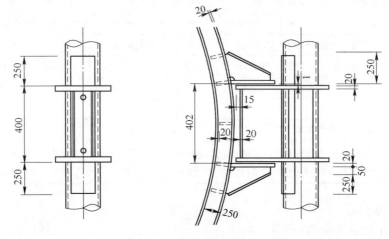

图 9.6-5 排烟筒与平台滑道连接

同，因此试验按上、中、下三部分进行。试验结果见表9.6-4。

表 9.6-4 塔架及排烟筒体形系数试验值

| 塔架 | 0°方向 | 45°方向 | 排烟筒 | 0°方向 | 45°方向 |
|---|---|---|---|---|---|
| 130～192m | 1.00 | 1.90 | | 0.9 | 0.75 |
| 65～130m | 1.24 | 1.90 | 备　注 | 风向0° ⬜ 风向45° ◇ | |
| 0～65m | 1.90 | 1.92 | | | |

## 9.6.5 计算假定

为了较系统地说明塔架式钢烟囱的计算过程，做如下简化处理：

（1）假定桁架重量为弦杆重量的4倍；桁架挡风面积为弦杆挡风面积的4倍。

（2）平台杆件重量为本层塔架横杆重量的1.5倍。

（3）辅助杆件重量取斜杆重量的40%。

（4）塔架各节点重量取该节点所在平台（或横膈）之重量与该节点上下节间各一半的重量之和。

### 9.6.6　塔架各节点重量计算

自重计算时，节点板、法兰盘及焊缝重量不单独计算，将杆件自重乘以1.15系数，计算结果见表9.6-5。

表9.6-5　塔架重量计算

| 柱间编号 | 柱长(m)/每米重量(kN/m) | 斜杆总长(m)/每米重量(kN/m) | 辅杆重量/kN(取斜杆总重的0.4倍) | 层间杆件总重/kN | 横杆重量/kN | 平台或横膈重量/kN | 节点总重量(考虑1.15系数) | |
|---|---|---|---|---|---|---|---|---|
| | | | | | | | 重量/kN | 编号 |
| 0-1 | 30.5/9.474 | 76.6/2.699 | 82.70 | 578.41 | 83.67 | 125.51 | 3057.39 | 1-1 |
| 1-2 | 20.3/9.474 | 45.6/2.196 | 40.06 | 332.53 | 60.58 | 90.87 | 2453.28 | 2-2 |
| 2-3 | 34.1/7.861 | 80.7/1.444 | 46.61 | 431.20 | 54.37 | 81.56 | 2238.08 | 3-3 |
| 3-4 | 27.1/5.849 | 64.6/1.233 | 31.86 | 270.02 | 49.32 | 73.98 | 1612.48 | 4-4 |
| 4-5 | 23/3.847 | 55.6/1.233 | 27.42 | 184.45 | 31.55 | 47.33 | 1015.22 | 5-5 |
| 5-6 | 19/2.304 | 48.2/0.811 | 15.64 | 98.52 | 29.90 | 44.85 | 697.11 | 6-6 |
| 6-7 | 17/1.444 | 44.2/0.493 | 8.72 | 55.07 | 28.52 | 42.78 | 566.51 | 7-7 |
| 7-8 | 16/1.233 | 41.9/0.493 | 8.26 | 48.64 | 27.71 | 41.57 | 481.09 | 8-8 |
| 8-9 | 7/1.233 | 19.3/0.493 | 3.81 | 21.97 | 6.41 | 9.52 | 124.26 | 9-9 |

塔架总重为1357.5t。

排烟筒及电梯筒重量为：

$$2\pi[(2.1+0.0105)\times0.0105\times4+(1.1+0.0095)\times0.0095]\times200\times7.85 = 978.38t$$

塔架及排烟筒总重量为2336t，实际建设耗钢量为2258t，相差3.5%。

### 9.6.7　塔架自振周期计算

#### 9.6.7.1　塔架各节点重量

由于排烟筒与塔架为滑道连接，因此塔架不承担排烟筒重量，仅作为排烟筒的水平支承。但在计算塔架自振周期和水平地震力时，应考虑排烟筒重量的水平效应，所以在计算塔架各节点重量时，应计入排烟筒的重量，计算结果见表9.6-6。

表9.6-6　用于自振周期计算时塔架各节点重量

| 节点编号 | 1-1 | 2-2 | 3-3 | 4-4 | 5-5 | 6-6 | 7-7 | 8-8 | 9-9 |
|---|---|---|---|---|---|---|---|---|---|
| 节点重量/kN | 4566.54 | 3955.09 | 3813.27 | 2779.20 | 1916.55 | 1424.78 | 1192.67 | 894.46 | 518.06 |

#### 9.6.7.2　塔架各节间截面刚度计算

塔架任一截面的抗弯刚度按下式计算：

$$EI = E(A_C \cdot \sum_{i=1}^{n} a_i^2 + nI_C)$$

式中　$A_C$——所计算塔层的塔柱截面积；

　　　$a_i$——塔柱主轴至塔架平截面中和轴的距离；

　　　$I_C$——塔柱截面对其形心轴的惯性矩。

各节间正塔面平均截面刚度计算结果见表9.6-7。

**表9.6-7　塔架各节间正塔面平均截面刚度**

| 节间编号 | $E/kN \cdot m^{-2}$ | $A_c /cm^2$ | $a_i /cm$ | $I_c /cm^4$ | $EI = E(A_c \sum a_i^2 + nI_c)$ /$kN \cdot m^2$ |
|---|---|---|---|---|---|
| 0-1 | $206 \times 10^6$ | 1206.88 | 2025.0 | 2841225 | $40.8 \times 10^9$ |
| 1-2 | $206 \times 10^6$ | 1206.88 | 1375.0 | 2841225 | $4.71 \times 10^9$ |
| 2-3 | $206 \times 10^6$ | 1001.39 | 1088.5 | 2035934 | $2.45 \times 10^9$ |
| 3-4 | $206 \times 10^6$ | 745.06 | 888.5 | 1082672 | $1.21 \times 10^9$ |
| 4-5 | $206 \times 10^6$ | 490.09 | 779.0 | 373060 | $0.61 \times 10^9$ |
| 5-6 | $206 \times 10^6$ | 293.55 | 740.5 | 125298 | $0.33 \times 10^9$ |
| 6-7 | $206 \times 10^6$ | 183.97 | 707.5 | 54806 | $0.19 \times 10^9$ |
| 7-8 | $206 \times 10^6$ | 157.1 | 692.0 | 30353 | $0.16 \times 10^9$ |
| 8-9 | $206 \times 10^6$ | 157.1 | 671.0 | 30353 | $0.15 \times 10^9$ |

**9.6.7.3**　塔顶作用单位力（1kN）情况下，塔架各节点弯矩计算，其结果见表9.6-8

**表9.6-8　塔顶单位力作用下塔架各节点弯矩 $M$**

| 节点编号 | 0-0 | 1-1 | 2-2 | 3-3 | 4-4 | 5-5 | 6-6 | 7-7 | 8-8 | 9-9 |
|---|---|---|---|---|---|---|---|---|---|---|
| 节点弯矩 $M/kN \cdot m$ | 192 | 163 | 143 | 109 | 82 | 59 | 40 | 23 | 7 | 0 |

**9.6.7.4　共轭梁荷载计算**

在塔顶单位荷载作用下，塔架弯矩图为三角形分布，为求各节间共轭梁荷载，采用等效节间均布荷载代替三角形或梯形荷载。

$(i-i+1)$ 节间等效均布荷载为：$M_{eqi} = \frac{1}{3}(M_i + 2M_{i+1})$

各节间共轭梁荷载见表9.6-9。

**表9.6-9　各节间共轭梁均布荷载**

| 节间编号 | 0-1 | 1-2 | 2-3 | 3-4 | 4-5 | 5-6 | 6-7 | 7-8 | 8-9 |
|---|---|---|---|---|---|---|---|---|---|
| 共轭梁荷载 $M/EI$ | $0.4232 \times 10^{-8}$ | $3.1776 \times 10^{-8}$ | $4.912 \times 10^{-8}$ | $7.521 \times 10^{-8}$ | $10.9290 \times 10^{-8}$ | $14.0404 \times 10^{-8}$ | $15.0877 \times 10^{-8}$ | $7.7083 \times 10^{-8}$ | $1.5556 \times 10^{-8}$ |

**9.6.7.5　塔顶在单位力作用下各节点位移**

塔顶单位力作用下，各节点位移即为以塔顶为固定支座的悬臂梁，在共轭梁荷载作用下的弯矩。其计算结果见表9.6-10。

表 9.6-10  塔架各节点位移（×10$^{-6}$）及相对位移                （m）

| 节间编号 | 0-0 | 1-1 | 2-2 | 3-3 | 4-4 | 5-5 | 6-6 | 7-7 | 8-8 | 9-9 |
|---|---|---|---|---|---|---|---|---|---|---|
| 节点位移 | 0.00 | 1.78 | 10.59 | 64.76 | 157.73 | 289.19 | 447.01 | 632.69 | 837.84 | 932.29 |
| 相对位移 | 0.000 | 0.002 | 0.011 | 0.069 | 0.169 | 0.310 | 0.479 | 0.679 | 0.899 | 1.000 |

### 9.6.7.6  塔架自振周期

根据公式（7.4-55）计算塔架自振周期。

$$\sum_{i=1}^{9} G_i (y_i/y_n)^2 = 4566.54 \times 0.002^2 + 3955.09 \times 0.011^2 + 3813.27 \times 0.069^2 + 2779.2 \times 0.169^2 +$$
$$1916.55 \times 0.31^2 + 1424.78 \times 0.479^2 + 1192.67 \times 0.679^2 +$$
$$894.46 \times 0.899^2 + 518.06 \times 1^2$$
$$= 2399.95$$

$$T_1 = 2\pi \sqrt{932.29 \times 10^{-6} \times 2399.95/9.81} = 3.00\text{s}$$
$$T_2 = 0.325T_1 = 0.975\text{s}$$
$$T_3 = 0.2T_1 = 0.6\text{s}$$

## 9.6.8  塔架在风荷载作用下的内力计算

塔架和排烟筒及电梯筒的体形系数单独考虑，而且忽略塔架对排烟筒的影响。塔架体形系数按《高耸结构设计规范》（GB 50135）规定计算，排烟筒体形系数按试验值选取。

对于四边形塔架，应分别对第一风向（正塔面风向）和第二风向（对角线方向）进行计算，从而确定最不利内力组合。为节省篇幅，以下仅计算第一风向。

塔架风荷载按百年一遇设计，假设基本设计风压为 $w_0 = 0.7\text{kN/m}^2$，地面粗糙度为 B 类。

### 9.6.8.1  塔架在各高度处的风振系数和风压高度变化系数

（1）脉动风荷载的共振分量因子计算。

$$R = \sqrt{\frac{\pi}{6\zeta_1} \frac{x_1^2}{(1+x_1^2)^{4/3}}}$$

$$x_1 = \frac{30f_1}{\sqrt{k_w w_0}} \quad (x_1 > 5)$$

将有关数据代入上式得：

$$x_1 = \frac{30}{\sqrt{1.0 \times 0.7 \times 3}} = 11.95 > 5$$

$$R = \sqrt{\frac{\pi}{6 \times 0.01} \times \frac{11.95^2}{(1+11.95^2)^{4/3}}} = 3.15$$

（2）脉动风荷载的空间相关系数计算。脉动风荷载竖直方向相关系数按下式计算：

$$\rho_z = \frac{10\sqrt{H + 60e^{-H/60} - 60}}{H} = \frac{10\sqrt{200 + 60e^{-200/60} - 60}}{200} = 0.596$$

脉动风荷载水平方向相关系数按下列公式计算，其中迎风面宽度取塔架 2/3H 处宽度：

$$\rho_x = \frac{10\sqrt{B + 50\mathrm{e}^{-B/50} - 50}}{B} = \frac{10\sqrt{15.16 + 50\mathrm{e}^{-15.16/50} - 50}}{15.16} = 0.952$$

（3）脉动风荷载的背景分量因子。脉动风荷载的背景分量因子按以下公式计算：

$$B_z = kH^{\alpha_1}\rho_x\rho_z\frac{\phi_1(z)}{\mu_z}$$

其中，$k = 0.91$，$\alpha_1 = 0.218$，并计算综合系数为：

$$\xi = kH^{\alpha_1}\rho_x\rho_z = 0.91 \times 200^{0.218} \times 0.952 \times 0.596 = 1.639$$

（4）风振系数。风振系数按以下公式计算：

$$\beta_z = 1 + 2gI_{10}B_z\sqrt{1 + R^2}$$

其中，10m 高度湍流强度 $I_{10} = 0.14$，峰值因子 $g$ 取 2.5，将有关数值代入相关公式得到风振系数和风压高度变化系数见表 9.6-11。

表 9.6-11　风振系数和风压高度变化系数

| 节点号 | 高度/m | $\mu_z$ | $\phi_1(z)$ | 背景分量因子 $B_z$ | $\beta_z = 1 + 2gI_{10}B_z\sqrt{1 + R^2}$ |
|---|---|---|---|---|---|
| 9-9 | 192 | 2.573 | 0.94 | 0.599 | 2.386 |
| 8-8 | 185 | 2.541 | 0.91 | 0.587 | 2.358 |
| 7-7 | 169 | 2.467 | 0.82 | 0.545 | 2.261 |
| 6-6 | 152 | 2.382 | 0.71 | 0.489 | 2.131 |
| 5-5 | 133 | 2.281 | 0.54 | 0.388 | 1.898 |
| 4-4 | 110 | 2.148 | 0.40 | 0.305 | 1.706 |
| 3-3 | 83 | 1.971 | 0.24 | 0.200 | 1.463 |
| 2-2 | 49 | 1.667 | 0.09 | 0.088 | 1.204 |
| 1-1 | 29 | 1.418 | 0.04 | 0.046 | 1.106 |
| 0-0 | 0 | 1.000 | 0.00 | 0.000 | 1.000 |

### 9.6.8.2 塔架产生的风荷载

A　（0~1）节间

a　挡风面积

塔柱：$1.4 \times 31.507 \times 2 = 88.22\mathrm{m}^2$。

斜杆：$0.7 \times 39.083 \times 2 = 54.72\mathrm{m}^2$。

辅杆：$0.4064 \times (6.157 + 12.926 + 12.314) \times 2 = 25.52\mathrm{m}^2$。

横杆：$0.7 \times 31 = 21.7\mathrm{m}^2$。

总挡风面积为：$190.16\mathrm{m}^2$。

考虑节点板影响，挡风面积乘以增大系数 1.1，总挡风面积为 $209.18\mathrm{m}^2$。

b　整体体形系数

轮廓面积：$\frac{1}{2}(31 + 50) \times 29 = 1174.5\mathrm{m}^2$。

挡风系数：$\phi = \frac{209.18}{1174.5} = 0.178$。

整体体形系数：$\mu_s = 2.444$。

钢管塔架整体体形系数折减系数：

$$d_{eq} = \frac{88.22 \times 1.4 + 54.72 \times 0.7 + 25.52 \times 0.4064 + 21.7 \times 0.7}{190.16} = 0.985$$

$$\mu_z w_0 d_{eq} = 1.418 \times 0.7 \times 0.985 = 0.978 > 0.015$$

故折减系数取 0.6，即钢管塔架整体体形系数为 $\mu_s = 0.6 \times 2.444 = 1.4664$。

可见（0~1）节间计算整体体形系数比试验值（1.90）小（见表9.6-4）。

B　（3~4）节间

a　挡风面积

塔柱：$1.1 \times 27.058 \times 2 = 59.53 m^2$。

斜杆：$0.4064 \times 32.323 \times 2 = 26.28 m^2$。

辅杆：$0.3185 \times (8.193 + 7.743 + 8.795) \times 2 = 15.75 m^2$。

横杆：$0.4064 \times 19.54 \times 4 = 31.76 m^2$。

总挡风面积为 $133.32 m^2$。

考虑节点板影响，挡风面积乘以增大系数1.1，总挡风面积为 $146.66 m^2$。

b　整体体形系数

轮廓面积：$\frac{1}{2}(19.54 + 16) \times 27 = 479.79 m^2$。

挡风系数：$\phi = \frac{146.66}{479.79} = 0.3057$。

整体体形系数：$\mu_s = 2.189$。

钢管塔架整体体形系数折减系数取 0.6（$\mu_z w_0 d_{eq} > 0.015$）。

塔架整体体形系数：$\mu_s = 0.6 \times 2.189 = 1.313$。

可见（3~4）节间计算整体体形系数比试验值（1.24）略大。

C　（7~8）节间

a　挡风面积

塔柱：$0.4064 \times 16.024 \times 2 = 13.02 m^2$。

斜杆：$0.3185 \times 20.966 \times 2 = 13.36 m^2$。

辅杆：$0.3185 \times (5.15 + 5.28 + 6.628) \times 2 = 10.87 m^2$。

横杆：$0.3185 \times 13.84 \times 4 = 17.63 m^2$。

总挡风面积为 $54.88 m^2$。

考虑节点板影响，挡风面积乘以增大系数1.1，总挡风面积为 $60.37 m^2$。

b　整体体形系数

轮廓面积：$\frac{1}{2}(13.84 + 13.25) \times 16 = 216.72 m^2$。

挡风系数：$\phi = \frac{60.37}{216.72} = 0.279$。

整体体形系数：$\mu_s = 2.242$。

钢管塔架整体体形系数折减系数取 0.6（$\mu_z w_0 d_{eq} > 0.015$）。

塔架整体体形系数：$\mu_s = 0.6 \times 2.242 = 1.345$。

可见（7~8）节间计算整体体形系数比试验值（1.00）大。

由以上计算可见，按规范计算的体形系数与试验值相比，上部计算值偏大，而下部计算值偏小，就综合效应而言，计算值略大一些。直接按规范计算塔架风荷载是安全可靠的。

为了简化计算，各节间的体形系数不再一一计算，近似取 0~83m 为 1.5；83~192m 为 1.35。塔架风荷载计算结果见表 9.6-12。

表 9.6-12 塔架产生的风荷载标准值

| 节点编号 | $w_0$ /kN·m$^{-2}$ | $\beta_z$ | $\mu_s$ | $\mu_z$ | $w_k$ /kN·m$^{-2}$ | 挡风面积 $A_C$/m$^2$ | 水平集中力 $F$/kN | 节点剪力 $V$/kN | 风弯矩 $M$/kN·m |
|---|---|---|---|---|---|---|---|---|---|
| 9-9 | 0.7 | 2.386 | 1.35 | 2.573 | 5.802 | 25.39 | 70.85 | 70.85 | 0 |
| 8-8 | 0.7 | 2.358 | 1.35 | 2.541 | 5.662 | 59.91 | 242.82 | 313.67 | 495.95 |
| 7-7 | 0.7 | 2.261 | 1.35 | 2.467 | 5.271 | 67.11 | 340.46 | 654.13 | 5514.67 |
| 6-6 | 0.7 | 2.131 | 1.35 | 2.382 | 4.797 | 78.47 | 360.37 | 1014.50 | 16634.88 |
| 5-5 | 0.7 | 1.898 | 1.35 | 2.281 | 4.091 | 109.54 | 397.41 | 1411.91 | 35910.38 |
| 4-4 | 0.7 | 1.706 | 1.35 | 2.148 | 3.463 | 146.67 | 461.90 | 1873.81 | 68384.31 |
| 3-3 | 0.7 | 1.463 | 1.5 | 1.971 | 3.028 | 226.27 | 593.71 | 2467.52 | 118977.18 |
| 2-2 | 0.7 | 1.204 | 1.5 | 1.667 | 2.108 | 97.90 | 423.98 | 2891.50 | 202872.86 |
| 1-1 | 0.7 | 1.106 | 1.5 | 1.418 | 1.647 | 209.06 | 276.51 | 3168.01 | 260702.86 |
| 0-0 | 0.7 | 1.000 | 1.5 | 1.000 | 1.050 | — | 175.09 | 3343.10 | 352575.15 |

## 9.6.9 排烟筒及电梯井产生的风荷载

根据《烟囱设计规范》（GB 50051—2013）的规定，可不考虑塔架与排烟筒的相互影响，分别取塔架与排烟筒各自的体形系数，排烟筒体形系数按试验值进行计算，即 $\mu_s = 0.9$。排烟筒风荷载计算见表 9.6-13。

表 9.6-13 排烟筒风荷载标准值计算

| 标高范围 /m | $\beta_z$ | $\mu_s$ | $\mu_z$ | $w_k$ /kN·m$^{-2}$ | 均布荷载 /kN·m$^{-1}$ | 传给塔架反力 | | |
|---|---|---|---|---|---|---|---|---|
| | | | | | | 节点号 | 支座反力 /kN | 节点剪力 $V$/kN | 节点弯矩 $M$/kN·m |
| 192~200 | 1.991 | 0.9 | 2.61 | 3.27 | 39.24 | 9-9 | 445.8 | 445.8 | 0 |
| 185~192 | 1.942 | 0.9 | 2.57 | 3.14 | 37.68 | 8-8 | 438.78 | 884.58 | 3120.6 |
| 169~185 | 1.917 | 0.9 | 2.54 | 3.07 | 36.84 | 7-7 | 613.58 | 1498.16 | 17273.88 |
| 152~169 | 1.835 | 0.9 | 2.47 | 2.86 | 34.32 | 6-6 | 639.18 | 2137.34 | 42742.6 |
| 133~152 | 1.729 | 0.9 | 2.38 | 2.59 | 31.08 | 5-5 | 683.46 | 2820.8 | 83352.06 |
| 110~133 | 1.615 | 0.9 | 2.28 | 2.32 | 27.84 | 4-4 | 733.26 | 3554.06 | 148230.46 |
| 83~110 | 1.504 | 0.9 | 2.15 | 2.04 | 24.48 | 3-3 | 792.00 | 4346.06 | 244190.08 |
| 49~83 | 1.347 | 0.9 | 1.97 | 1.67 | 20.04 | 2-2 | 616.56 | 4962.62 | 391956.12 |
| 29~49 | 1.174 | 0.9 | 1.67 | 1.24 | 14.88 | 1-1 | 416.16 | 5378.78 | 491208.52 |
| 0~29 | 1.09 | 0.9 | 1.42 | 0.98 | 11.76 | 0-0 | 215.76 | 5594.54 | 647193.14 |

### 9.6.10　塔架内力汇总

本例不考虑地震荷载。塔架重力荷载分项系数取 1.2，风荷载分项系数取 1.4。塔架内力汇总见表 9.6-14。

平台活荷载：顶层平台为 $5kN/m^2$，分项系数取 1.3；其余平台取 $0.5kN/m^2$，分项系数取 1.4；平台活荷载组合系数取 0.7，活荷载折减系数按《建筑结构荷载规范》取值。

表 9.6-14　塔架内力汇总

| 节点编号 | 内力标准值 | | | | 内力基本组合值 | | |
|---|---|---|---|---|---|---|---|
| | 风弯矩 $M/kN \cdot m$ | 竖向恒载 $G/kN$ | 平台活荷载 $/kN$ | 剪力 $V/kN$ | 风弯矩 $M/kN \cdot m$ | 竖向力 $G/kN$ | 剪力 $V/kN$ |
| 9-9 | 0 | 73.74 | 548.91 | 516.65 | 0 | 588.00 | 723.31 |
| 8-8 | 3616.55 | 493.49 | — | 1198.25 | 5063.17 | 1091.70 | 1677.55 |
| 7-7 | 22788.55 | 1045.21 | 66.16 | 2152.29 | 31903.97 | 1730.00 | 3013.21 |
| 6-6 | 59377.48 | 1642.38 | — | 3151.84 | 83128.47 | 2118.14 | 4412.58 |
| 5-5 | 119262.44 | 2458.42 | 92.07 | 4232.71 | 166967.42 | 3108.36 | 5925.79 |
| 4-4 | 216578.77 | 3874.07 | 98.39 | 5427.87 | 303210.28 | 5395.25 | 7599.02 |
| 3-3 | 363167.26 | 5741.44 | 161.30 | 6813.58 | 508434.16 | 7794.17 | 9539.01 |
| 2-2 | 594828.98 | 8421.63 | 258.39 | 7854.12 | 832760.57 | 10858.44 | 10995.77 |
| 1-1 | 751911.38 | 10913.5 | | 8546.79 | 1052675.93 | 13848.68 | 11965.51 |
| 0-0 | 999768.29 | 13574.19 | | 8937.64 | 1399675.61 | 17041.51 | 12512.70 |

### 9.6.11　杆件内力计算

#### 9.6.11.1　在竖向荷载作用下塔架内力

（1）（0～1）层间。由于（0～1）层间塔架腹杆为 K 形腹杆，故根据式（7.3-41）、式（7.3-42）计算竖向荷载作用下的塔架内力。

塔柱同水平面的夹角：$\beta = 65.14°$。

塔面同水平面的夹角：$\beta_n = 71.86°$。

斜杆同横杆的夹角：$\alpha = 50.68°$。

$$N = -\frac{\sum G}{n\sin\beta} = -\frac{17041.51}{4\sin65.14} = -4695kN$$
$$S = 0$$

（2）其他层间计算略。

#### 9.6.11.2　在水平荷载作用下塔架内力

（1）（0～1）层间。

斜杆：

$$S = \frac{V_x - \dfrac{2M_y}{D}\cot\beta}{C_3\cos\alpha + C_4\sin\alpha\sin\beta_n\cot\beta + C_5\sin\alpha\cos\beta_n}$$

$$= \frac{12512.7 - \frac{2 \times 1399675.61}{70.71}\cot 65.14}{4\cos 50.68 - 2.328 \times \sin 50.68 \times \sin 71.86 \times \cot 65.14}$$

$$= -3313.2\text{kN}$$

受压塔柱：

$$N = C_1 \frac{M_y}{D\sin\beta} + C_2 \frac{\sin\alpha\sin\beta_n}{2\sin\beta}S$$

$$= 0.707 \times \frac{1399675.61}{70.71\sin 65.14} - \frac{\sin 50.68 \times \sin 71.86}{2\sin 65.14} \times (-3313.2)$$

$$= 16766.3\text{kN}$$

（2）其他层间计算略。

### 9.6.11.3 塔柱总内力

（1）（0~1）层间。

受压塔柱及受压斜杆：

$$N = -16766.3 - 4695 = -21461.3\text{kN}$$

$$S = -3313.2\text{kN}$$

（2）其他层间计算略。

## 9.6.12 杆件承载力计算

本烟囱结构重要性系数取 $\gamma_0 = 1.1$。

（1）（0~1）层间：

1）塔柱计算。

塔柱计算长度：$l = \frac{31.5}{2} = 15.98\text{m}$。

回转半径：$i = 0.4852\text{m}$。

长细比：$\lambda = \frac{l}{i} = \frac{15.98}{0.4852} = 32.93$。

轴心受压稳定系数：$\varphi = 0.925$。

$$\frac{\gamma_0 N}{\varphi A} = \frac{1.1 \times 21461.3 \times 10^3}{0.925 \times 1206.88 \times 10^2} = 211.5\text{MPa} > f = 205\text{MPa}$$

超过允许值 3.15%，小于 5%，基本满足。

2）斜杆计算。

斜杆长细比：$\lambda = 54$。

轴心受压稳定系数：$\varphi = 0.838$。

$$\frac{\gamma_0 N}{\varphi A} = \frac{1.1 \times 3313.2 \times 10^3}{0.838 \times 343.82 \times 10^2} = 126.5\text{MPa} < f = 215\text{MPa}$$

（2）其他层间计算略。需要注意的是，横杆应按偏心受压杆件进行计算。

# 10  玻璃钢烟囱

## 10.1  玻璃钢材料

### 10.1.1  玻璃钢材料的特点

以合成树脂为基体，玻璃纤维及其制品作增强材料而制成的复合材料，称为玻璃纤维增强塑料（以下简称为 GFRP）。因其强度高，可以和钢铁相比，故又俗称为玻璃钢。和传统的金属材料相比，GFRP 具有几方面的优越性：

（1）轻质高强。GFRP 的密度只有普通钢材的 1/6 ~ 1/4，比铝还要轻约 1/3，而机械强度却能达到或超过普通碳钢的水平。加上成本较低，因此 GFRP 材料不但有好的比强度，而且有更好的性价比。

（2）优良的耐化学腐蚀性。相对于金属，GFRP 对诸如大气、水和一般浓度的酸、碱、盐等介质有着良好的化学稳定性和良好的适应性，过去用不锈钢也对付不了的一些介质，如盐酸、氯气、稀硫酸、二氧化硫等，用 GFRP 可以得到很好的解决，因此 GFRP 在化学和石油工业中得到了很广泛的应用。

（3）优良的电性能。GFRP 是一种优良的电绝缘材料，可广泛用于制造仪表、电机及电器中的绝缘零部件。尤其是 GFRP 在高频作用下有着良好的介电性和微波透过性，是制造多种雷达罩等高频绝缘产品的优良材料。

（4）良好的热性能。GFRP 也是一种优良的热绝缘材料，其热导率只有金属的1/1000 ~ 1/100。

（5）良好的表面性能。GFRP 一般和化学介质接触时，表面很少有腐蚀产物，也很少结垢，是优良的管道材料。

（6）良好的可设计性。GFRP 具有复合材料的共性特点，可以通过改变其原料的种类、数量比例和排列方式而设计出不同性能的材料。

（7）良好的施工工艺性。未固化前的热固性树脂和玻璃纤维组成的材料具有可以改变形状的能力，通过不同的成型方法和模具，可以方便地加工成所需要的形状，特别适合于大型、整体和结构复杂的防腐设备施工要求。

也正是基于上述特点，GFRP 自 1932 年诞生起得到了快速发展，其应用领域逐渐从最初的军用扩大到了很多领域，现在在航空航天、船舶、车辆、海洋、石油、化工、水处理、建筑、电器等很多领域有广泛应用。其中，因其良好的耐蚀性、低成本在化工领域广泛被用来制造反应罐、贮罐（槽）、搅拌器、管道等。

进入 21 世纪以来，国家环保法规对烟囱排出的气体清洁度提出了严格要求。采取各种洗涤塔、吸收塔对烟气进行脱硫、脱硝及其他脱酸等处理措施后，烟气的温度越来越低

（45~95℃），尚存的未处理干净的 $SO_3$、$SO_2$、$HCl$、$HF$ 等介质都在其本身的露点温度以下，导致湿烟气的酸性增大，对排烟筒体表面的腐蚀性增强。

针对强腐蚀湿烟气，欧美发达国家从 20 世纪 70 年代开始采用玻璃钢排烟筒进行排放，以有效应对烟气对排烟筒的腐蚀。40 多年来的玻璃钢烟囱使用实践也证明了它具有防止腐蚀和长期承受荷载的能力。为此美国颁布了《燃煤电厂玻璃纤维增强塑料（GFRP）烟囱内筒设计、制造和安装标准指南》（ASTM 5364—2008）。国际工业烟囱协会（CICIND）也发布了《玻璃钢（GFRP）内筒标准规范》。

国内玻璃钢烟囱使用起步较早，从 20 世纪 60~70 年代开始在冶金、有色、化工等行业的排气筒应用，但直径比较小（1~2m），高度也不超过 50m。80 年代中期开始，以河北省冀州中意玻璃钢厂为代表，引进了国外玻璃钢缠绕技术与设备，推动玻璃钢烟囱进入了快速发展期。设计制造和使用的玻璃钢烟囱的直径在 5m 以上，高度也达到了 100m 以上。目前，冶金行业的烟囱、燃煤电厂的大机组烟囱都面临着脱硫后的酸性湿烟气对排烟筒的强腐蚀性，采用玻璃钢烟囱将是解决烟囱腐蚀问题的一条新的主要途径。

## 10.1.2 玻璃钢基体材料

玻璃纤维增强塑料所用的合成树脂基体材料，从耐腐蚀领域来看，目前使用最多的是环氧树脂、不饱和聚酯树脂和环氧乙烯基酯树脂。

### 10.1.2.1 反应型阻燃环氧乙烯基酯树脂

环氧乙烯基酯树脂是由环氧树脂与不饱和一元羧酸加成聚合反应，在分子主链的端部形成不饱和活性基团，可与苯乙烯等稀释和交联剂进行固化反应而生成的热固性树脂。

反应型阻燃环氧乙烯基酯树脂是指环氧乙烯基酯树脂的分子主链中含有氯、溴、磷等阻燃元素，在不添加或少量添加辅助阻燃材料（如三氧化二锑）后，可使固化后的玻璃钢材料具有点燃困难、离火自熄的性能。这类树脂在液态时不具有阻燃性。

环氧乙烯基酯树脂是目前国内外玻璃钢烟囱制造中的常用树脂，其固化后树脂及其玻璃钢制品在耐温、耐腐蚀、耐久性和物理力学等方面的综合性能优良。从国内调查反馈来看，采用环氧乙烯基酯树脂制造玻璃钢烟囱已过半，而且在烟塔合一的工程应用中，已经全部采用环氧乙烯基酯树脂，但基本上以非阻燃型树脂为主。

美国《燃煤电厂玻璃纤维增强塑料（GFRP）烟囱内筒设计、制造和安装标准指南》（ASTM 5364—2008）中，对玻璃钢烟囱的树脂明确了应选用含卤素的化学阻燃树脂。从北美地区目前应用的玻璃钢烟囱情况来看，几乎都采用反应型阻燃环氧乙烯基酯树脂。

国际工业烟囱协会（CICIND）《玻璃钢（GFRP）内筒标准规范》对树脂的选用主要有三类：环氧乙烯基酯树脂、不饱和聚酯树脂（双酚 A 富马酸型和氯菌酸型）和酚醛树脂。对于阻燃性能，认为在需要时，在玻璃钢内衬的内、外表层采用反应型阻燃树脂，或者全部采用反应型阻燃树脂。同时强调应当遵守本地或国家的消防条例，并认为采用内外表面阻燃的结构无法限制规模很大的火焰。

从国内已发生的玻璃钢烟囱火灾事故及由于脱硫塔火灾引起的钢排烟筒过火案例来看，同样也需要引起我们高度重视玻璃钢烟囱的阻燃性问题。因此，从安全消防角度考虑，采用阻燃树脂是防止玻璃钢材质在存放、安装和运行过程中避免着火、火焰扩散和传播事故发生的措施之一。

为了试验和验证材料的性能，《烟囱设计规范》选用了上海富晨化工有限公司的 Fuchem892A、892N 和美国亚什兰公司的 Derakane510C、515 四个品种的溴化环氧乙烯基酯树脂进行了试验，其典型的分子主链结构如下：

$$C=C-C-O-C-C-C-[-O-\cdots-O-C-C-C-]_n-O-C-C=C$$

从上面的分子结构可以看出：溴化环氧乙烯基酯树脂的主链骨架上不存在酯基，则会表现出好的对水和碱的水解稳定性；环氧骨架上的仲羟基改善了与玻璃纤维的浸润性；树脂固化只发生在分子两端，意味着分子链的整个长度在应力下是可以伸长的，因而可吸收力或热的冲击，表现在宏观性能上即具有较高的断裂延伸率和冲击韧性；环氧骨架上存在溴元素，其阻燃性是本身固有的，而不是靠添加剂来达到的。因此，在保证阻燃要求的同时，其力学性能、耐腐蚀性能和施工工艺性能不下降，这点是难能可贵的。

### 10.1.2.2　反应型阻燃环氧乙烯基酯树脂的耐腐蚀性能

树脂结构中的酯基是最容易受到酸和碱化学侵蚀的基团，研究表明：酯基在酸或碱催化下可发生下列水解反应：

酸式水解是个可逆反应：$R-\overset{O}{C}-O-R'+H_2O \underset{}{\overset{H^+}{\rightleftharpoons}} R-\overset{O}{C}-OH+R'OH$

而碱式水解是不可逆反应：$R-\overset{O}{C}-O-R'+H_2O \xrightarrow{OH^-} R-\overset{O}{C}-O^- +R'OH$

因此树脂浇铸体试样在碱溶液中容易发生由表及里的溶胀、开裂以致破碎。在防腐蚀性能上通常以此来推断：即树脂的耐碱性好，其耐酸性能也好。《乙烯基酯树脂防腐蚀工程技术规程》（GB/T 50590—2010）中对反应型阻燃环氧乙烯基酯树脂的质量要求中，列入了耐碱性试验指标。按照《树脂浇铸体性能试验方法》（GB/T 2567—2008）规定，对表 10.1-1 四种反应型阻燃环氧乙烯基酯树脂浇铸体的耐碱性进行了试验和验证，作为判断树脂耐腐蚀性能的重要依据。结果表明：在 10% NaOH 溶液和 100℃沸腾温度下，经过 100h 后取样检测，材料符合要求，具体结果见 10.1-1。

表 10.1-1　试验前后试样的重量、硬度和弯曲强度变化的检测结果

| 项　　目 | Fuchem 892N | Fuchem 892A | Derakane 510C | Derakane 515 |
|---|---|---|---|---|
| 浸后均重/g | 9.48 | 8.78 | 8.87 | 9.12 |
| 浸前均重/g | 9.46 | 8.76 | 8.87 | 9.08 |
| 重量变化率/% | +0.15 | +0.27 | 0 | +0.37 |
| 浸后平均弯曲强度/MPa | 51.3 | 64.8 | 74.4 | 65.9 |
| 浸前平均弯曲强度/MPa | 71.2 | 67.8 | 77.3 | 76.2 |
| 弯曲强度保留率/% | 72 | 95.5 | 96.2 | 86.5 |
| 浸后平均巴氏硬度 | 29.4 | 15.8 | 17 | 16.2 |
| 浸前平均巴氏硬度 | 31.6 | 19.8 | 19.2 | 21.2 |
| 巴氏硬度保留率/% | 93 | 79.8 | 88.5 | 76.4 |

### 10.1.2.3　玻璃钢基体材料耐热要求

《烟囱设计规范》中规定：烟气的最高设计使用温度（$T$）应符合：$T \leqslant (HDT - 20)$℃，并规定了采用玻璃钢烟囱的烟气长期运行温度不得超过 100℃，事故发生时的 30min 内，温度不得超过树脂的玻璃化温度（$T_g$）。

对树脂和作为结构材料的玻璃钢来说，我们需要了解三个重要的温度指标，即：树脂的热变形温度、玻璃钢的临界温度和树脂的玻璃化温度。

（1）树脂的热变形温度（HDT）。当树脂浇铸体试件在等速升温的规定液体传热介质中，按简支梁模型，在规定的静荷载（通常是 1.82MPa）作用下，产生规定变形时的温度。

（2）玻璃钢的临界温度。高温下玻璃钢性能下降速度开始急剧增加时的温度，是判断玻璃钢结构层材料能否在长期高温下工作的重要依据。试验表明，同一种材料在不同受力状态（拉伸、压缩或弯曲）下的强度和弹性模量下降速度开始急剧增加时的温度区域基本上是相同的，但是与室温下的强度数值的比值是不同的。比如拉伸时强度值下降的比率较小，是由于拉伸时纤维发挥了主要承力作用；而 45°拉伸时，玻璃钢处于受平面剪切应力作用，则强度值下降幅度就比较大。临界温度的范围取决于玻璃钢的基体树脂和固化体系，而与增强纤维类型和玻璃钢所受应力状态的类型关系不大。一个结构物的受力状态往往是很复杂的，因此结构不能在超出其临界温度的环境下长期工作。

上述 $T \leqslant (HDT - 20)$℃ 的表达式说明，在选择树脂时，其热变形温度应超过烟气设计温度 20℃ 以上，这是国内外对在高温条件下使用玻璃钢材料的通常规则。主要是确保作为结构材料的玻璃钢不能在超出其临界温度的环境下长期运行。

（3）玻璃化温度（$T_g$）。当树脂浇铸体试件在一定升温速率下达到一定温度值时，从一种硬的玻璃状脆性状态转变为柔性的弹性状态，物理参数出现不连续的变化，这个现象称为玻璃化转变，所对应的温度为玻璃化温度（$T_g$），它是确定树脂最高使用温度的依据，其数值通常高于热变形温度 15 ~ 25℃。烟气所允许的瞬间运行（事故）温度与树脂的这个温度是密切相关的。

三个温度指标有如下关系：临界温度 < 热变形温度 < 玻璃化温度。如 892A 的三向指标分别为：90℃、106℃ 和 125℃。

### 10.1.2.4　玻璃钢基体材料的阻燃要求

国内消防法规对难燃材料的要求之一是极限氧指数值（LOI）不小于 32；同时《烟囱设计规范》规定了玻璃钢的火焰传播速率应不大于 45。

火焰传播速率是采用 ASTM E84 隧道法测定的玻璃钢层合板的一个指数值。表示火焰前沿在材料表面的发展速度，关系到火灾波及邻近可燃物而使火势扩大的一个评估指标。国内无相对应的标准，但已有测定机构提供专门服务。

### 10.1.2.5　防腐蚀内层和结构层树脂的选用原则

《烟囱设计规范》要求玻璃钢烟囱的防腐蚀内层和结构层宜选用同类型的树脂；当选用不同类型的树脂时，层间不得脱层。因为玻璃钢烟囱是长期使用且维修困难的高耸构筑物，烟气具有强腐蚀性，因此防腐蚀层应设计成树脂含量高、纤维含量低的抗渗性铺层；结构层主要以其在运行温度条件下的力学性能为主，因此纤维含量高。从国外已有运行实例看，其防腐蚀层和结构层全部采用反应型阻燃环氧乙烯基酯树脂，综合性能优异，同时也有效防止了因防腐蚀层和结构层采用不同树脂可能造成的界面相容性问题，避免脱层。

### 10.1.3　玻璃钢增强材料

玻璃钢烟囱所用增强材料主要有：玻璃纤维短切原丝毡（也称"短切毡"）、缠绕纱、喷射纱、表面毡、单向布和方格布等。通常玻璃钢烟囱的筒壁由防腐蚀内衬层、结构层和外表面层组成，《烟囱设计规范》做了如下规定：

（1）富树脂层宜选用耐化学型 C-glass 表面毡或有机合成材料，也可选用 C 型中碱玻璃纤维表面毡；次内层应选用 E-CR 类型的玻璃纤维短切原丝毡或喷射纱。当有防静电要求时，可选用导电碳纤维毡或布。玻璃纤维短切原丝毡质量应符合现行国家标准《玻璃纤维短切原丝毡和连续原丝毡》（GB/T 17470）的规定。

中碱玻璃纤维在中国大量生产，性能上具有耐化学侵蚀的特性，国内学术界把它列入 C 玻璃系列，C 型中碱玻璃纤维表面毡的主要化学成分见表 10.1-2。

表 10.1-2　C 型中碱玻璃纤维表面毡的主要化学成分

| 型　号 | $SiO_2$ | $Al_2O_3$ | CaO | MgO | $Na_2O + K_2O$ | $Fe_2O_3$ |
|---|---|---|---|---|---|---|
| 中碱 5 号 | $67.0 \pm 0.5$ | $6.2 \pm 0.4$ | $9.5 \pm 0.3$ | $4.2 \pm 0.3$ | $12.0 \pm 0.4$ | $\leqslant 0.4$ |
| 中碱 6 号 | $66.7 \pm 0.5$ | $6.2 \pm 0.4$ | $10.8 \pm 0.3$ | $3.0 \pm 0.3$ | $11.7 \sim 12.4$ $Na_2O \geqslant 10.5$ | $\leqslant 0.42$ |

由于玻璃纤维易受含氟介质和碱介质的腐蚀，因此耐蚀富树脂层的增强材料应选用有机合成材料，它是由有机聚合物制成的纤维材料，如涤纶、锦纶（尼龙）织物等。

玻璃纤维虽然有很高的强度，但其性脆、不耐磨，摩擦后易带静电，因此当需要防静电时，则选用导电碳纤维毡或布。

E-CR 型的玻璃纤维属一种改进的无硼无碱玻璃纤维，在耐腐蚀性能方面，它克服了 E 型无碱玻璃纤维耐酸性差的缺点。

（2）结构层应选用 E-CR 类型的玻璃纤维的缠绕纱、单向布；在排放潮湿烟气条件下，可选用 E 型玻璃纤维的缠绕纱、单向布。其质量应符合现行国家标准《玻璃纤维无捻粗纱》（GB/T 18369）、《玻璃纤维无捻粗纱布》（GB/T 18370）的规定。

从玻璃钢烟囱受力和耐腐蚀性能的特点和技术要求出发，对结构层的增强材料提出了要优先选用 E-CR 类型的玻璃纤维的缠绕纱和单向布，尤其是在湿烟气强腐蚀的条件下。而在排放潮湿（半干）烟气条件下，可放宽选用 E 型玻璃纤维，主要是考虑到半干烟气的腐蚀性低于湿烟气，同时 E 型玻璃纤维目前在经济性上优于 E-CR 类型的玻璃纤维。

基于玻璃钢烟囱内筒是典型的应力腐蚀性的玻璃钢结构材料，因此需要考虑在一定应力腐蚀条件下对玻璃纤维的选择是十分重要的，这样能够保证玻璃钢内筒在其寿命内的强度保留率满足其设计年限的要求。通过不同玻璃纤维制成的复合材料棒在 5% 硫酸溶液中的应力腐蚀试验表明，传统的 E 型玻璃在硫酸溶液的应力试验中 73h 强度就衰减到只有 12.1%，但是在同等条件下 Advantex 玻璃纤维却需要 50 年才能衰减到这个强度。

（3）玻璃钢烟囱筒体之间连接所用的玻璃纤维无捻粗纱布、短切原丝毡或单向布的类型，应与筒体增强材料一致。

（4）玻璃纤维表面处理采用的偶联剂应同选用的树脂匹配。

使用玻璃纤维织物制成玻璃钢的增强原则，取决于能否成功地将应力从强度和弹性模量较低的基体树脂传递到强度和模量较高的玻璃纤维织物上去。为了有效地传递应力，就必须使基体树脂和增强材料的表面之间有良好的黏结。

玻璃纤维织物有非常高的表面积/质量比。在形成表面时，玻璃表面层的成分会有所改变，以尽可能降低那些残存的原子间力，玻璃纤维表面剩余的任何作用力，将主要通过吸附水分来加以平衡。也就是说玻璃纤维表面覆盖着一吸附水层，为了使玻璃纤维能有效地作为一种增强材料，偶联剂担负着将应力从疏水的基体树脂到亲水的玻璃纤维表面之间有效地传递作用。正因为玻璃纤维表面光滑不易同树脂黏结，因此在新鲜玻璃纤维成型后需立即采用浸润剂覆盖，使得表面状态得到改变，改善与树脂黏合的特性。浸润剂一般由偶联剂、成膜剂、润滑剂、防静电剂等组成。由于树脂分子结构的不同，所以采用的偶联剂应匹配，使得玻璃纤维与树脂界面之间产生化学键合，牢固地结合起来。反之会影响玻璃钢的强度和抗渗透性能。

采用不同偶联剂处理和未处理的玻璃钢层合板，进行弯曲强度和水煮后湿强度保留率的检测结果也验证了这个结论。表 10.1-3 是几种偶联剂处理的玻璃纤维无捻粗纱布所制备的树脂玻璃钢层合板的性能比较。

表 10.1-3 不同偶联剂对相同的玻璃布-树脂制品弯曲强度的影响

| 偶联剂类型 | 弯曲强度/MPa | | 湿强度保留率/% |
| --- | --- | --- | --- |
| | 干态 | 煮沸 2h 后 | |
| 无 | 423 | 247 | 58 |
| 沃兰 A | 508 | 437 | 86 |
| A172 | 508 | 480 | 94 |
| KH-550，KH-560 | 600 | 564 | 94 |

从表 10.1-3 可看出，不使用偶联剂的玻璃纤维无捻粗纱布的树脂层合板经水煮 2h后，只保留有 58% 湿强度，大大低于使用偶联剂的制品。

这也证明了采用偶联剂的增强型浸润剂不但能加强玻璃纤维与树脂界面的黏结，而且能保护玻璃纤维表面，是提高玻璃钢性能和防止玻璃钢老化的有效途径之一。

## 10.1.4 玻璃钢烟囱筒壁的构成

玻璃钢烟囱的筒壁应由防腐蚀内衬层（即有耐蚀抗渗层和耐蚀抗渗次内层组成的富树脂层）、结构层和外表面层组成，并符合下列规定：

（1）防腐蚀内衬层应由富树脂层和次内衬层组成。

1）富树脂层厚度应不小于 0.25mm，宜采用玻璃纤维表面毡，其树脂含量应不小于85%（重量比），也可选用有机合成纤维材料；次内衬层应采用玻璃纤维短切毡或喷射纱，其厚度应不小于 2mm，树脂含量应不小于 70%（重量比）。

富树脂层和次内层由于具有比较高的树脂含量，固化后的交联密度高，使得玻璃钢表面致密，抗化学介质的扩散渗透能力增强。

2）由于玻璃钢是一种绝缘性能比较好的材质，玻璃钢烟囱在使用中可能产生大量的静电，会导致安全运行隐患，所以需要考虑静电释放和接地措施。

当内衬层需防静电处理时，可采用导电碳纤维毡或导电碳填料，其内表面的连续表面电阻率不大于 $1.0 \times 10^6 \Omega$，静电释放装置的对地电阻不大于 $25\Omega$。

（2）结构层应由玻璃纤维连续纱或玻璃纤维织物浸渍树脂缠绕成型，其树脂含量为 $35\% \pm 5\%$（重量比），厚度可由计算确定，但考虑到玻璃钢烟囱的结构刚度和耐久性，玻璃钢烟囱的筒壁结构层最小厚度应满足表 10.1-4 的规定。

表 10.1-4　玻璃钢烟囱的筒壁结构层最小厚度

| 烟囱直径/m | 结构层最小厚度/mm | 备　　注 |
|:---:|:---:|:---:|
| ≤2.5 | 6 | 中间值可线性插入 |
| >4 | 10 | |

（3）外表面层中的最后一层树脂应采取无空气阻聚的措施，其原因是：树脂中通常含有苯乙烯交联剂，在固化过程中由于空气中的氧阻聚作用，使得固化后表面产生发黏等固化不完全现象。无空气阻聚的树脂一般是在树脂中添加少量的石蜡，在树脂固化过程中，石蜡会慢慢迁移到表面，形成隔绝空气的一层薄膜，使得表面固化完全，使用在最后一层中。

当玻璃钢烟囱暴露在室外时，紫外线将会破坏树脂分子链中苯环等结构的化学稳定性，导致玻璃钢强度和性能的下降。因此，对室外的玻璃钢烟囱，或者对有可能接受到紫外线照射的部位，在其表面层树脂中，应加入抗紫外线的吸收剂，以减少紫外线对玻璃钢性能的影响。

上海富晨采用 Fuchem892 和玻璃纤维方格布糊制玻璃钢样板，进行了添加抗紫外线吸收剂对材料性能影响的一年室外暴晒和风吹雨打的试验。结果见表 10.1-5。

表 10.1-5　抗紫外线吸收剂对材料性能的影响

| 项　　目 | 初始值 | 一年后 | 一年后（添加 0.3% UV-12） |
|:---:|:---:|:---:|:---:|
| 弯曲强度/MPa | 248 | 181 | 235 |
| 弯曲强度保留率/% | — | 73.0 | 94.8 |
| 拉伸强度/MPa | 145 | 124 | 136 |
| 拉伸强度保留率/% | — | 85.5 | 93.8 |
| 冲击强度/MPa | 97 | 80 | 87 |
| 冲击强度保留率/% | — | 82.5 | 89.7 |
| 巴氏硬度 | 56 | 50 | 52 |
| 巴氏硬度保留率/% | — | 89.3 | 92.9 |

### 10.1.5　玻璃钢材料性能

玻璃钢材料性能宜通过试验确定。当无条件进行试验时，可参考下列规定：

（1）当采用环向缠绕纱和轴向单向布的铺层结构时，常温下纤维缠绕玻璃钢材料的性能宜符合表 10.1-6 的规定。

表 10.1-6 常温下纤维缠绕玻璃钢主要力学性能指标

| 项　目 | 数　值 | 项　目 | 数　值 |
|---|---|---|---|
| 环向抗拉强度标准值 $f_{\theta tk}$ | ≥220MPa | 轴向抗拉强度标准值 $f_{ztk}$ | ≥190MPa |
| 环向抗弯强度标准值 $f_{\theta bk}$ | ≥330MPa | 轴向抗弯强度标准值 $f_{zbk}$ | ≥140MPa |
| 轴向抗压强度标准值 $f_{zck}$ | ≥140MPa | 剪切弹性模量 $G_k$ | ≥7000MPa |
| 轴向拉伸弹性模量 $E_{zt}$ | ≥16000MPa | 环向拉伸弹性模量 $E_{\theta t}$ | ≥28000MPa |
| 轴向弯曲弹性模量 $E_{zb}$ | ≥8000MPa | 环向弯曲弹性模量 $E_{\theta b}$ | ≥18000MPa |
| 轴向压缩弹性模量 $E_{zc}$ | ≥16000MPa | 环向压缩弹性模量 $E_{\theta c}$ | ≥20000MPa |

（2）当采用短切毡和方格布交替铺层的手糊玻璃钢板时，常温下玻璃钢材料的性能宜符合表 10.1-7 的规定。

表 10.1-7 常温下手糊玻璃钢板的主要力学性能指标　　　　　（MPa）

| 拉伸强度 | 弯曲强度 | 层间剪切强度 | 弯曲弹性模量 |
|---|---|---|---|
| ≥160 | ≥200 | ≥20 | ≥7000 |

（3）玻璃钢的重力密度、膨胀系数、泊松比和导热系数等计算指标，可按表 10.1-8 的规定取值。

表 10.1-8 玻璃钢主要计算参数

| 项　目 | 数　值 | 项　目 | 数　值 |
|---|---|---|---|
| 环纵向泊松比 $\nu_{z\theta}$ | 0.23 | 纵环向泊松比 $\nu_{\theta z}$ | 0.12 |
| 轴向线膨胀系数 $\alpha_z / ℃^{-1}$ | $2.0 \times 10^{-5}$ | 环向线膨胀系数 $\alpha_\theta / ℃^{-1}$ | $1.2 \times 10^{-5}$ |
| 重力密度/kN・m$^{-3}$ | 17～20 | 导热系数/W・(m・K)$^{-1}$ | 0.23～0.29 |

（4）玻璃钢材料强度设计值应根据下列公式进行计算：

$$f_{zc} = \gamma_{zct} \cdot \frac{f_{zck}}{\gamma_{zc}} \tag{10.1-1}$$

$$f_{zt} = \gamma_{ztt} \cdot \frac{f_{ztk}}{\gamma_{zt}} \tag{10.1-2}$$

$$f_{zb} = \gamma_{zbt} \cdot \frac{f_{zbk}}{\gamma_{zb}} \tag{10.1-3}$$

$$f_{\theta t} = \gamma_{\theta tt} \cdot \frac{f_{\theta tk}}{\gamma_{\theta t}} \tag{10.1-4}$$

$$f_{\theta b} = \gamma_{\theta bt} \cdot \frac{f_{\theta bk}}{\gamma_{\theta b}} \tag{10.1-5}$$

$$f_{\theta c} = \gamma_{\theta ct} \cdot \frac{f_{\theta ck}}{\gamma_{\theta c}} \tag{10.1-6}$$

式中　　　　$f_{zc}$，$f_{zck}$ ——玻璃钢轴向抗压强度设计值、标准值，N/mm$^2$；

$f_{zt}$，$f_{ztk}$ ——玻璃钢轴向抗拉强度设计值、标准值，N/mm$^2$；

$f_{zb}$，$f_{zbk}$ ——玻璃钢轴向抗弯强度设计值、标准值，N/mm$^2$；

$$f_{\theta t}, f_{\theta tk}$$ ——玻璃钢环向抗拉强度设计值、标准值，$N/mm^2$；

$$f_{\theta b}, f_{\theta bk}$$ ——玻璃钢环向抗弯强度设计值、标准值，$N/mm^2$；

$$f_{\theta c}, f_{\theta ck}$$ ——玻璃钢环向抗压强度设计值、标准值，$N/mm^2$；

$$\gamma_{zc}, \gamma_{zt}, \gamma_{zb}, \gamma_{\theta t}, \gamma_{\theta b}, \gamma_{\theta c}$$ ——玻璃钢材料分项系数，取值不应小于表 10.1-9 规定的数值；

$$\gamma_{zct}, \gamma_{ztt}, \gamma_{zbt}, \gamma_{\theta tt}, \gamma_{\theta bt}, \gamma_{\theta ct}$$ ——玻璃钢材料温度折减系数，取值不应大于表 10.1-10 规定的数值。

**表 10.1-9　玻璃钢烟囱的材料分项系数**

| 受力状态 | 符　号 | 作用效应的组合情况 | |
|---|---|---|---|
| | | 短暂设计状况 | 持久设计状况 |
| 轴心受压 | $\gamma_{zc}$ 或 $\gamma_{\theta c}$ | 3.2 | 3.6 |
| 轴心受拉 | $\gamma_{zt}$ 或 $\gamma_{\theta t}$ | 2.6 | 8.0 |
| 弯曲受拉或弯曲受压 | $\gamma_{zb}$ 或 $\gamma_{\theta b}$ | 2.0 | 2.5 |

**表 10.1-10　玻璃钢烟囱的材料温度折减系数**

| 温度/℃ | 材料温度折减系数 | |
|---|---|---|
| | $\gamma_{zct}$、$\gamma_{\theta bt}$、$\gamma_{\theta ct}$ | $\gamma_{ztt}$、$\gamma_{zbt}$、$\gamma_{\theta tt}$ |
| 20 | 1.0 | 1.0 |
| 60 | 0.70 | 0.95 |
| 90 | 0.60 | 0.85 |

注：表中温度为中间值时，可采用线性插值确定。

（5）玻璃钢弹性模量应考虑温度折减，当烟气温度不大于 100℃ 时，折减系数可按 0.8 取值。

# 10.2　设计规定

## 10.2.1　设计温度范围

玻璃钢烟囱在低温下有优异的耐腐蚀性能和力学性能，但随着温度的升高，其力学性能衰减很快，因此选用玻璃钢烟囱时，必须考虑其适用的温度范围，在《燃煤电厂玻璃纤维增强塑料（GFRP）烟囱内筒设计、制造和安装标准指南》（ASTM 5364—2008）中规定了玻璃钢烟囱适合于正常的烟气温度 49～93℃ 的工况，异常条件下其瞬时温度不得超过 121℃，必要时需采用冷却系统控制在 121℃ 以下。在《玻璃钢化工设备设计规定》（HG/T 20696—1999）中对耐温性能较好的乙烯基酯玻璃钢设计温度限定为 120℃。

国内燃煤电厂用于排放湿法脱硫烟气的温度，在无 GGH 时，在 45～55℃ 范围，有 GGH 时，在 80～95℃ 范围。从我们调查的国内化工、冶金和轻工等行业现有玻璃钢烟囱（大多数用于脱酸后的烟气）的使用情况来看，绝大多数长期运行温度不超过 100℃。所以《烟囱设计规范》（GB 50051—2013）确定 100℃ 为玻璃钢材质适合长期使用的最高温度。

当烟气超出规定的运行条件时（如大于100℃），可在烟囱前段采取冷却降温措施（如喷淋冷却），以确保烟气运行温度在规定的区间内。

随着科技进步和发展，将不断有高性能材料出现，因此对于超过本条规定的温度条件而要选用玻璃钢材质，则需要评估和试验确定，这也有利于玻璃钢烟囱未来发展和不断完善。

在事故发生时，短时间内烟气温度急剧升高，而玻璃钢短期内的使用温度极限应不能超过基体树脂的玻璃化温度（$T_g$）。基体树脂类型不同，其固化后的玻璃化温度也不同。

材料的耐寒性能常用脆化温度（$T_b$）来表示。工程上常把在某一低温下材料受力作用时只有极少变形就产生脆性破坏的这个温度称为脆化温度。同常温下性能相比，随着温度的降低，玻璃钢材料的分子无规则热运动减慢，结构趋于有序排列；树脂将会发生收缩，柔性越好收缩越大，同时树脂伸长率会下降，而拉伸强度和弹性模量将增大，弯曲强度也会增加，树脂呈现脆性倾向。鉴于目前已有正常使用在 -40℃下玻璃钢材质的管道和储罐情况，确定了未含外保温层的玻璃钢烟囱筒体的环境使用温度下限指标为 -40℃。

### 10.2.2 玻璃钢烟囱的结构型式及直径和高度的规定

玻璃钢烟囱按照其结构型式可以分为四类：

（1）自立式。即筒身在不加任何附加受力支承的情况下，与基础形成一个稳定结构。这种形式的优点是充分利用玻璃钢耐腐蚀、轻质高强、起吊方便的优点，施工周期短，造价低。缺点是不适于直径较大、风荷载较大、地震设防烈度较高的区域。因此，多用于直径较小、高度较低的烟囱。经过对于玻璃钢厂家的多方调查，《烟囱设计规范》（GB 50051—2013）规定自立式烟囱的高度不宜超过30m，且高径比不大于10。

（2）拉索式。仅采用拉索作为附加受力支承，筒身与拉索共同组成稳定结构的形式。

参照 ASTM D5364 标准的规定 $L/r \leqslant 20$，否则需采用加拉索或缓冲器等方法来保证 $L/r$ 不超过20。《烟囱设计规范》（GB 50051—2013）规定拉索式玻璃钢烟囱的高度不宜超过45m，且其高径比（$H/D$）不宜大于20。

拉索式烟囱在风荷载和地震作用下的内力计算，可按国家标准《高耸结构设计规范》（GB 50135）的规定计算。并考虑横风向风振的影响。

（3）塔架式。即以钢结构塔架或钢筋混凝土框架作为支承结构，玻璃钢作为内筒。框架上设有多层操作平台，一方面可以起到对玻璃钢内筒的支承作用，另一方面方便检查和维修。这种结构的特点是有钢塔架承担烟囱的主要载荷，包括内筒的自重及风载、地震作用等，与套筒式烟囱的受力情况相似。塔架式烟囱目前应用最为广泛，应用范围从几十米直到一百多米都有应用。目前最高的玻璃钢塔架式烟囱高度已达到120m。

（4）套筒式。承重外筒多采用钢筋混凝土外筒作为支承结构，玻璃钢作为内筒，这种结构是目前湿法脱硫工艺中最为常见的一种结构型式，套筒式烟囱的内部可设置操作平台，可在内外筒之间检修。这种结构的优点有：充分利用玻璃钢内筒防腐蚀防渗漏的优点，与混凝土刚度大、抗风和防震能力强的优点相结合，同时内筒和外筒相对独立，有效防止介质、环境温度变化引起的不同材质胀缩不一致，避免了内应力破坏。同时也利用了玻璃钢轻质高强，起吊安装方便，施工周期短，费用低的优点。烟囱的高度决定于外部混凝土外筒的高度。

对于塔架式、套筒式玻璃钢烟囱，其主要的承载均由塔架或混凝土外筒来承担，因此玻璃钢内筒主要起到防腐蚀、防渗漏的作用，但由于玻璃钢材料自身的弹性模量较低，自身稳定性较差，因此对其支承点间距必须限定，故规定玻璃钢烟囱的跨径比（$L/D$）不宜大于10。

### 10.2.3　玻璃钢烟囱内烟气流速较高时的耐磨问题

玻璃钢烟囱的设计时，应考虑烟气运行的流速、温度、磨损及化学介质腐蚀等因素的影响。当烟气流速超过31m/s时，应在拐角以及突变部位的树脂中添加耐磨填料或采取其他技术措施。由于玻璃钢材质的耐磨性能不强，在高烟气流速下，对拐角或突变部位的冲击和磨损加大，导致腐蚀加强。可通过在树脂中添加耐磨填料（如碳化硅等）来提高该部位玻璃钢的耐磨性。

### 10.2.4　烟囱的内衬层与外表层不计入强度的规定

在结构强度和承载力计算时，不计入筒壁防腐蚀内衬层的厚度和外表面层厚度，但应考虑其重量影响。

一方面防腐蚀内衬层及外表层主要起到抵御内外环境侵蚀的作用，会随着时间推移逐渐老化，力学性能逐渐降低；另一方面内外表层树脂含量很高，强度及模量较低，在计算结构强度和承载力时，均不考虑。

### 10.2.5　玻璃钢烟囱的设计使用年限

在玻璃钢烟囱的设计中，大多数的材料性能都是根据短期性能试验结果，然后给定了一些分项安全系数，作为材料的设计性能指标。这些材料性能应满足玻璃钢烟囱在设计工况下使用条件下，其使用年限达到30年。

在国外的相关标准中也有类似的设计年限的规定见表10.2-1。由此可见，我国《烟囱设计规范》（GB 50051—2013）规定的玻璃钢烟囱设计使用年限是适中的。

表 10.2-1　玻璃钢烟囱设计使用年限

| 标　　准 | ASTM D5364 | 国际工业烟囱协会（CICIND） |
| --- | --- | --- |
| 使用年限 | 35 年 | 25 年 |

### 10.2.6　玻璃钢烟囱的层间挠度规定

由于玻璃钢烟囱自身刚度较低，因此对于塔架式和拉索式烟囱应控制其层间变形。拉索式烟囱两层拉索间的层间变形量或塔架式烟囱两个固定点间的层间变形量不得超过相应层高的1/120。例如，拉索式烟囱直径1m，高度为12m，则可在距上部4m处设拉索，那么从基础至拉索位置的烟囱层间变形量不得超过8/120m（0.067m）。

## 10.3　设计计算

玻璃钢复合材料是由两种或两种以上不同性能、不同形态的组分材料通过复合工艺组合而成，确切地说是由树脂基体、增强材料和辅料组成。通常可把玻璃钢分成三个结构层次，由单层纤维浸润树脂形成的一个铺层，可以称为一次结构，如由玻璃布铺层一次成型的单层板；由多个单层结构按一定顺序叠合而成的层合板可以称为二次结构，如玻璃钢烟囱筒壁，层合板是结构的基本单元；玻璃钢烟囱作为一个制品可以称为三次结构，也就是通常说的制品结构。

单层板的力学性能由各组分材料如树脂、增强纤维的力学性能、组分含量等因素决定。层合板的力学性能则取决于单层板的力学性能、纤维方向、铺设顺序等因素。制品结构的力学性能取决于层合板的力学性能、受力方式、结构的几何形状等。

玻璃钢筒壁承载能力应按《烟囱设计规范》（GB 50051—2013）第 3.1.4 条的规定，分别按持久设计状况和短暂设计状况进行验算，并按本手册表 10.1-9 规定的不同设计状况下的材料分项系数确定材料设计强度。

### 10.3.1 自立式玻璃钢内筒

在弯矩、轴力和温度作用下，自立式玻璃钢内筒纵向抗压强度应符合下列公式的要求：

$$\sigma_{zc} = \frac{N_i}{A_{ni}} + \frac{M_i}{W_{ni}} + \gamma_T(\sigma_m^T + \sigma_{sec}^T) \leqslant f_{zc}(\text{或 } \sigma_{crt}^z) \tag{10.3-1}$$

$$\sigma_{zb} = \gamma_T \sigma_b^T \leqslant f_{zb} \tag{10.3-2}$$

$$\sigma_{crt}^z = k\sqrt{\frac{E_{zb}E_{\theta c}}{3(1-\nu_{z\theta}\nu_{\theta z})}} \times \frac{t_0}{\gamma_{zc}r} \tag{10.3-3}$$

$$k = 1.0 - 0.9(1.0 - e^{-x}) \tag{10.3-4}$$

$$x = \frac{1}{16}\sqrt{\frac{r}{t_0}} \tag{10.3-5}$$

式中　　$A_{ni}$ ——计算截面处的结构层净截面面积，$mm^2$；

$\quad\quad W_{ni}$ ——计算截面处的结构层净截面抵抗矩，$mm^3$；

$\quad\quad M_i$ ——玻璃钢烟囱水平计算截面 $i$ 的最大弯矩设计值，$N \cdot mm$；

$\quad\quad N_i$ ——与 $M_i$ 相应轴向压力或轴向拉力设计值，N；

$\quad\quad f_{zc}$ ——玻璃钢轴心抗压强度设计值，$N/mm^2$；

$\quad\quad f_{zb}$ ——玻璃钢纵向弯曲抗压强度设计值，$N/mm^2$；

$\quad\quad E_{zb}$ ——玻璃钢轴向弯曲弹性模量，$N/mm^2$；

$\quad\quad E_{\theta c}$ ——玻璃钢环向压缩弹性模量，$N/mm^2$；

$\quad\quad \sigma_{crt}^z$ ——筒壁轴向临界应力，$N/mm^2$；

$\quad\quad t_0$ ——烟囱筒壁玻璃钢结构层厚度，mm；

$\quad\quad r$ ——筒壁计算截面结构层中心半径，mm；

$\sigma_m^T, \sigma_{sec}^T, \sigma_b^T$ ——筒身弯曲温度应力、温度次应力和筒壁内外温差引起的温度应力（按本规范第 4 章规定进行计算），MPa；

$\quad\quad \gamma_T$ ——温度作用分项系数，取 $\gamma_T = 1.1$。

### 10.3.2　悬挂式玻璃钢内筒

在弯矩、轴力和温度作用下，悬挂式玻璃钢内筒纵向抗拉强度应按公式计算：

$$\sigma_{zt} = \frac{N_i}{A_{ni}} + \frac{M_i}{W_{ni}} + \gamma_T(\sigma_m^T + \sigma_{sec}^T) \leqslant f_{zt}^s \tag{10.3-6}$$

$$\sigma_{zt} = \frac{N_i}{A_{ni}} + \gamma_T(\sigma_m^T + \sigma_{sec}^T) \leqslant f_{zt}^l \tag{10.3-7}$$

$$\sigma_{zb} = \gamma_T \sigma_b^T \leqslant f_{zb} \tag{10.3-8}$$

$$\frac{\sigma_{zt}}{f_{zt}} + \frac{\sigma_{zb}}{f_{zb}} \leqslant 1 \tag{10.3-9}$$

式中　　$f_{zt}^s$——玻璃钢轴心受拉强度设计值，N/mm²，抗力分项系数取 2.6；

$f_{zt}^l$——玻璃钢轴心受拉强度设计值，N/mm²，抗力分项系数取 8.0。

### 10.3.3　烟气负压与环向风荷载

玻璃钢筒壁在烟气负压和风荷载环向弯矩作用下，其强度可按下列公式计算：

$$\sigma_\theta = \frac{pr}{t_0} \leqslant \sigma_{crt}^\theta \tag{10.3-10}$$

$$\sigma_{\theta b} = \frac{M_{\theta in}}{W_\theta} + \sigma_\theta^T \leqslant f_{\theta b} \tag{10.3-11}$$

$$\frac{\sigma_\theta}{\sigma_{crt}^\theta} + \frac{\sigma_{\theta b}}{f_{\theta b}} \leqslant 1 \tag{10.3-12}$$

$$\sigma_{crt}^\theta = 0.765 (E_{\theta b})^{3/4} \cdot (E_{zc})^{1/4} \cdot \frac{r}{L_s} \cdot \left(\frac{t_0}{r}\right)^{1.5} \cdot \frac{1}{\gamma_{\theta c}} \tag{10.3-13}$$

式中　　$M_{\theta in}$——局部风压产生的环向单位高度风弯矩，N·mm/mm，按本手册第 2 章有关规定计算；

$p$——烟气压力，N/mm²；

$W_\theta$——筒壁厚度沿环向单位高度截面抵抗矩，mm³/mm；

$E_{\theta b}$——玻璃钢环向弯曲弹性模量，N/mm²；

$E_{zc}$——玻璃钢轴向受压弹性模量，N/mm²；

$L_s$——筒壁加筋肋间距，mm；

$\sigma_\theta^T$——筒壁环向温度应力，N/mm²，按本手册第 4 章的规定进行计算；

$\sigma_{crt}^\theta$——筒壁环向临界应力，N/mm²。

### 10.3.4　竖向与环向复合受压

负压运行的自立式玻璃钢内筒，筒壁强度应按下列公式计算：

$$\frac{\sigma_{zc}}{\sigma_{crt}^z} + \left(\frac{\sigma_\theta}{\sigma_{crt}^\theta}\right)^2 \leqslant 1 \tag{10.3-14}$$

### 10.3.5　玻璃钢烟囱加劲

玻璃钢烟囱可采用加劲肋的方法提高玻璃钢烟囱筒壁刚度，加劲肋影响截面抗弯刚度应满足下式要求：

$$E_s I_s \geqslant \frac{2pL_s r^3}{1.15} \qquad (10.3\text{-}15)$$

式中　$E_s$——加劲肋沿环向弯曲模量，$N/mm^2$；

　　　$I_s$——加劲肋及筒壁影响截面有效宽度惯性矩，$mm^4$。

筒壁影响截面有效宽度可采用 $L = 1.56\sqrt{rt_0}$，且计算影响面积不大于加强肋截面面积。

### 10.3.6 玻璃钢筒壁分段对接

玻璃钢筒壁分段采用平端对接时，宜内外双面粘贴连接，并应对粘贴连接宽度、厚度及铺层分别按下列要求进行计算。

（1）粘贴连接接口宽度应满足下式要求：

$$W \geqslant \left( \frac{N_i}{2\pi r} + \frac{M_i}{\pi r^2} \right) \cdot \frac{\gamma_\tau}{f_\tau} \qquad (10.3\text{-}16)$$

式中　$N_i$——连接截面上部筒身总重力荷载设计值，N；

　　　$M_i$——连接截面处弯矩设计值，$N \cdot mm$；

　　　$f_\tau$——手糊板层间允许剪切强度，可按试验数据采用，当无试验数据时可取 20MPa；

　　　$\gamma_\tau$——手糊板层间剪切强度分项系数，取 $\gamma_\tau = 10$。

（2）粘贴连接接口厚度（计算时不计防腐蚀层厚度）应满足下式要求：

$$t \geqslant \left( \frac{N_i}{2\pi r} + \frac{M_i}{\pi r^2} \right) \cdot \frac{\gamma_{zc}}{f_{zc}} \qquad (10.3\text{-}17)$$

式中　$f_{zc}$——手糊板轴向抗压强度，当无试验数据时可采用 140MPa；

　　　$\gamma_{zc}$——手糊板轴向抗压强度分项系数，取 $\gamma_{zc} = 10$。

计算实例：如图 10.3-1 所示一玻璃钢烟囱直径为 7.2m，下部最大重力荷载 3001873.54N，连接面处最大弯矩为 2095786000N·mm。

（1）粘贴连接接口宽度。代入式（10.3-16）得 $W \geqslant 92.08mm$，取 $W$ 为 400mm。

（2）粘贴连接接口厚度。代入式（10.3-17）得 $t \geqslant 13.15mm$，取 $t$ 为 20mm。

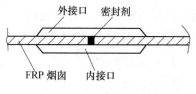

图 10.3-1　玻璃钢平端对接

### 10.3.7 玻璃钢烟囱筒壁孔洞

为尽量减小应力集中现象，玻璃钢烟囱的开孔宜设计为圆形，并对开孔处进行局部补强。大量试验表明，将连接处的壁厚适当增加将使应力集中现象在很大程度上得到缓和，应力集中系数也可以控制在某一允许数值内。开口补强采用等面积补强设计法。即局部补强的复合材料截面积必须大于或等于开孔面积。

## 10.4　设计构造

（1）因为工艺的需要玻璃钢烟囱下部必须开孔以便与烟道连接，缠绕成型的烟囱用机械方法开孔后，无疑会破坏纤维的连续性，纤维被切断，不但会削弱本体强度，而且由于结构连续性受破坏，烟囱本体和接管变形不一致，在开孔处将产生较大的附加内力，其中影响最大的是附加弯曲应力，局部地区的应力可达本体基本应力的 3 倍以上（有时甚至可达 5 ~ 6 倍）。开孔的形状将直接影响到局部应力的大小，以圆形孔的局部应力为最小，椭圆形次之，矩形孔的应力集中现象最为明显，因此为避免产生应力集中，玻璃钢烟囱的开孔形状宜设计成圆形。

（2）拉索式玻璃钢烟囱拉索设置应满足以下规定：

1）当烟囱高度与直径之比小于 15 时，可设 1 层拉索，拉索位置设置在距烟囱顶部小于 $h/3$ 处。

2）烟囱高度与直径之比大于 15 时，可设 2 层拉索：上层拉索系结位置，宜距烟囱顶部小于 $h/3$ 处；下层拉索宜设在上层拉索位置至烟囱底的 1/2 高度处。

3）拉索一般为 3 根，平面夹角为 120°，拉索与烟囱轴向夹角不小于 25°。

（3）加强筋的设置间距。加强筋的间距不应超过排烟筒直径的 1.5 倍或 8m。

采用加强筋的方法能够有效提高玻璃钢筒节的稳定性，但对于内部压力较大的情况则会在加强筋的附近产生较大的弯曲力矩，引起局部应力，因此对于受较大内压的烟囱建议采用增加壁厚的方法提高抗弯刚度。

（4）玻璃钢烟囱的连接类型可分为可拆连接和不可拆连接两大类。可拆连接包括：法兰连接、螺纹连接、承插"O"形圈连接几种形式。不可拆连接包括：平端对接和承插粘接等形式。

目前在小口径（$D \leqslant 4m$）玻璃钢烟囱中较多的采用承插"O"形圈连接、承插粘接、法兰连接等形式，而对于大口径（$D > 4m$）玻璃钢烟囱较多的采用平端对接形式，在与膨胀节相连时采用法兰连接。

接口设计的原则：

1）接口处为二次成型，必须保证接口处的强度不得低于筒体其他部位的强度；

2）在接口前，必须对连接表面进行处理，以提高粘接牢度；

3）为保证荷载能够从每段筒体向下传递，接口的强度必须要保证，对于大口径（$D > 4m$）玻璃钢烟囱必须采用内外粘接的方式，并且在内外全厚度的粘接宽度不宜小于 400mm；

4）在接口完成后，需固化一段时间后，才可起吊，所有接口表面的巴氏硬度不得低于 30。

（5）玻璃钢烟囱膨胀节。为避免因为温度变化产生的筒体轴向或环向应力过大，必须对其热应力进行计算，并根据需要设置膨胀节。

膨胀节应满足以下要求：　　　　　.

1）膨胀节与烟囱筒体的连接应保证气密性；

2）膨胀节在所有运行工况下均可以保证吸收全部排烟筒间的轴向和环向应力；

3）膨胀节所用材料耐烟气腐蚀性和耐温性不得低于筒体的性能；

4）膨胀节与筒体的连接应设计为可拆连接以便更换，通常采用法兰式连接；

5）膨胀节在设计寿命期内必须保证其使用安全性。

（6）玻璃钢烟囱的壁厚。参考 ASME D5364 的规定，最小结构层厚度为 10mm，但考虑到该标准主要针对电厂用大直径玻璃钢烟囱，并不适用于小直径烟囱，因此经过计算同时参照各厂以前的烟囱使用情况，规定玻璃钢烟囱的筒壁结构层最小厚度应满足表10.4-1。

**表 10.4-1　玻璃钢烟囱的筒壁结构层最小厚度**

| 烟囱直径/m | 结构层最小厚度/mm | 备　　注 |
|---|---|---|
| ≤2.5 | 6 | 中间值线性插入 |
| >4 | 10 | |

## 10.5　玻璃钢烟囱设计实例

### 10.5.1　概况

#### 10.5.1.1　工程条件及烟气情况

基本风压（百年一遇）为 0.50kN/m²；地震基本烈度 6 度，建筑场地土类别Ⅰ类；天然地基，地基承载力特征值为 2000kN/m²；夏季极端最高温 41.1℃；冬季极端最低温度 −21.3℃；

工程为 2 台 660MW 超临界火力发电机组，配置一座 240m 高烟囱，内设 2 根直径7.2m 玻璃钢排烟筒，一炉一内筒。烟囱排放脱硫后无 GGH 加热的净烟气，不设旁路烟气烟道，烟囱设计运行基本条件如下：

脱硫系统正常运行时烟囱入口温度　　　　　45～50 ℃

锅炉启停、事故状态时烟囱入口温度　　　　＜80℃

极端工况烟囱入口温度　　　　　　　　　　115℃（5～15min）

烟囱排烟内筒中烟气最大流速　　　　　　　17.6m/s

烟囱排烟内筒出口烟气最大流速　　　　　　20.4m/s

#### 10.5.1.2　烟囱布置

烟囱外筒为底部正方形向上渐变至八边形的异型造型。

玻璃钢排烟内筒分 3 段悬挂，标高 240～135m 为第一大段，悬挂点在标高 204m 平台，135～63m 为第二大段，悬挂点在标高 132m 平台，63～36m 为第三段，悬挂点在标高 60m平台。以下计算以第一大段为对象，第二、三大段计算方法和过程类同。

第一大段 204m 悬挂点以上部分为自立段，轴向受力以受压为主，204m 以下为悬吊段，轴向受力以受拉为主。

烟囱布置图如图 10.5-1 所示。

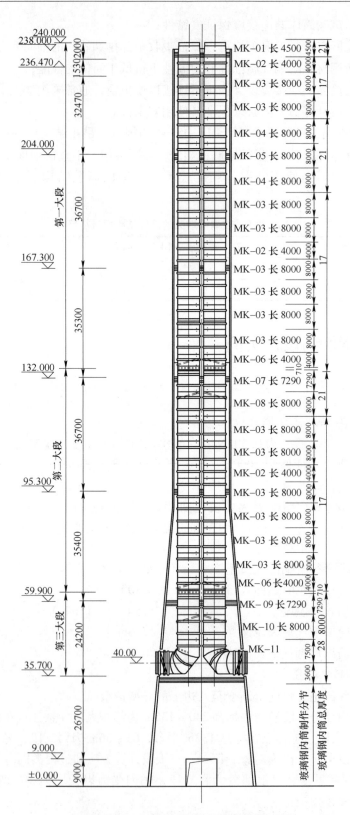

图 10.5-1　玻璃钢内筒立面布置图

### 10.5.2　玻璃钢烟囱的主要力学性能指标

经大量试验，本工程玻璃钢烟囱（基于所选主要材料和相应铺层结构）的主要力学性能指标确定见表10.5-1。

表 10.5-1　主要力学性能指标

| 项　目（标准值） | | 强度/MPa | 模量/GPa |
| --- | --- | --- | --- |
| 拉伸强度 | 环向 | 235 | 19.0 |
| | 轴向 | 110 | 12.5 |
| 弯曲强度 | 环向 | 250 | 18.0 |
| | 轴向 | 140 | 11.0 |
| 压缩强度 | 环向 | 260 | 12.0 |
| | 轴向 | 200 | 9.0 |

### 10.5.3　基本计算参数汇总

（1）受压段。受压段计算参数见表10.5-2。

（2）受拉段。受拉段计算参数见表10.5-3。

### 10.5.4　热工及温度应力计算

**10.5.4.1　计算各层材料的导热系数和传热系数**

各参数取值或计算公式如下：

内衬内表面的传热系数取 $\alpha_{in} = 33\text{W}/(\text{m}^2 \cdot \text{K})$；

玻璃钢导热系数 $0.23 \sim 0.29$，取 $0.29\text{W}/(\text{m} \cdot \text{K})$；

有通风条件时，外筒内表面和内筒外表面的传热系数 $\alpha_s = 1.211 + 0.0681T_g$；

筒壁钢筋混凝土导热系数：$1.74 + 0.0005T$（$T$ 为烟气温度）；

筒壁外表面的传热系数：夏季 $\alpha_{ex} = 12$；冬季 $\alpha_{ex} = 23$。

**10.5.4.2　各层温度计算**

按厚度线性插值计算各层温度作为初始温度，按热工公式迭代计算各层温度。经3次迭代，精度满足要求，计算结果见表10.5-4~表10.5-7。

（1）正常运行工况。

（2）事故工况。

**10.5.4.3　温差计算**

温差计算结果见表10.5-8~表10.5-11。

（1）正常运行工况。

（2）事故工况。

**10.5.4.4　温度应力计算**

筒壁温度应力计算结果见表10.5-12、表10.5-13。

**表10.5-2　受压段计算参数汇总**

| 烟囱内筒首径/m | 7.2 | 筒壁轴向受压弹性模量/MPa | 9000 | 筒壁轴向受压弯曲弹性模量/MPa | 11000 | 环纵向泊松比 | 0.23 |
|---|---|---|---|---|---|---|---|
| 玻璃钢容重/kN·m⁻³ | 21.31 | 筒壁轴向膨胀系数/℃⁻¹ | $2 \times 10^{-5}$ | 筒壁轴心受压强度标准值/MPa | 200 | 纵环向泊松比 | 0.12 |
| 湿积灰容重/kN·m⁻³ | 12.8 | 正常运行烟气温度 $T_g$/℃ | 50 | 事故烟气温度 $T_g$/℃ | 80 | | |
| 夏季极端最高温度 $T_a$/℃ | 41.1 | 筒壁环向压缩弹性模量/MPa | 12000 | 筒壁轴向抗弯强度标准值/MPa | 140 | | |
| 冬季极端最低温度 $T_a$/℃ | −21.3 | 筒壁环向弯曲强度标准值/MPa | 18000 | 筒壁环向膨胀系数/℃⁻¹ | $1.2 \times 10^{-5}$ | | |
| | | | | 250 | | | |

| 标高/m | 描述 | 长度/m | 内筒总厚度/mm | 结构层厚度/mm | 湿积灰厚度/mm | 结构层净截面面积/mm² | 结构层净截面抵抗矩/mm³ | 内筒分段自重/kN | 积灰分段自重/kN | 附件分段自重/kN | 分段总自重/kN | 总自重/kN |
|---|---|---|---|---|---|---|---|---|---|---|---|---|
| 240 | MK-01 顶部截面 | | 21 | 18 | 10 | 406132.5 | $2.32 \times 10^{8}$ | 0 | 0 | 0 | 0 | 0 |
| 236.3 | 236.47m 层平台截面 | 3.7 | 21 | 18 | 10 | 406132.5 | $2.32 \times 10^{8}$ | 37.45 | 10.71 | 16.465 | 64.63 | 64.631 |
| 235.5 | MK-01 底部截面 | 0.8 | 21 | 18 | 10 | 406132.5 | $2.32 \times 10^{8}$ | 8.098 | 2.32 | 3.56 | 13.97 | 78.605 |
| 215.5 | MK-03 底部截面 | 20 | 17 | 14 | 10 | 316056.8 | $1.8 \times 10^{8}$ | 163.89 | 57.91 | 89 | 310.79 | 389.4 |
| 204 | 204m 层平台截面 | 11.5 | 21 | 18 | 10 | 406132.5 | $2.32 \times 10^{8}$ | 116.41 | 33.30 | 51.175 | 200.88 | 590.28 |

**表10.5-3　受拉段计算参数汇总**

| 烟囱内筒首径/m | 7.2 | 筒壁轴向受拉弹性模量/MPa | 12500 | 筒壁轴向受拉弯曲弹性模量/MPa | 12500 | 环纵向泊松比 | 0.23 |
|---|---|---|---|---|---|---|---|
| 玻璃钢容重/kN·m⁻³ | 21.31 | 筒壁轴向膨胀系数/℃⁻¹ | $2 \times 10^{-5}$ | 筒壁轴心受拉强度标准值/MPa | 110 | 纵环向泊松比 | 0.12 |
| 湿积灰容重/kN·m⁻³ | 12.8 | 正常运行烟气温度 $T_g$/℃ | 50 | 事故烟气温度 $T_g$/℃ | 80 | | |
| 夏季极端最高温度 $T_a$/℃ | 41.1 | 筒壁环向拉伸弹性模量/MPa | 19000 | 筒壁轴向抗弯强度标准值/MPa | 140 | | |
| 冬季极端最低温度 $T_a$/℃ | −21.3 | 筒壁环向弯曲强度标准值/MPa | 18000 | 筒壁环向膨胀系数/℃⁻¹ | $1.2 \times 10^{-5}$ | | |
| | | | | 250 | | | |

续表 10.5-3

| 标高/m | 描述 | 长度/m | 内筒总厚度/mm | 结构层厚度/mm | 湿积灰厚度/mm | 结构层净截面积/mm² | 结构层净截面抵抗矩/mm³ | 内筒分段自重/kN | 积灰分段自重/kN | 附件分段自重/kN | 分段总自重/kN | 总自重/kN |
|---|---|---|---|---|---|---|---|---|---|---|---|---|
| 135.5 | MK-06底部截面 | | 17 | 14 | 10 | 316056.8 | 1.8×10⁸ | 0 | 0 | 144.625 | 0 | 0 |
| 168 | 168m层平台截面 | 32.5 | 17 | 14 | 10 | 316056.8 | 1.8×10⁸ | 266.32 | 94.10 | 144.625 | 505.04 | 505.04 |
| 199.5 | MK-03顶部截面 | 31.5 | 17 | 14 | 10 | 316056.8 | 1.8×10⁸ | 258.12 | 91.20 | 140.175 | 489.50 | 994.54 |
| 204 | 204m层平台截面 | 4.5 | 21 | 18 | 11 | 406132.5 | 2.32×10⁸ | 45.55 | 14.33 | 20.025 | 79.91 | 1074.45 |

表 10.5-4 夏季温度计算 (烟气温度:50℃; 夏季极端最高温度:41.1℃)

| 夏季 | 各层材料假定温度/℃ | 各层材料受热温度/℃ | | | 各层材料的导热系数/W·(m·K)⁻¹ | | | | 各层材料的直径/m | 各层材料的厚度/m | 各层材料的热阻/m²·K·W⁻¹ | | | | 温度偏差/% | | |
|---|---|---|---|---|---|---|---|---|---|---|---|---|---|---|---|---|---|
| | | 第一次 | 第二次 | 第三次 | 第一次 | 第二次 | 第三次 | 最终 | | | 第一次 | 第二次 | 第三次 | 最终 | 第一次 | 第二次 | 第三次 |
| 筒壁外表面 | 41.1000 | 42.0316 | 42.0316 | 42.0316 | 12.0000 | 12.0000 | 12.0000 | 12.0000 | 9.8340 | | 0.0085 | 0.0085 | 0.0085 | 0.0085 | 2.2164 | 0.0001 | 0.0000 |
| 筒壁 | 43.1273 | 43.9965 | 43.9962 | 43.9962 | 1.7611 | 1.7615 | 1.7615 | 1.7615 | 9.2340 | 0.3000 | 0.0179 | 0.0179 | 0.0179 | 0.0179 | 1.9756 | 0.0008 | 0.0000 |
| 空气层 | 49.8851 | 47.2887 | 47.2886 | 47.2886 | 4.6160 | 4.6160 | 4.6160 | 4.6160 | 7.2340 | 1.0000 | 0.0299 | 0.0299 | 0.0299 | 0.0299 | 5.4905 | 0.0003 | 0.0000 |
| 外保护层 | 49.8885 | 47.3411 | 47.3410 | 47.3410 | 0.2900 | 0.2900 | 0.2900 | 0.2900 | 7.2330 | 0.0005 | 0.0005 | 0.0005 | 0.0005 | 0.0005 | 5.3809 | 0.0003 | 0.0000 |
| 结构层 | 49.9831 | 48.8115 | 48.8114 | 48.8114 | 0.2900 | 0.2900 | 0.2900 | 0.2900 | 7.2050 | 0.0140 | 0.0134 | 0.0134 | 0.0134 | 0.0134 | 2.4003 | 0.0001 | 0.0000 |
| 内衬层 | 50.0000 | 49.0746 | 49.0746 | 49.0746 | 0.2900 | 0.2900 | 0.2900 | 0.2900 | 7.2000 | 0.0025 | 0.0024 | 0.0024 | 0.0024 | 0.0024 | 1.8856 | 0.0001 | 0.0000 |
| 内衬内表面 | — | — | — | — | 33.0000 | 33.0000 | 33.0000 | 33.0000 | — | — | 0.0084 | 0.0084 | 0.0084 | 0.0084 | — | — | — |

表 10.5-5 冬季温度计算 (烟气温度:50℃; 冬季极端最高温度:-21.3℃)

| 冬季 | 各层材料假定温度/℃ | 各层材料受热温度/℃ | | | 各层材料的导热系数/W·(m·K)⁻¹ | | | | 各层材料的直径/m | 各层材料的厚度/m | 各层材料的热阻/m²·K·W⁻¹ | | | | 温度偏差/% | | |
|---|---|---|---|---|---|---|---|---|---|---|---|---|---|---|---|---|---|
| | | 第一次 | 第二次 | 第三次 | 第一次 | 第二次 | 第三次 | 最终 | | | 第一次 | 第二次 | 第三次 | 最终 | 第一次 | 第二次 | 第三次 |
| 筒壁外表面 | -21.3000 | -17.2161 | -17.2149 | -17.2149 | 23.0000 | 23.0000 | 23.0000 | 23.0000 | 9.8340 | | 0.0044 | 0.0044 | 0.0044 | 0.0044 | 23.7211 | 0.0070 | 0.0000 |
| 筒壁 | -5.0585 | -0.4429 | -0.4578 | -0.4577 | 1.7334 | 1.7356 | 1.7356 | 1.7356 | 9.2340 | 0.3000 | 0.0182 | 0.0181 | 0.0181 | 0.0181 | 1042.1451 | 3.2493 | 0.0051 |
| 空气层 | 49.0797 | 27.2192 | 27.2125 | 27.2125 | 4.6160 | 4.6160 | 4.6160 | 4.6160 | 7.2340 | 1.0000 | 0.0299 | 0.0299 | 0.0299 | 0.0299 | 80.3128 | 0.0247 | 0.0000 |
| 外保护层 | 49.1067 | 27.6595 | 27.6529 | 27.6529 | 0.2900 | 0.2900 | 0.2900 | 0.2900 | 7.2330 | 0.0005 | 0.0005 | 0.0005 | 0.0005 | 0.0005 | 77.5402 | 0.0238 | 0.0000 |
| 结构层 | 49.8647 | 40.0136 | 40.0107 | 40.0107 | 0.2900 | 0.2900 | 0.2900 | 0.2900 | 7.2050 | 0.0140 | 0.0134 | 0.0134 | 0.0134 | 0.0134 | 24.6192 | 0.0074 | 0.0000 |
| 内衬层 | 50.0000 | 42.2248 | 42.2225 | 42.2225 | 0.2900 | 0.2900 | 0.2900 | 0.2900 | 7.2000 | 0.0025 | 0.0024 | 0.0024 | 0.0024 | 0.0024 | 18.4139 | 0.0054 | 0.0000 |
| 内衬内表面 | — | — | — | — | 33.0000 | 33.0000 | 33.0000 | 33.0000 | — | — | 0.0084 | 0.0084 | 0.0084 | 0.0084 | — | — | — |

表10.5-6　夏季温度计算（烟气温度：80℃；夏季极端最高温度：41.1℃）

| 夏季 | 各层材料假定温度/℃ | 各层材料受热温度/℃ | | | 各层材料的导热系数/W·(m·K)⁻¹ | | | | 各层材料的直径/m | 各层材料的厚度/m | 各层材料的热阻/m²·K·W⁻¹ | | | | 温度偏差/% | | |
|---|---|---|---|---|---|---|---|---|---|---|---|---|---|---|---|---|---|
| | | 第一次 | 第二次 | 第三次 | 第一次 | 第二次 | 第三次 | 最终 | | | 第一次 | 第二次 | 第三次 | 最终 | 第一次 | 第二次 | 第三次 |
| 筒壁外表面 | 41.1000 | 45.6941 | 45.6957 | 45.6957 | 12.0000 | 12.0000 | 12.0000 | 12.0000 | 9.8340 | | 0.0085 | 0.0085 | 0.0085 | 0.0085 | 10.0541 | 0.0035 | 0.0000 |
| 筒壁 | 49.9610 | 55.3748 | 55.3661 | 55.3662 | 1.7628 | 1.7653 | 1.7653 | 1.7653 | 9.2340 | 0.3000 | 0.0179 | 0.0178 | 0.0178 | 0.0178 | 9.7766 | 0.0157 | 0.0000 |
| 空气层 | 79.4979 | 66.6293 | 66.6246 | 66.6246 | 6.6590 | 6.6590 | 6.6590 | 6.6590 | 7.2340 | 1.0000 | 0.0208 | 0.0208 | 0.0208 | 0.0208 | 19.3137 | 0.0071 | 0.0000 |
| 外保护层 | 79.5126 | 66.8878 | 66.8831 | 66.8831 | 0.2900 | 0.2900 | 0.2900 | 0.2900 | 7.2330 | 0.0005 | 0.0005 | 0.0005 | 0.0005 | 0.0005 | 18.8747 | 0.0069 | 0.0000 |
| 结构层 | 79.9262 | 74.1387 | 74.1367 | 74.1367 | 0.2900 | 0.2900 | 0.2900 | 0.2900 | 7.2050 | 0.0140 | 0.0134 | 0.0134 | 0.0134 | 0.0134 | 7.8062 | 0.0028 | 0.0000 |
| 内衬层 | 80.0000 | 75.4365 | 75.4349 | 75.4349 | 0.2900 | 0.2900 | 0.2900 | 0.2900 | 7.2000 | 0.0025 | 0.0024 | 0.0024 | 0.0024 | 0.0024 | 6.0494 | 0.0021 | 0.0000 |
| 内衬内表面 | — | — | — | — | 33.0000 | 33.0000 | 33.0000 | 33.0000 | — | — | 0.0084 | 0.0084 | 0.0084 | 0.0084 | — | — | — |

表10.5-7　冬季温度计算（烟气温度：80℃；夏季极端最高温度：-21.3℃）

| 冬季 | 各层材料假定温度/℃ | 各层材料受热温度/℃ | | | 各层材料的导热系数/W·(m·K)⁻¹ | | | | 各层材料的直径/m | 各层材料的厚度/m | 各层材料的热阻/m²·K·W⁻¹ | | | | 温度偏差/% | | |
|---|---|---|---|---|---|---|---|---|---|---|---|---|---|---|---|---|---|
| | | 第一次 | 第二次 | 第三次 | 第一次 | 第二次 | 第三次 | 最终 | | | 第一次 | 第二次 | 第三次 | 最终 | 第一次 | 第二次 | 第三次 |
| 筒壁外表面 | -21.3000 | -14.7122 | -14.7078 | -14.7078 | 23.0000 | 23.0000 | 23.0000 | 23.0000 | 9.8340 | | 0.0044 | 0.0044 | 0.0044 | 0.0044 | 44.7783 | 0.0294 | 0.0001 |
| 筒壁 | 1.7752 | 12.3188 | 12.2743 | 12.2744 | 1.7351 | 1.7394 | 1.7394 | 1.7394 | 9.2340 | 0.3000 | 0.0181 | 0.0181 | 0.0181 | 0.0181 | 85.5898 | 0.3625 | 0.0008 |
| 空气层 | 78.6924 | 43.2513 | 43.2271 | 43.2272 | 6.6590 | 6.6590 | 6.6590 | 6.6590 | 7.2340 | 1.0000 | 0.0208 | 0.0208 | 0.0208 | 0.0208 | 81.9424 | 0.0559 | 0.0001 |
| 外保护层 | 78.7309 | 43.9616 | 43.9379 | 43.9380 | 0.2900 | 0.2900 | 0.2900 | 0.2900 | 7.2330 | 0.0005 | 0.0005 | 0.0005 | 0.0005 | 0.0005 | 79.0901 | 0.0539 | 0.0001 |
| 结构层 | 79.8077 | 63.8906 | 63.8800 | 63.8800 | 0.2900 | 0.2900 | 0.2900 | 0.2900 | 7.2050 | 0.0140 | 0.0134 | 0.0134 | 0.0134 | 0.0134 | 24.9131 | 0.0166 | 0.0000 |
| 内衬层 | 80.0000 | 67.4575 | 67.4492 | 67.4492 | 0.2900 | 0.2900 | 0.2900 | 0.2900 | 7.2000 | 0.0025 | 0.0024 | 0.0024 | 0.0024 | 0.0024 | 18.5932 | 0.0122 | 0.0000 |
| 内衬内表面 | — | — | — | — | 33.0000 | 33.0000 | 33.0000 | 33.0000 | — | — | 0.0084 | 0.0084 | 0.0084 | 0.0084 | — | — | — |

**表 10.5-8 受压段温差计算结果**

| 标高/m | 烟气温度 $T_g$/℃ | $\Delta T_0$/℃ 夏季 | $\Delta T_0$/℃ 冬季 | $\Delta T_g$/℃ 夏季 | $\Delta T_g$/℃ 冬季 | $\Delta T_m$/℃ 夏季 | $\Delta T_m$/℃ 冬季 | $\Delta T_w$/℃ 夏季 | $\Delta T_w$/℃ 冬季 | $\beta$ | $\zeta_t$ | $z$/m | $d$/m | 烟道口顶部标高/m |
|---|---|---|---|---|---|---|---|---|---|---|---|---|---|---|
| 240 | 50 | 15 | 15 | 0.0003 | 0.0003 | 0.0002 | 0.0002 | 1.7860 | 15.0100 | 0.3 | 0.4 | 196 | 7.217 | 44 |
| 236.3 | 50 | 15 | 15 | 0.0004 | 0.0004 | 0.0003 | 0.0003 | 1.7860 | 15.0100 | 0.3 | 0.4 | 192.3 | 7.217 | 44 |
| 235.5 | 50 | 15 | 15 | 0.0004 | 0.0004 | 0.0003 | 0.0003 | 1.7860 | 15.0100 | 0.3 | 0.4 | 191.5 | 7.217 | 44 |
| 215.5 | 50 | 15 | 15 | 0.0011 | 0.0011 | 0.0009 | 0.0009 | 1.7860 | 15.0100 | 0.3 | 0.4 | 171.5 | 7.217 | 44 |
| 204 | 50 | 15 | 15 | 0.0021 | 0.0021 | 0.0017 | 0.0017 | 1.7860 | 15.0100 | 0.3 | 0.4 | 160 | 7.217 | 44 |

**表 10.5-9 受拉段温差计算结果**

| 标高/m | 烟气温度 $T_g$/℃ | $\Delta T_0$/℃ 夏季 | $\Delta T_0$/℃ 冬季 | $\Delta T_g$/℃ 夏季 | $\Delta T_g$/℃ 冬季 | $\Delta T_m$/℃ 夏季 | $\Delta T_m$/℃ 冬季 | $\Delta T_w$/℃ 夏季 | $\Delta T_w$/℃ 冬季 | $\beta$ | $\zeta_t$ | $z$/m | $d$/m | 烟道口顶部标高/m |
|---|---|---|---|---|---|---|---|---|---|---|---|---|---|---|
| 135.5 | 50 | 15 | 15 | 0.0941 | 0.0941 | 0.0749 | 0.0739 | 1.7860 | 15.0100 | 0.3 | 0.4 | 91.5 | 7.217 | 44 |
| 168 | 50 | 15 | 15 | 0.0155 | 0.0155 | 0.0124 | 0.0122 | 1.7860 | 15.0100 | 0.3 | 0.4 | 124 | 7.217 | 44 |
| 199.5 | 50 | 15 | 15 | 0.0027 | 0.0027 | 0.0022 | 0.0021 | 1.7860 | 15.0100 | 0.3 | 0.4 | 155.5 | 7.217 | 44 |
| 204 | 50 | 15 | 15 | 0.0021 | 0.0021 | 0.0017 | 0.0017 | 1.7860 | 15.0100 | 0.3 | 0.4 | 160 | 7.217 | 44 |

**表 10.5-10 受压段温差计算结果**

| 标高/m | 烟气温度 $T_g$/℃ | $\Delta T_0$/℃ 夏季 | $\Delta T_0$/℃ 冬季 | $\Delta T_g$/℃ 夏季 | $\Delta T_g$/℃ 冬季 | $\Delta T_m$/℃ 夏季 | $\Delta T_m$/℃ 冬季 | $\Delta T_w$/℃ 夏季 | $\Delta T_w$/℃ 冬季 | $\beta$ | $\zeta_t$ | $z$/m | $d$/m | 烟道口顶部标高/m |
|---|---|---|---|---|---|---|---|---|---|---|---|---|---|---|
| 240 | 80 | 24 | 24 | 0.0005 | 0.0005 | 0.0004 | 0.0003 | 8.8103 | 26.9823 | 0.3 | 0.4 | 196 | 7.217 | 44 |
| 236.3 | 80 | 24 | 24 | 0.0006 | 0.0006 | 0.0004 | 0.0004 | 8.8103 | 26.9823 | 0.3 | 0.4 | 192.3 | 7.217 | 44 |
| 235.5 | 80 | 24 | 24 | 0.0006 | 0.0006 | 0.0005 | 0.0004 | 8.8103 | 26.9823 | 0.3 | 0.4 | 191.5 | 7.217 | 44 |
| 215.5 | 80 | 24 | 24 | 0.0018 | 0.0018 | 0.0014 | 0.0014 | 8.8103 | 26.9823 | 0.3 | 0.4 | 171.5 | 7.217 | 44 |
| 204 | 80 | 24 | 24 | 0.0034 | 0.0034 | 0.0026 | 0.0026 | 8.8103 | 26.9823 | 0.3 | 0.4 | 160 | 7.217 | 44 |

**表 10.5-11　受拉段温差计算结果**

| 标高/m | 烟气温度 $T_g$/℃ | $\Delta T_0$/℃ 夏季 | $\Delta T_0$/℃ 冬季 | $\Delta T_g$/℃ 夏季 | $\Delta T_g$/℃ 冬季 | $\Delta T_m$/℃ 夏季 | $\Delta T_m$/℃ 冬季 | $\Delta T_w$/℃ 夏季 | $\Delta T_w$/℃ 冬季 | $\beta$ | $\zeta_t$ | $z$/m | $d$/m | 烟道口顶部标高/m |
|---|---|---|---|---|---|---|---|---|---|---|---|---|---|---|
| 135.5 | 80 | 24 | 24 | 0.1506 | 0.1506 | 0.1158 | 0.1139 | 8.8103 | 26.9823 | 0.3 | 0.4 | 91.5 | 7.217 | 44 |
| 168 | 80 | 24 | 24 | 0.0249 | 0.0249 | 0.0191 | 0.0188 | 8.8103 | 26.9823 | 0.3 | 0.4 | 124 | 7.217 | 44 |
| 199.5 | 80 | 24 | 24 | 0.0043 | 0.0043 | 0.0033 | 0.0033 | 8.8103 | 26.9823 | 0.3 | 0.4 | 155.5 | 7.217 | 44 |
| 204 | 80 | 24 | 24 | 0.0034 | 0.0034 | 0.0026 | 0.0026 | 8.8103 | 26.9823 | 0.3 | 0.4 | 160 | 7.217 | 44 |

**表 10.5-12　204m 以上受压段筒壁温度应力**

| 标高/m | 描述 | 筒身弯曲温度应力 $\sigma_m^T$/MPa 正常 | 筒身弯曲温度应力 $\sigma_m^T$/MPa 事故 | 温度次应力 $\sigma_{sec}^T$/MPa 正常 | 温度次应力 $\sigma_{sec}^T$/MPa 事故 | 筒身内外温差应力 $\sigma_b^T$/MPa 正常 | 筒身内外温差应力 $\sigma_b^T$/MPa 事故 | $\Delta T_0$/℃ 正常 | $\Delta T_0$/℃ 事故 | $\Delta T_g$/℃ 正常 | $\Delta T_g$/℃ 事故 | $\Delta T_m$/℃ 正常 | $\Delta T_m$/℃ 事故 | $\Delta T_w$/℃ 正常 | $\Delta T_w$/℃ 事故 |
|---|---|---|---|---|---|---|---|---|---|---|---|---|---|---|---|
| 240 | MK-01 顶部截面 | 0.0000 | 0.0000 | 0.0000 | 0.0000 | 1.6511 | 2.9680 | 15 | 24 | 0.0003 | 0.0005 | 0.0002 | 0.0004 | 15.0100 | 26.9823 |
| 236.3 | 236.47m 层平台截面 | 0.0000 | 0.0000 | 0.0000 | 0.0000 | 1.6511 | 2.9680 | 15 | 24 | 0.0004 | 0.0006 | 0.0003 | 0.0004 | 15.0100 | 26.9823 |
| 235.5 | MK-01 底部截面 | 0.0000 | 0.0000 | 0.0000 | 0.0000 | 1.6511 | 2.9680 | 15 | 24 | 0.0004 | 0.0006 | 0.0003 | 0.0005 | 15.0100 | 26.9823 |
| 215.5 | MK-03 底部截面 | 0.0001 | 0.0001 | 0.0000 | 0.0000 | 1.6511 | 2.9680 | 15 | 24 | 0.0011 | 0.0018 | 0.0009 | 0.0014 | 15.0100 | 26.9823 |
| 204 | 204m 层平台截面 | 0.0001 | 0.0002 | 0.0000 | 0.0001 | 1.6511 | 2.9680 | 15 | 24 | 0.0021 | 0.0034 | 0.0017 | 0.0026 | 15.0100 | 26.9823 |

**表 10.5-13　204m 以下受拉段筒壁温度应力**

| 标高/m | 描述 | 筒身弯曲温度应力 $\sigma_m^T$/MPa 正常 | 筒身弯曲温度应力 $\sigma_m^T$/MPa 事故 | 温度次应力 $\sigma_{sec}^T$/MPa 正常 | 温度次应力 $\sigma_{sec}^T$/MPa 事故 | 筒身内外温差应力 $\sigma_b^T$/MPa 正常 | 筒身内外温差应力 $\sigma_b^T$/MPa 事故 | $\Delta T_0$/℃ 正常 | $\Delta T_0$/℃ 事故 | $\Delta T_g$/℃ 正常 | $\Delta T_g$/℃ 事故 | $\Delta T_m$/℃ 正常 | $\Delta T_m$/℃ 事故 | $\Delta T_w$/℃ 正常 | $\Delta T_w$/℃ 事故 |
|---|---|---|---|---|---|---|---|---|---|---|---|---|---|---|---|
| 135.5 | MK-06 底部截面 | 0.0075 | 0.0116 | 0.0024 | 0.0038 | 1.6511 | 2.9680 | 15 | 24 | 0.0941 | 0.1506 | 0.0749 | 0.1158 | 15.0100 | 26.9823 |
| 168 | 168m 层平台截面 | 0.0012 | 0.0019 | 0.0004 | 0.0006 | 1.6511 | 2.9680 | 15 | 24 | 0.0155 | 0.0249 | 0.0124 | 0.0191 | 15.0100 | 26.9823 |
| 199.5 | MK-03 顶部截面 | 0.0002 | 0.0003 | 0.0001 | 0.0001 | 1.6511 | 2.9680 | 15 | 24 | 0.0027 | 0.0043 | 0.0022 | 0.0033 | 15.0100 | 26.9823 |
| 204 | 204m 层平台截面 | 0.0002 | 0.0003 | 0.0001 | 0.0001 | 1.6511 | 2.9680 | 15 | 24 | 0.0021 | 0.0034 | 0.0017 | 0.0026 | 15.0100 | 26.9823 |

### 10.5.5　自重和风产生的应力

在自重和风荷载作用下，筒壁应力计算结果见表10.5-14、表10.5-15。

表 10.5-14　204m 以上受压段筒壁应力

| 标高/m | 描　述 | 结构层厚度/mm | 总自重/kN | 自重应力/MPa | 风弯矩/kN·m | 风弯曲应力/MPa |
|---|---|---|---|---|---|---|
| 240 | MK-01 顶部截面 | 18 | 0 | 0 | 0 | 0 |
| 236.3 | 236.47m 层平台截面 | 18 | 64.6306 | 0.1591 | 0 | 0 |
| 235.5 | MK-01 底部截面 | 18 | 78.6048 | 0.1935 | 7.66 | 0.0331 |
| 215.5 | MK-03 底部截面 | 14 | 389.3977 | 1.2320 | 160.96 | 0.8923 |
| 204 | 204m 层平台截面 | 18 | 590.2766 | 1.4534 | 249.1 | 1.0759 |

表 10.5-15　204m 以下受拉段筒壁应力

| 标高/m | 描　述 | 结构层厚度/mm | 总自重/kN | 自重应力/MPa | 风弯矩/kN·m | 风弯曲应力/MPa |
|---|---|---|---|---|---|---|
| 135.5 | MK-06 底部截面 | 14 | 0 | 0 | 0 | 0 |
| 168 | 168m 层平台截面 | 14 | 505.0385 | 1.5979 | 26.8 | 0.1486 |
| 199.5 | MK-03 顶部截面 | 14 | 994.5374 | 3.1467 | 221.31 | 1.2269 |
| 204 | 204m 层平台截面 | 18 | 1074.445 | 2.6456 | 249.1 | 1.0759 |

### 10.5.6　纵向应力组合

筒壁纵向应力组合见表10.5-16、表10.5-17。以下表中各符号意义见式（10.3-1）~式（10.3-14）。

表 10.5-16　204m 以上受压段筒壁纵向应力

| 标高/m | 描　述 | 结构层厚度/mm | 短暂设计状况 $\sigma_{zc}$/MPa | | 持久设计状况 $\sigma_{zc}$/MPa | 筒壁内外温差应力 $\sigma_{zb}$/MPa | |
|---|---|---|---|---|---|---|---|
| | | | $1.2S_{Gk}+1.4S_{Wk}+1.1S_{tk}$ 正常 | $1.2S_{Gk}+1.1S_{tk}$ 事故 | $1.2S_{Gk}+1.1S_{tk}$ 正常 | 短暂设计状况 | 持久设计状况 |
| 240 | MK-01 顶部截面 | 18 | 0 | 0 | 0 | 3.2649 | 1.8162 |
| 236.3 | 236.47m 层平台截面 | 18 | 0.1910 | 0.1910 | 0.1910 | 3.2649 | 1.8162 |
| 235.5 | MK-01 底部截面 | 18 | 0.2786 | 0.2323 | 0.2323 | 3.2649 | 1.8162 |
| 215.5 | MK-03 底部截面 | 14 | 2.7278 | 1.4786 | 1.4786 | 3.2649 | 1.8162 |
| 204 | 204m 层平台截面 | 18 | 3.2505 | 1.7444 | 1.7443 | 3.2649 | 1.8162 |

### 10.5.7　环向应力计算

（1）环向温度应力。环向温度应力计算结果见表10.5-18。

（2）风荷载引起的环向弯曲应力。由计算得到风荷载引起的环向应力最大值出现在MK-01顶部，应力值小于3MPa。此处按 $\sigma_{win}$ =3MPa 计。

**表 10.5-17　204m 以下受拉段筒壁纵向应力**

| 标高<br>/m | 描　述 | 结构层<br>厚度<br>/mm | 短暂设计状况<br>$\sigma_{zc}$/MPa | | 持久设计状况<br>$\sigma_{zc}$/MPa | 筒壁内外温差应力<br>$\sigma_{zb}$/MPa | |
|---|---|---|---|---|---|---|---|
| | | | $1.2S_{Gk}+1.4S_{Wk}+1.1S_{tk}$<br>正常 | $1.2S_{Gk}+1.1S_{tk}$<br>事故 | $1.2S_{Gk}+1.1S_{tk}$<br>正常 | 短暂设<br>计状况 | 持久设<br>计状况 |
| 135.5 | MK-06 底部截面 | 14 | 0.0108 | 0.0169 | 0.0108 | 3.2649 | 1.8162 |
| 168 | 168m 层平台截面 | 14 | 2.1273 | 1.9203 | 1.9193 | 3.2649 | 1.8162 |
| 199.5 | MK-03 顶部截面 | 14 | 5.4940 | 3.7765 | 3.7764 | 3.2649 | 1.8162 |
| 204 | 204m 层平台截面 | 18 | 4.6811 | 3.1750 | 3.1749 | 3.2649 | 1.8162 |

**表 10.5-18　环向温度应力**

| 标高/m | 描　述 | $\Delta T_w$/℃ | | $E_{\theta b}$/MPa | $\alpha_\theta$ | $\sigma_{\theta T}$/MPa | |
|---|---|---|---|---|---|---|---|
| | | 正常 | 事故 | | | 正常 | 事故 |
| 240 | MK-01 顶部截面 | 15.0100 | 26.9823 | 18000 | $1.20\times10^{-5}$ | 1.6211 | 2.9141 |
| 236.3 | 236.47m 层平台截面 | 15.0100 | 26.9823 | 18000 | $1.20\times10^{-5}$ | 1.6211 | 2.9141 |
| 235.5 | MK-01 底部截面 | 15.0100 | 26.9823 | 18000 | $1.20\times10^{-5}$ | 1.6211 | 2.9141 |
| 215.5 | MK-03 底部截面 | 15.0100 | 26.9823 | 18000 | $1.20\times10^{-5}$ | 1.6211 | 2.9141 |
| 204 | 204m 层平台截面 | 15.0100 | 26.9823 | 18000 | $1.20\times10^{-5}$ | 1.6211 | 2.9141 |

（3）环向弯曲应力组合。环向弯曲应力组合值计算结果见表 10.5-19。

**表 10.5-19　环向弯曲应力组合值**

| 环向应力（受压段） | | | | |
|---|---|---|---|---|
| 标高/m | 描　述 | 弯曲应力 $\sigma_{\theta b}$/MPa | | |
| | | $1.4\sigma_{win}+1.1\sigma_{\theta T}$ | $1.1\sigma_{\theta T}$<br>正常 | $1.1\sigma_{\theta T}$<br>事故 |
| 240 | MK-01 顶部截面 | 5.9832 | 1.7832 | 3.2055 |
| 236.3 | 236.47m 层平台截面 | 1.7832 | 1.7832 | 3.2055 |
| 235.5 | MK-01 底部截面 | 1.7832 | 1.7832 | 3.2055 |
| 215.5 | MK-03 底部截面 | 1.7832 | 1.7832 | 3.2055 |
| 204 | 204m 层平台截面 | 1.7832 | 1.7832 | 3.2055 |

### 10.5.8　玻璃钢材料强度设计值

（1）轴向受压强度设计值和筒壁轴向临界应力。轴向受压强度设计值和筒壁轴向临界应力计算结果见表 10.5-20。

（2）轴向受拉强度设计值和弯曲抗拉强度设计值。轴向受拉强度设计值和弯曲抗拉强度设计值计算结果见表 10.5-21。

（3）受压段环向强度设计值。受压段环向强度设计值见表 10.5-22。

（4）受拉段环向强度设计值和筒壁环向临界应力。受拉段环向强度设计值和筒壁环向临界应力计算结果见表 10.5-23。

**表 10.5-20　轴向受压强度设计值和筒壁轴向临界应力**

轴向受压强度设计值

| 标高/m | $\gamma_{zc}$ 短暂 | $\gamma_{zc}$ 持久 | $\gamma_{zct}$ 正常 | $\gamma_{zct}$ 事故 | $\gamma_{zb}$ 短暂 | $\gamma_{zb}$ 持久 | $\gamma_{zbt}$ 正常 | $\gamma_{zbt}$ 事故 | $f_{zck}$/MPa | $f_{zbk}$/MPa | $E_{zb}$/MPa | $E_{\theta c}$/MPa | $t_0$/mm | $r$/mm | $x$ | $k$ | $\nu_{z\theta}$ | $\nu_{\theta z}$ | $\sigma^z_{crt}$/MPa | $f_{zc}$/MPa 短暂1 | $f_{zc}$/MPa 持久 | $f_{zc}$/MPa 短暂2 | $f_{zb}$/MPa 短暂1 | $f_{zb}$/MPa 持久 | $f_{zb}$/MPa 短暂2 |
|---|---|---|---|---|---|---|---|---|---|---|---|---|---|---|---|---|---|---|---|---|---|---|---|---|---|
| 240 | 3.2 | 3.6 | 0.775 | 0.633 | 2 | 2.5 | 0.9625 | 0.883 | 200 | 140 | 11000 | 12000 | 18 | 3609.5 | 0.8850 | 0.4714 | 0.23 | 0.12 | 4.9419 | 48.4375 | 43.0556 | 39.5625 | 67.3750 | 53.9000 | 61.8100 |
| 236.3 | 3.2 | 3.6 | 0.775 | 0.633 | 2 | 2.5 | 0.9625 | 0.883 | 200 | 140 | 11000 | 12000 | 18 | 3609.5 | 0.8850 | 0.4714 | 0.23 | 0.12 | 4.9419 | 48.4375 | 43.0556 | 39.5625 | 67.3750 | 53.9000 | 61.8100 |
| 235.5 | 3.2 | 3.6 | 0.775 | 0.633 | 2 | 2.5 | 0.9625 | 0.883 | 200 | 140 | 11000 | 12000 | 18 | 3609.5 | 0.8850 | 0.4714 | 0.23 | 0.12 | 4.9419 | 48.4375 | 43.0556 | 39.5625 | 67.3750 | 53.9000 | 61.8100 |
| 215.5 | 3.2 | 3.6 | 0.775 | 0.633 | 2 | 2.5 | 0.9625 | 0.883 | 200 | 140 | 11000 | 12000 | 14 | 3607.5 | 1.0033 | 0.4300 | 0.23 | 0.12 | 3.5080 | 48.4375 | 43.0556 | 39.5625 | 67.3750 | 53.9000 | 61.8100 |
| 204 | 3.2 | 3.6 | 0.775 | 0.633 | 2 | 2.5 | 0.9625 | 0.883 | 200 | 140 | 11000 | 12000 | 18 | 3609.5 | 0.8850 | 0.4714 | 0.23 | 0.12 | 4.9419 | 48.4375 | 43.0556 | 39.5625 | 67.3750 | 53.9000 | 61.8100 |

注：短暂1为正常温度工况；短暂2为事故温度工况。

**表 10.5-21　轴向受拉强度设计值和弯曲抗拉强度设计值**

受拉强度设计值

| 标高/m | $\gamma_{zt}$ 短暂 | $\gamma_{zt}$ 持久 | $\gamma_{ztt}$ 短暂 | $\gamma_{ztt}$ 持久 | $\gamma_{zb}$ 短暂 | $\gamma_{zb}$ 持久 | $\gamma_{zbt}$ 短暂 | $\gamma_{zbt}$ 持久 | $f_{ztk}$/MPa | $f_{zbk}$/MPa | $f^s_{zt}$/MPa 正常 | $f^l_{zt}$/MPa 持久 | $f^s_{zt}$/MPa 事故 | $f_{zb}$/MPa 正常 | $f_{zb}$/MPa 持久 | $f_{zb}$/MPa 事故 |
|---|---|---|---|---|---|---|---|---|---|---|---|---|---|---|---|---|
| 135.5 | 2.6 | 8 | 0.9625 | 0.883 | 2 | 2.5 | 0.9625 | 0.883 | 110 | 140 | 40.7212 | 13.2344 | 37.3577 | 67.3750 | 53.9000 | 61.8100 |
| 168 | 2.6 | 8 | 0.9625 | 0.883 | 2 | 2.5 | 0.9625 | 0.883 | 110 | 140 | 40.7212 | 13.2344 | 37.3577 | 67.3750 | 53.9000 | 61.8100 |
| 199.5 | 2.6 | 8 | 0.9625 | 0.883 | 2 | 2.5 | 0.9625 | 0.883 | 110 | 140 | 40.7212 | 13.2344 | 37.3577 | 67.3750 | 53.9000 | 61.8100 |
| 204 | 2.6 | 8 | 0.9625 | 0.883 | 2 | 2.5 | 0.9625 | 0.883 | 110 | 140 | 40.7212 | 13.2344 | 37.3577 | 67.3750 | 53.9000 | 61.8100 |

**表 10.5-22　受压段环向强度设计值**

环向强度设计值（受压段）

| 标高/m | $E_{\theta b}$/MPa | $E_{zc}$/MPa | $r$/mm | $L_s$/mm | $t_0$/mm | $\gamma_{\theta c}$ 短暂 | $\gamma_{\theta c}$ 持久 | $\gamma_{\theta b}$ 短暂 | $\gamma_{\theta b}$ 持久 | $\gamma_{\theta bt}$ 正常 | $\gamma_{\theta bt}$ 事故 | $f_{\theta bk}$/MPa | $\sigma_{crt}^{\theta}$/MPa 短暂 | $\sigma_{crt}^{\theta}$/MPa 持久 | $f_{\theta b}$/MPa 正常 | $f_{\theta b}$/MPa 持久 | $f_{\theta b}$/MPa 事故 |
|---|---|---|---|---|---|---|---|---|---|---|---|---|---|---|---|---|---|
| 240 | 18000 | 9000 | 3609.5 | 4000 | 18 | 3.2 | 3.6 | 2 | 2.5 | 0.775 | 0.633 | 250 | 1.1499 | 1.0221 | 96.875 | 77.5000 | 79.125 |
| 236.3 | 18000 | 9000 | 3609.5 | 4000 | 18 | 3.2 | 3.6 | 2 | 2.5 | 0.775 | 0.633 | 250 | 1.1499 | 1.0221 | 96.875 | 77.5000 | 79.125 |
| 235.5 | 18000 | 9000 | 3609.5 | 4000 | 18 | 3.2 | 3.6 | 2 | 2.5 | 0.775 | 0.633 | 250 | 1.1499 | 1.0221 | 96.875 | 77.5000 | 79.125 |
| 215.5 | 18000 | 9000 | 3607.5 | 4000 | 14 | 3.2 | 3.6 | 2 | 2.5 | 0.775 | 0.633 | 250 | 0.7890 | 0.7013 | 96.875 | 77.5000 | 79.125 |
| 204 | 18000 | 9000 | 3609.5 | 4000 | 18 | 3.2 | 3.6 | 2 | 2.5 | 0.775 | 0.633 | 250 | 1.1499 | 1.0221 | 96.875 | 77.5000 | 79.125 |

**表 10.5-23　受拉段环向强度设计值和筒壁环向临界应力**

环向强度设计值（受拉段）

| 标高/m | $E_{\theta b}$/MPa | $E_{zc}$/MPa | $r$/mm | $L_s$/mm | $t_0$/mm | $\gamma_{\theta c}$ 短暂 | $\gamma_{\theta c}$ 持久 | $\gamma_{\theta b}$ 短暂 | $\gamma_{\theta b}$ 持久 | $\gamma_{\theta bt}$ 正常 | $\gamma_{\theta bt}$ 事故 | $f_{\theta bk}$/MPa | $\sigma_{crt}^{\theta}$/MPa 短暂 | $\sigma_{crt}^{\theta}$/MPa 持久 | $f_{\theta b}$/MPa 正常 | $f_{\theta b}$/MPa 持久 | $f_{\theta b}$/MPa 事故 |
|---|---|---|---|---|---|---|---|---|---|---|---|---|---|---|---|---|---|
| 135.5 | 18000 | 9000 | 3607.5 | 4000 | 14 | 3.2 | 3.6 | 2 | 2.5 | 0.775 | 0.633 | 250 | 0.7890 | 0.7013 | 96.875 | 77.5000 | 79.125 |
| 168 | 18000 | 9000 | 3607.5 | 4000 | 14 | 3.2 | 3.6 | 2 | 2.5 | 0.775 | 0.633 | 250 | 0.7890 | 0.7013 | 96.875 | 77.5000 | 79.125 |
| 199.5 | 18000 | 9000 | 3609.5 | 4000 | 14 | 3.2 | 3.6 | 2 | 2.5 | 0.775 | 0.633 | 250 | 0.7887 | 0.7011 | 96.875 | 77.5000 | 79.125 |
| 204 | 18000 | 9000 | 3609.5 | 4000 | 18 | 3.2 | 3.6 | 2 | 2.5 | 0.775 | 0.633 | 250 | 1.1499 | 1.0221 | 96.875 | 77.5000 | 79.125 |

### 10.5.9 承载力验算

将计算的纵向应力组合结果乘以烟囱重要性系数 1.1，得到荷载效应，用该荷载效应除以抗力设计值，得到应力比。应力比应不大于 1。

（1）受压段纵向抗压强度验算。受压段纵向抗压强度验算结果见表 10.5-24。

**表 10.5-24 受压段纵向抗压强度验算**

| 标高/m | 描述 | 结构层厚度/mm | 短暂设计状况（正常温度） $\sigma_{zc}$/MPa | $\sigma_{crt}^{z}$/MPa | 比值 | $\sigma_{zb}$/MPa | $f_{\theta b}$/MPa | 比值 | 持久设计状况 $\sigma_{zc}$/MPa | $\sigma_{crt}^{z}$/MPa | 比值 |
|---|---|---|---|---|---|---|---|---|---|---|---|
| 240 | MK-01 顶部截面 | 18 | 0.0000 | 4.9419 | 0.0000 | 1.8162 | 67.3750 | 0.0297 | 0.0000 | 4.9419 | 0.0000 |
| 236.3 | 236.47m 层平台截面 | 18 | 0.2149 | 4.9419 | 0.0478 | 1.8162 | 67.3750 | 0.0297 | 0.2149 | 4.9419 | 0.0478 |
| 235.5 | MK-01 底部截面 | 18 | 0.3076 | 4.9419 | 0.0685 | 1.8162 | 67.3750 | 0.0297 | 0.2613 | 4.9419 | 0.0582 |
| 215.5 | MK-03 底部截面 | 14 | 2.9126 | 3.5080 | 0.9133 | 1.8162 | 67.3750 | 0.0297 | 1.6634 | 3.5080 | 0.5216 |
| 204 | 204m 层平台截面 | 18 | 3.4685 | 4.9419 | 0.7720 | 1.8162 | 67.3750 | 0.0297 | 1.9623 | 4.9419 | 0.4368 |

| 持久设计状况 $\sigma_{zb}$/MPa | $f_{\theta b}$/MPa | 比值 | 短暂设计状况（事故温度） $\sigma_{zc}$/MPa | $\sigma_{crt}^{z}$/MPa | 比值 | $\sigma_{zb}$/MPa | $f_{\theta b}$/MPa | 比值 | 受压控制应力比 轴向受压 | 轴向弯曲 |
|---|---|---|---|---|---|---|---|---|---|---|
| 1.8162 | 53.9000 | 0.0371 | 0.0000 | 4.9419 | 0.0000 | 3.2649 | 61.8100 | 0.0581 | 0.0000 | 0.0581 |
| 1.8162 | 53.9000 | 0.0371 | 0.2149 | 4.9419 | 0.0478 | 3.2649 | 61.8100 | 0.0581 | 0.0478 | 0.0581 |
| 1.8162 | 53.9000 | 0.0371 | 0.2613 | 4.9419 | 0.0582 | 3.2649 | 61.8100 | 0.0581 | 0.0685 | 0.0581 |
| 1.8162 | 53.9000 | 0.0371 | 1.6634 | 3.5080 | 0.5216 | 3.2649 | 61.8100 | 0.0581 | 0.9133 | 0.0581 |
| 1.8162 | 53.9000 | 0.0371 | 1.9624 | 4.9419 | 0.4368 | 3.2649 | 61.8100 | 0.0581 | 0.7720 | 0.0581 |

由以上结果可知，215.5m 标高处应力比最大，达 0.9133，均小于 1.0，受压段纵向抗压强度验算满足要求。

（2）受拉段纵向抗拉强度验算。受拉段纵向抗拉强度验算结果见表 10.5-25。

**表 10.5-25 受拉段纵向抗拉强度验算**

| 标高/m | 描述 | 结构层厚度/mm | 短暂设计状况（正常温度） $\sigma_{zt}^{s}$/MPa | $f_{zt}^{s}$/MPa | 比值 | $\sigma_{zb}$/MPa | $f_{\theta b}$/MPa | 比值 | 持久设计状况 $\sigma_{zt}^{l}$/MPa | $f_{zt}^{l}$/MPa | 比值 |
|---|---|---|---|---|---|---|---|---|---|---|---|
| 135.5 | MK-06 底部截面 | 14 | 0.0108 | 40.7212 | 0.0003 | 1.8162 | 67.3750 | 0.0297 | 0.0108 | 13.2344 | 0.0009 |
| 168 | 168m 层平台截面 | 14 | 2.3670 | 40.7212 | 0.0639 | 1.8162 | 67.3750 | 0.0297 | 2.1590 | 13.2344 | 0.1794 |
| 199.5 | MK-03 顶部截面 | 14 | 5.9660 | 40.7212 | 0.1612 | 1.8162 | 67.3750 | 0.0297 | 4.2484 | 13.2344 | 0.3531 |
| 204 | 204m 层平台截面 | 18 | 5.0779 | 40.7212 | 0.1372 | 1.8162 | 67.3750 | 0.0297 | 3.5717 | 13.2344 | 0.2969 |

| 持久设计状况 $\sigma_{zb}$/MPa | $f_{\theta b}$/MPa | 比值 | 短暂设计状况（事故温度） $\sigma_{zt}^{s}$/MPa | $f_{zt}^{s}$/MPa | 比值 | $\sigma_{zb}$/MPa | $f_{\theta b}$/MPa | 比值 | 受拉控制应力比 短暂受拉 | 持久受拉 | 弯曲受拉 | $\sigma_{zt}/f_{zt}+\sigma_{zb}/f_{zb}\leq 1$ | | |
|---|---|---|---|---|---|---|---|---|---|---|---|---|---|---|
| 1.8162 | 53.9000 | 0.0371 | 0.0169 | 12.1413 | 0.0015 | 3.2649 | 61.8100 | 0.0581 | 0.0003 | 0.0015 | 0.0581 | 0.0272 | 0.0345 | 0.0542 |
| 1.8162 | 53.9000 | 0.0371 | 2.1600 | 12.1413 | 0.1957 | 3.2649 | 61.8100 | 0.0581 | 0.0639 | 0.1957 | 0.0581 | 0.0851 | 0.1968 | 0.2307 |
| 1.8162 | 53.9000 | 0.0371 | 4.2485 | 12.1413 | 0.3849 | 3.2649 | 61.8100 | 0.0581 | 0.1612 | 0.3849 | 0.0581 | 0.1735 | 0.3547 | 0.4027 |
| 1.8162 | 53.9000 | 0.0371 | 3.5719 | 12.1413 | 0.3236 | 3.2649 | 61.8100 | 0.0581 | 0.1372 | 0.3236 | 0.0581 | 0.1517 | 0.3036 | 0.3470 |

由以上结果可知，应力比小于 1.0，受拉段纵向抗拉强度验算满足要求。

（3）环向强度验算。环向强度验算结果见表 10.5-26 和表 10.5-27。

**表 10.5-26　环向强度验算（受压段）**

环向强度验算（受压段）

| 标高/m | 描述 | 结构层厚度/mm | 短暂设计状况（正常温度） | | | | | | 持久设计状况 | | |
| --- | --- | --- | --- | --- | --- | --- | --- | --- | --- | --- | --- |
| | | | $\sigma_\theta$/MPa | $\sigma_{crt}^\theta$/MPa | 比值 | $\sigma_{\theta b}$/MPa | $f_{\theta b}$/MPa | 比值 | $\sigma_\theta$/MPa | $\sigma_{crt}^\theta$/MPa | 比值 |
| 240 | MK-01 顶部截面 | 18 | 0.4011 | 1.1499 | 0.3837 | 5.9832 | 96.8750 | 0.0679 | 0.4011 | 1.0221 | 0.4316 |
| 236.3 | 236.47m 层平台截面 | 18 | 0.4011 | 1.1499 | 0.3837 | 1.7832 | 96.8750 | 0.0202 | 0.4011 | 1.0221 | 0.4316 |
| 235.5 | MK-01 底部截面 | 18 | 0.4011 | 1.1499 | 0.3837 | 1.7832 | 96.8750 | 0.0202 | 0.4011 | 1.0221 | 0.4316 |
| 215.5 | MK-03 底部截面 | 14 | 0.5154 | 0.7890 | 0.7185 | 1.7832 | 96.8750 | 0.0202 | 0.5154 | 0.7013 | 0.8083 |
| 204 | 204m 层平台截面 | 18 | 0.4011 | 1.1499 | 0.3837 | 1.7832 | 96.8750 | 0.0202 | 0.4011 | 1.0221 | 0.4316 |

| 持久设计状况 | | | 短暂设计状况（事故温度） | | | | | | 受压控制应力比 | | $\sigma_\theta/\sigma_{crt}\theta +$ | | |
| --- | --- | --- | --- | --- | --- | --- | --- | --- | --- | --- | --- | --- | --- |
| $\sigma_{\theta b}$/MPa | $f_{\theta b}$/MPa | 比值 | $\sigma_\theta$/MPa | $\sigma_{crt}^\theta$/MPa | 比值 | $\sigma_{\theta b}$/MPa | $f_{\theta b}$/MPa | 比值 | 环向受压 | 环向弯曲 | $\sigma_{\theta b}/f_{\theta b} \leq 1$ | | |
| 1.7832 | 77.5000 | 0.0253 | 0.4011 | 1.1499 | 0.3837 | 3.2055 | 79.1250 | 0.0446 | 0.4316 | 0.0679 | 0.4105 | 0.4154 | 0.3893 |
| 1.7832 | 77.5000 | 0.0253 | 0.4011 | 1.1499 | 0.3837 | 3.2055 | 79.1250 | 0.0446 | 0.4316 | 0.0446 | 0.3672 | 0.4154 | 0.3893 |
| 1.7832 | 77.5000 | 0.0253 | 0.4011 | 1.1499 | 0.3837 | 3.2055 | 79.1250 | 0.0446 | 0.4316 | 0.0446 | 0.3672 | 0.4154 | 0.3893 |
| 1.7832 | 77.5000 | 0.0253 | 0.5154 | 0.7890 | 0.7185 | 3.2055 | 79.1250 | 0.0446 | 0.8083 | 0.0446 | 0.6716 | 0.7579 | 0.6937 |
| 1.7832 | 77.5000 | 0.0253 | 0.4011 | 1.1499 | 0.3837 | 3.2055 | 79.1250 | 0.0446 | 0.4316 | 0.0446 | 0.3672 | 0.4154 | 0.3893 |

**表 10.5-27　环向强度验算（受拉段）**

环向强度验算（受拉段）

| 标高/m | 描述 | 结构层厚度/mm | 短暂设计状况（正常温度） | | | | | | 持久设计状况 | | |
| --- | --- | --- | --- | --- | --- | --- | --- | --- | --- | --- | --- |
| | | | $\sigma_\theta$/MPa | $\sigma_{crt}^\theta$/MPa | 比值 | $\sigma_{\theta b}$/MPa | $f_{\theta b}$/MPa | 比值 | $\sigma_\theta$/MPa | $\sigma_{crt}^\theta$/MPa | 比值 |
| 135.5 | MK-06 底部截面 | 14 | 0.5154 | 0.7890 | 0.7185 | 1.7832 | 96.8750 | 0.0202 | 0.5154 | 0.7013 | 0.8083 |
| 168 | 168m 层平台截面 | 14 | 0.5154 | 0.7890 | 0.7185 | 1.7832 | 96.8750 | 0.0202 | 0.5154 | 0.7013 | 0.8083 |
| 199.5 | MK-03 顶部截面 | 14 | 0.5156 | 0.7887 | 0.7191 | 1.7832 | 96.8750 | 0.0202 | 0.5156 | 0.7011 | 0.8090 |
| 204 | 204m 层平台截面 | 18 | 0.4011 | 1.1499 | 0.3837 | 1.7832 | 96.8750 | 0.0202 | 0.4011 | 1.0221 | 0.4316 |

| 持久设计状况 | | | 短暂设计状况（事故温度） | | | | | | 受压控制应力比 | | $\sigma_\theta/\sigma_{crt}\theta +$ | | |
| --- | --- | --- | --- | --- | --- | --- | --- | --- | --- | --- | --- | --- | --- |
| $\sigma_{\theta b}$/MPa | $f_{\theta b}$/MPa | 比值 | $\sigma_\theta$/MPa | $\sigma_{crt}^\theta$/MPa | 比值 | $\sigma_{\theta b}$/MPa | $f_{\theta b}$/MPa | 比值 | 环向受压 | 环向弯曲 | $\sigma_{\theta b}/f_{\theta b} \leq 1$ | | |
| 1.7832 | 77.5000 | 0.0253 | 0.5154 | 0.7890 | 0.7185 | 3.2055 | 79.1250 | 0.0446 | 0.8083 | 0.0446 | 0.6716 | 0.7579 | 0.6937 |
| 1.7832 | 77.5000 | 0.0253 | 0.5154 | 0.7890 | 0.7185 | 3.2055 | 79.1250 | 0.0446 | 0.8083 | 0.0446 | 0.6716 | 0.7579 | 0.6937 |
| 1.7832 | 77.5000 | 0.0253 | 0.5156 | 0.7887 | 0.7191 | 3.2055 | 79.1250 | 0.0446 | 0.8090 | 0.0446 | 0.6722 | 0.7585 | 0.6943 |
| 1.7832 | 77.5000 | 0.0253 | 0.4011 | 1.1499 | 0.3837 | 3.2055 | 79.1250 | 0.0446 | 0.4316 | 0.0446 | 0.3672 | 0.4154 | 0.3893 |

由以上结果可知，应力比小于 1.0，环向强度验算满足要求。

### 10.5.10 主要设计图纸

玻璃钢烟囱的主要设计图纸如图 10.5-2 ~ 图 10.5-5 所示。

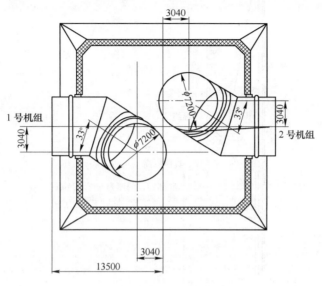

图 10.5-2 玻璃钢内筒平面布置图

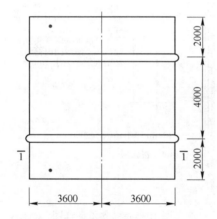

图 10.5-3 玻璃钢内筒加劲肋布置图

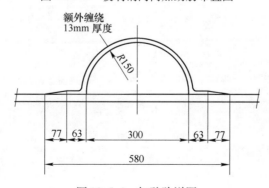

图 10.5-4 加劲肋详图

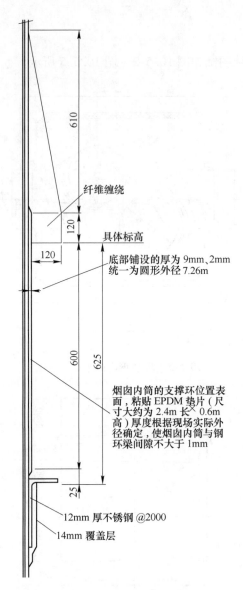

图 10.5-5　支承环详图

# 11 烟 道

## 11.1 架空烟道

### 11.1.1 一般规定

对于架空烟道,要求在烟气作用下结构振动小、气流顺畅、烟气阻力适度、积灰小、密封性和防腐蚀性能好。

架空烟道可采用钢筋混凝土框架结构,侧壁为填充砖墙,也可采用钢筋混凝土墙板结构。当锅炉排烟容量大时,可采用钢烟道。

烟道断面大小的选择由工艺经计算确定,土建专业应与工艺密切配合,共同做好烟道截面的布置选择。每台吸烟机宜有独立的烟道,不宜采用汇集烟道。烟道截面变化应缓和,避免气流急转弯和烟气流速的急剧变化,防止产生烟气涡流区。

架空烟道应考虑以下几种荷载:自重荷载、风荷载、底板积灰荷载和烟气压力。在抗震设防地区尚应考虑地震作用。

烟道内的烟气压力应由工艺专业提供,且不应小于 ±2.5kN/m²。

架空烟道结构温度伸缩缝最大间距一般不宜大于 25m。温度伸缩缝的宽度一般为 200mm。

烟道应有内衬,内衬具有耐高温、耐酸、耐磨和保护隔热层等性能。

架空烟道应有保温措施,使烟道结构的内外温差限制在一定范围。砖砌烟道的侧墙内外温差不宜超过 30℃;钢筋混凝土烟道以及砖烟道钢筋混凝土顶板或底板的内外温差不超过 40℃。架空烟道的混凝土结构部分受热温度不应超过 150℃。

水平烟道底板的积灰荷载应根据电除尘器的除尘效率和运行方式确定,经常低负荷和除尘设备故障运行时的积灰高度,取 1/6 的烟道净高度。湿法脱硫烟气加热装置前后的烟道积灰分别按湿、干灰计算,且不低于表 11.1-1 规定数值。

表 11.1-1 烟囱积灰平台板和烟道底板积灰荷载

| 单机容量/MW | | 200 | | ≤125 | |
|---|---|---|---|---|---|
| 除尘方式 | | 干式 | 湿式 | 干式 | 湿式 |
| 荷载/kN·m⁻² | 烟道底板 | 10 | 15 | 15 | 20 |
| | 烟囱积灰平台板 | 25 | 30 | 30 | 35 |

注:1. 当单机容量不小于 300MW 时,干式除尘烟道底板积灰荷载不应小于 20kN/m²;
　　2. 积灰平台上设有烟气导向斜坡结构时,积灰荷载可按上表适当减小。

烟道墙体结构应考虑底板积灰所产生的侧压力。计算该侧压力时,对直墙可取积灰层厚 1~2m;对弧形墙、转角等可取积灰层厚 2~4m。

脱硫系统烟气的推力由工艺专业提供。

对采用钢排烟筒的套筒式或多管式烟囱，混凝土筒壁与钢排烟筒间的内接烟道也应采用钢结构，不应将烟道的水平推力传至排烟筒。

每段架空烟道应设置供检修的人孔。

烟道的抗腐蚀要求，可参考第5章进行。

### 11.1.2　干烟气架空烟道的构造

（1）架空钢筋混凝土烟道及砖烟道断面构造参见图11.1-1。

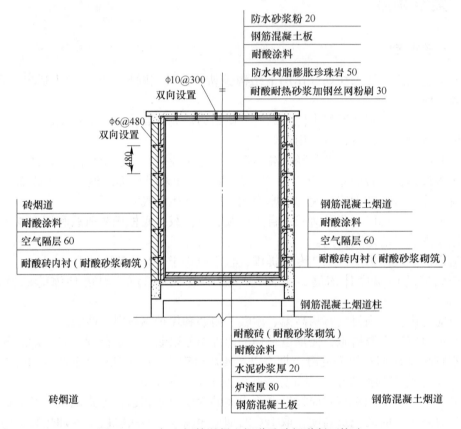

图 11.1-1　架空钢筋混凝土烟道及砖烟道断面构造

（2）架空钢筋混凝土烟道及砖烟道转角构造参见图11.1-2。

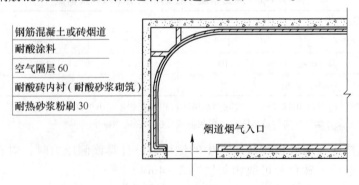

图 11.1-2　架空钢筋混凝土烟道及砖烟道转角构造

（3）架空钢筋混凝土烟道及砖烟道伸缩节详细做法参见图11.1-3。

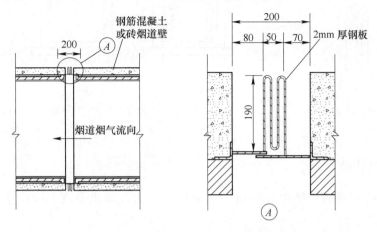

图 11.1-3　架空钢筋混凝土烟道及砖烟道伸缩节详图

（4）架空钢筋混凝土烟道及砖烟道人孔盖板详图做法参见图11.1-4。

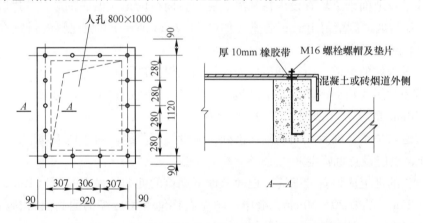

图 11.1-4　架空钢筋混凝土烟道及砖烟道人孔盖板详图

## 11.2　地下烟道和地面烟道

### 11.2.1　烟道的材料选择和结构型式

对于下列情况宜采用钢筋混凝土烟道：

（1）净空尺寸较大。

（2）地面荷载较大或有汽车、火车通过。

（3）有防水要求的烟道。

对于其他情况，地下烟道和地面烟道可采用砖砌烟道。

砖砌烟道的顶部应做成半圆拱（如图 11.2-1 所示）；钢筋混凝土烟道宜做成箱形封闭框架（如图 11.2-2a 所示），也可做成槽形，顶盖为预制板（如图 11.2-2b 所示）；钢烟道宜设计成圆筒形。

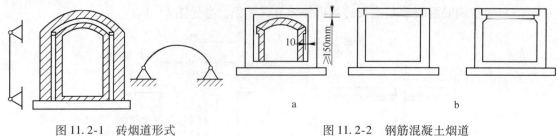

图 11.2-1　砖烟道形式

图 11.2-2　钢筋混凝土烟道

a—封闭箱形地下烟道；b—槽形地下烟道

### 11.2.2　烟道的构造

（1）地下砖烟道的顶拱中心夹角一般为 60°～90°，顶拱厚度不应小于一砖，侧墙厚度不应小于一砖半。

（2）砖烟道（包括地下及地面砖烟道）所采用砖的强度等级不应低于 MU10，砂浆强度等级不应低于 M2.5。当温度较高时应采用耐热砂浆。

（3）地下及地面烟道均宜设内衬和隔热层。砖内衬的顶应做成拱形，其拱脚应向烟道侧壁伸出，并与烟道侧壁留 10mm 空隙（如图 11.2-2a 所示）。浇注料内衬宜在烟道内壁敷设一层钢筋网后再施工。

（4）不设内衬的烟道，应在烟道内表面抹黏土保护层。

（5）当为封闭式箱形钢筋混凝土烟道时，拱形砖内衬的拱顶至烟道顶板底表面，应留有不小于 150mm 的空隙（如图 11.2-2a 所示）。

（6）烟道与炉子基础及烟囱基础连接处，应设置沉降缝。对于地下烟道，在地面荷载变化较大处，也应设置沉降缝。

（7）较长的烟道应设置伸缩缝。地面及地下烟道的伸缩缝最大间距为 20m，架空烟道一般不超过 25m，缝宽 20～30mm。缝中应填塞石棉绳等可压缩的耐高温材料。当有防水要求时，伸缩缝的处理应满足防水要求。

抗震设防地区的架空烟道与烟囱之间防震缝的宽度应按照现行国家标准《建筑抗震设计规范》（GB 50011）执行。

（8）当为地下烟道时，烟道应与厂房柱基础、设备基础、电缆沟等保持一定距离，一般可按表 11.2-1 确定。

（9）连接引风机和烟囱之间的钢烟道，应设置补偿器。

表 11.2-1　地下烟道与地下构筑物边缘最小距离

| 烟气温度/℃ | <200 | 200～400 | 401～600 | 601～800 |
|---|---|---|---|---|
| 距离/m | ≥0.1 | ≥0.2 | ≥0.4 | ≥0.5 |

### 11.2.3　烟道的计算

烟道应进行下列计算：最高受热温度计算，计算出的最高受热温度，应小于或等于材料的允许受热温度；结构承载能力极限状态计算。

11.2.3.1 最高受热温度计算

地下烟道的最高受热温度计算，应考虑周围土壤的热阻作用，计算土层厚度可按下列公式计算（如图11.2-3所示）：

（1）计算烟道侧墙时：

$$h_1 = 0.505H - 0.325 + 0.050bH \quad (11.2-1)$$

（2）计算烟道底板时：

$$h_2 = 0.3 \text{（地温取15℃）} \quad (11.2-2)$$

（3）计算烟道顶板时，取实际土层厚度。

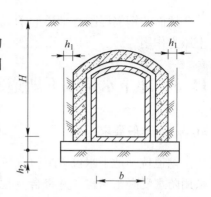

图11.2-3 计算土层厚度示意图

式中 $H$，$b$——分别为由内衬内表面算起的烟道埋深和宽度，m（如图11.2-3所示）；

$h_1$——烟道侧面计算土层厚度，m；

$h_2$——烟道底面计算土层厚度，m。

确定计算土层厚度后，可按本手册第4章有关规定计算烟道受热温度。计算的受热温度应满足材料受热允许值。对材料强度应考虑温度作用的影响。

11.2.3.2 结构承载能力极限状态计算

在计算地下烟道的承载力时，应按烟道的材料和结构型式选择适宜的计算方法。

（1）地下砖砌烟道的承载力计算（如图11.2-1所示）。

1）烟道侧墙的计算模型可按下列原则采用：

①当侧墙两侧有土时，侧墙可按上（拱脚处）、下端铰接，并仅考虑拱顶范围以外的地面荷载，按偏心受压计算。

②当侧墙两侧无土时，侧墙可按上端（拱脚处）悬臂、下端固接，验算拱顶推力作用下的承载能力，不考虑内衬对侧墙的推力。

③砖砌地下烟道不允许出现一侧有土另一侧无土的情况。

2）砖砌烟道的顶拱按双铰拱计算。其荷载组合应考虑拱上无土、拱上有土、拱上有地面荷载（并考虑最不利分布）等几种情况。

当拱顶截面内有弯矩产生时，截面内的合力作用点不应超过截面核心距。

3）砖砌烟道的底板计算可按下列原则计算：

①当为钢筋混凝土底板时，地基反力可按平均分布采用。

②当底板为素混凝土时，地基反力考虑侧壁压力按45°角扩散。

（2）钢筋混凝土地下烟道的承载能力计算。

1）封闭箱形地下烟道（如图11.2-2a所示）按封闭框架，采用力法计算。

2）槽型地下烟道的顶盖、侧墙和底板可按下列规定计算（如图11.2-2b所示）：

①预制顶板按两端简支板计算。

②侧墙和底板按上部有盖板和无盖板两种情况计算。当上部有盖板时，上支点可按铰接考虑。当上部无盖板时，侧墙按悬臂计算。

（3）在计算地面烟道的承载力时，地面砖烟道按下端固接的拱形框架计算。一般顶拱宜做成半圆拱。

地面的钢筋混凝土烟道的承载力计算与地下钢筋混凝土烟道类似，只是侧墙没有侧向土压力作用。

## 11.3　地下水位以下烟道的防水要求

### 11.3.1　一般要求

烟道位于地下水位以下时，应采取防水措施。当混凝土内表面温度不超过 80℃时，可采用防水混凝土结构，并符合《地下工程防水技术规范》（GB 50108）的有关要求，其抗渗等级应比常温情况（见表 11.3-1）提高一级。

### 11.3.2　设计要求

（1）防水混凝土的设计抗渗等级，应符合表 11.3-1 的规定。

表 11.3-1　防水混凝土的设计抗渗等级

| 工程埋置深度/m | 设计抗渗等级 |
| --- | --- |
| < 10 | S6 |
| 10 ~ 20 | S8 |

（2）烟道应采取隔热措施，确保烟道混凝土内表面温度不超过 80℃；处于侵蚀性介质中防水混凝土的耐侵蚀系数，不应小于 0.8。

（3）防水混凝土结构底板的混凝土垫层，强度等级不应小于 C15，厚度不应小于 100mm，在软弱土层中不应小于 150mm。

（4）设计抗渗等级的确定：一般要求防水混凝土的抗压强度等级达到 C20 ~ C30。抗渗等级一般不低于 S6，重要工程为 S8 ~ S12（见表 11.3-1）。

抗渗等级的定义为用 6 个圆柱体抗压试块，经过标准养护 28d 后，在抗渗仪上加水压，始压 0.2MPa，以后每隔 8h 加压 0.1MPa，直至 6 个试件中有 4 个试件不渗水时的最大水压被定为抗渗等级。

（5）防水混凝土的最小厚度：防水混凝土之所以能防水，因为它具有一定的密实性和厚度，所以混凝土内才不致被一般的压力水所渗透。防水混凝土的最小厚度见表 11.3-2。

表 11.3-2　防水混凝土的最小厚度

| 项　　目 | 条　　件 | 最小厚度/mm |
| --- | --- | --- |
| 侧墙 | 单筋 | 250 |
| | 双筋 | 300 |
| 顶拱 | | 250 |

（6）迎水面钢筋保护层厚度不应小于 50mm。

（7）严格控制裂缝宽度。在设计和施工中应采取措施避免由于混凝土干缩引起的裂缝。设计配筋防水混凝土结构时，要考虑裂缝允许宽度的取值问题。在受弯截面中，钢筋应力较高时混凝土有开裂的可能，但构件受压区域产生压缩，裂缝开展不能贯穿整个截面，阻止了压力水的渗透。因此，在受弯截面，混凝土表面可允许裂缝最大宽度不超过 0.2mm。

为防止混凝土结构出现环向裂缝，以及在温差大的部位（如出入口），应增设细而密的温度筋，结构物的薄弱部位和转角处，适当配置构造钢筋，以增加结构的延性，抵抗局部裂缝的出现。

（8）防水混凝土烟道的自重，要求大于静水压力水头所造成的浮力。当自重不足以平衡浮力时可以采取锚桩等措施。当为多跨结构时，可将边跨加厚。抗浮安全系数采用 1.1。

（9）地表应做散水坡，以免地面积水，必要时还可以在散水坡外设置排水明沟，将地表水排走。

（10）变形缝的间距按现行《混凝土结构设计规范》最大伸缩缝间距要求设置。室外无筋混凝土结构，变形缝的间距宜为 10m；露天钢筋混凝土结构，间距宜为 20m；室内或土中钢筋混凝土结构，间距宜为 30m。

（11）变形缝的设置，在建筑物变化较大部位（层数、高度突然变化或荷载相差悬殊），以及土壤性质变化较大或长度较长的结构等情况，均应设置封闭严密的变形缝。变形缝的做法应根据工程所受水压高低、接缝两侧结构相对变形量的大小和环境、温度及水质影响，来选择较合理的防水方案。

（12）后浇带。后浇带适用于不允许设置柔性变形缝的部位，应待两侧结构主体混凝土干缩变形基本稳定后进行（一般龄期为 42d），并应采用补偿收缩混凝土，其强度应高于两侧混凝土，后浇带应设在受力和变形较小的部位，宽度为 1m。

（13）施工缝。防水混凝土应连续浇注，尽量不留施工缝，当必须留设施工缝时应符合以下规定：

1）顶板、底板不保留施工缝；墙体在必须留设时，只准留水平施工缝，并距底板表面以上不小于 300mm 处；拱墙结合的水平施工缝宜留在起拱线以下 150~300mm 处。

2）施工缝构造形式按有关详图处理。

3）施工缝应尽量与变形缝结合。

4）在施工缝处可采用多道防线，在迎水面抹 NT 无机防水浆料 20~30mm，并在其表面钉膨润土防水板（毯），并采取有效措施进行保护，在施工间断中部嵌贴膨润土止水条（在混凝土浇捣前）。

（14）力求减少穿墙管、预埋件、预留孔槽等设施，设置时应使位置正确、施工简便。严禁后期开凿，在穿墙的孔洞上部 500mm 和下部 300mm 以内不得留施工缝。

# 11.4　地下拱形钢筋混凝土烟道计算实例

## 11.4.1　烟道温度计算

### 11.4.1.1　设计资料

烟气温度 $T_g = 200℃$；夏季极端最高空气温度 $T_a = 40℃$；内衬为黏土耐火砖，厚度

$t_1 = 0.23\text{m}$，导热系数为 $\lambda_1 = 0.93 + 0.0006T(\text{W}/(\text{m} \cdot \text{K}))$；隔热层为高炉水渣，厚度 $t_2 = 0.2\text{m}$，导热系数为 $\lambda_2 = 0.12 + 0.0003T(\text{W}/(\text{m} \cdot \text{K}))$；钢筋混凝土层，厚度 $t_3 = 0.3\text{m}$，导热系数为 $\lambda_3 = 1.74 + 0.0005T(\text{W}/(\text{m} \cdot \text{K}))$；内衬内表面的传热系数 $\alpha_{\text{in}}$ 为 $38\text{W}/(\text{m}^2 \cdot \text{K})$；土层外表面的传热系数 $\alpha_{\text{ex}}$ 为 $12\text{W}/(\text{m}^2 \cdot \text{K})$，钢筋混凝土烟道的组成如图 11.4-1 所示。

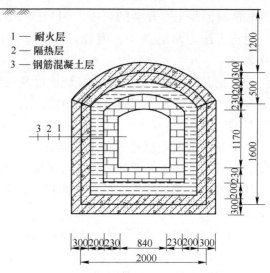

1 — 耐火层
2 — 隔热层
3 — 钢筋混凝土层

图 11.4-1　地下拱形钢筋混凝土烟道的组成与尺寸

### 11.4.1.2　烟道侧墙温度计算

烟道侧墙的计算土层厚度，根据式 (11.2-1) 得到：

$$H = 1.2 + 2.1 - 0.15 - 0.2 - 0.23 = 2.72\text{m}$$

$$b = 2.0 - 0.3 - 0.2 \times 2 - 0.23 \times 2 = 0.84\text{m}$$

土层厚度
$$h_1 = 0.505H - 0.325 + 0.05bH$$
$$= 0.505 \times 2.72 - 0.325 + 0.05 \times 0.84 \times 2.72$$
$$= 1.374 - 0.325 + 0.114 = 1.163\text{m}$$

则总厚度

$$t = 0.23 + 0.2 + 0.3 + 1.163 = 1.893\text{m}$$

（1）假定各点温度：$T_0 = 199℃$，$T_1 = 185℃$，$T_2 = 135℃$，$T_3 = 90℃$，$T_4 = 42℃$。

（2）导热系数。

耐火层

$$\lambda_1 = 0.93 + 0.0006 \times \frac{199 + 185}{2} = 1.0452$$

隔热层

$$\lambda_2 = 0.12 + 0.0003 \times \frac{185 + 135}{2} = 0.1680$$

钢筋混凝土层

$$\lambda_3 = 1.74 + 0.0005 \times \frac{135 + 90}{2} = 1.7963$$

黏土层

$$\lambda_4 = 0.8000$$

（3）各层的热阻。

$$R_{\text{in}} = \frac{1}{a_{\text{in}}} = \frac{1}{38} = 0.0263$$

$$R_1 = \frac{t_1}{\lambda_1} = \frac{0.23}{1.0452} = 0.2201$$

$$R_2 = \frac{t_2}{\lambda_2} = \frac{0.2}{0.1680} = 1.1905$$

$$R_3 = \frac{t_3}{\lambda_3} = \frac{0.3}{1.7963} = 0.1670$$

$$R_4 = \frac{t_4}{\lambda_4} = \frac{1.163}{0.8000} = 1.4538$$

$$R_{ex} = \frac{1}{\alpha_{ex}} = \frac{1}{12} = 0.0833$$

总热阻

$$R_{tot} = R_{in} + R_1 + R_2 + R_3 + R_4 + R_{ex}$$
$$= 0.0263 + 0.2201 + 1.1905 + 0.1670 + 1.4538 + 0.0833 = 3.1410$$

（4）计算各点温度。

$$T_{cj} = T_g - \frac{T_g - T_a}{R_{tot}} \left( R_{in} + \sum_{i=1}^{j} R_i \right)$$

$$T_0 = 200 - \frac{200 - 40}{3.1410} \times 0.0263 = 198.7 \text{℃}$$

$$T_1 = 200 - \frac{200 - 40}{3.1410} \times (0.0263 + 0.2201) = 187.5 \text{℃}$$

$$T_2 = 200 - \frac{200 - 40}{3.1410} \times (0.0263 + 0.2201 + 1.1905) = 126.8 \text{℃}$$

$$T_3 = 200 - \frac{200 - 40}{3.1410} \times (0.0263 + 0.2201 + 1.1905 + 0.167) = 118.3 \text{℃}$$

$$T_4 = 200 - \frac{200 - 40}{3.1410} \times (0.0263 + 0.2201 + 1.1905 + 0.167 + 1.4538) = 44.3 \text{℃}$$

与假定值相比，二者相差超过5%，再循环一次。

（5）假定 $T_0 = 199 \text{℃}$，$T_1 = 187 \text{℃}$，$T_2 = 127 \text{℃}$，$T_3 = 118 \text{℃}$，$T_4 = 44 \text{℃}$。

（6）导热系数。

$$\lambda_1 = 0.93 + 0.0006 \times \frac{199 + 187}{2} = 1.0458$$

$$\lambda_2 = 0.12 + 0.0003 \times \frac{187 + 127}{2} = 0.1671$$

$$\lambda_3 = 1.74 + 0.0005 \times \frac{127 + 118}{2} = 1.8013$$

$$\lambda_4 = 0.8000$$

（7）各层的热阻。

$$R_{in} = \frac{1}{a_{in}} = \frac{1}{38} = 0.0263$$

$$R_1 = \frac{t_1}{\lambda_1} = \frac{0.23}{1.0458} = 0.2199$$

$$R_2 = \frac{t_2}{\lambda_2} = \frac{0.2}{0.1671} = 1.1969$$

$$R_3 = \frac{t_3}{\lambda_3} = \frac{0.3}{1.8013} = 0.1665$$

$$R_4 = \frac{t_4}{\lambda_4} = \frac{1.163}{0.8000} = 1.4538$$

$$R_{ex} = \frac{1}{a_{ex}} = \frac{1}{12} = 0.0833$$

总热阻

$$R_{tot} = R_{in} + R_1 + R_2 + R_3 + R_4 + R_{ex}$$
$$= 0.0263 + 0.2199 + 1.1969 + 0.1665 + 1.4538 + 0.0833 = 3.1467$$

（8）计算各点温度。

$$T_0 = 200 - \frac{200 - 40}{3.1467} \times 0.0263 = 198.7\text{℃}$$

$$T_1 = 200 - \frac{200 - 40}{3.1467} \times (0.0263 + 0.2199) = 187.5\text{℃}$$

$$T_2 = 200 - \frac{200 - 40}{3.1467} \times (0.0263 + 0.2199 + 1.1969) = 126.6\text{℃}$$

$$T_3 = 200 - \frac{200 - 40}{3.1467} \times (0.0263 + 0.2199 + 1.1969 + 0.1665) = 118.2\text{℃}$$

$$T_4 = 200 - \frac{200 - 40}{3.1467} \times (0.0263 + 0.2199 + 1.1969 + 0.1665 + 1.4538) = 44.2\text{℃}$$

与假定 $T_0 \sim T_4$ 相比，二者相差不超过5%，可不再进行计算。否则应根据求出的温度值 $T_0 \sim T_4$，再重新计算导热系数、热阻和受热温度。

钢筋混凝土允许最高受热温度为150℃，烟道侧墙内表面受热温度为126.6℃，故在允许范围内。

11.4.1.3　烟道底板温度计算

烟道底板的计算土层厚度，根据式（11.2-2）得：

$$h_2 = 0.3\text{m}$$

则总厚度为：

$$t = 0.23 + 0.2 + 0.3 + 0.3 = 1.03\text{m}$$

烟道底板温度计算同烟道侧墙，具体步骤如下：

（1）假定各点温度：$T_0 = 198$，$T_1 = 169$，$T_2 = 65$，$T_3 = 54$，$T_4 = 21$

（2）导热系数。

$$\lambda_1 = 0.93 + 0.0006 \times \frac{198 + 169}{2} = 1.0401$$

$$\lambda_2 = 0.12 + 0.0003 \times \frac{169 + 65}{2} = 0.1551$$

$$\lambda_3 = 1.74 + 0.0005 \times \frac{65 + 54}{2} = 1.7698$$

$$\lambda_4 = 0.8000$$

（3）各层的热阻。

$$R_{in} = \frac{1}{a_{in}} = \frac{1}{38} = 0.0263$$

$$R_1 = \frac{t_1}{\lambda_1} = \frac{0.23}{1.0401} = 0.2211$$

$$R_2 = \frac{t_2}{\lambda_2} = \frac{0.2}{0.1551} = 1.2895$$

$$R_3 = \frac{t_3}{\lambda_3} = \frac{0.3}{1.7698} = 0.1695$$

$$R_4 = \frac{t_4}{\lambda_4} = \frac{0.3}{0.8000} = 0.3750$$

$$R_{ex} = \frac{1}{a_{ex}} = \frac{1}{12} = 0.0833$$

总热阻

$$R_{tot} = R_{in} + R_1 + R_2 + R_3 + R_4 + R_{ex}$$
$$= 0.0263 + 0.2211 + 1.2895 + 0.1695 + 0.3750 + 0.0833 = 2.1647$$

（4）计算各点温度。

采用平壁法计算烟道受热温度，即

$$T_0 = 200 - \frac{200 - 15}{2.1647} \times 0.0263 = 197.8℃$$

$$T_1 = 200 - \frac{200 - 15}{2.1647} \times (0.0263 + 0.2211) = 178.9℃$$

$$T_2 = 200 - \frac{200 - 15}{2.1647} \times (0.0263 + 0.2211 + 1.2895) = 68.7℃$$

$$T_3 = 200 - \frac{200 - 15}{2.1647} \times (0.0263 + 0.2211 + 1.2895 + 0.1695) = 54.2℃$$

$$T_4 = 200 - \frac{200 - 15}{2.1647} \times (0.0263 + 0.2211 + 1.2895 + 0.1695 + 0.3750) = 22.1℃$$

与假定值相比，二者相差超过5%，再循环一次。

（5）假定 $T_0 = 198$，$T_1 = 179$，$T_2 = 69$，$T_3 = 54$，$T_4 = 22$。

（6）导热系数。

$$\lambda_1 = 0.93 + 0.0006 \times \frac{198 + 179}{2} = 1.0431$$

$$\lambda_2 = 0.12 + 0.0003 \times \frac{179 + 69}{2} = 0.1572$$

$$\lambda_3 = 1.74 + 0.0005 \times \frac{69 + 54}{2} = 1.7708$$

$$\lambda_4 = 0.8000$$

（7）各层的热阻。

$$R_{in} = \frac{1}{a_{in}} = \frac{1}{38} = 0.0263$$

$$R_1 = \frac{t_1}{\lambda_1} = \frac{0.23}{1.0431} = 0.2205$$

$$R_2 = \frac{t_2}{\lambda_2} = \frac{0.2}{0.1572} = 1.2723$$

$$R_3 = \frac{t_3}{\lambda_3} = \frac{0.3}{1.7708} = 0.1694$$

$$R_4 = \frac{t_4}{\lambda_4} = \frac{0.3}{0.8000} = 0.3750$$

$$R_{ex} = \frac{1}{a_{ex}} = \frac{1}{12} = 0.0833$$

总热阻

$$R_{tot} = R_{in} + R_1 + R_2 + R_3 + R_4 + R_{ex}$$
$$= 0.0263 + 0.2205 + 1.2723 + 0.1694 + 0.3750 + 0.0833 = 2.1468$$

（8）计算各点温度。采用平壁法计算烟道受热温度，即

$$T_0 = 200 - \frac{200 - 15}{2.1468} \times 0.0263 = 197.7℃$$

$$T_1 = 200 - \frac{200 - 15}{2.1468} \times (0.0263 + 0.2205) = 178.7℃$$

$$T_2 = 200 - \frac{200 - 15}{2.1468} \times (0.0263 + 0.2205 + 1.2723) = 69.1℃$$

$$T_3 = 200 - \frac{200 - 15}{2.1468} \times (0.0263 + 0.2205 + 1.2723 + 0.1694) = 54.5℃$$

$$T_4 = 200 - \frac{200 - 15}{2.1468} \times (0.0263 + 0.2205 + 1.2723 + 0.1694 + 0.3750) = 22.2℃$$

与假定 $T_0 \sim T_4$ 相比，二者相差不超过5%，可不再进行计算。否则应根据求出的温度值 $T_0 \sim T_4$，再重新计算导热系数、热阻和受热温度。

用上面计算出的受热温度，检验烟道底板受热温度是否在允许值之内。

钢筋混凝土允许最高受热温度为150℃，烟道底板内表面受热温度为69.1℃，故在允许范围内。

#### 11.4.1.4　烟道顶板温度计算

烟道顶板的计算土层厚度，为安全起见，取拱角位置到地表面的土层厚度，即 $h = 1.7m$。

烟道顶板温度计算同烟道侧墙，具体步骤如下：

（1）假定各点温度：$T_0 = 198.4$，$T_1 = 182$，$T_2 = 140$，$T_3 = 132$，$T_4 = 45$。

（2）导热系数。

$$\lambda_1 = 0.93 + 0.0006 \times \frac{198.4 + 182}{2} = 1.0441$$

$$\lambda_2 = 0.12 + 0.0003 \times \frac{182 + 140}{2} = 0.1683$$

$$\lambda_3 = 1.74 + 0.0005 \times \frac{140 + 132}{2} = 1.8080$$

$$\lambda_4 = 0.8000$$

（3）各层的热阻。

$$R_{in} = \frac{1}{a_{in}} = \frac{1}{38} = 0.0263$$

$$R_1 = \frac{t_1}{\lambda_1} = \frac{0.23}{1.0441} = 0.2203$$

$$R_2 = \frac{t_2}{\lambda_2} = \frac{0.2}{0.1683} = 1.1884$$

$$R_3 = \frac{t_3}{\lambda_3} = \frac{0.3}{1.808} = 0.1659$$

$$R_3 = \frac{t_4}{\lambda_4} = \frac{1.7}{0.8} = 2.1250$$

$$R_{ex} = \frac{1}{a_{ex}} = \frac{1}{12} = 0.0833$$

总热阻

$$R_{tot} = R_{in} + R_1 + R_2 + R_3 + R_4 + R_{ex}$$
$$= 0.0263 + 0.2203 + 1.1884 + 0.1659 + 2.1250 + 0.0833 = 3.8092$$

（4）计算各点温度。采用平壁法计算烟道受热温度，即

$$T_0 = 200 - \frac{200 - 40}{3.8092} \times 0.0263 = 198.9℃$$

$$T_1 = 200 - \frac{200 - 40}{3.8092} \times (0.0263 + 0.2203) = 189.6℃$$

$$T_2 = 200 - \frac{200 - 40}{3.8092} \times (0.0263 + 0.2203 + 1.1884) = 139.7℃$$

$$T_3 = 200 - \frac{200 - 40}{3.8092} \times (0.0263 + 0.2203 + 1.1884 + 0.1659) = 132.8℃$$

$$T_4 = 200 - \frac{200 - 40}{3.8092} \times (0.0263 + 0.2203 + 1.1884 + 0.1659 + 2.1250) = 43.5℃$$

与假定 $T_0 \sim T_4$ 相比，二者相差不超过5%，可不再进行计算。否则应根据求出的温度值 $T_0 \sim T_4$，再重新计算导热系数、热阻和受热温度。

钢筋混凝土允许最高受热温度为150℃，烟道顶板内表面受热温度为139.7℃，故在允许范围内。

## 11.4.2 荷载与内力计算

### 11.4.2.1 荷载取值

（1）地面活荷载标准值为：$p = 20kN/m^2$。

（2）侧压力取值：

1）土产生的侧压力：

$$\sigma = k_0 \gamma H_z$$

式中　$k_0$——考虑到本烟道为拱形封闭烟道，并且在垂直荷载作用下，侧墙的变形方向与土压力的方向相反，这与挡土墙的受力条件不同，如按主动土压力计算是偏小的，所以采用静止土压力计算较为合理。静止土压力系数为 $k_0 = 1 - \sin\varphi'$；

　　　　$\varphi'$——有效内摩擦角，近似取 $\varphi' = 30°$；

　　　　$\gamma$——土的重度，$kN/m^3$；

　　　　$H_z$——地表面以下任意深度。

2）室外地面活荷载产生的侧压力。将活载 $p$ 换算成当量土层厚度 $H_p$，$H_p = p/\gamma$，并近似认为当量土层厚度 $H_p$ 产生的侧压力从地面至墙基础底面均匀分布，其值按下式计算：

$$q_p = B k_0 \gamma H_p$$

式中　$B$——沿墙轴线方向单位长度，即计算单元的宽度，一般取 1m。这样，包括 $q_p$ 在内，沿假想墙高（$H_p + H$）土的侧压力分布图形为梯形。

烟道壁混凝土的最高温度为 150℃。

**11.4.2.2　荷载计算**

（1）计算参数。

烟道尺寸如图 11.4-1 所示，耐火层 230mm，隔热层 200mm，钢筋混凝土 300mm。采用力法计算，计算简图如图 11.4-2 所示。$X_1$ 为弯矩，以内侧受拉为正；$X_2$ 为轴力，以压为正；$X_3$ 为剪力，顺时针为正。因结构、荷载均为对称的，故 $X_3 = 0$。

烟道中心线至烟道壁的宽度 $l = 1000mm$，烟道拱半径 $R = 1100mm$；$\sin\varphi_0 = \dfrac{l}{R} = \dfrac{1000}{1100}$ $= 0.909$，$\varphi_0 = 65.4° = 1.14$ 弧度。

图中，$h$ 为烟道拱顶面至地表面距离，此处 $h = 1.2m$；$p$ 为地面荷载，此处取 $p = 20kN/m^2$；$f$ 为烟道拱高，此处 $f = 0.5m$。

（2）烟道上作用的荷载。烟道上作用的荷载如图 11.4-3 所示。

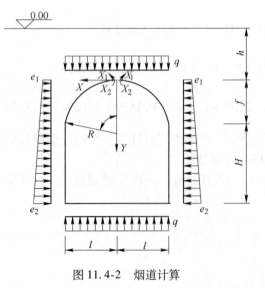

图 11.4-2　烟道计算

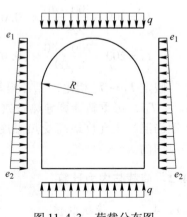

图 11.4-3　荷载分布图

荷载分项系数：$\gamma_G = 1.2$；$\gamma_Q = 1.4$。

为偏于安全，近似取拱顶土体高度为 1.6m，则：

$$q = 1.6\gamma_G\gamma + \gamma_Q p$$
$$= 1.2 \times 18 \times 1.6 + 1.4 \times 20$$
$$= 62.56 \text{kN/m}^2$$

$$e_1 = \gamma_G k_0 \gamma h + \gamma_Q (p/\gamma) B k_0 \gamma$$
$$= 1.2 \times (1 - \sin 30°) \times 18 \times 1.2 + 1.4 \times (20/18) \times 1 \times 0.5 \times 18$$
$$= 12.96 + 14 = 26.96 \text{kN/m}^2$$

$$e_2 = \gamma_G k_0 \gamma (h + f + H) + \gamma_Q (p/\gamma) B k_0 \gamma$$
$$= 1.2 \times (1 - \sin 30°) \times 18 \times (1.2 + 0.5 + 1.6) + 1.4 \times (20/18) \times 1 \times 0.5 \times 18$$
$$= 35.64 + 14 = 49.64 \text{kN/m}^2$$

### 11.4.2.3　拱形烟道的内力计算

（1）采用力法，用图乘法计算内力。

$$x = R\sin\varphi; \quad \mathrm{d}x = R\cos\varphi \mathrm{d}\varphi$$
$$y = R(1 - \cos\varphi); \mathrm{d}y = R\sin\varphi \mathrm{d}\varphi$$

（2）单位载荷作用下的弯矩、剪力和轴力。

1）弯矩。

$$\overline{M}_1 = 1 \qquad 0 \leqslant y \leqslant f + H$$
$$\overline{M}_1 = 1 \qquad -l \leqslant x \leqslant l,\ y = f + H$$
$$\overline{M}_2 = y \qquad 0 \leqslant y \leqslant f + H$$
$$\overline{M}_2 = H + f \qquad -l \leqslant x \leqslant l,\ y = f + H$$

2）剪力。

$$\overline{Q}_1 = 0 \qquad 0 \leqslant y \leqslant f + H$$
$$\overline{Q}_1 = 0 \qquad -l \leqslant x \leqslant l,\ y = f + H$$
$$\overline{Q}_2 = -\sin\varphi \qquad 0 \leqslant y < f \qquad \text{即：} 0 \leqslant \varphi < \varphi_0$$
$$\overline{Q}_2 = -1 \qquad f \leqslant y \leqslant f + H$$
$$\overline{Q}_2 = 0 \qquad -l \leqslant x \leqslant l,\ y = f + H$$

3）轴力。

$$\overline{N}_1 = 0 \qquad 0 \leqslant y \leqslant f + H$$
$$\overline{N}_1 = 0 \qquad -l \leqslant x \leqslant l,\ y = f + H$$
$$\overline{N}_2 = \cos\varphi \qquad 0 \leqslant y < f \qquad \text{即：} 0 \leqslant \varphi < \varphi_0$$
$$\overline{N}_2 = -1 \qquad -l \leqslant x \leqslant l,\ y = f + H$$

（3）荷载作用下的弯矩、剪力、轴力。

1）轴力。

①当 $0 \leqslant y < f$ 时，即 $0 \leqslant \varphi < \varphi_0$ 时：

$$N_p = qx\sin\varphi - \frac{1}{2}\Big[2e_1 + \frac{(e_2 - e_1)y}{f + H}\Big]y\cos\varphi$$

$$= qR\sin^2\varphi - e_1 R(1-\cos\varphi)\cos\varphi - \frac{(e_2-e_1)R^2(1-\cos\varphi)^2\cos\varphi}{2(f+H)}$$

②当 $f \leqslant y \leqslant f+H$ 时，$N_p = ql$；当 $-l \leqslant x \leqslant l$，$y = f+H$ 时，$N_p = \frac{1}{2}(e_2+e_1)(f+H)$。

2）剪力：

①当 $0 \leqslant y < f$ 时，即 $0 \leqslant \varphi < \varphi_0$ 时：

$$Q_p = qx\cos\varphi + \frac{1}{2}\Big[2e_1 + \frac{(e_2-e_1)y}{f+H}\Big]y\sin\varphi$$

$$= qR\sin\varphi\cos\varphi + e_1 R(1-\cos\varphi)\sin\varphi + \frac{(e_2-e_1)R^2(1-\cos\varphi)^2\sin\varphi}{2(f+H)}$$

②当 $f \leqslant y \leqslant f+H$ 时，

$$Q_p = \frac{1}{2}\Big[2e_1 + \frac{(e_2-e_1)f}{f+H}\Big]f + \int_f^y \Big[e_1 + \frac{(e_2-e_1)y}{f+H}\Big]dy$$

$$= \frac{2e_1(f+H)y + (e_2-e_1)y^2}{2(f+H)}$$

③当 $-l \leqslant x \leqslant l$，$y = f+H$ 时，$Q_p = -qx$。

3）弯矩。将荷载分解为均布荷载和三角形荷载（如图 11.4-4、图 11.4-5 所示）。

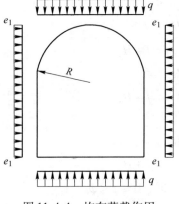

图 11.4-4　均布荷载作用

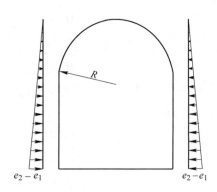

图 11.4-5　三角形荷载作用

①均布载荷 $e_1$、$q$ 作用下的弯矩：当 $0 \leqslant y < f$，即 $0 \leqslant \varphi < \varphi_0$ 时，$M_p = -\frac{qx^2}{2} - \frac{e_1 y^2}{2}$；当 $f \leqslant y \leqslant f+H$ 时，$M_p = -\frac{ql^2}{2} - \frac{e_1 y^2}{2}$；当 $0 \leqslant x \leqslant l$，$y = f+H$ 时，$M_p = -\frac{e_1(f+H)^2}{2} - \frac{qx^2}{2}$。

②三角形荷载作用下的弯矩：

$$M_p = -\frac{(e_2-e_1)y^3}{6(f+H)} \qquad\qquad 0 \leqslant y \leqslant f+H$$

$$M_p = -\frac{(e_2-e_1)(f+H)^2}{6} \qquad\qquad 0 \leqslant x \leqslant l,\ y = f+H$$

（4）力法方程的系数计算。

混凝土采用 C30，其弹性模量 $E_{ct} = \beta_c E_c = 0.65 \times 3 \times 10^4 = 1.95 \times 10^4 \mathrm{N/mm^2}$，

剪切模量 $\quad G = \dfrac{\beta_c E_c}{2(1 + \nu)} = \dfrac{0.65 \times 3 \times 10^4}{2 \times (1 + 0.2)} = 0.813 \times 10^4 \mathrm{N/mm^2}$。

取单位长度烟道进行计算：

$$I_1 = I_2 = I_3 = \frac{bh^3}{12} = \frac{1000 \times 300^3}{12} = 2250 \times 10^6 \mathrm{mm^4}$$

$$A_1 = A_2 = A_3 = bh = 1000 \times 300 = 3 \times 10^5 \mathrm{mm^2}$$

$$
\begin{aligned}
\delta_{11} &= \int \frac{\overline{M}_1 \overline{M}_1}{EI} \mathrm{d}s = 2\int_0^{\varphi_0} \frac{R}{EI_1}\mathrm{d}\varphi + 2\int_f^{f+H} \frac{1}{EI_2}\mathrm{d}y + 2\int_0^l \frac{1}{EI_3}\mathrm{d}x \\
&= 2\frac{R\varphi_0}{EI_1} + \frac{2H}{EI_2} + \frac{2l}{EI_3} \qquad\qquad\qquad\qquad (11.4\text{-}1) \\
&= 2 \times \frac{1100 \times 1.14}{1.95 \times 10^4 \times 2250 \times 10^6} + \frac{2 \times 1600}{1.95 \times 10^4 \times 2250 \times 10^6} + \frac{2 \times 1000}{1.95 \times 10^4 \times 2250 \times 10^6} \\
&= \frac{7708}{4387.5 \times 10^{10}} = 1.757 \times 10^{-10}
\end{aligned}
$$

$$
\begin{aligned}
\delta_{12} &= \int \frac{\overline{M}_1 \overline{M}_2}{EI} \mathrm{d}s = 2\int_0^{\varphi_0} \frac{R(1 - \cos\varphi)}{EI_1}R\mathrm{d}\varphi + 2\int_f^{f+H} \frac{y}{EI_2}\mathrm{d}y + 2\int_0^l \frac{H+f}{EI_3}\mathrm{d}x \\
&= 2\frac{R^2}{EI_1}(\varphi_0 - \sin\varphi_0) + \frac{2fH + H^2}{EI_2} + \frac{2(H+f)l}{EI_3} \qquad (11.4\text{-}2) \\
&= \frac{2 \times 1100^2 \times (1.14 - 0.909)}{1.95 \times 10^4 \times 2250 \times 10^6} + \frac{2 \times 500 \times 1600 + 1600^2}{1.95 \times 10^4 \times 2250 \times 10^6} + \frac{2 \times (1600 + 500) \times 1000}{1.95 \times 10^4 \times 2250 \times 10^6} \\
&= \frac{8.919 \times 10^6}{4387.5 \times 10^{10}} = 2.033 \times 10^{-7}
\end{aligned}
$$

$$
\begin{aligned}
\delta_{22} &= \int \frac{\overline{M}_2 \overline{M}_2}{EI} \mathrm{d}s + \int \frac{\overline{N}_2 \overline{N}_2}{EA}\mathrm{d}s + \int \frac{\overline{Q}_2 \overline{Q}_2}{GA}\mathrm{d}s \\
&= 2\int_0^{\varphi_0} \frac{R^2(1 - \cos\varphi)^2}{EI_1}R\mathrm{d}\varphi + 2\int_f^{f+H} \frac{y^2}{EI_2}\mathrm{d}y + 2\int_0^l \frac{(H+f)^2}{EI_3}\mathrm{d}x + \\
&\quad 2\int_0^{\varphi_0} \frac{\cos^2\varphi}{EA_1}\mathrm{d}s + 2\int_0^l \frac{1}{EA_3}\mathrm{d}x + 2\int_0^{\varphi_0} \frac{\sin^2\varphi}{GA_1}\mathrm{d}s + 2\int_f^{f+H} \frac{1}{GA_2}\mathrm{d}y \\
&= \frac{2R^3}{EI_1}\left(\frac{3}{2}\varphi_0 - 2\sin\varphi_0 + \frac{\sin 2\varphi_0}{4}\right) + \frac{2[(f+H)^3 - f^3]}{3EI_2} + \frac{2(H+f)^2 l}{EI_3} + \\
&\quad \frac{R}{EA_1}\left(\varphi_0 + \frac{\sin 2\varphi_0}{2}\right) + \frac{2l}{EA_3} + \frac{R}{GA_1}\left(\varphi_0 - \frac{\sin 2\varphi_0}{2}\right) + \frac{2H}{GA_2} \qquad (11.4\text{-}3) \\
&= \frac{2 \times 1100^3 \times (1.5 \times 1.14 - 2 \times 0.909 + 0.25 \times 0.757)}{1.95 \times 10^4 \times 2250 \times 10^6} + \frac{2 \times (2100^3 - 500^3)}{3 \times 1.95 \times 10^4 \times 2250 \times 10^6} + \\
&\quad \frac{2 \times 2100^2 \times 1000}{1.95 \times 10^4 \times 2250 \times 10^6} + \frac{1100(1.14 + 0.5 \times 0.757)}{1.95 \times 10^4 \times 0.3 \times 10^6} + \frac{2 \times 1000}{1.95 \times 10^4 \times 0.3 \times 10^6} + \\
&\quad \frac{1600 \times (1.14 - 0.5 \times 0.757)}{0.813 \times 10^4 \times 0.3 \times 10^6} + \frac{2 \times 1600}{0.813 \times 10^4 \times 0.3 \times 10^6} \\
&= \frac{0.266 \times 10^{10} \times 0.08125}{4387.5 \times 10^{10}} + \frac{0.609 \times 10^{10}}{4387.5 \times 10^{10}} + \frac{0.882 \times 10^{10}}{4387.5 \times 10^{10}} + \frac{1670.35}{0.585 \times 10^{10}} +
\end{aligned}
$$

$$\frac{2000}{0.585 \times 10^{10}} + \frac{1218.4}{0.2439 \times 10^{10}} + \frac{3200}{0.2439 \times 10^{10}}$$

$$= 49.26 \times 10^{-7} + 1388.03 \times 10^{-7} + 2010.26 \times 10^{-7} + 2.855 \times 10^{-7} +$$

$$3.419 \times 10^{-7} + 4.995 \times 10^{-7} + 13.12 \times 10^{-7} = 3471.94 \times 10^{-7}$$

$$\Delta_{1p} = \int \frac{\overline{M}_1 M_p}{EI} ds = \frac{-2}{EI_1} \int_0^{\varphi_0} \left( \frac{qx^2 + e_1 y^2}{2} \right) ds - \frac{2}{EI_2} \int_f^{f+H} \left( \frac{ql^2 + e_1 y^2}{2} \right) dy -$$

$$\frac{2}{EI_3} \int_0^l \left[ \frac{e_1 (f+H)^2}{2} + \frac{qx^2}{2} \right] dx - \frac{2}{EI_1} \int_0^f \frac{(e_2 - e_1) y^3}{6(f+H)} dy -$$

$$\frac{2}{EI_2} \int_f^{f+H} \frac{(e_2 - e_1) y^3}{6(f+H)} dy - \frac{2}{EI_3} \int_0^l \frac{(e_2 - e_1)(f+H)^2}{6} dx$$

$$= \frac{qR^3}{2EI_1} \left( \varphi_0 - \frac{\sin 2\varphi_0}{2} \right) - \frac{e_1 R^3}{EI_1} \left( \frac{3}{2} \varphi_0 - 2\sin\varphi_0 + \frac{\sin 2\varphi_0}{4} \right) - \tag{11.4-4}$$

$$\frac{1}{EI_2} \left\{ ql^2 H + \frac{e_1}{3} [ (H+f)^3 - f^3 ] \right\} - \frac{1}{EI_3} \left[ e_1 (f+H)^2 l + \frac{ql^3}{3} \right] -$$

$$\frac{(e_2 - e_1) f^4}{12 EI_1 (f+H)} - \frac{(e_2 - e_1) [ (f+H)^4 - f^4 ]}{12 EI_2 (f+H)} - \frac{(e_2 - e_1)(f+H)^2 l}{3 EI_3}$$

$$= - \frac{0.5 \times 62.56 \times 10^{-3} \times 1100^3 (1.14 - 0.5 \times 0.757)}{1.95 \times 10^4 \times 2250 \times 10^6} -$$

$$\frac{26.96 \times 10^{-3} \times 1100^3 (1.5 \times 1.14 - 2 \times 0.909 + 0.25 \times 0.757)}{1.95 \times 10^4 \times 2250 \times 10^6} -$$

$$\frac{62.56 \times 10^{-3} \times 1000^2 \times 1600}{1.95 \times 10^4 \times 2250 \times 10^6} - \frac{(26.96 \times 10^{-3} / 3)(2100^3 - 500^3)}{1.95 \times 10^4 \times 2250 \times 10^6} -$$

$$\frac{26.96 \times 10^{-3} \times 2100^2 \times 1000 + (62.56 \times 10^{-3} \times 1000^3 / 3)}{1.95 \times 10^4 \times 2250 \times 10^6} -$$

$$\frac{(49.64 - 26.96) \times 10^{-3} \times 500^4}{12 \times 1.95 \times 10^4 \times 2250 \times 10^6 \times 2100} - \frac{(49.64 - 26.96) \times 10^{-3} \times (2100^4 - 500^4)}{12 \times 1.95 \times 10^4 \times 2250 \times 10^6 \times 2100} -$$

$$\frac{(49.64 - 26.96) \times 10^{-3} \times 2100^2 \times 1000}{3 \times 1.95 \times 10^4 \times 2250 \times 10^6}$$

$$= - 7.226 \times 10^{-7} - 0.665 \times 10^{-7} - 22.814 \times 10^{-7} - 18.713 \times 10^{-7} - 31.851 \times 10^{-7} -$$

$$0.0128 \times 10^{-7} - 3.977 \times 10^{-7} - 7.599 \times 10^{-7}$$

$$= - 92.86 \times 10^{-7}$$

$$\Delta_{2p} = \int \frac{\overline{M}_2 M_p}{EI} ds + \int \frac{\overline{N}_2 N_p}{EA} ds + \int \frac{\overline{Q}_2 Q_p}{GA} ds \int \frac{\overline{M}_2 M_p}{EI} ds \tag{11.4-5}$$

$$= - 2 \int_0^{\varphi_0} \frac{y}{EI_1} \left( \frac{qx^2}{2} + \frac{e_1 y^2}{2} \right) ds - 2 \int_f^{H+f} \frac{y}{EI_2} \left( \frac{ql^2}{2} + \frac{e_1 y^2}{2} \right) dy -$$

$$2 \int_0^l \frac{H+f}{EI_3} \left[ \frac{e_1 (H+f)^2}{2} + \frac{qx^2}{2} \right] dx - 2 \int_0^f \frac{y}{EI_1} \frac{(e_2 - e_1) y^3}{6(H+f)} dy -$$

$$2 \int_f^{H+f} \frac{y}{EI_2} \frac{(e_2 - e_1) y^3}{6(H+f)} dy - 2 \int_0^l \frac{(H+f)(e_2 - e_1)(H+f)^2}{6 EI_3} dx$$

$$
= -\frac{R^4 q}{EI_1}\left(\frac{\varphi_0}{2} - \frac{\sin 2\varphi_0}{4} - \frac{\sin^3\varphi_0}{3}\right) - \frac{R^4 e_1}{EI_1}\left(\frac{5}{2}\varphi_0 - 4\sin\varphi_0 + \frac{3}{4}\sin 2\varphi_0 + \frac{\sin^3\varphi_0}{3}\right) -
$$

$$
\frac{ql^2}{2EI_2}\left[(H+f)^2 - f^2\right] - \frac{e_1}{4EI_2}\left[(H+f)^4 - f^4\right] - \frac{(H+f)^3 e_1 l}{EI_3} - \frac{(H+f)ql^3}{3EI_3} - \quad (11.4\text{-}6)
$$

$$
\frac{(e_2 - e_1)f^5}{15EI_1(H+f)} - \frac{e_2 - e_1}{15EI_2(H+f)}\left[(H+f)^5 - f^5\right] - \frac{(e_2 - e_1)(H+f)^3 l}{3EI_3}
$$

$$
= -\frac{1100^4 \times 62.56 \times 10^{-3} \times (1.14/2 - 0.757/4 - 0.751/3)}{1.95 \times 10^4 \times 2250 \times 10^6} -
$$

$$
\frac{26.96 \times 10^{-3} \times 1100^4 \times (2.5 \times 1.14 - 4 \times 0.909 + 0.75 \times 0.757 + 0.751/3)}{1.95 \times 10^4 \times 2250 \times 10^6} -
$$

$$
\frac{0.5 \times 62.56 \times 10^{-3} \times 1000^2 (2100^2 - 500^2)}{1.95 \times 10^4 \times 2250 \times 10^6} -
$$

$$
\frac{0.25 \times 26.96 \times 10^{-3} \times (2100^4 - 500^4)}{1.95 \times 10^4 \times 2250 \times 10^6} -
$$

$$
\frac{2100^3 \times 26.96 \times 10^{-3} \times 1000}{1.95 \times 10^4 \times 2250 \times 10^6} - \frac{2100 \times 62.56 \times 10^{-3} \times 1000^3}{3 \times 1.95 \times 10^4 \times 2250 \times 10^6} -
$$

$$
\frac{(49.64 - 26.96) \times 10^{-3} \times 500^5}{15 \times 1.95 \times 10^4 \times 2250 \times 10^6 \times 2100} - \frac{(49.64 - 26.96) \times 10^{-3} \times (2100^5 - 500^5)}{15 \times 1.95 \times 10^4 \times 2250 \times 10^6 \times 2100} -
$$

$$
\frac{(49.64 - 26.96) \times 10^{-3} \times 2100^3 \times 1000}{3 \times 1.95 \times 10^4 \times 2250 \times 10^6}
$$

$$
= -\frac{11945.4 \times 10^6}{4387.5 \times 10^{10}} - \frac{1266.4 \times 10^6}{4387.5 \times 10^{10}} - \frac{13.012 \times 10^{10}}{4387.5 \times 10^{10}} - \frac{13.066 \times 10^{10}}{4387.5 \times 10^{10}} - \frac{2.497 \times 10^{11}}{4387.5 \times 10^{10}} -
$$

$$
\frac{13.138 \times 10^{10}}{3 \times 4387.5 \times 10^{10}} - \frac{7.088 \times 10^{11}}{15 \times 4387.5 \times 10^{10} \times 2100} - \frac{9.256 \times 10^{14}}{15 \times 4387.5 \times 10^{10} \times 2100} -
$$

$$
\frac{2.1 \times 10^{11}}{3 \times 4387.5 \times 10^{10}}
$$

$$
= -2.723 \times 10^{-4} - 0.289 \times 10^{-4} - 29.657 \times 10^{-4} - 29.78 \times 10^{-4} - 56.912 \times 10^{-4} -
$$

$$
9.981 \times 10^{-4} - 0.0051 \times 10^{-4} - 6.697 \times 10^{-4} - 15.954 \times 10^{-4}
$$

$$
= -151.998 \times 10^{-4}
$$

$$
\int \frac{\overline{N}_2 N_p}{EA}\mathrm{d}s
$$

$$
= 2\int_0^{\varphi_0} \frac{\cos\varphi}{EA_1}\left\{qx\sin\varphi - \frac{1}{2}\left[2e_1 + \frac{(e_2 - e_1)y}{f + H}\right]y\cos\varphi\right\}R\mathrm{d}\varphi + 2\int_f^{f+H} \frac{0}{EA_2}\mathrm{d}y +
$$

$$
2\int_0^l \frac{(-1)}{EA_3} \frac{1}{2}(e_2 + e_1)(f + H)\mathrm{d}x
$$

$$
= \frac{2qR^2 \sin^3\varphi_0}{3EA_1} - \frac{2R^2 e_1}{EA_1}\left(\frac{\varphi_0}{2} - \sin\varphi_0 + \frac{\sin 2\varphi_0}{4} + \frac{\sin^3\varphi_0}{3}\right) - \frac{(e_2 - e_1)R^3}{EA_1(f + H)}
$$

$$
\left(\frac{7}{8}\varphi_0 + \frac{\sin 2\varphi_0}{2} - 2\sin\varphi_0 + \frac{2}{3}\sin^3\varphi_0 + \frac{\sin 4\varphi_0}{32}\right) - \frac{(e_2 + e_1)(f + H)l}{EA_3} \quad (11.4\text{-}7)
$$

$$
= \frac{2 \times 62.56 \times 10^{-3} \times 1100^2 \times 0.751}{3 \times 1.95 \times 10^4 \times 3 \times 10^5} - \frac{2 \times 1100^2 \times 26.96 \times 10^{-3}}{1.95 \times 10^4 \times 3 \times 10^5} \times
$$

$$(0.5 \times 1.14 - 0.909 + 0.25 \times 0.757 + 0.25) - \frac{(49.64 - 26.96) \times 10^{-3} \times 1100^3}{1.95 \times 10^4 \times 3 \times 10^5 \times 2100} \times$$

$$(0.875 \times 1.14 + 0.757/2 - 1.818 + 0.501 - 0.0309) -$$

$$\frac{(49.64 + 26.96) \times 10^{-3} \times 2100 \times 1000}{1.95 \times 10^4 \times 3 \times 10^5}$$

$$= \frac{113.698 \times 10^3}{1.755 \times 10^{10}} - \frac{65.243 \times 10^3 \times 0.1}{5.85 \times 10^9} - \frac{30.187 \times 10^6 \times 0.0281}{1228.5 \times 10^{10}} - \frac{16.086 \times 10^4}{5.85 \times 10^9}$$

$$= 64.785 \times 10^{-7} - 11.153 \times 10^{-7} - 0.69048 \times 10^{-7} - 274.974 \times 10^{-7}$$

$$= -222.032 \times 10^{-7}$$

$$\int \frac{\bar{Q}_2 Q_p}{GA} ds = -2 \int_0^{\varphi_0} \frac{\sin\varphi}{GA_1} \left\{ qx\cos\varphi + \frac{1}{2} \left[ 2e_1 + \frac{(e_2 - e_1)y}{f+H} \right] y\sin\varphi \right\} R d\varphi + 2 \int_f^{f+H} \frac{(-1)}{GA_2} \times \quad (11.4\text{-}8)$$

$$\frac{2e_1(f+H)y + (e_2-e_1)y^2}{2(f+H)} dy + 2 \int_0^l \frac{0}{GA_3} dx$$

$$= -\frac{2qR^2 \sin^3\varphi_0}{3GA_1} - \frac{2R^2 e_1}{GA_1} \left( \frac{\varphi_0}{2} - \frac{\sin2\varphi_0}{4} - \frac{\sin^3\varphi_0}{3} \right) - \frac{(e_2-e_1)R^3}{GA_1(f+H)} \times$$

$$\left( \frac{5}{8}\varphi_0 - \frac{\sin2\varphi_0}{4} - \frac{2}{3}\sin^3\varphi_0 - \frac{\sin4\varphi_0}{32} \right) - \frac{e_1}{GA_2} \left[ (f+H)^2 - f^2 \right] -$$

$$\frac{e_2 - e_1}{3GA_2(f+H)} \left[ (f+H)^3 - f^3 \right]$$

$$= -\frac{2 \times 62.56 \times 10^{-3} \times 1100^2 \times 0.751}{3 \times 0.813 \times 10^4 \times 3 \times 10^5} -$$

$$\frac{2 \times 26.96 \times 10^{-3} \times 1100^2}{0.813 \times 10^4 \times 3 \times 10^5} \times (1.14/2 - 0.757/4 - 0.751/3) -$$

$$\frac{(49.64 - 26.96) \times 10^{-3} \times 1100^3}{0.813 \times 10^4 \times 3 \times 10^5 \times 2100} \times \left( \frac{5}{8} \times 1.14 - \frac{0.757}{4} - \frac{2 \times 0.751}{3} + \frac{0.989}{32} \right) -$$

$$\frac{26.96 \times 10^{-3} \times 4.16 \times 10^6}{0.813 \times 10^4 \times 3 \times 10^5} -$$

$$\frac{(49.64 - 26.96) \times 10^{-3}}{3 \times 0.813 \times 10^4 \times 3 \times 10^5 \times 2100} \times (2100^3 - 500^3)$$

$$= -\frac{113.698 \times 10^3}{7.317 \times 10^9} - \frac{65.243 \times 10^3 \times 0.1304}{2.439 \times 10^9} - \frac{30187.08 \times 10^3 \times 0.0535}{5.122 \times 10^{12}} -$$

$$\frac{112.154 \times 10^3}{2.439 \times 10^9} - \frac{207.204 \times 10^6}{15.366 \times 10^{12}}$$

$$= -15.539 \times 10^{-6} - 3.488 \times 10^{-6} - 0.315 \times 10^{-6} - 45.984 \times 10^{-6} - 13.485 \times 10^{-6}$$

$$= -78.811 \times 10^{-6}$$

将式 (11.4-6)、式 (11.4-7)、式 (11.4-8) 代入式 (11.4-5)，即得到 $\Delta_{2p}$。

$\Delta_{2p} = -151.998 \times 10^{-4} - 222.032 \times 10^{-7} - 78.811 \times 10^{-6} = -153.008 \times 10^{-4}$

将式 (11.4-1)~式(11.4-5) 代入力法方程式 (11.4-9)

$$\begin{cases} \delta_{11}x_1 + \delta_{12}x_2 + \Delta_{1p} = 0 \\ \delta_{21}x_1 + \delta_{22}x_2 + \Delta_{2p} = 0 \end{cases} \quad (11.4\text{-}9)$$

得：

$$\begin{cases} 1.757 \times 10^{-10} x_1 + 2033 \times 10^{-10} x_2 - 92.86 \times 10^{-7} = 0 \\ 2033 \times 10^{-10} x_1 + 3471.94 \times 10^{-7} x_2 - 153.008 \times 10^{-4} = 0 \end{cases}$$

解得：$\begin{cases} x_1 = 5761.24\text{N} \cdot \text{mm} \\ x_2 = 40.697\text{N} \end{cases}$

拱形烟道的内力：

$$M = \overline{M}_1 x_1 + \overline{M}_2 x_2 + M_p$$
$$N = \overline{N}_1 x_1 + \overline{N}_2 x_2 + N_p$$
$$Q = \overline{Q}_1 x_1 + \overline{Q}_2 x_2 + Q_p$$

### 11.4.2.4 节点处内力计算

（1）在 $x = 0$，$y = 0$ 处：

$$M_1 = 5761.24 + 0 + 0 = 5761.24\text{N} \cdot \text{mm}$$
$$N_1 = 0 + \cos 0°(40.697) + 0 = 40.697\text{N}$$
$$Q_1 = 0\text{kN}$$

（2）在 $x = l$，$y = f$ 处：

$$M_2 = 5761.24 + 500 \times 40.697 + \left( -\frac{62.56 \times 10^{-3} \times 1000^2}{2} - \frac{26.96 \times 10^{-3} \times 500^2}{2} \right) -$$

$$\frac{(49.64 - 26.96) \times 10^{-3} \times 500^3}{6 \times 2100}$$

$$= 5761.24 + 20348.5 - 31280 - 3370 - 225 = -8765.26\text{N} \cdot \text{mm}$$

$$N_2 = 0 + 0 + 62.56 \times 10^{-3} \times 1000 = 62.56\text{N}$$

$$Q_2 = 0 - 40.697 + \frac{2 \times 26.96 \times 10^{-3} \times 2100 \times 500 + (49.64 - 26.96) \times 10^{-3} \times 500^2}{2 \times 2100}$$

$$= -25.867\text{N}$$

（3）在 $x = l$，$y = f + H$ 处：

$$M_3 = 5761.24 + 2100 \times 40.697 + \left( -\frac{26.96 \times 10^{-3} \times 2100^2}{2} - \frac{62.56 \times 10^{-3} \times 1000^2}{2} \right) -$$

$$\frac{(49.64 - 26.96) \times 10^{-3} \times 2100^2}{6}$$

$$= 5761.24 + 85463.7 - 59446.8 - 31.28 \times 10^3 - 16669.8 = -16171.66\text{N} \cdot \text{mm}$$

1) 在 $x = l$，$y = f + H$ 上部：

$$N_3 = 0 + 0 + 62.56 \times 10^{-3} \times 1000 = 62.56\text{N}$$

$$Q_3 = 0 - 40.697 + \frac{2 \times 26.96 \times 10^{-3} \times 2100^2 + (49.64 - 26.96) \times 10^{-3} \times 2100^2}{2 \times 2100}$$

$$= 39.733\text{N}$$

2) 在 $x = l$，$y = f + H$ 右侧：

$$N_3 = 0 - 40.697 + \frac{(49.64 + 26.96) \times 10^{-3} \times 2100}{2}$$

$$= 39.733N$$

$$Q_3 = 0 + 0 - 62.56 \times 10^{-3} \times 1000 = -62.56\text{N}$$

（4）在 $x = 0$，$y = f + H$ 处：

$$M_4 = 5761.24 + 2100 \times 40.697 - \frac{26.96 \times 10^{-3} \times 2100^2}{2} -$$

$$\frac{(49.64 - 26.96) \times 10^{-3} \times 2100^2}{6}$$

$$= 5761.24 + 85463.7 - 59446.8 - 16669.8$$

$$= 15108.34\text{N} \cdot \text{mm}$$

$$N_4 = 0 - 40.697 + \frac{(49.64 + 26.96) \times 10^{-3} \times 2100}{2}$$

$$= 39.733\text{N}$$

$$Q_4 = 0$$

（5）在 $x = l$，$y = f + H/2$ 处：

$$M_5 = 5761.24 + 1300 \times 40.697 - \frac{62.56 \times 10^{-3} \times 1000^2}{2} - \frac{26.96 \times 10^{-3} \times 1300^2}{2} -$$

$$\frac{(49.64 - 26.96) \times 10^{-3} \times 1300^3}{6 \times 2100}$$

$$= 5761.24 + 52906.1 - 31.28 \times 10^3 - 22.781 \times 10^3 - 3.955 \times 10^3$$

$$= 651.34\text{N} \cdot \text{mm}$$

$$N_5 = 0 + 0 + 62.56 \times 10^{-3} \times 1000 = 62.56\text{N}$$

$$Q_5 = 0 - 40.697 + \frac{2 \times 26.96 \times 10^{-3} \times 2100 \times 1300 + (49.64 - 26.96) \times 10^{-3} \times 1300^2}{2 \times 2100}$$

$$= -40.697 + 35.048 + 9.126$$

$$= 3.477\text{N}$$

（6）$x = \frac{1}{2}l = 500\text{mm}$，$y = R - \sqrt{R^2 - l^2/4} = 1100 - 979.796 = 120.204$，

$$\sin\varphi = \frac{500}{1100} = 0.455，\varphi = 27.036°，\cos\varphi = 0.891 处：$$

$$M_6 = 5761.24 + 120.204 \times 40.697 - \frac{62.56 \times 10^{-3} \times 500^2}{2} - \frac{26.96 \times 10^{-3} \times 120.204^2}{2} -$$

$$\frac{(49.64 - 26.96) \times 10^{-3} \times 120.204^3}{6 \times 2100}$$

$$= 5761.24 + 4891.94 - 7820 - 194.773 - 3.126 = 2635.28\text{N} \cdot \text{mm}$$

$$N_6 = 0 + 40.697\cos\varphi + 62.56 \times 10^{-3} \times 500 \times \sin\varphi -$$

$$\frac{1}{2} \times \left[ 2 \times 26.96 \times 10^{-3} + \frac{(49.64 - 26.96) \times 10^{-3} \times 120.204}{2100} \right] \times 120.204\cos\varphi$$

$$= 36.261 + 14.232 - 2.957$$

$$= 47.536\text{N}$$

$$Q_6 = 0 - 40.697\sin\varphi + 62.56 \times 10^{-3} \times 500\cos\varphi +$$

$$\frac{1}{2} \times \left[ 2 \times 26.96 \times 10^{-3} + \frac{(49.64 - 26.96) \times 10^{-3} \times 120.204}{2100} \right] \times 120.204\sin\varphi$$

$$= -40.697 \times 0.455 + 31.28 \times 0.891 + 3.319 \times 0.455$$
$$= 10.863N$$

### 11.4.3 配筋计算

混凝土采用 C30，由本手册表 4.1-3 可查得在温度为 150℃ 时，混凝土强度标准值为 14.8MPa；烟道按其他构件考虑，混凝土材料分项系数为 1.4；钢筋采用 HRB400 级钢筋，在常温下的屈服强度标准值为 400MPa，在温度为 150℃ 时强度折减系数 $\beta_{yt}$ 为 0.9，钢筋材料分项系数取 1.1。

#### 11.4.3.1 拱顶配筋

由《混凝土结构设计规范》（GB 50010—2010）可知，$M = 5761.24N \cdot mm$，$N = 40.697N$。

采用对称配筋：

$$A_s = A'_s, f_y = f'_y, f_{ct} = \frac{f_{ctk}}{\gamma_{ct}} = \frac{14.80}{1.4} = 10.571N/mm^2$$

$$f_{yt} = \frac{f_{ytk}}{\gamma_{yt}} = \frac{0.9 \times 400}{1.1} = 327.27N/mm^2$$

$$E_s = 2 \times 10^5 N/mm^2$$

$$\varepsilon_{cu} = 0.0033 - (f_{cu,k} - 50) \times 10^{-5} = 0.0033 + 20 \times 10^{-5} > 0.0033$$

取 $\varepsilon_{cu} = 0.0033$，则：

$$\frac{M_1}{M_2} = \frac{-5761.24}{8765.26} = -0.657 < 0.9$$

$$\frac{N}{f_{ct}A} = \frac{47.536}{10.571 \times 1000 \times 300} = 1.5 \times 10^{-5} < 0.9$$

$$l_c = 0.54S = 0.54 \times (2\phi_0 R) = 0.54 \times 2 \times 1.14 \times 1100 = 1354.32mm$$

$$i = \frac{h}{2\sqrt{3}} = \frac{300}{2\sqrt{3}} = 86.6mm$$

$$\frac{l_c}{i} = \frac{1354.32}{86.6} = 15.64 < 34 - 12\left(\frac{M_1}{M_2}\right) = 34 - 12 \times (-0.657) = 41.884$$

因而可不考虑二阶效应的影响。

$$e_0 = \frac{M}{N} = \frac{5761.24}{40.697} = 141.564mm$$

$$e_a = 20mm$$

$e_i = e_0 + e_a = 141.564 + 20 = 161.564mm > 0.3h_0 = 0.3 \times 270 = 81mm$，按大偏心受压计算。

$$x = \frac{N}{\alpha_1 f_{ct}b} = \frac{40.697}{1.0 \times 10.571 \times 1000} = 3.850 \times 10^{-3}mm$$

$$\xi = \frac{x}{h_0} = \frac{3.850 \times 10^{-3}}{270} = 1.426 \times 10^{-5}$$

$$\xi_b = \frac{\beta_1}{1 + \dfrac{f_{yt}}{E_s\varepsilon_{cu}}} = \frac{0.8}{1 + \dfrac{327.27}{2 \times 10^5 \times 0.0033}} = \frac{0.8}{1.496} = 0.535$$

$$\xi = 1.426 \times 10^{-5} < \xi_b = 0.535$$

属于大偏心受压。

$x = 3.850 \times 10^{-3} < 2a'_s = 60$，则：

$$A_s = A'_s = \frac{N(e_i - 0.5h + a'_s)}{f_{yt}(h_0 - a'_s)} = \frac{40.697 \times (161.564 - 0.5 \times 300 + 30)}{327.27 \times (270 - 30)}$$

$$= \frac{40.697 \times 41.564}{327.27 \times 240} = 0.022 \text{mm}^2 < \rho_{min}bh = 0.2\% \times 1000 \times 300 = 600 \text{mm}^2$$

（一侧纵向钢筋最小配筋率）

按全截面纵向钢筋最小配筋率为 0.55%（对于 400 级钢筋）配筋，

$$A_s = 0.55\% bh = 0.55\% \times 1000 \times 300 = 1650 \text{mm}^2$$

对称配两排钢筋，每米配 $\Phi 14@180(A_s = 1710 \text{mm}^2)$。

### 11.4.3.2　侧壁配筋

由《混凝土结构设计规范》（GB 50010—2010）可知，$M = -16171.66 \text{N} \cdot \text{mm}$，$N = 62.56 \text{N}$。

采用对称配筋：

$$A_s = A'_s, f_y = f'_y, f_{ct} = \frac{f_{ctk}}{\gamma_{ct}} = \frac{14.80}{1.4} = 10.571 \text{N/mm}^2$$

$$f_{yt} = \frac{f_{ytk}}{\gamma_{yt}} = \frac{0.9 \times 400}{1.1} = 327.27 \text{N/mm}^2$$

$$E_s = 2 \times 10^5 \text{N/mm}^2$$

$$\varepsilon_{cu} = 0.0033 - (f_{cu,k} - 50) \times 10^{-5} = 0.0033 + 20 \times 10^{-5} > 0.0033$$

取 $\varepsilon_{cu} = 0.0033$：

$$\frac{M_1}{M_2} = \frac{8765.26}{16171.66} = 0.542 < 0.9$$

$$\frac{N}{f_{ct}A} = \frac{62.56}{10.571 \times 1000 \times 300} = 1.97 \times 10^{-5} < 0.9$$

$$l_c = 1600 \text{mm}$$

$$i = \frac{h}{2\sqrt{3}} = \frac{300}{2\sqrt{3}} = 86.6 \text{mm}$$

$$\frac{l_c}{i} = \frac{1600}{86.6} = 18.476 < 34 - 12\left(\frac{M_1}{M_2}\right) = 34 - 12 \times 0.542 = 27.496$$

因而可不考虑二阶效应的影响。

$$e_0 = \frac{M}{N} = \frac{16171.66}{62.56} = 258.498 \text{mm}$$

$$e_a = 20 \text{mm}$$

$e_i = e_0 + e_a = 258.498 + 20 = 278.498 \text{mm} > 0.3h_0 = 0.3 \times 270 = 81 \text{mm}$，可按大偏心受压计算。

$$x = \frac{N}{\alpha_1 f_{ct} b} = \frac{62.56}{1.0 \times 10.571 \times 1000} = 5.918 \times 10^{-3} \text{mm}$$

$$\xi = \frac{x}{h_0} = \frac{5.918 \times 10^{-3}}{270} = 2.19 \times 10^{-5}$$

$$\xi_b = \frac{\beta_1}{1 + \dfrac{f_{yt}}{E_s \varepsilon_{cu}}} = \frac{0.8}{1 + \dfrac{327.27}{2 \times 10^5 \times 0.0033}} = \frac{0.8}{1.496} = 0.535$$

$$\xi = 2.19 \times 10^{-5} < \xi_b = 0.535$$

属于大偏心受压。

$x = 5.918 \times 10^{-3} < 2a'_s = 60$，则：

$$A_s = A'_s = \frac{N(e_i - 0.5h + a'_s)}{f_{yt}(h_0 - a'_s)} = \frac{62.56 \times (278.498 - 0.5 \times 300 + 30)}{327.27 \times (270 - 30)}$$

$$= \frac{62.56 \times 158.498}{327.27 \times 240} = 0.126\text{mm}^2 < \rho_{min}bh = 0.2\% \times 1000 \times 300 = 600\text{mm}^2$$

按全截面最小配筋率为 0.55% 配筋，

$$A_s = 0.55\% bh = 0.55\% \times 1000 \times 300 = 1650\text{mm}^2$$

对称配两排钢筋，每米配 $\Phi 14@180(A_s = 1710\text{mm}^2)$。

### 11.4.3.3 底板配筋

由《混凝土结构设计规范》（GB 50010—2010）可知，$M = -16171.66\text{N} \cdot \text{mm}$，$N = 39.733\text{N}$。

采用对称配筋：

$$A_s = A'_s , f_y = f'_y , f_{ct} = \frac{f_{ctk}}{\gamma_{ct}} = \frac{14.80}{1.4} = 10.571\text{N/mm}^2$$

$$f_{yt} = \frac{f_{ytk}}{\gamma_{yt}} = \frac{0.9 \times 400}{1.1} = 327.27\text{N/mm}^2$$

$$E_s = 2 \times 10^5 \text{N/mm}^2$$

$$\varepsilon_{cu} = 0.0033 - (f_{cu,k} - 50) \times 10^{-5} = 0.0033 + 20 \times 10^{-5} > 0.0033$$

取 $\varepsilon_{cu} = 0.0033$，$\dfrac{M_1}{M_2} = \dfrac{16171.66}{16171.66} = 1 > 0.9$，应考虑二阶效应。

$$l_c = 2000\text{mm}$$

$$C_m = 0.7 + 0.3 \frac{M_1}{M_2} = 0.7 + 0.3 = 1.0$$

$$\zeta_c = \frac{0.5f_{ct}A}{N} = \frac{0.5 \times 10.571 \times 1000 \times 300}{39.733} = 39907.63 > 1.0$$

取 $\zeta_c = 1.0$，则：

$$\eta_{ns} = 1 + \frac{1}{1300\left(\dfrac{M_2}{N} + e_a\right)/h_0}\left(\frac{l_c}{h}\right)^2 \zeta_c$$

$$= 1 + \frac{1}{1300 \times \left(\dfrac{16171.66}{39.733} + 20\right)/270} \times \left(\frac{2000}{300}\right)^2 \times 1.0 = 1.000$$

$$M = C_m \eta_{ns} M_2 = 1.0 \times 1.0 \times 16171.66 = 16171.66\text{N} \cdot \text{mm}$$

$$e_0 = \frac{M}{N} = \frac{16171.66}{39.733} = 407.01\text{mm}$$

$$e_a = 20\text{mm}$$

$e_i = e_0 + e_a = 407.01 + 20 = 427.01\text{mm} > 0.3h_0 = 0.3 \times 270 = 81\text{mm}$，可按大偏心受压计算。

$$x = \frac{N}{\alpha_1 f_{ct} b} = \frac{39.733}{1.0 \times 10.571 \times 1000} = 3.759 \times 10^{-3}\text{mm}$$

$$\xi = \frac{x}{h_0} = \frac{3.759 \times 10^{-3}}{270} = 1.39 \times 10^{-5}$$

$$\xi_b = \frac{\beta_1}{1 + \dfrac{f_{yt}}{E_s \varepsilon_{cu}}} = \frac{0.8}{1 + \dfrac{327.27}{2 \times 10^5 \times 0.0033}} = \frac{0.8}{1.496} = 0.535$$

$$\xi = 1.39 \times 10^{-5} < \xi_b = 0.535$$

属于大偏心受压。

$x = 3.759 \times 10^{-3} < 2a'_s = 60$，则：

$$A_s = A'_s = \frac{N(e_i - 0.5h + a'_s)}{f_{yt}(h_0 - a'_s)} = \frac{39.733 \times (427.01 - 0.5 \times 300 + 30)}{327.27 \times (270 - 30)}$$

$$= \frac{39.733 \times 307.01}{327.27 \times 240} = 0.155\text{mm}^2 < \rho_{\min} bh = 0.2\% \times 1000 \times 300 = 600\text{mm}^2$$

按全截面最小配筋率为 0.55% 配筋，$A_s = 0.55\% bh = 0.55\% \times 1000 \times 300 = 1650\text{mm}^2$，对称配两排钢筋，每米配 $\Phi 14@180 (A_s = 1710\text{mm}^2)$ 。

# 12 烟囱膨胀节

## 12.1 烟囱内筒膨胀节

随着悬挂式排烟内筒的大量使用，与其配套的烟囱膨胀节成为连接各悬挂段之间的关键装置。膨胀节一般设置在平台上方1m左右，应满足内筒在各种运行工况下的伸缩补偿量需求，并保证整个连接系统具有密封性、耐腐蚀性、保温及耐高温等性能。膨胀节应依据不同内筒及其防腐形式进行区别设计和安装。

### 12.1.1 传统膨胀节与改进型膨胀节

随着我国科技的发展进步，烟囱膨胀节材料从早期的多层织物复合或胶板组成（俗称非金属补偿器蒙皮，如图12.1-1和图12.1-2所示）的传统膨胀节，发展到了现在的整体硫化密封圈（如图12.1-4所示），其材料和工艺产生了质的飞越（如图12.1-3和图12.1-5所示）；其设计也由早期的平面或弧面形结构发展到了现在的双V波形结构；补偿形式由早期的无规则蒙皮压缩变形，发展到了现在的依靠设计具体数值的波高波距的波形来实

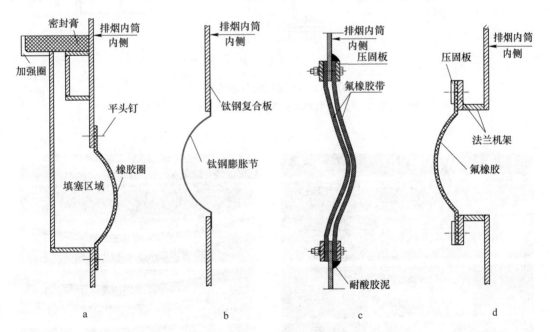

图 12.1-1　传统膨胀节做法之一
a—套筒式膨胀节；b—C形钛板膨胀节；c—平压式氟橡胶膨胀节－1；
d—平压式氟橡胶膨胀节－2

现其闭合压缩及展开拉伸变形；从而使其由早期的易损件发展成为了现在的耐用设备。传统膨胀节与改进型膨胀节效果比较如图 12.1-6 所示。

当需要考虑膨胀节保温时，可参考图 12.1-7 进行处理。

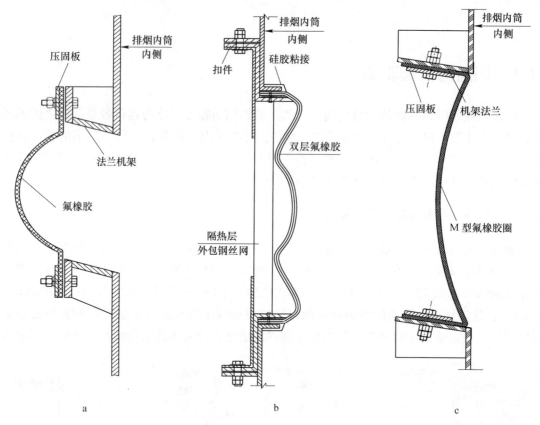

a　　　　　　　　　　b　　　　　　　　　c

图 12.1-2　传统膨胀节做法之二
a—平压式氟橡胶膨胀节 –3；b—翻边式氟橡胶膨胀节 –1；c—翻边式氟橡胶膨胀节 –2

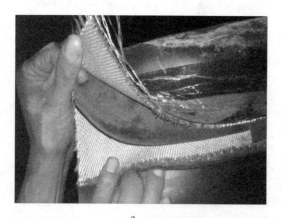

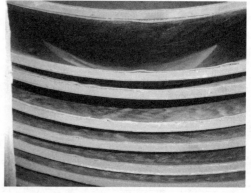

a　　　　　　　　　　　　　　　　b

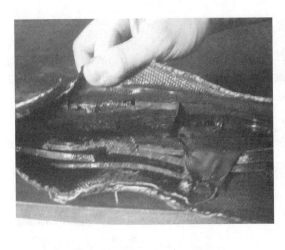

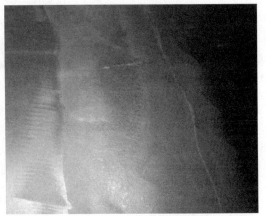

c　　　　　　　　　　　　　　　　　　　　　　d

e　　　　　　　　　　　　　　　　　　　　　　f

g

图 12.1-3　传统膨胀节使用效果

a—多层织物组合蒙皮；b—多层织物粘合蒙皮；c—多层氟胶板组合；d—多层氟胶板接口粘合效果；
e—平面形膨胀节使用效果；f—多层组合的膨胀节接口效果；g—弧面形膨胀节

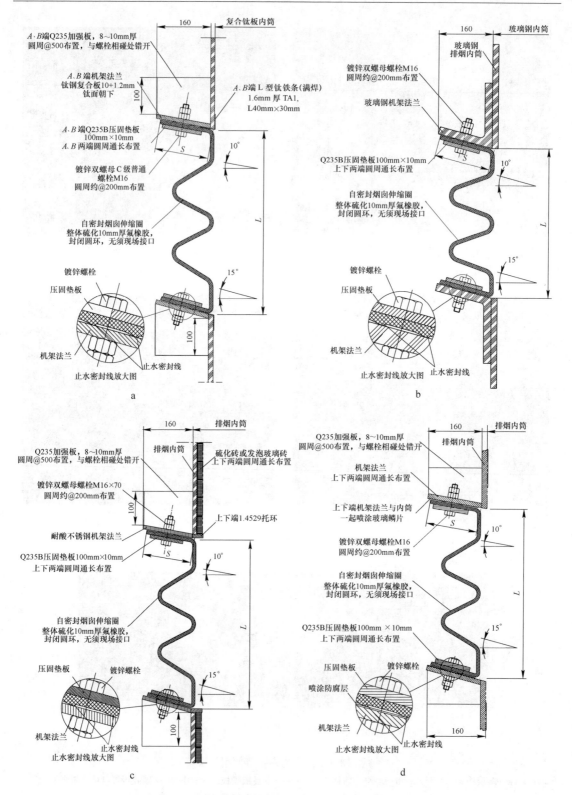

图 12.1-4　改进型整体硫化双 V 波形伸缩节

a—钛复合钢板内筒；b—玻璃钢内筒；c—泡沫玻璃砖内筒；d—涂层内筒

图 12.1-5　改进型双 V 波形膨胀节实物

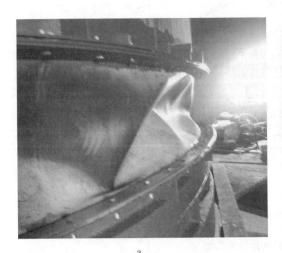

a　　　　　　　　　　　　　　　　　　　　b

图 12.1-6　传统膨胀节与改进型膨胀节比较

a—弧面膨胀节使用效果；b—双 V 波形膨胀节使用效果

### 12.1.2　膨胀节的材料选用及要求

氟橡胶作为耐高温耐腐蚀材料，在电厂中已被广泛使用。其优越的性能使其成为制作烟囱膨胀节的首选材料。烟囱膨胀节宜采用整体硫化成型工艺制作、横断面形式为双 V 波形的改进型装置，其性能应满足以下要求。

（1）膨胀节工作性能。

1）老化寿命：正常使用不小于 10 年；

2）补偿量范围：轴向 $-350 \sim +250$ mm，径向 $\pm 60$ mm；

3）设计压力：$-100 \sim 600$ kPa；

4）设计温度：$-30 \sim 250$ ℃；

5）烟气流速：20m/s。

（2）氟橡胶材料性能。以 2mm 厚的硫化后的 2601 型氟橡胶试片为例，其性能检验数据不应低于表 12.1-1 的要求。

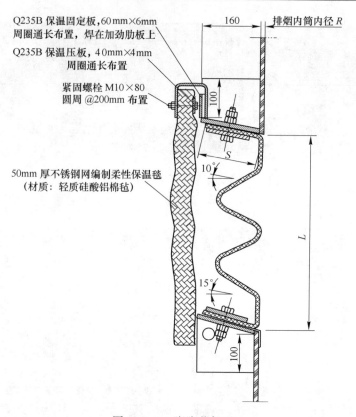

图 12.1-7　膨胀节保温

表 12.1-1　氟橡胶试片性能数据

| 序号 | 项 目 名 称 | 技术要求 | 检 验 方 法 |
|---|---|---|---|
| 1 | 邵尔 A 硬度/度 | 57 | GB/T 531.1—2008 |
| 2 | 拉伸强度（2 型）/MPa | 11.6 | GB/T 528—2009 |
| 3 | 拉断伸长率/% | 490 | GB/T 528—2009 |
| 4 | 热空气老化（270℃×24h）后 | — | GB/T 3512—2001 |
| 4.1 | 硬度变化/度 | 0 | GB/T 531.1—2008 |
| 4.2 | 拉伸强度变化率/% | −2.5 | GB/T 528—2009 |
| 4.3 | 扯断伸长率变化率/% | 0 | GB/T 528—2009 |
| 5 | 耐液体（80%硫酸，24h，常温） | — | GB/T 1690—2010 |
| 5.1 | 硬度变化/度 | +1 | GB/T 531.1—2008 |
| 5.2 | 拉伸强度变化率/% | −4.3 | GB/T 528—2009 |
| 5.3 | 拉断伸长率变化率/% | +1.6 | GB/T 528—2009 |
| 6 | 老化寿命（腐蚀2.5mm）<br>（180℃，pH=2.5，10mm 厚试片）/年 | 13.3 | GB/T 20028—2005　GB/T 1690—2010<br>GB/T 3512—2001 |

## 12.1.3　双 V 波形烟囱膨胀节制作要求

（1）双 V 波形膨胀节伸缩段的纵剖面自外向内看呈 V 字形或 W 形，伸缩段开合自由，可实现压缩与拉伸的双向补偿。

（2）双V波形膨胀节两安装密封段的密封面上应分别设置密封凸起，密封凸起与双V波形膨胀节本体采用硫化工艺整体成型，在不需填充其他密封材料的情况下可实现自动密封，能自动克服机架法兰拼焊处凹凸不平的密封问题（如图12.1-8所示）。

图12.1-8　双V波形膨胀节

（3）双V波形膨胀节应采用整体硫化成型工艺制作，表面应光洁，外形应美观。安装时其伸缩段应采用后撤布置，减少烟气对橡胶表面的直接冲刷，从而延长橡胶的使用寿命。

（4）双V波形膨胀节外形尺寸及外观形状符合烟囱钢内筒预留空间，可以直接放入连接处通过压板法兰固定；双V波形膨胀节整体闭合、无接头，安装完毕后即可实现使用。

### 12.1.4　膨胀节补偿量核算

烟囱内筒分为整体悬挂和多段悬挂，应正确核算烟囱膨胀节的补偿量。内筒按材质大体分为两类，即钢内筒和玻璃钢（FRP）内筒，其材质所对应的热膨胀系数可分别为 $1.2 \times 10^{-5}/℃$ 和 $2 \times 10^{-5}/℃$ 采用。

#### 12.1.4.1　钢内筒核算实例

钢烟囱悬挂平台标高为225m，膨胀节设在标高66m平台上方，水平烟道口标高位置约为36m。脱硫正常运行温度为60℃，冬季停机极端最低温度为-30℃，事故工况温度为135℃，内筒安装温度为20℃，其伸缩量核算如下：

（1）事故工况最大压缩补偿量：

$$[(225-66)+(66-36)] \times (135-20) \times 1.2 \times 10^{-5} = 0.261m = 261mm$$

（2）停机最大拉伸补偿量：

$$[(225-66)+(66-36)] \times [20-(-30)] \times 1.2 \times 10^{-5} = 0.114m = 114mm$$

（3）正常脱硫运行压缩补偿量：

$$[(225-66)+(66-36)] \times (60-20) \times 1.2 \times 10^{-5} = 0.091m = 91mm$$

根据以上各工况的补偿量核算结果，膨胀节的补偿量应满足：最大压缩量261mm，最大拉伸量114mm。

#### 12.1.4.2　玻璃钢内筒核算实例

玻璃钢内筒两个悬挂平台标高分别为180m和105m，膨胀节安装平台标高分别为105m和46m，水平烟道口标高位置为36m，各种温度工况与上述钢内筒相同，其伸缩量核算如下：

（1）事故工况最大压缩补偿量：

$$(180-105) \times (135-20) \times 2 \times 10^{-5} = 0.173m = 173mm$$

$$(105-46) \times (135-20) \times 2 \times 10^{-5} = 0.136m = 136mm$$

（2）低温停机最大拉伸补偿量：

$$(180 - 105) \times [20 - (-30)] \times 2 \times 10^{-5} = 0.075\text{m} = 75\text{mm}$$

$$(105 - 46) \times [20 - (-30)] \times 2 \times 10^{-5} = 0.059\text{m} = 59\text{mm}$$

（3）正常脱硫运行压缩补偿量：

$$(180 - 105) \times (60 - 20) \times 2 \times 10^{-5} = 0.06\text{m} = 60\text{mm}$$

$$(105 - 46) \times (60 - 20) \times 2 \times 10^{-5} = 0.047\text{m} = 47\text{mm}$$

根据以上各工况的补偿量核算结果，膨胀节的补偿量应满足：最大压缩量173mm，最大拉伸量75mm。

### 12.1.4.3　最终补偿量的确定

通过以上核算实例得出的补偿量为理论补偿量，应考虑一定的材料与温度等变异系数，可在理论计算值基础上增加20%的富余量作为最终的补偿量值。

径向补偿量通常由内筒的实际位移量来确定，一般均应控制在±50mm以内。由于采用橡胶的膨胀节均能满足其径向补偿量，不再单独要求。

## 12.1.5　膨胀节的选用

按目前国内的主要烟囱高度，归纳了表12.1-2五种烟囱膨胀节型号，供设计选择。

表12.1-2　膨胀节的选用

| 烟囱适用高度/m | 型号及安装高度 $D \times L$ | 厚度/mm | 波高/mm | 波距/mm | 密封圈法兰宽度 $S$/mm | 配套压固板/mm | 以安装温度20℃为基准，在不同工况下的补偿量数值/mm | | | | 可满足烟囱悬挂点至密封圈节点的长度/m | 伸缩圈自身正常可达到的补偿量/mm |
|---|---|---|---|---|---|---|---|---|---|---|---|---|
| | | | | | | | 正常脱硫运行（60℃）压缩 | 事故工况运行时（140℃）最大压缩 | 冬季（-20℃）停机时拉伸 | 冬季（-40℃）停机时最大拉伸 | | |
| 120 | $D \times 300$ | 10 | 90 | 175 | 120 | 70×10 | 42 | 120 | 42 | 63 | 87 | 压缩120；拉伸80 |
| 150 | $D \times 400$ | 10 | 110 | 150 | 150 | 100×10 | 67 | 200 | 67 | 100 | 139 | 压缩200；拉伸200 |
| 180 | $D \times 450$ | 10 | 110 | 145 | 150 | 100×10 | 67 | 200 | 67 | 100 | 139 | 压缩200；拉伸200 |
| 210 | $D \times 500$ | 10 | 104 | 167 | 150 | 100×10 | 84 | 250 | 84 | 125 | 174 | 压缩250；拉伸150 |
| 240 | $D \times 550$ | 10 | 128 | 175 | 150 | 100×10 | 97 | 250 | 97 | 145 | 201 | 压缩250；拉伸250 |

注：1. $D$—烟囱直径；$L$—膨胀节安装高度；

　　2. $D$范围在3~15m；

　　3. 多段悬挂的内筒可以选择多个补偿量较小的膨胀节组合使用。

## 12.1.6　烟囱膨胀节的运输及安装要求

### 12.1.6.1　运输要求

（1）烟囱膨胀节应使用四周封闭的木箱或铁箱包装，箱外须注明吊装点。

（2）避免运输途中对箱体的挤压和碰撞，划伤或划破橡胶表面，影响密封效果。

（3）到达现场后，应及时开箱，取出自然平放，避免长时间的挤压、扭曲变形。

（4）安装吊运过程中，应采取保护措施，避免绳索的划伤、碰伤等。

（5）法兰机架应采用独立的框架结构的钢结构包装箱，避免出现挤压，改变机架弧度，从而影响现场的装配。

### 12.1.6.2 安装要求

（1）检查上下内筒之间预留的膨胀节空间是否符合图纸要求的高度，保证上下筒端面水平。同时检查内筒圆周外径是否同心，避免出现偏装。

（2）焊接金属法兰机架时应依据厂家编制的法兰编号由上而下焊接就位，将坡口打磨平整。焊接完成后按要求进行100%渗透探伤检查，检查完后清洗残留渗透探伤剂。

（3）钛钢复合板的法兰机架及钛贴条应由专用模具制作成型，并严格由持证的专职钛焊工施焊。钛贴条应紧贴在法兰板上，按照图纸编号顺序，每块钛贴条应搭接20mm以上，保证完全覆盖碳钢露点。焊接完成后按要求进行100%渗透探伤检查，检查完后清洗残留渗透探伤剂。

（4）玻璃钢法兰机架其厚度应大于内筒筒壁厚度，法兰表面在安装烟囱膨胀节前应打磨平整；依据压板法兰的螺栓孔尺寸，现场配钻机架法兰尺寸。

（5）烟囱膨胀节运至施工位置后，将膨胀节法兰面依据图纸位置与法兰板贴紧、编号，用对应的法兰压板压紧，电钻打孔，即可进行预安装；确保膨胀节橡胶法兰与机架法兰的完整贴合后，即可用螺栓压紧，进行最后的装配。确保完全压紧即实现自密封。

### 12.1.6.3 安装注意事项

产品到达平台后，应用薄铁皮盖在氟橡胶伸缩圈的上面，避免交叉作业的坠落物（电焊渣）损伤到氟橡胶伸缩圈。

钛钢复合板法兰板应是钛面相对包装，避免在运输、吊装等环节划伤。

各种螺栓等小件应放到木箱内，避免散落。异型钛贴条应放到现场木箱内，随用随取，避免污染、划伤表面。

## 12.2 烟道膨胀节

因冷凝水沿筒壁流向导流板流向烟囱底部及烟道，传统以氟胶布、硅胶布、玻纤布、四氟布等多层织物组成的烟道非金属膨胀节已不能满足腐蚀液体的冲刷浸泡，无法保证烟道长期正常运行。

随着大型模具工业的发展，大型整体硫化成型烟道膨胀节的出现，使国内的脱硫烟道膨胀节结束了蒙皮缝制工艺及胶板裁剪、冷粘工艺，发展到了目前的整体硫化成型工艺。使用寿命由原来的1~2年提高到了10年以上。

由于烟囱内筒防腐形式和材质不同，烟道膨胀节的法兰机架也应根据内筒的材质选用与其相同的材质制作法兰机架，用于固定软连接部分。

烟道膨胀节由于采用了整体硫化成型，无需在其底部开始排水口，以免破坏其整体强度及密封性，可以在来水方向设置集液槽，分离冷凝水酸液。膨胀节内部的积水及少量的沉着物完全不影响膨胀节的正常使用，经高温高压整体硫化的膨胀节的强度完全可以承担积液的重量。图 12.2-1 为烟道膨胀节成品。

### 12.2.1　烟囱入口膨胀节安装位置的设计与选择

图 12.2-1　烟道膨胀节成品

烟囱入口膨胀节有两种位置选择，即烟囱外部与烟囱内部（如图 12.2-2 所示）。随着我国火电建设上大压小，300MW 以上机组成为建设主流，水平烟道离水平地面的距离越来越高，水平烟道中心标高一般在 40m 以上，烟道入口膨胀节多数设置在烟囱外侧，这样维修烟道入口膨胀节需要搭设高于 40m 的钢管架，且平时无管架的时候不利于观测设备使用情况及简易维修。建议将外侧膨胀节移至内侧，可利用烟囱内筒第一层平台即可实现对膨胀节的底部维修，如需更换整套膨胀节，可在第一层平台的基础上搭设与设备高度一致的钢管架即可施工（一般 6～10m），该方案优点安全快捷，维修成本低，可近距离观察及检测膨胀节的安装质量，确保正常投运；缺点是建设初期筒外吊装，筒内对接，安装配合要求较高。

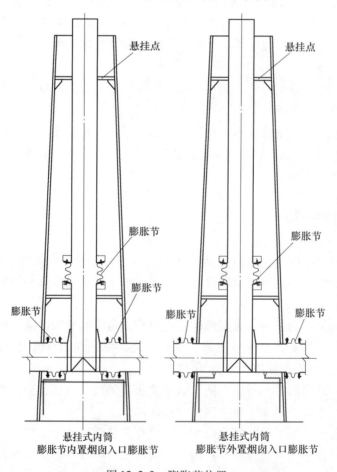

图 12.2-2　膨胀节位置

### 12. 2. 2　与底部自立段内筒连接的水平烟道处膨胀节

与底部自立段内筒连接的水平烟道处膨胀节主要吸收水平烟道产生的水平变形，该变形较大，对内筒产生较大水平推力，危及内筒的安全运行，所以水平膨胀节必须完全吸收来自于烟道的变形，并应留有50%的补偿余量。

水平烟道膨胀节（如图12.2-3所示）的主要设计参数如下：

设计参数：设计压力 ±50kPa，设计温度 – 30 ~ 250℃，波高90mm，波距150mm，圆角。

补偿量：最大压缩100mm；最大拉伸80mm；最大径向偏移60mm；允许安装预留烟道间距误差 ±30mm。

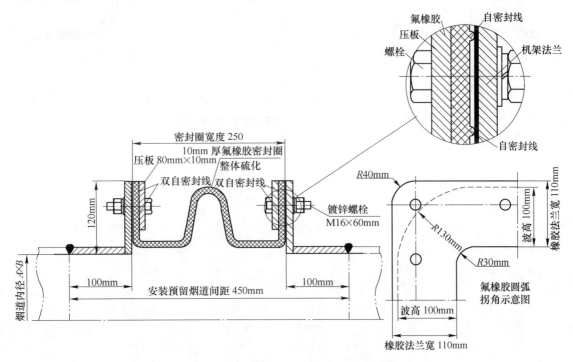

图 12.2-3　主要承受水平变形的烟道膨胀节

### 12. 2. 3　与悬挂烟囱底部内筒连接的水平烟道处膨胀节

由于烟囱内筒底部采用了悬挂结构，机组运行后悬挂点至烟道入口处产生较大的向下轴向位移，该位移反应在水平烟道形成了较大的径向位移，需要烟囱入口处膨胀节来吸收完成，该位置的膨胀节同时还需吸收来自于水平烟道的轴向位移，所以该位置的膨胀节必须满足来自于两个方向的位移变形，并应留有30%的补偿余量。

烟囱沿轴向向下位移与水平烟道形成了较大的上偏差，即烟囱端低于水平烟道端，建议反向偏装。同时沿导流板方向迅速流下的冷凝水酸液对烟道膨胀节形成了直接冲刷，建议在来水方向设置酸液集液槽，减少冲刷。图12.2-4为可承受水平与竖向变形膨胀节。主要参数如下：

设计参数：设计压力 ±50kPa，设计温度 –30 ～250℃，波高 150mm，圆角。

补偿量：最大水平压缩 300mm；最大拉伸 80mm；最大竖向变形 200mm。允许安装预留烟道间距误差 ±30mm。

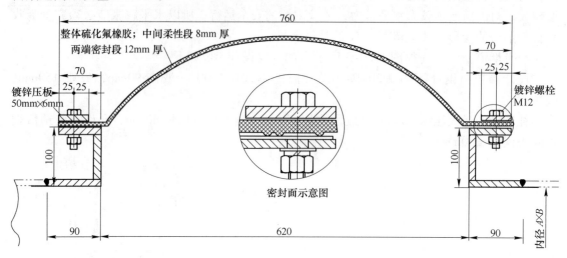

图 12.2-4　可承受水平与竖向变形的烟道膨胀节

# 13  航空障碍灯和标志

烟囱对空中航空飞行器来讲被视为障碍物，是造成飞行安全的隐患，因此烟囱应设置障碍标志。我国政府颁布的《民用航空法》，国务院、中央军委发布的《关于保护机场净空》的文件等一系列行政法规都规定了航空障碍灯应设置的场所和范围。

对于以下可能影响航空器飞行安全的烟囱应设置障碍物标志，障碍物标志由色彩标志和灯光标志组成。

（1）在民用机场净空保护区域内，修建的烟囱。

（2）在民用机场净空保护区域外，但在民用机场进近管制区域内，修建高出地表150m 的烟囱。

（3）在建有高架直升机停机坪的城市中，修建有可能影响飞行安全的烟囱。

## 13.1  障碍灯和标志

国际民用航空公约《附件十四》，针对烟囱尤其是高烟囱有严格的技术要求和规定。中国民用航空总局制定的《民用机场飞行区技术标准》（MH 5001—2000）和国务院、中央军委国发［2001］29 号《军用机场净空规定》对障碍灯和标志都有明确规定。《烟囱设计规范》参照上述标准做了如下规定：

（1）中光强障碍灯：应为红色闪光灯晚间运行。闪光频率应为 20~60 次/min，闪光的有效光强不小于 2000cd ± 25%。

（2）高光强障碍灯：应为白色闪光全天候运行。闪光频率应为 40~60 次/min，闪光的有效光强随背景亮度自动改变光强闪光，白天应为 200000cd，黄昏或黎明为 20000cd，夜间为 2000cd。

（3）烟囱标志：应采用橙色与白色相间或红色与白色相间的水平油漆带。

## 13.2  障碍灯的分布

障碍灯的设置应符合下列规定：

（1）障碍灯的设置应显示出烟囱的最顶点和最大边缘（即视高和视宽）。

（2）高度小于或等于 45m 的烟囱，可只在烟囱顶部设置一层障碍灯。高度超过 45m 的烟囱应设置多层障碍灯，各层的间距不应大于 45m，并尽可能相等。

（3）烟囱顶部的障碍灯应设置在烟囱顶端以下 1.5~3m 范围内，高度超过 150m 的烟囱可设置在烟囱顶端以下 7.5m 范围内。

（4）每层障碍灯的数量应根据其所在标高烟囱的外直径确定：

1）外直径小于或等于 6m 时，每层设 3 个障碍灯；

2）外直径超过 6m，但不大于 30m 时，每层设 4 个障碍灯；

3）外部直径超过 30m，每层设 6 个障碍灯。

（5）高度超过 150m 的烟囱顶层应采用高光强闪光障碍灯，其间距控制在 75～105m 范围内，在高光强闪光障碍灯分层之间设置低、中光强障碍灯。

（6）高度低于 150m 的烟囱，也可采用高光强白色障碍灯，采用高光强白色闪光障碍灯后，可不必再用色标漆标志烟囱。

（7）每层障碍灯应设置维护平台。

（8）烟囱设置航空障碍灯分布及标志可参考图 13-1 进行。

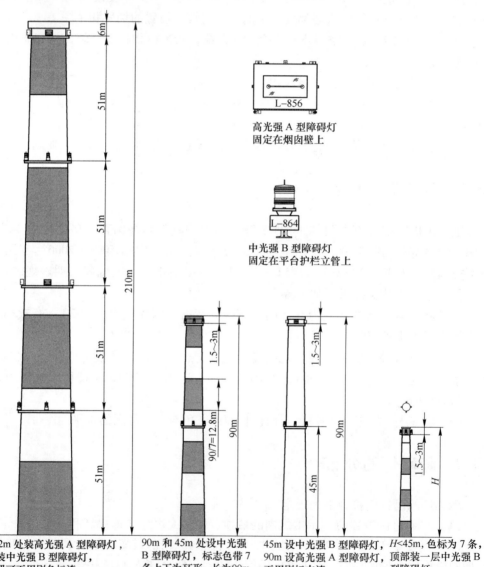

图 13-1　烟囱设置航空障碍灯分布及标志

# 附　　录

## 附录 A　构件的长细比计算

**A.0.1**　构件的长细比 $\lambda$ 应根据其失稳模式，由下列各款确定：

（1）截面形心与剪心重合的构件，当计算弯曲屈曲时长细比按下式计算：

$$\lambda_x = \frac{l_{0x}}{i_x} \qquad \lambda_y = \frac{l_{0y}}{i_y} \qquad (\text{A.0.1-1})$$

式中　$l_{0x}$，$l_{0y}$——分别为构件对截面主轴 $x$ 和 $y$ 的计算长度，按附录 B 确定；

　　　$i_x$，$i_y$——分别为构件截面对主轴 $x$ 和 $y$ 的回转半径。

当计算扭转屈曲时，长细比按下式计算：

$$\lambda_z = \sqrt{\frac{I_0}{I_t/25.7 + I_\omega/l_\omega^2}} \qquad (\text{A.0.1-2})$$

式中　$I_0$，$I_t$，$I_\omega$——分别为构件毛截面对剪心的极惯性矩、截面抗扭惯性矩和扇性惯性矩，对十字形截面可近似取 $I_\omega = 0$；

　　　$l_\omega$——扭转屈曲的计算长度，两端铰支且端截面可自由翘曲者，取几何长度 $l$；两端嵌固且端部截面的翘曲完全受到约束者，取 $0.5l$。

双轴对称十字形截面板件宽厚比不超过 $15\sqrt{235/f_{yk}}$ 者，可不计算扭转屈曲，$f_{yk}$ 为钢材牌号所指屈服点，以 MPa 计。

（2）截面单轴对称的构件。绕非对称主轴的弯曲屈曲，长细比应由式（A.0.1-1）确定。绕对称轴主轴的弯扭屈曲，应取下式给出的换算长细比：

$$\lambda_{yz} = \frac{1}{\sqrt{2}}\left[(\lambda_y^2 + \lambda_z^2) + \sqrt{(\lambda_y^2 + \lambda_z^2)^2 - 4\left(1 - \frac{y_s^2}{i_0^2}\right)\lambda_y^2\lambda_z^2}\right]^{\frac{1}{2}} \qquad (\text{A.0.1-3})$$

式中　$y_s$——截面形心至剪心的距离；

　　　$i_0$——截面对剪心的极回转半径，单轴对称截面 $i_0^2 = y_s^2 + i_x^2 + i_y^2$；

　　　$\lambda_z$——扭转屈曲换算长细比，由式（A.0.1-2）确定。

（3）单角钢轴压构件当绕两主轴弯曲的计算长度相等时，可不计算弯扭屈曲。

（4）双角钢组合 T 形截面构件绕对称轴的换算长细比 $\lambda_y$ 可用下列简化公式确定：

1）等边双角钢（如图 A.0.1-1a 所示）

当 $\lambda_y > \lambda_z$ 时　　　　　　$$\lambda_{yz} = \lambda_y\left[1 + 0.16\left(\frac{\lambda_z}{\lambda_y}\right)^2\right] \qquad (\text{A.0.1-4})$$

当 $\lambda_y < \lambda_z$ 时　　　　　　$$\lambda_{yz} = \lambda_z\left[1 + 0.16\left(\frac{\lambda_y}{\lambda_z}\right)^2\right] \qquad (\text{A.0.1-5})$$

$$\lambda_z = 3.9\frac{b}{t} \qquad (\text{A.0.1-6})$$

2）长肢相并的不等边双角钢（如图 A.0.1-1b 所示）

当 $\lambda_y > \lambda_z$ 时　　　　　　$\lambda_{yz} = \lambda_y\left[1 + 0.25\left(\dfrac{\lambda_z}{\lambda_y}\right)^2\right]$　　　　　（A.0.1-7）

当 $\lambda_y < \lambda_z$ 时　　　　　　$\lambda_{yz} = \lambda_z\left[1 + 0.25\left(\dfrac{\lambda_y}{\lambda_z}\right)^2\right]$　　　　　（A.0.1-8）

$$\lambda_z = 5.1\frac{b_2}{t}　　　　　　（A.0.1-9）$$

3）短肢相并的不等边双角钢（如图 A.0.1-1c 所示）

当 $\lambda_y > \lambda_z$ 时　　　　　　$\lambda_{yz} = \lambda_y\left[1 + 0.06\left(\dfrac{\lambda_z}{\lambda_y}\right)^2\right]$　　　　　（A.0.1-10）

当 $\lambda_y < \lambda_z$ 时　　　　　　$\lambda_{yz} = \lambda_z\left[1 + 0.06\left(\dfrac{\lambda_y}{\lambda_z}\right)^2\right]$　　　　　（A.0.1-11）

$$\lambda_z = 3.7\frac{b_1}{t}　　　　　　（A.0.1-12）$$

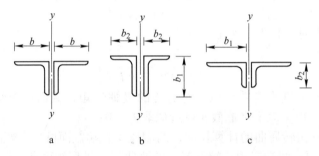

图 A.0.1-1　单角钢截面和双角钢组合 T 形截面
$b$—等边角钢肢宽度；$b_1$—不等边角钢长肢宽度；$b_2$—不等边角钢短肢宽度

（5）截面无对称轴且剪心和形心不重合的构件，应采用下列换算长细比：

$$\lambda_{xyz} = \pi\sqrt{\frac{EA}{N_{xyz}}}　　　　　　（A.0.1-13）$$

式中　$N_{xyz}$——弹性完善杆的弯扭屈曲临界力。

弹性完善杆的弯扭屈曲临界力，由下式确定：

$$(N_x - N_{xyz})(N_y - N_{xyz})(N_z - N_{xyz}) - N_{xyz}^2(N_x - N_{xyz})\left(\frac{y_s}{i_0}\right)^2 - N_{xyz}^2(N_y - N_{xyz})\left(\frac{x_s}{i_0}\right)^2 = 0$$

$$（A.0.1-14）$$

式中　$x_s$，$y_s$——截面剪心的坐标；

　　　$i_0$——截面对剪心的极回转半径，$i_0^2 = i_x^2 + i_y^2 + x_s^2 + y_s^2$；

$N_x$，$N_y$，$N_z$——绕 $x$ 轴和 $y$ 轴的弯曲屈曲临界力和扭转屈曲临界力，$N_x = \dfrac{\pi^2 EA}{\lambda_x^2}$，$N_y =$

　　　$\dfrac{\pi^2 EA}{\lambda_y^2}$，$N_z = \dfrac{1}{i_0^2}\left(\dfrac{\pi^2 EI_\omega}{l_\omega^2} + GI_t\right)$；

　　　$E$，$G$——钢材弹性模量和剪变模量。

（6）不等边角钢轴压构件的换算长细比可用下列简化公式确定（如图 A.0.1-2 所

示）：

当 $\lambda_x > \lambda_z$ 时 $\qquad \lambda_{xyz} = \lambda_x \left[ 1 + 0.25 \left( \dfrac{\lambda_z}{\lambda_x} \right)^2 \right]$ （A.0.1-15）

当 $\lambda_x < \lambda_z$ 时 $\lambda_{xyz} = \lambda_z \left[ 1 + 0.25 \left( \dfrac{\lambda_x}{\lambda_z} \right)^2 \right]$ （A.0.1-16）

$$\lambda_z = 4.21 \frac{b_1}{t} \qquad (A.0.1\text{-}17)$$

式中　$x$ 轴——角钢的主轴；

　　$b_1$——角钢长肢宽度。

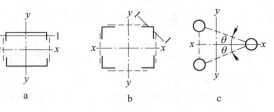

图 A.0.1-2　不等边角钢

**A.0.2**　格构式轴心受压构件的稳定性仍应按式（9.5-30）计算，但对虚轴（图 A.0.2-1a 的 $x$ 轴和图 A.0.2-b、c 的 $x$ 轴和 $y$ 轴）应取换算长细比。换算长细比应按下列公式计算：

（1）双肢组合构件（如图 A.0.2-1a 所示）。

当缀件为缀板时

$$\lambda_{0x} = \sqrt{\lambda_x^2 + \lambda_1^2} \qquad (A.0.2\text{-}1)$$

当缀件为缀条时

$$\lambda_{0x} = \sqrt{\lambda_x^2 + 27 \frac{A}{A_{1x}}} \qquad (A.0.2\text{-}2)$$

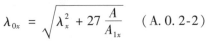

图 A.0.2-1　格构式组合构件截面

式中　$\lambda_x$——整个构件对 $x$ 轴的长细比；

　　$\lambda_1$——分肢对最小刚度轴 1—1 的长细比（其计算长度取为：焊接时，为相邻两缀板的净距离；螺栓连接时，为相邻两缀板边缘螺栓的距离）；

　　$A_{1x}$——构件截面中垂直于 $x$ 轴的各斜缀条毛截面面积之和。

（2）四肢组合构件（如图 A.0.2-1b 所示）。

当缀件为缀板时

$$\lambda_{0x} = \sqrt{\lambda_x^2 + \lambda_1^2} \qquad (A.0.2\text{-}3)$$

$$\lambda_{0y} = \sqrt{\lambda_y^2 + \lambda_1^2} \qquad (A.0.2\text{-}4)$$

当缀件为缀条时

$$\lambda_{0x} = \sqrt{\lambda_x^2 + 40 \frac{A}{A_{1x}}} \qquad (A.0.2\text{-}5)$$

$$\lambda_{0y} = \sqrt{\lambda_y^2 + 40 \frac{A}{A_{1y}}} \qquad (A.0.2\text{-}6)$$

式中　$\lambda_y$——整个构件对 $y$ 轴的长细比；

　　$A_{1y}$——构件截面中垂直于 $y$ 轴的各斜缀条毛截面面积之和。

（3）缀件为缀条的三肢组合构件（如图 A.0.2-1c 所示）。

$$\lambda_{0x} = \sqrt{\lambda_x^2 + \frac{42A}{A_1(1.5 - \cos^2\theta)}} \qquad (A.0.2\text{-}7)$$

$$\lambda_{0y} = \sqrt{\lambda_y^2 + \frac{42A}{A_1\cos^2\theta}} \qquad (A.0.2\text{-}8)$$

式中　$A_1$——构件截面中各斜缀条毛截面面积之和；

　　　$\theta$——构件截面内缀条所在平面与 $x$ 轴的夹角。

**A.0.3**　缀件面宽度较大的格构式柱宜采用缀条柱，斜缀条与构件轴线间的夹角应在 $40° \sim 70°$ 范围内。缀条柱的分肢长细比 $\lambda_1$ 不应大于构件两方向长细比（对虚轴取换算长细比）的较大值 $\lambda_{max}$ 的 0.7 倍。

**A.0.4**　缀板柱的分肢长细比 $\lambda_1$ 不应大于 40，并不应大于 $\lambda_{max}$ 的 0.5 倍（当 $\lambda_{max} < 50$ 时，取 $\lambda_{max} = 50$）。缀板柱中同一截面处缀板（或型钢横杆）的线刚度之和不得小于柱较大分肢线刚度的 6 倍。

**A.0.5**　用填板连接而成的双角钢或双槽钢构件，可按实腹式构件进行计算，但填板间的距离不应超过下列数值：受压构件 $40i$；受拉构件 $80i$。$i$ 为截面回转半径，应按下列规定采用：

（1）当为图 A.0.5-1a、b 所示的双角钢或双槽钢截面时，取一个角钢或一个槽钢对与填板平行的形心轴的回转半径。

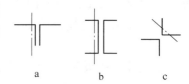

（2）当为图 A.0.5-1c 所示的十字形截面时，取一个角钢的最小回转半径。

图 A.0.5-1　计算截面回转半径时的轴线示意图

受压构件的两个侧向支承点之间的填板数不得少于 2 个。

**A.0.6**　轴压构件应按下式计算剪力：

$$V = \frac{Af}{85} \qquad (A.0.6-1)$$

剪力 $V$ 值可认为沿构件全长不变。

对格构式轴压构件，剪力 $V$ 应由承受该剪力的缀材面（包括用整体板连接的面）分担。

**A.0.7**　两端铰支的梭形管状截面轴压构件（如图 A.0.7-1 所示）的稳定性应按式（9.5-30）计算。计算时 $A$ 取端截面的截面面积 $A_1$，稳定系数 $\varphi$ 按下列换算长细比确定：

$$\lambda_s = \frac{l_0 / i_1}{(1 + \gamma)^{3/4}} \qquad (A.0.7-1)$$

式中　$l_0$——构件计算长度，$l_0 = \dfrac{l}{2}\left[1 + (1 + 0.853\gamma)^{-1}\right]$；

　　　$i_1$——端截面回转半径；

　　　$\gamma$——构件楔率，$\gamma = (d_2 - d_1)/d_1$ 或 $(b_2 - b_1)/b_1$；

$d_2$，$b_2$——中央截面外径（圆管），边长（方管）；

$d_1$，$b_1$——端截面外径（圆管），边长（方管）。

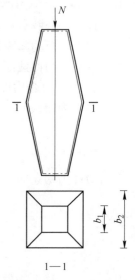

图 A.0.7-1　梭形管状轴压构件

# 附录 B　构件的计算长度和允许长细比

**B.0.1**　确定桁架弦杆和单系腹杆（用节点板与弦杆连接）的长细比时，其计算长度 $l_0$ 应按表 B.0.1-1 采用，采用相贯焊接连接的钢管桁架，其构件计算长度系数可按表 B.0.1-2 取值。

B.0.1-1　桁架弦杆和单系腹杆的计算长度 l<sub>0</sub>

| 弯曲方向 | 弦　杆 | 腹　杆 | |
|---|---|---|---|
| | | 支座斜杆和支座竖杆 | 其他腹杆 |
| 桁架平面内 | $l$ | $l$ | $0.8l$ |
| 桁架平面外 | $l_1$ | $l$ | $l$ |
| 斜平面 | — | $l$ | $0.9l$ |

注：1. $l$ 为构件的几何长度（节点中心间距离）；$l_1$ 为桁架弦杆侧向支承点之间的距离。

　　2. 斜平面系指与桁架平面斜交的平面，适用于构件截面两主轴均不在桁架平面内的单角钢腹杆和双角钢十字形截面腹杆。

　　3. 无节点板的腹杆计算长度在任意平面内均取其等于几何长度（钢管结构除外）。

B.0.1-2　钢管桁架构件计算长度系数

| 桁架类别 | 弯曲方向 | 弦　杆 | 腹　杆 | |
|---|---|---|---|---|
| | | | 支座斜杆和支座竖杆 | 其他腹杆 |
| 平面桁架 | 平面内 | $0.9l$ | $l$ | $0.8l$ |
| | 平面外 | $l_1$ | $l$ | $l$ |
| 立体桁架 | | $0.9l$ | $l$ | $0.8l$ |

注：1. $l_1$ 为平面外无支撑长度；$l$ 是杆件的节间长度。

　　2. 对端部缩头或压扁的圆管腹杆，其计算长度取 $1.0l$。

**B.0.2**　确定在交叉点相互连接的桁架交叉腹杆的长细比时，在桁架平面内的计算长度应取节点中心到交叉点的距离；在桁架平面外的计算长度，当两交叉杆长度相等且在中点相交时，应按下列规定采用：

（1）压杆。

1）相交另一杆受压，两杆截面相同并在交叉点均不中断，则：

$$l_0 = l\sqrt{\frac{1}{2}\left(1 + \frac{N_0}{N}\right)} \qquad (\text{B.0.2-1})$$

2）相交另一杆受压，此另一杆在交叉点中断但以节点板搭接，则：

$$l_0 = l\sqrt{1 + \frac{\pi^2}{12} \cdot \frac{N_0}{N}} \qquad (\text{B.0.2-2})$$

3）相交另一杆受拉，两杆截面相同并在交叉点均不中断，则：

$$l_0 = l\sqrt{\frac{1}{2}\left(1 - \frac{3}{4}\frac{N_0}{N}\right)} \geqslant 0.5l \qquad (\text{B.0.2-3})$$

4）相交另一杆受拉，此拉杆在交叉点中断但以节点板搭接，则：

$$l_0 = l\sqrt{1 - \frac{3}{4} \cdot \frac{N_0}{N}} \geqslant 0.5l \qquad (\text{B.0.2-4})$$

式中　$l$——桁架节点中心间距离（交叉点不作为节点考虑）；

　　　$N$——所计算杆的内力；

　　　$N_0$——相交另一杆的内力，均为绝对值。

当此拉杆连续而压杆在交叉点中断但以节点板搭接，若 $N_0 \geqslant N$ 或拉杆在桁架平面外的抗弯刚度 $EI_y \geqslant \frac{3N_0 l^2}{4\pi^2}\left(\frac{N}{N_0} - 1\right)$ 时，取 $l_0 = 0.5l$。两杆均受压时，取 $N_0 \leqslant N$，两杆截面应相同。

（2）拉杆，应取 $l_0 = l$。当确定交叉腹杆中单角钢杆件斜平面内的长细比时，计算长度应取节点中心至交叉点的距离。

注：当交叉腹杆为单边连接的单角钢时，应按等效长细比确定。

**B.0.3**　当桁架弦杆侧向支承点之间的距离为节间长度的 2 倍（如图 B.0.3-1 所示），且两节间的弦杆轴心压力不相同时，则该弦杆在桁架平面外的计算长度，应按下式确定（但不应小于 $0.5l_1$）：

$$l_0 = l_1\left(0.75 + 0.25\frac{N_2}{N_1}\right) \qquad (\text{B.0.3-1})$$

式中　$N_1$——较大的压力，计算时取正值；

　　　$N_2$——较小的压力或拉力，计算时压力取正值，拉力取负值。

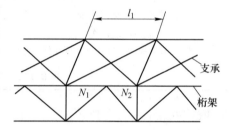

图 B.0.3-1　弦杆轴心压力在侧向
支承点间有变化的桁架简图

桁架再分式腹杆体系的受压主斜杆及 K 形腹杆体系的竖杆等，在桁架平面外的计算长度也应按式（B.0.3-1）确定（受拉主斜杆仍取 $l_1$）；在桁架平面内的计算长度则取节点中心间距离。

**B.0.4**　轴压构件的长细比不宜超过表 B.0.4-1 的容许值。

表 B.0.4-1　受压构件的容许长细比

| 构件名称 | 容许长细比 |
| --- | --- |
| 轴压柱、桁架和天窗架中的压杆 | 150 |
| 柱的缀条、吊车梁或吊车桁架以下的柱间支承 | 150 |
| 支承（吊车梁或吊车桁架以下的柱间支承除外） | 200 |
| 用以减小受压构件计算长度的杆件 | 200 |

注：1. 桁架（包括空间桁架）的受压腹杆，当其内力等于或小于承载能力的 50% 时，容许长细比值可取 200。

　　2. 计算单角钢受压构件的长细比时，应采用角钢的最小回转半径，但计算在交叉点相互连接的交叉杆件平面外的长细比时，可采用与角钢肢边平行轴的回转半径。

　　3. 跨度等于或大于 60m 的桁架，其受压弦杆和端压杆的容许长细比值宜取 100，其他受压腹杆可取 150（承受静力荷载或间接承受动力荷载）或 120（直接承受动力荷载）。

　　4. 由容许长细比控制截面的杆件，在计算其长细比时，可不考虑扭转效应。

**B. 0. 5**　受拉构件的长细比不宜超过表 B. 0. 5-1 的容许值。

表 B. 0. 5-1　受拉构件的容许长细比

| 构件名称 | 承受静力荷载或间接动力荷载的结构 | | | 直接承受动力荷载的结构 |
|---|---|---|---|---|
| | 一般建筑结构 | 对腹杆提供面外支点的弦杆 | 有重级工作制起重机的厂房 | |
| 桁架构件 | 350 | 250 | 250 | 250 |
| 吊车梁或吊车桁架以下柱间支承 | 300 | 200 | 200 | |
| 其他拉杆、支承、系杆等（张紧的圆钢除外） | 400 | — | 350 | — |

注：1. 除对腹杆提供面外支点的弦杆外，承受静力荷载的结构受拉构件，可仅计算竖向平面内的长细比。

2. 在直接或间接承受动力荷载的结构中，单角钢受拉构件长细比的计算方法与表 B. 0. 4-1 注 2 相同。

3. 中、重级工作制吊车桁架下弦杆的长细比不宜超过 200。

4. 在设有夹钳或刚性料耙等硬钩起重机的厂房中，支承的长细比不宜超过 300。

5. 受拉构件在永久荷载与风荷载组合作用下受压时，其长细比不宜超过 250。

6. 跨度等于或大于 60m 的桁架，其受拉弦杆和腹杆的长细比不宜超过 300（承受静力荷载或间接承受动力荷载）或 250（直接承受动力荷载）。

7. 吊车梁及吊车桁架下的支承按拉杆设计时，柱子的轴力应按无支承时考虑。

# 附录 C　塔架杆件特殊问题的处理措施

**C.0.1**　桁架（或塔架）的单角钢腹杆，当以一个肢连接于节点板时，可以按下述方法近似地转换为轴心受力构件处理（弦杆也为单角钢，并位于节点板同侧者除外）：

（1）受拉构件的截面强度仍按式（9.5-29a）和式（9.5-29b）计算，但计算时对拉力 $N$ 乘以放大系数 1.15。

（2）受压构件的稳定性仍按式（9.5-30）计算，但其 $\varphi$ 系数按下列换算长细比确定：

当 $20 \leqslant \overline{\lambda}_u \leqslant 80$ 时　　　　$\overline{\lambda}_e = 80 + 0.65\overline{\lambda}_u$　　　　　　（C.0.1-1）

当 $80 < \overline{\lambda}_u \leqslant 160$ 时　　　　$\overline{\lambda}_e = 52 + \overline{\lambda}_u$　　　　　　　　（C.0.1-2）

当 $160 < \overline{\lambda}_u$ 时　　　　　　$\overline{\lambda}_e = 20 + 1.2\overline{\lambda}_u$　　　　　　（C.0.1-3）

式中　$\overline{\lambda}_u$——$\overline{\lambda}_u = \dfrac{l}{i_u}\sqrt{f_{yk}/235}$；

　　　$i_u$——角钢绕平行轴的回转半径。

在确定 $\varphi$ 系数时，直接由 $\overline{\lambda}_e$ 查表 9.2-3 或表 9.2-4 确定，无需乘强度调整系数 $\sqrt{f_{yk}/235}$。

（3）当受压斜杆用节点板和桁架弦杆（塔架主杆）相连接时，节点板厚度不应小于斜杆肢宽的 1/8。

**C.0.2**　塔架单边连接单角钢交叉斜杆中的压杆，当计算其平面外的稳定性时，稳定系数 $\varphi$ 直接由下列等效长细比查表 9.2-3 或表 9.2-4 确定：

$$\overline{\lambda}_0 = \alpha_e\mu_u\overline{\lambda}_e \geqslant \frac{l_1}{l}\overline{\lambda}_u \tag{C.0.2-1}$$

式中　$\alpha_e$——系数，见表 C.0.2-1；

　　　$\mu_u$——考虑在交点连接的交叉两杆间约束作用的计算长度系数，$\mu_u = l_0/l$，由附录 B 另杆受压、在交点处不中断或另杆受拉、在交点处不中断确定，对于在非中点相交的杆，在公式中用 $l_1/l$ 代替 $1/2$，$l_1$ 见图 C.0.2-1；

　　　$\overline{\lambda}_e$——由式（C.0.1-1）~ 式（C.0.1-3）确定的换算长比。

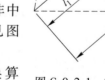

图 C.0.2-1　在非中点相交的斜杆

**表 C.0.2-1　系数 $\alpha_e$ 取值**

| 主杆截面 | 另杆受拉 | 另杆受压 | 另杆不受力 |
|---|---|---|---|
| 单角钢 | 0.75 | 0.90 | 0.75 |
| 双轴对称截面 | 0.90 | 0.75 | 0.90 |

**C.0.3**　塔架的单角钢主杆，应按所在两个侧面的节点分布情况，采用下列长细比来确定稳定系数 $\varphi$：

（1）当两个侧面腹杆体系的节点全部重合时（如图 C.0.3-1a 所示）：

$$\lambda = l/i_x \tag{C.0.3-1}$$

式中　$l$，$i_x$——分别为节间长度和截面绕非对称主轴的回转半径。

（2）当两个侧面腹杆体系的节点部分重合时（如图 C.0.3-1b 所示）：

$$\lambda = 1.1l/i_u \tag{C.0.3-2}$$

式中　$l$——较大的节间长度。

（3）当两个侧面的腹杆体系的节点全部都不重合时（如图 C.0.3-1c 所示）：

$$\lambda = 1.2l/i_u \tag{C.0.3-3}$$

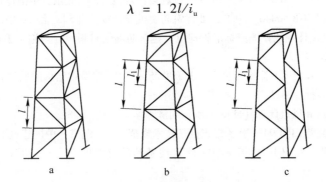

图 C.0.3-1　不同腹杆体系的塔架

**C.0.4**　塔架单角钢人字形（或倒人字形）主斜杆，当辅助杆多于二道时，宜将两相邻侧面的主斜杆适当连接以减小其计算长度。当连接有不多于二道辅助杆时，其平面外稳定系数 $\varphi$ 由下列等效长细比确定：

$$\overline{\lambda}_1 = 1.1\,\overline{\lambda}_e \tag{C.0.4-1}$$

**C.0.5**　单边连接的单角钢压杆，肢件宽厚比限值为：

$$\frac{w}{t} = 14\,\sqrt{235/f_{yk}} \tag{C.0.5-1}$$

当超过此限值时，由式（9.5-30）和式（C.0.1-1）确定的稳定承载力应乘以下列折减系数：

$$\rho_e = 1.3 - 0.3\lambda_{pe} \tag{C.0.5-2}$$

$$\lambda_{pe} = \frac{w/t}{14}\,\sqrt{f_{yk}/235} \tag{C.0.5-3}$$

## 参 考 文 献

［1］ 中冶东方工程技术有限公司．GB 50051—2013 烟囱设计规范［S］．北京：中国计划出版社，2013.

［2］ 牛春良．烟囱工程手册［M］．北京：中国计划出版社，2004.

［3］ 中国工程建设标准化协会．GB 50009—2012 建筑结构荷载规范［S］．北京：中国建筑工业出版社，2012.

［4］ 中国建筑科学研究院．GB 50011—2010 建筑抗震设计规范［S］．北京：中国建筑工业出版社，2010.

［5］ 中国寰球工程公司．GB 50046—2008 工业建筑防腐蚀设计规范［S］．北京：中国计划出版社，2008.

［6］ 《工业建筑防腐蚀设计规范》国家标准管理组．建筑防腐蚀材料设计与施工手册［M］．北京：化学工业出版社，1996.

［7］ 河南省第一建筑工程集团有限责任公司．JGJ/T 251—2011 建筑钢结构防腐蚀技术规程［S］．北京：中国建筑工业出版社，2011.

［8］ 张相庭．结构风压和风振计算［M］．上海：同济大学出版社，1985.

［9］ 中国建筑科学研究院．JGJ 94—2008 建筑桩基技术规范［S］．北京：中国建筑工业出版社，2008.

［10］ 中国建筑科学研究院．GB 50007—2011 建筑地基基础设计规范［S］．北京：中国建筑工业出版社，2011.

［11］ 上海市建设与交通委员会．GB 50135—2006 高耸结构设计规范［S］．北京：中国计划出版社，2007.

［12］ 北京钢铁设计总院．GB 50017—2003 钢结构设计规范［S］．北京：中国计划出版社，2003.

［13］ 中国建筑科学研究院．GB 50736—2012 民用建筑供暖通风与空气调节设计规范［S］．北京：中国建筑工业出版社，2012.

［14］ ASTM. STP837 Manual of protective linings for flue gas desulfurization［S］．1984.

［15］ 贾明生，凌长明．烟气酸露点温度的影响因素及其计算方法［J］．工业锅炉，2003（6）：31～35.

［16］ 牛春良，杨春田，于淑琴．烟囱竖向地震响应的试验与研究［J］．特种结构，2002，19（3）.

［17］ 蔡洪良，牛春良．套筒式砖内筒钢筋混凝土烟囱内筒平台受力分析［J］．特种结构，2004，21（3）：138～140.

［18］ 牛春良．烟囱横向风振计算［J］．特种结构，2004，21（3）.

［19］ 牛春良．现行规范对"锁住区"起点高度简化处理的影响［J］．建筑结构，2005（1）：59～61.

［20］ 牛春良．烟气腐蚀与烟囱防腐蚀设计［J］．特种结构，2008，25（2）：83～86.

［21］ 牛春良．钢烟囱筒壁局部屈曲临界应力计算方法的分析与评估［J］．特种结构，2012（4）：107～110.

［22］ 工程结构研究室．高温对普通混凝土力学性能的影响（中）．1962.10（内部资料）.

［23］ 王赞泓，牛春良．用混合同余法产生伪随机时的参数取值及周期计算［J］．冶金科技.

［24］ 过镇海，王传．高温下混凝土性能的试验研究情况.

［25］ 冶金工业部建筑研究院情报资料室．冶金建筑情报．1973（2）（内部资料）.

［26］ 中冶东方工程技术有限公司．烟囱设计手册［M］．北京：中国计划出版社，2014.